기후와 역사

— 기후·역사·현대 세계 —

H. H. 램 지음

김종규 옮김

한울 아카데미

Climate, History and the Modern World

Second edition

H. H. Lamb

차례

〈그림 차례〉

〈표 차례〉

옮긴이 서문

오늘날 기후변화의 문제는 더 이상 상아탑에서만의 학문적인 문제가 아니고, 인류와 인류의 경제에 대한 미래의 기본적인 문제와 직접 관련이 있는 현실적인 문제이다. 그간 여러 국제회의에서 기후변화의 문제가 에너지 정책, 환경문제, 사막화 등과 관련해서 매우 진지하게 고려되어야만 할 지극히 현실적인 문제라는 것이 이미 밝혀졌다. 그런데도 그간 미국은 자국의 경제적 불이익을 줄이기 위해서 교토의정서 비준과 관련해서 지구온난화가 인재(人災)라는 사실을 공식적으로 인정하면서도 적극적인 해결책 마련을 거부해 왔다. 이러한 가운데 최근 일간지(조선일보 2004년 2월 23일 A19면)에 "미국 국방부가 앞으로 20년 안에 급격한 기후변화로 인한 자연재해와 전쟁 등으로 수백만 명이 사망하는 등 전 지구적 재앙이 초래될 가능성이 있다는 비밀보고서를 작성한 것으로 알려졌다"는 기사와 함께 "전 세계가 기후 급변에 따른 전쟁과 대(大)가뭄· 기근(饑饉)· 폭동 등으로 무정부 상태가 될 수 있으며, 이런 환경에서 핵무장 필요성을 느낀 한국·일본·독일 등이 핵무기 개발 능력을 갖게 될 것으로 전망했다. …… 국방부 고문이 총괄 작성한 이번 보고서는 '과학적 논쟁이 아니라 국가안보 문제로 즉각 반영할 것'을 촉구했다"라는 기사가 게재되었다. 이러한 내용은 기후변화가 인류의 미래에 얼마나 중요한 영향을 미칠 수 있는가를 보여주는 단적인 사례에 불과하다. 그렇지만 다른 한편으로 이러한 사실을 통해서 선진국이 자국의 이익을 위해서 어느 정도까지 기후변화 문제를 심각하게 고려하고 있는가도 알 수 있다. 이에 반하여 우리의 경우에 정부 관계자들이 어느 정도까지 미래에 중요한 기후변화 문제를 심각하게 인식하고, 고민하고 있을까 궁금하다.

이 책의 저자 고(故) 휴버트 램(Hubert Lamb)은 기후변동과 기후변화가 사회 및 경제에 미치는 영향에 처음으로 관심을 가진 학자 중의 한 사람이다. 그는 이미 1982년에 발간된 『기후· 역사· 현대 세계(*Climate, History and the Modern World*)』의 초판과 제2판(1995년)에서 역사가 시작되던 시기의 기후 및 초기 문명시대부터 1950년 이후의 기후까지, 그리고 현대 세계의 기후와 미래에 대한 문제에 관해서 상세하게 다루고 있다. 이 책을 통해서 볼 때 위의 기사와 같은 문제는 새로운 내용이 아니라 학자들이 이미 오래전에 연구해놓은 사실을 정치가들에게 이제야 겨우 강하게 촉구했다는 사실에 불과한 것이다.

『기후와 역사』라는 한국어 제목으로 번역된 램의 『기후·역사·현대 세계』는 우리나라의 일부 기후학자들에게는 알려진 책이나, 타 분야의 학자들이나 일반인들에게는 잘 알려지지 않은 책이다. 이 책은 1915년에 발간된 엘스워드 헌팅톤(Ellsworth Huntington)의 유명한 저서 『문명과 기후(*Civilization and Climate*)』 이후 기후와 역사 간의 관계를 다룬 가장 훌륭한 저서이다. 이 책은 기후와 역사 간의 관련성을 연구하는 데 있어서 이정표가 되었다고 할 수 있다. 이 책이 발간된 이후 여러 학자들이 기후가 역사에 어떻게 영향을 주었는가 하는 책을 저술하였다. 이에 대한 사례로는 크리스티안 피스터(Christian Pfister)의 『일기 후보: 500년간의 기후변화와 자연재해(1496~1995)[*Wetternachhersage: 500 Jahre Klimavariationen und Naturkatastrophen*(1496~1995)]』(1999), 케네트 슈(Kenneth Hsü)의 『기후가 역사를 만든다: 기후발달의 모사(模寫)로서 인류사(*Klima macht Geschichte: Menschheitsgeschichte als Abbbild der Klimaentwicklung*)』(2000)와 뤼디어 글라저(Rüdiger Glaser)의 『중유럽의 기후사: 1,000년간의 일기, 기후와 재해(*Klimageschichte Mitteleuropas: 1000 Jahre Wetter, Klima, Katastrophen*)』(2001), 얀 클라게(Jan Klage)의 『일기가 역사를 만든다: 일기가 역사 경과에 미친 영향(*Wetter macht Geschichte: der Einfluß des Wetters auf den Lauf der Geschichte*)』(2003) 등이 있다.

저자의 명성은 또한 이미 우리말로 번역(윤성옥 옮김, 중심 출판사)된, 브라이언 페이건(Brian Fagan)이 2000년에 발간한 『소빙하기: 기후는 역사를 어떻게 만들었는가(*The Little Ice Age: How Climate Made History 1300~1850*)』에서 그의 책을 휴버트 램에게 헌정한다고 언급한 사실에서도 알 수 있을 것이다.

저자가 초판의 서문에서 언급하고 있는 바와 같이 기후와 역사 간의 관계를 이해해야 할 필요성은 인류가 기술 발전에도 불구하고 기후 충격에 점점 더 취약한 시대에 살고 있기 때문이다. 따라서 기후를 이해하고, 기후가 현재, 역사시대, 선사시대의 인류 생활에 미친 영향을 이해하는 것은 미래를 합리적으로 준비할 수 있는 가장 좋은 방법이 될 것이다. 여기서 쇤비제(Schönwiese, 1994)가 그의 『기후학』 교과서에서 언급하고 있는 내용을 언급하는 것도 이러한 사실을 이해하는 데 도움이 될 것이다. "인류의 과거를 이해하는 일은 기후학이 없이는 완전하지 못하고, 인류의 미래 과제는 기후학이 없이는 극복될 수 없을 것이다." 이 책은 서론 및 기후 문제, 제1부 기후의 발달, 제2부 기후와 역사, 제3부 현대 세계의 기후와 미래의 문제로 구성되어 있다. 기후학을 이미 공부한 독자는 이 책을 처음부터 읽으면서 기후학의 내용을 다시 복습하고, 제1부부터 제3부까지 읽을 수 있을 것이다. 그렇지만 기후학을 전혀 공부하지 않은 독자는 서론 및 기후 문제를 읽은 후 바로 제2부와 제3부를 읽을 것을 권하고 싶다. 그 이유는 전혀 생소하고 어려운 제1부의 기후학에 관한 내용을 읽는 동안 흥미를 잃어서 제2부와 제3부를 끝까지 읽지 않을까 하는 기우(杞憂)에서이다. 특정 시기나 내용에만 관심이 있는 독자는 색인을 활용하도록 권하고 싶다. 저자가 한 가지 내용에 대해서 매우 상세하게 이중으로 색인을 작성하였고, 표제어뿐만 아니라 내용 색인도 포함하고 있어서 이를 잘 활용하면 독자가 쉽게 관심이 있는 분야의 내용을 찾을 수 있을 것이다. 저자의 이러한 의도를 충분히 살리기 위해서 번역서의 색인도 원저의 색인을 그대로 작성하여 가나다순으로 배열하였다.

이 책에서는 유럽을 중심으로 전 세계의 기후와 역사 간의 관계를 다루고 있다. 그렇지만 유감스럽게도 우리나라에 대한 부분은 많이 다루어지지 않았다. 그럼에도 이 책은 『조선왕조실록』이나 『승정원일기』와 같은 훌륭한 대용 자료(proxy data)를 가지고 있는 우리나라의 고기후 연구를 위한 지침서가 될 수 있을 것이다. 이 분야에 관심이 있는 우리나라의 학자들이나 학생들에게 조금이나마 도움이 되었으면 하는 바람이다.

내용이 방대하고 어려울 뿐만 아니라 문장 자체도 어렵고 만연체로 저술되어 이 책을 번역하는 데 많은 애로 사항이 있었다. 번역서의 문장이 매끄럽지 못하고 쉽게 이해가 되지 않을 수 있는 점은 원저의 내용이 어려울 뿐만 아니라 직역을 했기 때문이다. 그럼에도 불구하고 직역을 한 이유는 지나친 의역이 원저의 내용과 상이해질까 걱정해서였다. 처음에 영어판만 가지고 번역했을 때보다 독일 로볼츠(Rowohlts) 출판사에서 1989년에 발간된 초판의 독일어 번역본(*Klima und Kulturgeschichte: Der Einfluß des Wetters auf den Gang der Geschichte*)을 비교하면서 번역하여 더 정확을 기할 수가 있었다.

기후학 지식만을 가지고는 이 책을 옮기는 일이 불가능하여 관련 전공서적과 『브리태니커 백과사전』(CD DELUXE)을 많이 이용하였고, 독자들에게 생소할 지명이나 역사적 내용이 많아서 『브리태니커 백과사전』을 이용하여 옮긴이 주를 달아놓았다. 기상학 및 기후학 전공용어는 사단법인 한국기상학회에서 발간한 『대기과학용어집』을 참고하였다.

저작권 관계로 원본의 일부 사진을 번역본에 옮길 수 없었음을 유감스럽게 생각한다. 그러므로 관심이 있는 독자들께서는 원본을 참조하시기 바란다.

1989년부터 경희대학교 지리학과에서 이 책의 초판(1982년)을 이용하여 강의를 하다가 이제 제2판(1995년)의 번역을 끝내게 되어 한편으로 마음이 홀가분하다. 그렇지만 다른 한편으로 램과 같은 대기후학자의 저서를 번역하면서 혹시나 오역이나 하지 않았나 하는 두려움도 있다. 번역상의 오류가 있더라도 내용의 어려움과 방대함을 감안하여 독자들께서 이해해주기를 부탁드리고 싶다.

독일어판을 구해주시고 또한 바쁘신 중에도 원고를 읽고 자문해주신 강철성 박사님께 감사드리고, 옮긴이가 번역하기 어려운 문장을 수시로 의미가 있게 번역되도록 도와주신 조세경 교수님께 감사드린다. 그리고 항시 내가 하는 일을 격려해주신 오홍석 교수님께도 감사드린다. 끝으로 이 책이 출판될 수 있도록 허락해주신 도서출판 한울의 김종수 사장님과 난해하고 어려운 원고를 출판될 수 있도록 꼼꼼하고 자세히 편집해주신 편집 관계자 여러분께 감사드린다.

2004년 2월 25일

김종규

제2판 서문

1982년에 이 책이 발간된 이후 이 주제는 지속적으로 사람들의 이목을 끌어왔고 활발하게 연구가 진행되었다. 또한 결코 유별난 기상사건들은 아니지만, 다른 주목할 만한 기상사건들이 신문기사로 보도되었다. 따라서 일부 추가적인 보고들, 의견들과 논평들이 바람직하게 되었으나 과거의 역사적인 연구의 주요 내용은 아직도 잘 알려져 있지 않다. 그러므로 과거－특히 기후와 역사 간의 상호작용－에 관한 우리의 지식을 더 이해하기 쉽게 하고, 진행중인 연구의 일부 문제들과 결과에 대해서 새롭고도 중요한 자료들의 많은 내용을 추가하여 개정판을 발간하기로 하였다.

인류에게 영향을 주고 있는 일부 기후 문제들은 아마도 기후보다는 근본적으로 급격하게 성장하고 있는 세계의 인구압으로부터 발생했을 것이다. 그러나 기후는 －근년에 반복해서－ 아프리카의 기근과 방글라데시에서 많은 사람의 목숨을 앗아간 태풍홍수(typhoon floods)와 같은 자연재해를 일으키는 방아쇠 역할을 했다. 이란과 이라크 전쟁뿐만 아니라 그 이전에 한국·중국·베트남·캄보디아에서 일어난 전쟁은 인간이 만든 스트레스뿐만 아니라 기후와 관련해서도 유용하게 고려해볼 수 있을 것이다.

인간 활동에 기인하여 대기 중에 이산화탄소(와 다른 오염물질들)가 지속적으로 집적되어 발생하는 세계 기후의 급격한 온난화 가능성에 대한 우려는 정치가들과 산업경영자들의 주목을 끌었다. 그리고 태양의 자외선 복사를 차단하는 성층권 오존층이 파괴되고 있다는 사실이 발견되어 훨씬 긴급하게 주의를 끌었다. 성층권 오존층이 파괴되어 우리 모두가 치사량의 태양 자외선 복사에 노출되면서 사람들의 생활습관도 일부 바뀌어야 했다.

초판이 발간된 이후 매우 거대한 화산폭발이 계속되어 화산 쇄설물과 태양복사를 가리는 기체들과 수증기가 대기 중으로 들어갔다. 이러한 화산폭발은 세계 기후의 온난화 경향을 중단시키거나 심지어 역전시킬 수도 있을 것이다. 미국 서부 세인트 헬렌스 화산(Mount St. Helens)의 1980년에 있었던 폭발은 (화산폭발 강도를 기후에 미치는 영향과 관련시킨) 통계에 기초한 경험법칙을 적용하는 것이 얼마나 제한적인가 하는 점을 보여주었다.

그 경우에 분출된 물질의 주 방향이 거의 수평적이었기 때문에 성층권에 거의 영향을 주지 않았다.

초판이 발간된 이후 수학적 모델을 이용한 일기예보는 5일에서 7일 전까지의 예보를 크게 향상시킨 매우 괄목할 만한 발전을 하였다. 그러나 이를 통해서 얻은 성과의 상당 부분은 예보에서 적당히 얼버무리고 부적절한 용어를 사용하는 현대의 경향으로 위태로워졌다. 따라서 '최고기온(the highest)' 또는 '최저기온(the lowest)'보다는 오히려 예보에서 '최상의 기온(best temperatures)'이라고 –실제로 어느쪽이 활동하는 데 최상으로 예상되든지 상관없이– 말하는 것이 현재 유행하고 있다. 그리고 잉글랜드 남부의 일기예보가들은 잉글랜드의 여름 기온이 지중해의 기온과 같을 것이라고 생각하거나, 그렇지 않으면 나쁜 해라는 예보를 하려고 하는 것 같다.

과거 세대들은 기후를 불변하는 것으로 간주하였다. 사람들은 수세대가 지난 후에야 비로소 기후변화의 개념을 인정하게 되었다. 그러나 인간의 과학과 현대 산업 및 기술이 현재 매우 강력하여 인간이 기후변화 또는 환경변화를 초래하였다는 일반적인 가설을 흔히 들을 수 있다. 우리가 환경에 대해 방심하지 않고 책임 있게 다루는 것은 좋은 일이나, 우리 자신의 중요성에 대해서 왜곡된 견해를 가져서는 안 될 것이다. 무엇보다도 우리는 이 문제에 대해서 더 많은 지식과 교육과 이해를 필요로 하고 있다.

1994년 12월

홀트 노퍽(Holt, Norfolk)에서

H. H. 램

초판 서문

우리는 기후 충격에 점점 더 취약한 세계에 살고 있다. 수십 년 동안 기술의 진보는 인류에게 우리 선조들을 괴롭혔던 흉작과 기근에 대해서 상당한 정도의 면역성을 부여한 것으로 생각되었다. 그러나 현대 세계의 인구압(population pressure)과 다른 현상들은 이러한 상황을 변화시켰다. 더욱이 대략 1960년 이후 기후는 우리가 20세기 초반에 경험했던 기후보다 좋지 않은 상태를 나타냈다. 그리고 인간 활동이 어떻게 우연하게 기존에 경험해왔던 기후 체제를 파괴시켜서 거기에 종속되는 식량생산에 혼란을 일으키게 하는가에 대한 경종이 울렸다. 과거에는 총경지면적을 증가시키기 위해서 세계 기후를 의도적으로 변화시키려는 가능성에 관해서 논의했다. 그러나 근년 들어 이러한 불안으로 과거에 논의되던 내용은 대체로 바뀌었다. 해당 분야에서 전문가로 인정받고 있는 저명한 학자들이 이러한 논의에 대해서 심각하게 우려하면서 그 위험성을 경고하였다. 즉, 다음 빙기(氷期)가 당장 시작될 수 있으며, 그 시기가 매우 빠르게 다가올 수 있다는 것이다. 다른 위험으로는, 점점 늘어만 가는 인간 활동의 부작용이 상대적으로 짧은 기간 내에 세계 기후의 균형을 깨뜨릴 수 있다는 것이다. 이로 인하여 아마도 수세기 동안 그린란드와 남극의 빙모(氷帽)를 녹이기에 충분할 만큼의 온난한 기후가 발생할 것이다. 또한 해면이 상승하여 세계 대부분의 대도시들이 물에 잠기게 될 것이다.

이 책에서는 우리가 기후에 관해서, 기후가 현재 그리고 역사시대와 선사시대의 인류생활에 미친 영향에 관해서 무엇을 알고 있으며, 기후변동과 기후변화의 문제를 어떻게 좀더 잘 이해할 수 있는가에 대해 고찰하였다. 엄격한 의미의 기후예보(climate forecasting)는 아득히 먼 일일 수 있다. 그렇지만 일부에서는 기후예보가 실현 가능한 것이라고 주장하고 있다. 물론 우리는 현재 이미 기후의 행태(behavior of climate)를 다스리는 법칙들에 관해서 많은 지식을 갖고 있다. 우리는 과거를 이해하고 우리의 현 상황을 판단하는 데 있어 과거 세대들보다 더 나은 위치에 있다. 따라서 우리는 선조들보다 미래를 더 합리적으로 준비할 수 있다.

세계의 많은 지역에서 지난 15년에서 25년 동안 과거의 긴 기간보다 다양한 종류의 극심한 기상 상태가 나타났다. 많은 장소들에서 발생한 심각한 피해는 정책결정과 산업 및 토지이용의 경영결정에 영향을 미쳤다. 여기에는 에너지 문제도 마찬가지로 결정적인 역할을 하였다.

이러한 여러 가지 이유로, 기후, 그리고 우리가 기후를 이해하는 것은 현대 세계의 문제와 매우 밀접한 관련이 있다. 나는 이 책이 이러한 문제와 관련한 현 지식 상태와 잠재적인 학문의 가능성에 관한 지침서가 될 수 있기를 바란다. 그리고 이 책이 현재 인류의 건강과 행복은 말할 것도 없이 농업과 산업, 정부와 국제무역의 실제적인 문제들에 영향을 주는 중대한 결정에 책임이 있는 사람들에게 유용한 통찰력을 제공해줄 수 있기를 바란다.

1981년 9월

H. H. 램

1. 서론

세계의 거의 모든 지역에서 대부분 세대의 인류는 기후를 신뢰할 수 없으며 늘 변화하고 변동하는 현상으로 간주해왔다. 그들은 기후가 가끔은 예측되지 않은 호기를 일시적으로 제공하기도 하지만, 서리, 눈, 매우 차가운 바람뿐만 아니라 기근, 홍수, 가뭄 또는 질병에 의한 재해를 일으키는 것으로 간주했다. 과거 기후에 대한 숫자가 포함된 기록과 참고할 만한 문헌이 없던 시기에는 장기간의 기후 경향을 어떤 방법으로든 명확하게 알 수가 없었다. 예를 들어 존 에벌린(John Evelyn)과 새뮤얼 페피스(Samuel Pepys)와 같은 훌륭한 관찰자들의 기록을 포함하고 있는 고문서(古文書)들에서 우리는 "생존해 있는 어떤 사람이 잉글랜드에서 겪은 가장 추운 겨울", "가장 나이 많은 사람이 그와 유사한 정도의 눈을 기억할 수 없는 많은 적설량" 등과 같은 관련된 수많은 내용을 자주 접한다. 여기저기에서 또한 우리는 장기간 지속되는 변화에 대한 인식을 발견한다. 17세기 동안 알프스 산맥, 아이슬란드, 노르웨이에서 빙하가 농가와 농지를 덮쳤을 때 이러한 인식은 틀림없이 있었다. 의심할 여지 없이 모든 대륙에서 현재 또는 과거의 유목민들은 그들의 목초가 말라갈 때 그러한 변화를 알고 있었다. 중세 말에 여러 나라에서 전통적인 작물과 경지가 포기되어야 했고, 세금이 '영구적으로' 감소되었을 때 적어도 일부 사람들은 기후변화를 알고 있었음에 틀림없다. 다른 한편으로, 기후가 온난해지거나 인간이 활동하기에 편리해졌을 때, 사람들은 그러한 기후가 당연하다고 생각하는 경향이 있었고, 오랫동안 변화를 간과했다. 우리는 고대 로마의 원예에 관한 콜루멜라(Columella)의 책 『소박한 삶에 대해서(*De Re Rustica*)』(제1권)에서 드물게 이러한 유형의 변화를 인식한 것을 찾아볼 수 있다. 이 책에서는 기원전 1세기 초반에 '신뢰할 수 있는 저자 사세르나(Saserna)'가 한 말을 다음과 같이 인용하고 있다. "이전에 규칙적인 혹한(酷寒)의 일기로 인하여 그곳에 심은 포도나무와 올리브나무가 성장할 수 없었던 (이탈리아) 지역들에서 현재 과거의 추위가 누그러졌기 때문에 …… 매우 많은 양의 올리브와 포도가 생산된다." 역사적으로 훨씬 이후의 다른 상황에서, 즉 중세 잉글랜드에서 일련의 참담한 흉작이 있던 해들이 지난 이후에 부분적으로 수백 년 동안 재배하던 포도원을 포기해야만 했다. 우리는 사람들이 이 당시에 매우 막연한 형태로 기후변화를 천천히 인식하게 되는 것을 확인할 수 있다.

그럼에도 불구하고 사람들은 대략 1960년경까지 80년 또는 그 이상 동안 모든 실용적인 목적과 결정을 위해서 기후는 불변하는 것으로 간주될 수 있다고 일반적으로 생각하였다. 이러한 견해는 그 당시에 확실히 학문에 기초한 것으로 생각되었다. 즉, 유럽과 북아메리카의 도시들에서 기상계기로 행해진 최초의 장기간의 규칙적인 기상관측 자료는, 19세기 말의 기후가 기상관측이 시작되었을 때인 약 100년 전(18세기 말)의 기후 상태와 매우 유사하다는 것을 보여주고 있다. 장래의 계획에 기후학을 응용하는 여러 작업 실무 분야들은 좋든 나쁘든 간에 여전히 이와 같이 가정된 기후의 불변성에 기초하고 있다. 기후가 장기간의 일기통계(statistics of weather)로 정의된다면, 기후가 실제로 불변한다는 데 모든 사람이 동의할 것이다. 그러나 이 기간은 얼마나 길어야만 하는가? 우리가 지난 100만 년의 상태를 기초로 한다면, 빙기(氷期)에서 온난한 간빙기(間氷期) 상황으로, 또는 그 반대로의 반복된 변화는 정상 기후(normal climate)의 부분으로 간주되어야만 할 것이다. 그러나 이러한 변화들은 여러 차례 경제를 파멸로 이끌기에 충분했을 것이다. 앞에서 언급한 가정에 대한 실제적인 대안은 우리의 개인적인 관심사와 국내적·국제적 문제들과 불가분의 관계가 있다. 사람의 일생에서 상당 부분을 차지할 만한 기간의 기후 조건이 과거 또는 미래의 같은 기간의 기후 조건과 크게 다르다면, 기후가 변했다는 것이 분명 고려될 것이다.

우리는 기후변화와 환경변화를 다시 새롭게 인식하고 있는 시대에 살고 있다. 이러한 인식은 인간 활동이 우리 주변의 다른 환경 분야들을 가시적으로 변화시키고 있는 것과 같이, 인간 활동의 증가된 규모와 다양성이 기후 체제를 교란하는 부작용을 가질 수 있다는 가능성에 대한 두려움에서 시작되었다. 혹자는 의도적으로 기후를 변화시키는 우리의 점증하는 기술력을 이용할 수 있는 가능성에 관심이 있을 것이다. 예를 들어 세계 총경지 면적을 증가시키거나 혹은 전략적인 전쟁 수행 가능성의 관점에서 기후 패턴을 변화시키는 것이다. 하여튼 오늘날 많은 사람들이 20세기 동안 기후가 크게 변했다는 사실을 알고 있다. 우선 대략 1950년까지 다소 지구온난화가 일어났고, 그 이후 한랭화로 바뀌었다. 더 최근에 세계의 거의 모든 지역에서 훨씬 더 빈번하게 발생한 여러 종류의 극심한 기상 상태가 농업을 강타하여 여러 분야에서 미래에 대한 계획을 어렵게 만들었다.

따라서 기후가 불변한다는 과거의 가정은 오늘날 그다지 만족스럽지 못한 것으로 간주되고 있다. 그리고 사람들이 기후발달(climatic development)과 변화에 관해서 거의 또는 전혀 의문이 없었던 수십 년의 시간이 지난 후, 선도적인 기상학과 기후학 연구소들은 오늘날 미래 기후에 관해서 전문가의 의견을 제시하라는 압력을 받고 있다. 이러한 상황은

'전문가들'이 과감히 발표하는 예보 의견(forecast opinion)들이 때로 혼란을 증대시킨다는 점에서 더욱더 한심스러운 일이 된다. 부분적으로 이론가들의 견해는 실제 과거의 (자연적인) 기후의 성질을 복원하는 데 중점을 두고 연구를 한 연구자들의 견해와 때로 일치하지 않고 있다.

자케타 호크스(Jacquetta Hawkes)와 레오나드 울리 경(Sir Leonard Woolley)은 우리에게 유네스코(UNESCO)에서 발간한 그들의 책 『인류의 역사(*History of Mankind*)』(London, Allen & Unwin, 1963) 제1권에서 기상학과 기후학 분야 이외에서 식견이 있는 사람들 사이에 최근까지 널리 퍼졌던 가정들에 관한 개관을 잘 제시하고 있다. 빙기와 간빙기, 그리고 후빙기 초기의 극적인 변화를 자세히 열거한 후 이 두 사람은 다음과 같이 기술하고 있다.

> 기원전 5000년경에 아시아에 최초의 농업사회가 이미 형성되었을 때, 기후, 식생분포와 모든 관련된 인자들은 대체로 이들의 당시 상태로 안정되었다. 마침내 실제의 문명이 시작되었을 때 현 인류(*Homo sapiens*)와 이들의 농업적 생활 기초가 확고하게 정립되었을 뿐만 아니라, 모든 차후 역사의 배경을 이루는 자연환경은 이미 우리 스스로가 선조들로부터 상속받은 형태를 나타내었다.

오늘날 대부분의 고고학자들은 기후나 환경이 이것보다 더 흥미 있는 역사를 가지고 있다는 점을 깨닫고 있다.

실제로 우리의 일생 동안, 그리고 우리가 건설한 건축물들의 수명 동안 기후는 늘 다소간 변하고 있다. 기후에 따르는 경관의 형태, 식생과 동물 종의 분포, 특정한 지방에 서식하는 조류들과 곤충들 역시 ─대체로 완만하게, 그러나 때로는 매우 빠르게─ 변하고 있다. 전체적으로 보아 이들 권(圈)들에서의 변화는 이들을 변화하게 하는 기상과 기후의 변동(swing)보다 더 점진적이다. 그러나 이러한 변동이 재해나 인구감소(depopulation), 회복과 개선을 유발할 것이다. 이 책에서는 과거의 기후가 증거 자료를 연구하여 복원될 수 있다는 것을 소개하는 것 이외에도, 기후가 이렇게 계속해서 성쇠한다는(continual ebb and flow) 이야기와 더 오래 지속되는 기후변화에 관한 이야기를 할 것이다. 우리는 이러한 기후변화들이 어떻게 지속적으로 일어나며, 식물상(植物相), 동물상(動物相)과 인구의 성쇠가 어떻게 줄곧 영향을 받아왔는가를 개략적으로 살펴볼 것이다. 제15장에서는 이러한 영향들이 어떻게 작용하는가를 더 상세하게 고찰할 것이다.

호크스와 울리 경이 기술하고 있는 바와 같이, 수천 년 동안 우리가 알고 있는 지대들은 이 행성 위에 존재해왔고 어느 곳에선가 확인될 수 있는 것이다. 즉, "정글은 피그미족을 위해서, 초지는 유목민이나 경작자를 위해서, 그리고 부빙(浮氷)은 에스키모를 위해서 있어 왔다." 그러나 이들 지대의 경계 지역의 이동은 과거에 많은 문제를 일으켰고,

현재에도 계속 일으키고 있다. 역사의 흐름에서 기후가 미친 영향에 관한 증거를 고찰하는 데는 인간의 취락과 활동의 극한계와 건조한계 부근의 경계 지역을 살피는 것이 현명한 일이다. 그 이유는 이들 경계 지역이 가장 혼란이 일어나기 쉬운 곳이기 때문이다. 서유럽과 남유럽의 저지(lowlands)와 같은 지역은 기후변화의 영향이 그곳에 사는 사회집단들 간 생존경쟁으로 인하여 분명하지 않을 가능성이 있다.

사람들은 흔히 역사(일부 역사가들이 그에 관하여 저술하였다)를 근본적으로 위대한 남자와 여자의 공적(功績)에 관한 이야기라고 생각하고 있다. 사람들은 이들 남녀 영웅들이 일으킨 원인, 그리고 그 결과로 나타난 위기와 전쟁이 뒤따른 시대의 사회구조를 결정한 것으로 생각해왔다. 물론 경제위기들이 때때로 발생했고, 이 경제위기가 사건들의 경과에 영향을 미치기도 하였다. 그러나 여러 경제적 측면들과 경제와 관련되어 발달한 경관은 주로 중대한 결정과 결정적인 전투의 산물로 간주되어왔다. 또는 마르크스주의자의 유물사관(唯物史觀)으로 사람들은 모든 것을 기술과 도구 발달의 문제로 간주했다. 즉, 어느 시기에 인간이 그의 주위에 있는 환경을 정복하고 개발하여 임의로 쓸 수 있는 인간의 기술과 도구가 문제가 된다는 것이다. 이와 같이 상이한 모든 견해들은 기후, 기후가 제공하는 가능성, 그리고 기후가 인간과 환경에 가하는 제약이 사실상 불변한다는 가설을 기초로 하고 있다.

일부 독자들은 이 시점에서 앞에서 주장되고 있는 역사의 해석이 단지 기후결정론(climatic determinism)의 부활이라고 판단할 수도 있을 것이다. 기후결정론은 이미 오래전에 거부된 지나치게 단순화된 견해이다. 이렇게 이름을 붙이는 것은 단지 사상의 자유를 제한하기 쉽다. 사막 또는 습지, 빙모 또는 빙하, 또는 정말로 바다가 사람들이 거주하면서 농업에 이용하던 토지 위로 확장된 경우가 있었다는 사실을 누가 부정할 수 있겠는가. 그리고 이러한 극심한 경우에서 기후변화 혹은 앞선 해들에서 누적된 어떤 기후 경향의 결과가 인간 활동을 결정하였다는 사실에는 의심할 여지가 없다. 물론 대부분의 상황은 훨씬 더 복잡하여 사람들이 어떤 선택을 하도록 했다. 그러나 기후 기록(record of climate)에 관계없이 역사를 쓰는 일은 필요 이상으로 사실을 더 모호하게 만들고, 결국 역사를 망쳐놓는 결과를 가져올 수 있다.

이해로 가는 길에는 어려움이 있기 마련이다. 기후가 미칠 수 있는 영향에 관심을 가졌던 근년의 일부 역사가들은 기상계기관측이 시작되기 전 수세기 동안의 기후 상태를 복원한 최초의 시기에 아마도 피할 수 없던 부정확성으로 인하여 크게 도움을 받지는 못했다. 그러나 지난 30년 혹은 그 이상의 기간에 고기후의 학문적 증거뿐만 아니라 이들 증거를 분석할 수 있는 방법론이 양과 다양성에서 크게 발전하였다. 우리는 점진적으로 더 신뢰할 수 있는 기후 기록들을 얻고 있으며, 그중의 주요 특징들은 이미 독자적인 자료들과 방법들로 확인되었다.

우리가 이러한 기후 기록들을 인류 역사의 경과와 고고학에 의해 밝혀진 좀더 오랜 기간에 걸친 기록들과 비교할 때, 이 둘 모두에서 큰 재해를 일으킨 사건들이 여러 면에서 일치하고 있는 사실에 주목하지 않을 수 없다. 이러한 사실은 새로이 의문을 제기하게 한다. 개별적인 경우에 인류 역사에서 기후요란(氣候搖亂, climatic disturbance)은 정확하게 무슨 역할을 하였는가? 여기서 일반화하는 것은 확실히 어렵고, 그렇지 않으면 위험할 수도 있을 것이다. 우리가 이것을 더 잘 이해하기 위해서는 좀더 상세한 연구를 해야 할 것이다. 그러나 일반적으로 이 단계에서 기후를 변화의 촉매 혹은 적어도 '방아쇠'로 고려하는 것이 도움이 될 것이다. 기후변화는 사회와 문명의 주요 쇠퇴 과정에서 방아쇠 역할을 한 것으로 종종 나타나고 있는데, 이것은 지진과 화산폭발을 일으키는 최근에 발견된 조력(tidal force) 변동의 방아쇠 작용과 비교될 수 있다.

역사학자들과 다른 분야의 학자들은 역사에 영향을 미쳤던 기후변화와 환경변화가 인간 활동에 의해 얼마만큼 유발될 수 있는가에 대해 혼란스럽고 확신이 없다. 일반적으로 식자층의 사람들(그리고 그들 중에 일부 기상학자들)을 포함하여 오늘날 세계의 모든 지역에 살고 있는 많은 사람들은, 만약 기후가 지금까지 생각해온 것처럼 불변하는 것이 아니라면, 인간 활동이 어떻게든 기후에 영향을 미친다는 견해에 솔직하게 기울어 있다. 다른 환경 분야에 대해서 인간 활동이 미치는 영향은 너무 분명하기만 하다. 이것은 적어도 수천 년 전 정착농업을 위해서 최초로 삼림을 벌채한 시기까지 소급된다. 그리고 현재 급속하게 성장하는 기술의 규모 및 능력으로 —고의적이거나 부주의하게— 기후에 미치게 될 새로운 영향의 가능성은 합당하게 관찰되어야만 할 것이다.

인간의 역사와 기후의 역사 모두 흔히 순환하는(cyclic) 것으로 생각된다. 이것은 마치 우리 모두가 그 회전이 가차 없는 데다가 이해할 수 있는 원인이 없기까지 한 운명의 수레바퀴 안에 끼여 있는 것과 같다. 이 책에서는 이러한 기후변동들을 더 잘 이해하려고 시도하였다. 우리는 자연의 작용방법, 그리고 뒤에 가서는 인간이 기후의 지속적인 발달과 변동에 간섭하게 되는 가능성에 대해서 알아볼 것이다. 그리고 기후현상이 인간 생활(human affair)에 어떻게 영향을 주는가를 고찰할 것이다.

현재 주기적으로 반복되고 있는 기후 사건들을 확인하기 위한 유일한 연구방법은 이들 현상의 연속 상태를 특징짓는 —어느 경우에는 이들 현상을 일으키기도 하는— 대기, 해양 및 지상 환경 또는 우주 환경의 발달을 다루는 것이 유용하다는 사실이 분명해진다. 이러한 방법으로 우리는 한 상태로부터 다른 상태로 이끄는 물리적인 과정들과 무엇이 시간적인 출현을 조절하거나 변화시키는지를 이해할 수 있을 뿐만 아니라 궁극적으로 전체 연쇄의 원인들을 발견할 수 있을 것이다. 제4장에 제시된 한 가지 사례는 대규모 화산폭발에 뒤

이어 성층권에 지속적으로 먼지베일(dust veil)이 형성되는 전형적인 연쇄를 기술한 것이다. 인간 활동에도 그 원인이 이해되어야 하는 여러 주기가 있다. 이들 중의 일부는 기후와 환경의 주기적인 현상과 관련된다. 낮과 밤의 주기는 사망률, 범죄발생률과 다른 활동의 변화와 관련되고, 그중의 일부는 평화를 방해한다. 그 다음 규모로 한 해의 계절순환과 매년의 파종시기 및 수확은 사람들의 건강과 에너지가 언제 일반적으로 최상의 시기인가, 기근·영양부족과 기아가 언제 나타날 것인가, 언제가 여행하기 가장 쉬운 시기인가, 그리고 언제가 군사활동에 양호한 시기인가를 특징짓는다. 수년간의 긴 시간 단위에서 연구한다면, 우리는 비즈니스 활동에서 높은 신뢰도를 갖는 주기와 무역주기를 관찰하는 것과 마찬가지로, 전체주의 국가에서조차 완전하게 가려지지 않은 것으로 보이는 정치적 성쇠(political pendulum)의 변화를 관찰하게 된다. 그 길이가 한 세대에서 수세기까지 이르는 더 긴 기간 우리는 강력한 체제나 독재체제가 민주주의로 전환되는 것을 목격하게 되고, 흔히 혼란과 무질서로 점진적으로 퇴보하면서 민주주의에 뒤이어 다시 독재체제가 나타나는 것을 목격하게 된다. 그리고 우리는 도덕적·사회적 생활과 가족규율(family discipline) 분야에서도 한 세대에서 다음 세대로 마찬가지로 변동하는 것을 보았다. 이는 독립성을 추구하는 한 세대가 바로 전 세대의 생활방식으로부터 벗어나려고 하다가 때로 그 이전 과거 세대의 생활방식을 다시 취하기 때문이다. 그리고 인간의 제도(human institution)의 단순한 노화[혹은 '마모(wearing out)']는 시간이 지나가는 과정에 문명을 쇠퇴시킨다고 믿는 아놀드 토인비(Arnold Toynbee)와 같은 사람들도 있었다. 그렇지만 이 모든 경우에 기후의 주기와 같이 일부 외적 사건들이 주기를 단축시켜서 일련의 새로운 사건들을 일으킬 수도 있다. 따라서 기후의 역사와 인류의 역사는 전적으로 독립된 시스템이 아니라, 부분적으로 서로 영향을 미치는 시스템이다. 이러한 관련성의 원인과 결과를 추적하고 확실하게 어떤 규칙성을 찾을 필요가 있을 것이다.

유럽에서 12~13세기의 문화적 발달 및 정력적인 활동의 절정과 일치하는 중세 절정기의 온화한 기후 이후 중세 말에 쇠퇴하는 일련의 과정들은 인류의 역사에서 가장 불행했던 교훈들 중의 하나를 간접적으로 제시하고 있다. 유럽의 북부와 고지들(그리고 또한 우리가 아는 바와 같이 북아메리카의 중서부)에서 흉작으로 인하여 경지가 방치되고, 농장과 마을들이 황폐화되고, 양을 사육하는 초원이 폐쇄됨으로 인하여 큰 고통과 사회적인 어려움, 그리고 폭동과 반란이 일어났다. (어느 동기 때문이든지) 실제로 토지를 새로이 더 생산적으로 이용하고 있던 사람들에게 그 책임이 전가되었다. 현명한 대비와 피해받은 사람들이 공감할 만한 설명을 동반한 기후의 성질에 대한 더 나은 이해를 가지고, 미래에 우리가 그러한 긴장 상태를 더 잘 극복하기를 바라는 것은 지나친 바람일까? 어떤 일이 잘못되고 있을 때 누구의 실수냐고 묻는 것은 항시 적절한 것인가?

BBC 종교방송(<Thought for Today> 1978년 7월 21일)의 한 연설가는 우리의 현 세기의 특징으로 생각하기 좋아하는 이해의 진보를 발표하며 다음과 같이 말했다. "대량 실업의 책임은 누구에게 있는가? …… 세계의 불경기에 대한 책임은 누가 져야 하는가? …… 이에 대한 답변은 우리임에 틀림없다." 그러한 연설은 세계 사회의 도처에 있는 다른 사람에 대한 도덕적 책임감을 불러일으키기에 충분한 것이다. 그러나 이러한 경우는 실제로 1970년대의 극심한 기상현상으로 일어난, 예를 들어 1972년(그리고 1975년)과 같은 대규모 흉작과 세계 식량 비축량에 대해 흉작의 영향을 고려하는 측면에도 적용된다.

이 책은 독자들에게 기후의 발달, 변화무쌍한 기후의 역사, 기후가 인류의 생활에 미친 영향에 관한 내용을 소개할 것이다. 인류의 역사는 진공 상태에서 일어나지 않았고, 항시 여러 종류의 변화가 일어나고 있는 환경의 배경 앞에서 일어났다. 인간에 의해서 발생한 변화 이외에도 동물과 식물세계의 종들 사이에는 끊임없는 생존경쟁이 일어나고 있다. 토양과 자연경관 자체의 발달과 같이 동식물의 발달도 변덕스러운 기후의 영향을 받고 있다. 일부 변화들은 느리게 점진적으로 일어나고 있고, 어떤 변화들은 뚜렷하고 급격한 사건들을 남겨놓았다. 우리는 이들 모든 현상의 사례를 보게 될 것이다.

다음의 3개 장에서는 필연적으로 기후와 기후변화의 물리적인 기초에 관해서 다룰 것이다. 여기서는 기후의 성질과 인간 생명을 위한 변화하는 배경의 적절한 특징을 제시하는 충분한 그림 자료를 포함시킬 것이다. 이 책의 나머지 부분에서는 기후의 역사, 그리고 과거와 현재의 기후의 발달을 제시할 것이다. 그 외에도 기후의 부침(浮沈, climatic vicissitudes)이 미치는 영향이 증명될 수 있는 한, 인간 생활의 측면들과 다른 환경의 변화에 대한 관계들을 서로 엮어 제시하겠다.

우리는 한 세대 전에 통용되던 생각과 반대로 인류가 과학과 기술혁명을 통해서 기후변화와 기후변동이 미치는 영향으로부터 결코 해방되지 않았다는 사실을 알게 될 것이다. 우리가 어느 정도의 저항력을 가졌던 수십 년이 지난 이후 (과거의 큰 기근을 포함하는) 이들 영향에 대한 취약성이 다시 한번 증가하고 있다고 생각된다. 인구폭발과 충분한 식량을 생산하는 일이 어렵기 때문에 우리는 기후변화로 일어날 더 큰 위험에 직면해 있다. 이러한 상황은 세계 전역에서 점점 더 높아지는 생활수준에 대한 요구로 더 나빠지고 있다. 그리고 절대 고갈 상태까지 ―특히 농업에서― 체계적으로 자원을 남용하는 것은 이러한 위험성을 더욱 증가시키고 있다.

매년 자연재해로 인한 세계의 총피해액은 400억 달러로 추정되고 있다. 이 중에 3/4의 원인은 주요 기후재해인 것으로 보고되고 있다[예: 1979년 제네바에서 개최된 세계기후회의(World Climate Conference)에서 클라크 대학(Clark University, Worcester, Mass.)의 케이츠(R. W. Kates) 교수]. 예를 들면 홍수가 40%, 열대 사이클론·허리케인·태풍이 20%, 가뭄이 15%

를 차지한다. 과거와 다르게 선진기술이 있는 현대 문명국가와 국제기구는 자연재해로 인한 해당 지역의 고통을 신속하게 돕고 구원할 수 있게 했다. 그러나 서로 연결된 메커니즘 및 잘 적응된 균형을 이룬 이러한 복잡한 전 세계적인 공동사회가 그들의 선조보다, 작물지대 및 여러 종류의 식량생산에 적합한 지역의 현저한 지리적 위치변화가 일어나거나, 또는 사람들이 대량 이주를 하게 되는 장기간 기후변화의 영향을 ―특히, 그것들이 급속하게 나타나면― 더 잘 흡수할 수 있는지는 의심스럽다.

그러므로 기후변화가 일어난 속도, 특히 기후의 역사에서 더 빠르게 극적으로 나타난 사건들을 더 잘 이해하도록 노력하는 것이 중요하다. 더욱이 이러한 변화를 예고할 수 있는 초기의 징후를 확인하는 것이 중요하다. 다른 한편으로 우리가 이러한 현상들에 적절하게 반응할 수 있기 위해서는 인류 사회의 조직이 얼마나 유연해야 하는가에 대해서 연구를 해야만 한다.

2. 기후 문제

기후의 정의

기후는 특정 기간 지구 상의 어느 장소에 발생한 일기현상의 총체(total experience)라고 정의된다. 국제적인 합의에 의해서 기후통계(climate statistics)와 관련되는 기간은, 예를 들어 1941~1970년과 같이 보통 30년이다. 그렇지만 우리는 다른 목적에 대해서, 별도로 50년 또는 100년과 같은 좀더 긴 다른 기간을 선호하고 있다. 그리고 예를 들어 1940~1949년 …… 1970~1979년 등과 같이 우리의 수치체계에 근거하여 (우리의 할아버지들이 행한 것과 같이) 우리의 언어 관습에 상응하게 10년을 선호하는 이유가 있는 것도 보게 된다.

기후는 과거에 흔히 '평균 일기(average weather)'로 잘못 정의되었다. 기후를 정확하게 기술하는 데 필요한 통계는 평균뿐만 아니라 흥미 있는 모든 출현 현상의 극값과 빈도를 포함한다. 고대 그리스 단어 클리마(κλιμα)는 원래 태양의 경사와 관련되는 두 위도 사이의 지구의 한 지대를 의미하는 것이다. 그러므로 이 단어는 그 지대에서 지배하는 온난한 정도 및 일기 상태와 관련된다. 이러한 관련성은 16세기 이후 오랫동안 이 단어가 영어에서 사용되었을 때 '지방(풍토, clime)'이라는 단어에 여전히 내포되어 있었다. 이 단어는 우리가 말하려고 하는 바와 같이 지배하고 있는 기후만을 의미한 것이 아니라, 이에 부속되는 지상의 환경, 식생 등을 언급하는 데도 일반적으로 사용되었다.

사람들은 최근에 기후를 지나치게 당연한 것으로 간주해왔다. 아무리 명백하게 기후가 매년 변동할 수 있다고 하더라도, 19세기 말 이후로 사람들은 기후가 불변한다라는 가정 아래 실질적인 모든 일을 결정해왔다. 사람들은 해마다 나타나는 변동을 우발적(random)인 것으로 간주해왔다. 그렇지만 일부 눈에 띄지 않는 주기들이 이러한 변동에서 역할을 할 수 있고, 아마도 예보를 위해서, 예를 들어 유럽에서 10년 동안 가장 날씨가 좋았던 여름을 지적하기 위해서 또는 거대한 동아프리카 빅토리아(Victoria) 호의 수위가 높았거나 낮았던 해를 예측하기 위해서 매년의 변동을 제한적으로 사용하였다. 여하튼 그렇게 예측한 것은 때로 실패로 돌아갔다. 사람들은 빙기가 '지질학적'으로 오래된 과거에 나타났던 것으로 알고 있었다. 그러나 로마 시대의 기후가 현재와 크게 다르지 않았던 것으로 생각했다. 그리고 이러한 사실이 그 사이의 모든 세기에도 적용된다고 가정했다.

우리가 다음의 장들에서 알게 되는 바와 같이, 이들 세기에 유럽과 다른 지역들에서 실제로 끊임없이 기후는 변하였다. 중세 절정기에 오랜 기간 분명하게 쾌적했던 온난기에 뒤이어, 특히 17세기와 그 전후로 전 세계적으로 더 한랭한 기후가 발달하여 아마도 마지막 대빙기(major ice age) 이후 최대로 빙하가 확장되었다. 이러한 결과는 당시의 원시적인 인류의 경제로는 감당할 수가 없어서 역사에 영향을 미치게 되었다.

기후와 역사에 관한 초기 기록

우연하게도 이러한 소빙기(Little Ice Age) 시기의 많은 저자들과 그 당시에 살았던 일부 초기 과학자들은 세계 여러 민족의 '기질'과 성향에 대한 '기후 이론(climate theory)'으로 알려진 것에 관심이 많았다. 이것은 적어도 히포크라테스(Hippocrates)와 고대 그리스까지 소급되는 이론이다. 아리스토텔레스(Aristotle)는 지구의 추운 지대, 온난한 지대, 중간 지대와 관련시켜서 각각 인간의 '자연적인 기질(natural character)'을 기술하고, 이를 그 당시의 그리스인들(the Hellenes[1])이 탁월하다는 그의 이론의 기초로 삼았다. 아리스토텔레스는 당시의 그리스인들이 스스로 화합할 수만 있다면 세계를 지배할 수 있을 것이라고 믿었다. 여러 국가들은 이러한 위험한 이론에, 더욱이 각 민족의 이기주의에 가장 부합하는 형태로 이 이론에 곧바로 관심을 가졌다. 이러한 내용은 17세기에 분별 없는 쇼비니즘(chauvinism: 맹목적 애국주의)의 발달에 기여하였다. 이러한 직관(直觀)은 20세기의 일부 광신적인 민족주의(fanatical nationalism)의 형태로 재발했다. 셰익스피어 시대의 연극 관람자들은 과장된 고정관념으로 외국의 대상들이 표현되는 것을 좋아했다. 이러한 취향은 의심할 여지 없이 지리상의 발견시대에 기인한다. 17세기 잉글랜드 신교도의 설교는 유럽 남부의 구교를 믿는 부도덕한 사람들에 관한 많은 내용을 포함하고 있었으며, 북부에 사는 사람들은 '우둔하고 멍청한' 것으로 간주되었다. 그러므로 잉글랜드 사람들은 실제 잉글랜드의 위도대에만 일부 관심이 있었다! 잉글랜드의 한 작가는 −충분히 무해(無害)하게− 그의 나라의 자만하는 유머 감각을 기후와 '우리의 거친 음식(粗食, gross diet)'의 탓으로

1) 옮긴이 주: 헬레네스(Hellenes)는 고대 그리스인이 자기 민족을 부르던 이름이다.

돌리고 있다. 다른 사람들은 왕정복고시대(Restoration)[2] 연극의 부도덕성을 사람들이 '다른 어느 것보다 영국의 기후로 인해서' 빠지기 쉬운, 마음의 우울과 비관을 없애기 위해 필요한 것으로 정당화시키고 있다.

당연히 과학자들은 인류에 관한 진리를 이해하려는 단계로서만 그 이론에, 그리고 어떤 미량의 진리가 그 안에 숨어 있을 수 있는가에 관심이 있다. 거기에는 분명하게 문제가 있다. 고대의 질서와 힘의 시기 이래로 현대 그리스의 '야만적(barbaric)'인 상태와 이탈리아의 쇠퇴한 상태를 사람들은 어떻게 이해해야 하는가? 그리고 17세기에 덴마크, 독일, 그리고 실제 잉글랜드에서 초기 게르만족들의 자유민주주의 생활태도가 어떻게 사라질 수 있었는가? 이것이 그 당시에 급속하게 성장하기 시작한 새로운 지식을 가려내는 데 필요한 단계였겠지만 이들 의문이 함축하고 있는 세계의 정적(靜的) 개념을 주목하는 것은 흥미롭다. 기후와 국가들의 인종적 혼합과 생물학적 유산이 몇백 년 사이에 변할 수 있을 것이라는 생각은 아무에게도 없었던 것 같다. 혹은 런던, 파리, 플로렌스, 특히 취리히와 코펜하겐의 관련 분야의 지도자들과 아마도 일부 과학자들이 결국 그 당시에 마을을 위협하고 샤모니(Chamonix)와 그린델발트(Grindelwald)의 초지를 삼켜버린 알프스 빙하의 확장을 알고 있었고, 같은 일이 노르웨이의 농지에서도 발생하고 있고 얼음이 아이슬란드 주변에서도 증가하고 있다는 사실을 알 수 있었겠는가? 확실히 미들로디언(Midlothian)[3] 주 샐토운(Saltoun)의 앤드류 플레쳐(Andrew Fletcher)는 스코틀랜드 고지 교구들(upland parishes)에 몇 년 동안 닥친 흉작, 기근, 사망 등의 참혹한 경과를 잘 알고 있었다. 그는 1698년에 스코틀랜드 국회에서 그의 두 번째 강연을 하며, 동부 저지의 부유하고 고통을 받지 않는 사람들의 관심 부족을 비판하였다.

1492년에는 당시의 교황이 그린란드 주변 바다가 광범위하게 얼어 그린란드 사람들에 대해 우려한 기록이 남아 있다. 잘 알려진 바와 같이 유럽으로부터 단절된 그린란드의 옛 바이킹(Viking) 인구는 궁극적으로 사멸하거나 사라졌다. 아이슬란드 주변에 해빙(海氷)이 다시 새롭게 증가하고, 그 지역에서 거대한 화산이 폭발한 후인 1784년에 덴마크 정부는 —그 당시에 이용할 수 있는 자원으로 보자면 놀라운 제안인— 아이슬란드를 소개(疏開)시켜서 인구를 유럽에 재정착시켜야 하는지의 여부를 논의하였다. 그러나 당면한 긴급 상황과 인명 손실에도 불구하고 궁극적으로 불필요한 것으로 증명되어 이러한 대책은 시행되지 않았다.

---

2) 옮긴이 주: 영국 내란(청교도 혁명) 때 폐위되었던 찰스 2세가 1660년에 복위한 사건으로 찰스 2세 재위 기간(1660~1685년)의 통칭이기도 하다.

3) 옮긴이 주: 1975년 행정조직 개편 때까지 영국 스코틀랜드 남동부에 있던 주.

불변하는 것으로 본 기후

최근까지 기후를 불변(constant)하는 것으로 보는 견해가 널리 주장되고 있다. 이러한 견해는 아마도 세계 주요 도시들의 표준기상계기(standard meteorological instrument)들로 행해진 최초의 장기간의 기상관측 기록으로부터 나온 선부른 결론에 불과하다. 이들 중 많은 기록은 19세기 말경부터 100년에 걸치는 것이다. 1875년과 1895년 사이에 유럽과 북아메리카 동부에서 지배적이었던 기온이 바로 한 세기 전의 기온과 매우 유사한 값이 된 것은 우연한 일이었다. 그 사이에 —1820~1850년의 알프스 산맥의 주요 빙하의 절정기— 중요한 빙하 확장이 있었던 더 추운 수십 년의 기간이 있었고, 실제로 1960년경 혹은 그 후까지 세계 모든 지역에서 일반적인 빙하 후퇴가 시작된 좀더 온난한 시기가 뒤따랐다.

기후가 근본적으로 불변한다는 결론은, 100년간의 기록은 사실 기후가 불변한다는 것을 확증하기에 충분하지 않았는데도 처음에는 과학적 관찰을 근거로 한 판단으로 생각되었지만, 그 이전의 세대가 습득한 지식 및 경험과 맞지 않았다. 실제로 1775년부터 최초의 전국적인 기상관측망이 설립된 것은 기후가 '좀더 종속되는(more and more subject)' 것으로 생각되는 '계절 경과의 급작스러운 변동', 그리고 농업생산과 인간의 건강에 미칠 영향에 대한 우려 때문이었다.

그러나 기후가 불변한다는 가정은 어떤 계획을 짜기 위하여 기후통계를 이용하는 실무에는 편리한 것이었다. 이것은 '충분한(enough)' 해들(말하자면 20년 혹은 30년)의 기상관측으로 조사되는 기온, 강수, 일사량 등의 평균치와 일반적인 변동범위가 미래를 위한 타당한 지침이 된다는 것을 의미했다. 그리고 어느 해들에 관측된 것이 포함되어야 하는가 하는 의문에는 답변이 필요하지 않았다. 심지어 기온 등의 궁극적인 극값들을 추정하도록 유용한 통계기술이 개발되었다. 마찬가지로 어느 표본 기간이든지 이용할 수 있는 여러 가지 기후 요소들의 모든 관측값들로 나타나는 빈도분포를 이용하여 드물게 일어나는 사건들의 ['재현기간(return period)'으로 알려진] 평균 재현 간격을 통계적으로 계산할 수 있게 되었다. 따라서 건축기사들은 50년에 1회, 혹은 500년에 1회로 예측되는 가장 강력한 돌풍, 가장 심각한 범람, 서리 또는 최고기온에 대한 수치 자료를, 모두 단지 30년 또는 그와 유사한 기간의 관측을 기초로 이용할 수 있었다. 관측계기와 그것들의 설치, 그리고 관측기록의 유지를 규정된 과학시대의 표준에 따르게 하는 것이 유일하게 중요한 기준으로 생각되었다. 따라서 기후학은 근본적으로 —그 이상도 그 이하도 아닌— 기상학의 부기(簿記) 분과가 되었다.

1935년에 국제기상기구[International Meteorological Organization: 현 세계기상기구(World Meteorological Organization)의 전신]의 회의에서 기후의 표준화 방향으로 첫 발을 내딛게 되

었다. 모든 기후의 목적에 1901~1930년의 관측을 소위 '기후표준평년(climatic normal period)'으로 이용하는 것이 추천되었다. '표준'이라는 단어를 선택한 것은 불행한 일이지만, 이 단어는 기후학의 실무에서 계속 사용되고 있다. 표준이라는 단어는 자연이 이러한 표준을 알고 이러한 상태들이 지속적으로 선별된 기간의 체제로 돌아올 것이라는 인상을 주었다. 당연한 과정으로 '신표준평년(new normal period)'으로 대체된 다음 30년인 1931~1960년이 1901~1930년의 기후값을 능가하긴 했지만, 1901~1930년은 매우 비정상적인 기간이었다. 전구적으로 이들 기간은 아마도 지난 수세기 동안 그러한 길이의 기간 중에서 가장 온난한 기간이었으며, 여러 지역에서 가장 습윤했던 기간이었다!

미래의 계획을 위해서 표준평년을 기초로 기후확률(climate probabilities)을 언급하는 것, 특히 극심하고 드문 사건들의 출현을 언급하는 것은 때로 약 1950년 이후부터 심각하게 잘못된 것으로 증명되었다. 예측되는 드문 사건들의 재현기간을 조사된 관측 기록의 길이보다 더 긴 기간에 대해서 제시하는 것은 확실히 현명하지 못한 것이다. 그에 따라서 우리는 계기관측을 이용할 수 있는 기간 이전으로 과거 기후 기록의 지식을 확대시킬 필요가 있다. 이를 위해서 우리는 다음 장에서 다룰 여러 종류의 과거 문서 기록(documentary record)과 '대용(proxy)' 자료를 이용해야만 한다.

불변하는 기후를 '실용적인 목적을 위해서' 채택한 것은 수긍할 수 있는 근거로 그래야 했던 것보다 더 오랫동안 계속되어온 것 같다. 이는 효과가 있었다. 그러나 근년에는 잘 맞지 않고 있다. 실제로 대략 20세기의 시작부터 1940년대까지 지속적인 기후변화가 일어났으나, 그 변화는 생활을 더 편안하게 하고 세계 대부분 지역에서 대부분의 활동과 대부분의 사람들에게 스트레스를 감소시키는 방향으로 일어났다. 너무 덥지는 않았지만 평균 기온은 상승했고, 해빙(海氷)이 후퇴하는 북극에서 가장 뚜렷하게 기온이 상승했다. 유럽에서는 혹한의 겨울이 수십 년 동안 거의 나타나지 않았고, 매년의 기온변동은 감소했다. [로키 산맥과 안데스 산맥의 풍하효과(lee effect) 혹은 '비그늘(rain-shadow)' 지역이 더 뚜렷해지고 중위도 편서풍이 더 강해진 아메리카를 제외하고] 큰 대륙 내부의 건조한 지역들에 더 많은 비가 내렸다. 그리고 계절풍은 인도와 서아프리카에서 더 규칙적으로 나타났다. 앞선 수십 년의 기후통계에 기초한 계획은 실제로 대략 1950년까지 많은 활동들에 대해서 더 폭넓게 안전한 여유를 허용했다.

매우 추운 겨울이 없던 거의 45년간은 1940, 1941, 1942년에 유럽에서 주목할 만큼 매우 추웠던 제2차세계대전의 겨울(war winter)과 함께 급격하게 끝났고, 다른 해로는 많은 눈과 매우 낮은 기온으로 기억되는 1947년이 있다. 다른 추운 겨울들은 1956년에 뒤이어졌고, 1963년에 가장 두드러졌다. 1963년에 북반구의 여러 지역에서 매우 긴 겨울이 있었고, 이해 겨울은 잉글랜드에서 1740년 이후 200년 동안 가장 추운 겨울이었다. 그리고 1960년대 말에는 북극 해빙이 아이슬란드 해안에 밀려내려와 문제를 일으켰다. 1970년대 초반과 중반에 유럽과 북아메리카에서 또 다른 온화한 겨울들이 있었으나, 유럽의 더 많은 추운 겨울이 1979, 1982, 1985년에 뒤를 이었고, 그중의 일부는 북아메리카에도 영향을 주었다.

연구에 미친 영향과 지식의 발달

모든 것이 만족되는 한, 장기간의 기후 성질에 관한 연구는 등한시되었다. 1930년에 스웨덴의 기상학자 토르 베르제론(Tor Bergeron)[4)]은 기후학을 기후발달을 연구하는 활기 있는 학문으로 만드는 데 결정적인 기여를 하였다. 그러나 이러한 그의 견해가 관철되기까지는 30년이나 걸렸다.

1950년 이후로 기후 경향은 변했다. 처음에는 미미하였으나 1960년대에는 북반구에서 매우 두드러졌던 지구 한랭화(global cooling)가 그 이전의 기온상승 경향으로 역전되었다. 분명하게 1970년 이후 유럽에서 5회 또는 6회의 온화한 겨울과 대략 같은 기간에 미국 동부에서 3회 또는 4회의 온화한 겨울, 그리고 같은 지역들에서 1975년과 1976년에 2회의 매우 더운 여름은 판단을 주저하게 했고, 1960년대의 기후변화에 관한 많은 논문들은 이 주제를 지나치게 강조했다는 인상을 주었다. 그것은 1970년대 말 북아메리카와 유럽의 일부 지역들에서 기록적인 혹한의 겨울이 나타나기 이전이었다. 그러나 계획가들은 기본적인 연료 공급과 관련된 정치적 불확실성이 경제에 더 큰 위협으로 간주되어야만 한다는 결론을 내렸다. 그렇지만 1960～1970년 이후 여러 나라에서 매우 주목할 만한 극심한 계절들, 기근과 수확량 부족이 있었다. 그리고 이러한 현상들은 바로 그 다음 해들에 발생한 정치적 어려움과 무관하지 않았다. 이러한 사실은 가장 명백하게 사헬(Sahel) 지대와 위도 10～20°N의 다른 지역에서 수년간의 가뭄과 '아프리카의 뿔(Horn of Africa)' 지역에 국제적인 갈등을 가져온 1973년 에티오피아(Ethiopia)의 혁명에 적용된다. 1972년의 가뭄과 흉작에 뒤이은 전 세계의 곡물 부족이 1973년에 제1차 대규모 유가상승[석유파동(oil shock)]을 일으킨 것으로 주장되고 있는데, 그 이유는 석유가 풍부한 사막 국가들이 식량을 구입하기 위한 그들의 지불능력을 안정시키려고 했기 때문이다. 여하튼 1년 내에 세계의 밀 가격은 2배나 상승했고, 유가는 4배로 상승하였다.

이것은 기후와 기후변동성이 현 세계의 주요 문제들과 어떻게 관련되어 있는가를 보여

4) T. Bergeron, "Richtlinien einer dynamischen Klimatologie," *Meteorologische Zeitschrift*, vol.47, Berlin, 1930, pp.246-262.

주는 한 가지 사례에 불과하다. 그러나 높은 인구성장과 지속적으로 증가하고 있는 생활수준에 대한 기대를 통해서 자원, 특히 식량 생산과 물 공급이 지나치게 요구되고 있다. 이미 현재 일부 해들에는 수요가 (인간의 기술을 이용하여) 자연이 제공할 수 있는 양보다 많았다. 과학적 지식이 이러한 요구를 만족할 만하게 충족시키지 못하는 시점에서 이러한 경험들이 기후예보가 필요한 것으로 인식하게 했다.

1960년대까지 농업기술의 향상, 특히 수확기계의 도입으로 작물 손실이 감소했다. 그뿐만 아니라 수십 년 동안 기후가 양호하여 도움이 되었다. 동시에 비료 및 농약 사용의 증가와 새로운 종자들의 개발로 수확량이 크게 증가했다. 그러나 그때 이후로 대부분의 해들에 수요가 생산을 앞질러서 1975년경에 일수 공급량으로 계산되는 세계 곡물 저장량은 1961년의 1/4 이하로 감소하였다. 1960～1979년 사이 적어도 5년간 소련의 (때로 중국에서도) 수확에 영향을 준 가뭄과 인도에서 약해진 계절풍 때문에 이들 나라는 서방, 특히 실제로 북아메리카의 잉여 생산량 중에서 엄청난 양의 곡물을 구입해야만 했다. 1972년에 이 모든 지역의 수확량 감소는 또한 아프리카 사헬 지대의 지속된 가뭄 및 기아와 일치하고 있다.

급격한 세계의 인구성장과 더 높은 생활수준에 대한 기대는 기후변동에 대한 우리의 취약성을 분명히 증가시켰다. 또한 농업과 세계무역의 합리화의 결과로 취약성이 증가되기도 하는데, 특히 거대한 지역들에서 그곳에서 가장 잘 성장하는 것으로 추측된 하나 또는 두 종류의 작물이 재배되고 있기 때문이다. 이것은 근본적으로 예보된 기후의 불변성에 의존한다. 그리고 기상 조건이 예상된 범위를 넘는 특정한 해에조차 심각한 결과가 발생할 수 있을 것이다. 단일작물 경제(one-crop economy)는 과거 수많은 대기근(大饑饉)의 원인이었다. 더욱이 근년에는 전 세계의 기후가 다시 한번 좀더 큰 변동 범위를 나타내고 있다.

이들 문제에 더하여 미래의 인구성장과 에너지 수요에 관한 계산은 모든 언론매체에서 농업지대의 이동을 일으키는 지구 기온의 극적인 상승에 관한 보도를 하게 하였다. 이것은 우리가 화석연료(석탄과 석유 등)를 연소하여 대기에 추가적인 이산화탄소를 방출하고, 인공비료로부터의 질소산화물을 포함하는 다른 물질과 이들과 다른 과정(예: 핵에너지)에서 나오는 폐열에 의한 회피할 수 없는 결과로 간주된다. 2100년경에 기대되는 온난화에 관해서 발표된 추정치는 2～11℃까지에 이르고, 더 극심한 것은 그린란드와 남극대륙의 육지 상의 빙상이 녹을 때 세계의 해면이 급격하게 상승하기 시작할 것이라는 사실이다. 이것은 우리가 의심과 회의를 할 만한 이유를 알고 있다고 하더라도 심각하게 고려되어야만 하는 표면적으로 확고한 과학적 지식에 근거한 의견이다.

이러한 배경으로 당시 미국 국무장관이었던 헨리 키신저(Henry Kissinger) 박사가 1974

년 4월 15일 UN 총회에서 행한 연설에서 기후변화의 위협을 언급하고 '이 문제를 긴급하게 조사할' 적절한 국제과학기구의 설립을 추진했다. 세계기상기구(WMO, World Meteorological Organization)는 수년 동안 그 목표 중의 하나로 기후 문제를 연구할 전구대기연구프로그램(GARP, Global Atmospheric Research Program)을 조직해왔다. 미국은 1978년에 국회법(Act of Congress)으로 국가기후연구계획(National Climate Research Program)을 채택하여 선도적인 역할을 했다. 미국은 모든 이용 가능한 기후 자료를 수집·분석하여 이 문제를 연구하는 데 폭넓은 국제적 협력을 보장하기 위하여 1980~2000년의 20년간을 국제기후년(International Climate Decades)으로 지정할 것을 촉구했다. 다른 나라들에서는, 지구 전체에 대해서 이용 가능한, 근년에 행해진 관측에 근거한 이론적인 모델의 완성에만 관심이 있었다. 더 긴 기간을 분석하기 위해서 모든 이용 가능한 관측 자료를 수집하는 것도 마찬가지로 필요하다. 이 기간은 우리의 미래 계획 기간에 중요한 기후변화와 기후변동의 모든 자연적인 과정들의 통계적으로 유용한 반복(재현)의 수를 조사하기 위해서 충분히 길어야 한다.

하버드 대학교 국제문제센터(Harvard Center for International Affair)의 전임 특별위원이었고, UN의 영국 대표였던 크리스핀 티컬(Crispin Tickell) 경은 지구 상의 인구성장과 우리가 일으킬 수 있는 기후변화로 인해 예상되는 무서운 결과를 매우 명백하게 제시했다. 1991년 영국왕립지리학회(Royal Geographical Society)의 회장 취임연설에서 그는 다음과 같이 주장했다.[5]

> 행성 표면은 …… 빠르게 변화하고 있다. …… 산업사회의 영향은 증가하는 인구를 억제할 수 없게 했다. …… 그것은 조만간 다가올 것이다. …… 내가 태어났을 때(1930년) 인구는 20억이었고, 현재는 53억이며, 아마도 2025년경에는 약 80억이 될 것이다.

그리고 그는 계속해서 이야기했다.

> 사람들이 서구의 식생활 수준을 즐길 정도의 지구의 개략적인 부양능력은 약 25억이다. …… 결국 우리가 무엇이 일어나고 있는가를 파악하지 못하고 있다면, 우리는 불행으로 가는 롤러코스터(roller coaster)를 타고 있는 것과 같다. …… 우리는 에너지 정책의 변화를 포함한 새로운 폭넓은 평형 상태를 위해서 일해야 할 것이다.

그는 1993년에 그의 회장 취임연설에서 이 주제를 다시 언급했다.[6]

---

5) *Geographical Journal*, vol.157, no.3, pp.326-329.
6) *Geographical Journal*, vol.159, no.2, pp.219-226.

현기증 나게 인구와 변화를 증가시키는 주 원인은 일반적으로 산업혁명이었다. 우리가 지불해야 할 지구에 대한 엄청난 대가(global price)가 분명히 나타나게 될 …… 아마도 첫 번째 세대가 되는 불운을 경험할 것이다.

여러 가지 측면들이 있다. …… 가장 중요한 변화는 벽돌, 돌, 콘크리트의 보급과 도시 확장이 아니라 …… 전 세계적인 삼림 파괴와 토양 비옥도의 저하이다. …… 세계의 어느 지역도 산업 활동으로 발생한 폐기물로부터 제외되지 않고 있다.

그들 중의 일부가 파국적이었던 과거 인구감소의 사례들과 영향을 받은 지역들에서 역사의 모든 주요한 사건들의 종말을 고하는 데 분명한 원인이 되는 사례들을 이 책에서 언급할 것이다. 일부 사례에서는 기후 사건들이 흔히 인간 생활과 사람들이 종속되는 경제에 대한 스트레스로 촉발된 질병 및 전쟁과 관련하여 분명하게 역할을 하였다. 아마도 가장 잘 알려진 사건들로 서기 543~547년 유스티니아누스(Justinian) 황제 통치시대에 로마 세계 전역과 그 밖으로 퍼진 대역병(大疫病, the great plague)과 1348~1349년에 극동으로부터 유럽에 도달한 흑사병(黑死病, the Black Death)으로 알려진 페스트(the great pestilence)가 있다. 이들 두 사례에서는 익숙한 일기체제의 요란이 전염병의 발생 원인에 포함되는 것으로 생각된다. 이 두 사건은 가뭄과 대열파(great heat)가 있던 일부 해들로 점철된 간헐적인 큰 폭풍이 있던 습윤한 시기에 발생했다. 중세 말에 서기 1310년과 1320년 사이 -1315년에 가장 나빴던- 유럽에서 피해가 많았던 습윤한 여름과 흉작은 1330년대, 특히 1332년에 중국의 호우와 하천이 범람했던 해들이 유사하게 뒤따랐다. 중국의 대하곡(河谷)과 넓은 평야에서 이러한 조건들은 설치동물들의 서식지와 그들의 생활방식을 파괴하여 이들이 새로운 지역을 찾아 헤매게 한 것으로 추측된다. 페스트가 1333년에 중국 내륙에서 가장 먼저 발병한 것이 중요하다.

이른 시기부터 소아시아(Asia Minor)와 아랍 지역에서 방치된 관개시설과 경작체계뿐만 아니라 중앙아메리카와 동남아시아에서 그 후의 삼림 성장으로 '삼켜져 버린' 거대한 건축물과 도시들의 무언의 고고학적 증거는 사라진 인구와 격렬한 사건들의 다른 사례들과 추측하건대 기후가 역할을 했던 경관 변화의 사례들을 제시하고 있다. 이들 사례는 확실히 티컬의 경고가 사실적인 것으로 간주되어야만 한다는 점을 강조하고 있다.

1840년대에 참혹했던 아일랜드의 감자 기근(Ireland potato famine)에서는 기후가 촉발작용하여 여러 인자들[7]이 같은 결과가 나타나도록 마련해놓은 재해를 마침내 일어나게 만드는 주요 역할을 했다. 이 기근은 현재 합리적으로 완전히 기록된 인구재해를 제시하고 있다. 1845년에 감자마름병(potato blight)을 발생시켰던 온난습윤한 일기와 바로 다음 해

7) A. Bourke and H. Lamb, *The Spread of Potato Blight in Europe in 1845-6 and the Accompanying Wind and Weather Patterns*, Dublin, Meteorological Service, 1993, 66pp.

들의 여름은 대부분의 서유럽과 북유럽에 영향을 주었으며, 여러 나라에서 감자마름병을 일으켰다. 더욱이 이 감자마름병은 아무도 경험하지 못했던 새로운 질병이었다. 이 질병은 예기치 않게 라틴아메리카에서 벨기에로 감자를 선적하는 데 들어와서 1845년 7월과 8월에 미풍의 동풍으로 아일랜드로 날아왔다. 다른 미풍들이 이 질병을 스코틀랜드, 노르웨이, 폴란드까지 멀리 다른 나라들에 전파시켰으나 이러한 질병이 창궐하기에는 이들 나라의 여름이 너무 추웠다. 그러나 벨기에와 네덜란드에서는 그해에 감자 작물의 3/4 이상이 파괴되었다. 이 질병이 발생하여 아일랜드를 더욱더 곤란하게 만든 것은 그곳의 사회적 상황이었다. 아일랜드의 인구는 1820년에 650만 명에서 1845년에 거의 850만 명으로 빠르게 성장하였으며, 그때 이후로 20세기 말까지 거의 2배가 되었다. 이 인구는 다음 세대에 분할상속을 하는 대부분의 농촌 인구였다. 이들은 대체로 넓이가 6ha 이하이고, 일부는 1ha인 작은 농촌 소지구(plot)들에 거주하였다. 이러한 토지지구에는 그들의 배를 채울 수 있는 한 가지 작물만이 있었다. 그것은 바로 감자였으며, 불행하게도 이 질병에 특히 취약한 것으로 증명된 값싼 럼퍼(Lumper)종이었다. 일반적으로 빈곤하여 많은 가족들이 단조로운 식사를 더 입맛에 맞게 만들 소금조차 구입할 수 없는 상황이었다. 엄청난 수의 인구가 사망했으며, 만원의 선박으로 대량 이민이 시작되었다.

더욱이 남풍과 남서풍이 부는 온난하고 습윤한 대서양의 모서리에 있는 아일랜드의 위치로 인해 이 질병이 재발하여 잇따른 여러 해 동안 작물을 황폐화시켰다. 그러나 1846년의 훨씬 더 건조했던 여름에는, 더 동쪽에 위치한 대부분의 나라들에서 이 질병이 발생하지 않았다.

과거의 기후기록을 복원하는 것은 가장 폭넓은 학제간(interdisciplinary) 연구 프로젝트 중의 하나이다. 기상과 기후가 우리의 삶과 환경의 거의 모든 측면과 관계가 있는 바와 같이, 이러한 과거 기후기록의 증거는 수많은 다양한 장소들에서 발견되고 있다. 고전기와 고전기 이전(pre-Classical)의 고사(古事)에 관한 저작물과 비문(碑文) 연구로부터 핵물리학으로 확인된 원소들의 동위원소를 이용한 연구까지 대부분의 학문 분야가 과거의 기후 복원에 기여할 수 있다. 이론가들이 그들의 모델을 시뮬레이션하여 대기와 해양의 성질을 탐구하는 데 이용하고 있는 대규모 기상학의 전산실 운영과 비교하여 이러한 연구의 대부분은 비용이 많이 들지 않는다. 실제로 두 가지 유형의 연구가 모두 필요하고, 이들 유형 사이에는 지속적인 공동연구와 상호교류가 있어야만 한다. 그러나 일반적으로 실제 과거 기후기록의 복원과 분석을 위해서 이용할 수 있는 연구기금보다 20배에서 50배나 많은 기금이 이론연구에 배정되었다. 모든 학문과 마찬가지로 설명되어야 할 현상을 이론적으로 이해할 수 있기 전에 현상을 관찰해야만 할 것이다.

이러한 인식이 이제 점점 증가하고 있다. 한 가지 관점에서, 기후 이론 분야를 연구하는 실험실들은 기후의 성질이 자연에서는 결코 나타나지 않을 인간이 방출하는 오염물질과 열에 의해서 미래에 어떻게 변할 수 있는가를 설명하는 데 분명히 가장 많이 기여해야만 할 것이다. 그렇다고 하더라도 이론적 결과들은, 첫째, 추정되는 양들이 실재적이고, 둘째, 실제 세계를 시뮬레이션하기 위한 모델의 능력이 발생했던 것으로 알려진 여러 기후체제에 적용하여 검증되는 한에서만 신뢰될 수 있을 것이다.

우리는 분명히 기후에 관해서 더 많이 알고 이해해야만 할 것이다.

이러한 주제를 연구하는 데 있어서 부주의하게 되는 일부 함정들을 지적하는 것이 타당할 것이다. 우리 모두는 －전문과학자들, 조언을 필요로 하는 의뢰인들이나 문외한들 모두가－ 우리가 살고 있는 시대의 실제적인 경험과 사고방식에 젖어 있다. 그 결과로 기후 문제와 현재의 기후발달을 연구하는 사람은 보통 다음과 같은 가정들로부터 출발할 것이다.

① 기본 관측 자료는 －의심할 여지가 없는 사실들을 확인하기 위하여－ 높은 질의 계기를 갖춘 안정된 관측망에서 나와야 한다. 계기의 눈금 조정(calibration)은 만족할 만하게 검증되어야 하고, 계기의 설치는 인정되는 현대의 표준을 따라야 한다.
② 가장 우수한 컴퓨터와 가장 앞선 수학 모델들을 갖춘 실험실들은 틀림없이 예보를 필요로 하는 문제에 대한 최상의 해답을 제공해야 할 것이다.
③ '장기간 느리게 지속되는 기후변화 과정'은 확실히 고려하지 않을 수 있다.
④ 우리가 오늘날 관측하고 있는 기후체제에서의 변화들, 또는 계획을 세우는 데 있어서 중요한 시간 단위(time-scale)에서의 변화들은 확실히 인간 활동에서 비롯된다.

이들 중 처음의 두 가정은 여러 다른 관점에서 가치가 증명된 과학시대의 정통한 내용에 기인한다. 그러나 우리가 기후 문제를 이해하려고 하면, 네 가지 항목 모두 그 이상의 조사에 필요한 예단(豫斷, prejudgement)이 되는 것을 알게 될 것이다. 이들을 하나씩 고려하도록 하겠다.

① 17세기에 기본 기상계기인 기압계·온도계·우량계가 발명되었다.[8] 그리하여 이들 기상계기로 장비를 갖춘 관측지점망이 점진적으로 설립되었다. 약 1950년까지 기후는 대체로 온난한 경향으로 변해왔다. 그에 따라 일부 기후 과정들과 발달은 길게 지속되었다. 계기관측이 시작되던 시기에 더 추웠던 조건들과 빙하를 확장하게 했던 반대 방향으로 일어난 변화는 분명히 다른 사례를 제시하고 있다. 우리가 이러한 변화와 후빙기(post-

8) 풍향계는 훨씬 더 오래된 것이다. 초기의 우량계도 극동에서, 그리고 고대 로마 세계의 일부 지역에 존재하는 보고서에 의하면 존재했던 것으로 알려져 있으나, 그 기록은 남아 있지 않다.

glacial)에 일어났던 다른 체제를 이해하려고 한다면, 우리는 기상계기가 알려지기 전에 존재했던 상황을 복원하는 방법을 찾아내야만 할 것이다. 약 1950년부터 1970년대 말까지 세계의 대부분 지역에서 관측된 기후 경향이 적어도 한랭화 경향을 제시하고 있기 때문에 이러한 방법이 더 필요하게 되었다.

② 아무리 능숙하게 수학이 이용된다고 하더라도, 기후발달을 시뮬레이션하는 컴퓨터 모델 역시 여러 가지 이유로 불완전하다. 전 세계적으로 가능한 한 완전하게 필요한 관측자료를 파악하기 위해서 대기와 해양의 성질이 모델 시뮬레이션을 통하여 연구되는 기간은 1950년 이후의 매우 짧은 기간이다. 때로 이 기간은, 예를 들어 전지구대기연구프로그램(GARP)의 범위에서와 같이, 특별히 국제적으로 합의된 관측 노력으로 수행된 최근의 수년에 불과하다. 수십 년 또는 그보다 오랜 기간의 기후변화에 대해서 사람들이 실제로 그 이전부터 정확하게 알지 못하고 있는 중요한 세부 내용은 간과되어왔을 수 있다. 어느 정도까지 과거의 기후가 모델로 설명될 수 있는가는 검증되어야 한다. 더욱이 시뮬레이션되어야 하는 대기 내에서, 그리고 대기와 해양 사이에서 일어나는 복잡한 상호작용들이 그다지 알려져 있지 않아서(교환계수 등) 사람들이 어느 한 가지 변수를 바꾸기만 해도 바로 다른 변수들이 변하게 된다. 이로 인하여 사실상 임의의 결과가 나타날 수 있다. 예를 들어 대기에서의 사건들로 일어난 해양에서의 변화, 대기에 대한 해양의 반응, 또는 운량의 변화와 대기와 해양의 열수지에 대한 운량의 반응이 고려되지 않은 모델에서 특히 임의의 결과가 나타날 수 있다.

이와 같은 학문의 현 상황에서 과거 관측기록에 크게 의존한 여러 사건들의 빈도와 확률에 대한 보험 통계의 추정치(actuarial estimates)는 계획을 위한 기초로서 이론가들의 특정한 예보보다 일반적으로 더 수용될 수 있을 것이다. 그러나 우리는 어떤 과거 관측기간을 이용할 것인가? 잉글랜드에서는 약 1900년에서 1930년대까지 40년 동안 하천을 결빙시킬 만큼 추운 긴 서리 기간(유상기간)이 두 번 있었다. 그러나 19세기에는 서리 기간이 10년 동안 2회에서 4회나 되었고, 1940년 이후 다시 10년에 한두 번 있었다[금세기 초 10년들의 온화한 기후는 영국에서 주택의 벽 내에 또는 심지어 외벽에 상하수도 배관을 설치할 수 있게 하였는데, 이것은 동파(凍破) 위험을 무시한 것이다. 금세기 초 기후가 온화한 시기에 시작된 영국 철도의 전철화는 (송전용) 제3레일시스템(third rail system)을 채택했는데, 이것은 추운 날씨에 정전이 잘 되는 것으로 악명이 높다]. 이와 유사한 변화는 많은 도로를 차단하고 경지에서 작업을 중단시키기에 충분할 만큼 강설 빈도에 영향을 주었다. 그리고 우리는 이 지역과 세계의 여러 다른 지역들에서 가뭄 및 홍수와 관련한 이와 유사한 변화를 보게 될 것이다. 이 모든 경험은 관련 기간의 계획과 목적에 영향을 주었다. 따라서 표면적으로 객관적인 통계 연구의 결과는 그 결과가 관측기간의 선택에 종속되어 실제로 임의인 다양한

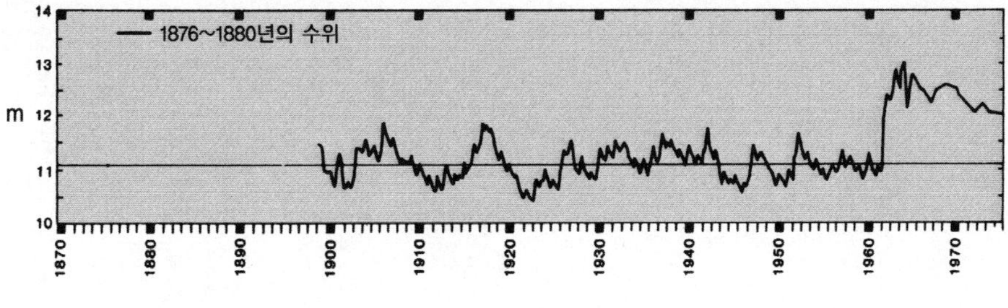

<그림 1> 적도 동아프리카 빅토리아 호의 수위 변동. 1876~1880년의 수위는 이 지역을 최초로 조사한 유럽인 탐험가가 보고하였다. 1899년 이후는 진자(Jinja)에서의 수위 측정(1961년까지는 월평균이고, 그 이후는 연평균이다).

결과를 제공할 수 있다. 따라서 여기서 다시 좀더 상세한 학문적 이해의 필요성이 나타난다. 우리는 현재로부터 계획하고자 하는 미래의 기간까지의 물리적인 기후발달과 실제로 유사한, 우리가 이용하는 통계와 관련되는 기간을 선택해야만 한다. 여기서 자료로 작업하는 연구자들은 그가 관찰하는 대기순환과 기후의 발달을 이해하고 유사한 결과를 정확하게 확인하기 위하여 이론가들의 도움을 필요로 한다. 관찰과 이론은 나란히 발전해야만 한다.

③ 우리가 이미 알게 된 바와 같이 기후변화의 과정은 길며, 그중의 일부는 확실하게 길다. 그러나 이들 과정은 또한 일부 계단과 같은 급격한 변화를 포함하고 있다. 따라서 동아프리카의 유역분지에서 적도의 비로 공급되는 빅토리아(Victoria) 호의 수위는 1961년 3개월 내에 1m 이상 상승했다. 이것은 수위계가 설치된 이후 그 이전 60년간의 전체 범위를 능가하는 것이다. 그리고 1970년대 말에 그 수위는 여전히 원래의 수위로 하강하지 않았다(<그림 1> 참조). 적도 동아프리카의 다른 큰 호수들에서도 같은 시기에 수위가 상승하였다. 이들 호수의 수위는 1870년대에 더 높았고, 19세기 말에 수위가 급격히 하강했다는 사실이 현재 알려져 있다(20세기 초의 동아프리카 적도 호수들의 낮은 수위는 대체로 중위도에서 탁월한 편서풍이 가장 지속적으로 발달했던 기간과 일치하고, 지구 전체의 바람 순환 및 수증기 수송의 변화와 관련이 있는 것으로 생각된다). 그러므로 중요한 문제는 기후변화가 일어나는 속도와 관련이 있다.

④ 오늘날 또는 가까운 장래에 관측될 수 있는 모든 기후변화가 인간에 기인할 수 있다는 견해에 대한 반론은 증명되지 않았고, 도시나 산업지역 밖에서는 통용되지 않는다. 우리는 다음 장에 포함된 문제들에 관해서 더 이야기하게 될 것이다. 그럼에도 불구하고 환경에 대한 인간의 '무례함(insults)'이 점점 다양한 방향으로 늘어만 가고 그 규모도 커지고 있다는 관점에서 본다면 분명히 우리가 만족할 만한 여지는 없다. 그 대신에 신중한

계산과 세심한 주의가 필요하다.

우리가 과거 기후기록에 관한 또 다른 지식 혹은 현재 기후의 성질을 이해하기 전에 기후가 어떻게 발달하고 매일의 기상 패턴이 어떻게 발생하는가를 개괄적으로 고려해볼 필요가 있다. 다행히도 대규모 바람과 해양순환이 작용하는 것을 조사할 때 고무할 만한 일부 단순한 측면도 발견된다. 그리고 적어도 우리가 기후 시스템을 하나의 지구 실체로서 이해할 수 있다는 사실은 분명하다.

1부
기후의 발달

3. 기후는 어떻게 작용하는가?

기후는 어떻게 발생되는가?: 기본 문제

기상과 기후는 지표의 가열 및 냉각의 결과와 대기 및 해양의 순환으로 발생된다. 이 장에서는 대체로 기후를 조절하는 '메커니즘'으로서 바람 및 해양의 순환을 다룰 것이다. 어느 한 장소의 기후는 다음의 요소와 인자들에 의하여 결정된다.

① 입사태양복사와 지구방출복사 사이의 복사수지. 에너지의 증가와 감소는 주로 위도에 종속되나, 또한 그 장소의 방위(북사면 또는 남사면)와 대기의 투명도에 따라서도 달라진다. 북부에 위치한 국가들의 양지바른 남사면은 저위도의 복사기후를 누리고, 북사면은 그와 반대가 된다. 그러나 낮의 길이는 두 사면 모두 실제 위도로 결정된다. 운량, 엷은 안개[박무(薄霧), mist], 연무(煙霧, haze)와 수증기량뿐만 아니라 오염물질은 대기의 투명도에 영향을 주며, 입사태양복사와 지구장파복사 사이에서 선택적으로 영향을 준다.

② 열과 수분은 바람에 의하여 공급·운반된다.

③ 열과 수증기는 바다와 다른 수괴(水塊)들에 의하여 저장·운반·공급된다. 여기에서 해류와 그 변화가 중요하다.

④ 한 장소와 그 주변의 지형적 특성, 특히 토양과 지표상의 물의 양, 식생·삼림 또는 건물이 바람에 가하는 마찰, 구릉·산지·해안에 의한 바람의 마찰과 통로작용(channeling) 등 이들 모두는 국지적인 가열과 냉각의 차이를 통해서 국지풍 순환을 일으킬 수 있다. 이 모든 인자들 중에서 가장 중요한 것은 지표의 색깔과 반사능(reflective power)이다. 입사열(incoming heat) 중에 얼마가 흡수되는가는 반사능에 종속된다. 따라서 지표의 건조도－포장된 도시지역과 인공적으로 배수되는 토양의 주목할 만한 특징－는 흡수되는 복사에너지의 각 단위당 지표온도가 얼마나 상승하는가를

결정한다.

이들 인자와 요소들은 대체로 단기간 변동의 영향뿐만 아니라 장기간 변화의 영향도 받는다. 일부 변동은 규칙적이고, 1일 또는 1년 주기를 갖는다. 다른 변동들은 덜 규칙적이거나 또는 전혀 규칙적이지 않다. 적어도 ①번과 ④번에서는 인간이 영향을 주는 현상들을 알게 될 것이다.

열공급

전체적으로 보아 적도는 극보다 연중 약 2.4배 더 많은 태양복사에너지를 받는다. 이 비율은 연중 변한다. 하지(夏至) 때에는 극지방에 24시간의 낮 동안 적도의 1.4배나 되는 태양복사가 도달한다. 극지방에서는 지속적으로 덮여 있는 눈과 얼음, 그리고 구름에 의해서 반사되는 비율이 높기 때문에 여름에도 적도보다 적은 복사가 흡수된다. 이 시기에 최대복사흡수대는 캘리포니아(California) 주와 미국 중부를 통과하고, 그 다음에 사하라 사막의 지중해 해안을 따라서, 그리고 이란(Iran) 위를 통과한다. 남반구의 여름에 이에 상응하는 최대복사흡수대는 칠레(Chile) 북반부와 아르헨티나(Argentina), 희망봉(Cape of Good Hope) 부근과 오스트레일리아 사막 위를 통과한다. 동지(冬至)에 직달태양복사가 전혀 없는 극야(極夜) 지역은 약 위도 66.5°까지에 이른다. 적도에서 이용 가능한 에너지가 연중 10% 이하로 변하기 때문에 고위도에서의 큰 변화는 저위도와 극권 부근 또는 극권 너머의 지역들 사이의 경도(gradient), 즉 기온 차이가 한겨울에 가장 크다는 것을 의미한다. 겨울에 실제 기온경도는 증가한 눈과 얼음의 분포에 의해서 강화된다. 이것은 북반구에서 1월 말 혹은 2월 초에 위도 45°N의 북쪽에서 적은 양의 복사가 흡수되는 것을 의미한다. 지구의 장파방출복사가 고려될 때, 위도 20° 부근에서 극쪽으로 어느 지역에서나 한겨울에 순복사손실이 있다. 이 상황은 북반구와 남반구에서 대부분 같다.

앞 절에서 제시된 모든 수치는 수천 년과 수만 년 동안에 일어나는 지구궤도와 지축의 기울기의 완만한 주기적 변동의 과정에서 일부 (작은) 변화를 한다. 이들 변동은 빙기, 그리고 현재와 같은 온난한 간빙기의 출현과 관련이 있다. 그 결과는 (입사태양복사의 대부분을 반사하면서 소모시키는) 눈과 얼음이 가장 늦게 녹는 시기부터 가장 이르게 나타나기 시작하는 시기까지, 즉 여름과 가을의 길이의 변화로 나타난다.

열—그리고 바람이 지표로부터 빼앗는 수분—을 지구 상에, 특히 고위도로 재분배하는 것은 주로 대기대순환이다. 이보다 훨씬 느린 해양순환이, 그리고 특히 표면 해류가 그 나

<그림 2> 1978년 4월 22일 세계 구름 분포의 위성사진. 북대서양과 남대서양 상의 전선 구름띠는 각각 남그린란드와 남극 부근의 저기압 활동에 수분과 온난기단이 공급되는 것을 보여주는 반면, 수많은 작은 반점은 저위도로 이동하는 차가운 기단의 적운을 보여주고 있다. 적도 구름띠는 콩고 분지를 제외하고 상당히 약하게 발달하였다 (McDonald, Dettwiler and Associates Ltd, Richmond, BC, Canada – Environmental Satellite Data System이 제공하여 전재하였음).

머지의 열을 수송한다. 이 패턴은 대체로 표면수를 움직이는 여러 탁월풍들이 함께 작용하여 결정된다. 따라서 우리가 기후변화와 강수 및 폭풍 빈도 패턴뿐만 아니라 기온 패턴이 어떻게 변하는가를 이해하려고 한다면, 먼저 바람 순환, 그 규모 및 강도와 그 안에서 바람 순환이 영향을 주는 다양한 패턴을 연구해야만 한다.

장기간 변화의 관점에서는 대기보다 해류가 더 중요해지는데, 그 이유는 물의 높은 비열로 인하여 큰 해양의 질량에 저장되는 열량이 대기에서보다 많기 때문이다. 그러나 해

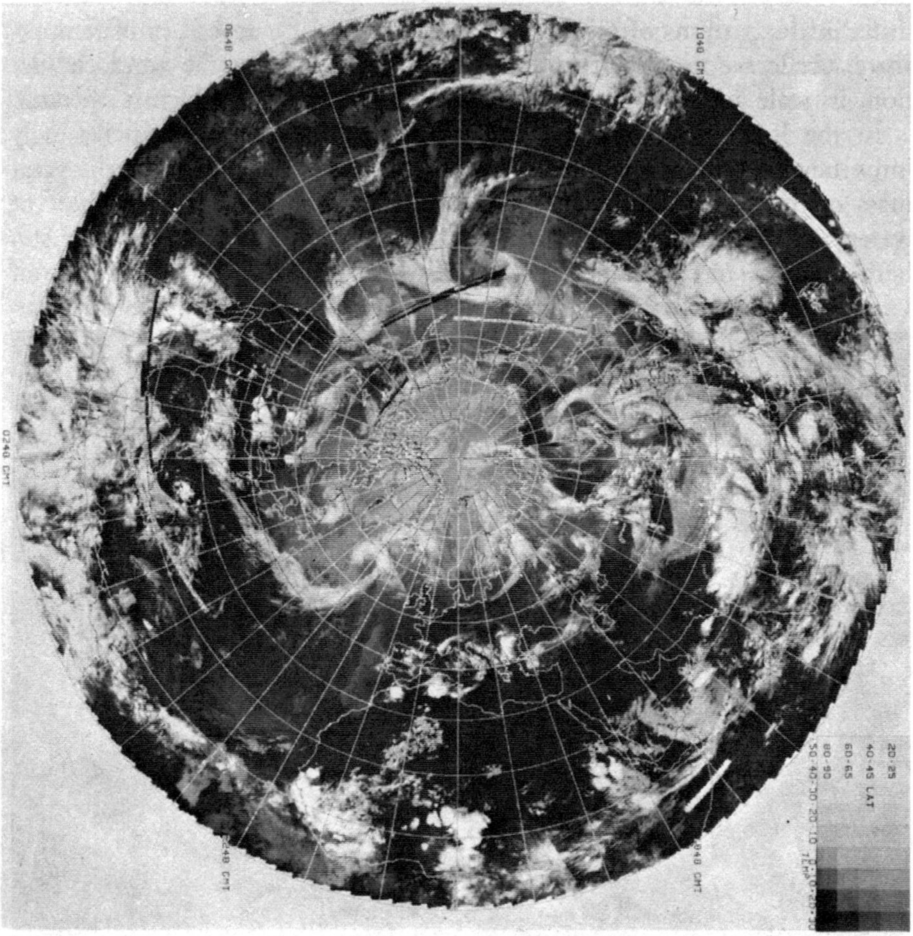

〈그림 3a〉 1976년 6월 27~28일 북반구와 남반구 전체의 구름 분포 위성사진. 온난습윤한 기단이 고위도 상의 저기압 활동에 공급되는 것을 나타내는 전선 구름띠는 양반구의 대부분 지역들에서 볼 수 있다. 이러한 경우에 북대서양 중앙에서 이 활동의 이동방향은 북쪽이다. 유럽은 대규모 한발과 열파의 중심에 있다. 잉글랜드의 기온은 이 양일간 32~34℃(90~94°F)에 달했다(National Climatic Center, Washington, D.C.가 제공하여 전재하였음).

류 패턴은 심지어 좀더 긴 기간에도 바람의 항력(抗力, drag)에 반응한다. 이와 반대로 지표면의 온도변화는 열저장과 관련해서는 별로 중요하지 않다. 수면보다 암석과 -그 안에 포획된 수분은 별개의 문제로 하고- 토양을 이루는 물질의 비열은 훨씬 낮다. 따라서 건조한 지표면의 온도는 모든 일기변화와 하늘 상태(sky condition)에 반응하여 빠르게 변하고, 지표에는 적은 열이 저장된다.

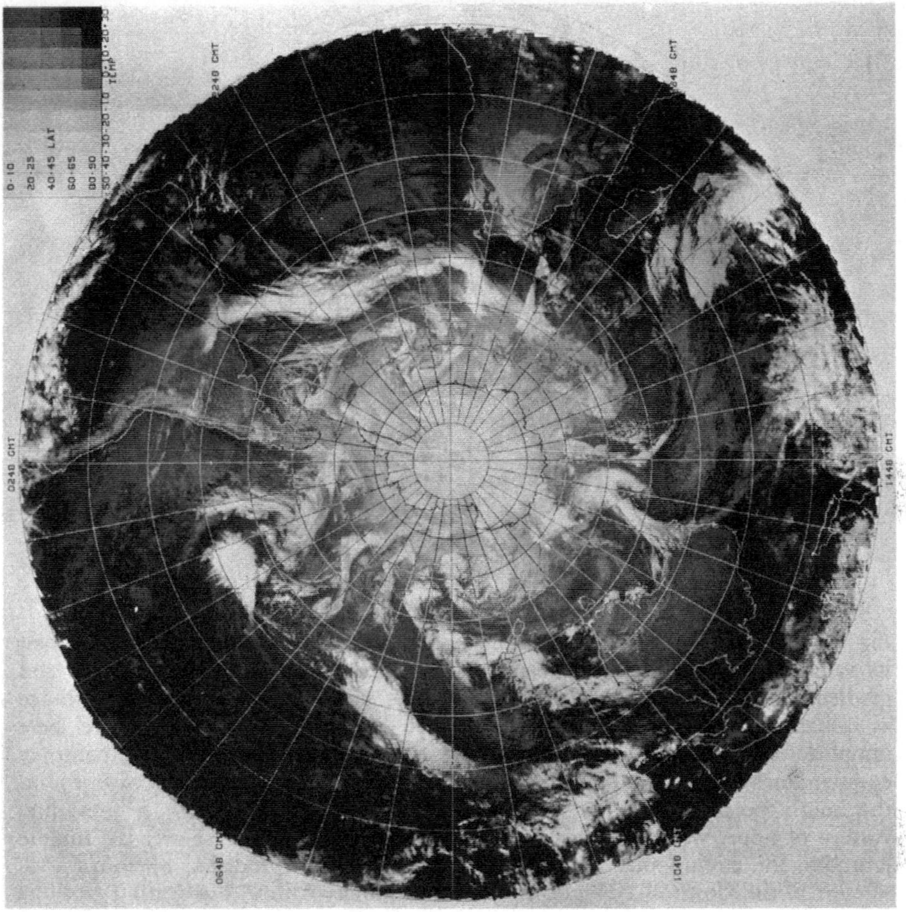

〈그림 3b〉

세계의 바람 순환

이 장의 위성사진들은 -기단이 바쁘게 대체로 비스듬한 경로를 따라서 극 방향으로 열과 수분을 운반하는- 대규모 바람 순환이 하나의 거대한 대류 시스템으로 간주될 수 있다는 사실을 보여준다. 사진(<그림 2, 3> 참조)에서 가장 현저한 특징인 주요 전선 구름띠 사이의 경선을 따라서 고위도로부터 차가운 기단이 -맑은 하늘 혹은 더 낮은 고도에 위치하여 때로 단절된 적운 형태(heap-type)로- 적도 쪽으로 운반된다. 우리는 다음에 이어질 대기대순환

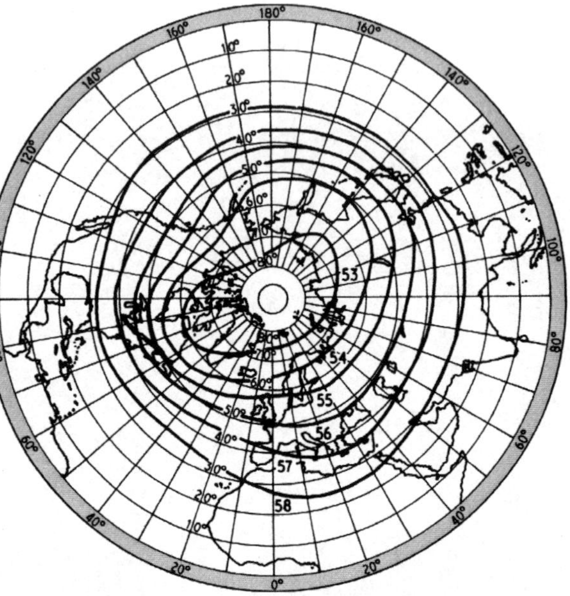

〈그림 4a〉 해수면 기압의 약 1/2인 기압 500hPa의 고도. 평균고도는 100m 단위이다. 여기서 제시된 500hPa의 등고선과 경도는 여기서 예시된 5~6km 고도의 등압선 및 기압경도와 대략 같은 의미를 갖는다. 평형 상태하에서 바람은 북극의 저기압 지역 주변에서는 등압선을 따라서 반시계방향으로 불고, 남극의 저기압 지역 주변에서는 시계방향으로 분다. 그러므로 이 지도들은 중위도에서 가장 강한 양반구상의 탁월한 상층편서풍의 패턴, 극둘레소용돌이(circumpolar vortex)를 보여주는 것이다(Crown copyright. the Controller of Her Majesty's Stationery Office, London이 세공하여 전새하였음).

의 기술에서 이들 개념의 의미를 뚜렷하게 제시할 것이다.

공기는 지구의 서로 다른 지대들이 차별 가열되는 것을 통해서 이동하게 된다. 이것이 어떻게 일어나며, 지구의 바람 순환이 어떻게 진행되는가는 개략적으로 쉽게 이해된다. 대부분의 다른 물질들과 같이 공기는 가열될 때(즉, 공기가 제한된 공간에 있지 않고, 추가 압력이 팽창을 저지하도록 공기에 작용하지 않는 한) 팽창한다. 이러한 까닭에 지구의 온난한 지역들 위의 하층 대기는 팽창하고, 상층 대기는 상승한다. 역학(力學) 용어로 표현하면, 태양에너지는 가장 많은 열을 흡수하는 지역들에서 공기 '중력의 중심(center of gravity)'을 상승시켜서 대기에 작용하게 된다. 이때 잠재에너지가 들어간다. 이와 대조적으로 추운 지역들 위에서는 하층 대기가 수축하여 상층 대기가 다소 하강한다. 이것은 지표면 부근의 복잡한 영향들 위에 있는 대기의 모든 고도에 기압경도가 존재한다는 것을 의미하는 것이다. 여기서 그 위에 있는 공기의 더 많은 질량 때문에 세계의 온난한 지역들 위에 높은 기압을 갖는 기층들이 있고, 추운 지역들 위에 낮은 기압을 갖는 기층들이 있다. 이를 통해서 우리가 <그림 4>의 북반구와 남반구 상에서 보게 될 매우 단순한 기압분포 패

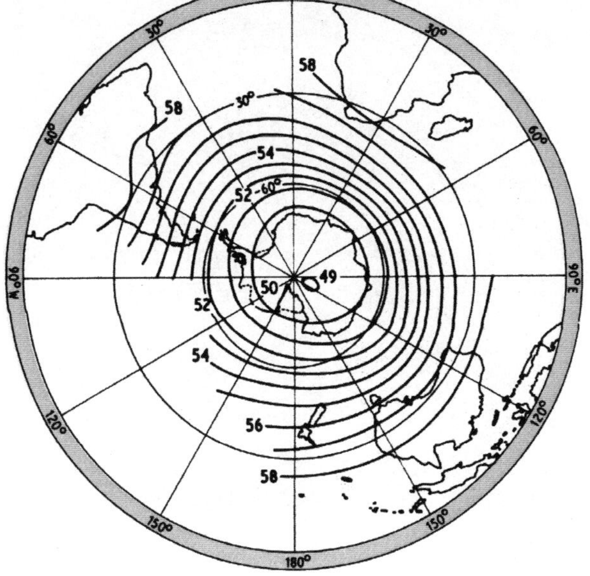

〈그림 4b〉

턴이 나타난다. 기압경도는 공기를 운동하게 하는 힘을 말한다. 위치에너지(potential energy)는 운동에너지(kinetic energy)로 전환된다. 그렇지만 움직이는 공기 아래에서 지구가 자전하기 때문에 이 운동은 기압경도를 따르지 않고, 거의 등압선에 평행하게 된다. 따라서 여기서 제시된 바와 같은 기압분포도는 기준 고도에서 지배적인 바람 흐름을 실제로 제시할 때 이용될 수 있다.

지도에 제시되어 있는 순환 패턴은 매우 단순하다. 이 순환 패턴은 각 반구의 주로 중위도 상에서 지구의 주위를 서에서 동으로 순회하는 단순한 대규모 바람의 극둘레흐름(circumpolar flow)으로 이루어졌다. 이것을 소위 극둘레소용돌이(circumpolar vortex)[1]라고 부른다. 그리고 지상 약 2km에서 15～20km까지의 상이한 고도에서 흐름 패턴은 어느 시기에나 대략 유사하다. 고도가 높아질수록 공기밀도가 감소하는데도 불구하고 이 층이 낮은 고도까지 내려와서 대부분의 대기 질량을 포함하고 있다. 따라서 이 상층편서풍은 실제로 대기의 주 흐름인데, 그 이유는 이것이 대부분의 운동량(momentum)을 운반하기 때문이다. 이 흐름은 결코 엄격하게 극 주위에서만 순환하는 것이 아니라, 패턴에서 이른

1) 옮긴이 주: 극둘레소용돌이는 '상층편서풍'과 같은 의미이므로 독자들의 이해를 위해서 이하 상층편서풍이라고 번역하였다.

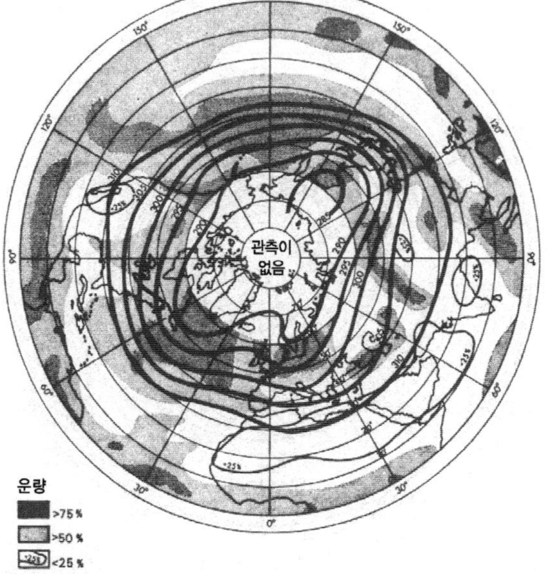

〈그림 5a〉 1962년 3~5월의 봄 동안 약 3km 고도에서 측정한 북반구상의 평균운량과 상층편서풍대의 평균배치를 찍은 위성사진(여기서는 700hPa 기압면 고도를 10m 단위의 평균고도로 제시하였음). 북유럽 위의 상층편서풍에 있는 정체 한랭기압골로 인하여 이때는 영국제도와 주변 국가들에 있어서 20세기 중 가장 추운 봄이었다. 그렇지만 주요 구름 지역들과 지도 상의 각각의 한랭기압골 사이의 관계와 상층편서풍과 함께 구름이 '하강기류(downstream)'를 퍼트리는 경향을 특히 주목하라(이것은 역사적으로 보아 위성에서 구름 측정을 할 수 있었던 최초의 계절이었다. 위성이 그때까지 북극 지역을 포함하지 못했었다).

바 기압마루(ridge)와 기압골(trough)이 있는 두드러진 파동 같은 사행(wave-like meander)을 한다.

일기계

기압경도가 더 큰(혹은 더 약한) 지역으로 공기가 이동하여 가속(혹은 감속)되기 때문에, 또는 그 경로가 더(혹은 덜) 곡선인 지역으로 공기가 이동하기 때문에 상층편서풍에서 바람의 흐름이 불균형한 지점의 바람은 등압선의 패턴에 잘 순응하지 못한다. 그러므로 이러한 지역들에서는 대기의 최하층 위의 기압을 변하게 하는 운동이 일어나고, 한 지역 위에 더 많은 공기가 집적되며, 다른 지역으로부터 공기가 이동하게 된다. 이러한 방법으로 매일의 지상일기도에서 친숙한 특징인 고기압계와 저기압계(high and low pressure system), 고기압(anticyclone)과 저기압(cyclone 혹은 depression)이 형성되어 강화된다(혹은 약화되어 점차

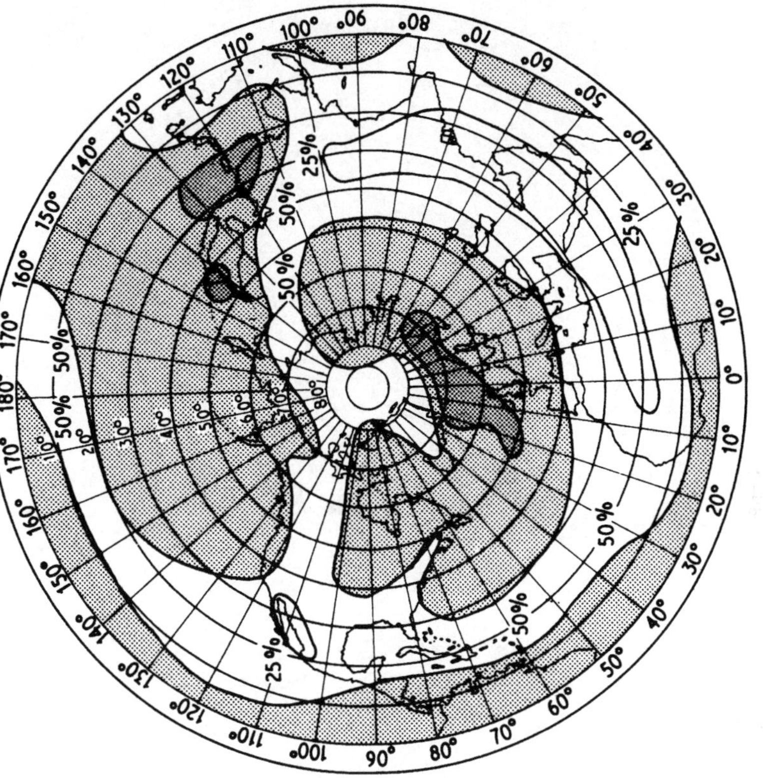

〈그림 5b〉 〈그림 4a〉와 대부분 같은 평균 상층편서풍의 패턴에 상응하는 봄(3~5월)의 장기간 평균 구름 분포.

로 억제된다). 따라서 우리에게 일기 현상을 일으키는 이들 일기계가 형성되고 소멸되는 장소들은 상층편서풍의 패턴에 지배된다. 고기압계와 저기압계의 이동경로는 이들이 활동하는 동안 강력한 상층바람에 의해서 제어된다.

지상 저기압계들과 이들과 관련되어 구름과 비(또는 눈)가 형성되는 장소들 중에서 상층기압골의 동측이 가장 중요하다. 한 가지 사례의 계절 동안 상층편서풍의 지배적인 패턴과 함께 이들 지상일기계 사이의 관계, 그리고 이들에 수반되는 운량과 강수가 <그림 5>에 제시되었다. 주 상층풍 흐름의 온난한 측을 따라서 대부분 높은 지상기압(high surface pressure)과 고기압(anticyclone)이 유지되는 반면, 지상에서 저기압(low pressure)과 저기압계들(cyclonic systems)은 상층편서풍의 주 흐름의 한랭한 측 부근의 대부분 지점들에 분포한다. 기류가 예를 들어 강한 제트류로 유입될 때 가속되면, 일부 장소들에서는 지상저기압 지역과 지상고기압 지역이 상층편서풍의 흐름 패턴에 정확하게 반대되는 쪽에 나

〈그림 6〉 1951~1954년 북반구(a)와 남반구(b)의 평균 해면기압(hPa)(Crown copyright. the Controller of Her Majesty's Stationery Office의 허락을 받아서 전재하였음).

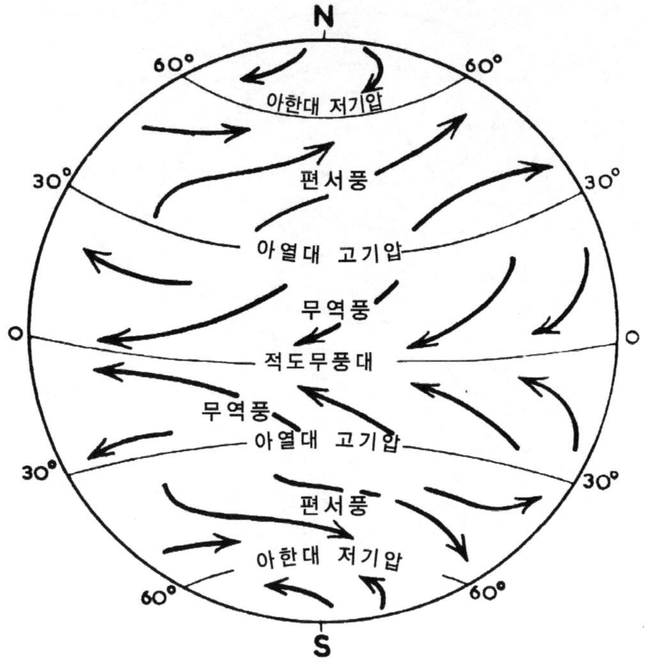

〈그림 7〉 상이한 위도에서 탁월한 지상풍(이상적인 개략도).

타난다. 여기서는 제트류의 온난한 측에서 저기압이 발달하고, 극측에 고기압이 형성될 수 있다.

<그림 6>과 같은 장기간 평균해면기압도는 가장 강력한 상층기압경도의 온난한 측과 상층편서풍 내에서 가장 강력한 바람이 부는 지역의, 아열대에 있는 고기압대를 보여주고 있다. 장기간 평균지상일기도에서 저기압은 가장 강력한 상층풍대의 극측 부근의 한 지대에서 나타난다. 바람은 북반구의 고기압계 주변(그리고 지면에서 이로부터 바깥쪽으로)에서 시계방향으로 불고, 저기압계 주변에서 반시계방향으로 분다. 남반구에서는 바람이 이와 반대로 분다. 이러한 평균기압도는 <그림 7>에 단순하게 스케치한 개략도에서 나타나는 바와 같이 서로 다른 위도에서 탁월한 지상풍을 암시하고 있다.

가장 큰 지상일기계의 크기—가장 큰 저기압계는 직경이 2,000~3,000km이고, 고기압계는 장축을 따라서 4,000km까지 달한다—는 남쪽과 북쪽지역으로부터 매우 다른 발원지를 갖는 지상풍이 지상 패턴의 일부에서 서로 만난다는 것을 의미한다. 이것은 <그림 8>의 개략도의 좌측 하단에서 볼 수 있다. 온난기단과 한랭기단이 수렴하여 전선(front)을 이룬다. 전선에서는 온난기단이 강제로 상승하여 구름이 형성된다. 그림에서 파선들은 상층풍(혹

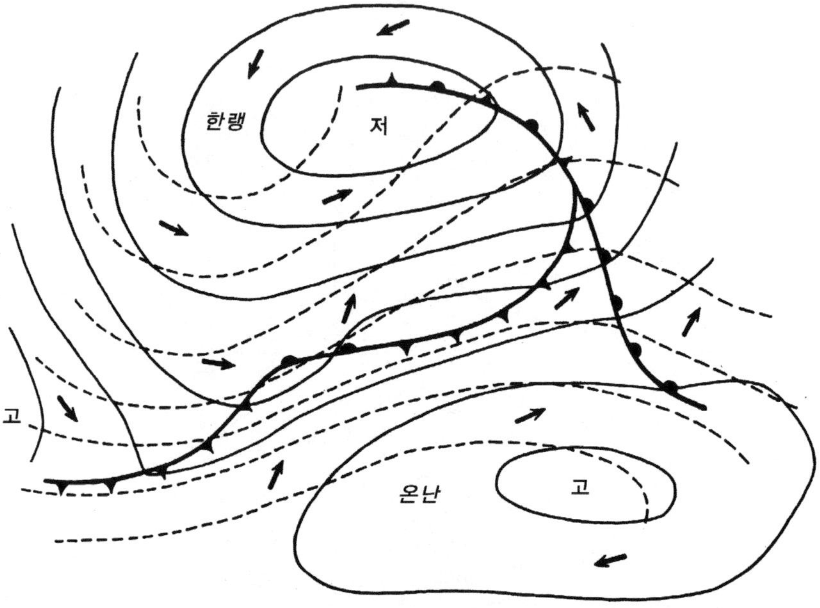

〈그림 8〉 동쪽으로 이동하는 전형적인 전선저기압과 상층편서풍(파선) 흐름에 대한 전선저기압의 관계(파선). 화살표는 패턴 각 부분의 지상풍을 가르킨다(북반구의 방향으로 그렸음. 남반구의 경우에는 이와 반대임).

은 엄격하게 상층편서풍의 기압 패턴)에 대한 저기압의 관계를 나타낸 것이다. 관련된 구름과 일기의 분포는 <그림 9>에 제시되어 있다. <그림 9>는 저기압 발달의 3단계를 보여준다. 대기권 하층에서 발달하는 강력한 저기압계들과 고기압계들은 온난기단을 고위도로, 한랭기단을 열대로 이동하게 한다. 이것은 잠시 동안 기온분포를 왜곡하고, 이를 통해서 부득이하게 상층 바람의 흐름 패턴이 그에 상응하게 변화된다. <그림 8>에서 제시된 일기 상태는 이미 상층편서풍대에서 기압골과 기압마루가 발달하게 하였다. 이러한 역학 시스템은 상층 흐름의 요란이 커져서 한랭기단이나 온난기단이 거의 모든 시스템 주위를 흐를 때까지 저기압과 함께 그 전면으로 이동한다. 이러한 일이 일어날 때 높은 고도까지 폐쇄되거나 혹은 거의 폐쇄된 저기압 순환이 일어난다. 그러면 이 시스템을 계속 이동시킬 흐름이 더 이상 존재하지 않아 저기압이 정체한다. 이 저기압은 그 안에 있는 기단들의 기온이 이들이 도달한 위도의 기온에 적응하게 되면 약화되어 점차로 소멸된다. 이 저기압은 또한 다른 저기압계들로부터 온난기단과 한랭기단이 공급되어 소멸되지 않을 수 있다.

앞에서 기술한 발달한 저기압 및 전선의 발달과 고기압과 같은 이들 지상일기계는 이들이 활동하는 동안 상층편서풍의 대규모적인 단순성을 복잡하게 하는 – 단기간 활동하고

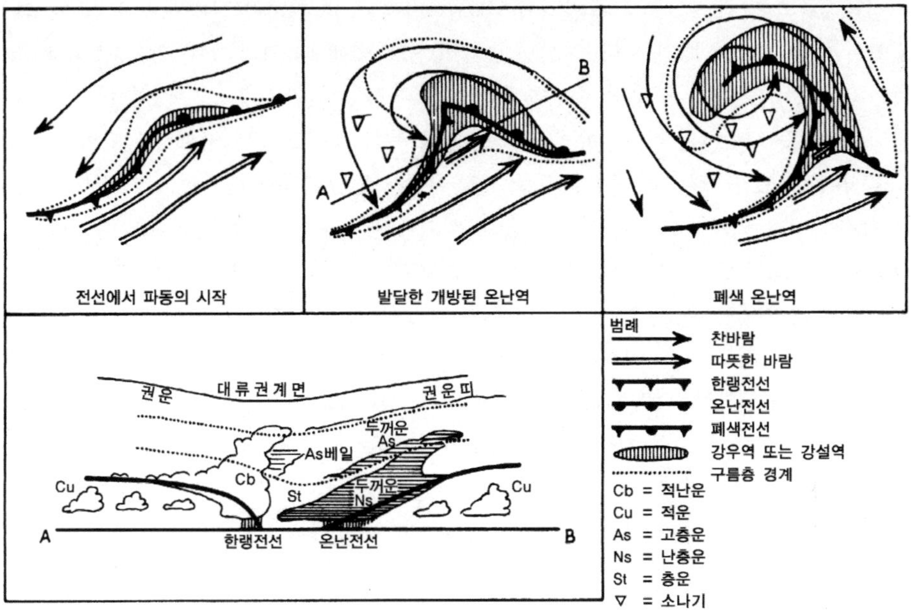

〈그림 9〉 전형적인 전선저기압의 생애의 3단계와 전선면 위의 온난기단의 구조를 제시하는 구름발달을 관통하는 선 AB를 따르는 연직단면(북반구).

때로 상당히 이동할 수 있는— 맴돌이(eddy)로 간주될 수 있다. 대규모 평균 흐름과 맴돌이 모두가 지구의 바람 순환을 통해서 극쪽으로 열을 수송하는 역할을 한다. '상층편서풍'의 경로에서는 항시 '파동(wave)' 혹은 사행(meander)을 하기 때문에 공기가 고위도 혹은 더 추운 지역으로 이동하는 장소들이 있다. 거기서 공기는 주변(환경)에 열을 공급하고, 복사를 통해서 우주로 열이 방출된다. 그리고 냉각된 공기가 저위도로 이동하는 곳에서는 공기가 열을 흡수하여 주변(환경)을 냉각시킨다. 발달해서 이동하는 지상 바람 순환은 각각 그들이 통과하는 지역 위로 열을 수송하게 된다.

바람에 의한 수분과 오염물질의 수송

이러한 바람 순환에 의해서는 열만 수송되는 것이 아니다. 바람에 의해서 흡수되는 수분(그리고 모든 형태의 오염물질)은 응결되어 물방울, 얼음 결정 또는 눈송이가 형성될 때까지 운반되고, 이들(그리고 오염 입자들) 자체의 낙하속도로 인해 지상에 떨어진다(일부 경우에는 오염물질이 이슬비·비·눈에 의해서 씻겨내린다고 말할 수 있다).

남극대륙의 빙모(ice-cap)로 운반되어 낙하한 미세한 양의 미량 금속(trace metal)에 의한 오염이 그 이전이나 그 후보다 1925년과 1940년 사이에 더 크다는 두 명의 프랑스 학자들의 흥미로운 관측은 상당히 중요한 현상을 지적하고 있다. 이 시기에 양 반구 상에서 상층편서풍을 형성하는 상층기류의 평균 상태가 특히 강했고, 규칙적으로 발달했다. 고위도의 빙모로 오염물질을 운반한 바람은 맴돌이에서 발달했음에 틀림없다. 그러므로 이것은 추측하건대 더 큰 크기로 성장하여 이 시기에 평균순환 패턴이 실제로 더 빈번하고 광범위하게 고위도와 저위도로 사행했던 다른 시기보다 극 방향으로 열과 수분을 수송하는 데 더 큰 역할을 했을 것이다. 이와 같은 사실은 중위도 상의 평균상층풍순환이 현저히 빈번하게 평활하나(smooth), 특히 강력한 극둘레소용돌이의, 단지 작은 진폭의 파동 혹은 사행을 하는, 편서풍 '대상'(동서순환) 패턴(westerly 'zonal' pattern)으로 특징지어진 시기에 남극대륙 부근과 그린란드 북부의 빙모에 최대의 눈이 집적되었다는 사실로 증명될 수 있다.

바람 순환의 변동

상층편서풍은 거의 사행을 하지 않는 평활한 편서풍의 '대상(zonal)' 형태와 큰 진폭의 파동 혹은 사행(<그림 10> 참조)으로 구분되는 소위 '자오면(남북순환, meridional)' 패턴 사이에서 변동한다. 때때로 사행의 진폭이 매우 커져서 흐름의 본류가 저중위도로부터 거의 극 주변까지 이동하다가 다시 돌아온다. 하나 혹은 두 개의 가까이 나란히 위치하는 고리(loop)들이 형성될 때까지 그 경로의 위치가 바뀔 수 있다. 그러한 고리들이 중위도(또는 심지어 아열대)에서 분리저기압(cut-off cyclone), 아니면 일반적으로 기압이 낮은 고위도에서 분리고기압(cut-off anticyclone)을 형성한다. 이러한 기압배치형은 일반적으로 느리게 이동하거나 정체하고, 지상풍과 기압 분포의 주요 특징 역시 느리게 이동하거나 정체한다. 지도의 일부에서 고위도의 고기압은 중위도에서 정상적인 지상풍을 편동풍이 되게 한다. 정체되거나 거의 정체된 일기 상태 때문에 이러한 일기 조건은 오랫동안 지속될 수 있다. 일반적으로 탁월한 상층편서풍이 중위도에 없게 되기 때문에 이것을 '저지상태(blocking situation)'라고 부른다. 편서풍과 전선을 동반한 이동성저기압의 일반적인 이동과 강우대는 저지되는 것으로 나타난다.

저지 상태는 여러 곳에 비정상적인 일기 상태와 기온이 나타나게 한다. 한 지역에서는 가뭄이 일어날 수 있고, 다른 지역에서는 홍수가 날 수 있는데, 그 이유는 구름과 비가 보통 통과하는 지역을 벗어나 다른 지역 위로 이동하기 때문이다. 비정상적인 바람의 흐

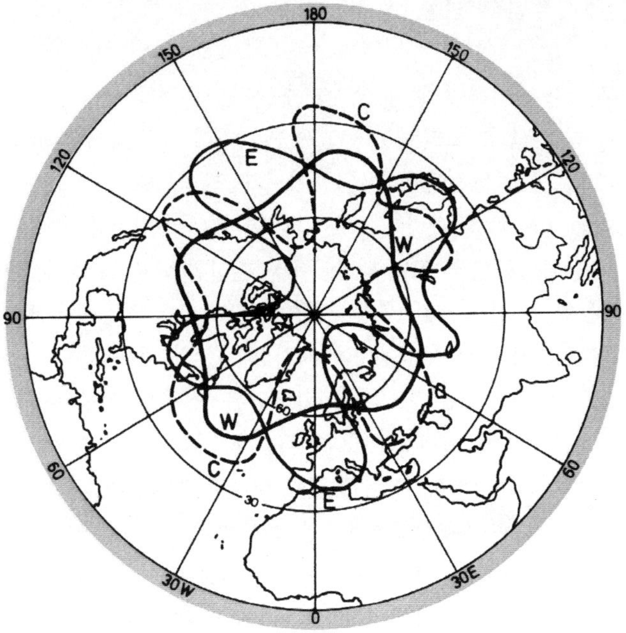

<그림 10> 반구를 선회하는 가장 강력한 바람이 부는 지역에서 개략적인 흐름선으로 제시된 상층편서풍대의 변동 형태들(출전: Girs와 Wangenheim의 러시아 구분). 크게 사행하는 흐름 패턴은 때때로 중위도의 서로 다른 지역들에서 다소 정체된 한대와 아열대 체제의 확장과 더불어 느리게 이동하거나 정체된 ('저지' 혹은 '자오면') 일기 상태를 일으킨다.

름이 오랫동안 지속되어 바다를 가열하거나 냉각시키고, 지표면과 식생에 충분한 물을 공급하거나 완전히 건조시키면, 특정한 지역들에서 극심하게 온난하거나 추운 현상, 또는 습윤하거나 건조한 현상이 나타날 수 있다. 따라서 1976년 6~7월 내내 발생한 유럽의 가뭄에서 대륙 지표면의 일부는 바짝 말랐고 바람이 여러 날에 걸쳐 불어서 잉글랜드의 기온이 32℃에서 35℃까지 상승하게 했다. 이와 유사한 일기 상태는 1972년 7월에 훨씬 더 동쪽인 북극권 부근의 핀란드(Finland)에서 기온이 33℃까지 상승하게 했다. 마찬가지로 1979년 2월에 지속적인 북동풍은 덴마크(Denmark) 해안 부근의 북해의 동부에서 얼음이 얼게 했다[바다의 표면에서 언 '빈대떡 얼음(pancake ice)']. 그리고 어선들이 아마도 삭구(索具)에 (차가운 물보라에 의해서) 얼음이 얼었기 때문에 침몰하였을 것이다.

저위도와 고위도 사이에서 상층풍 흐름이 크게 사행하는 이러한 패턴에서 반구의 주 열경도가 요란되고, 그에 따라서 상층편서풍이 요란되면, 지상 일기계를 조정하는 것이 요란된다. 구름 분포, 수분수송과 악기상(bad weather: 비와 눈)의 출현이 그에 상응하게 변한다. 이러한 사례들은 다음 장에서 살펴볼 것이다.

기상변동의 전 세계적인 관련성

사행의 크기 변동과 관련하여 일기 상태의 변화와 기후변화에서 주요 바람 흐름의 계절에 따른 변화도 나타난다. 그리고 상층편서풍이 가장 강력하게 발달하고 편서풍대가 작은 파동만을 하면, 파동의 길이와 간격은 커진다. 그러므로 주 흐름이 강도가 변하지 않고 고위도로 이동하면 파동 간의 간격은 증가한다. 상층편서풍의 패턴에서 기압골과 기압마루 간격이 변하면 북반구 또는 남반구에서 한랭한 한대기후와 온난한 아열대기후 지역의 범위가 이동한다. 이를 통해서 저기압성 요란이 다른 장소들에서 나타나고, 그 빈도와 속도가 변한다. 그에 따르는 강우대와 때때로 지상의 폭풍도 여러 이동경로를 따라 이동한다. 그 결과로 세계의 같은 위도대의 서로 다른 지역들에서 특정한 계절 혹은 기후 시기에 지배하는 기온과 강수량(건조한 일기와 습윤한 일기 사이, 온난한 일기와 한랭한 일기 사이)에 큰 차이가 나타날 수 있다. 이러한 일기 상태는 기압골과 기압마루에 의해서 '선호되는' 파장과 그로 인하여 나타나는 상층풍 흐름의 경도 위치에 종속된다.

상층편서풍 패턴이 기본적으로 단순하고 이것이 지상 일기계에 미치는 직접적인 영향 때문에 양 반구의 곳곳에 흩어져 있는 단편적인 정보를 이용하여 과거 지구의 일기 패턴을 복원할 수 있다. 과거 모든 시기의 해면이나 육지 상에서 지배했던 개략적인 기온분포를 나타내는 화석 증거로부터 우리는 과거에 지배했던 상층편서풍 및 대규모 바람 순환과 해양 표면의 해류 순환의 특성을 개괄적으로 복원할 수 있다.

북반구와 남반구 사이의 상호관계 역시 대규모 바람 순환과 다른 기후 체제를 고려하여 연구되어야 할 것이다. <그림 4a, b> 그리고 <그림 6a, b>에서는 현재 고위도에 빙하로 덮인 대륙이 있는 남반구 상의 평균 바람 순환이 북반구 상에서보다 강하다는 사실이 뚜렷하게 나타난다. 반면에 북반구 순환은 남반구와 반대로 더 빈번하게 '자오면' 패턴으로 발달한다. 이것은 때때로 몇 도의 경도를 포함하는 지역 위에서 적도로부터 훨씬 남쪽의 브라질, 남아프리카, 오스트레일리아로 열대수렴대[intertropical convergence zone; ITC; 기상적도(meteorological equator)]가 이동하게 한다. 이때에 열대수렴대는 가열된 대륙 위에서 발달한 대류계(convection system)에 포함된다. 따라서 우리는 한 반구의 순환이 다른 반구의 순환에 영향을 주는 증거를 발견하게 된다.

장기간의 기후 체제의 변화에서는 지금까지 주목을 받지 못했거나, 아직 일반적으로 알려지지 않았거나, 이해되지 않는 일부 기이한 특징들이 인식되고 있다. 따라서 마지막 빙기와 현재의 간빙기가 전 지구에 나타났을지라도, 기후가 변화하는 시기는 북반구와 남반구 사이에서 크게 차이가 났다. 그리고 지난 1,000년 동안 소위 소빙기(Little Ice Age)와 그에 이어지는 20세기의 온난화는 분명히 전 지구에 영향을 주었다. 그러나 북극 주변 바다들 위의 얼음이 가장 멀리 남쪽으로 –특히 대서양 지역에서– 확장되었을 때, 아마도 남반구의 해양과 남극대륙 주변 해양에서 빈번하게 폭풍이 부는 위도대를 포함하는 모든 기후대들이 남쪽으로 이동하였을 것이다. 기후대의 이동을 통해서 분명하게 남극 해빙의 상당 부분이 녹아서 1770년대에 쿡(Cook) 선장과 1823년 웨들(Weddell) 선장이 20세기에 항해할 수 있었던 것보다 훨씬 남쪽으로 항해할 수 있었다. 남쪽으로 얼음이 없는 바다가 확장하여, 추측하건대 해양 상에서뿐만 아니라 어느 정도 남극대륙의 내륙까지 기후가 온화해졌다. 그리고 이것은 약 40°S의 북쪽의 모든 지역에서 현저히 추운 상태가 지배했던 시기이다. 이러한 특징은 그 당시에 이보다 훨씬 북쪽에 위치한 칠레 지역에 겨울비가 내리지 않았던 사실로 증명된다. 그리고 로스(Ross) 해의 가장 남단인 77.5°S 부근 남극 해안의 방치된 펭귄 서식지의 탄소 동위원소 연대측정에 의하면 서기 1250～1450년과 1670～1840년에 이 지역의 기후가 온화했음이 추정된다. 이들 기간은 북반구에서 소빙기의 가장 추웠던 기간을 포함하고 있다.

대류와 고도에 따른 기온변화

대부분의 독자들은 공기의 상향운동(upward motion)인 국지 규모의 대류계(convection system)를 잘 알고 있다. 이는 높이 솟아오르는 적운 및 적난운과 상승하는 연기 및 때때로 바람에 의해서 소용돌이치며 올라가는 먼지를 통해서 볼 수 있다. 이러한 대류계는 예를 들어 여름에 육지 표면이 크게 가열되거나 겨울에 북극의 한랭한 기단이 이보다 훨씬 따뜻한 바다 위를 지날 때 고도가 높아질수록 기온이 급격하게 하강하는 곳에서는 어디서나 발생한다. 극단적인 경우에는 기단의 격렬한 상향운동과 하향운동이 일어난다(공기 운동은 때때로 매우 강력하여 이를 통과하는 비행기에 피해를 준다). 그리고 천둥과 번개, 호우, 우박과 바람스콜(돌풍, wind squall)이 일어나는 악기상(violent weather)이 발생한다.

연직대류가 일어나는 가장 중요한 전제 조건은 인접한 주변의 공기보다 상승하는 공기가 온난하고 그에 따라서 밀도가 낮아야 한다는 것이다. 이러한 조건은 구름을 형성하면서 상승하는 습윤한 공기에 적용되며, 더욱이 고도가 높아짐에 따라서 기온이 -0.65에서 -0.7℃/100m 이상 하강할 때만 적용된다. 이것은 스코틀랜드의 대서양 해안에 위치한 벤 네비스 산(Ben Nevis, 1,343m)의 기저부 관측소와 정상 관측소 사이에서 관측되는 평균 기온경도(average gradient) 또는 '기온감률(temperature lapse rate)'이 약 -0.64℃/100m에 달하는 것에 상응한다. 스위스 및 오스트리아의 알프스 산맥의 정상들과 저지 사이에서 조사된 평균 기온경도는 이보다 다소 낮은 약 -0.54℃/100m인데, 그 이유는 동반년에 계곡에서 빈번하게 발달하는 한랭한 일기 조건 때문이다. 겨울에는 때때로 기온역전(temperature inversion)이 매우 강력하여 알프스 산맥 정상의 기온이 대륙 저지의 기온보다 높다. 그리고 계곡과 유럽 평원상의 안개와 낮은 구름 때문에 알프스 산맥의 정상에서 겨울 일조율이 더 높고 일조시간이 좀더 길다. 그러나 겨울에 온난한 바다 위로 빠르게 이동하는 북극 기단의 한파가 몰려오고, 여름에 뜨겁게 가열된 육지 위에서 공기가 가열되는 극심한 경우에는 고도가 높아질수록 -1℃/100m의 기온경도가 나타날 수도 있다.

토네이도

가장 강력한 공기 운동은 토네이도(tornado)에서 나타난다. 토네이도 중심에서는 매우 빠르게 상승하는 공기 기둥에 필요한 지표로부터의 공기가 지상풍의 나선형의 내부로의 저기압성 회전을 통해서 공급된다. 지상에서 중심으로부터 수m에 불과한 수평 거리에서 50m/s(100노트)의 풍속이 나타난다. 가장 빠르게 회전하는 약 1m의 폭에 불과한 공기 고리에서는 풍속이 이보다 더 빠르다. 저기압 중심에서 수평적인 고요(무풍)와 이로부터 100～200m 떨어진 곳의 풍속이 보통 최대풍속의 1/5에 불과하기 때문에 이러한 맴돌이의 단면은 엄청난 회전력을 갖는다. 토크(torque, 회전운동량)는 종종 완전히 성장한 나무의 줄기를 뽑아내고, 단단한 금속 물체를 휘어놓는다. 토네이도의 중심에서는 기압이 하강하여 2～3m까지의 물기둥을 들어올릴 수 있고, 건물과 창문을 파괴할 수 있다. 예를 들어 짐을 실은 기차의 화차와 같은 무게인 수톤의 물체들이 때로 위로 끌려 올라간다. 회전하는 소용돌이의 중심에서 기압이 낮아서 수분이 응결하여 구름의 기저부 아래로 회전하는 깔때기 모양의 구름이 발달하게 한다. 이로 인하여 토네이도가 유명한 위협적인 모습을 갖게 된다(<그림 11>). 토네이도는 고도가 높아질수록 크게 냉각되는 습윤한 공기가 있는 곳에서 형성된다. 이 맴돌이 폭풍의 강도는 방출되는 응결잠열에 종속하는데, 그 이유는 응결이 일어나지 않으면 상승하는 공기의 기온이 더 급격하게 하강하기 때문이다(약 1℃/100m). 회전을 시작하게 하는 다른 중요한 전제 조건은 바람 시어(wind shear)이다. 바람 시어는 보통 다가오는 전혀 다른 기류가 있는 한랭전선의 접근을 통해서 공급된다. 그렇지만 이러한 바람 시어와 회전은, 기층이 충분히 불안정한 상태일 때(예를 들어 한 줄로 선 구릉들과 같은) 지형으로 인한 바람에 대한 상이한 마찰을 통해서도 나타날 수 있다. 강력한 토네이도는 로키 산맥의 동쪽 북아메리카의 그레이트 플레인스(Great Plains)에서 빈번하게 발생하는데, 그 이유는 이 지역에서 멕시코 만으로부터 불어오는 온난습윤한 기단이 태평양으로부터 오는 한랭한 기단 또는 캐나다로부터 오는 북극 기단의 전선들과

〈그림 11〉 토네이도의 발달과 소멸. 차례로 배열된 사진은 1978년 5월 27일에 텍사스(Texas) 주의 에드먼슨(Edmonson)에서 회전하는 깔때기 형태의 구름이 지면을 향하여 발달하는 것을 보여준다(원래 *Weather*의 1979년 8월호에 게재되었음. *Weather*의 편집자와 이 사진을 촬영한 Texas Tech University의 R. E. Peterson 교수와 텍사스 주 플레인스뷰(Plainsview)의 Carl Holland 박사의 허가를 받아 전재하였음).

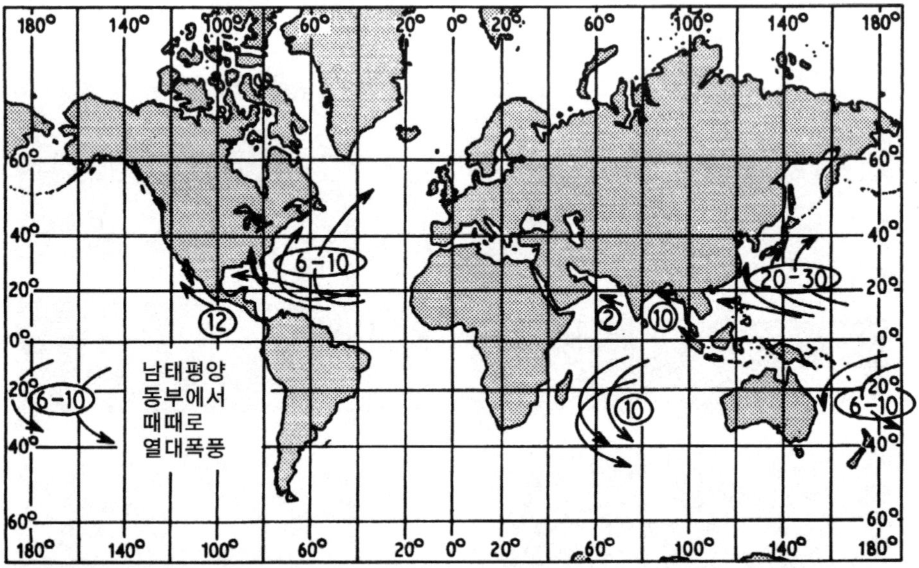

<그림 12> 뒤로 휘는 경로의 사례가 포함된 세계의 열대저기압의 발생 분포도. 지난 30~100년 사이 관측된 가장 최근에 이용할 수 있는 자료.

만나기 때문이다. 토네이도는 봄에 강력하게 나타나는데, 특히 기단들 사이의 차이가 가장 큰 추운 겨울 이후에 나타난다.

열대폭풍, 태풍

지금까지 우리가 대기 운동을 기술하면서 포함되지 않은 다른 유형의 대류 시스템은 열대요란(tropical disturbance)이다. 열대요란은 때때로 열대저기압(tropical cyclone), 태풍, 허리케인(hurricane)으로 발달할 수 있다. 토네이도와 함께 이들은 일반적으로 지구 상에서 가장 파괴적인 풍계로 간주되고 있다. 그렇지만 가장 큰 위력과 엄청난 파괴력은 혼합된 유형의 풍계에 속한다. 이들에서 최대 에너지는 규모가 더 큰 폭풍 지역의 토네이도에서 방출되거나 상층편서풍대의 기압골과 결부된 열대 허리케인에서 방출되고, —그 이동 경로가 '뒤로 휘어(recurve)'(<그림 12> 참조)— 중위도와 고위도로 이동한다. 중위도와 고위도에서는 한대 기단을 흡수하여 에너지를 얻는다. 열대폭풍은 처음에는 세계에서 가장 수온이 높은 해양 위에서 발달하는데, 수온이 27℃이거나 그 이상일 때 발생의 최저 조건이 된다.

열대수렴대를 정상보다 적도로부터 훨씬 북쪽이나 남쪽으로 이동시키는 상층풍 흐름의 변형 역시 열대저기압의 발생 과정에 관여하는 것으로 생각된다. 이러한 변형으로 초기의 회전이 일어난다. 마침내 50m/s(약 100노트)까지 또는 그 이상의 풍속을 갖는 지상풍이 발달할 수 있게 된다. 그러나 이들 폭풍은 육지 위에서 긴 거리를 통과하자마자 점차로 에너지를 잃는다. 열대저기압은 상층편서풍대가 고위도로 이동한 늦여름에 가장 빈번하게 출현한다. 늦여름에는 저위도의 대기순환이 약화되어 저위도에 열이 집적된다. 열대저기압은 이 에너지의 일부가 방출되게 하는데, 이를 통해서 에너지가 중위도와 고위도로 수송되고 지표로부터 구름의 상부까지 상승한다. 즉, 열대저기압은 과잉 에너지가 복사의 형태로 우주로 방출될 수 있는 곳에 도달한다. 그러나 상층편서풍이 강하게 발달하여 그 정상적인 위치보다 적도 쪽으로 이동하면, 열대저기압은 빈번하게 발달하지 못한다. 이러한 상황에서는 전선저기압(frontal cyclone, 온대저기압)과 고기압이, 즉 상층편서풍과 관련된 맴돌이들이 저위도로부터의 열수송을 일부 분담하게 된다. 상층편서풍이 지속적으로 크게 사행하고 '저지(blocking)' 현상이 빈번한 해에 열대저기압이 드물게 발달한다는 사실은 주목할 만하다. 추측하건대 이러한 시기에 세계의 서로 다른 지역에서 '자오면(meridional)'을 따라서 북쪽과 남쪽으로 부는 바람이 있는 중위도의 평균 바람 순환은 극 방향으로 충분한 열을 수송한다. 이를 통해서 열대폭풍의 위험이 감소하고, 열대와 아열대에서 이러한 상황이 '완화'된다.

계절변화

빙기와 간빙기의 가장 온난한 시기 및 가장 추운 시기 사이의 변화 기간을 제외하고, 규칙적인 복사 조건의 계절변화와 의심할 여지가 없는 대기순환의 규칙적인 계절변화는 서로 다른 기후 시기를 구분하는 변화보다 더 크다. 따라서 우리가 계절변화를 이해하면 주요 기후변화에 관한 정보를 알 수 있다. 그럼에도 불구하고 여기에는 차이가 있다. 계절이 경과함에 따라서 정오에 태양의 천정 위치는 현재 23.5°N과 23.5°S 사이에서 이동하고 있다. 그리고 일출과 일몰 사이의 낮의 길이는 적도 지역에서는 거의 변하지 않으나, 열대 지역에서는 약 10시간 45분에서 13시간 30분까지 변하고, 위도 50° 부근에서는 약 8시간에서 16시간 30분까지, 극권과 극권을 넘어서는 0시간에서 24시간까지 변한다. 연중 이러한 변화들은 대기순환의 변화를 수반한다. 그리고 그 대기순환은 가장 단순하게 주요 바람대가 북쪽과 남쪽으로 이동하는 것으로 볼 수 있다. 이러한 현상은 풍속의 변화와 상층편서풍의 파동 또는 사행의 위치, 간격과 크기의 변화, 그리고 이와 관련된

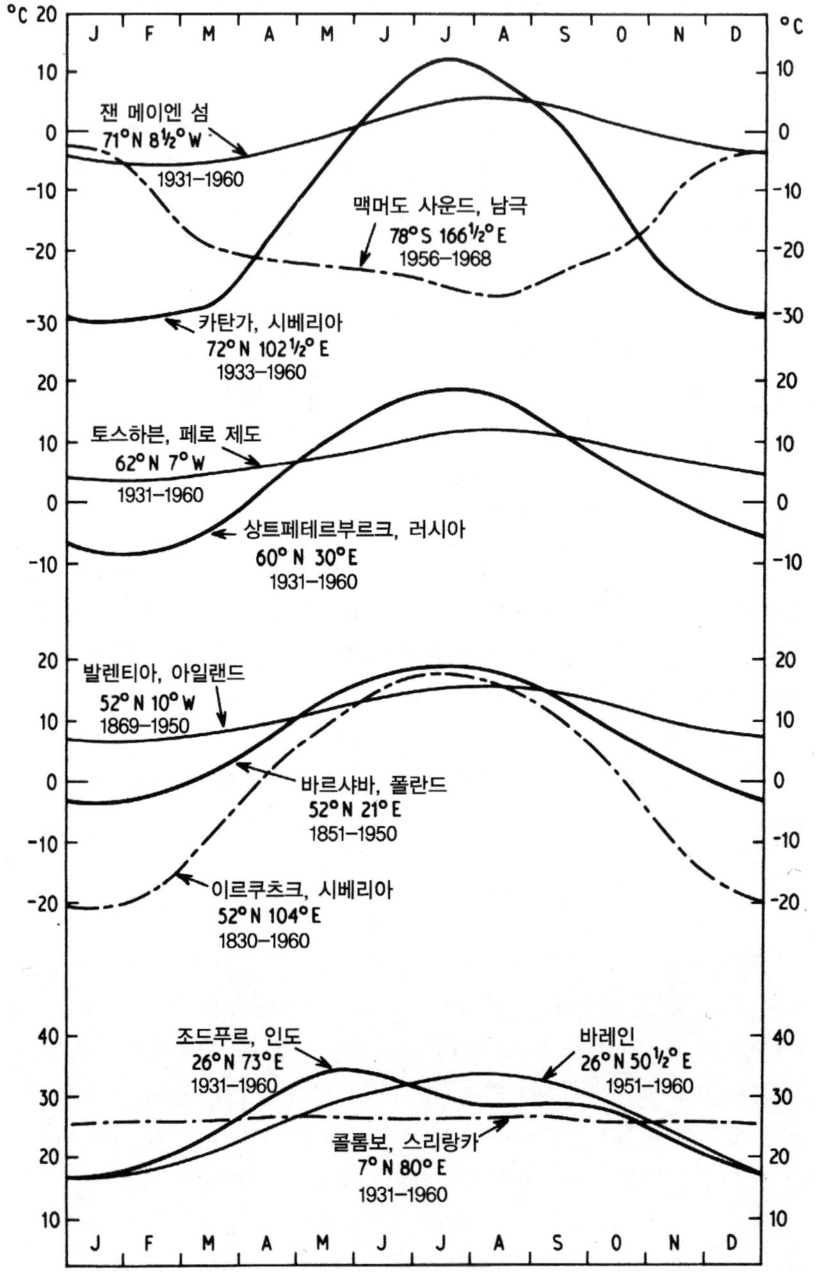

〈그림 13〉 서로 다른 위도에 위치한 도서 관측소와 대륙 관측소의 평균 기온의 계절변화 사례. 월평균 값을 다소 부드럽게 그렸다.

지상 일기계의 모든 변화와 함께 일어난다. 그러나 이들 변화 중의 어느 것도 태양의 천정 위치의 변화와 같이 규칙적으로 일어나지 않는다. 더욱이 계절에 따라 규칙적으로 북쪽과 남쪽으로 풍대(바람 구역, wind zone)가 이동하는 것도 대략 위도 8~10°까지에 불과하다. 일부 남쪽과 북쪽을 향한 단기간의 불규칙한 이동이 이보다 훨씬 더 크기 때문에 계절에 따라 따뜻해지고 추워지며, 폭풍의 빈도가 변하는 것이 중단되지 않고 한 방향으로 한결같이 또는 계속해서 일어나는 일은 드물다. 눈과 얼음으로 덮인 면적, 침수된 습지와 사막의 면적, 식생의 색깔과 풍부함의 변화와 같은 계절에 따른 다른 변화는 복사수지와 해마다 바람 및 일기 패턴의 상이한 추이가 발달하는 데 영향을 준다.

지표는 특히 건조할 때 수면보다 훨씬 더 빠르게 가열된다. 물은 1℃ 가열되는 데 거의 모든 다른 물질들보다 많은 열공급을 필요로 한다. 더욱이 물에서는 대류가 일어날 수 있고, 바람이 적어도 고위도에서, 그리고 겨울 동안 바다의 최상층을 잘 혼합한다. 따라서 해양 위나 해안 부근에서보다 육지 위의 기온의 연교차와 일교차가 훨씬 더 크다. 여름의 최고기온은 육지 위에서 낮이 가장 긴 날(하지) 이후 평균적으로 3주 또는 4주 이내에 나타나고, 겨울의 최저기온도 동지 이후 같은 정도의 기간 내에 나타난다. 그렇지만 두 경우 모두 해마다 크게 변동할 수 있다. 이와 대조적으로 북반구의 해양에서는 8월에야 비로소 최고수온이 나타나고, 보통 2월에 최저수온이 나타난다. 남반구에서도 이와 유사하게 최고수온과 최저수온이 늦게 나타난다. 이러한 경향은 <그림 13>에 제시된 서로 다른 위도에 위치한 도서기후와 대륙성기후의 사례 평균 기온 곡선에서 반영된다. 남극대륙 관측소의 기온 곡선도 제시되었는데, 이 기온 곡선은 매우 평탄한 겨울의 기온 추이, 또는 '중심이 없는(coreless)' 겨울을 보여준다. 이것은 고위도, 특히 최남단에서 전형적인 것이다.

해양은 가을에 상대적으로 온난하고, 봄에는 상당히 차갑다. 그리고 대부분의 해양은 일반적으로 추운 계절로 기후가 변하는 동안 처음에는 상대적으로 온난하고, 더운 계절로 기후가 변하는 동안에는 육지보다 느리게 가열된다는 사실을 예상해야만 한다. 그렇지만 예를 들어 한류 또는 난류가 이동하여 바로 기후가 변하는 시기에 영향을 주거나 해빙이 결정적으로 커지거나 작아지면, 분명한 예외 현상이 나타난다. 이러한 지역들과 이러한 시기에 해양은 더 이상 온도조절장치(thermostat) 또는 기후 체제를 안정시키는 것으로 작용하지 못할 수 있다.

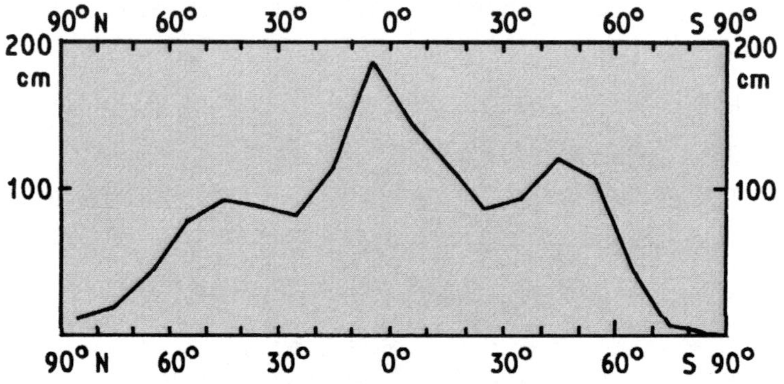

〈그림 14〉 위도별 연평균 강수량(1900년부터 1950년까지의 관측 자료).

세계의 강수: 분포·계절변화·계절풍

서로 다른 위도 상의 현재의 강수분포를 <그림 14>에서 볼 수 있다. 최대 강수량은 소위 열대수렴대라고 부르는 양 반구의 풍계들 사이의 수렴대에서 거대한 기단이 상승하여 솟아오르는 구름을 통해서 적도 비(equatorial rains)로 내린다. 세계에서 가장 따뜻한 해양에서 (그리고 다른 수괴 위와 지표 위에서) 엄청나게 증발하는 수분을 이 기단이 흡수하기 때문에 이 지대에서 습도가 가장 높다. 두 번째로 강수량이 많은 지역은 각 반구의 중위도 상에서 저기압 활동을 통해 생성되는 비와 눈으로 나타난다. 연평균 강수량은 해양 위와 부근, 특히 해안 산맥의 풍상(風上) 측에서 가장 많다.

이러한 강수대는 강수를 형성하는 바람 순환과 함께 북쪽과 남쪽으로 이동한다. 연평균으로 지구의 열대수렴대, 즉 기상적도의 평균 위치는 현재 북위 6°에 위치한다. 이것은 빙하로 덮인 남극대륙 위의 대기가 북극 위의 대기보다 평균 11~12℃ 차갑고(이 차이는 지표에서 심지어 20~30℃에 달한다), 남반구에서 더 강한 기온경도로 인하여 훨씬 더 강력한 상층편서풍대가 발생한다는 사실에 기인한다. 따라서 남반구 대부분의 위도에서는 북반구보다 기온이 다소 낮고, 모든 기후대는 다소 북쪽으로 이동한다. 이러한 사실은 특히 인도양에 적용되는데, 인도양에서는 남극대륙 자체가 가장 멀리 북쪽으로 돌출해 있다. 물론 여름에 거대한 아시아 대륙이 가열되고, 히말라야 산맥(Himalayas)과 티베트 고원(Tibet)의 높은 산맥 장벽은 북쪽으로부터 부는 바람을 차단하여 여름에 인도 아대륙(Indian subcontinent) 위에서 30°N까지 북쪽으로 적도 강우계가 이동하게 하는 역할을 한다. 열대수렴대와 적도 사이의 대기권 하층에서는 서풍과 남서풍의 바람대가 발달한다. 이러한 방법으로 인도의 남서계절풍(southwest monsoon)의 주요 특징이 나타난다. 겨울에는 시베리아 고기압과 그에 속하는 시베리아의 거대한 한랭기단이 북동풍을 남쪽으로 산맥을 넘어서 인도로 불게 하여 계절적으로 일기 상태를 변하게 한다. 좀더 추운 기후 시기에는 여름 계절풍이 단기간 부는 북풍에 의해서 단절될 수 있다. 빙기 동안 기상적도는 확실히 현재보다 남쪽에 위치하여 지리적 적도(geographical equator)에 가까이 위치했고, 이를 통해서 계절풍의 영향을 받는 지역이 좁아졌다.

20세기 초에 인도 기상청장이었던 길버트 워커(Gilbert Walker) 경의 인도 계절풍에 관한 여러 연구에서부터 최근 수십 년 전에 끝난 라마스와미(C. Ramaswamy) 박사와 몇몇 학자들의 연구에 이르기까지, 매년 계절풍의 발달은 이보다 북쪽에 위치한 편서풍대의 영향을 받았다는 사실이 일관되게 나타나고 있다. 계절적인 편서풍대의 고위도로의 후퇴는 그 자체로 겨울에 내린 눈의 양과 히말라야 산맥, 티베트 고원에서 봄에 상대적으로 늦게 눈이 녹는 것의 영향을 받는다. 매년 계절풍의 발달은 전 세계, 특히 양 반구 저위도 상의 기압분포와 바람 순환의 변동과 관련된다. 일종의 느린 진동에 의해서 결정되어 여러 해에 인도네시아와 인도양 상에서 기압은 보통보다 낮고, 이스터 섬(Easter Island)과 태평양 남동부 상에서는 보통보다 높다. 다른 해에는 이러한 상황이 반대가 된다. 이와 같은 소위 '남방진동(Southern Oscillation)'이라는 변동은 지속적으로 계속된다. 한 주기는 보통 2~2.5년 걸리나, 경우에 따라서 5~7년까지도 걸린다. 이와 같은 기압변동은 태평양 적도 지역의 해수 온도에 영향을 주고, 어느 정도까지 다른 해양의 적도지대의 해수 온도에도 영향을 준다. 이러한 사실을 고려하여 우기가 시작되기 전에 매년 인도의 계절풍을 예보하는 데 큰 발전이 있었다. 북반구의 상층편서풍이 인도 아대륙 부근에서 뚜렷한 기압골을 발달시키면, 이 기압골의 동부 지역에서 지배하는 남풍이 계절풍계를 빠르게 북쪽의 인도로 불게 하는 경향이 있다는 사실도 발견되었다. 기압골의 서부에서 북풍과 기압골 축 부근의 지상 북풍은 마찬가지로 계절풍을 지연시킬 수 있거나, 계절풍이 이미 발달했다고 해도 계절풍을 단절시킬 수 있다. 따라서 인도 위에서, 그리고 추측하건대 유사한 방법으로 동아시아 위에서 계절풍의 일기 상태는 상층편서풍의 기압골이 발달하는 정확한 경선에 의해서 결정적으로 영향을 받을 수 있을 것이다.

지난 20년 동안 서아프리카 위의 계절풍의 성질 역시 북반구 이 지역 위의 중위도 편서풍의 성질과 관련된다는 사실이 밝혀졌다. 서유럽과 북유럽 위의 저지고기압 또는 북풍이 상층편서풍의 한 지류와 상당 부분의 저기압 활동을 남쪽의 지중해 지역으로 편향시키는 시기(특히 겨울과 봄)에 계절풍은 보통 그 이전처럼 멀리 북쪽으로 불지 않거나, 서아프리카와 사하라 사막 남쪽의 다른 지역에 늦게 도달했다. 이러한 해에는 세네갈(Senegal)과 사헬(Sahel)로부터 에티오피아(Ethiopia)까지 아프리카를 가로지르는 지대가 가뭄의 위험을 받기 쉽다. 남아시아 위의 계절풍과 같이 아프리카의 계절풍은 양 반구의 지상

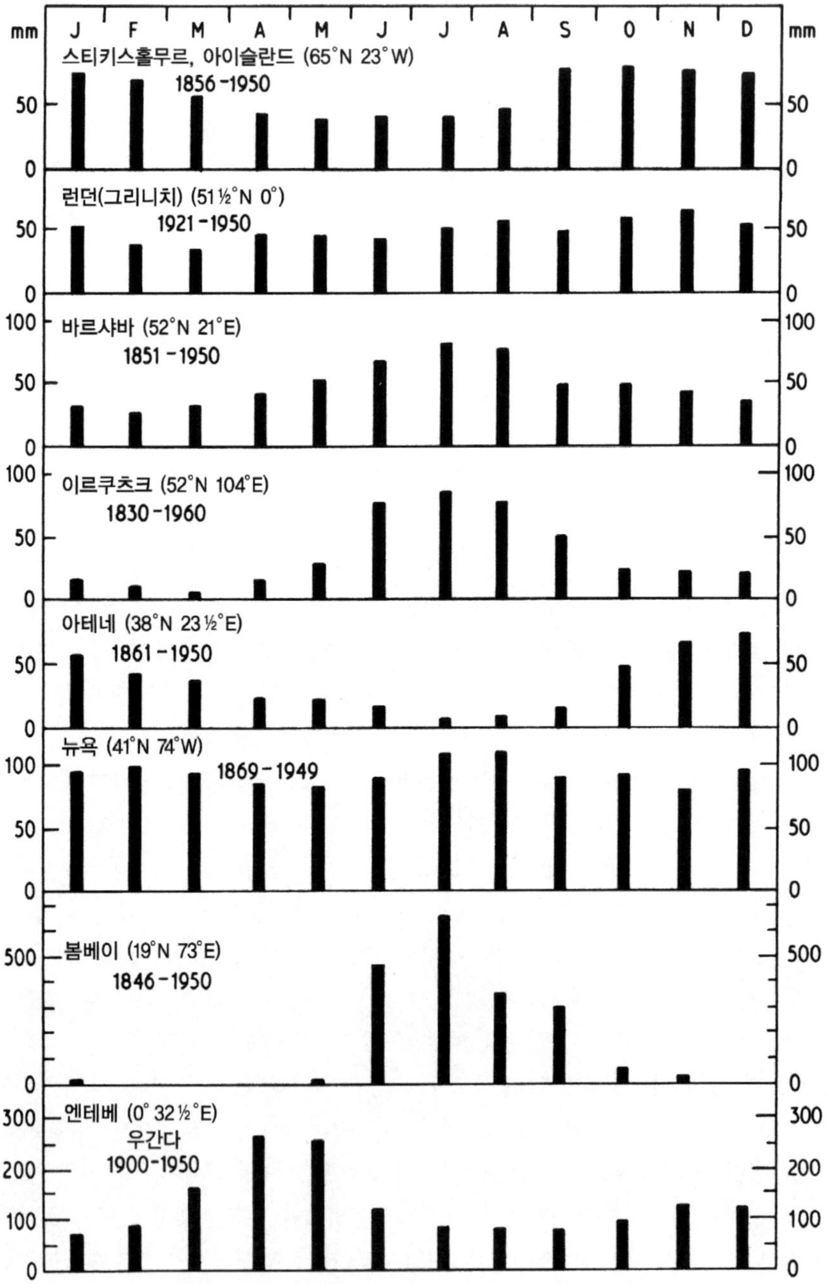

〈그림 15〉 서로 다른 위도 상에 있는 관측소들의 월평균 강수량 또는 비와 눈의 강수량으로 유도한 상당 강우량 (equivalent rainfall)의 계절분포 사례.

풍계들 사이의 수렴대와 그에 수반되는 적도 강우(천정우, zenithal rain)를 계절적으로 북쪽으로 이동하게 한다. 아프리카 위에서 현재 이와 같은 강우의 계절적인 북한계는 드물게 위도 21°N의 북쪽에 위치하고, 자주 20°N에 도달하지 못한다.

<그림 15>는 현재의 계절적인 강수변화를 간략하게 살펴보기 위해서 각각 특정 기후 체제에 대해서 대표적인 관측소들의 일부 사례 강우 '곡선'을 제시한 것이다. 겨울에 최대 강수량과 여름에 최저 강수량을 갖는 아이슬란드 서부의 사례는 중위도와 고위도에서 전형적인 해양성기후와 도서기후를 제시하고 있다. 이러한 계절적인 강수분포는 기온경도가 일반적으로 가장 큰 겨울에 더 큰 저기압 활동으로 나타난다. 아이슬란드의 곡선은 다른 흥미 있는 현상을 보여주고 있다. 즉, 8월에서 9월 사이 급격하게 강수량이 증가하는 것이다. 이러한 이유는 북대서양의 저기압 이동경로가 여름에 보통 위도 60～63°N 부근에 있는 동쪽을 향한 이동경로로부터 더 북동쪽의 북극을 향한 경로로 급격하게 바뀌기 때문이다. 이렇게 이동경로가 급격하게 변하는 것은 서늘한 계절이 일찍 시작되는 퀘벡(Quebec)과 래브라도(Labrador) 상에 상층편서풍의 기압골이 깊어지기 때문인 것으로 추측된다. 영국제도의 동부와 남부 관측소들은 여름과 겨울에 최고 강수량을 갖는데, 이 두 개의 최고 강수량 모두 매우 뚜렷하게 구분되지는 않는다. 따라서 어떤 해에는 일 년 중 아무 달이나 가장 습윤한 달이 되기도 한다. 영국 남동부에서는 9월에 강수량이 약간 감소하는데, 이것은 9월의 둘째 주와 셋째 주에 더 뚜렷하게 나타나고, 같은 기간에 아이슬란드에서 기록된 강수량의 증가에 상응한다. 영국과 유사하게 중유럽과 동유럽(예: 바르샤바)에서도 8월부터 9월까지 강수량이 급격하게 감소한다. 중위도와 고위도의 대륙에 위치한 관측소들은 여름에 최고 강수량을 갖는데, 이것은 부분적으로 이 계절에 발생하는 뇌우 때문이고, 부분적으로는 겨울에 매우 차가운 공기가 비나 눈으로 그와 같은 많은 강수를 내리게 할 충분한 수분을 포함하고 있지 않기 때문이다. 유럽으로부터 겨울에 극심하게 추운 거대한 시베리아 육지 지괴의 중심으로 갈수록 여름에 집중적으로 비가 내리는 현상이 더 뚜렷해진다. 이와 같이 여름에 강수가 집중하는 것은 멀리 베이징(北京)까지 매우 뚜렷하게 추적된다. 그렇지만 같은 위도 상의 북아메리카 동해안에 있는 뉴욕은 여름 최고 강수량뿐만 아니라 해안 전면에서 빈번한 저기압 활동과 관련된 겨울 최고 강수량도 갖는다. 아테네의 곡선은 양 반구의 약 30～40°N과 30～40°S 사이 사막 주변 부근의 아열대에서 특징적인 지중해의 기후 체제를 나타내고 있다. 비는 추운 달들에 내리고, 특히 매우 한랭한 기단이 온난한 바다 위로 이동할 때 많은 비가 내린다. 고기압대가 고위도로 이동하는 여름에는 보통 비가 내리지 않는다. 봄베이(Bombay)의 곡선은 이 지역에서 적도 강우대가 25～30°N까지 계절적으로 북쪽으로 이동하는 것과 관련된 인도의 남서계절풍을 설명하는 것이다. 끝으로 동아프리카[우간다(Uganda)]의 적도 상에 위치한

엔테베(Entebbe)는 북반구와 남반구의 풍계 사이의 수렴대가 이 관측소 위를 지나 북쪽과 남쪽으로 이동하여 한 해에 두 번의 우기가 나타나는 내부 열대 체제의 사례가 된다.

강수분포에서 매우 중요한 한 가지 원리는 큰 산맥의 풍상과 풍하(風下)에 위치한 관측소들의 총강수량을 비교하여 제시된다. 예를 들어 뉴질랜드 남섬(New Zealand, South Island)의 서해안에 있는 호키티카(Hokitika)에서 연평균 강수량(1860년대에서 1940년대까지)이 2,907mm였고, 동해안에 위치한 크라이스트처치(Christchurch)에서는 639mm였다. 이 두 관측소는 43°S 부근의 편서풍대에 위치한다. 그리고 1938년 3월에 스코틀랜드에서 매일 서풍이 불었을 때 서쪽에 위치한 킨로치퀴이치(Kinlochquoich)에서는 이 달에 1,270mm의 비가 내렸고, 바람에 가려진 동쪽의 브래마(Braemar)에는 5mm의 비가 내렸다. 그렇지만 지속적으로 동풍이 불었던 달들에는 강수분포가 그 반대가 되었다.

4. 기후는 어떻게 변동하고 변화하는가?

탁월풍의 변동과 그 영향

앞 장에서는 세계 바람 순환의 여러 가지 변화 유형의 사례들을 다루었다. 양 반구 위에 존재하는 상층편서풍대와 또한 그에 속하는 지상의 고기압대 및 저기압대는 불변하는 현상이다. 매우 단순한 견해로 한대전선이 '확장(expansion)'하여 그 이전보다 편서풍대와 함께 저위도로 내려갔으면, 기후변동을 한랭한 시기에 상층편서풍대가 확장한 것으로 간주할 수도 있을 것이다. 온난한 시기에 극의 빙모(氷帽, polar cap)가 수축하면 기후변동을 상층편서풍대가 '수축(contraction)'한 것으로 간주할 수도 있을 것이다. 이러한 내용은 이와 같은 상층편서풍대의 확장과 수축이 계절변화 과정에서 그리고 더 긴 기간의 변화에서 실제로 관측되고 있다는 점에서 틀림없는 사실이다. 그러나 우리는 변화하는 상황의 다른 요소들도 고려해야만 할 것이다.

상층편서풍대 내에서 파동의 강도와 패턴 역시 변동한다. 이때에 파장(또는 해당 반구 상에서 파동 사이의 간격)과 파동의 진폭도 변한다. 파동 또는 사행을 이루는 기압골과 기압마루의 위치는 그에 따라서 마찬가지로 변한다. 그리고 지배적인 구름대와 요란되는 일기(disturbed weather)가 발달하는 위치, 방향, 강도뿐만 아니라 한대 및 열대 체제의 범위도 상응하게 변한다. 이것은 특히 한대의 얼음과 눈 위의 매우 한랭하고 다소 고요한 지상 기층의 발달과 범위에 영향을 준다. 의심할 여지 없이 지구 기후의 변동과 관련하여 가장 중요한 문제는, 언제든지 해양에 저장된 열이 방출되어 지표와 대기를 가열하고 바람이 불게 하는 에너지양을 포함하여 흡수된 전체 에너지의 양은 얼마나 되는가이다. 저위도 상에서 이용할 수 있는 열의 변동이 매우 중요한데, 그 이유는 여기서 지구가 가장 넓고, 가장 많은 열이 흡수되기 때문이다. 그렇지만 기온변동은 최고 위도에서 더 크게 일어나는데, 그 이유는 얼음과 눈으로 덮인 면적이 열수송의 변동에 따라 변하기 때문이다. 따라서 눈과 얼음은 기온을 매우 낮게 하강시킨다. 그 결과로 기후 체제의 계절적, 그

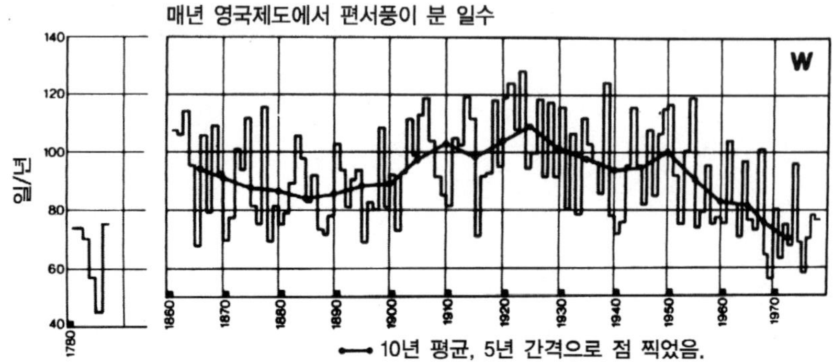

〈그림 16〉 영국제도에서 1781~1785년과 1861~1979년에 분 매년 편서풍의 일수.

리고 장기간의 변동은 극 지역에서 지배하는 기온변화로 가장 뚜렷하게 나타난다. 저위도와 고위도 사이에서 전체 기온경도의 변화는 중위도 바람 순환의 강도와 패턴의 변동 형태로서 다른 지표가 된다. 이와 같은 변화는 매우 긴 기간에 걸쳐 일어난다.

우리는 <그림 16>의 영국제도에서 편서풍이 분 일수 빈도의 장기간 기록을 보고 이러한 사실을 알 수 있다. 여기서는 자주 매년 큰 변동이 있었는데, 때로는 2년 주기의 변동이 일어났다. 그러나 제시되고 있는 장기간의 변동 역시 인상적이다. 1860년대부터 1960년대까지 평균 빈도는 약 95일/년이었으나, 20세기 초반의 수십 년 동안에는 100일 이상이었고, 1920년대에는 109일이었다. 최근에는 약 70일/년으로 감소하였으며, 1780년대에는 60~65일/년에 불과하였다(1785년에는 45일에 불과했다). 이 지역에는 전혀 다른 바람이 부는 '저지(blocked)' 또는 정체된 일기 상태의 빈도를 보상하려는 변화가 있었다. 우리는 더 오랜 과거에서 오래 지속된 빈도의 변화를 발견할 수 있다.

일부 지역에서 기후는 탁월풍의 변화에 특히 민감하게 반응한다. 풍상의 해안과 구릉지 및 산지의 풍상 측에는 빈번하게 비나 눈이 내리게 하는 많은 구름이 형성된다. 풍상 측에는 풍하 측보다 더 많은 총강수량이 내린다. 풍향이 변하여 같은 장소가 풍하에 놓이면 유사한 차이가 같은 장소나 지역에 영향을 미친다. 이에 대한 좋은 사례가 바람에 노출된 대서양 해안과 하이랜드(Highlands)의 사면이 넓은 초지, 히더[1]가 자란 황무지(heather moor) 및 이탄지(泥炭地, peat bog)로 특징지어진 스코틀랜드에서 나타난다. 이러한 분포는 연평균 약 2,000mm(그리고 국지적으로는 산지에서 4,000mm와 그 이상까지)의 강수로 인한 것이다. 이 지역의 다른 부분에서 탁월풍인 남서풍이 산지에 의해서 가려지는 위도 57.5°N의 네언(Nairn)과 엘긴(Elgin) 부근의 북동부에는 연평균 약 600mm의 강수가 내리

1) 옮긴이 주: 진달래과(—科, Ericaceae)에 속하는 키 작은 상록관목이다.

고, 때때로 한겨울에 기온이 14℃ 또는 15℃까지 상승한다. 이 지역에서는 온화한 기후 조건으로 인하여 농사가 잘된다. 이 지역이 부유했음은 엘긴의 폐허화된 성당과 같은 고대의 웅장한 건물에서 알 수 있다. 그러나 이 지역에 북풍이 불 때에는 6월 초까지 눈이 내린다. 그러면 저지가 일시적으로 눈으로 덮인다. 이와 유사하나, 더 극심한 사례는 트론헤임 피오르드(Trondheim fjord)의 내부에 위치하여 보통 바람이 불지 않는 넓은 농지가 있는 노르웨이의 트론헤임에서 볼 수 있다. 남서풍이 드물고, 북풍이 자주 불었던 과거에 이 지역에서 농지는 축소되었고, 과거의 취락은 방치되었으며, 삼림이 지역을 뒤덮었다.

풍향의 빈도 변화에 아마도 더 취약한 다른 상황들은 북극 주변과 한랭하거나 얼음으로 덮인 바다 주변에 있는 모든 지역에서 일어났다. 따라서 백해(White Sea)의 해안에 위치한 아르항겔스크(Arkhangelsk)는 1851년과 1950년 사이에 잉글랜드 중부의 7월 평균 기온과 거의 같은 15.8℃의 7월 평균 기온을 가졌다. 1938년 7월에 이 지역의 평균 기온은 21.3℃까지 상승하였으나(마르세이유의 장기간 평균 22.5℃와 비교), 1926년에는 11.8℃로 평균 기온이 매우 낮았다.

아열대와 열대의 거대한 사막 주변에서 농업의 성공은 마찬가지로 강우량에 종속된다. <그림 17>은 세계에서 가장 긴 기록이 있는 잉글랜드 편서풍의 빈도를 나타낸 것이다. 이 곡선은 약 200년 길이의 주기적인 과정의 다른 증거와 관련될 수 있는 반복되는 패턴을 제시하고 있다. 곡선의 추이가 최초의 인간 활동이 미치는 중요한 영향에 의해서 변화되지 않는 한 이 자료는 다음 100년 동안의 기후를 예보하는 데 이용될 수 있을 것이다.

앞 장에서 제시한 <그림 5>는 북반구 상의 구름과 요란된 일기의 분포가 상층편서풍의 변동에 따라서 어떻게 변하는가를 제시한 것이다. <그림 5b>는 주로 두 개의 위도대에 집중된 구름으로 덮여 있는 현재의 평균 일기 상태를 제시한 것이다. 이들은 적도 강우대와 북극 주변의 지속적인 저기압 활동과 관련되나 로키 산맥과 아시아 산맥들의 풍하작용으로 단절된 중위도 상의 폭넓은 구름대를 이룬다. <그림 18～21>은 상층기류의 저지(blocking)와 요란이 지상의 기압 및 바람 패턴과 그에 따라서 여름과 겨울에 지배하는 기온에 미치는 영향을 제시한 것이다. <그림 18>의 a, b, c는 저지가 거의 없으나, 강력한 북반구 주위의 상층편서풍이 있는 겨울의 사례이다. 이를 통해서 보통 때보다 온화한 해양의 기단이 두 개의 거대한 대륙 위를 지나 중위도로 들어가게 된다. 강력한 바람 순환이 있는 곳으로부터 멀리 떨어진 내부 북극의 고요한 지역과 북극으로부터 한랭한 지상층 기단이 유입되는 지역에서만 기온이 정상 수준 이하로 하강한다. 대륙 내부에 위치한 열대의 일부 넓은 지역 역시 보통 때보다 추운데, 그 이유는 북부 대륙의 중심에 위치한 기단으로부터 부는 지상풍이 이 지역에 영향을 주기 때문이다. 이와 반대로 <그림 19>는 태평양, 북아메리카, 남아메리카, 대서양, 유럽 위에서 이른바 편서풍의 저지

잉글랜드에서 남서풍의 빈도(10년 평균)

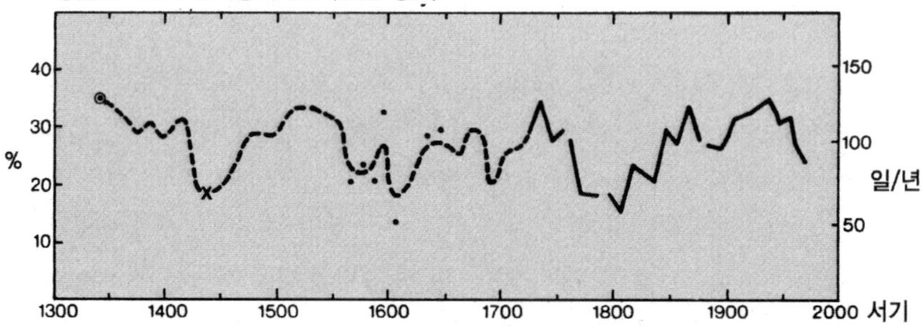

<그림 17> 잉글랜드에서 1340~1978년의 지상 남서풍의 빈도. 1669년부터 1978년까지(10년 평균) 런던 지역의 일 관측 자료. 이 곡선의 초기 부분은, 예를 들어 잉글랜드 동부[링컨셔(Lincolnshire)]의 1340~1344년과 덴마크의 1582~1597년의 여러 기상 일기들을 포함하는 간접적인 지표로 스케치하였다.

상황이라고 부르는, 매우 강력하게 비틀린 바람의 흐름이 있는 겨울의 일기 상태를 보여주는 것이다. 이러한 일기 상태는 대체로 훨씬 더 큰 음의 지상의 기온편차(temperature anomaly)를 가져온다. 알래스카(Alaska) 북부의 온난함은 산맥을 넘어오는 온화한 한대 기단을 통해서 나타난다. 캐나다 북동부의 높은 기온은 대서양과 데이비스 해협(Davis Strait)으로부터 특히 강력한 기단이 유입한 것에 기인한다.

<그림 20>은 1976년에 유럽의 일부 지역에서 규칙적인 기상관측이 시작된 이래 가장 온난한 여름이 나타나게 했던 북동대서양과 유럽의 북극 해안 위에서 훨씬 북쪽으로 이동한 비틀린 편서풍의 패턴을 보여주는 것이다. 지상풍이 주로 북풍인 러시아 위의 상층편서풍의 한랭한 기압골이 위치한 지역에서는 이와 반대로 기온이 정상보다 평균 약 3~4℃까지 낮았다. 이와 같이 잊혀지지 않는 여름은 사실 북반구 전체에 대해서 고려할 때 특히 추웠던 여름이 된다. <그림 21>은 1965년의 또 다른 여름을 제시한 것이다. 이 여름에는 세 지역에서 정체한 한랭한 기압골이 있는 비틀린 상층편서풍이 유럽의 대부분 지역과 캐나다 동부에 매우 추운 여름을 가져왔다. 바로 이해에 장기간 후퇴하던 알프스 산맥의 빙하들이 정체하였고, 유럽의 노르웨이-그린란드 해(Norwegian-Greenland Sea) 위를 부는 지상의 북풍은 아이슬란드 부근에서 북극해의 해빙을 다시 형성하게 했다.

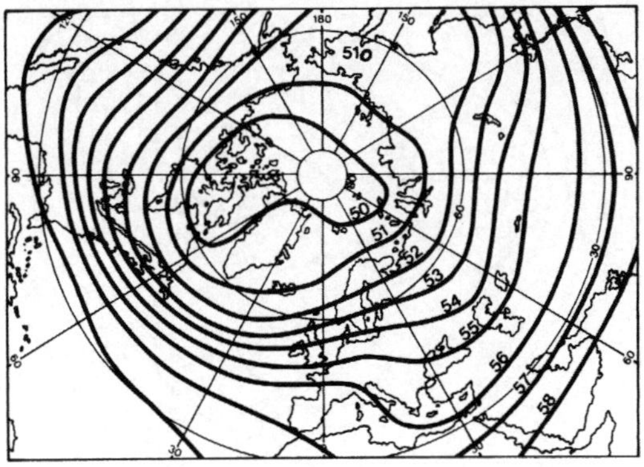

〈그림 18a〉 1975년 1월의 상층편서풍의 평균 배치(500hPa 면부터 각각 100m 단위의 고도). 상층편서풍은 일반적으로 이 등고선이 달리는 방향으로 분다.

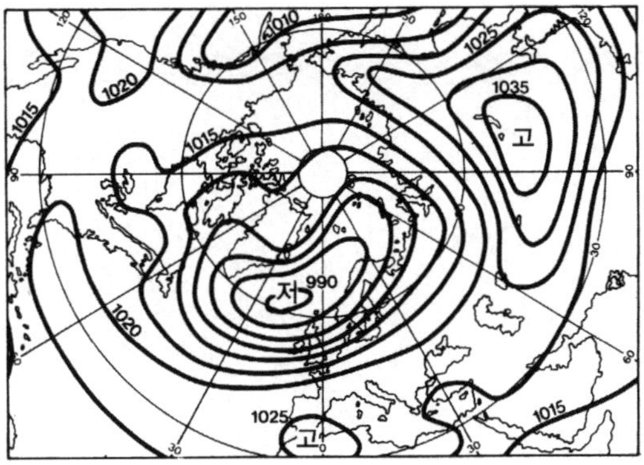

〈그림 18b〉 1975년 1월의 상응하는 평균 해면기압 분포(hPa). 지상풍은 다시 저기압 지역 주변을 반시계방향으로 부나, 등압선을 가로질러 저기압의 중심을 향해 비스듬히 분다.

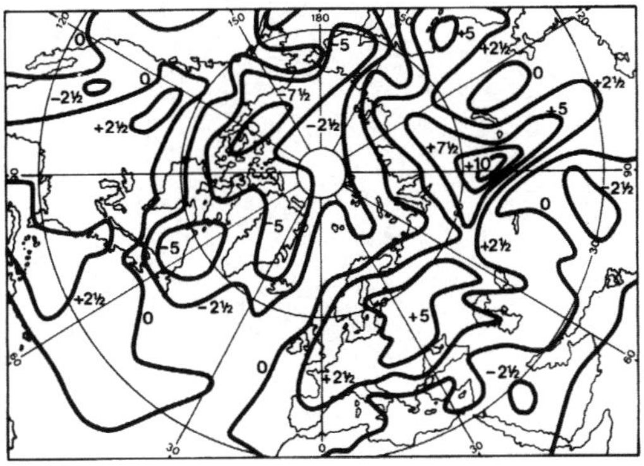

〈그림 18c〉 1931~1960년의 평균 기온으로부터의 1975년 1월 평균 지상기온의 편차.

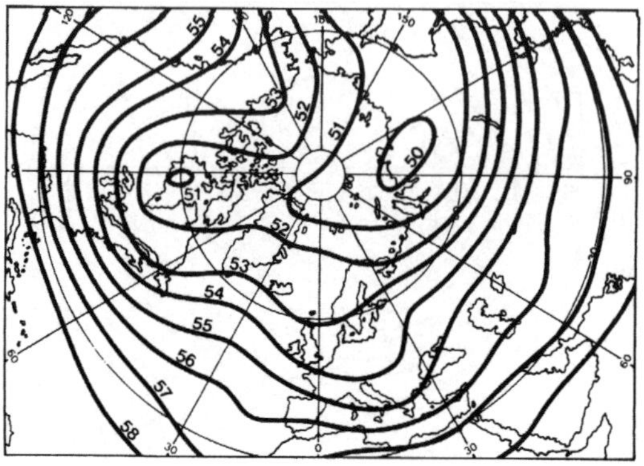

〈그림 19a〉 1979년 1월의 500hPa 면의 평균 고도.

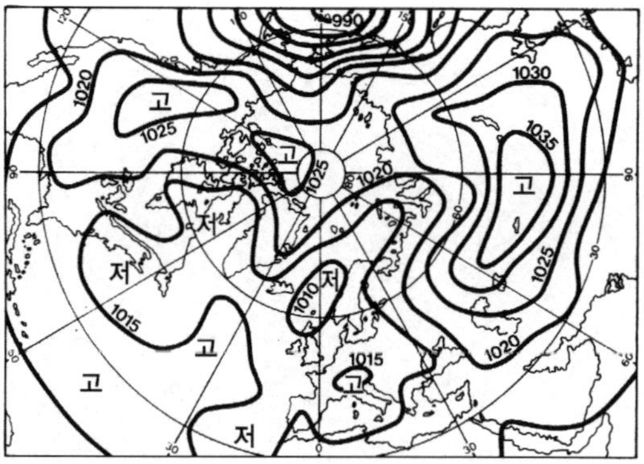

〈그림 19b〉 1979년 1월의 평균 해면기압.

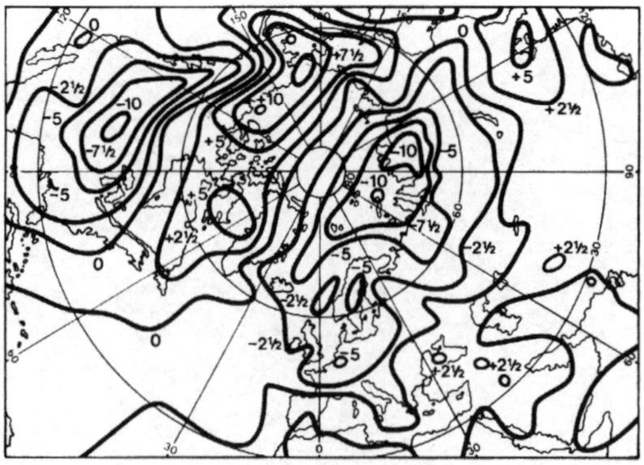

〈그림 19c〉 1931~1960년 평균 지상기온으로부터의 1979년 1월 평균 기온의 편차(℃).

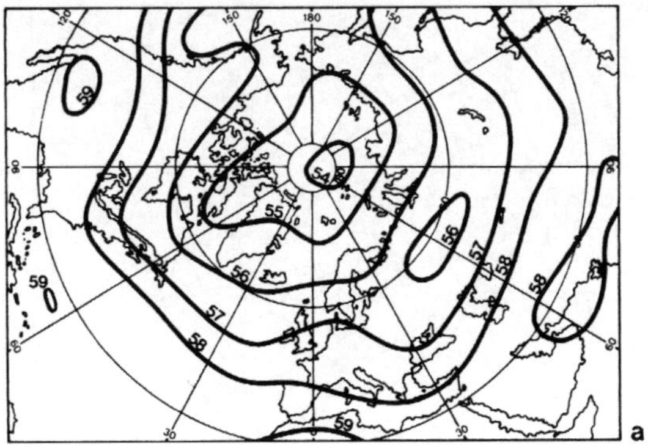

〈그림 20a〉 1976년 7월의 500hPa 면의 평균 고도.

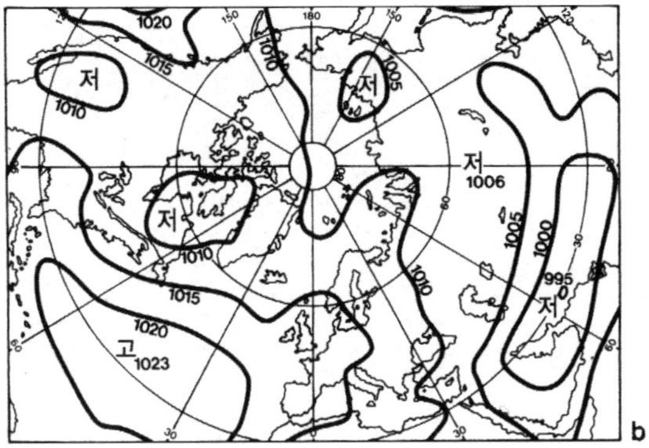

〈그림 20b〉 1976년 7월의 평균 해면기압.

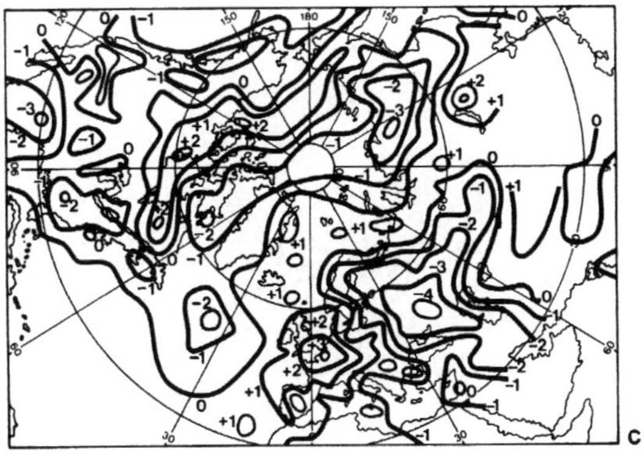

〈그림 20c〉 1931~1960년 평균 지상기온으로부터의 1976년 7월 평균 기온의 편차(℃).

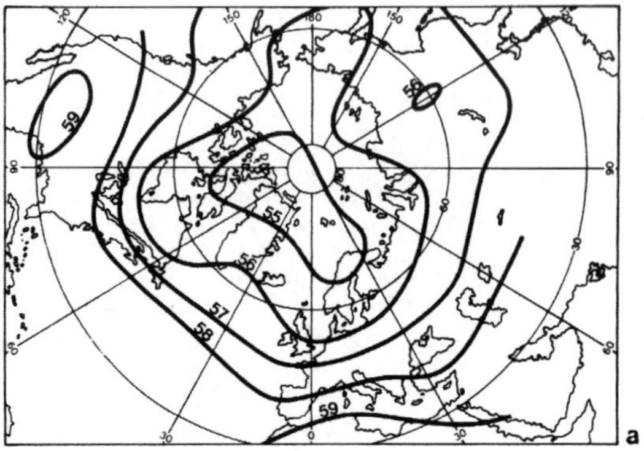

〈그림 21a〉 1965년 7월의 500hPa 면의 평균 고도.

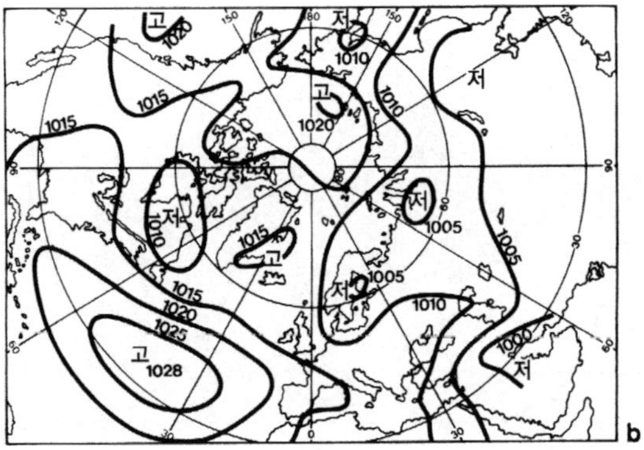

〈그림 21b〉 1965년 7월의 평균 해면기압.

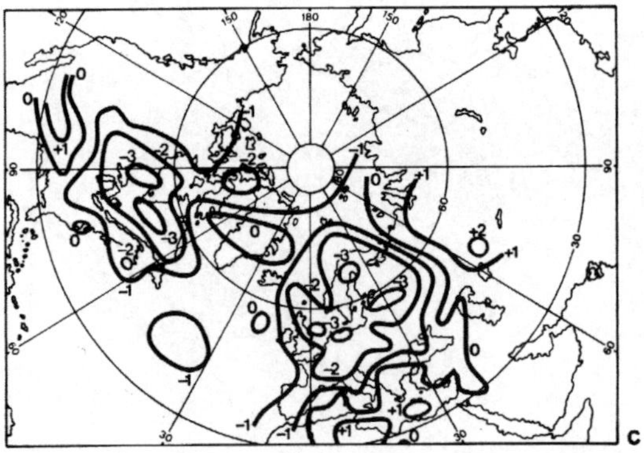

〈그림 21c〉 1931~1960년의 평균 지상기온으로부터의 1965년 7월 평균 기온의 편차(℃).

해양에서의 변화

해양순환 역시 극 방향으로 열을 수송하는 역할을 한다. 최근의 측정에 의하면 열대에서의 열수송이 전체 열수송의 주요 부분을 차지한다. 위도 20°N에서의 열수송이 전체의 74%를 차지하고, 50°N에서 약 30%를 차지한다. 적도와 70°N 사이의 전 지역에서 해양의 열수송은 평균 40%에 달한다. 그러나 이러한 수치는 서로 다른 시기를 비교하면 변하게 된다. 우리가 여기서 주로 다루게 되는 해면에서의 변화는 서로 다른 해류가 흐르는 경계 부근에서 가장 크다. 이와 같은 사실은 극해(polar seas)의 얼음이 형성되는 경계 지역과 차가운 용승수(cold upwelling water)가 있는 열대 또는 아열대 해양 지역에도 적용된다. <그림 22>는 멕시코 만에서 발원하는 해수(Gulf Stream origin)와 북대서양의 극 해면에 발원지를 갖는 해수 사이의 경계가 어떻게 변하였는가를 보여준다. 가장 큰 수온 변화는 극의 차가운 수괴가 가장 남쪽으로 확장한 곳, 또는 그 이전의 온난한 해면의 해수가 얼음으로 대체된(또는 그 반대인) 곳 부근에서 발견된다. 따라서 비스케이 만(Bay of Biscay)과 중대서양(mid-Atlantic) 사이의 넓은 지역은 약 2만 년 전 마지막 빙기의 전성기에 현재보다 10~12℃ 수온이 낮았다. 아이슬란드와 페로 제도(Faroe Islands, 61°N) 사이의 지역은 서기 1675년과 1705년 사이에 아마도 현재 평균보다 5℃ 정도 낮았다. 이와 같은 해류 경계의 변화가 일어나는 곳에서는 해양이 우리가 보통 기대하는 기후변동을 완화시키는 역할을 하지 못한다. <그림 22>에서 1675~1705년에 제시된 아이슬란드 동쪽의 극 해수의 남한계가 최근에 때때로 수주일까지 단기간에 이 경계에 도달하였다. 예를 들면 수괴가 1968년 4월과 1969년에 페로 제도 부근까지 확장하였다. 이러한 현상은 1979년 초반에도 여러 차례 단기간 관측되었으나, 그 이전 40~50년 동안과 비교할 수 있는 확장 현상이 일어나지는 않았다. 해면 해류 경계의 이동과 이의 강도 변화—후자는 분명하게 대규모의 바람 순환의 이상과 관련되는데—가 자주 관측되었다. 그 결과로 해면 온도는 이들 지역에서 수주일 혹은 수개월간 정상적인 수온의 위나 아래로 2~4℃까지 편차가 나타났다. 다른 사례는 북대서양 서부에서 일어났다. 여기서는 1968년의 대부분 기간 멕시코 만류의 북한계가 정상보다 남쪽에 위치하였다.

현재는, 이 책이 처음 발간되었을 때보다 더 넓은 지역에서 더 오랜 기간의 북극해와 기후 사이에서 일어난 교환에 관해서 더 많은 사실이 밝혀졌다. 1960년대 중반에 동그린란드 해(East Greenland Sea)에서 크게 얼음이 증가한 것과 그에 따라 나타난 해수의 낮은 염도는 이 지역으로부터 천천히 이동하여 그 다음 해에 서대서양에 영향을 주었다. 이렇게 낮은 해수의 염도는 시계방향으로 서쪽의 바다를 크게 선회한 다음 14년 후에 아이슬란드 지역으로 돌아왔다. 그 사이에 아이슬란드 부근에는 좀더 따뜻하고, 좀더 염도가 높

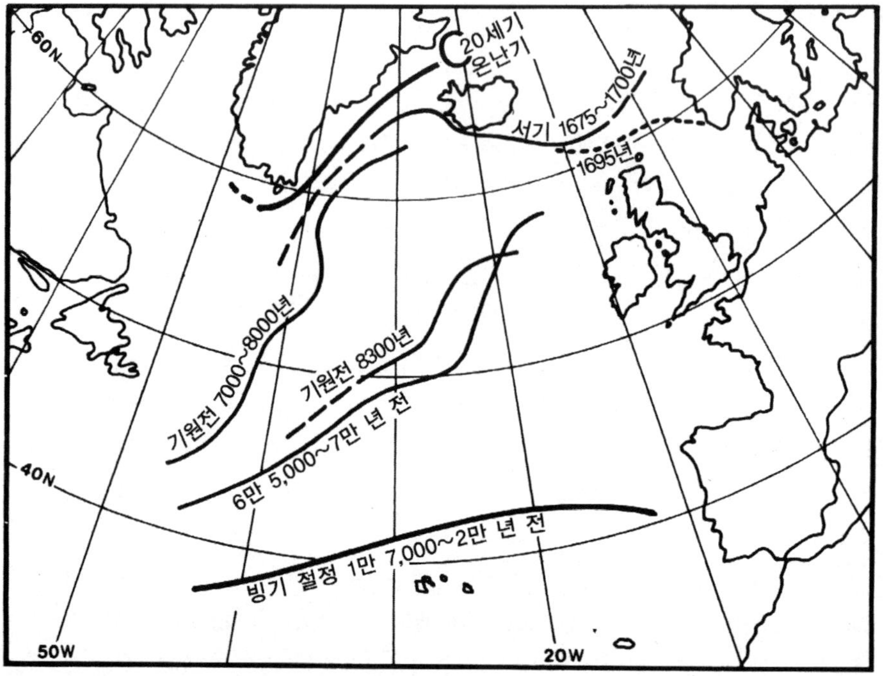

〈그림 22〉 20세기에 가장 온난한 해들과 과거의 여러 시기에 멕시코 만류와 북동그린란드로부터 오는 북극 해류 사이의 해면에서의 경계 위치.

은 시기가 있었다. 1988년에 딕슨과 다른 학자들[2)]의 연구는 이상(異常, anomaly)의 진행과 그와 함께 거의 20년 동안 일어난 변화들의 주기를 추적하였다. 그리고 이 연구가 다른 연구자들, 특히 몬트리올(Montreal)에 소재한 맥길 대학교(McGill University)의 기후·지구변화연구센터와 기상학과(Center for Climate and Global Change Research and the Department of Meteorology)의 미사크와 그의 동료들[3)]이 그 이상 현상이 처음으로 그린란드 해에 도달하기 이전의 과거의 역사를 소급하여 이상 현상을 추적하도록 고무하였다. 이러한 이상 현상은 1960년대 초에 캐나다 북부의 서쪽에 위치한 주로 매켄지(Mackenzie River) 하계의 북아메리카 하천들로부터 캐나다 북부의 북극해로 유출이 크게 증가하여 발생한

2) R. R. Dickson, J. Meincke, S. A. Malmberg and A. J. Lee, "The 'Great Salinity Anomaly' in the northern North Atlantic 1968-82," *Progress in Oceanography*, vol.20, 1988, pp.103-151.

3) L. A. Mysak, D. K. Manak and R. F. Marsden, "Sea-ice anomalies observed in the Greenland and Labrador Seas during 1901-1984 and their relation to an interdecadal Arctic climate cycle," *Climate Dynamics*, vol.5, 1990, pp.111-133; L. A. Mysak and S. B. Powers, "Greenland Sea ice and salinity anomalies and interdecadal climate variability," *Climatological Bulletin*, vol.25, no.2, 1991, pp.81-91.

것으로 나타났다. 이와 같이 유출량이 증가한 것은 비와 눈이 많이 내리고, 겨울에 캐나다의 북극 지역과 섬들 상공에서 상층의 한랭한 기압골이 강하게 발달한 것과 관계가 있다. 이들 해에는 두 개의 다른 기압골이 발달했던 주목할 만한 경향이 있었는데, 한 개의 기압골은 그린란드의 북쪽에서 북서시베리안 해안으로, 그리고 다른 한 개의 기압골은 북시베리아의 동부 위에서 발달하였다. 이들 특징은 녹스 등[4]이 고위도 북극 지역에서 증가한 저기압 활동 및 운량과 관련된 '기후의 갑작스러운 변동(climate jump)'으로 정의한 대규모 바람 순환 배치의 급격한 변화에 해당한다. 그로 인하여 하천의 물이 북극 분지의 북극해로 유출되어 태평양 해수에 많은 강물이 공급되었고, 이것 또한 베링 해협(Bering Strait)을 통해서 낮은 염도의 물을 공급하였다. 이것이 바로 딕슨이 말한 '대규모 염도 이상(great salinity anomaly)'이다. 염도 이상은 상대적으로 담수를 북극해 표면에 확장시켰고, 이것이 동그린란드 해에 4~5년 후에 도달하여 이곳에 얼음이 증가하게 하였으며, 북극 기온을 크게 떨어뜨렸다.[5]

아이슬란드 해안의 매우 긴 매년 얼음 기록을 면밀하게 검토하여 이와 같은 연쇄의 과거 사례를 연구하는 것은, 이러한 변동의 진폭이 경우에 따라 변하기는 하지만, 약 20~30년 간격으로 다소 불규칙하게 재현되는 경향을 제안하고 있다. 코흐(Koch)의 지수를 이용하여 아이슬란드의 장기간 얼음 기록을 통계적으로 조사한 것은 약 27년의 최고 빈도를 나타내고 있다. 이것은 통계적인 유의성이 부족한 것이나, 약 5년과 88년에서 100년까지에서 유의한 최고 빈도(significant peaks)를 이루고 있다.

캐나다의 조사자들은 1900년경, 1920년대, 1930년대 말, 1950년대, 1970년대의 상대적으로 온난했던 (거의 얼음이 없던) 해들의 사례를 언급하면서 이러한 증거가 북극의 (대체로) 10년 간격의 주기를 지적하는 것이라고 생각하였다. 이 해들 다음에는 얼음이 증가하였다. 이 주기는 대칭적이 아니다. 북아메리카의 하천 물의 유출과 북극해에서 얼음의 면적이 증가한 것은 그 다음에 일어나는 '정상으로의 복귀(returns to normal)'보다 일반적으로 더 강하게 일어났다. 이 조사자들은 또한 약 1962년에 특히 뚜렷한 것과 같은 기후의 갑작스러운 변동이 '이산화탄소 효과(carbon dioxide effect)'의 일부로서 널리 예보된 지구 온난화를 강화시킬 수도 있고 약화시킬 수도 있다고 생각하였다.

---

4) J. L. Knox, K. Higuchi, A. Shabbar and N. Sargent, "Secular variation of the northern hemisphere 50kPa(equivalent to 500 millibars) geopotential height," *Journal of Climatology*, vol.1, 1988, pp.500-511.

5) P. M. Kelly, P. D. Jones, C. B. Sear, B. S. C. Cherry and R. K. Tavakol, "Variations in surface air temperatures: Part 2. Arctic regions, 1881-1980," *Monthly Weather Review*, vol.110, 1982, pp.71-83.

다른 기본적인 문제들

대기 중의 화산재

우리가 관측한 바람 및 해양순환의 변화 원인은 추측하건대 전 세계적인 기온 수준과 주요한 기온경도의 강도 및 위치에 종속된다. 이러한 해석은 매년 여름에서 겨울까지의 바람 순환의 계절변화를 이해하는 데 기초가 되고, 적어도 개략적으로 대기순환의 수학적 모델링을 통해서 증명된다. 이러한 사실은 사건이 발생한 후 수년 동안 성층권에 미세한 입자로 된 먼지베일을 남겨놓는 거대한 화산폭발 후의 발달과정에서 제시되고 있다. 먼지베일은 태양복사의 일부를 차단하나, 장파의 지구방출복사는 우주로 통과시킨다. 양반구의 저위도와 고위도에서 폭발하는 화산들은 구분되어야만 할 것이다. 성층권의 바람은 먼지가 곧(수주일 후에) 화산이 폭발한 위도대에서 지구를 둘러싸게 한다. 그리고 성층권에서 느리게 극 방향으로 이동하는 공기 때문에 적도의 북쪽 또는 남쪽 약 20° 내에서 발생하는 거대한 화산폭발로부터 상당한 밀도를 갖게 되는 먼지베일은 수개월 내에 전 지구 상으로 퍼진다. 중위도와 고위도에서 화산이 폭발하는 경우에는 보통 화산이 폭발한 쪽의 반구만 크게 영향을 받는다. 먼지는 처음에 성층권 하층의 고도가 가장 높은 저위도에서 걷히는 것처럼 보인다. 그리고 1년 또는 그 이상의 기간이 경과한 후에 먼지베일은 고위도 상공에 점진적으로 집중한다. 이 효과는 극 지역 상공에서 가장 오래 지속되는데, 여기서는 기온이 하강하여 더 많은 해빙이 형성된다.

<그림 23>에는 화산의 먼지베일이 세계의 바람 순환에 미치는 영향을 제시하였다. 적도 부근에서 폭발한 거대한 화산으로 인하여 폭발 물질들이 전 세계에 분포되어 바람 순환은 처음에는 약화되나, 약 2년 후에 그 이전보다 더 강해진다. 그 이유는 먼지베일이 이때에는 실제로 고위도만을 덮어서 저위도와 고위도 사이의 열 차이가 커지기 때문이다. 전체 주기는 화산이 폭발한 후 원래의 상태에 도달하기까지 보통 3년에서 4년까지 걸리나, 경우에 따라서 7년까지 걸린다. 고위도에서 화산이 폭발하면 일반적으로 바람 순환이 강화되는 시기만이 나타난다. 그 외에도 거대한 화산이 폭발한 후 여름에 대서양 상공에서 주요 저기압 활동 지대가 다소 남쪽으로 이동하는 경향이 있었다. 이러한 사실로 아마도 지난 300년 동안 서유럽과 북아메리카 동부에서 나타난 극히 춥고 습윤했던 여름의 상당 부분이 설명될 수 있을 것이다. 이와 같은 사실은 아마도 북태평양에도 적용될 것이다. 일본의 북반부에서는 1599년 이후 4회의 최대 기근과 흉작이 발생하였는데, 이 시기는 북반구 상공에 거대한 화산폭발의 먼지베일이 존재했던 해들이었다.

1980년과 1992년 사이에 적어도 3개의 거대한 화산이 폭발하였다. 1980년 5월에 미

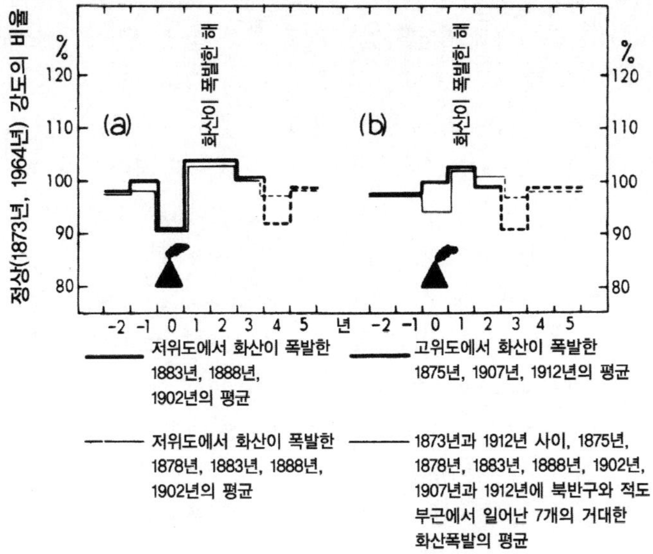

〈그림 23〉 거대한 화산폭발이 일어나기 전과 일어난 후의 해들에 북대서양 상공에서 평균 지상풍 순환의 강도. (a) 저위도에서 화산이 폭발한 경우의 평균. (b) 고위도와 모든 위도대(얇은 선)에서 화산이 폭발한 경우의 평균(북대서양 상의 지상에서 월평균 최고기압과 월평균 최저기압 사이의 차이로 측정한 순환 강도, 매달의 평균임).

국 북서부의 워싱턴(Washington) 주에서 세인트 헬렌스(Mount St. Helens) 화산이 폭발하였고, 1982년 3～4월에 멕시코의 엘치촌(El Chichon) 화산이 폭발하였으며, 1991년 6월에 필리핀의 피나투보(Pinatubo) 화산이 폭발하였다. 이 모든 화산은 아마도 지난 2세기 동안의 가장 거대한 화산폭발과 비교될 수 있을 것이다. 지난 30～40년 동안 우리는 화산폭발의 과정과 대기로 분출되는 '먼지'의 구름과 수증기, 암석, 화산재, 에어로솔의 발달을 관찰할 수 있는 더 많은 시설과 이들을 추적할 수 있는 새로운 기술을 갖게 되었다.

20세기의 중반 이후 처음으로 개발된 새로운 기술들 중에는 높은 고도를 나는 비행기를 이용하여 대기 중에서 포획된 분출 입자들과 기체들을 직접 샘플링할 수 있는 기술이 있다. 그 다음에 이 입자의 크기들과 이들의 화학적 성질이 조사될 수 있었다. 또한 그린란드와 남반구 및 북반구 고위도의 다른 빙상의 빙하에 매장된 층들에서 고대뿐만 아니라 현대의 화산 산물의 화학적 영향과 성질, 퇴적된 분출물이 연구되기 시작했다. 이를 통해서 극히 유용한 편년을 만들게 되었다. 약 1960년 이후 레이저를 이용할 수 있는 매우 집중된 빛의 빔으로 라이더(lidar)를 만들었다. 라이더로 대기 중의 에어로솔 층을 투과하여 지면으로부터 에어로솔 층의 높이와 광학 두께(optical thickness)를 측정할 수 있다.[6] 위성에 탑재된 기구를 이용하는 다른 관련된 기술들이 더 최근에 개발되었다. 위성에 탑재된 기구로 매일 위성에서 체험하게 되는 15회까지의 연속된 일출과 일몰에서 대기 중의 서로 다른 기체들에 의해서 영향을 받는 서로 다른 빛의 파장에서 소산(extinction) 시간이 관측되었다(그 때문에 대기로 들어간 이러한 물질들의 존재와 양을 분석할 수 있게 되었다).

이러한 모든 기술력의 발전에도 불구하고 중요한 '먼지' 구름이 나타났고, 이를 설명할 수 있는 거대한 화산폭발에 관한 아무런 보고도 없는 지구의 저위도 상공에 퍼진 1981~1982년 겨울의 사례를 우리가 주목해야만 하는 것은 놀라운 일이고 아마도 유익한 일일 것이다. 두 가지 가능한 발원지가 가정되었다. 중앙아프리카[자이르(Zaire)]의 적도 부근에서 크리스마스와 1982년 1월 중순에 니아무라기라(Nyamuragira) 화산의 폭발은 확실히 아황산가스 구름(sulphur dioxide cloud)을 발생시켰으며, 1982년 1월 중순 이후로 열대 태평양의 마리아나 제도(Mariana Islands)에 있는 파간(Pagan)의 화산 활동이 있었다. 구름이 낀 날씨 때문에 이들 폭발 중의 하나에서 나오는 폭발의 줄기 흐름(plume)을 규칙적인 위성사진으로 감지하지 못했다. 워싱턴 시에 소재하는 스미소니안 연구소(Smithonian Institution)는 현재 이용 가능한 모든 기술을 이용하여 전 세계의 화산폭발을 감시하고 있다. 그럼에도 불구하고 이 기간의 주요 화산폭발이 이 연구소의 지속적인 세계 감시로부터 벗어날 수 있었다면, 우리는 과거의 화산폭발에 관한 우리의 지식이 완전할 수 없음을 알아야 한다.

근년에 세 개의 (앞에서 언급한) 거대한 화산폭발은 서로 매우 달라서 교육적으로 유용하다. 이러한 차이는 기후에 미치는 영향 역시 매우 다르다는 사실을 증명한다. 1980년에 미국 로키 산맥의 북부에 위치한 세인트 헬렌스 산의 화산폭발은 바로 22~25km까지 상승하는 화산재를 분출하였다. 그러나 이 화산의 주요 폭발이 화산의 상부로부터 거의 수평 방향으로 일어난 것으로 증명되었을 때 처음에 기대했던 성층권의 먼지와 에어로솔 베일은 극적으로 완화되었다(화산이 상부로부터 거의 수평 방향으로 폭발하였다. 이로 인하여 예상되는 폭발을 관측하며 사진을 찍으려고 체류했던 다른 고도의 학술 팀들 중의 한 팀의 지도자가 사망하였다). 성층권으로는 많은 양의 물질이 올라가지 않았다.

멕시코 남부의 유카탄(Yucatan) 반도에 있는 엘치촌 화산은 엄청난 규모로 폭발하였으나, 지구 상의 성층권 베일이 퍼진 점에서 드문 특징을 나타냈다. 이러한 현상은 아마도 문제가 되는 고도의 계절적인 대기대순환의 발달과 관련이 있을 것이다. 이러한 특징은 지구의 다른 지역들 상공에 화산폭발 물질이 도달하는 시간에 영향을 주었다. 처음에 폭

6) R. Reiter, H. Jäger, W. Carnuth and W. Funk, "The stratospheric aerosol layer observed by lidar since October 1976. A contribution to the problem of hemispheric climate," *Archiv für Meteorologie, Geophysik und Bioklimatologie*, B27, 1979, pp.121-149; R. Reiter and H. Jäger, "Results of 8-year continuous measurements of aerosol profiles in the stratosphere with the discussion of the importance of stratospheric aerosols to an estimate of effects on the global climate," *Meteorology and Atmospheric Physics*, vol.35, 1986, pp.19-48.

발 물질의 기둥은 빠르게 약 17km 고도까지 올라갔으며, 약 10일 후에는 26km까지 올라갔고, 22일 내에 지구를 한 바퀴 순회하였다. 그 후 여름에 화산폭발 물질은 35km와 그 이상의 고도에서 발견되었고, 사람들은 북극부터 남극까지 강화된 일몰 색깔을 보게 되었다. 그러나 주로 남아 있던 물질들의 측면 확산은 그 다음 12월까지 약 9개월 동안 약 5～40°N 사이의 위도에 이상하게도 제한되었다. 엘치촌 화산베일은 1990년까지 약 8년 동안 일부 영향을 주었던 장기간 작용한 화산으로 증명되었다.

필리핀 제도 루손(Luzon) 섬의 15°N과 120°30′E 부근에 위치한 피나투보(Pinatubo) 산의 화산폭발은 1991년 4월 2일에 시작되어 그해의 6월 14～16일에 거대한 격동기(激動期, paroxysm)로 절정을 이루었다. 이 화산폭발은 바로 40km 고도 부근까지 화산폭발 물질의 기둥을 이루었다. 일부 화산분출물(tephra)은 남서쪽으로 2,000km 떨어진 싱가포르(Singapore)에 낙하하였다. 바람에 날린 화산 물질의 분포는 태풍 때문에 복잡하게 되었다. 주요 폭발이 있은 후 처음 3개월 동안 대기 중의 에어로솔은 같은 단계에 엘치촌 화산의 폭발로 발생한 산물로 덮인 면적의 거의 2배가 되는 면적 위에 확산되었다. 그리고 1991년 말경에 북반구 중위도 상공에서 측정된 이들의 광학 두께는 엘치촌 화산 이후보다 60～80%까지 더 두꺼웠다. 1992년 1월에 열대 대기 중의 에어로솔 농도는 감소하였고, 40～60°S까지의 위도에서는 대략 1991년 11월에서 12월까지 절정을 이루었다. 그러나 40～60°N까지의 지대 상공에서 이 농도는 1992년 4월에서 5월까지 절정을 이루지 않았다. 화산폭발 1년 후에 하와이(Hawaii)의 산 정상에 위치한 마우나 로아(Mauna Loa) 산정 천문대에서 라이더 측정을 한 결과는 엘치촌 화산폭발 이후 같은 단계에 존재했던 에어로솔 양이 2～3배까지 나타났다. 1992년 말경에 열대 해양 상의 에어로솔의 광학 두께는 1991년 9월 최고치의 15%까지 감소하였다. 그러나 고위도 상공에서는 에어로솔이 훨씬 적게 감소하여 1992년 동안 40～60°S까지 실제로 거의 변하지 않았다. 열대 성층권에서 피나투보 화산폭발로 인한 부하가 실제로 감소한 것은 엘치촌의 경우와 같이 그해의 같은 시기에 시작되었다. 추측하건대 이렇게 하강하기 시작한 것은 성층권 바람의 규칙적인 계절변화와 관련되었을 것이다. 1993년 6월경에 열대 성층권은 실제로 1991년의 화산폭발 이전의 상태로 돌아갔다. 에어로솔 층의 정상부는 그때 이후로 독일 상공에서 18～21km로 하강하였으나, 수개월 후인 1994년 1월에 하와이와 쿠바(Cuba) 상공의 측정에 의하면 20km 고도 이상에서 여전히 볼 수 있었다.

1992～1993년 겨울 동안 적도를 가로질러서 북쪽으로 화산 물질이 일부 돌아온 것으로 추측되었고, 1년 후에 반복될 것 같았다. 1992년 8월에 폭발한 알래스카의 스퍼 화산(Mount Spurr)의 새로운 물질의 분출은 활발한 화산 시기를 지속해서 그 특징을 복잡하게 했다.

의심의 여지가 없이 우리는 1980년대와 1990년대에 지난 두 세기 동안 발생했던, 성층권까지 화산 물질이 올라가게 한 가장 큰 화산폭발들 중의 두 개 혹은 세 개를 목격했다. 그리고 일부 사람들은 지구 기온이 하강하기 시작한 이유가 이러한 사실이라고 주장할 것이다.

천문학의 주기가 열공급에 미치는 영향

훨씬 더 긴 기간의 사건들에 적용되는, 분명하게 인식될 수 있는 다른 기후변화의 원인은 서로 다른 위도에서, 그리고 계절에 따라 이용할 수 있는 입사태양복사의 변화이다. 이러한 입사태양복사의 변화는 지구궤도 요소(earth's orbital arrangements)의 규칙적인 주기적 변동과 함께 일어난다(<그림 24>). 이 경우에 지구 공전궤도의 이심률(離心率, eccentricity)과 공전궤도 상에서 지구의 계절적인 위치, 그리고 열대와 극권의 위도를 몇 도 정도 변화시키는 공전궤도면에 대한 지축의 기울기 등이 변한다. 각각 약 10만 년, 2만 년과 4만 년의 주기를 갖는 이러한 주기적 변화는 서로 다른 계절에 태양으로부터 지구까지의 거리, 태양복사의 강도(그리고 적게 입사각)에 영향을 준다. 이들 변화는 모두 계산될 수가 있고, 빙기(ice ages)와 온난한 간빙기 기후(warm interglacial climates) 사이의 많은 변화를 설명해준다. 이러한 사실은 현재와 역사 시대의 기후뿐만 아니라 아간빙기(interstadial)라고 알려진 중간 시기(intermediate phases)에도 적용된다. 지난 100만 년의 약 90%의 시기는 현재보다 추워서 기후가 빙기와 같았다. 대륙들과 극해들은 넓은 빙하로 덮였다. 아간빙기는 기후가 현재보다 추웠고, 중간 유형의 식생이 있었던 덜 온난했던 기후의 절정으로 특징지어진다. 주요 기후변화의 성질과 시기는 지구궤도 요소들을 기초로 계산한 복사 변동과 매우 정확하게 일치한다. 이것은 지난 100만 년에서 200만 년까지, 따라서 제4기(Quaternary) 전체를 포함하는 해저 시추 코어의 퇴적물 분석으로부터, 그리고 대륙 상의 요란되지 않은 (한 가지 경우에 과거 14만 년 이상 지속적으로) 퇴적층의 화분분석을 이용하여 확인될 수 있는 식생사(植生史)로부터 유도된다.

이러한 변화를 기초로 과거와 미래로 각각 100만 년에 대해서 매달, 매 계절에 지구의 각 위도 상에서 태양복사 강도와 이용할 수 있는 총복사량이 계산되었다. 여기서 나타날 수 있는 운량의 영향은 고려되지 않았다. 1930년 무렵에 유고슬라비아의 과학자 밀란코비치(Milankovitch)는 최초로 이와 같은 완전한 계산을 하였다. 이미 1864년에 제임스 크롤(James Croll)이 빙기 문제의 이러한 이론적 해결책을 소개하였지만, 흔히 이 연구를 밀란코비치의 빙기 이론(Milankovitch theory of ice ages)[7]이라고 부르고 있다. 최근에 특히 미

7) 옮긴이 주: 이 이론은 밀란코비치의 기후변화 이론(Milankovitch's theory of climatic change 또는 독일어로 Milankovitch'sche Theorie der Klimaschwankungen)으로 더 많이 알려져 있다.

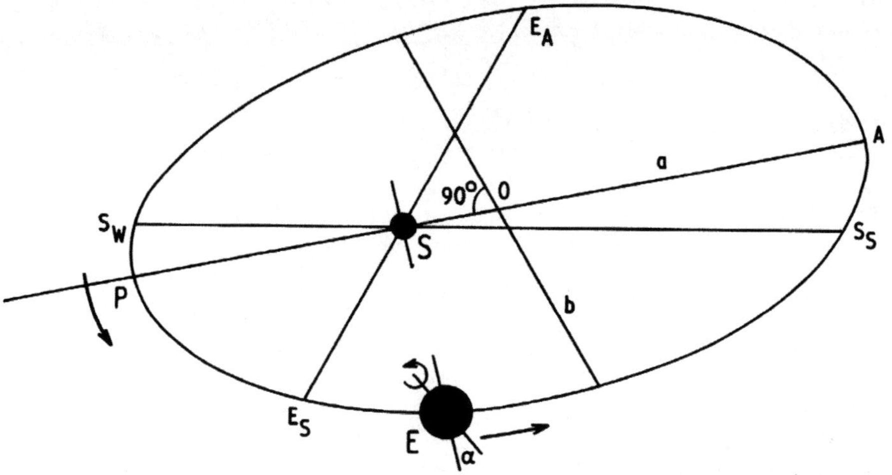

〈그림 24〉 장기간 주기적 변동을 하는 지구궤도와 그 요소들. 그림에서 공전궤도는 궤도면의 바깥쪽에서 비스듬한 각도로 본 것이다. 따라서 타원의 장축과 단축 사이의 각 a와 b는 원근감 때문에 직각으로 보이지 않는다. 태양 S는 타원의 초점(focus)에 위치하고, 타원의 중심 OS로부터 점 SP까지 거리의 비율이 이심률 e=OS/SP가 된다. 태양 S와 지구 E를 관통해서 궤도의 평면[황도(ecliptic)]에 수직인 짧은 선들을 그렸다. 이 수직선과 지축 사이의 각 α를 황도경사(obliquity of the ecliptic)라 부른다. 공전궤도 상에서 지구의 현재의 계절적인 위치는 동지를 S_W, 춘분을 E_S, 하지를 S_S, 추분을 E_A로 표시하였다. 다른 두 점을 근일점(近日點, perihelion, 즉 태양으로부터 지구가 가장 가까운 거리에 있는 점) P와 원일점 A(遠日點, aphelion, 즉 가장 멀리 있는 점)로 표시하였다. (서로 항시 직각을 이루는 선을 연결한) 계절의 지점들은 궤도 상에서 천천히 이동하여 지구가 태양으로부터 가장 가까운 계절과 가장 먼 계절이 느리게 변한다. 이 점들이 이 궤도를 한 번 완전히 순회하는 데 약 2만 년이 걸린다. 동지 S_W는 현재 천천히 근일점 P로부터 멀어지고 있다.

국의 버네카(Vernekar)와 좀더 최근(1979년)에 벨기에 루뱅카톨릭 대학교(Louvain-la-Neuve)의 베르거(André Berger)가 좀더 정확한 계산을 하였다. 이제는 계산된 복사수지의 변화로 나타나는 기온변화가 지구의 기후를 빙기가 시작되게 하거나 빙기가 끝나게 하기에 충분하지 않다는 사실이 확인되었다. 기후변화가 일어나려면 추가로 눈과 얼음이 증가한 지역에서 태양복사의 반사량이 증가해야 한다. 1만 년 전 과거 북아메리카와 북유럽에 빙상이 있던 위도에서 가장 강력한 여름의 가열이 있던 시기는 가장 빠르게 눈과 빙하가 녹은 시기와 일치하고 있다. 지구 상에서 기온이 가장 높았던 시기는 약 5,000년에서 6,000년 후에 나타났다. 이와 같이 최고기온의 출현 시기가 지연된 것은 집적된 빙하를 녹이고 상당한 깊이까지 해양을 가열하는 데 오랜 기간이 걸리기 때문이다.

우리가 언급한 바와 같은 긴 과거의 기후 기록에 이러한 다른 규칙적인 주기는 없다. 일변화, 계절변화, 그리고 위에서 기술한 (태양계의 중력에 의해서 일어나는) 지구궤도 요소의 긴 주기적 발달과 또한 큰 화산폭발 및 그로 인하여 발생하는 먼지베일에 의해서 간격을 두고 일어나는 사건들의 주기에 관한 보고들은 있다. 후자가 불규칙한 간격으로 우연한 사건과 같이 발생하지만, 태양과 달이 결합된 최대 조력(tidal force)을 나타낼 때 화산이 폭발하는 경향이 있었다는 사실이 현재 증명되었다. 그리고 많은 관측에 의하면 거대한 화산이 약 200년 간격으로 규칙적으로 폭발했다는 사실이 밝혀졌는데, 이것 역시 중력과 관계가 있는 것으로 증명되었다.

다른 주기들

그렇지만 어느 정도 잘 설명되고 있는 이러한 변화 이외에 기후 기록을 스펙트럼 분석(spectral analysis)한 것은, 덜 규칙적이지만 그중에 일부 중요할 수도 있는 많은 다른 주기적 또는 '준주기적 현상들(quasi-periodicities)'이 있다는 사실을 제시하고 있다. 이러한 현상들이 더 잘 연구되면 그중의 일부는 기후예보에 제한적으로 유용할 것이다. 우리는 <그림 16>에서 이미 많은 기상 자료들에서 나타나는 (준)2년의 리듬을 알게 되었다. 따라서 예를 들어 1880년과 1961년 사이 북유럽·중유럽·서유럽에서 홀수 해들의 여름에 짝수 해들보다 훨씬 더 나은(온난함을 의미하는) 기록이 측정되었다. 런던에서 평균 기온의 총편차는 0.5℃였다. 이 수치는 추측하건대 약 2주일의 생육기간의 차이에 상응한다. (이보다 이른 과거의 다른 시기에는 짝수 해들에서 더 나은 기록들이 나왔다) 흥미 있는 다른 기간은 약 5.5년(태양흑점주기의 1/2?), 10～12년, 22～23년, 약 50년, 100년, 180～250년(아마도 실제로는 200년에 가까움), 1,000년과 2,000년 길이의 주기를 포함하고 있다. 일부—아마도 모든— 주기적으로 반복되는 현상들이 (추측하건대 작은) 태양에너지 방출의 변동에 기인한다고 생각될지라도, 지금까지 이들 주기 중 어느 것에 대한 물리적 원인도 만족할 만하게 확인되지 않고 있다. 이들은 부분적으로 해양과 대기에 직접적으로 작용하는 조력의 변화와 직접적으로 관련이 있을 수 있다.

태양 활동의 주기

노리치(Norwich)에 소재한 기후연구학과(Climatic Research Unit)의 타바콜(R. K. Tavakol)[8]이 최근에 지적한 바와 같이 100～1만 년의 특정한 시간 단위에 태양 활동이 변동할 수 있다는 징후가 실제로 있다. 이것은 예를 들어 이미 확인된 시기에서 나온 대상들의 방사성 탄소연대측정법(radiocarbon dating)에서 나타나는 오차를 통해서 증명된다. 우선 고고학의 대상과 지난 5만 년 내에 퇴적된 자연에서 나타나는 대상[이탄(泥炭)과 호수 퇴적물]의

8) *Climate Monitor*, vol.8, no.3, 1979.

연대측정을 하기 위한 이러한 현대 기술에서는 대기 중의 CO_2 양에서 방사성 탄소의 비율이 불변하였다고 가정한다. 그 이유는 이 원소가 우주에서 오는 우주선(宇宙線)의 지속적인 충격을 통해서 대기권 상층의 질소 원자로부터 형성되기 때문이다. 그렇지만 과거 여러 시기에서 방사성 탄소연대측정의 오차는 예를 들어 나이테의 방사성 탄소연대측정에서 볼 수 있다. 이 오차들은 부분적으로 지구 자장의 규칙적인 장기간 변화에 기인한다. 그러나 이 오차는 또한 태양 자장의 강력한 확장과 관련이 있는 태양 입자들의 방출[미립자(corpuscles)]에서 다른 기간의 변동을 통해서도 일어난다. 이와 같은 두 가지 형태의 태양 활동은 우주의 다른 곳에서 오는 우주선 입자들(cosmic ray particles)의 지속적인 충격의 일부를 지구로부터 편향시킨다. 이로 인하여 때때로 대기 중의 방사성 탄소 원자들의 형성이 감소된다. 콜로라도(Colorado) 주의 볼더(Boulder)에 소재한 미국 국립대기연구센터(US National Center for Atmospheric Research)의 높은 고도 관측소(High Altitude Observatory)에 근무하는 에디(J. A. Eddy)의 연구는 태양흑점이 거의 관측되지 않았거나 (만약 있다면) 일부 극광(오로라)만이 보고되던 때인 서기 1400년부터 1510년까지의 스푀러 최저(Spörer Minimum)와 1645년부터 1715년까지의 마운더 최저(Maunder Minimum)의 두 가지 거대한 태양 활동의 최저가 소위 소빙기의 지구 상의 기후 스트레스가 가장 길었던 시기와 일치한다는 사실을 강조했다. 방사성 탄소의 변동에 관한 장기간의 기록과 태양흑점 주기와 직접적으로 관련되는 부정확한 현상들의 기록은 제시된 기간 내에서의 태양의 변화를 제시하고 있다. 그렇지만 이 증거는 결정적이지 못하다. 얼마나 다양한 유형의 태양 변동이 지구 대기의 기류 패턴과 기후에 어떻게 영향을 주는가가 더 상세히 연구되어야 할 것이다.

열분포와 과거 기후의 복원

앞 장에서 우리는 아무 계절 또는 어느 시기에도 지구의 열분포와 강도에 의해서 생성되는 기온 패턴과 상층편서풍대의 형태 및 강도 사이의 밀접한 관계를 제시하였다. 이와 같은 관련성으로 과거에 지배했던 기온 수준의 화석 증거를 이용하여 그 시기의 폭풍의 이동경로, 구름이 낀 지역, 탁월한 지상풍, 고요한 고기압 지역을 포함하는 대규모 바람 순환의 지배적인 특징을 유도할 수 있었다. 이러한 복원을 통해서 우리는 알려진 기온분포와 일치하는 기후 체제의 기본 유형을 알 수 있다. 그리고 많은 경우, 이러한 패턴은 적어도 부분적으로 검증될 수 있었다. 이용할 수 있는 화석 자료 또는 여러 지역들에서 탁월했던 바람과 일기 상태를 기록한 역사적 기록 증거를 얼마나 잘 지도화할 수 있는가 물을 수 있을 것이다. 그렇지만 이러한 기후 패턴을 통해서 한 상태에서 다른 상태로 기후변화를 일으킨 사건들을 알 수 있는 것은 아니다. 여러 연구를 통해서 유럽에서 중세 절정기의 온난기로부터 16세기 말과 17세기(1800~1850년에 다시 반복된)의 한랭기까지 지난 1,000년 동안 발생했던 대규모의 기후변화가 그 사이에 잘 증명되고 있다. 이들 연구에 의하면 대규모의 빙하 확장과 극 해빙이 확장했던 시기는 단지 3~6개까지로 잘 구분되는 약 10~20년까지의 시기들에 집중되었다. 아마도 모두는 아니나 이들 중의 하나나 두 개의 기간은 전 세계적인 화산 활동의 '돌발(burst)'과 관련이 있었다. 이들 10년 동안 높은 빈도의 저지(blocking) 상황과 함께 바람 순환의 대규모 이상이 나타났음이 확실하다. 17세기 말경과 18세기 나무들의 연륜뿐만 아니라 실제 기온 측정도 빙하가 가장 빠르게 확장한 이들 10년 동안 매년 크게 변화한 것을 증명하고 있다. 이것은 아마도 중위도의 '정상적'인 편서풍이 빈번하게 저지된 것으로도 증명된다.

급격한 기후변화

여러 기후학자들, 특히 브라이슨(Bryson), 플론(Flohn), 맨리(Manley)는 과거에 일어난 일부 주요 기후변화의 속도에 주목하였다. 예를 들어 북대서양과 그 주변 지역, 유럽과 지중해 지역에서 마지막 간빙기의 늦은 시기에 세 개의 주요 한랭화 현상이 나타났다. 기온은 대략 현재(또는 간빙기) 지배하는 기온과 빙기의 절정기 사이의 편차의 대략 1/2로 하강하였다. 대략 11만 5,000년 전, 9만 년 전, 7만 년 전으로 연대가 추정되는 이러한 한랭화는 약 1,000년 내에, 또는 단지 100년 내에 일어났다.9) 처음 두 번의 한랭화는 아마도 2,000년에서 5,000년까지 지속되었고, 그 후 간빙기에 가장 온난했던 시기의 1만 년 동안 그 이전에 지배했던 기온보다 약간 낮은 기온으로 빠르게 다시 상승하였다. 세 번째 한랭화는 마지막 빙기의 주요 시기도 포함하는 5만 년 동안의 좀더 추운 기후를 가져왔다. 이와 같은 한랭화와 온난화의 급격한 순서는 두 개의 실패로 끝난 빙기 출현 사건 동안 거대한 얼음이 집적되지 못하였다는 사실을 알려준다. 약 1만 800년 전 마지막 빙기의 시작은 마찬가지로 급격했다. 당시에 현재만큼 온난했던(또는 현재보다 약간 온난했던) 잉글랜드에서 지배했던 여름 기온은 추측하건대 대략 50년 내에 4~5℃까지 하강하였다. 그리고 잉글랜드의 북서부에 있는 레이크 디스트릭트(Lake District)에서는 작은 빙하가 다시 나타났다. 추운 기후가 약 600년 동안 지속되었다. 그렇지만 이 경우에 이러한 단기간에 기온이 하강한 정도는 당시에 스칸디나비아에 여전히 존재했던 빙상과 스코틀랜드의 이보다 훨씬 작은 빙상이 잉글랜드 부근에 있었다는 사실로 설명된다.

9) 우리는 제17장에서 이 점에 대해서, 그리고 이에 대한 증거를 다시 다루도록 하겠다.

후빙기에 식생 한계가 이동하였다는 정확한 연대측정이 가능한 증거가 북쪽으로 이동하는 데 산맥의 장애를 받지 않았던 북아메리카에 있다. 이것은 해양의 수온이 상승한 후에 온난화가 마찬가지로 빠르게 일어났다는 사실을 의미한다. 식생이 일정한 시간이 지난 후의 기온변화에 반응한다는 사실을 고려하면, 이렇게 급격하게 기후가 변한 것이 특히 분명해진다. 이러한 과정이 대규모의 구삼림의 질병과 사망, 그에 이어지는 산불로 전멸하여 가속될 수 있을지라도, 소나무 숲이 참나무류가 지배하는 숲으로 대체되기까지는 적어도 약 100년의 최저 기간을 필요로 한다. 그럼에도 불구하고 이러한 변화는 매우 빠르게 일어나서 경과된 시간은 이러한 변화 전과 후에 유기물질의 방사성 탄소연대측정의 오차 한계보다 짧다.

언급한 여러 주요 기후변화에서 바람 순환의 변화가 곧바로 일어났을 것이다. 북극 얼음 표면에서 지배했던 기온은 수년 내에 그 이전보다 고요한 상태 또는 다른 위도로부터 더 많은 열을 가져오는 더 강한 바람과 해류가 있는 기후에 적응하였다. 20세기 내에 이러한 양 방향으로의 변화가 관측되었다. 바람대의 이동은 동시에 주요 구름대를 이동시켰다. 이를 통해서, 그리고 바람과 해양에서 열수송의 변화된 패턴을 통해서 다른 위도들에서 지배하는 기온도 마찬가지로 새로운 체제에 적응하게 될 것이다. 그에 따라서 상층 편서풍대 흐름 패턴에서의 광범위한 사행과 함께 아마도 10～50년 또는 70년까지 걸리는 저지 패턴(blocking pattern)을 일으키는 바람 체제의 급격한 변화가 설명되어야 할 것이다. 이러한 사행은 중위도에 정체된 지상 고기압과 저기압이 나타나게 하는데, 이들은 중위도의 서로 다른 지역에서 지배하게 되는 다시 지속되거나 반복되는 북풍과 남풍의 지상풍이 불게 하고, 고요하거나, 때때로 동풍이 불게도 한다. 그 결과로 이들 위도에서 이동성 편서풍의 일기 상태와 온난한 기단 및 한랭한 기단이 지속적으로 교체되는 현상이 감소된다. 정체된 저지 일기 상태의 특성은 대륙 위에 비정상적으로 눈이 쌓이게 하거나 표면의 특성과 복사에 대한 반응에 아무런 변화도 일으키지 않는 해양에서 눈이 '사라지게' 한다. 특정한 장소들에서 특정한 일기 상태가 장기간 나타나게 하는 메커니즘은 특히 왜 대부분의 저지 고기압이 그린란드와 스칸디나비아 위에 있는가 하는 관점에서 연구되어야 한다. 여름에 이와 같은 일기 상태는 45～60°N의 북쪽 위도에 위치한 넓은 지역에서 그 이전에 내린 눈이 녹는 것을 가속화시키거나 방해할 수 있다. 그리고 저위도에서 지속적인 구름, 비정상적인 용승류 또는 해면으로부터의 증발은 지구온난화에 유사한 효과를 가질 수 있다. 이러한 발달이 에너지 수지가 느리게 상향 또는 하향하는 경향의 임계 시점에서 나타나면, 바람 순환에서 지속적인 저지 패턴이 나타나는 기간들은 온난한 또는 한랭한 세계 기후로 매우 빠르게 변화시킬 수 있다.

근년에 로렌츠(Lorenz)에 의해서 기상학의 한 유파가 형성되었는데, 그에 따르면 이러한 바람 순환의 변화가 외적인 원인 없이 유지된다고 한다. 오히려 어떤 외적인 인자들의 변화가 없이도 다양한 대안적인 바람과 기후 체제가 나타날 수 있어서 언제든지 한 패턴이 한 체제에서 다른 체제로 '급변(click over)'할 수 있다는 사실이 제시된 것이다. 이 견해에 의하면 빙기조차 외적 원인을 갖지 않을 수 있다. 이러한 입장은 예보 가능성과 그 이해에 관련되는 한 극히 비관적인 것이 된다. 이러한 태도는 적어도 지구궤도의 변화가 미치는 영향과 대규모 화산폭발 결과의 경우에서 분명한 것처럼 기후변화의 외적인 원인이 제시될 수 있는 경우에는 불필요한 비관적인 이론이 된다.[10] 그리고 대규모 바람 순환에서 정체 현상의 빈도변화는 지구 자전의 여러 변수들과 다른 행성들의 배열과 관련된 태양이 조력에 미치는 영향과 관련될 수 있다는 증거가 있다. 이들 현상은 지금까지 고려되지 않았다. 미국의 브라이슨과 소련의 막시모프(Maksimov)의 선발 연구는 많게는 수백 m 거리에 걸쳐 느린 지축의 이동이 있음을 제시하고 있다. 이러한 이동은 태양과 달의 영향을 받아서, 그리고 심지어 작은 지축의 '챈들러 진동(Chandler wobble)'의 영향을 받아서 일어난다. 후자는 여전히 설명되지 못하였으나, 이것이 지구와 달의 각운동량(角運動量, angular momentum)의 조절에 작용한다고 의견이 일치하고 있다. 더욱이 잉글랜드의 뫼르트(Mörth)의 미발표 연구는 태양계 다른 행성들의 배열에 의해서 나타나는 각운동량에 미치는 영향을 다루고 있다. 그는 또한 지구 자장의 변동, 그리고 지구 자장이 대기 중의 전기가 부하된 입자들에 미치는 영향도 다루고 있다. 이 모든 제안들은 여전히 논쟁이 되고 있으나, 이를 증명하고 폐기하는 노력을 해야만 할 것이다. 그 이유는 문제가 되는 대부분의 변수들을 적어도 부분적으로 예보할 수 있기 때문이다.

인간 활동의 부작용이 현재 또는 바로 지구의 기후를 변화시킬 수 있는가의 여부에 관한 문제와 인간 활동이 국지 기후를 어떻게 변화시켰는가 하는 문제는 현 세계와 미래를 개관하는 이 책의 다른 부분에서 다룰 이야기이다. 우리는 국지적 규모나 전구적 규모(locally or on a global scale)로 고의로 기후를 변화시켰거나 변화시킬 수 있는 일부 상황들을 간략하게 다룰 것이다.

---

10) 시스템 내에서의 임의의 변동이 연평균 기온의 변화를 일으킨다면, 매달, 매 계절에서 또는 1년 전체에 대한 경향들 사이에서 아무런 상관관계도 기대하지 말아야 한다는 논제에 출발하여 뮌헨(München) 대학교의 쇤비제(C. D. Schönwiese) 박사는 최근의 통계적 연구에서 잉글랜드 중부의 세계에서 가장 긴 기록인 320년 기온 기록을 연구하였다(*Meteorologische Rundschau*, vol.32, 1979, pp.73~81와 *Meteorological Magazine*, vol.109, 1980, pp.101~113). 장기간 경향의 경우에는 1년의 모든 달들을 포함하여 뚜렷한 상관관계가 있다는 사실이 나타났다. 이것은 확실히 17세기 이후(특히 처음에 1690년대부터 1730년까지 처음의 매우 강한 시기)의 기후의 일반적인 온난화가 전체 기후 시스템에 영향을 준 외적 원인들에 기인할 수 있다는 사실을 분명하게 했다. 이와 유사한 결론은 아마도 약 100년과 2.2년의 기간을 갖는 자료의 주기적 요소들의 증거에도 적용된다.

5. 과거 기후의 복원

기상계기관측기록

과거 기후사의 일부는 물론 기상계기가 처음 사용된 시대 이후의 기상관측기록을 통해서 알려져 있다. 유감스럽게도 이러한 사실은 흥미 있는 기간이기는 하지만 기후 자료가 체계적으로 기록된 비교적 단기간에만 적용된다. 한두 개의 기상관측소에서는 300년간이나 기상계기관측이 이루어졌지만, 세계의 대부분 지역에 대해서는 기상계기관측기록을 지난 수십 년 동안에 대해서만 이용할 수 있을 뿐이다. 더욱이 과거에 기상계기를 이용하여 측정한 값을 현대의 표준 관측소에서 측정한 측정값과 객관적으로 비교하여 확실하게 하는 일은 엄청나게 어려운 일이다. 이러한 일은 지금까지 세계의 여러 지역에서 제한적으로 선별된 관측지점들에 대해서만 철저하게 수행되었다.

기압계와 온도계는 이탈리아에서 17세기 초반에 토리첼리(Torricelli)와 갈릴레이(Galilei)가 각각 발명하였다. 풍향계와 우량계는 이보다 오래되었으나, 남아 있는 최초의 강수 자료는 1600년대 말부터이다. 이미 1700년 또는 그 이전에 신뢰할 만한 계기가 있었으나, 대표되는 측정 결과를 보장할 수 있도록 온도계와 우량계를 정확하게 설치하는 문제는 이보다 훨씬 늦게까지 해결되지 않았다. 기압계는 거의 문제가 없어서 발명된 후 몇 년 내에 이미 프랑스의 파스칼(Blaise Pascal)과 잉글랜드의 보일(Robert Boyle)이 중요한 과학적 측정에 이용하였다. 그러나 온도계는 수십 년 동안 대체로 가열되지 않는 북쪽을 향한 공간(또는 한 곳의 유명한 천문대에는 최근까지 건물의 북쪽 외벽)에 설치되었다. 그리고 온도계를 검정(calibration)하는 것은 어려웠는데, 그 이유는 유리의 노화(ageing) 때문이었다. 파렌하이트(Fahrenheit)가 실제로 기여한 것은 최상의 유리로 온도계를 만든 것이다. 유럽의 초기 우량계는 때로 가옥의 지붕 위에 설치되었는데, 여기서 수집되는 강수량은 우량계로부터 튀거나 바람에 의해서 증발되어 감소되었다. 따라서 1676년에 잉글랜드에서 최초의 우량계를 제작한 타우널리(Richard Towneley)는 그의 침실에서 편안하게 우량을 측정할 수 있게 하려고 파이프를 집안으로 연결하였다!

초기의 기상계기 측정기록을 사용하는 데 나타난 다른 어려움은 서로 매우 다른 단위와 눈금이 이용된 것이다[뉴튼 경(Sir Issac Newton)은 이미 17세기에 물의 결빙점을 0°로 정의한 온도계 눈금을 이용하였으나, 다른 정점(定點)을 12°로 정상적인 사람의 체온을 택하였다]. 우리는 예를 들어 1792년에 반 슈빈덴(van Swinden)과 1830년에 리브리(Libri)가 보고한 비교와 검정 테스트로부터 초기 온도계와 이들의 눈금에 관한 많은 내용을 알고 있다. 반 슈빈덴은 77개 정도의 서로 다른 눈금을 제시하고 있다. 장기간의 기온과 강수 측정 자료, 기압분포도와 풍향도를 만들기 위해서 초기의 기상계기관측기록을 이용하려는, 그러한 자료를 처리하고 유럽의 모든 지역들에서(그리고 때때로 심지어 한 나라 안에서조차) 서로 다른 길이를 갖는 인치(inch), 피트(feet), 마일(mile)을 극복해온 사람은 단일한 미터법(metric system)의 장점을 아주 잘 알 것이다!

지난 200년 또는 300년 동안의 기후사에 관한 우리의 지식은 때때로 변경된 관측 장소의 변화를 포함하는 기상계기 측정을 정확하게 연구하여 장기간의 자료를 신뢰할 수 있는 값으로 처리한 학자들의 노력으로부터 나왔다. 특히 노르웨이의 비르케란드(Birkeland), 네덜란드의 라브리인(Labrijn), 잉글랜드의 맨리(Gordon Manley), 미국 동부의 랜즈버그(Landsberg)와 그의 공동연구자들과 같은 학자들의 연구가 이에 크게 기여하였다. 이를 위해서는 서로 멀리 떨어져 있지 않은 장소들의 중첩되는 자료들을 끊임없이 비교해야만 했다. 이들 측정 자료들 중에서 가장 긴 자료는 맨리 교수가 만든 잉글랜드 중부의 전형적인 저지 관측소들에서 1659년부터 1970년대까지 매년의 월평균 자료이다. 유럽의 다른 관측소들과 보고된 일기 및 바람 패턴과 비교하여 이 자료의 값들이 1720년부터 약 0.2℃ 내에서부터 그 이전의 해들에 대해서는 1℃ 내까지 신뢰할 수 있다는 사실이 제시되었다. 강수 자료는 가까운 장소들에서 측정된 강수량의 실제적인 차이 때문에 어려움이 매우 많다. 이것은 적은 지형적인 차이(그리고 건물들과 나무들)의 영향과 어느 한 해에 불규칙하게 내리는 소나기와 뇌우의 임의의 분포 차이와 관련된다. 사이먼스(G. J. Symons)는 1727년 이후의 시기에 대해서 잉글랜드와 웨일즈(Wales)의 결측이 없는 월평균 강수량을 제시하였다. 이 연구는 상이한 지형의 크기와 다양성 때문에, 그리고 관측 지점들의 대표성이 결여되기 때문에 비판을 받을 수 있다. 그렇지만 그 사이에 크래도크(J. M. Craddock)는 1726년부터의 매년에 대한 월 값들로 매우 철저하게 연구한 자료를 만들었다. 이 자료는 잉글랜드 이스트 미들랜즈(East Midlands)의 이보다 훨씬 작고 더 균질한 지역에 대해서 대표성이 있다. 네덜란드에 대해서 라브리인이 만든 자료는 대략 같은 기간의 자료이고, 런던에 대한 1697년부터 시작된 합성된 자료(composite series)가 있다.

이러한 연구들이 지루하고 시간이 많이 걸리기 때문에 관심을 가진 적임자를 찾는 일과 이 일을 수행하는 데 필요한 연구비를 얻기가 쉬운 일은 아니나, 이 일은 보람 있는 일이다. 맨리는 1980년 그가 사망하기 직전에 학술지 *Weather*에 쓴 편지에서 그의 관심사를 다음과 같이 강조하였다. 월평균으로 제시되는 기후변화의 정도가 작고, '흔히 수십 년 동안에 1°의 소수점 이하'이기 때문에 기상계기, 설치장소, 관측자들의 기술과 관측시간에 관해서 발견할 수 있는 모든 상세한 내용의 과거에 행해진 관측을 이용해야 한다. 그리고 신뢰할 수 있는 기온(또는 강우) 자료를 만들기 위해서 매우 주의 깊게 검증하여야 한다. 유럽의 여러 국가에 대해서는 현재 농부, 수문공학과 생육기간의 길이, 가뭄의 위험, 에너지 수요 등과 관련하여 연구하는 다른 사람들에게 신뢰할 만한 기초를 제공하는 기온과 강수 자료들이 있다. 그리고 이들 자료들은 학자들에게도 관측된 기후발달의 성질을 분석할 수 있는 확고한 기초를 제공하고 있다. 우리는 그 당시 기후의 변덕스러움(vagaries of climate)과 대기 시스템이 작용하는 것을 이해하고자 했던 고대의 관측자들이 밤낮으로 수년 동안 인내심 있게 연구한 것을 이용할 수 있는 특권을 부여받았다.

연구자들 중에서 다방면에 걸친 일부 과학의 개척자들이 수년 동안 이 한 분야에 집중할 수 있었다. 학식이 있는 성직자, 의사, 일부 지주 귀족 등의 사람들이, 불가피하게도 느리게 이해할 수 있었겠지만, 이와 같이 변화하는 환경의 측면에 지속적으로 많은 관심을 보였다. 그렇지만 예리한 통찰력을 가진 일부 개척자들은 현명하여 무슨 일이 일어나고 있는가를 알 수 있었다. 그리하여 러틀랜드(Rutland, 잉글랜드) 린든(Lyndon)의 바커(Thomas Barker)는 1733년부터 1798년까지 매일의 일기를 관측하여 1740년 이후 강수량이 일반적으로 증가하고, 특히 동풍을 동반한 일기 특성이 현저하게 변했다는 사실에 주목하였다. 1740년대에 그러한 일기는 일반적으로 춥고 건조하여 봄에 식생이 늦게 성장하게 하였다. '그러나 동풍이 지난 10년 동안 자주 비를 내리게 했다. 여름의 최대 홍수들 중에서 많은 홍수가 동풍과 함께 내린 비로 일어났다.' 새빈(Sabine) 역시 1846년에 '때때로 잉글랜드에서 발생했던 현저하게 온화한 겨울'의 원인을 연구하도록 자극을 받았다. 그는 그의 연구에 근거하여 1845~1846년과 1821~1822년 겨울, 그리고 1776년 11월에 경험한 경우들에서 '멕시코 만류의 온난한 해수가 (당시에) 정상적인 경계를 넘어서 …… 유럽의 해안까지 확장한 것'을 기술하고 있다.

우리가 현재 기후의 발달을 더 잘 분석할 수 있게 된 것은 특히 지구 바람 순환의 성질에 관한 현대 지식의 덕분이다. 이러한 지식은 1940년대 이후 기구에 매단 라디오존데(radiosonde)를 이용하여 대기권 상층을 매일 분석할 수 있게 되고, 1960년대 이후 기상위성을 이용한 세계 구름 분포의 분석을 통해서 얻게 되었다.

<그림 25>는 세계의 기상관측망이 증가한 것과 상당히 정확하게 바람 순환을 분석할 수 있는 범위를 나타낸 것이다. 우리는 1960년에 위성 시대가 시작된 이후에 비로소 남

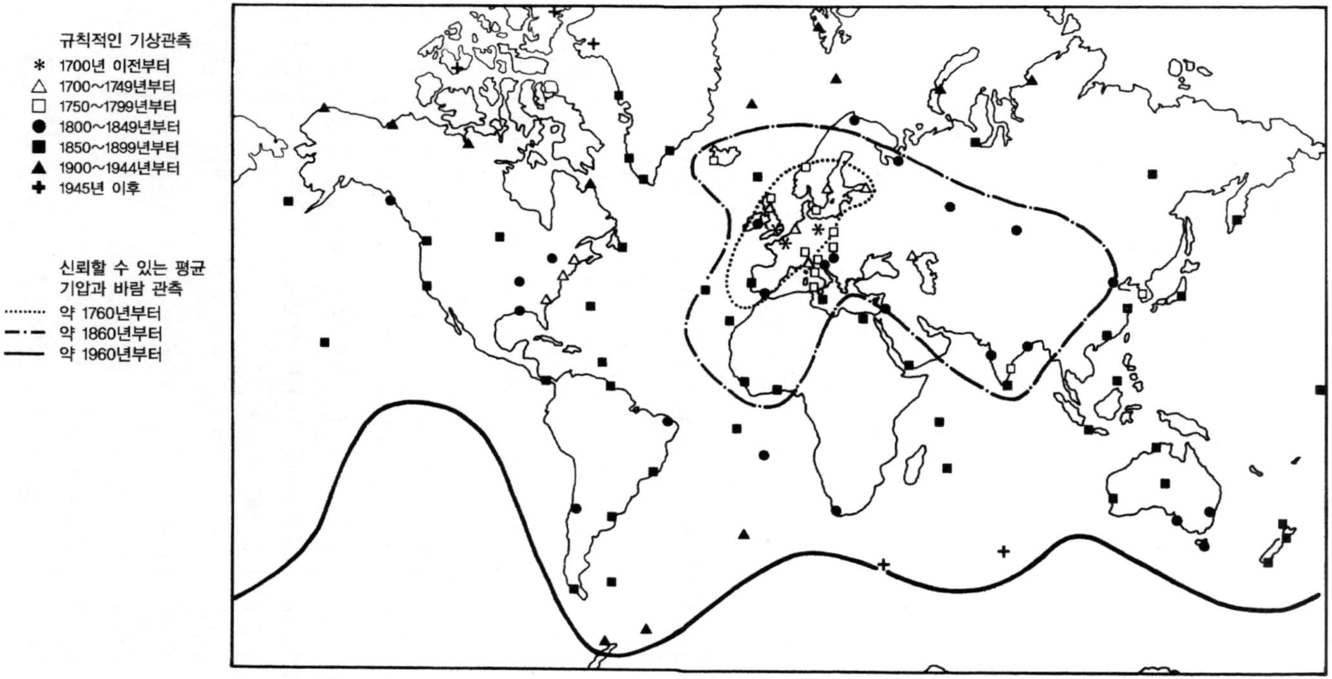

〈그림 25〉 세계의 규칙적인 기상관측망의 증가. 관측망이 증가한 것은 각 주요 지역에서 최초의 1개 또는 2개의 관측소가 관측을 시작한 일자를 기준으로 제시되었다. 그림 내의 선들은 월평균과 연평균 기압과 바람분포도가 수용할 수 있는 정도로 정확하게 그려질 수 있는 지역의 경계를 설정한 것이다. 매일의 기상도의 완전한 자료는 약 1780년(그리고 아마도 그 이전)부터 가장 안쪽의 선으로 경계가 설정된(그리고 아이슬란드를 포함하도록 연장된) 유럽 지역에 대한 것이다.

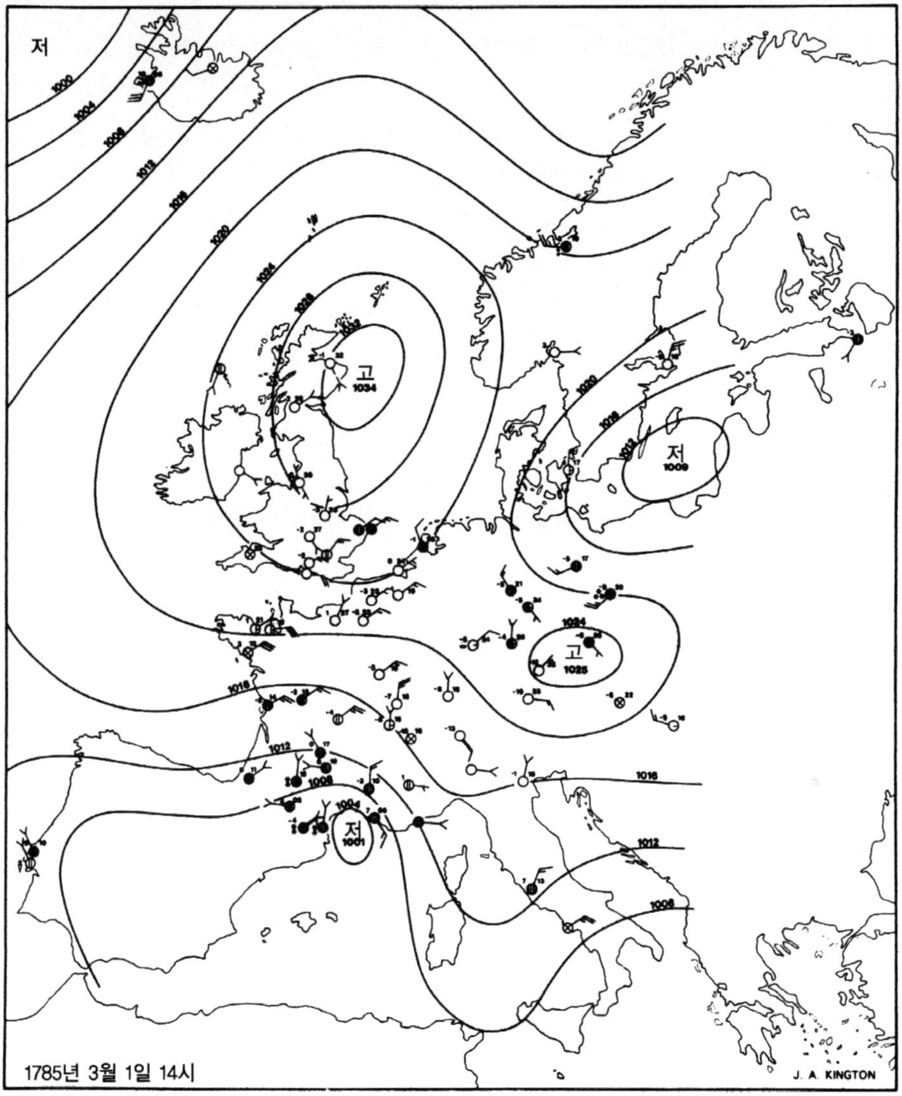

〈그림 26〉 보관되어 있는 기상관측 자료로 복원한 1785년 3월 1일 이른 오후의 종관 기상 상태. 지도 상에 기입된 자료들에서 각 지점의 기온은 ℃, 기압은 hPa, 바람은 풍향 및 풍속과 운량이다. 관측 자료가 있는 지역들을 주목하라. 1785년 3월은 관측이 시작된 전체 200~300년까지의 기간에 영국과 중유럽에서 가장 추웠던 3월이었다. 아이슬란드가 남풍으로 인하여 기온이 10℃가 되어 온난했음을 주목하라. 이것은 당시에 로마와 프랑스 남부에서 지배했던 기온보다 높은 기온이었다.

반구 해양과 남극대륙까지 포함시켜서 전 지구를 완전하게 관측하여 분석할 수 있게 되었다. 그러나 다행스럽게도 이미 1750년대부터 자료가 있는 지역에 북반구 중위도 주요 지대의 편서풍 상태에 관한 표본들이 있다. 1785년 3월의 하루에 대해서 여기서 설명되고 있는 사례 일기도(<그림 26>)는 이용할 수 있는 관측 범위의 종류를 제시해주고 있다. 여러 지점의 매일의 일기와 바람 관측을 기초로 월 또는 계절에 대해서 요약된 종관기상도의 형태로 이 지역 위의 바람 순환을 개략적으로 분석할 수 있다. 여기서 바람 순환은 17세기 말까지(아마도 1660년대까지) 소급된다. 이들 자료 중 대부분은 여러 항구에 정박했거나 또는 특정한 해안 구역을 경비했던 전함들의 항해일지에서 나왔다. 이에 추가로 최초의 기압계를 이용한 관측 자료들이 있다.

<그림 27a>는 이용할 수 있는 기상자료를 균질화(homogenizing)하기 위해서 노력한 결과의 최초 사례이다. 이 그림은 이미 언급한 1659년부터 현대까지 잉글랜드 중부의 기온 기록을 요약한 것이다. 1870년부터 100년 동안 잉글랜드에서 연속하는 5년 평균 기온은 북반구 전체와 지구 전체에 대해서 가장 잘 추정한 평균 기온과 매우 높은 상관관계를 갖는다. 이렇게 높은 상관관계를 갖는 것은 의심할 여지가 없이 탁월풍이 넓은 해양으로부터 불어오는 한 지점에 있는 중위도 상의 잉글랜드의 위치와 관련이 있다. 이 상관관계는 바람들과 해류들이 다르고 잉글랜드 중부의 기온이 세계 평균 기온보다 훨씬 낮았던 마지막 빙기에는 적용되지 않는다. 그러나 이 상관관계는 추측하건대 잉글랜드 중부의 기온이 지난 3세기 동안의 지구 기후 체제의 경향을 상대적으로 정확하게 제시하고 있다는 것을 의미한다. <그림 27a>의 평활화된 곡선들은 잘 알고 있는(10년 평균을 만드는 데 배제되었던) 매년의 차이 이외에 나타나는 이상적인 상태를 보여주고 있다. 예를 들어 대체로 약 20년의 기간(정확하게 보면 23년)에 변동하는 경향이 있는 상당히 분명한 징후가 있다. 또한 1600년대 말부터 20세기까지 분명한 기후의 '개선(improvement)' 또는 온난화가 일어났다. 이러한 발달이 한 해의 모든 계절에 영향을 주었고, 1690년대부터 1940년대의 연평균 기온이 도달했던 뚜렷한 최고점까지 평균 생육기간을 약 1개월 연장시키기에 충분하였다.

기상계기 측정이 시작된 이후 거의 모든 기록이 한 방향으로의 경향, 즉 온난화 경향을 나타내고 있다. 이러한 사실에서 기록을 과거로 확대시킬 수 있는 증거를 찾아야만 하는 필요성이 제기된다. 다행히도 이용할 수 있는 많은 종류의 증거들이 있다. 이들 증거를 통해서 17세기의 한랭한 기후가 전 세계적인 사건이었다는 사실이 분명해진다. 이들 증거는 또한 우리에게 세계의 기후 경향이 다른 방향, 즉 한랭화 방향이었을 때인 과거 다른 시기들에 관한 정보를 제공한다. 실제로 중세 말의 한랭한 시기–그리고 이를 동반하는 강수량 변화와 폭풍 경로의 변화 등–가 인류사에 중요한 영향을 미쳤다는 세계 도처로부

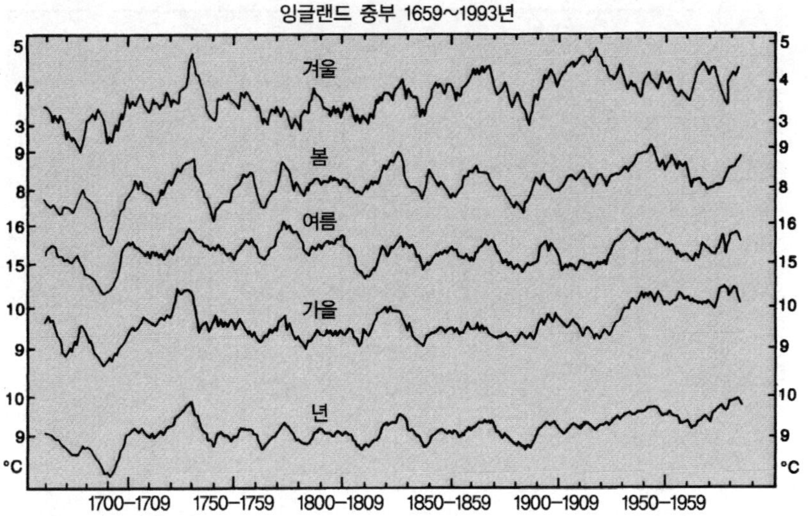

〈그림 27a〉 1659~1668년부터 1984~1993년까지 매년의 각 계절과 전체 연도에 대해서 평균한 10년 이동평균으로 본 잉글랜드 중부의 전형적인 저지 관측소들에서 지배적이었던 기온(출전: G. Manley 교수, 허락을 받아 갱신하여 다시 그렸음. 자료를 갱신할 수 있도록 도와준 University of East Anglia의 Climate Research Unit의 P. D. Jones 박사에게 감사드린다).

터의 징후가 있다.

과거의 기후를 복원할 수 있는 증거의 유형은 다음과 같이 요약될 수 있다.

① 기상계기 기록.

② 과거의 기상 일기(weather diaries)와 날씨에 관한 기술. 특히 이러한 현상들을 경험했던 사람들이 기록한 매년 계절의 지배적인 특성과 홍수·가뭄·큰 서리 등의 보고서.

③ 과거의 일기가 미친 영향에 관한 '화석' 증거('fossil' evidence)가 되는 여러 종류의 물리학적·생물학적 자료. 이러한 자료들을 흔히 과거 일기와 기후에 관한 '대용자료(proxy data)'라고 부른다.

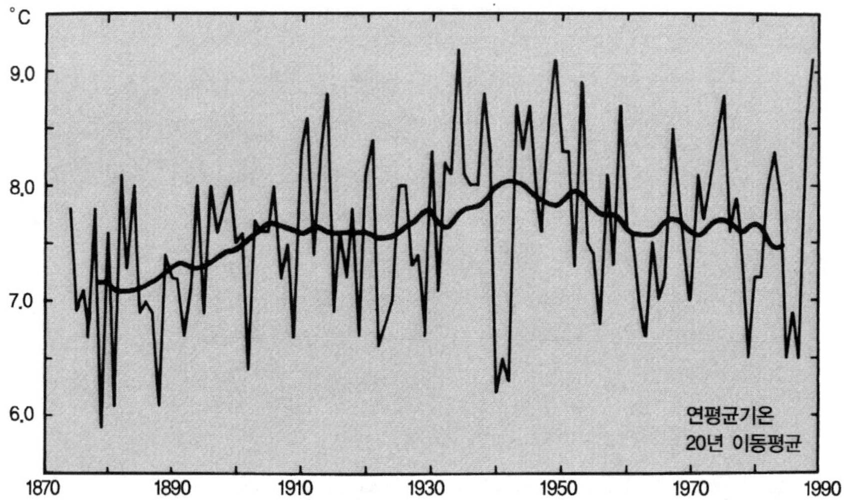

〈그림 27b〉 1874~1989년의 덴마크의 연평균 기온(이 그림을 전재하도록 허락해준 Danish Meteorological Institute의 K. Frydendahl 박사에게 감사드린다).

과거의 기후에 관한 다른 기록들

일기(日記)·연대기·역사 등

과거에 사람들이 작성한 일기(weather) 기록—특히 분명하게 이러한 목적으로만 작성한 기상 일기, 농장과 재산 기록, 회계 장부에서 일기의 어려움에 관한 기록과 건축 및 수리에 관한 보고 등—의 중요성에도 불구하고 아주 최근까지 이러한 기록들을 기상학적으로 분석해보려는 시도는 거의 또는 전혀 없었다. 사람들이 이에 대해서 무관심했던 주된 이유는 의심할 여지가 없이 이 과제가 엄청나게 규모가 방대하기 때문이었다. 궁극적으로는 유럽, 극동과 일부 다른 지역들에 대해서 엄청나게 많은 자료들이 수집될 수 있어야만 했다. 그러나 이러한 자료들은 많은 기록보관소들(archives)과 문헌들에 흩어져 있고, 문제는 고대의 필사물(筆寫物, handwriting)과 과거에 사용된 많은 언어 형태를 해독하고, 보고서 작성자들의 신뢰도를 입증하고, 연대를 해석하는 등에 있었다[〈그림 28〉은 1342년 여름의 큰 가뭄(great drought)이 언급되어 있는 런던 나이츠브리지(Knightsbridge)의 영주가 작성한 '회계 기록(account roll)'인 14세기 두루마리의 일부이다]. 보고서(state)와 서류에서의 날짜는 보통 그 영토가 오래전에 현 유럽의 더 큰 나라에 합병되거나 흡수된 이 왕 또는 저 왕이 지배한 어느 해로 표기되어 있다. 각 나라들에서 신년이 시작되는 날짜와 그레고리력(Gregorian

Calendar, 태양력)을 도입한 시기가 매우 달라서 사건들을 특정한 해에 시기적으로 배열하는 데 오류가 나타날 수 있다. 더욱이 역사가들과 다른 사람들이 원전으로 만든 2차 원문에서 정확한 날자는 종종 여러 날 오차가 난다. 그럼에도 불구하고 기존의 자료가 풍부하여 약 서기 1100년부터 유럽에서 어떤 유형의 인상적인 특성을 갖는 모든 계절은 이미 알려져 있거나 정확하게 확인될 수 있다. 특히 현재 여러 종류의 대용 자료를 검증할 수 있는 현대 기술이 있기 때문에 연대가 확인될 수 있다. 이것은 특히 현대 기술로 여러 유형의 대용 자료를 검증할 수 있는 가능성이 있기 때문에 가능하다. 더 많은 기록 보고서들을 발굴하기 위해서는 적절한 조직적인 노력이 필요하다. 많은 문서 보고들이 이러한 목적으로 지금까지 거의 사용되지 않고 있다. 그리고 일기에 관한 정보는 역사 원고를 인쇄·출판할 때 일반적으로 비용이 많이 들기 때문에 생략되어 원래의 원고를 찾아보아야만 한다. 매우 오래된, 지금까지 분석되지 않은 비정상적인 계절과 극심한 일기 사건들–고대 바빌론(Babylon) 및 근동의 비석들과 중국과 인도의 수세기 동안의 기록들–에 관한 보고들이 존재한다. 이들 자료 역시 관련된 화석 증거들과 비교되어야 할 것이다.

예를 들어 대홍수, 말라버린 토양, 난파(難破), 해안 피해 등과 같은 '준기상학적(para-meteorological)' 사건들에 관한 일기(日氣) 보고들과 참조 자료 등의 역사 자료원의 수는 많다. 색슨 잉글랜드(Saxon England) 더럼(Durham)의 비드(Venerable Bede)[1]와 세인트 올번스(St. Albans: 런던에서 북쪽으로 20마일)의 패리스(Matthew Paris)[2]의 연대기와 같은 중세 수도원의 역사, 큰 재산과 농장에 관한 회계부,–예를 들어 흉작, 기근과 가축 도난, 전염병 등을 보고하는– 법률(legal)과 정부의 문서들, 항구의 기록, 교량 보수와 많은 다른 내용들이 역사 자료원에 속한다. 회계부는 특히 많은 자료를 포함하고 있다. 그 이유는 실제의 계절적인 경과들을 알고 있던 그 시대의 사람을 통해서 검증될 수 없는 한, 일기를 단지 비용과 손실에 대한 설명으로서만 언급하고 있는 이러한 문서들에는 잘못된 보고가 포함될 수 있기 때문이다. 유명한 잉글랜드의 대수도원에 속했던 장원(莊園)들은 14세기에 이러한 방법으로 그들의 회계를 위조한 것으로 밝혀졌다.

일부 기상학자들과 역사에 관심이 많았던 다른 사람들은 유럽의 여러 지역, 아이슬란드, 북아메리카 동부, 칠레, 중국, 일본에서 이와 같은 보고들을 수집하여 출판하였다. 이 중의 일부는 수세기까지 과거로 소급된다. 이러한 유형의 일부 출판된 편집물이 잉글랜드와 중유럽에서 16세기부터 발간되었다. 늦은 시기에 출판되어 유명한 것으로는 쇼트

1) 옮긴이 주: 앵글로색슨인 신학자, 역사가, 연대기 학자로 Saint Bede the Venerable이며, Bede는 Baeda, Beda라고도 쓴다. 1899년 성인으로 추증되었다.

2) 옮긴이 주: 잉글랜드 베네딕투스 수도회 수사, 연대기 저자로 그의 방대하고 자세한 글들은 1235~1259년에 유럽에서 일어난 사건들에 관해 중대한 정보를 알려주는 자료이다.

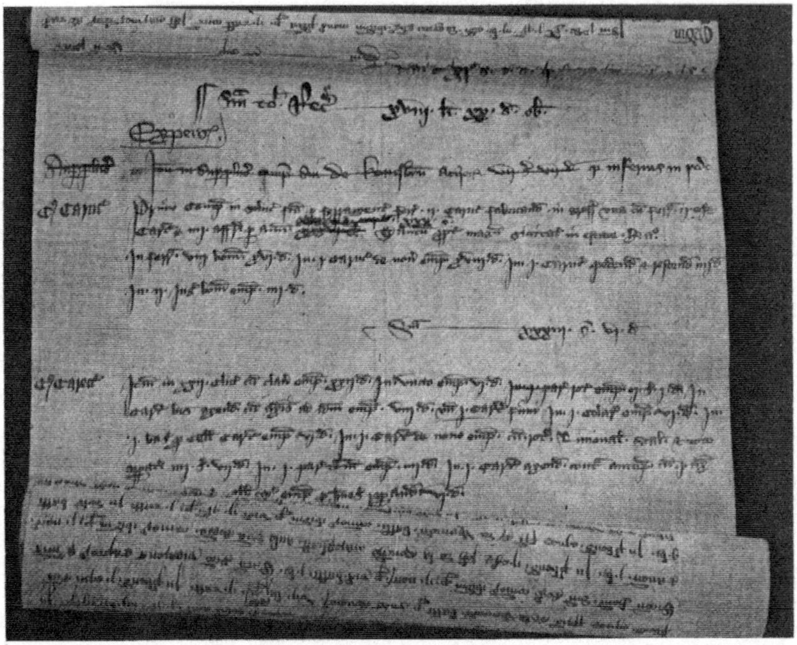

〈그림 28〉 현재 런던의 일부인 나이츠브리지(Knightsbridge)의 중세 영주의 회계 기록에는 1342년 여름에 '큰 가뭄(great drought)' 때문에 쟁기용 쇠와 말굽에 30실링의 추가비용이 들었다고 기록되어 있다(런던 Science Museum의 T. Williamson 박사와 *Geographical Magazine*이 전재를 허락하여 인용한 사진).

(Thomas Short)의 *A General Chronological History of the Air, Weather, Season, Meteors, in Sundry Places and Different Times ets.*(1749), 1858년에 과학 아카데미(Academy of Sciences)가 발간한 프랑스 기상학자 아르고(F. Argo)의 거대한 수집물, 헨니히(R. Hennig)의 *Katalog bemerkenswerter Witterungsereignisse von den ältesten Zeiten bis zum Jahre 1800*(과거부터 1800년까지의 주목할 만한 천후 사건들의 카탈록, Berlin, Royal Prussian Academy, 1904)과 이스턴(C. Easton)의 *Les hivers dans l'Europe occidentale*(1928)이 있다. 이러한 출판물 중 가장 최근에 발간된 것으로는 바이킨(C. Weickinn)의 여러 권으로 된 저작물인 *Quellentexte zur Witterungsgeschichte Europas von der Zeitwende bis zum Jahre 1850*(서기 원년부터 1850년까지 유럽 천후사의 원전, Berlin, 1958～1963)과 고트샬크(M. K. E. Gottschalk)의 과거부터 1700년까지 네덜란드에서 북해의 폭풍 범람과 하천 범람을 철저하게 연구하여 증명한 책이 있다(1971～1975년에 3권으로 발간됨, Assen, van Gorcum).

이 모든 편집물은 아마도 가장 최근의 것을 제외하고는 오류를 포함하고 있다. 따라서 이들 편집물을 이용할 때에는 예를 들어 편집자가 날짜를 옮겨 썼거나, 그가 이용했던 초

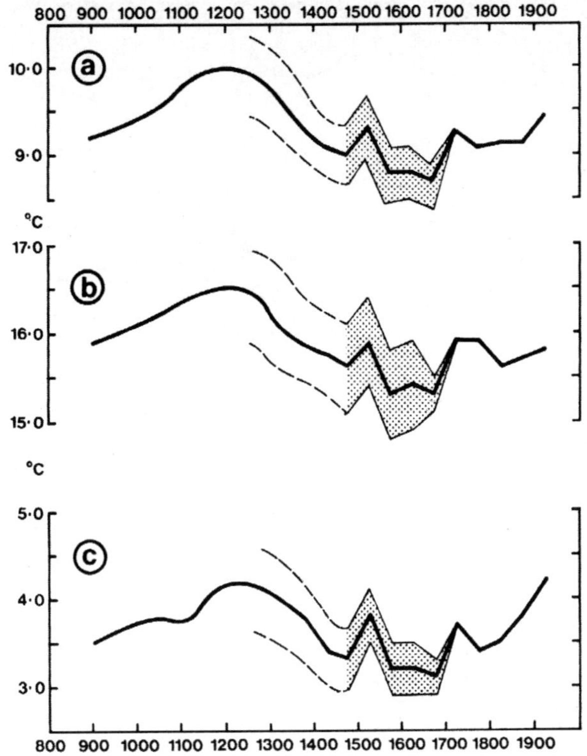

〈그림 29〉 서기 800년 이후 잉글랜드 중부에서 지배했던 추정된 기온의 경과. 가상의 50년 평균: (a) 전년, (b) 한여름 7월과 8월, (c) 겨울 12월과 1월과 2월. 음영이 들어간 부분은 유도한 값들의 추측되는 불확실성의 범위이다.

기 저작물들에서의 오류 때문에 같은 홍수나 서리가 내린 기간을 여러 차례 기록한 것을 특히 주의 깊게 발견해야만 한다. 다른 한편으로 영국의 편집자 브리튼(C. E. Britton, *A Meteorological Chronology to AD 1450*, London, Meteorological Office, 1937)은 1430년대에 영국제도의 여러 지역에서 추위가 심했던 수많은 겨울의 일기 상태를 점검할 때 어느 겨울을 의미하는가를 발견하려고 시도했다. 그는 서리 기간이 실제로 그렇게 빈번하게 나타날 수 있는가와 일자가 정확한가에 대해서 분명히 그 가능성을 전혀 진지하게 고려하지 않았다. 이 보고를 유럽 대륙의 일자들과 함께 지도화하여 1430년대에 7번 아마도 8번의 겨울에 여러 주일 동안 넓은 지역에서 극심한 일기가 증가하여 나타났다는 사실이 증명되었다. 이러한 현상은 —사람들이 현재 알고 있는 한— 1690년대에만 한 번 나타났다. 방법론적으로 유일하게 안전한 수단은 편집된 것에서 인용한 보고를 원전의 기록과 비교하는 것이다. 그러나 유럽에서 이용할 수 있는 자료의 양이 많아서 각 계절의 보고들을 지

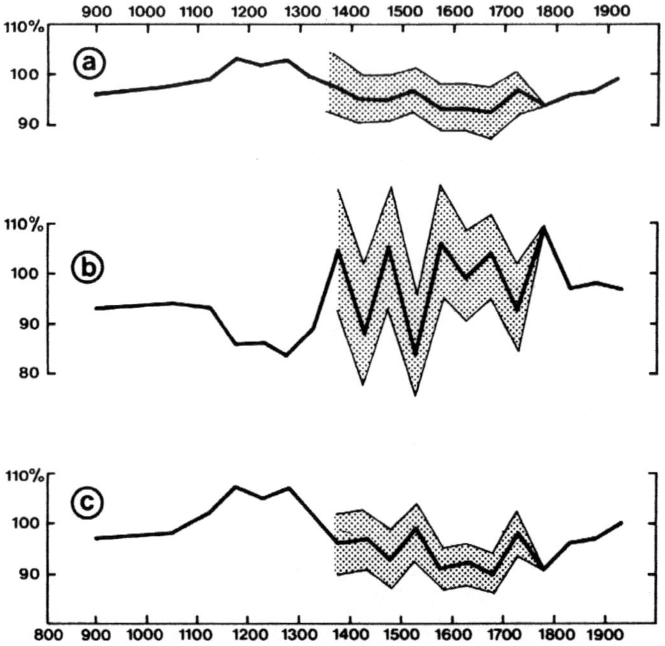

<그림 30> 서기 800년 이후부터 잉글랜드와 웨일스에서 추정되는 강우의 변동. 20세기의 값에 대한 비율(%). 가상의 50년 평균. (a) 전년, (b) 한여름 7월과 8월, (c) 9월부터 6월까지를 포함하는 다른 계절. 음영 부분은 유도된 값들의 추측되는 불확실성의 범위이다.

도화한 것에서 틀린 자료가 빈번히 눈에 띈다. 철저한 검증이 필요하지만, 편집자들은 유럽에서 중세(그리고 아마도 북아메리카 동부에 대해서 1600년대 초부터)까지 소급하여 계절별로 매년 지배했던 일기도를 궁극적으로 만들 수 있는 가능성을 제시했다. 이들은 또한 연속하는 각각 50년 동안 지배했던 기온과 강수량을 어느 정도 신뢰할 수 있게 추정할 수 있는 기초도 만들었다.

매 10년 동안 겨울에 온화하거나 추운 달들, 그리고 여름에 습윤하거나 건조한 달들에 관한 보고들의 (비율로 가장 잘 표현되는) 상대수를 제시하는 수치 지수(numerical indices)가 고안·계산되었다. 그 다음에 겨울과 여름 지수들의 10년 값들이, 기상계기관측이 가능했던 1700년 이후의 10년들의 경우에, 잉글랜드에서 여름과 겨울에 측정된 기온 및 강수 자료와 비교되었다. 이렇게 구한 통계 비율로 중세 초까지 소급하여 매 10년에 대해서 기온과 강수량이 추정될 수 있었다. 그렇지만 보고 내용이 반드시 완전하고 정확하지는 않기 때문에, 더 극심한 10년들이 추측하건대 정확한 것으로 확인될지라도, 매 10년들의 수치에 의존하는 것은 현명하지 못하다. 50년 단위를 기준으로 하는 결과들이 서기 1100년 이후 잉글랜드의 기온과 강수의 역사에 대한 1차 근사치로서 더 신뢰할 수 있는 것으로 생각된다.

<그림 29>와 <그림 30>은 이렇게 조사한 경과들을 제시한 것이다. 이들 그림에는 11세기의 100년 평균과 서기 800~1000년의 기간에 대한 200년 평균의 추정치가 추가되었다(후자는 같은 방법이나 드문 보고들을 기초로 조사되었음). 이러한 형태의 그림은 개별 값들의 불확실성의 범위를 제시하도록 고안된 것이다.[3] 중세 절정기(high Middle Ages)에 수세기 동안 지속되었던 온난한 기후 시기와 17세기에 전성기를 갖는 마찬가지로 긴 기간의 한랭한 기후 시기가 확실하게 바로 눈에 띈다. 14세기에서 15세기까지, 그리고 다시 16세기 말에 기후가 급격하게 악화되는 것이 특히 현저한 현상으로 증명되었다. 1300년과 1600년 사이의 기후 악화뿐만 아니라 1700년경부터 20세기까지의 기후회복도 균등하지 않았고, 부단히 진행된 과정이 아니었다. 50년 평균에서조차 1500~1550년에 조금 나은 기후 조건을 가진 시기와 1800년경에 더 한랭한 기후 시기로 전환된 것이 뚜렷하게 인식되고 있다. 강수량의 변화는 총량이 현재보다 약 10% 정도 적었던 긴 기간을 가리키고 있다. 이러한 현상은 한랭한 기후 시기에 바다가 더 차가워져 그로 인하여 대기로의 증발량이 적어진 것으로 설명될 수 있다. 중세 온난기 동안에는 연평균 강수량이 7%까지 많았던 것으로 나타났다. 그러나 여름 강우량은 일반적으로 적었다. 이것은 아마도 온난한 여름이, 일반적으로 현재 잉글랜드에서 때때로 온난한 여름에 적용되는 바와 같이, 고기압대의 영향을 받았다는 것을 의미한다. 더욱이 흥미 있는 진동이 나타나고 있다. 대체로 대부분 세기들의 전반보다 후반에 습윤했다.

유럽 이외의 지역들에 대한 장기간의 자료가 기술된 보고들을 수치로 전환하는 다른 방법들을 통해서 나타났다. 그에 따라서 매니토바 대학교(University of Manitoba)의 캐치폴(Catchpole)과 무디(Moodie)가 허드슨스베이 사(Hudson's Bay Company)[4]의 직원들이 작성한

3) 여기서 조사된 기온변동의 일반적인 신뢰성은 다른 역사 자료들을 이용했던 다른 연구자들이 얻은 결과와 비교해서 증명되어야 한다. +0.77의 상관계수는 1200~1350년 사이의 15개의 10년 단위에 대해서 여기서 이용된 잉글랜드의 기본적인 여름 습윤도 지수 값들(Summer Wetness index values)을 잉글랜드 남부의 윈체스터(Winchester) 주교 교구의 장원 회계장부에 의거하여 여름과 가을의 일기(6월에서 10월까지)를 티토우(J. Z. Titow)의 등급과 비교해서 나온 것이다. 1100년부터 1600년까지의 잉글랜드에 대한 나의 겨울 혹한 지수(Winter Severity index)의 연속하는 50년 평균값은 리에(Liège) 주의 알렉상드르(P. Alexandre)가 벨기에와 프랑스 북동부에 대해 기록들에서 겨울을 추정한 것과 비교하여 +0.74의 상관계수를 갖는다. 이들 상관계수는 통계적으로 유의한 것으로 나타난다(J. Z. Titow, "Evidence of weather in the Account Rolls of the bishopric of Winchester 1200-1350," *Economic Review*(second series), vol.12, no.3, 1960, pp.360-407 참조.; J. Z. Titow, 'Le climat à travers les rôles de comptabilité de l'évêche de Winchester(1350-1450)' *Annales: Economics, Sociétés, Civilizations*, no.2, Paris, Armand Colin, 1970 참조).

일지들을 이용하여 언어 개념을 연구한 '내용 분석(content analysis)'은 매년 하천들의 결빙과 해빙 일자를 제시하고 있다. 이 회계부는 18세기 초부터 그 이후로 회사에 근무하는 사람들에 의해서 허드슨 만(Hudson Bay)의 남쪽과 남서쪽의 하구 부근의 가죽을 교역하는 지점에서 작성되었고, 이보다 조금 후에는 앨버타(Alberta) 북부, 서스캐처원(Saskatchewan)과 매니토바(Manitoba)의 다른 강들에서도 작성되었다.[5] 5년 평균된 일자들의 경향은 1730년대의 온난한 시기와 1880년경의 한랭한 시기의 전성기를 포함하는 유럽에서 관측된 기온 경향과 아주 잘 일치하고 있다. 유럽에서의 경험과 다르기는 하지만, 1810~1819년의 10년은 대체로 온화한 겨울이었던 것 같다. 이와 유사한 방법으로 아라카와(H. Arakawa)는 일본의 기록으로부터 1440년부터 일본 중부의 스와 호(諏訪湖)의 매년 결빙 일자들을 만들어내는 데 성공하였다. 이 일본의 자료는 50년 평균이 유럽의 평균(잉글랜드 중부의 기온)과 유의한 상관관계가 있지만, 캐나다 중부의 자료보다는 유럽과 덜 일치한다.

세계 각지에서 이용할 수 있는 기술된 보고들이 매년에 대해서 어느 정도 신뢰할 수 있는가를 확인하기 위해서는 모든 자료들이 원전에 의거해서 그리고 아마도 관측자들의 특성과 동기에 관한 지식을 통해서 검증되거나, 또는 기상분석에 적절한 지도 상에서 같은 계절에 대한 다른 독립된 보고와 비교되어야 할 것이다. 일종의 화석 자료로도 다른 검증을 할 수 있을 것이다. 실제로 기상 일기로 간주될 수 있거나 종종 풍향 보고도 포함하고 있는 부분적으로 정확한 기상 기록으로 간주될 수 있는 수많은 손으로 쓴 일지들을 이용할 수 있다. 일부 자료원의 질과 완전성[예: 링컨셔(Lincolnshire)의 드리비(Driby)에 대한 신부 메를(Merle)의 기록, 그리고 또한 그가 옥스퍼드(Oxford)로 여행하면서 남긴 기록(1337~1344년)과 덴마크의 천문학자 티코 브라헤(Tycho Brahe, 1582~1597년)의 기록]은 관측자들이 진지했음을 증명하고 있어서 오류, 과장 또는 위조가 거의 없는 것 같다. 16세기 중반부터 그 이후로 서유럽 또는 중유럽의 여러 지역에서 누락된 부분이 없는 매일의 일기 보고들이 있다. 그리고 약 1670년부터 여러 문서보관소에 여러 항구와 해양에서 작성된 항해일지의 수많은 매일의 보고들이 있다(<그림 31> 참조). 이것은 예를 들어 최근 세기인 1690년대의 기후가 가장 한랭했던 시기임을 이해할 수 있게 하는 기후 연구를 위해서 이용해야만 하는 보고이다.

---

4) 옮긴이 주: 캐나다의 정치사·경제사에 있어서 중요한 위치를 차지하는 기업이다. 1670년 3월 2일 영국에서 법인화되어 이후 태평양 북서항로를 발견하고, 허드슨 만 인근의 섬들을 점령했으며, 그곳과의 교역을 통해 이득을 보았다. 현재도 허드슨스베이 사는 부동산업·판매업·천연자원개발 등의 사업 분야에서 활발한 활동을 벌이고 있다. 본사는 토론토에 있다.

5) D. W. Moodie and A. J. W. Catchpole, "Environmental data from historical documents by content analysis: freeze-up and break-up of estuaries on Hudson Bay 1714-1871," *Manitoba Geographical Studies* 5, Winnipeg, University of Manitoba, 1975.

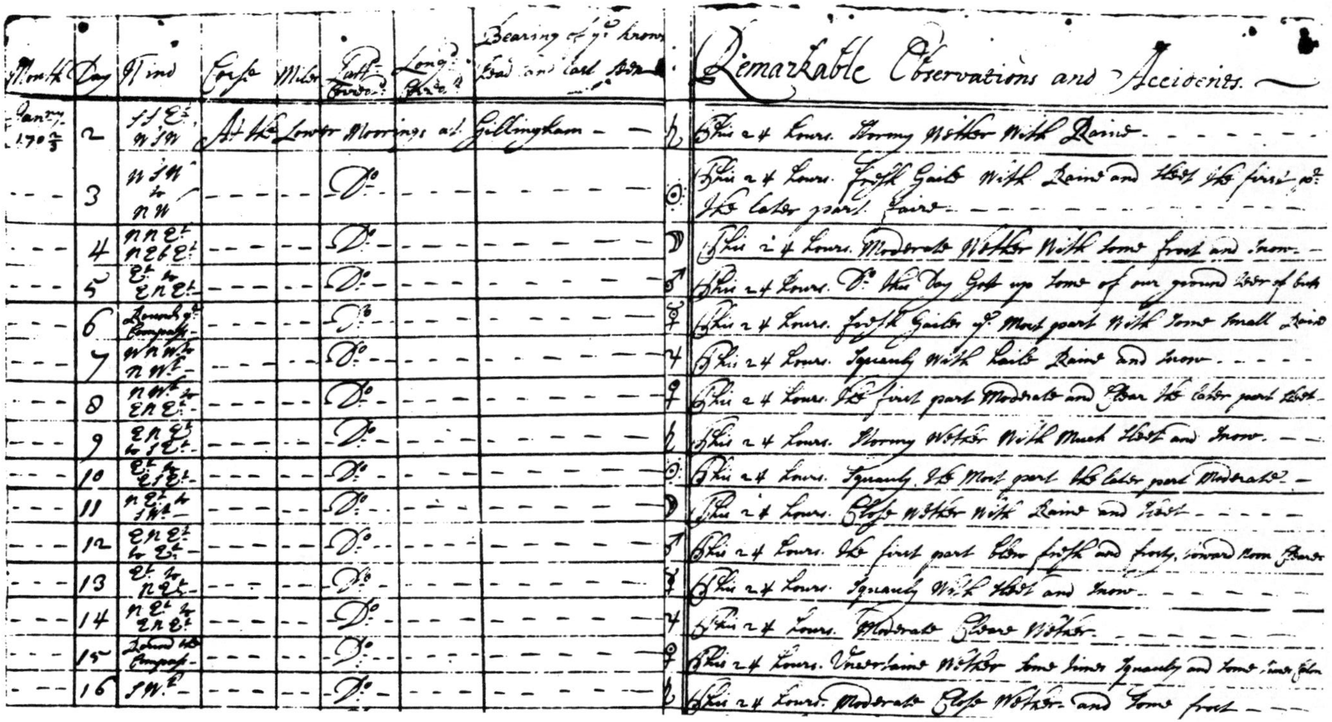

〈그림 31〉 과거 항해일지의 두 페이지의 사례. 1702~1703년 1월 2일부터 27일까지(구달력), 즉 현대 달력(신달력)으로 1703년 1월 13일부터 2월 7일까지 켄트, 길링엄(Kent, Gillingham)에 정박했던 영국 해군의 전함 'HMS Association'의 항해일지.

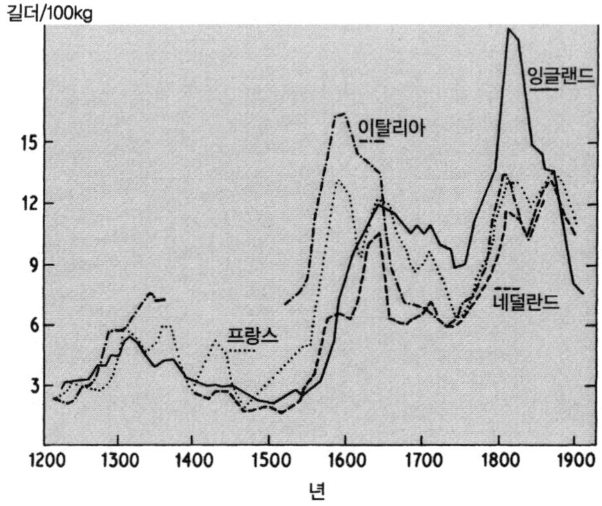

〈그림 32a〉 서기 1200년경부터 19세기까지 잉글랜드 서부(Exeter), 프랑스, 이탈리아, 네덜란드의 밀 가격(25년 평균). 밀 가격은 여기서 *De Landbouw in Brabants Westhoek in het midden van de achtiende eeuw* (Wageningen, Netherlands, Veenman)에 제시된 바와 같이 100kg의 밀 가격을 네덜란드 길더(guilder)로 표시하였다(L. M. Libby의 그래프를 허락을 받아 전재하였음).

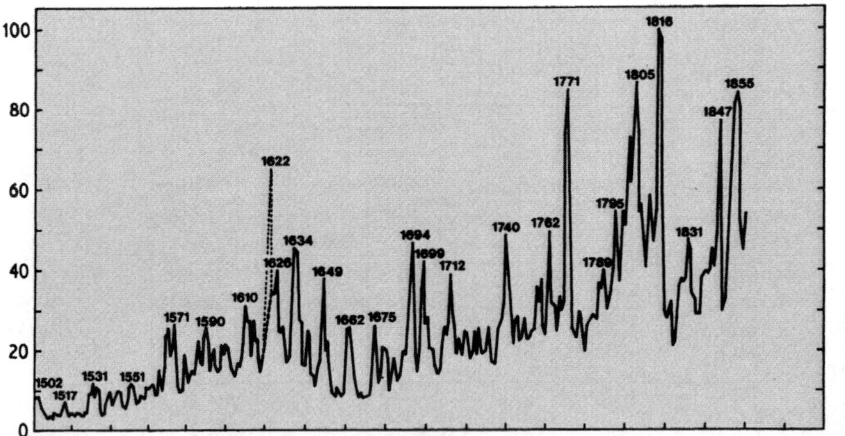

〈그림 32b〉 1500년부터 1850년대까지 매년 독일의 호밀 가격. H. Flohn의 지수로 표현한 선행 추정된 연평균(허락을 받아 전재하였음).

곡물 가격 기록

다른 유형의 지속적인 매년의 자료로는 여러 나라의 밀 가격과 또한 때때로 다른 곡물들의 가격이 있다. 초기부터 18세기에 농업이 향상되었을 때까지－일부 국가에서는 약 1800년 또는 그 후까지－ 곡물 또는 빵 가격의 변동은 본래 최종 수확량과 관련이 있었다. 이것으로 수확이 전쟁, 불안정 또는 전염병을 통한 인명 손실과 같은 다른 재해들로 영향을 받는 것을 제외하고, 매년의 일기 조건을 잘 반영하고 있다는 사실을 알 수 있다. 1920년대에 베버리지(W. H. Beveridge)는 서기 1316년부터 1820년까지의 [엑서터(Exeter)에서] 잉글랜드 밀 가격을 수집하여 분석하였다. 그는 예를 들어 대략 5.1년 주기를 갖는 통계적으로 유의한 특정한 주기성 또는 주기적 경향의 증거를 발견했다. 추측되는 대부분의 다른 주기들(12년, 20년, 55년의 주기)은 그때 이후로 긴 시계열의 기후 자료에서 흔히 확인되는 주기의 길이에 가깝다. <그림 32a>의 긴 곡물가의 역사를 제시한 평활화한 곡선에서 서기 1300년경과 1550～1650년의 주요 곡물가 상승은 아마도 대부분 기후에 기인할 수 있을 것이다. 1800년경의 곡물 가격 상승은 추측하건대 기후의 어려움뿐만 아니라 나폴레옹 전쟁(Napoleonic wars)에 기인할 수 있을 것이다. 독일 호밀 가격의 매년 기록(<그림 32b> 참조)에서 가격이 높았던 시기는 특히 불리한 기상 조건이 나타났던 시기와 일치하고, 낮은 가격은 풍년과 일치하고 있다. 이러한 사실은 심지어 나폴레옹 시기와 그 후에도 적용된다. 그 이전 해에 인도네시아 탐보라(Tambora) 화산이 크게 폭발하여 두꺼운 화산재 베일이 태양을 가렸던, 주목할 만한 해인 1816년은 유럽과 북아메리카에서 ‘여름이 없는 해(the year without summer)’로 알려졌다. 그러나 곡물가에서 우리는 실제로 대용 자료로 분류되는 것을 사용하고 있다.

다양한 ‘화석’ 기록의 연층

과거 기후에 관한 정보를 구할 수 있는 많은 종류의 간접적인 자료들을 완전히 다루기에는 이 책의 부피가 크지 않다. 일기와 기후가 우리 환경의 거의 모든 분야에 영향을 주기 때문에 과거 사건들의 일련의 증거는 수없이 많다. 더 포괄적인 개관을 알고자 하는 독자들에게는 다음과 같은 다른 문헌들을 소개하겠다. 나의 책 『기후: 현재, 과거와 미래－제2권: 기후사와 미래(*Climate: Present, Past and Future－Volume 2: Climatic History and the Future*)』(London, Methuen, 1977, pp.1-279) 또는 슈바르츠바흐(M. Schwarzbach)의 『과거의 기후(*Das Klima der Vorzeit*)』(Stuttgart, Enke, 1961) 등이 있다. 이 장의 끝 <표 1>에는 기상계기 측정, 역사적 원고, 물리적이거나 생물적인 화석 자료를 포함하는 과거 기후 증거의 주요 범주에 관한 매우 개략적인 개관을 제시하였다.

현재 기후와는 다른, 과거 기후가 남겨놓은 많은 증거들은 개별적으로 여러 가지 방법으로 해석될 수 있었다. 이러한 해석은 심지어 원시인들이 자연경관을 교란한 것에 기인하기도 했다. 그러나 오래전에 줄어들었거나 사라진 빙하가 남겨놓은 구빙퇴석(old moraines)과 과거의 해안선과 같은 많은 특징들은 뚜렷하다. 그렇지만 이들 경우에서조차 풀기 어려운 복잡함이 있다. 과거의 빙하 확장이 주로 낮은 기온에 기인하는가, 또는 고도가 높은 지역에 많은 눈이 내린 것에 기인하는가? 그리고 과거의 해안선이 나타나는 지역에서 호수면 또는 해면이 지각의 요곡(warping), 즉 육지의 침강 또는 융기에 기인하는가? 나이테 변동을 해석하는 데에도 문제가 나타난다. 해당 지역에서 얼마만큼 기온변동에 기인하고, 얼마만큼 수분변동에 기인하는가? 모든 경우에 수학적 또는 통계적 기술로 풀어야만 하는 문제가 있다. 즉, 이 문제는 어느 정도까지 우리가 이용할 수 있는 증거의 유형으로부터 정의할 수 있는 오차 한계 내에서 과거의 기온, 강수 등의 정확한 수치적 근사치에 분명하게 도달할 수 있는가이다. 그러나 모든 독립된 유형의 증거들을 일괄해서 고려하면, 증명되고 있는 기후사의 주요 특징에 관해서 더 이상 아무런 의심도 없게 된다.

여기서 우리는 일부 내용에 관해서 조금 더 확대할 수 있다. 특히 중요한 것은 간접적으로 매년의 일기를 기록하고 있는 항목들—나이테, 빙상과 빙하의 연층, 호상 퇴적물의 연층[빙호(氷縞), varves]—과 어떤 유형의 증거들의 연대를 추정하는 방법을 택하는 것이다. 가장 급격한 기후변화가 일어나기 전과 일어나고 있는 동안의 매년의 경과들에 대한 증거가 특히 매우 홍미 있다. 그러나 지금까지 이러한 내용은 거의 연구되지 않았다. 다른 한편으로, 우리가 장구한 기후사에 관해서 이미 알고 있는 것으로부터 나온 여러 가지 유형의 증거가 중요하다. 특히 화분분석, 해저의 해양생물학적 퇴적물의 연구와 산소 동위원소 연구가 이러한 증거에 속한다.

우리가 알 수 있는 가장 오래된 매년의 기록은 에티오피아(Ethiopia)에 내린 여름의 계절풍 비(summer monsoon rains)에 따라 변하는 이집트 하부 나일 강의 홍수 수위이다. 카이로(Cairo)에서 매년 측정된 기록을 마호메트(Mahomet) 시기부터 이용할 수 있고, 바위에 새겨놓은 일부 기록은 기원전 3100년경의 초기 파라오(pharaoh) 왕조까지 소급된다. 그렇지만 이 기록에서는 특히 실제로 출발점(zero point)을 변화시키는 지속적인 하상의 퇴적을 통해서 문제가 나타난다. 그러나 약 기원전 2800년에 홍수 수위가 장기간 그 이전보다 현저히 낮은 수위로 급격하게 하강했다는 사실을 제시하는 충분한 자료가 존재한다. 홍수의 수위는 또한 서기 600년대와 1400년 사이에, 그리고 다시 1500년경에 일시적으로 17세기와 18세기보다 낮았다. 19세기부터 수위는 20세기 수준으로 다시 하강하였다. 서기 622년부터 매년의 측정에 의하면 나일 강 수위가 계절적으로 낮아졌는데, 이것은 동

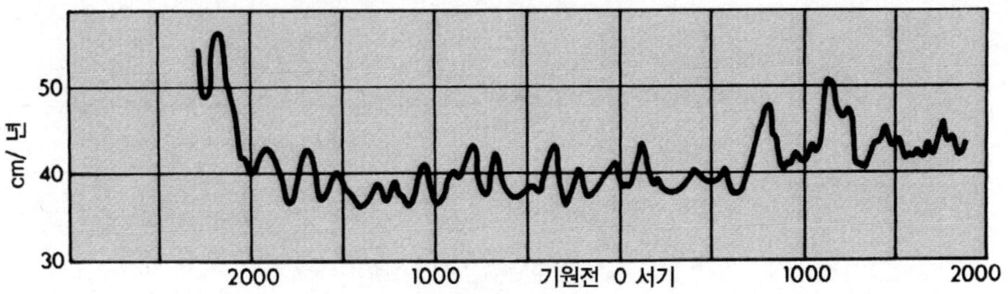

<그림 33> 기원전 2300년 이후 강우량 변동을 가리키는 크림 반도에 있는 사키 호(Lake Saki)의 호상의 매년 이토층의 두께[출전: W. B. Schostakovitch, 고(故) C. E. P. Brooks 박사가 제시한 강우 눈금으로 그렸음].

아프리카에서 적도 강우로 공급되는 백나일 강(White Nile)의 물 공급에 기인한다. 서기 700년대와 1600년대경에 아마도 가장 낮은 수위에 이른 것 같다. 이와 반대로 1100년대경과 1000년대에서 1100년대로의 전환기, 또 약 1450~1500년, 그리고 약 1840~1890년에 특히 수위가 높았다.

다른 훌륭한 자료로는 약 기원전 2300년부터 크림(Crimea, 45°N 33°30′E 부근) 반도에 있는 작은 사키 호(Lake Saki) 호상의 매년 이토층 두께를 측정한 것이 있다. 이 자료는 이 지역 (주로 여름) 강우의 직접적인 변동을 기록하고 있는 것으로 간주된다. <그림 33>은 이 기록을 평활화한 곡선이다. 이 기록의 특징은 약 200년 기간의 다소 불규칙한 변동을 나타내고 있는 것이나, 기원전 2000년 전과 중세 초기에 서유럽과 북서유럽(그리고 아마도 대부분의 북반구)에서 지배했던 온난하고 유리한 기후로 보이는 습윤한 시기에 대한 지표가 더 두드러진 특징이 된다(크림 반도와 대부분의 남동유럽에서 강수량과 유출량 변동은 일반적으로 대부분의 북유럽·서유럽·중유럽 지역에서의 변동에 대해서 반대되는 상태였던 것으로 생각된다). 크림 반도에서 매년 기록의 수많은 특징도 마찬가지로 중요하게 나타난다. 50년 주기와 아마도 20~23년의 주기가 있는 징후도 나타난다. 이 두 가지 주기는 북동대서양과 북유럽 지역 위의 저지고기압과 관련되어 나타나는 것으로 알려져 있다. 이러한 발달은 확실하게 러시아의 강수량에 영향을 준다. 그렇지만 장기간의 주요 기후변화 동안 예외적으로 큰 편차가 크림 반도에서도 매년 나타났던 것 같다. 곡선이 처음 크게 하강하기 직전 2개년(기원전 2177년과 2150년) 동안에는 바로 끝난 습윤한 강수량이 많은 체제에서 전형적인 두께보다 5~10배까지 두꺼운 진흙층이 형성되었다. 기원전 2000년 후에 곡선이 더 하강한 것은 아마도 예외적으로 얇은 진흙층이 형성된 기원전 19세기에 8~11년 연속된 해들의 2개 시기로 특징지어진다. 비교할 수 있는 양 방향으로의 극심한 편차—기원전 2150년의 두께와 유사한 하나의 다른 두꺼운 층이 서기 805년에 나타나는 것과 서기 1280년대의 매우 얇은 층의 경과—는 크림 반도에서 중세의 습윤한 기후 시기의 시작과 종말을 특

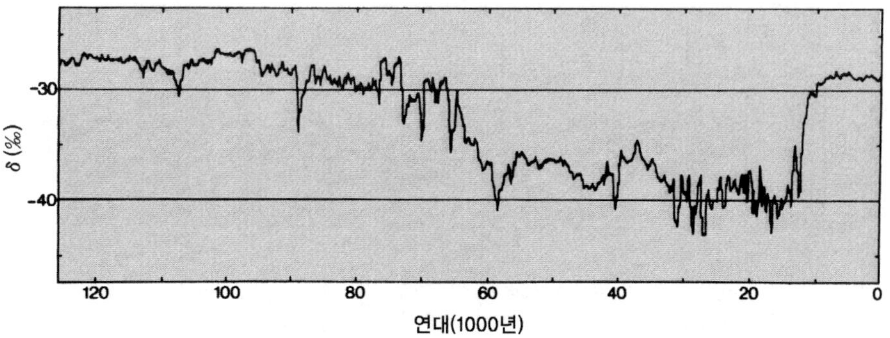

〈그림 34〉 ^{18}O와 ^{16}O의 평균 비율로부터의 편차로 제시한 지난 12만 5,000년 동안의 그린란드 최북서단(77°N 56°W) 빙상 물질에 들어 있는 산소 동위원소 비율의 변동. 이 곡선은 그 당시 기온의 화석 기록으로 볼 수 있다. 기온이 낮을수록 곡선은 낮은 위치에 있다(출전: W. Dansgaard, 허락을 받아 전재하였음).

징짓는다.

연층이나 빙호를 연구하기 위한 이보다 더 긴 기간의 자료는 과거 북아메리카와 스칸디나비아 빙상 주변에서 후빙기의 융해 과정 동안 형성된 현존하는 호수들과 그때 이후 사라진 과거 호수들의 호상 퇴적물에서 구할 수 있다. 위스콘신 주와 스웨덴 북부에 있는 이러한 일부 자료들은 그 기간이 9,000년에서 1만 년까지나 된다. 드 기어(De Geer)가 수년 전에 연구한 스웨덴의 원래 자료는 전체 약 1만 5,000년을 포함하는 빙하 후퇴와 후빙기의 기간에 해당한다. 그렇지만 이 자료는 각각 그다지 오래 존재하지 않았던 호수들로부터 유도한 짧은 기간들이 중복된 자료로 이루어져서 복잡한 구조를 갖는다. 이 자료는 불확실하고, 그 구조에 관해서 논쟁의 여지가 있다.

남극대륙과 그린란드에 현재도 여전히 존재하는 거대한 대륙빙상의 얼음 연층들도 마찬가지로 연구 자료를 제공한다. 기온변화와 바람에 따른 눈의 밀도 및 조직의 계절변화를 얼음 연층에서 확인할 수 있다. 가장 단순하게 얼음층이 그 위에 놓인 새로운 얼음층에 의해서 압력을 받는다는 것을 고려하면, 각 층의 두께는 매년 쌓인 눈의 양을 가리킨다. 여기서 얼음이 느리게 이동하여 오래된 층들이—물론 약간 높은 위치에서—(만년설 부근을 제외하고) 소성(塑性)의 얼음 흐름의 결과로 현재 위치에서 약간 거리가 떨어진 곳으로부터 이동하였다는 것을 고려해야 한다. 얼음을 이루는 H_2O에 존재하는 보통의 원자량 16 대신에 원자량 18을 갖는 무거운 산소 동위원소의 비율을 측정한 것은 이 산소 동위원소가 대기 중에서 수증기로부터 응결하여 형성된 시기(그렇지만 오래전)의 눈의 온도를 가리킨다. 그러므로 산소-18(^{18}O)을 측정하면 기온의 계절변화를 알 수 있고, 빙상에서 구한 시추 코어의 연층을 확인하는 데 도움이 될 수 있다. 이미 지난 1500년에 나온 화석

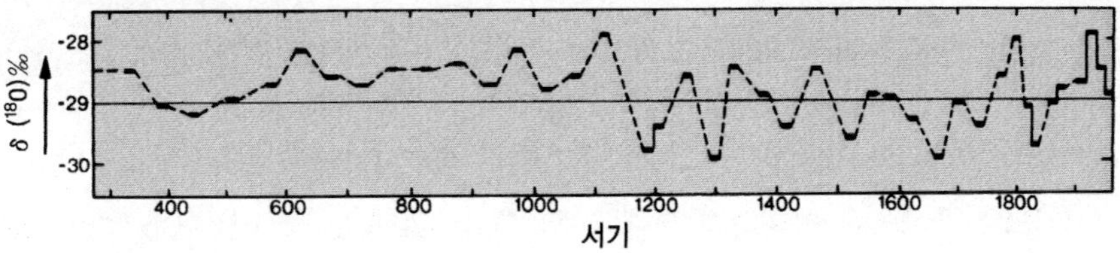

〈그림 35〉 기온 곡선에 상당하는 것으로 제시된 서기 300년부터 같은 지점에서 산소 동위원소의 변동(출전: W. Dansgaard, 허락을 받아 전재하였음).

자료에 대해서 산소 동위원소 비율이 측정되었다. 이러한 방법으로 기후변화 과정에서 장기간 지속된 기온변화를 조사하고, 기후변화의 정도와 빈도를 추정할 수 있다. <그림 34>의 그린란드 기록은 지난 빙기, 후빙기,—연대측정은 대부분 다른 방법으로 이루어졌다— 그리고 마지막 간빙기의 전체 발달 과정을 제시한 것이다. 그린란드 최북서단에 있는 이 지점의 지난 1,000년간의 기록을 정밀하게 분석하여 이 지역의 기온변화와 강설에 관한 많은 세부 사항이 나타나고 있다. 그러나 이 기온 곡선의 경과를 유럽 다른 지역의 기온 추이와 동일한 것으로 생각해서는 안 된다. 중세 온난기는 분명하게 그 절정에 이르렀고, 그 종말은 유럽보다 일찍 왔다. <그림 35>에서 제시되고 있는 것처럼, 소빙기는 위상변화(phasing)를 하면서 북그린란드에도 영향을 주었다. 실제로 캐나다의 중심 경선에서 여러 기술을 이용하여 조사한 기후사는 그린란드의 기후사보다 서유럽과 북유럽의 기후사에 더 가까운 것으로 나타나고 있다. 이러한 결과는 기상학적 관점에서 전혀 뜻밖의 일이 아니다. 이것은 편서풍대의 큰 파동과 확실히 관련이 있다.

기후 증거를 연대측정하기 위한 방사성 탄소의 역할

세계 모든 지역의 빙상과 호수 퇴적물에서 확인할 수 있는 연층의 시기와 가장 긴 매년의 나이테 편년 또는 인간의 기록이 남아 있는 시기보다 더 오래된 시기에 대해서 연대측정을 하기 위해서는 방사성 연대측정법(radiometric method)을 이용할 수 있다. 퇴적물에 포함된 물질들에 대해서는 대부분 불변하는 퇴적률을 가정하여 연대가 측정될 수 있다. 인간의 역사와 고고학과 관련된 시기에 대해서 가장 중요한 방사성 연대측정방법이 방사성 탄소연대측정법(radiocarbon dating)이다. 이 방법은 유기물을 이루는 탄소에 존재하는 미량의 불안정한 탄소 동위원소로 생성되는 방사능을 정밀하게 측정하는 것에 의존한다. 질량수 14—정상적인 탄소는 질량수 12이다—로 구분되는 방사성 동위원소 ^{14}C는 우주선(宇宙線)이 대기 중의 질소 원자들과 충돌하여 생성된다. ^{14}C는 대기로부터 호흡되는 이산화탄소와 함께 살아 있는 식물의 구조로 동화된다. 살아 있는 나무의 탄소의 약 1%는 불안정한 방사성 동위원소이다. 그리고 이 탄소의 원자는 붕괴된다. 존재하는 1g의 탄소에서 1분당 평균 약 15회의 붕괴 과정이 일어난다. 식생이 죽은 후, 즉 공기에서 더 이상 이산화탄소를 흡수하지 않으면, 죽은 식물의 방사능 저장량은 더 이상 새로워지지 않는다. 그러므로 방사능은 붕괴하게 된다. 과학 용어로 우리는 방사성 탄소(^{14}C)의 반감기를 5,730년이라고 말한다. 이것은 방사능이 매 5,730년마다 1/2로 감소하는 것을 의미한다. 그러므로 실무에서 방사능의 양은 감소되어 궁극적으로 측정하기 매우 어려워진다. 그리고 연대측정을 해야 될 물질이 오래될수록 오염으로 인하여 발생하는 오차가 더 커진다. 방사성 탄소연대측정의 유효 한계는 약 5만 년이다. 실험상의 어려움으로 나타나는 추정된 오차 한계는 항시 언급되어야 한다. 그렇지만 추가적인 오차원은 물론 연대를 알고 있는 대상들을 ^{14}C 연대측정할 때 나타난다. 이것은 대기 중에 방사성탄소의 양이 시간이 경과할 때 항시 정확하게 불변하는 것이 아니라는 사실에 기인한다. 이러한 변동은 후빙기 중반에 500~1,000년에 달하는 오차를 일으킨다. 대략 서기 1400~1800년과 같은 최근의 다른 시기에 대해서는 이 편차가 100년 이상까지 난다. 그렇지만 이들 오차는 대부분의 경우에 ^{14}C 방법을 이용하여 조사한 연대측정을 나이테로 연대를 측정한 강털소나무(bristlecone pine)[6)]의 종들로부터 구한 실제 연대와 관련시킨 교정(calibration) 곡선을 이용하여 수정할 수 있다.

이와 같은 어려움 때문에 참조되는 보정 오차에 적용되지 않은 결과와 방사성 탄소 연대측정에 기초한 기원전 시기의 연대는 보통 최근의 문헌에서 소문자로 구분된다. 예를 들어 스코틀랜드 산지에서 현재의 상부 수목한계선보다 현저히 높은 곳에 있는 소나무 그루터기에서 이제까지 확인된 가장 늦은 출현 시기는 930±220bc와 같다. 이 표기에서 bc(before Christ)는 기원전을 의미하고, ±220년은 대략 지시된 930년의 연대에서 실험상 오차 범위를 추정한 것이다. 대문자 BC는 방사성 탄소 또는 다른 연역적인 방법에 의거하지 않은 달력의 연대를 확정하는 데 사용되고, 강털소나무 교정에 적용되어 수정된 방사성 탄소연대에 사용된다. 후자로 실험상 오차의 추정된 범위가 제시될 것이다. 방사성 탄소연대측정된 물질의 연대를 지정하는 데 문자 bp(또는 교정이 된 곳에서는 BP)는 '현재 이전(before present)'의 연도를 의미한다. 실제로 방사성 탄소연대측정이 시작되어 고정된 연대로 채택된 서기 1950년 이전의 연도이다.

6) 옮긴이 주: bristlecone pine(Pinus aristatacc)은 소나무과(一科, Pinaceae)에 속하며 키가 5~13m 정도 자라는 소교목이다. 미국 로키 산맥에서 자라는데 고도(高度) 2,600m 이상에서 자란다. 소나무류 중 가장 오래 사는 식물로 네바다 주 동부 휠러피크에 있는 강털소나무 숲에는 3,000년 이상 된 나무들이 있으며 그중 한 그루는 4,900년 정도된 것으로 추정된다.

구빙퇴석에 매장된 유기물과 나무 그루터기 등을 연대측정하여 과거의 빙하변동을 연구해서 알게 된 내용은 다음 장 본문의 적절한 부분에서 다룰 것이다. 여기서는 후빙기 동안 세계의 모든 지역에서 산악 빙하의 큰 변동이 있었다는 사실만을 언급하고 넘어가도 충분할 것이다. 8,000년에서 1만 년 전 과거 빙상이 융해되는 동안의 주요 변동들의 과정을 추적할 수 있다. 아마도 후빙기의 가장 온난했던 시기에 형성된 최근의 빙퇴석들은 최저 확장 시기 이후에 빙하 확장으로 대부분 완전히 침식되었다. 그러나 일부 지역들에서 거의 6,000년 전까지 소급되는 이 시기는 일반적으로 대략 기원전 2000년으로 연대가 측정되었다.

화분분석과 식생사

후빙기 기후사(氣候史)에 관한 대부분의 지식은 1950년까지 화분분석을 통해서 알려졌다. 이미 1876년에 노르웨이의 식물학자 악셀 블뤼트(Axel Blytt)는 처음으로 개략적인 후빙기의 식생사(植生史) 순서를 발견하였다. 그는 이 식생사를 식생사에서 유도한 기후 체제의 순서와 함께 그의 노르웨이 식물상의 이주에 관한 논문[Essays on the Immigration of the Norwegian Flora(Christiania)]에 발표하였다. 얼음이 녹았을 때 항시 빙하의 남쪽에 있던 주빙하지역(周氷河地域)으로부터 확산된 툰드라 식생이 먼저 형성되었다. 그 후에 자작나무류(birch)가 툰드라 지역에 들어오고, 후에 자작나무와 소나무 숲이 형성되었다. 이것은 – 이러한 숲의 유형이 현재에도 있는 지역에서뿐만 아니라– 다시 모든 지역에서 활엽수의 혼합림으로 대체되었다. 이러한 숲의 유형들 중에 현재의 참나무 숲 지대에서, 약 기원전 3500년 전의 긴 기간, 온열식물인 느릅나무류(elm)[7]와 피나무류(lime, linden)[8]가 지배했던 것으로 알려져 있다. 각 삼림의 유형은 추측하건대 오늘날 이 유형이 발견되는 것과 같은 유형의 기후에 해당한다. 유럽에서는 일반적으로 각 수종들과 삼림 유형이 그 이전에 이들 수종이 살기에는 너무 추웠던 지역에 도달하는 데 수천 년까지 지연되었다. 각각의 새로운 삼림 유형이 적절한 모든 지역에서 지배적으로 되기까지 수십 년, 수세기, 또는 그 이상의 기간이 걸렸다. 우리는 이러한 지연 현상을 기후변화에 빠르게 반응하는 곤충으로 발견할 수 있다. 각 단계에 존재했던 딱정벌레종들(beetle species)의 증거는 특히 잘 보존되어 있다. 로키 산맥의 동쪽 북아메리카의 넓은 평원에서는 식생이 빠르게 확산한 것 같다. 그리고 유럽에서 연속하는 삼림 유형의 진전은 장애를 받은 것이 분명한데, 그 이

---

7) 옮긴이 주: 느릅나무과(—科, Ulmaceae)에 속하며 약 18종(種)으로 이루어진 느릅나무속(—屬, Ulmus) 식물이다.

8) 옮긴이 주: 피나무과(—科, Tiliaceae) 피나무속(—屬, Tilia)의 교목들이다.

유는 빙기 나무들의 피난 지역들(ice age refuges of the trees)이 큰 산맥 장애물의 남쪽에 위치했기 때문이다. 화분분석의 결과를 해석하는 데 나타나는 다른 어려움은 식생 유형들이 후빙기 중기에 북쪽과 높은 고도에 도달했던 가장 넓은 분포로부터 좀더 늦게 후퇴한 것과 관련된다. 토양이 척박해지고, 지속적으로 습윤한 여러 장소에 삼림 대신에 이탄지(泥炭地, peat-bog)가 형성되었다. 이러한 발달은 습윤한 기후 체제가 지배했던 그 이전의 장기간의 누적된 효과에 기인할 수 있다. 그러나 이것이 여러 장소에서 삼림이 이탄지로 변한 시기에 기후가 변화했다는 것을 의미하는 것은 아니다. 더욱이 여러 장소에서 인간 활동은 이미 스트레스를 받은 삼림을 개간하고, 개간된 지역들을 목초지로 이용하는 등의 경관 변화를 일으킬 수 있었다. 잉글랜드 남서부와 웨일즈 서부에서 신석기 농부들이 개간과 경작을 한 시기는 가장 이른 이탄층 형성 시기와 자주 일치한다. 목탄층, 경작과 관련된 질경이속 식물(plantain)[9]과 같은 잡초의 화분으로 증명되고 있다. 그리고 이 시기 이후부터, 즉 대체로 지난 5,000년 동안 인간의 토지 이용을 통해 유럽의 이 지역에서 지배적이었던 식생 특성의 증거로부터 기후에 관한 것을 추론하는 문제가 점점 더 복잡해졌다.

기후 자료를 복원하기 위한 한 가지 도구인 화분분석의 이용 가능성은 제한되는데, 그 이유는 100년 이하의 불확실한 인자를 갖는 정확한 시간 분석이 거의 불가능하기 때문이다. 화분분석은 추측하건대 매우 빠르게 형성되는 빙호 퇴적층과 일부 이탄 퇴적층 또는 호상 퇴적물에서 나타나는 화분에서만 가능하다. 그럼에도 불구하고 이 방법으로 매우 긴 기간의 자료를 만들 수 있다. 하나는 알자스(Alsace)와 다른 하나는 마케도니아(Macedonia)로부터의 2개의 화분분석은 12만 5,000년 전에 시작하는 자료를 제공하고 있다. 이 기록은 초기 단계부터 마지막 간빙기의 전 과정을 제시하고 있고, 마지막 빙기와 후빙기로 연장된다. 유럽 기후 경과의 주요 특징들이 －간빙기의 종말과 빙기의 시작을 알리는 초기의 충격을 포함하고 있는－ 그린란드의 산소 동위원소 곡선과 일치하는 것은 매우 만족할 만하다. 케임브리지(Cambridge) 대학교의 웨스트(R. G. West) 교수와 그의 공동연구자들은 과거 여러 간빙기에 관한 잉글랜드 동부의 식생사에 대해서 이와 유사한 분석을 수행했다. 이들의 연구를 통해서 기후발달의 공통적인 특징과 매우 개략적으로 시간적인 경과가 정확하게 증명될 수 있었다.

덴마크 지질연구소(Danish Geological Survey)의 이베르센(J. Iversen)은 1944년의 권위 있는 연구에서 식물분포의 증거로부터 그 당시의 기온을 특정하게 지정할 수 있는 모델을

9) 옮긴이 주: 원래는 파초과(芭蕉科, Musaceae)에 속하는 식물로 바나나(M. sapientum)와 근연관계에 있으나, 현삼과(Scrophulariaceae)에 속하는 질경이속(—屬, Plantago) 식물들도 영어로 플랜틴이라고 한다.

만들었다.[10] 그는 덴마크의 현재 기후에서 어떤 식물이 존재하는 모든 장소들에 대해서 (그래프 용지의 x축과 y축을 따라서 기록하여) 한 해의 최난월과 최한월의 장기간 평균 기온을 그래프 용지에 표시하였다. (그는 그 식물이 없는 곳에는 다른 색깔로 표시하였다) 이베르센은 이러한 방법으로 양호랑가시나무(holly, *Ilex aquifolium*), 잉글리시아이비(ivy, *Hedera helix*)와 겨우살이(mistletoe, *Viscum album*)의 경우에 대해서 그 분포를 특정한 기온 값으로 엄격하게 정의하였다.

후빙기 증거와 기후지표로서 딱정벌레

<그림 36>에는 약 2만 년 전 마지막 빙기의 절정기 이후 잉글랜드에서 지배했던 기온의 발달을 개략적으로 제시하였다. 이 그림의 평활한 곡선은 식생사를 복원하기 위하여 이용된 화분분석으로 어느 정도까지 기후가 연역될 수 있는가를 보여준 사례이다. 이들 곡선은 한여름과 겨울 동안 500년 또는 1,000년의 평균 기온에 대해서 어느 정도 신뢰할 수 있는 근사치로 간주된다. 각 곡선의 오른쪽 끝에 찍은 점들은 마지막 12개 세기를 분명하게 서로 구분하는 편차의 정도를 제시한 것이다. 이와 유사한 변동은 추측하건대 그 이전 천 년들(millennia) 간에도 나타났다. 지난 3,000년 내의 증거도 이 가설을 증명하고 있다. 마지막 빙기의 말에 가장 뚜렷한 기후변화의 시점과 정도를 확인하기 위해서 더 급격하게 변화한 딱정벌레 동물상(beetle fauna)으로부터 유도한 증거가 이용되었다. 버밍엄(Birmingham)의 쿠프(G. R. Coope)는 그의 많은 인상적인 연구들에서, 잘 보존된 풍부한 딱정벌레 동물상의 잔재의 가치와 기후변화에 대한 이들의 급격한 반응을 제시하였다. <그림 36>의 곡선의 주요 특징은 실제로 후빙기 기온으로의 급격한 변화, 특히 여름 기온의 이른 상승과 기원전 1만 1000년대에 수세기 동안 급격하게 빙기 기후로 역전된 것을 보여주고 있다. 후빙기의 가장 온난한 시기는 8,000년 전과 4,000년 전 사이에 현재의 기후로 파동을 하면서 하강하는 것을 따르는 폭이 넓은 곡선의 둥근 봉우리로 나타났다. 우리가 마지막 1,000년 또는 그 이상의 기간 내에서 확인할 수 있는 변화들은 일부 강한 단기간의 변동을 포함하고 있다.

10) J. Iversen, "Viscum, Hedera and Ilex as climate indicators," *Geologiska Föreningens Förhandlingar*, vol.66, Stockholm, 1944, pp.463-483.

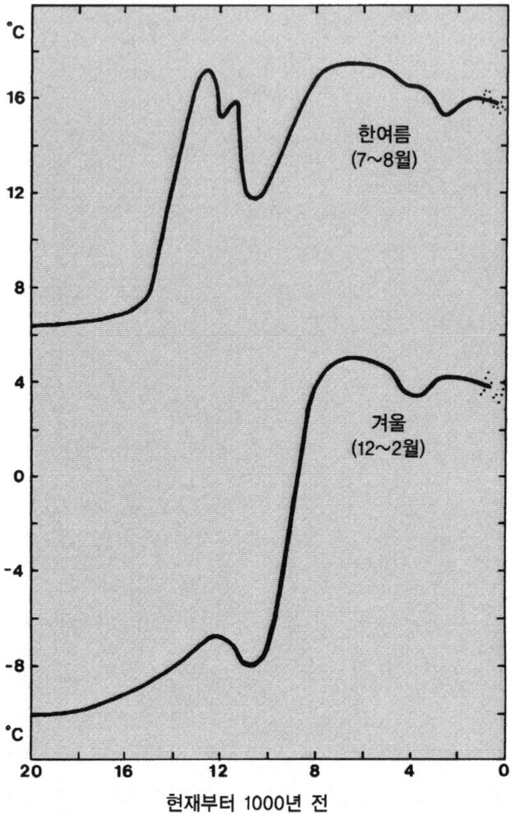

<그림 36> 대체로 화분분석으로 유도된 지난 2만 년 동안 잉글랜드 중부에서 지배했던 추정된 기온곡선(500~1,000년 평균). 점들은 <그림 29>의 지난 12세기에 대해서 유도한 여름과 겨울 기온이다.

고고학

인간과 더 큰 포유동물들에 관한 고고학 연구는 과거 기후에 관해서 곤충 및 화분과 직접적인 주변에 종속되는 해양에 사는 미생물의 기록보다 대체로 많은 정보를 제공하지 못하고 있다. 인간과 더 큰 포유동물들의 기동력과 적응력은 넓은 지역을 배회하고, 비상시에 모르는 음식물을 먹어보고, 장기적으로 살 수 없는 곳으로 증명될 수 있는 환경에 적어도 일시적으로 잘못 들어갈 수 있게 했다. 예를 들어 사막이나 습지 또는 눈이나 얼음으로 인하여 통과할 수 없는 지역을 가로지르는 여행 루트에서와 같이 예외적인 경우들에서는, 고고학으로 과거의 기후를 연역할 수 있다. 언급할 만한 것으로는 덴마크의 이탄지에서 완전히 보존된 신체를 가진 약 2,000년 전의 사람들을 발견한 것이다[이와 비교할 수 있는 신체는 헤브리디스(Hebrides)[11]의 이탄지에서, 그리고 그린란드의 얼음이 녹을 때 발견된 신체이다]. 일부 경우에서는 신체가 매우 잘 보존되어 있어서 위 속에 들어 있는 내용물을 분석하여 그들이 먹고 산 음식에 관해서 알 수 있다. 덴마크에서 발견된 신체에서는 이 결과를 그 주변의 철기시대의 경작과 야생 보리(primitive barley) 및 아마인(亞麻仁, linseed)[12]과 함께 먹은 들풀(weeds)에 관한 추가적인 증거를 구하기 위해서 인근의 화분분석 연구와 비교하였다. 우리는 또한 2,000년 전의 보리, 넌출월귤(cranberry)[13] 열매, 늪도금양(bog myrtle)[14] 열매로 만든 덴마크의 알코올 음료를 알고 있다. 이것은 그 시기의 도기(陶器, pottery)에 남아 있던 잔존물을 분석한 것이다.[15]

나이테

상세한 기후 기록을 얻기 위해서 나무들의 매년의 성장테를 분석한 내용이 제공하는 가능성은 북아메리카를 제외하고 지금까지 거의 이용되지 않았다. 상부 수목한계선과 북한계선에 있는 나무들의 나이테 폭은 기후학적으로 어느 정도 분명하게 분석된다(이러한 한계선에서는 온난한 해는 성장이 양호한 해이고, 추운 여름은 성장이 불량한 해이다). 이와 같은 내용은 −아마도 분명히 적은 정도로− 그 분포 지역의 온난-건조 한계 부근에서 성장하고, 강수량이 없었던 것이 좁은 성장테를 설명해주는 나무들에도 적용된다. 수종들의 서식지가 중위도인 경우에는 분석하기가 더 어려워진다. 그렇지만 나무들이 건조한 입지에서 성장했던 것으로 알려져 있고, 수분 부족이 나이테 폭에 중요했을 수 있는 지역들에서는 유용하게 해석할 수 있을 것이다. 지속적으로 습윤한 장소에서는 기온변동이 유일한 결정적인 변수라는 사실에서 출발해야 할 것이다. 투손(Tucson)에 있는 애리조나 대학교(University of Arizona) 나이테 연구실험실(Laboratory of Tree Ring Research)의 프리츠(H. C. Fritts)는 각 나이테 폭과 그 이전 15개월 동안의 일기 사이에 어떤 관계가 있는가를 매우 상세하게 조사하였다. 그의 동료 라 마체(V. C. La Marche)는 캘리포니아-네바다(California-Nevada) 주 경계에 있는 화이트 산맥(White Mountains)의 높은 고도에 서식하는 수령이 매

---

11) 옮긴이 주: 영국 스코틀랜드 대서양 연안에 있는 제도이다.

12) 옮긴이 주: 아마(Linum usitatissimum)의 씨이다.

13) 옮긴이 주: 진달래과(—科, Ericaceae) 산앵두나무속(—屬, Vaccinium) 식물 가운데 땅 위를 기면서 자라는 식물들의 열매이다.

14) 옮긴이 주: 도금양과(桃金孃科, Myrtaceae) 도금양속(桃金孃屬, Myrtus)에 속하는 약 16종(種)의 상록관목의 하나이다.

15) 이 단락의 내용은 대부분 *The Bog People*, London, 1969라는 제목하에 'paperback'으로 Faber & Faber 출판사가 영어로 발간한 P. V. Glob의 책 *Mosefolket: jernalderens mennesker bevaret i 2000 år*, Copenhagen, Gyldendal, 1965에서 인용하였다.

우 오래된 강털소나무에서 나이테 폭의 편년을 만들었다. 이 기록은 기원전 3431년까지 소급되며, 그 연대는 반복해서 검증하여 확실한 것으로 증명되었다. 상부 수목한계선에서 이와 같은 장기간의 자료는 실제로 여름 기온을 기록하고 있다. 흥미 있게도 서기 800년부터 20세기까지의 100년 평균은 잉글랜드 중부에 대해서 유도한 기온과 통계적으로 유의한 상관관계를 갖고 있다. 따라서 이들은 <그림 29>의 잉글랜드 기온 발달에 대한 독립적인 증거를 제시한다.

나무의 나이테를 이용하여 연대를 측정하는 방법[16] 또는 '연륜기후학(dendroclimatology)'은 추측하건대 기후 연구에서 점점 더 널리 이용될 것이다. 아일랜드, 잉글랜드 동부의 이탄과 독일 중부의 하천 역(river gravels)에 매장된 잘 보존된 나무의 그루터기는 적어도 지난 4,000년과 그 이상의 기간으로 소급되는, 궁극적으로 단절되지 않은 연대기를 만드는 데 중요한 자료원이 된다. 이미 수년 전에 고드윈(H. Godwin)은 후빙기의 가장 온난했던 시기에 잉글랜드 동부의 소택지에서 성장했던 거대한 참나무에 관심을 가졌다.

당시에 지배적이었던 기온을 추정하는 것은 아마도 유럽의 산맥들(그리고 세계의 다른 지역들)에서 상부 수목한계선이 더 높은 고도로 이동한 것과 여러 수종의 북한계가 북쪽으로 이동한 것을 관찰하여 유도할 수 있다. 세계의 여러 지역들에서 후빙기 상부 수목한계선의 변천을 나타내는 곡선들은 <그림 36>에 제시된 지난 1만 년의 기온곡선과 전반적으로 평행하게 달린다.

지난 1,000년의 상세한 관찰 결과를 기초로 옥스퍼드 대학교 고고학 및 미술사 연구실험실(Research Laboratory for Archaeology and the History of Art)의 플레처(J. Fletcher) 박사는 잉글랜드와 독일의 참나무 나이테의 순서를 비교하였다. 그는 전자에 대해서 웨스트민스터(Westminster) 대수도원의 참나무로 만든 잉글랜드의 고가구를 이용하여 연대기를 만들었다. 그는 서기 1250년 이전 중세의 수세기 동안 잉글랜드와 독일의 참나무에서 폭이 넓은 나이테와 좁은 나이테 사이에서 그 배열이 70~75%까지 일치하는 것을 증명할 수 있었다. 그러나 1400년 이후에는 50~55%까지만 일치하였다. 추측하건대 후자의 시기보다 전자의 시기 동안 두 나라 위에 편서풍이 더 빈번하게 불었을 것이다. 이것은 전혀 놀라운 일이 아닌데, 그 이유는 후자의 시기에 한랭한 기후를 갖는 소빙기가 시작되었고, 북풍과 동풍이 더 빈번하게 불었다는 사실이 알려져 있기 때문이다.

동위원소 비율(isotope ratios)을 측정하고, 목재의 밀도를 측정하고, 세포의 크기를 조사하기 위하여 X선(X-ray) 기술을 이용한 연구는 나이테 연구 분야에서 다른 새로운 가능성을 열었다. 목재의 물질에서 안정한 산소 동위원소의 비율과 마찬가지로 탄소, 수소, 질소

16) 옮긴이 주: 연륜연대학(年輪年代學, dendrochronology) 또는 'treering dating'이라고도 부른다.

의 안정한 동위원소의 비율들은 목재가 형성될 때 지배했던 기온을 추정할 수 있게 한다. 취리히(Zürich) 부근의 비르멘스도르프(Birmensdorf)에 있는 삼림연구소(Forest Research Institute)에서 슈바인그루버(F. Schweingruber)와 그의 동료들이 처음으로 연구한 바와 같이 목재의 세포 구조를 연구하면 더 많은 내용을 알 수 있다. 봄에 성장한 목재의 커다란 세포에 이어서 늦여름 목재에서는 조밀하고 작은 세포를 가진 검은 층이 나타난다. 그러나 때때로 한 계절 내에서조차 변동이 확인될 수 있다. 더욱이 넓은 유럽 지역에서 밀도를 측정하여 나이테 측정에서보다 더 나은 상관관계를 구하게 되었다.

해저 퇴적물

우리가 지금까지 언급하지 않았던 과거 기후에 관한 다른 중요한 정보원이 있다. 육지(그리고 현재 바다에 의해서 침수된 과거의 육지)의 이탄과 호상 퇴적물에서 나온 시추 코어의 서로 다른 층들에서 -그리고 또한 서로 다른 시기에서- 나온 화분을 세는 것은 우리에게 매우 긴, 그러나 제한된 시간 해상력으로, 식생사와 기후사의 기록을 제공할 수 있다. 마찬가지로 해저 퇴적물의 여러 해양생물학의 (미세한) 종들을 대표하는 것을 수치로 분석하여 해수면 온도의 발달이 유도될 수 있는 극히 장기간의 기록이 나타났다. 그리고 이러한 결과는 해당되는 생물 골격의 잔재에 들어 있는 탄산칼슘($CaCO_3$)에 산소 동위원소 측정을 하여 검증될 수 있다. 바람에 의하여 운반된 비유기물의 광물 먼지도 포함하고 있는 대부분의 해저 퇴적물은 극히 느리게 집적된다. 전형적으로 서유럽의 이탄지에서 이탄이 1세기에 1~4cm 퇴적되는 것과 비교하여 1,000년에 1~4cm 퇴적된다. 이것은 해저의 교란받지 않은 부분에서 추출한 퇴적물이 극히 오랜 기간의 자료들을 나타낼 수 있다는 사실을 의미하는 것이다. 케임브리지 대학교의 섀클톤(N. J. Shackleton)이 분석한 적도 태평양으로부터 지금까지 가장 오래된 자료는 200만 년 이상 소급되고, 지난 100만 년 또는 그 이상의 기간에 대략 매 10만 년마다 빙기가 나타났던 것을 가리키고 있다. 다시 각 간빙기의 기후발달의 과정과 그 시기를 비교하는 것도 가능하게 되었다. 그렇지만 이와 같이 느린 퇴적 속도는 수천 년 이하의 기간을 갖는 단기간 변동을 구분할 수 없다는 사실을 의미한다. 어떠한 경우에도 이 결과는 퇴적물을 생활 공간으로 이용하며 그 속에 굴을 파는 작은 동물들에 의해서 틀리게 나올 수 있다. 이를 통해서 작은 동물들은 지난 약 2,000년 동안 형성된 최상의 연니(軟泥, ooze)층[17]을 지속적으로 혼합시킨다. 이것이 해저 퇴적물로부터 나온 자료의 시간 분석을 제한하는 것이다. 즉, 이러한 자료는 인간의

17) 옮긴이 주: 연니는 최소한 30% 정도가 부유 미생물의 골격질 잔해로 구성되어 있는 심해성 퇴적물이다.

역사와 크게 관계되는 단기간의 세부적인 내용을 거의 제공하지 못하게 된다. 이와 반대로 이들 자료는 빙기들과 간빙기들 사이의 장기간의 대지역 기후변화에 관한 우리의 지식과 다른 기후지표들을 검증하는 데 매우 중요하다.

따라서 여기서 우리가 관심을 갖는 분야에 대한 해양학 연구는 세계 평균보다 적어도 10배 이상으로 빠르게 퇴적물이 퇴적되어서 교란되지 않은 지역에서 이루어져야 할 것이다. 더욱이 어업과 고래잡이 기록 등이 적용될 수 있는 기간도 해양학에서 연구되어야 할 것이다.

<표 1> 과거 기후 복원을 위한 자료

자료의 유형	관련된 기후 요소들	관측값의 시간 해상력	측정값 파악의 시간지연	기록의 시작	파악되는 지역들
표준 기상계기 관측: 기압계, 온도계, 우량계	지상 기압, 기온, 강우, 바람 등(습도 관측은 늦게 시작되었음)	거의 직접적	중요하지 않음	유럽의 일부 지역에서 1650년대~1670년대	1956년 이후부터 만 남극의 넓은 지역으로 확대되었음. 남반구의 해양은 위성관측을 제외하고 여전히 대부분 관측되지 않고 있음
상층 대기 계기 측정	상층 대기의 기온, 습도, 기압, 바람	거의 직접적	분	1930년대에 유럽과 북아메리카의 일부 지역. 예를 들어 1781~1792년에 장크트 고타르트 고개(St. Gotthard Pass)에서, 그리고 1883~1885년에 유럽의 일부 산 정상에서의 단편적인 기록들은 이보다 훨씬 일찍 시작되었음	1949년부터 북반구; 1957년부터 남반구
선박에서의 계기 측정	해수 온도 (염도와 해류 관측은 늦게 시작하였음)	거의 직접적	분	1850년대부터. 1780년부터 40~50년까지의 평균을 구하기에 충분한 단편적인 기록이 있음	처음 50~80년 동안 주로 대서양에서
기술적인 기상 기록과 기상 일기	바람, 일기, 비와 눈의 빈도 등	매일	-	1337~1344년에 잉글랜드 동부(Lincolnshire)를 포함한 가장 이른 사례. 취리히 1546~1576년; Øresund(Tycho Brahe) 1582~1597년	유럽의 일부 지역들, 북아메리카 동반부와 다른 지역에서의 초기 탐험에서 나온 단편적인 자료
항해일지(주로 항구와 순찰하는 좁은 해안 구간에 대해서 이용할 수 있음)	바람, 일기, 비와 눈의 빈도 등	하루에 한 차례 또는 여러 차례	-	1670~1700년. 이보다 이른 시기의 항해에서 개별적인 기록	유럽의 해역과 인도·극동으로의 일부 긴 항해

자료의 유형	관련된 기후 요소들	관측값의 시간 해상력	측정값 파악의 시간지연	기록의 시작	파악되는 지역들
연대기, 역대기, 감사받은 회계부, 국가와 지방의 문서들, 농장과 재산운영보고서, 원정(遠征)보고서 등	일기, 특히 극심하고 긴 일기 기간. 가뭄, 홍수, 서리, 눈, 극심한 더위와 추위, 수확량 등	월 또는 계절, 때로 특정한 날에 대해서 정확하게	-	서기 1100년경. 개별적인 보고들은 이보다 이름. 예: 기원전 400년부터 이탈리아, 기원전 55년부터 영국, 서기 500년경부터 중유럽	'예외적인' 일기 기간에 관한 유럽의 기록은 추측하건대 서기 1100년부터 완전하게 만들 수 있음
홍수 수위	강우와 증발 (또한 토양수분)	월 또는 년, 때로 특정한 날에 대해서	수시간부터 반 년까지 변함 (나일 강)	서기 622년부터. 단편적인 기록은 이보다 이른 기원전 3100년부터	가장 오래된 기록은 나일 강
호수 수위	강우와 증발 (또한 토양과 깊은 토양층의 수분)	수년	15년까지?	일반적으로 서기 1650년경	시베리아 호수들로부터의 가장 오래된 기록; 다른(훨씬 오래된 증거를 포함하는) 과거의 호안선의 연대측정을 통해
나이테	기온, 강수	나이테 폭 1년, 세포 구조 1~5주	나이테 폭은 15개월 이전까지의 일기에 종속, 세포 구조는 수일 전의 일기에 종속?	미국 남서부에서 기원전 4000~6000년	중유럽에서 서기 200년부터 500년까지, 라플란드(Lapland)에서 서기 1180년부터 지속적인 기록. 궁극적으로 유럽의 일부 지역, 아마도 남반구 온대의 장소들에서도 1만 년의 기록을 만들 수 있음
빙호 (호상 및 일부 하구와 해저 퇴적물의 연층)	유량과 강우	1년(연대측정의 오차와 불확실성을 배제하기가 나이테보다 훨씬 더 어려움)	수일 또는 수주	기원전 8000년경 기원전 2200년	스웨덴과 미국 북부, 그리고 일본 크림반도(빙호자료를 포함하고 있는 많은 호수들을 발견할 수 있음. 지금까지 거의 조사되지 않았음)
빙상의 연층	강설	1년	-	서기 1000년경, 서기 1760년	그린란드 북부, 남극
빙하 (확장과 후퇴에 관한 기록, 구빙퇴석에 관한 자료 등)	기온, 융해 계절의 기간, 일조와 운량, 강설	예를 들어 방사성탄소 또는 (더 나은) 빙하가 확장할 때 죽은 나무의 나이테를 확인하여 – 이용된 연대측정 기술의 시간 해상력으로 결정됨	지형의 크기와 형태(사면)에 따라 약 10~20년이 전형적임	마지막 빙기 최대 확장, 보통 1만 7,000~2만 2,000년 전	세계의 대부분 산지 지역과 위도 40~45°의 극방향에 있는 저지

자료의 유형	관련된 기후 요소들	관측값의 시간 해상력	측정값 파악의 시간지연	기록의 시작	파악되는 지역들
안정한 동위원소 측정, 특히 ^{18}O					
(a) 빙상에서	기온, 강설	기껏해야 수일 또는 수주, 연층을 인식하는 데 도움이 됨.	-	5,000～1만 년 전(개략적인 시간 해상력에 대해서는 제한이 없음)	주로 그린란드와 남극대륙
(b) 나이테에서	기온, 강우(해석에 여전히 논쟁의 여지가 있음)	기껏해야 30년(수액이 이동하여 못 알아보게 되기 때문)	-	서기 200년, 서기 1350년	캘리포니아 주, 중유럽(지금까지 비교적 적게 연구되었음. 많은 더 오래된 기록을 구할 수 있음)
(c) $CaCO_3$를 포함하고 있는 퇴적물의 유기물의 탄소에서. 예: 해저에서	기온. 빙하의 얼음에서 H_2O의 양(즉, 원래 바다에서 유래하는)	국지적인 퇴적률에 따라서 약 100～2,500년까지 변동	-	연대가 무제한	모든 위도의 해저에서 이용할 수 있는 샘플들
화분분석	식생 경계를 기준으로 기온과 강우량의 특징	약 100년(빠르게 퇴적이 되거나 빠르게 습지가 발달한 일부 장소들에서 20～50년의 시간 해상력이 가능함)	불리한 조건에 빠르게 반응, 빙기 후에 북유럽에서 식물이 다시 성장하는 데 5,000년까지 지연되었음)	한 장소 또는 두 장소에서 12만 5,000년 전부터 지속적인 기록이 있음. 이보다 훨씬 이른 시기부터의 단편적인 기록.	세계의 모든 육지 지역과 일부 해저 퇴적물
곤충 동물상	곤충 유형의 분포 경계를 기준으로 기온과 강우량의 특징	약 100년	일부 경우에는 무시할 수 있음. 추측하건대 결코 수십 년 또는 기껏해야 세기들 이상이 되지 못함.	적어도 30만 년 전과 아마도 그 훨씬 이전	지금까지 제한되었음: 대부분 잉글랜드에서 연구되었음
해양미소동물상*(유공충류**, 방산충*** 등)과 석회조류(*Calcareous algae*)	해면과 깊은 수층의 수온(종의 서식지에 따른)	국지적인 해저의 퇴적률에 따라 100～2,500년까지 변동	-	50만 년에서 100만 년 이전까지	모든 해양과 모든 위도대의 샘플들

* 미소동물상(微小動物相, *Microfauna*)은 토양이나 기관(器官), 기타 국한된 장소에 서식하고 대개는 현미경으로밖에 볼 수 없는 작은 동물들이다.

** 유공충(有孔蟲, *Foraminifera*)은 화석기록으로 보존되기에 용이한 비교적 큰 크기의 껍질을 갖는 원생동물이다.

*** 방산충(放散蟲, *Radiolaria*)은 원생동물문(原生動物門, *Protozoa*) 방사족충강(放射足蟲綱, *Actinopodea*) 방산충아강(放散蟲亞綱, *Radiolaria*)에 속하는 동물이다.

2부
기후와 역사

6. 역사가 시작되던 시기의 기후

앞의 세 장에서는 우리가 현재 과거의 기후발달에 대하여 무엇을 알고 있으며, 앞으로의 연구에서 우리가 복원하기를 기대하는 것을 개관하였다. 현재의 지식에 관한 더 상세한 내용은 본 장과 다음 장들의 적절한 곳에서 언급될 것이다. 이제 변화무쌍한 기후와 인류의 역사가 진행되어온 무대인 환경을 살펴보도록 하겠다.

빙기 세계와 아메리카 및 오스트레일리아의 인간 거주

최후 빙기인 4만 년과 1만 5,000년 전 사이에 프랑스 중부와 스페인 북부의 거주자들이 살았던 환경을 우리에게 남긴 것과 같이 인간의 역사에 관해서 사람들이 소유하고 있는 최초 기록의 어렴풋한 내용은 동굴 벽의 스케치와 회화로 전달되고 있다(<그림 37> 참조). 그것은 들소와 다른 야생의 소, 매머드, 코뿔소, 말과 사슴들이 있던 시기이며, 이들은 수목이 없는 경관에서 화살과 창으로 사냥되었다. 물론 관련된 지역들은 항상 대륙빙상 지역 밖에 있었다. 그러나 우리는 도르도뉴(Dordogne),[1] 피레네(Pyrenees) 산맥과 칸타브리아(Cantabria)[2]에서 여전히 거주가 가능했던 계곡의 암벽에서 동굴에 거주하던 사람들을 보게 되는데, 이들은 현재와 다른 경관과 동물상에 적응하면서 이들을 이용할 줄 알았다.

우랄(Ural) 산맥 남부의 카포바이아(Kapovaia) 동굴에서 발견된 붉은색으로 그려진 유사한 동굴 벽화에는 일곱 마리의 매머드와 두 마리의 코뿔소 및 여러 마리의 야생 말들이 있다. 유럽 러시아 지역의 북동부 페초라(Pechora) 강의 위도 65°N에 위치한 비초프스크(Vyzovsk)에서는 매머드 사냥꾼들의 커다란 야영지가 확인되었다. 그곳에서 발견된 버려진 뼈 중에 98%는 매머드의 뼈였으며, 그 외에도 매머드 뼈로 지은 거주지의 유물이 발

1) 옮긴이 주: 프랑스 남서부 아키텐 지방의 주이다.
2) 옮긴이 주: 옛 이름은 'Santander'이고, 스페인 북부 칸타브리아 지방의 주이다.

견되었다. 모스크바(Moscow) 동쪽 블라디미르(Vladimir) 부근의 다른 발견물은 3만 년 전 한때 분포했던 유럽 크로마뇽인 타입(European Cro-Magnon type)의 사람들이 입던 옷들의 흔적을 보여주고 있다. 이 옷들은 상아 구슬로 장식되었으며, 둥근 목을 가진 풀오버식의 셔츠와 부츠가 달린 바지 및 머리 덮개의 형태가 있다.

북아메리카의 고고학 발굴물들은 인류가 마지막 빙기 동안 대륙빙상의 북부[3] 알래스카의 얼음으로 덮이지 않은 지역에서 거주했고, 따라서 아마도 당시에 알래스카와 시베리아를 연결했던 건조한 평원을 건너서 이리저리 방황하였다는 사실을 지적하고 있다. 이 건조지역은 세계의 해면이 약 100m 하강했을 때 생성되었는데, 그 이유는 확장되는 빙하와 대륙빙상으로 인하여 해수가 감소했기 때문이다. 아메리카 인디언의 몽골 인종(Mongoloid) 특성은 그들의 선조가 아시아로부터 왔고, 아마도 베링 해협(Bering Strait)이 현재 위치하는 곳의 건조한 육교(dry land connection)를 이용하였음을 암시하고 있다. 북아메리카 대륙에서 가장 초기의 것으로 연대측정되는 인간 거주의 고고학적 증거의 분포는 빙기에 선사시대의 인간이 출현하였음을 암시하고 있다. 그리고 로키 산맥의 '코르디예라(Cordillera)[4] 빙상과 현재 허드슨(Hudson) 만이 위치하는 지역을 중심으로 하는 거대한 '로렌시아(Laurentide)' 빙상 사이의 앨버타(Alberta)[5]를 통과하는 얼음이 없는 회랑(回廊)이 사람들이 남쪽으로 이주하는 데 이용되었을 개연성이 있다.[6] 이 회랑은 빙기의 중엽, 상대적으로 온화했던 시기의 수천 년 동안 존재했다. 이 회랑은 대륙빙상이 후퇴할 때의 빙하작용(glaciation)의 말기인 약 1만 2,000년 전에 다시 나타났다. 인간 활동과 관련된 발굴물의 연대측정은 이 두 기간에 사람들이 이 경로로 이주하였음을 암시하고 있다.

방사성 탄소연대측정 역시 약 4만 년 전 빙기 오스트레일리아에 최초의 인간이 도착하였음을 지적하고 있다. 당시에는 해면이 하강하여 오스트레일리아를 거의 아시아와 연결시키는 거대한 구간의 건조지역이 형성되었다. 그러나 사람들이 어떻게 해서든지 건너야만 했던 일부 해협들은 남아 있었다.

따라서 우리는 어디에서나 또는 모든 경우는 아니지만 초기 인류의 수렵과 채집 공동

3) 극지방의 대기 중에 수증기가 너무 적어서 알래스카의 북부에 대륙빙상이 형성될 만한 수분이 공급되지 못한 것 같다. 현재 그린란드 북부에서 다소 유사한 상황이 나타나고 있다.

4) 옮긴이 주: 북아메리카에서 로키 산맥과 시에라네바다 산맥 및 두 산맥 사이의 산지를 통틀어 코르디예라라 하고, 이 산계가 있는 지역을 코르디예라 지역이라고 한다.

5) 옮긴이 주: 캐나다 남부의 3개 프레리(초원) 주 가운데 가장 서쪽에 있는 주이다.

6) 이에 관한 더 많은 내용은 다음을 참조할 것. R. F. Flint, *Glacial and Quaternary Geology*, New York, Wiley, 1971, p.785, 893pp.; D. M. Hopkins(ed.), *The Bering Land Bridge*, Stanford University Press, 1967, 495pp.; H. H. Lamb, *Climate: Present, Past and Future — Volume 2: Climatic History and the Future*, London, Metheun, 1977, 835pp.; P. Wolstedt, "Die Beringstraße und die Einwanderung des Menschen von Asien nach Amerika," in *Das Eiszeitalter*, Band 3, 2. Auflage, Stuttgart, Enke, 1965, pp.220-224, 328pp.

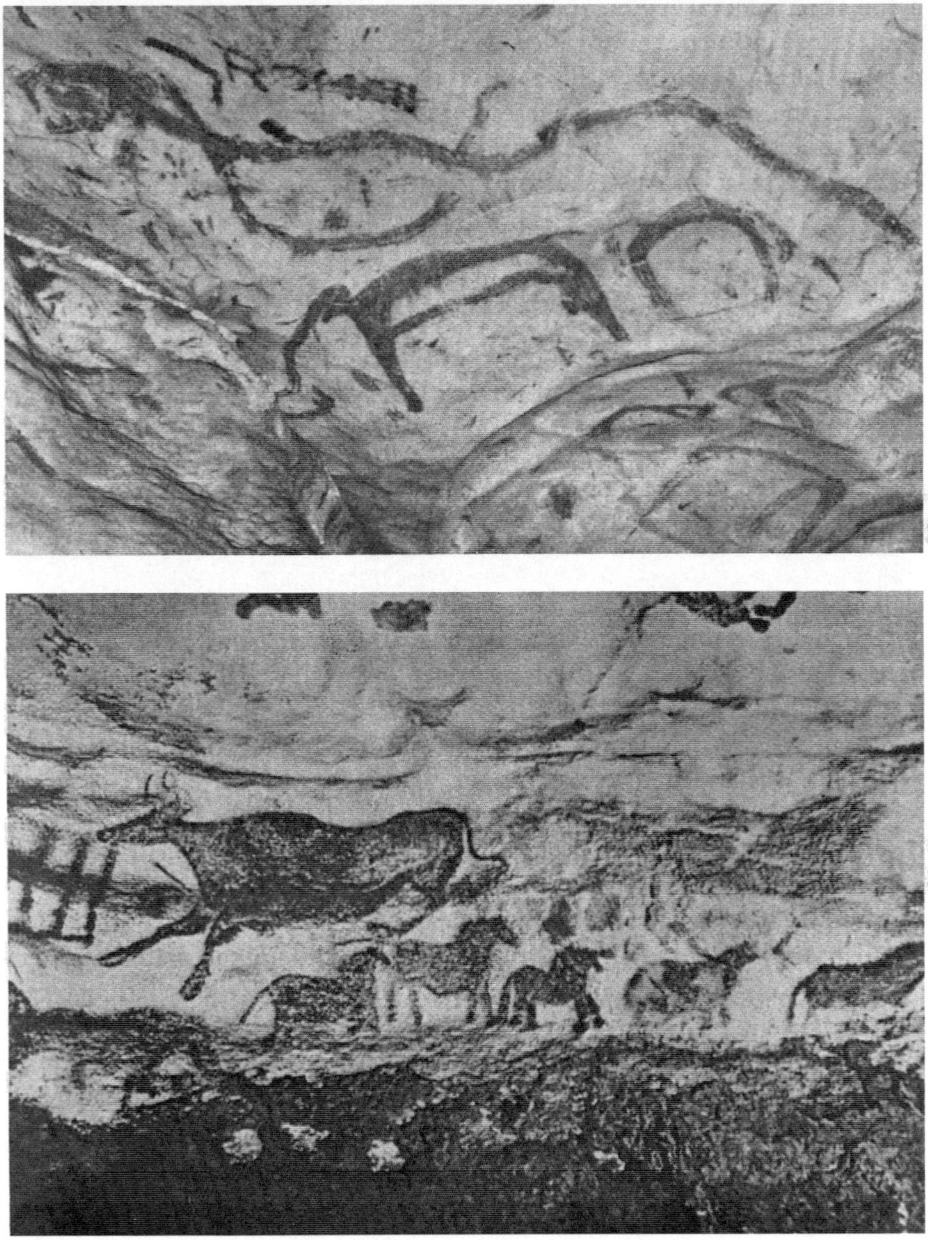

〈그림 37〉 1만 5,000년 혹은 그 이전 프랑스의 빙기 거주자들이 사냥한 동물을 그린 동굴벽화. (a) 남프랑스 님(Nîmes) 부근 라 보메 라트롱(La Baumé Latrone)에 있는 동굴 천정에 그린 매머드와 다른 선들. (b) 프랑스 도르도뉴(Dordogne) 지방의 라스코(Lascaux)에 있는 동굴들에 그려진 소와 한 열을 이룬 작은 말들.

체가 소밀(疏密)하게 분포된 집단으로 살았던 것을 보게 된다. 초기 인류의 이동은 빙하와 해양 및 높은 산맥의 장애물로 인하여 제한되기도 했으나, 또한 빙기 세계가 제공하는 기회들을 이용하였다.

빙기에 온대와 저위도에 매우 큰 규모의 호수와 내해(內海)가 많이 있었다는 사실이 지금까지 간과되었다. 주요 강우대가 이동하고, 현재보다 기온이 낮고, 운량이 증가하여 증발량이 감소하였기 때문에 많은 호수와 내해가 생겨났다. 카스피 해(Caspian Sea)는 현 해안의 북서쪽과 북쪽으로 유럽 러시아 지역의 중부와 동부까지 확대되어 현재 크기의 두 배 이상이었다. 그리고 후빙기 초기에 북극해의 해수는 그 위에 놓인 빙하의 하중으로 인하여 침강된 북서시베리아의 넓은 지역을 북쪽부터 침수시켰다. 현재 사하라 사막 남부 주변에 잔재만 남아 있는 차드 호(Lake Chad)는 빙기에 현재의 카스피 해만큼 거대한 내해였다. 그리고 북아메리카에서 주 분수령인 로키 산맥 분수령의 서쪽에 수많은 호수가 있었는데, 그 중에 가장 큰 것은 다른 큰 내해인 보너빌 호(Lake Bonneville)였다. 이 호수는 현재 유타(Utah) 주의 그레이트솔트 호(Great Salt Lake)에서 시작하여 5만 km^2 이상의 면적[중앙아시아의 현 아랄(Aral) 호만 한 크기]에 전개되었고, 300m 이상의 수심을 가졌다. 같은 대지역에 있는 다른 호수들은 네바다(Nevada) 주 북서부의 약 2만 5,000km^2의 면적을 갖는 라혼탄 호(Lake Lahontan)와 캘리포니아(California) 주 남동부의 설즈 호(Searles Lake)와 솔턴 호(Salton Lake)였다. 현재 미국 서부 산악지역에서 이러한 호수 경관은, 소멸되고 있는 로렌시아 빙상이 여전히 캐나다의 넓은 지역을 덮고 있던 후빙기 초기까지 지속적으로 존재하였다. 오스트레일리아에도 현재는 존재하지 않는 호수들이 있었다.

빙기 세계의 종말

빙기가 끝나면서 거대한 빙하가 융해되고, 많은 호수들이 점진적으로 사라져서 경관이 크게 변화되었다. 이러한 경관변화에서 또한, 융빙수가 해양으로 유출되면서 해면을 상승시키고, 빙하의 질량으로 내리눌렸던 육지 지역들이 장기적으로 융기하기 시작했다. 과거에 북유럽 빙상의 중심지였던 발트 해(Baltic Sea)의 최북단 주변 지역, 보스니아 만(Gulf of Bothnia)의 북쪽 부분은 여전히 100년에 약 1m씩 융기하고 있다. 빙하가 사라진 이후로 스칸디나비아의 이 지역 전체 융기량은 270～300m에 달하는 것으로 추정된다. 그리고 이 모든 현상 이외에 툰드라 또는 초원이던 넓은 지역 위로 삼림이 확장하였다.

이러한 과정들은 빙기 조건의 생활방식에 적응했던 당시의 사람들과 동물들에게는 격렬한 변화였다. 여러 지역들－단지 몇 개의 지명을 열거하면, 지중해 주변, 북해 주변, 그레이트

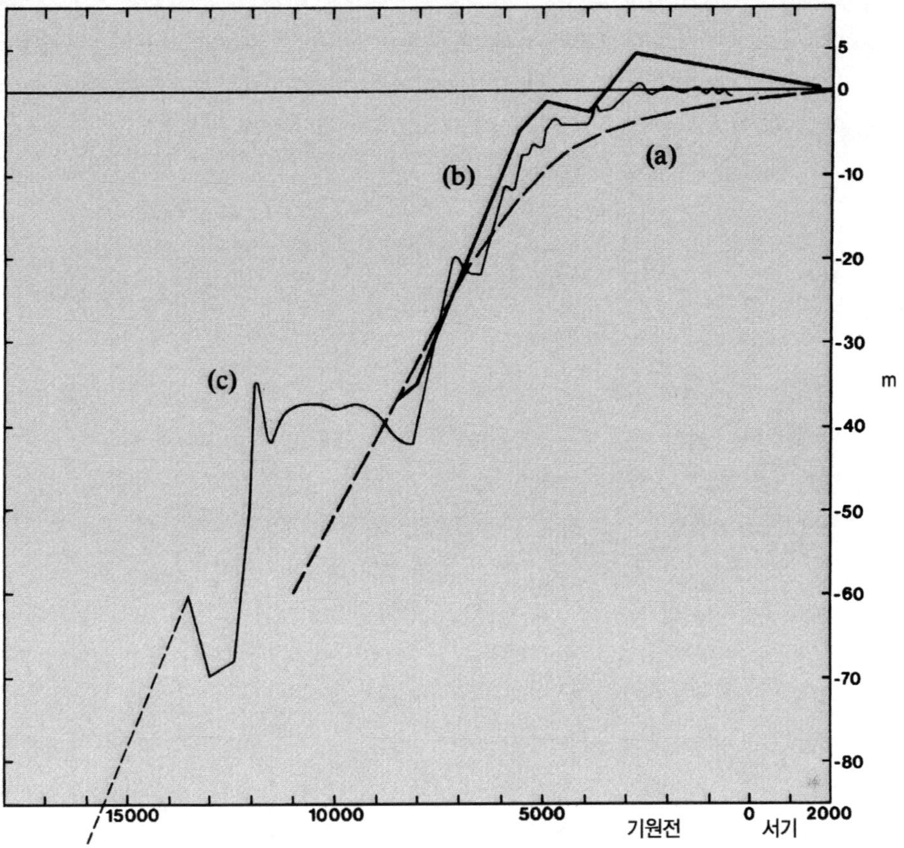

〈그림 38〉 과거의 빙상이 녹았을 때와 후빙기 때 세계의 해면 상승. 세 가지 복원상태. (a) 모든 세부적인 내용을 배제한 매우 부드러운 수학적 '최적(best fit)' 곡선, (b) 과거의 빙하 하중이 녹은 이후에 나타난 이 지역에서의 지속적인 융기 현상을 제외하고, 발트 해 주변의 수많은 연대측정된 해안선에서 계산된 보편적으로 인정되는 주요 시기의 복원. (c) 여러 지역의 복원 사이에서 일치되는 점들로 지지되는 뫼르너(Mörner)가 신중하게 계산한 더 상세한 곡선 (연대는 수정된 방사성 탄소연대측정값임).

오스트레일리아 만(Great Australian Bight) — 과 아마도 세계 대부분 지역에서 초기 인간들은 바다 부근에 살았을 것으로 생각되는데, 그 이유는 아마도 강 하구에서 물고기를 잡을 기회가 많고, 그들이 육상이나 물에서 잡은 식량을 저장하려면 소금이 필요하여 해수를 증발시켜야 했기 때문이다. 그러므로 빙기에 살던 사람들의 거주 중심은 아마도 현재 바다에 잠긴 지역들에 위치했을 것이다. 따라서 빙기의 종말과 그에 따른 지속적인 해면 상승이 총인구수를 크게 감소시켰을 것으로 가정된다. 이러한 역사적으로 드문 사건이 고대의 대홍수(노아의 홍수)에 관한 많은 전설을 발생시켰다.

물론 후빙기 초기의 가장 뚜렷한 특징은 전 세계적인 기온상승이었다. 세계의 대부분의 지역에서 기원전 5000년 무렵과 기원전 3000년 사이의 기후는 일반적으로 현재보다 약 1～3℃ 정도 높았다. 과거 빙상의 잔재가 가장 오랫동안 남았던 북아메리카의 최북단과 그린란드에서 가장 온난한 시기는 기원전 2000년에야 비로소 찾아왔다. 그리고 물론 대륙빙상이 융해되어 해면이 상승하였다.

해면 상승과 그 결과

<그림 38>에는 후빙기의 세계의 해면 상승을 그래프로 나타냈다. 해면 상승은 대륙빙상이 후퇴하기 시작한 기원전 1만 5,000년[7] 전에 시작되었다. 이에 대해서는 여러 가지 이론(理論)이 있다. 이 다이어그램은 그 추정이 타당한 범위 내에 있는 영역을 제시하고 있다. 또한 지금까지 그린 가장 상세한 곡선들 중의 하나를 보여주고 있다. 물론 상세한 내용은 전반적인 경향보다 덜 확실하나, 가장 빠른 변화의 시기는 기원전 8000년경과 기원전 5000년경 사이였다는 사실에 상당히 의견이 일치하고 있다. 또한 전 세계적인 해면 상승이 대략 기원전 2000년 전에 현재보다 아마도 1～2m 높은 수준에서 실제로 끝났다는 사실과도 상당히 일치하고 있다. 이러한 발달은 하나 또는 둘의 뚜렷한 시기를 포함하고 있다(기원전 6000년경에 노르웨이에 현재의 빙모보다 크지 않은 작은 잔재만이 있을 때까지). 기원전 8200년경 이후 스칸디나비아 대륙빙상의 급격한 융해와 (북아메리카 대규모 빙상의 급격한 후퇴에 따르는) 기원전 6000년경에 허드슨 만을 향한 해진(海進, transgression)이 있다. 배핀 섬(Baffin Island)과 북극의 캐나다 섬들 위에 빙하가 여전히 존재했던 것과는 별개로 기원전 3000년경에 후자의 마지막 잔재는 사라졌다. 과거 빙하 하중의 중심지였던 발트 해 지역, 스코틀랜드와 허드슨 만과 같은 지역들에서는 때때로 해면 상승률이 육지 융기율을 능가하였다. 그러나 이들 지역에서 더 많은 육지의 융기가 지난 5,000년 동안 지배적이었다.

<그림 39>는 기원전 8000년경 북해 분지(North Sea basin)의 수륙분포를 나타낸 것이다. 다음 수세기 동안 해안선이 급격하게 후퇴하면서 해협과 섬들은 복잡한 형태를 이루게 되었다. 도버 해협(Strait of Dover)은 아마도 이미 기원전 7600년경에 열리기 시작했고, 기원전 5000년경에는 이 지역 해안의 형태가 현재의 형태와 유사해졌다. 해면 상승에 의

7) 독자들의 편의를 위해서 방사성 탄소연대측정이나 다른 연대측정 방법에 기초했을지라도 이 책에서 연대는 달력의 연대로 전환하여 표시하였다. 불확실할 경우에는 반올림한 연대와 본문에서 적절한 표현으로 제시하였다.

하여 대륙으로부터 영국제도(British Isles)가 고립된 것은 당연히 —스스로 또는 그 씨가— 공중으로 혹은 물 위에 뜨거나 또는 새에 의하여 운반될 수 있었던 것을 제외하고, 빙기 후에 다시 돌아가지 못한 식물과 동물의 이주로를 단절시켰다. 이러한 사실로 유럽 대륙에서보다 영국제도에서 나타나는 종의 범위가 더 좁은 이유가 설명된다. 해면 상승으로 인하여 영국 본 섬으로부터 더 빨리 단절된 아일랜드와 대부분의 작은 섬들에서 종의 수는 영국에서보다 더 적다.

같은 1,000년 동안 발트 해의 윤곽과 발트 해 하구들의 경로는 수차례 변했다. 과거의 대륙빙상으로부터 멀리 떨어져 있던 세계의 다른 낮은 지역의 해안선들 역시 조수(潮水)가 들어오기 이전에 빠르게 후퇴했음에 틀림없다.

당연히 가장 빠른 후빙기 평균 해면 상승이라고 해도 1세기에 평균 1～5m 사이로, 아무도 익사시키지 못했다고 생각할지도 모른다. 그러나 이렇게 생각하는 것은 오해이다. 지난 1,000년간 북해의 낮은 해안 부근에서 일어난 재해의 역사에서 해안의 후퇴는, 점진적인 과정으로 일어나지 않고 폭풍해일에 의해 높아진 예외적인 조수와 만난 거대한 폭풍이 있을 때 급격한 해진(海進)으로 나타났다.

과거 인간의 이주

현재의 북해 지역(Northsealand) 평야에서 과거 인간이 거주했던 증거는 기원전 7000년대에 덴마크로부터 요크셔(Yorkshire)의 스타 카르 캠프(Star Carr camp)까지의 마글레모스(Maglemos) 문화[8]가 전파된 것을 포함하고 있다. 이 사람들은 자작나무 숲의 초기 개간지에 살았던 사냥꾼들로 그들의 거주지 주변 호수에서 고기잡이할 때 보트를 이용하였다. 빙하의 경계가 여전히 덴마크에 있었던 수천 년 전에 이미 순록(馴鹿) 사냥꾼들은 함부르크(Hamburg)까지 북쪽으로 배회하였다. 가죽 텐트에 거주하는 다른 사냥꾼들은 현재 코펜하겐(Copenhagen) 부근의 툰드라에서 캠핑을 하였다. [노르웨이 수력개발기업(the Norwegian hydroelectric development undertaking)이 연구비를 지원한] 스타방게르(Stavanger)[9]에서의 고고학박물관(Arkeologisk Museum)의 연구와 노르웨이 남부의 북쪽에서의 다른 연구에 의하면, 순록 사냥꾼들이 빙상이 사라지는 1,000년 이내에 1,000m 고도의 고원에 있었다는 사실이 밝혀졌다. 약 70회의 방사성 탄소연대측정 중에 하르당게르 고원(Hardanger Vidda)[10]

8) 옮긴이 주: 중석기시대 중기의 북유럽 문화이다.
9) 옮긴이 주: 노르웨이 남서부 로갈란 주의 주도이자 항구도시이다.
10) 옮긴이 주: 노르웨이 남서부의 부스케루 주와 호르달란 주에 있는 고원이다.

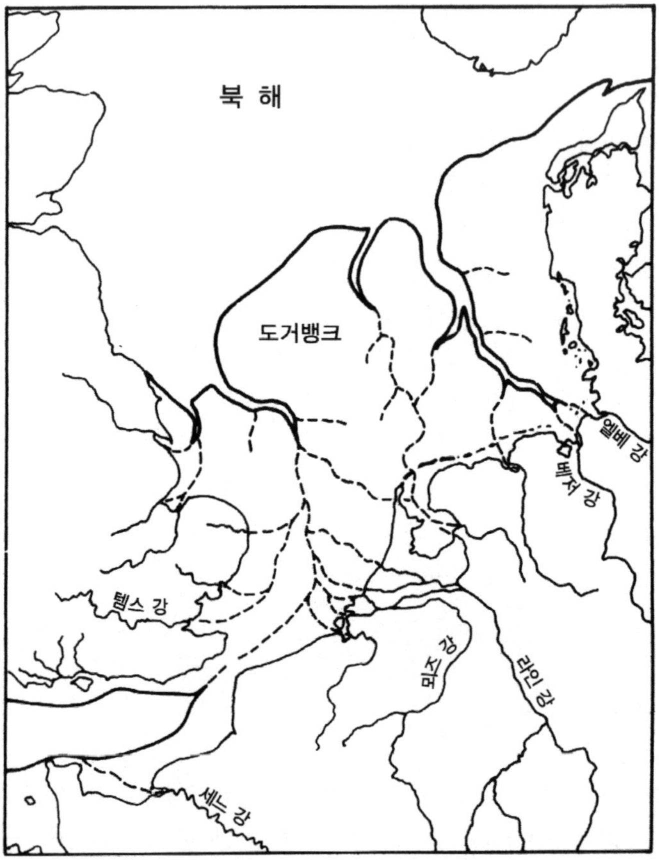

〈그림 39〉 기원전 8000년경의 북해 분지. 당시에 존재했던 현재의 북해 지역(Northsealand)의 추정된 윤곽(이 지도는 1902년 클레멘트 레이드(Clement Reid)에 의해서 처음으로 제시되어, 그 상황이 다음 세기 동안 북해를 남쪽으로 연결하는 해협의 발달과 함께 급격하게 변화된 것이 인정되고 있지만, 현재까지 대체되지 않았다).

의 일부 지점에서의 결과들은 기원전 7000~6500년 전에 사냥꾼들이 존재했음을 지적하고 있다. 기원전 5000년경에 하르당게르 고원뿐만 아니라 남부의 세테스달(Setesdal)의 서측 리필케(Ryfylke) 고원 위와 노르웨이 중부 동측의 옵달 산(Oppdal fells) 위의 암석 사면들과 많은 수면 사이의 좁은 지역을 따라 사슴들이 선호하는 이주경로가 통과하는 지역에서 덫으로 체계적으로 잡혔다. 이렇게 이른 시기에 인간은 음지의 깊은 계곡보다는 고원 위나 삼림의 상부 주변에서 더 많이 활동했던 것으로 생각된다. 음지의 깊은 계곡에는 소나무와 자작나무 숲이 있어서 사슴들이 통과할 수 있는 통로가 거의 없었다.

북아메리카 북부가 여전히 거대한 빙상으로 덮여 있었던 반면, 유럽과 북대서양에 이

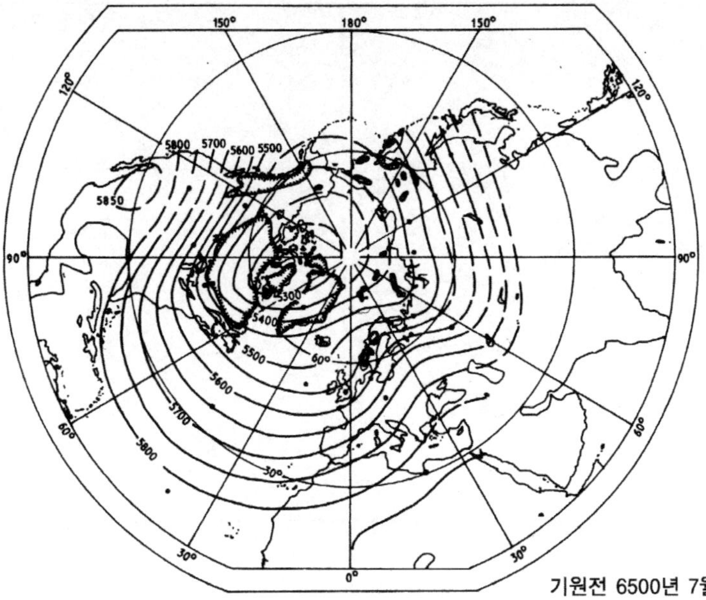

<그림 40a> 기원전 6500년경에 지배적이었던 크게 왜곡된 기온 패턴으로 발달한 상층편서풍대의 복원된 패턴. 7월의 500hPa 등압선의 평균고도. 이 지도는 또한 당시 수륙 분포와 대륙 위의 빙상 분포를 보여주고 있다.

미 현재의 범위 부근까지 빙하가 없었던 때인 후빙기 초기에 대해서 대기순환의 지배적인 특징이 어느 정도 확실하게 복원될 수 있다. 크게 왜곡된 열분포의 특성은 대서양 상공의 폭풍 활동을 멀리 북동쪽과 북쪽으로 그린란드의 양측과 북극해를 향하게 크게 편향시켰음에 틀림없다. 이를 통해서 가장 북쪽을 제외하고 멀리 북쪽 지역까지 유럽은 빈번한 고기압 일기 상태의 건조한 기후를 갖게 되었다. <그림 40>은 기원전 6000년대의 7월 평균 기압 분포 패턴과 바람을 복원한 것이다. 이 시기에 대해서 모든 대기대순환을 복원한 것은 대체로 일치한다. 제시된 체제에서 여름에는 온난했을 것이나, 겨울에는 여전히 추웠을 것이다. 이러한 패턴은 아이슬란드에서 확인된 빠르게 도달한 온난함과 현재 미국의 삼림지대 훨씬 남쪽으로부터 서그린란드로 바람에 의하여 운반된 화분들에 의해 증명되고 있다. 다르게 표현하면 서대서양과 북대서양 상공을 남풍과 남서풍이 지배했다.

동지중해 지역에서 후빙기에 해면이 크게 상승하는 동안 내륙으로 인구가 이동하였다는 뚜렷한 지표가 있다. 기원전 1만 년경에 시리아(Syria)와 팔레스타인(Palestine)의 해안평야는 현재보다 더 넓었으나, 기원전 8000년대에 이미 지연 현상은 별문제로 하더라도 급격하게 좁아졌다. 이스라엘 네게브(Negev) 사막에 있는 건조지대연구소(the Arid Zone

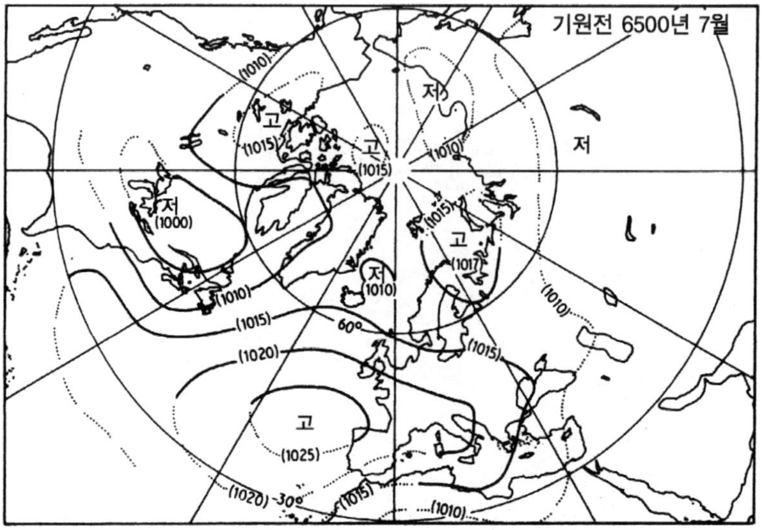

〈그림 40b〉 (a)에 상응하는 기원전 6500년경 7월에 지배했던 해면 평균 기압과 지상풍의 가상 분포. 이 지도들에서는 특히 북아메리카에 여전히 존재하는 빙상, 그린란드와 아이슬란드를 향하여 서대서양 위에서 지배했던 남풍과 유럽 대부분의 지역에서 지배했던 고기압 일기 상태(맑은 날씨) 조건들이 제시되어 있다.

Research Institute)의 블로흐(M. R. Bloch)[11]는 기원전 9000년경 예리코(Jericho)에 세계 최초의 '도시'가 출현한 것이 세계의 해면이 급격히 상승하여 해안평야가 침수되기 시작한 것과 시간적으로 거의 일치한다고 지적했다. 더욱이 이 도시의 발생은 빙기의 전성기 이후 이 시기에 점점 더 건조해져서 내륙에 위치한 사해(Dead Sea)의 풍부한 소금 퇴적층을 이용한 것과 밀접하게 관련된다. 이 소금은 가죽을 무두질하고, 여러 종의 빵을 만들며, 식량을 저장하기 위하여 이용되었을 것이다.

농업과 가축 사육의 시작

근동(Near East)의 좀더 북쪽 샤니다르(Shanidar) 동굴로부터의 고고학적 증거와 터키, 시리아, 이라크, 이란의 국경 지역에 위치한 자그로스 산맥(Zagros Mountains)[12]에 있는 호수

11) M. R. Bloch, "Zur Entwicklung der vom Salz abhängigen Technologien: Auswirkung von postglazialen Veränderungen der Ozeanküsten," in *Saeculum*, Band21, Heft1, München, 1970, pp.1-33.; Bloch의 "Salt in human history," *Interdisciplinary Science Review*, vol.1, no.4, 1976도 참조.

12) 터키 남부부터 이란-이라크 국경까지의 타우루스(Taurus)와 자그로스 산맥의 설선은 마지막

들에서 나온 화분을 분석한 결과는 거의 같은 시기에 인간이 동물을 사육하고 식량으로 사용할 곡물들을 재배하기 시작하였다는 사실을 지적하고 있다. 기원전 1만 년까지 이 지역에 거주하는 사람들은 혈거(穴居)하였고, 대체로 양과 염소와 같은 야생 짐승을 사냥했다. 그 이후로 양은 그들의 음식물로 다른 동물보다 더 중요해졌고, 높은 비율의 어린 양의 뼈는 양이 사육되기 시작하였다는 것을 암시하는 것이다. 기원전 9000년경에 자그로스 산맥의 과거 빙하는 고도가 높은 지역으로 후퇴하였고, 식생대는 산지에서 점점 더 높은 고도로 올라갔다. 야생 보리(wild barley)는 산지의 기저부 스텝에서 자랐고, 야생 아인코른 휘트(einkorn wheat: 밀의 일종)[13]는 내륙 고원과 산지 사이에만 존재했다. 그러나 팔레스타인 부근에서 야생 엠머(emmer: 밀의 일종)[14]가 자랐는지는 확실하지 않다. 미네소타(Minnesota) 대학교의 라이트(Herbert E. Wright) 교수는 이 지역을 장기간 연구하여 이러한 발견물을 분석하고, 이 산지 너머의 터키 동부에서 나는 흑요석(黑曜石, obsidian)으로 만든 도구를 사람들이 이용했는지 논의한 것을 근거로 이미 기원전 9000년대에 사람들이 계절적으로 이주하였고, 일부 식량 곡물들의 종과 아마도 식용이 되는 식물들을 가져왔다는 결론을 내렸다. 이 단계에 샤니다르 동굴에서 발견된 많은 수의 분쇄기들(grinding tools)은 곡물(plant grains)을 이용하였다는 사실을 가리키고 있으나, 이것이 실제로 곡물을 재배했다는 뚜렷한 증거가 되지는 못한다. 그렇지만 다음 단계에 산지 부근의 메소포타미아 스텝에서 밀과 보리는 기후나 지형이 모두 이들 곡물의 야생 형태에 적합하지 않은 지역에서 나타났다. 경작이 시작된 것이다. 더욱이 사람들은 염소, 양, 돼지, 개와 함께 최초의 농촌인 영구 취락의 가옥에서 거주하였다.

라이트는 이러한 관찰들을 요약하여 다음과 같이 기술하고 있다.

> 이 모든 사실은 1만 1,000년 전 자그로스 고원(Zagros Highlands)에 살았던 선사시대 인간이 야생 곡물 중에 단지 아인코른만을 알았고, 엠머와 보리가 그 뒤에 도입되었다는 것을 암시한다. …… 1만 1,000년 전에 사냥 동물이 평야보다 산지에 더 많았고 …… 사냥꾼들 또한 식량

빙기에 현재의 설선 고도보다 1,200~1,800m 낮았던 것으로 생각된다. 이렇게 크게 설선이 하강한 것은 이 지역에서 4 또는 5℃ 이상이 되지 않는 기온의 하강만으로는 설명될 수 없다. 이러한 차이는 현재보다 많은 강수량에 기인한 얼음과 눈의 집적을 통해서 설명되어야만 할 것이다. 이러한 사실은 본래 이 지역이 유럽의 빙모 남부를 통과하는 저기압 활동의 주요 지대와 가까이 위치했다는 것에 대한 흥미 있는 증거가 된다. 이와 대조적으로 알프스 산맥에서 상부 수목한계선은 설선보다 더 하강하였다(이에 대한 상세한 내용은 다음을 참조: H. E. Wright, "The late Pleistocene climate of Europe: a review," *Geological Survey of American Bulletin*, vol.72, Rochester, N.Y., 1961, pp.933-84.; H. Firbas, "The Late Glacial vegetation of central Europe," *New Phytologist*, vol.49, Oxford and Edinburgh, Blackwell, 1950, pp.163-173.)

13) 옮긴이 주: 학명이 '*Triticum monococcum*'으로 신석기시대의 밀이다.

14) 옮긴이 주: 학명이 '*Triticum dicoccum*'으로 원시적인 밀이다.

을 구하기 위하여 사냥을 할 수 있었고 은신처로 동굴을 이용할 수 있었기 때문에 대체로 산지에 살았다고 가정하면 …… 더 온난해지는 기후로의 변화와 야생 곡물들의 출현과 함께 우리는 …… 동물 사육뿐만 아니라 엠머와 보리 재배에 더 양호한 주위 환경의 조합을 갖게 되었다. 동시에 거주지가 산지의 동굴로부터 저지대의 개방된 장소로 이동하였는데, 이곳은 토양이 경작에 더 적절하였다.

내가 항상 문화의 진화(cultural evolution)－환경을 지배하기 위한 도구와 기술의 점진적인 개선－를 과거 문화 발달에서 기후결정론(climatic determinism)보다 더 강력한 힘으로서 간주할지라도, 길들이기(사육, domestication)의 초기(신석기 혁명)에 이 지역에서 중요한 환경과 문화의 변화가 연대순으로 일치하는 것은 …… 간과될 수 없다.[15]

식생대와 동물상의 변위, 조류와 바다에서 어류의 생활 공간

물론 1만 1,000년 전부터 그 이후로 자그로스 산맥과 메소포타미아 평야에서만 식생대가 변위(變位)한 것은 아니다. 유럽에서 들소와 다른 동물들이 배회하던 평야들은 처음에 자작나무류(birch)[16] 숲에 의하여 점진적으로 침입당하여, 그 후 광범위한 자작나무류와 소나무류(pine)[17] 숲이 되었다. 그 후에 개암나무류(hazel)[18]가 침투하고, 참나무속(oak), 느릅나무류(elm)[19]와 피나무류(linden)[20]가 경관을 점거하였으며, 더 습윤한 지역에는 오리나무류(alder)[21]가 지배적이었다. 이러한 여러 유형의 삼림지대에 곤충 및 조류와 각각의 서식지에 잘 적응하는 동물들이 들어왔다. 그리고 점차로 조류들과 더 큰 동물들은 －해양

15) H. E. Wright, "Natural environment of early food production north of Mesopotamia," *Science*, vol.161, Washington, D.C., American Association for the Advancement of Science, 1968, pp.334-339.

16) 옮긴이 주: 자작나무과(一科, Betulaceae) 자작나무속(一屬, Betula)에 속하는 약 40종(種)의 수명이 짧은 관상용·목재용 교목과 관목이다. 북반구의 한대 지역에 걸쳐 분포한다.

17) 옮긴이 주: 소나무과(一科, Pinaceae)에 속하며, 전 세계에 걸쳐 100여 종(種) 이상으로 이루어진 소나무속(一屬, Pinus)의 상록침엽수이다. 북반구의 온대 지방이 원산지로 관상식물과 목재로 이용한다.

18) 옮긴이 주: 자작나무과(一科, Betulaceae) 개암나무속(一屬, Corylus)에 속하는 15종(種)의 관목과 교목이다. 'hazel'이라는 영어명은 열매인 식용 견과(堅果)를 가리키기도 한다. 개암나무속 식물은 북온대 지역이 원산지인 낙엽수이다.

19) 옮긴이 주: 느릅나무과(一科, Ulmaceae)에 속하며 약 18종(種)으로 이루어진 느릅나무속(一屬, Ulmus) 식물이다. 주로 북온대 지역이 원산지이다. 숲을 이루는 주요 식물 중의 하나이며 관상용으로 심거나 녹음수로 쓰이고 있다.

20) 옮긴이 주: 피나무과(一科, Tiliaceae) 피나무속(一屬, Tilia)의 교목들이다. 북반구가 원산지이다. 약 30종(種)이 있으며 이 중 몇몇 종류는 관상수나 녹음수로 쓰인다.

21) 옮긴이 주: 자작나무과(一科, Betulaceae) 오리나무속(五里一屬, Alnus)에 속하는 관상용 관목과 교목이다. 약 30종(種)이 있고, 북반구 전역과 남아메리카 서부의 서늘하고 습한 곳에서 자라며, 해발 2,500m인 곳까지 분포한다.

의 어류와 같이- 그들의 생활 공간을 확장하고, 계절에 따른 이주경로를 정하였으며, 그들 중의 일부는 현재 설정된 것과는 다른 출발점뿐만 아니라 다른 목적지를 가졌음에 틀림없다. 인간과 동물들은 변화하는 세계에 적응해야만 했다. 그리고 여러 종들이 -예를 들어 북아메리카의 말과 매머드, 그리고 아마도 유라시아의 매머드 역시- 멸종된 것으로 생각되는데, 그 이유는 낯선 환경에 잘 적응할 수 있는 인간의 기술과 능력 때문이었다. 내 견해로는 현대까지 영구동토(permafrost)에 잘 보존된 상태로 발견되는 매머드의 급격한 사망에 대해서 가장 타당하다고 생각되는 설명은 이들이 영구동토로 잘못 들어갔거나, 사냥꾼들로부터 도망쳐서 4,000~5,000년 전 후빙기의 가장 온난했던 여름의 마지막 일부 기간에 툰드라에 있는 습지 상태의 얼어붙은 불모지로 들어간 최후 생존자들이라는 것이다. 그때 이후로 영구동토 혹은 영구적으로 언 하층토(subsoil)가 다시 유동하여 동물들의 시체가 보전되었다. 그렇지만 일부는 때로 방출되어 극히 온난한 여름에 시베리아 북동부에 있는 레나(Lena) 강과 다른 강 하류로 흘러왔다. 그러한 경우의 하나가 1846년 레나 강 상류로 항해하던 한 배의 선장에 의해서 생생하게 기술되었다. 그리고 19세기 말에 다른 매머드가 북극해 해안의 레나 강 하구 부근에서 부패되고 있는 것이 발견되었다.

선사시대의 기후와 문화의 변화

인류 역사에서 기후가 문화의 변화에 어느 정도 영향을 미쳤는가와 이의 극단적인 형태로 기후결정론(climatic determinism)이 나오게 되었는가에 관한 일반적인 문제는 일부 저자들, 특히 1974년에 학술지 *Quarternary Research*에 투고한 웬드랜드와 브라이슨[22]에 의해서 최근에 더 흥미 있는 단계로 논의되었다. 기후를 연구한 결과에 의하면 빠른 점이 과정으로 구분되는 일련의 다소 안정한 상태가 출현하기 때문에 방사성 탄소연대측정은 일반적으로 환경에서 관찰되는 [식생 종 구성의 변화에 상응하는 화분 집합 구성에서의 변화, 해진(海進), 빙하의 최대확장 등] 관련된 결정적인 변화의 연대를 구하는 데 응용된다. 그러므로 웬드랜드와 브라이슨은 학술지 *Radiocarbon*(이러한 보고서들을 위한 공식적 기구)에 발간된, 후빙기 동안의 뚜렷한 환경변화에 대한 방사성 탄소 자료 모집단의 시간 분포를 통계적으로 연구하였다. 세계 여러 지역의 유기물질로부터 800개 이상의 연대측정이 조사되었다. 그 다음에 이들의 시간 분포는 세계의 모든 지역에서 문화변화의 시기를 확인하는 데 이용된 약 3,700개의 방사성 탄소연대측정의 결과와 비교되었다. 이 분석으로 후빙

22) W. M. Wendland and R. A. Bryson, "Dating climatic episodes of the Holocene," *Quaternary Research*, vol.4, 1974, pp.9-24.

기의 5개 주요 환경변화 시기와 5개 주요 문화변화 시기가 드러났다. 문화변화의 연대들은 환경변화의 연대들과 밀접했는데, 각 경우에 문화변화가 50~100년 정도 분명하게 지연되면서 일어났다. [오차의 한계는 많은 수의 연대 평균을 고려하기 때문에 감소되지만, 연대측정 테스트에서 오차의 한계 때문에 '가상 지연현상(apparent lags)'이라고 불러야 할 것이다] 독일에서 가이(Geyh)와 얘켈(Jäkel)은 지금의 사하라(Sahara) 사막 지역을 중심으로 유사한 분석을 하였으며, 칼스트롬(Karlstrom)과 다른 연구자들은 나이테 연대측정을 통해서 지난 2,500년 동안 콜로라도(Colorado) 고원에 거주한 미국 인디언 문화와 인구의 장기간 변화사가 반복된 환경변화의 스트레스에 의해서 촉진된 것 같다는 사실을 발견하였다.

북아프리카에서 후빙기의 최온난기: 습윤한 사하라 사막과 습윤함의 종료, 유럽과 북아메리카에서 동시대의 변화

우리는 이제 지금까지 이 장에서 논의한 것보다 훨씬 남쪽에 위치한 지역들에 대해서, 예를 들어 사하라 사막에 대해서 논의하도록 하겠다. 우리는 사하라 사막에서 오늘날과 다른 환경을 나타내는 동물상과 인간의 생활양식을 보여주는 암각화와 암벽화의 기록을 발견하게 된다. 나일(Nile) 강 하곡까지 주변 지역의 서로 관련된 문화 대상을 방사성 탄소연대측정을 하여 이 그림들의 개략적인 연대를 추정할 수 있다. 사하라 사막에서 활동했던 사냥꾼들이 남긴 가장 오래된 동물상의 그림은 적어도 기원전 5000년 또는 6000년까지 소급된다(수정된 방사성 탄소연대측정). 이 그림에는 코끼리, 코뿔소, 물소, 하마, 악어, 영양, 기린, 다마 사슴(fallow deer)[23]이 모두 그려져 있다. 이 지역에서 현재 알려져 있지 않은 이들 종의 예가 사하라 사막의 중앙에서까지 발견되고 있다. 이들 그림은 후에도 나타나고 있으며, 이집트의 초기 왕조시대까지 계속된다.

사하라 사막의 암각화와 암벽화(<그림 41>)에서 가장 주목할 만한 것은 일종의 보트나 카누도 포함하고 있는 물이 많은 환경에 속하는 대상들이 그려져 있는 것이다. 이러한 수많은 예술적인 증거는 그 시기에 사하라 사막에 생명을 유지시킬 수 있는 충분히 습윤한 장소들이 있어서 동물들과 사람들이 배회할 수 있었고, 현재 세계에서 가장 건조한 사막을 횡단할 수 있었다는 사실을 분명히 암시하고 있다. 이 결론은 빙기에 거대한 내륙 호

23) 옮긴이 주: 학명이 'Dama dama'로 소목(一目, *Artiodactyla*) 사슴과(一科, *Cervidae*)에 속하는 사슴이다. 지중해 지역과 서아시아가 원산인 것 같으나, 여러 지역에 전래되었으며 오늘날 유럽 등 여러 곳에서 야생으로 살고 있다. 대체로 광활한 숲에 살며, 수컷은 가을의 번식기를 빼고는 따로 떨어져 지내는 데 비해 암컷과 어린것들은 무리를 짓고 산다.

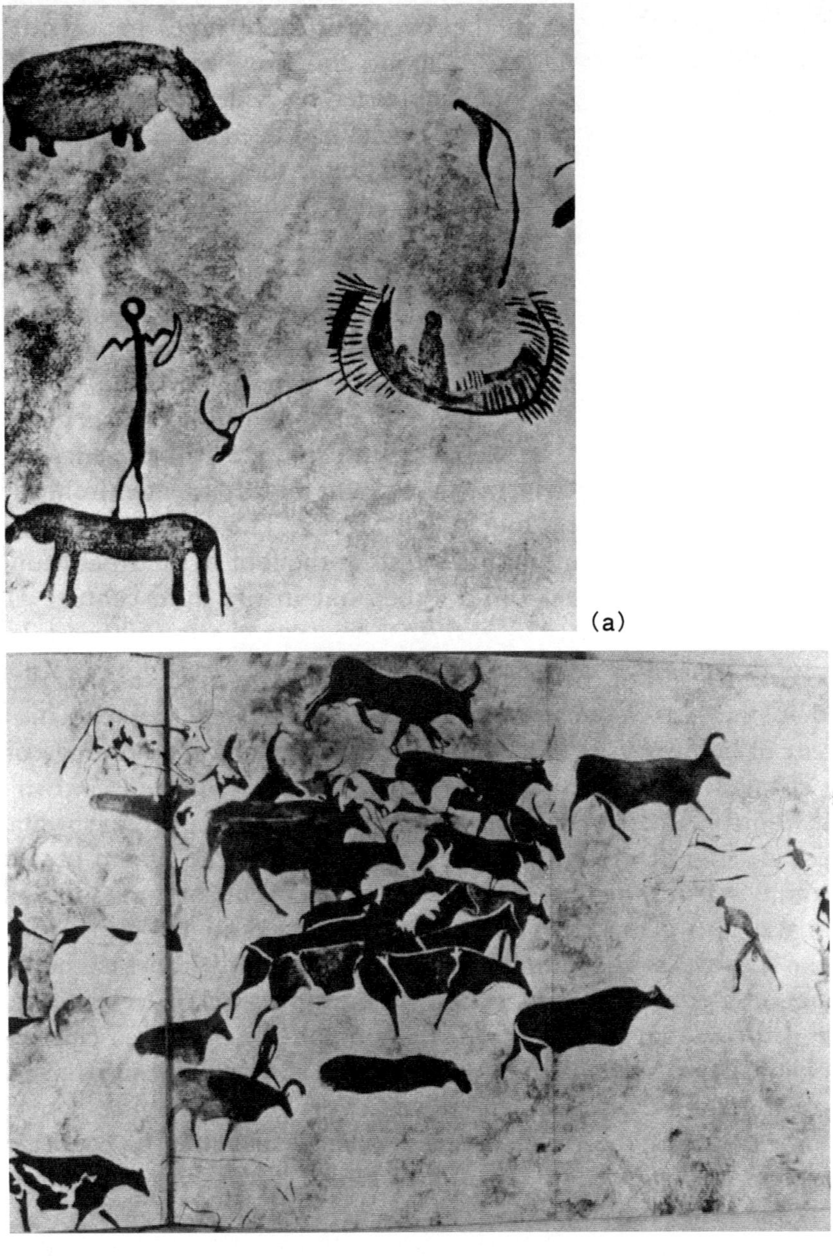

(a)

(b)

〈그림 41〉 사하라 사막 아오운레트(Aounrhet)의 기원전 3500년경의 동굴벽화 일부. (a) 이 지역의 기후가 현재보다 훨씬 더 습윤하였음을 분명하게 암시하고 있는 카누를 타고 하마를 사냥하는 장면. (b) 소 목축.

수였던 차드 호(Lake Chad)의 연대측정된 구호수면의 증거로 뒷받침된다. 이 호수는 후빙기 초에 극심한 변동에도 불구하고 기원전 3000년경까지 현재보다 수위가 30~40m 높았다. 과거의 거대한 차드 호(old Mega-Chad lake)는 옛 호안선(湖岸線)뿐만 아니라 널리 분포하는 어류 화석으로 그 흔적을 남겼다.

부처(K. W. Butzer)는 초기 왕조시대의 이집트에서 더 많은 자료를 얻어 그로부터 알려진 것을 연구하였다. 그리하여 코끼리와 기린은 기원전 2900년 이전 여러 세기 동안 이미 이집트에서 드물게 되었고, 그 이후와 기원전 2600년 사이에 코끼리, 기린, 코뿔소 모두 사라졌다는 결론을 내렸다. 한니발(Hannibal)[24] 시대에 알제리(Algeria)에 존재했던 코끼리는 사하라 사막에 의해서 중앙아프리카의 주 분포지역으로부터 이미 고립된 잔재였다. 아프리카의 대서양 해안 부근과 아틀라스 산맥(Atlas Mountains) 기저부의 숲에도 다른 코끼리들이 있었다. 그러나 최후의 코끼리는 서기 3세기에 사멸한 것으로 생각된다.

이러한 내용을 암시하는 기원전 3500년경과 2800년 사이부터 사막 지역의 계속되는 건조화와 앞 장에서 언급한 에티오피아에 내리는 비로 발생하는 매년 나일 강 홍수의 기록된 수위가 동시에 하강한 것은 반구적인, 그리고 아마도 전구적인 범위의 기후발달과 관련이 있는 것으로 생각된다. 같은 시기에 유럽과 미네소타 주에서 뉴잉글랜드 주까지의 북아메리카를 가로지르는 지대에서 종 구성의 변화가 일어났다. 특히 활엽수 지대에서 더 많은 온량을 필요로 하는 두 수종, 즉 느릅나무류가 현저하게 감소하였고, 피나무류 혹은 라임(lime)[25]이 분명하게 감소하였다. 알프스 산맥에서도 빙하가 현저하게 확장하였다. 이것은 피오라 진동(Piora Oscillation)으로 알려졌으며, 수천 년 지속된 후빙기의 최온난기 후에 최초의 주목할 만한 빙하 확장이었다. 일부 학자들은 이집트의 융성과 매년의 홍수를 이용하여 관개를 할 수 있었던 나일 강 하곡의 체계적인 경작은 당시에 북아프리카에서 거주 가능한 지역이 크게 축소되는 데에 따른 불가피한 반응이었을 것이라고 결론을 내리고 있다. 이러한 발달은, 물론 추측하건대, 근동에서 이미 확산된 농업기술의 지식을 통해서 가능했을 것이다.

24) 옮긴이 주: 한니발은 기원전 247~183년경에 살았던 카르타고의 장군으로 고대의 위대한 군사 지도자 중 한 사람이다. 제2차 포에니 전쟁(기원전 218~201년) 때 로마에 대항해 카르타고군을 지휘했다.

25) 옮긴이 주: 라임(lime, *Citrus aurantifolia*)은 열대·아열대 지방에서 널리 자라는 교목과 신맛이 나는 식용 열매이다.

7. 초기 문명시대

후빙기의 최온난기: 아시아의 사막과 하곡 문명의 발달

이집트와 나일 강 하곡의 문명과 같이 기원전 2000년대에 티그리스 강, 유프라테스 강의 저지와 인더스 강 하곡, 중국에서 발달한 문명은 이들 하곡 밖의 아라비아, 아프가니스탄과 라자스탄(Rajastan)[1]의 거대한 지역들, 그리고 고비 사막과 신장(Sinkiang, Xinjiang, 新疆)[2]의 거대한 지역들이 점점 더 사막화되어갈 때, 집중된 인구를 부양하기 위해서 필요했던 발달이었을 것이다. 목초지와 수렵에 필요한 야생동물들이 부족해지면서 다소 신뢰할 수 있게 관개된 하곡들에서의 경작이 갖는 장점이 부각되었다. 구생활방식은 더 이상 유지될 수가 없었다.[3] 일본의 기상학자이자 지리학자인 히데오 스즈키(Hideo Suzuki)는

1) 옮긴이 주: 인도 공화국을 이루는 주(州)로 인도 북서부에 자리 잡고 있다. 서쪽과 북서쪽은 파키스탄, 북쪽과 북동쪽은 펀자브·하리아나·우타르프라데시 주들과 접하며, 동쪽과 남동쪽은 우타르프라데시·마디아프라데시 주, 남서쪽은 구자라트 주와 경계를 이루고 있다. 라자스탄이란 이름은 '라자가 사는 곳'을 뜻하며 옛날에는 '라지푸트(Rājput : 라자의 아들)'를 뜻하는 라지푸타나라는 이름으로 알려져 있었다. 고고학적·역사적 자료들을 통해 10만 년 전부터 이 지역에 사람들이 살기 시작한 사실이 밝혀졌다.

2) 옮긴이 주: 신장은 현재 중국의 북서부에 있는 자치구, 신장웨이우얼 자치구(新疆維吾爾自治區)의 일부이다. 산맥과 사막으로 이루어진 매우 넓은 지역이다. 북동쪽은 몽골, 북서쪽은 러시아 연방, 남서쪽은 아프가니스탄 및 분쟁 중인 잠무카슈미르 지역, 남동쪽은 시짱(西藏) 자치구, 동쪽은 칭하이 성(青海省), 간쑤 성(甘肅省)과 접하고 있다.

3) 수세대가 지난 이후 처음으로 기록된 구전된 기억을 의심하지 않을지라도, 우리는 성경의 첫 장(창세기 11~13장, 19장, 26장, 41장과 46장)에서 이들 경험의 직접적인 보고를 찾을 수 있다. 여기서는 현재 기원전 약 2100~1700년 사이의 시기로 연대가 추정되고 있는 메소포타미아와 이집트 사이의 건조해진 광대한 경관들에서 이스라엘 선조들이 잇달아 이주했다고 이야기되고 있다. 이러한 과거의 기록에서 흔히 그런 것처럼 민족 지도자들의 이름으로 개인화된 이 이야기는 칼데아(Chaldea)의 우르(Ur)에서 아브라함이 떠나는 것으로부터 시작한다. 이 민족은 양떼와 소떼를 동반하고 유랑하였는데, 그들이 멈추었던 여러 지역들에는 가축을 위한 충분한 식량이 없었던 것으로 증명되었고, 여러 시기에 그들은 팔리거나 포로로 잡혀 노예가 되었다. 이 이야기에서 시간적으로 제한된 여러 가뭄 기간들이 크게 다루어지고 있지만, 그 이전에 점유했던 지역을 영원히 포기해야 하는 필연성, 즉 이 지역이 전반적으로 건조해지는 인상을

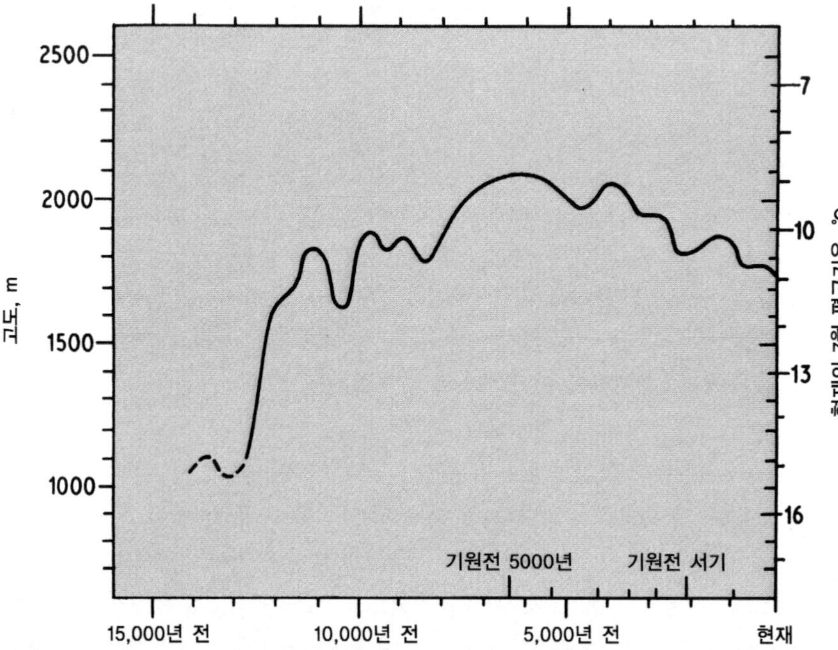

〈그림 42〉 마지막 빙기 이후 온대 산지에서 상부 수목한계선의 평균 고도(출전: V. Markgraf의 연구. 허락을 받아 전재하였음).

주변의 확장하는 사막 지역으로부터 피신해온 목동들과 농부들이 노예화되어 고대 이집트와 다른 하곡 문명들을 유명하게 만든 집약적인 농업과 대규모 건축 공사가 가능하게 되었다는 흥미 있는 명제(命題)를 세웠다. 그러나 인간이 농업에 알맞게 그의 환경을 지배하는 것을 배운 후에도 여전히 자연이 제공하는 조건으로 일해야만 했다.

후빙기[4] 동안 지배했던 기온 경향은 세계의 여러 산지 지역에서 상부 수목한계선의 위치 변화로 증명된다(<그림 42> 참조). 이러한 경향은 추측하건대 수목들이 성장했던 장소로부터 이동하지 않은 과거 수목들의 잔재의 유형들(그루터기, 씨 등)을 조사하여 설정되었다. 수목한계선은 본래 여름에 지배하는 기온에 의해 결정된다. 이렇게 구한 곡선들은 화

주고 있다. 현재 이와 관련된 것으로 생각되는 다른 세부 사항들로는 소금 기둥이 되는 롯(Lot)의 아내에 관한 설화와 창세기의 4장에 있는 농부 카인과 양치기 아벨 사이의 경쟁과 갈등에 관한 과거의 이야기가 있다.

* 옮긴이 주: 칼데아는 남부 바빌로니아(지금의 이라크 남부) 지역으로 『구약 성서』에 자주 언급되는 곳이다. 엄밀히 말해 칼데아라는 지명은 아라비아 사막과 유프라테스 강 삼각주 사이로 페르시아 만의 움푹 들어간 해역에 맞닿은 곳을 뜻한다.

4) 지질학에서는 후빙기(post-glacial period)를 '홀로세(Holocene)' 또는 '플란드리아 간빙기(Flandrian Interglacial)'라고 부른다.

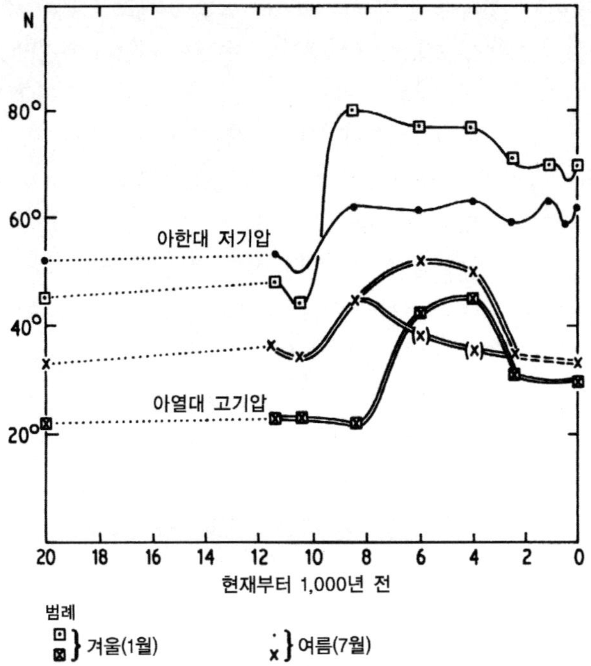

〈그림 43〉 지난 빙기 후반부 이후 북반구 유럽 지역의 (해면) 최저기압과 최고기압의 추정된 평균 위도.

분분석과 빙하변동의 지표를 통해서 서로 다른 시기 동안의 여러 식생대의 북한계를 정한 곡선들과 평행하게 달린다. 수목한계선의 곡선들은 아마도 단 50~100년 정도의 지연, 즉 방사성 탄소연대측정의 불확실성보다 적게 지연되면서 실제 기온변화를 따랐을 것이다. 이와 대조적으로 해면의 변화(<그림 38> 참조)는 이보다 훨씬 더 지연되었음이 틀림없는데, 그 이유는 (다른 요소들이 불변한다면) 빙하가 완전히 융해되었을 때인 최온난 기후 체제의 말기에 해면이 가장 높았을 것이라고 기대해야 하기 때문이다.

지중해를 홍해(Red Sea)와 연결하는 최초의 운하가 수에즈(Suez)에 건설되었다는 사실은 흥미롭다. 실제로 나일 강 삼각주로부터 현재의 수에즈 시가 있는 부근까지 연결하는 담수(淡水) 운하는 세계의 해면이 가장 높았던 때인 파라오 세소스트리스 1세(Pharaoh Sesostris I)[5]의 시기인 기원전 20세기에 건설되었을 것으로 추측된다. 통과해야 할 육지의 장애물이 그 당시에 가장 짧았기 때문에 이러한 상황이 이 계획을 실행가능케 하였을 것이다. 아마도 기원전 1600년경 이후에 해면 변동이 더 심했을지라도, 해면은 그 후 수세기 동안 거의 지속적으로 불변했음에 틀림없다. 두 번째 수에즈 운하, 또는 아마도 첫 번째 운하를

5) 옮긴이 주: 기원전 20세기에 활동한 이집트의 왕(기원전 1918~1875년 재위)이다.

재건한 것은 람세스 2세(Rameses II, 기원전 1304~1237년) 때로 연대가 추정된다. 그의 통치시대는 후빙기의 최온난기 동안 상당히 지속된 온난한 기간의 마지막 일부였던 것으로 생각된다. 따라서 해면은 다시 최고 수위에 가까워졌다. 『구약 성서(舊約聖書)』 출애굽기에 기술된, 기원전 1230년경에 이집트로부터 고대 이스라엘인들이 탈출한 것은 해면이 현재보다 높았던 때에 얕은 모래펄 위로 (폭풍해일 또는 밀물과 함께) 홍해 해면이 단기간 변동한 것으로 설명될 수 있을 것이다.

후빙기의 주요 기후 시기에 각각 지배했던 대기순환을 복원한 것은 지배했던 기온과 대체로 평행하게 달리는 북대서양-북유럽 폭풍대(저기압 중심의 경로가 집중된 곳)와 아조레스(Azores)-유럽-북아프리카 고기압대의 예상 위도대를 보여주고 있다(<그림 43> 참조). 이 곡선들은 앞 장과 우리가 본 장에서 다루는 다른 내용에서 언급된 환경사의 관점들과 관련되어 흥미롭다. 아열대 고기압대가 그 이전 또는 이후에 다시 이르지 못했으나, 약 9,000~3,000년 전 사이에 뚜렷하게 더 북쪽으로 이동했던 위치는 현재의 사하라 사막 지역 상공보다 훨씬 더 북쪽에 내린 여름 계절풍 비(summer monsoon rains)와 일치한다. 아열대 고기압대는 이 시대의 중간쯤에 최북단, 즉 위도 40°N 주변에 위치하였다. 후빙기의 최온난기의 여름(그리고 아마도 연중 어느 계절) 동안 때때로 출현하면서, 크게 변동했던 남쪽으로부터의 저기압 활동은 아마도 현재의 사막 지역을 지나서 지중해 지역까지 도달했을 것이다. 이와 같은 상태에서 사하라 사막에 동물들과 사람들이 배회하기에 충분한 식생과 지표수가 있었다는 사실과 기원전 7000년 무렵 또는 그 이전과 기원전 3000년 사이에 차드 호가 현재보다 훨씬 더 컸다는 사실은 놀랄 만한 일이 아니다. 현재에는 거의 비가 오지 않는 쿠프라(Kufra)와 티베스티(Tibesti) 산맥[6] 사이에 있는 극히 건조한 사막의 중심지역에 내렸던 연평균 강수량은 기원전 6000년 전에 200~400mm로부터 기원전 3000년경에는 약 50~150mm에 달했던 것으로 추정된다. 사하라 사막 주변에 더 가까운 차드 호 지역에서는 강수량이 이 강수량의 2~5배에 달하였다. 더욱이 현재보다 훨씬 높은 운량 때문에 증발량이 현저히 감소했다. 티베스티 산맥으로부터는 영구하천들(permanent rivers)이 흘렀다.

동아프리카에 있는 다른 호수들과 같이 루돌프 호(Lake Rudolf)[7]의 수위 역시 현재보다 수십 m 높았고, 이 호수는 나일 강으로 넘쳐흘렀다. 최근의 연구에서는 기원전 3000년 전에 사하라 사막이 영구 또는 거의 영구적인 하천 유로를 따라 수목이 있는 건조 사바

6) 옮긴이 주: Tibesti Massif, Tibesti Mountains라고도 부르는 사하라 사막 중앙부 미드사하라 대지(臺地)의 일부이다.

7) 옮긴이 주: Lake Turkana라고도 부른다. 북쪽 끝이 케냐에서 에티오피아로 뻗어 있는 동아프리카 지구대(地溝帶)의 동편에 있으며, 동아프리카에서 네 번째로 큰 호수이다.

나(dry savanna)[8]로 묘사되었다. 이 습윤한 상태는 아마도 약 기원전 5000년 직전 1,000년 미만 동안 지속된 현저한 건조화로 중단되었다는 증거가 있다. 이 기후요란(climatic disturbance)은 흥미롭게도 거대한 북아메리카 대륙빙상의 급격한 후퇴에 따른 허드슨 만으로의 해진(海進)과 시기적으로 일치하는 것 같다. 아마도 이 사건들은 일시적으로 북반구의 열 분포와 바람 순환을 요란한 듯하다. 이러한 단기간의 더 건조한 에피소드가 여기서 우리가 관심을 갖는 것과 관련하여 중요성을 띤다는 점은 팔레스타인에서의 고고학 조사 결과들에서 알 수 있다. 인간의 거주지가 현재 가장 건조한 지역들로 확장된 이 지역이 약 기원전 6000년과 기원전 4000년에서 기원전 3000년까지 두 번의 높은 수위를 가졌을 것으로 생각되는데, 이는 사하라 사막에서 인식할 수 있는 좀더 건조한 기간의 전후가 된다.

후빙기의 최온난기에 같은 위도대에 있는 다른 지역들에서 현재보다 더 습윤한 상태가 지배했다. 사실상 좀더 동쪽에 위치한 라자스탄(인도 북서부)과 중국에서 기원전 5000년대에 북아메리카에서 확인되었던 것과 같은 건조화로 중단된 현상은 보고되지 않고 있다. 이렇게 '극심하게 발달한' 계절풍 시기 내의 어느 단계에 다른 대홍수에 관한 전설들의 동기가 된 사건들이 일어났던 것으로 생각할 수 있다. 전설들에서는 비로 인하여 발생한 홍수들이 분명하게 이야기되고 있는데, 성서의 노아의 홍수(Noah's Flood)도 이에 포함된다. 고고학자들은 우르(Ur),[9] 키쉬(Kish)[10]와 니네베(Nineveh)[11]에서 기원전 4000년과 아마도 비교적 늦은 시기인 기원전 2400년경 사이에 있었던 홍수를 증명하고 있다.

기후 체제에서 더 심각한 변화는 약 기원전 3500~3000년 사이에 일어났다. 이 시기에는 그 이전의 매우 긴 기간에 발생했던 것보다 더 큰 간격을 두고 적어도 한 번의 기후 변동이 있었다. 알프스 산맥의 빙하는 확장했고, 삼림은 높은 고도로부터 계곡 쪽으로 다소 하강했다. 이것이 이른바 피오라 진동(Piora Oscillation)이다. 피오라 진동은 첫 번째 증거가 발견되고, 화분분석을 통해서 한랭한 시기로 증명된 장소인 피오라 계곡(Val Piora)을 따서 명명되었다. 유럽 전역과 북아메리카 일부 지역의 온대 삼림대에서 더 많은 온량을

8) 옮긴이 주: 사바나는 교목과 관목들이 흩어져 있고 건기가 뚜렷하게 구별되는 열대나 아열대의 초지이다. 사바나 식생은 아프리카와 남아메리카에서 주로 발견되며, 마다가스카르와 오스트레일리아에서도 소규모로 나타난다.

9) 옮긴이 주: 고대 메소포타미아(수메르) 남부에 있었던 주요 도시이다.

10) 옮긴이 주: 바빌론 동쪽에 있었던 고대 메소포타미아의 도시국가이다. 지금의 이라크 남중부에 있는 탈알우하이메르에 해당한다. 고대 수메르 자료에 따르면, 이 도시는 노아의 대홍수 이후의 첫 왕조가 있었던 곳이다.

11) 옮긴이 주: 성서에는 니느웨라고 쓰여 있다. 고대 아시리아 제국에서 가장 오래되고 인구가 많았던 도시이다. 티그리스 강의 동쪽, 오늘날의 모술(이라크에 있음) 맞은편에 위치한다. 먼 옛날부터 쿠르디스탄 산기슭에서 시작되는 길이 이어지는 지점이었고, 티그리스 강의 지류인 하우사르 강이 흘러들어 기름진 농토와 목초지로서도 가치가 높았다.

필요로 하는 나무들인 느릅나무류(elm)와 피나무류[또는 이른바 라임(lime)]들은 쇠퇴하여 그 이후에는 숲에서 이전처럼 지배적인 위치를 다시 차지하지 못했다. 이에 인간의 간섭 또는 소를 방목한 일이 있었는가 하는 여부와 어느 정도의 역할을 했는지는 확실하지 않으나, 삼림의 쇠퇴가 이들 인자로만은 전혀 설명되지 못할 것이다. 얼마 동안 북유럽에서 참나무속(oak) 역시 쇠퇴했고, 개암나무류(hazel)도 최북한계로부터 마침내 후퇴했다.

이렇게 더 한랭했던 시기는 매우 짧아서 기껏해야 4세기 동안이었던 것으로 생각된다. 그러나 이러한 한랭한 시기의 잔재와 이와 동시에 변한 식생의 흔적들은 알래스카까지 그리고 콜럼비아 안데스(Colombian Andes) 산맥 및 케냐(Kenya) 산지의 상부 수목한계선까지 추적된다. 분명히 전구적(全球的) 체제의 요란이 있었다. 더욱이 더 한랭한 이 시기는 후빙기의 가장 안정하고도 온난한 기후의 종말, 즉 중위도와 아북극 위도대에서 크게 지배했던 편서풍과 관련이 있는 체제의 종말을 가져왔다. 이러한 이유로 이 체제를 과거 유럽 문헌에서 '대서양' 기후시대('Atlantic' climatic period)라 부르고 있다. 온화한 겨울과 따뜻한 여름, 그리고 멀리 북쪽의 고위도로 이동한 폭풍대로 인하여 유럽의 평균 기온은 최근보다 2℃까지 높았던 것으로 생각된다. 사실상 세계의 대부분 지역에서 기온은 거의 같은 정도로 상승했다.

이렇게 기온이 더 높았던 증거들 중에는 식물과 삼림 종들의 한계가 북쪽으로 이동한 것과 세계의 많은 지역에 있는 구릉지들에서 이들의 생육한계가 현재의 고도한계를 넘어서 위로 수직적으로 확장된 것이 있다. 그리고 각각의 식생형에 속하는 곤충과 동물 종들 역시 그들의 분포지역을 확대시켰다. 한 유럽늪거북(pond tortoise, *Emys orbicularis*)의 현재의 분포는 18.5～20℃까지 요구되는 높은 7월 평균 기온에 의해 프랑스와 독일에 제한되고 있다. 유럽에서 후빙기의 최온난기 동안 이 유럽늪거북은 현재의 덴마크와 이스트 앵글리아(East Anglia)[12]에 존재했다. 그리고 사다새속(펠리칸 종들, Dalmatian species of pelican, *Pelacanus crispus*)은 덴마크까지 북쪽으로 이동했던 것으로 알려져 있다.[13]

그 다음 2,000~3,000년에 걸치는 기원전 마지막 1000년대까지의 이른바 '아북부(sub-Boreal)' 기후시대에는 마지막 빙기 이후의 시기만큼 높은 기온이 일부 시기에 나타났다. 그러나 여러 종류의 식생 발달사와 이탄 발달의 증거, <그림 33>에서 볼 수 있는 크림 호(Crimean lake)의 퇴적물과 같은 호수 퇴적물, 그리고 몇몇 추후의 빙하 확장은 기후가 그 이전보다 훨씬 더 불안정했다는 사실을 뚜렷하게 한다. 매년의 변화와 장기간의

12) 옮긴이 주: 영국 잉글랜드의 가장 동쪽에 있는 지역으로 노퍽 주와 서퍽 주의 전부, 케임브리지셔 주와 에식스 주의 일부로 이루어졌다.

13) K. Aaris-Sørensen, "Atlantic fish, reptile, and bird remains from the Mesolothic settlement at Vedbæk, north Zealand," *Videnskabelige Meddelelser*, vol.142, Copenhagen, Danish Natural History Society, 1980, pp.139-149.

변화는 특히 강수량에서 분명하게 알 수 있다. 이것은 또한 중유럽의 나이테와 북반구 온대 여러 지역에서의 이탄지(bog) 발달로 이해될 수 있다. 이집트, 인도 북부, 그리고 중국에서의 하천 수위의 변동은 이러한 패턴과 일치하는 것 같다. 이와 반대로 크림 반도와 같은 다른 위도대에서 기원전 3000년 후에는 그 이전과 비교하여 전체적으로 하천의 수위와 호수면이 점차로 낮아졌다.

신석기시대 문화의 시작과 중유럽과 북유럽으로의 최초 농업의 급격한 전파가 안정된 '대서양(Atlantic)' 체제를 끝나게 한 기후 급변(climatic upset)과 시기적으로 일치했다는 사실은 주목할 만하다. 이렇게 주목할 만하게 시간적으로 일치하는 현상은 기후 사건들로 인하여 재래의 생활방식에 혼란이 일어났다는 추측을 하게 한다. 이것은 사람들이 신중하게 농사를 짓고 새로운 도구들을 만들도록 한 도전인 동시에 자극이었다. 정확하게 이들 사건이 무엇이었으며, 무슨 자극이었는지 우리는 현재까지 알지 못하고 있다. 그러나 이 시기에 일부 목초지를 이용할 수 없게 되었고, 채집에 의존했던 초기 경제였지만 일부 야생 과일들과 곡식들이 발견하기 어렵거나 수확이 불확실했던 것 같다.

바로 기원전 3000년 후에 수준 높은 문명을 가진 지역에서 아마도 주로 현재와 비교하여 다소 더 습윤한 기후가 오랜 기간 지속되었다. 더 높은 수위와 당시의 수많은 넓은 오아시스들이 어느 정도 이 습윤한 기후에 기여하였는가는 확실하지 않다. 확장되고 있던 사막의 이들 오아시스는 과거의 기후 체제에서 사라지고 있는 잔재였다. 메소포타미아에서 관개가 행해지기 시작한 것은 기원전 5000년 전으로 거슬러 올라가고, 지금의 사우디아라비아의 사막 지역에서 이 시기의 초기의 취락이 확인되고 있다. 기원전 2000년경까지 내려가면서 여전히 메소포타미아의 경작은 현재의 재배한계의 북쪽으로 약 50km까지 확장되었고, 인구밀도가 오늘날 그 지역에서 더 이상 부양될 수 없을 정도까지 증가한 것으로 생각된다.

인더스 강 하곡과 인더스 문명

인도 북서부의 인더스(Indus) 강 하곡에 있는 도시 하라파(Harappa)[14]와 모헨조다로

---

14) 옮긴이 주: 파키스탄의 동부 펀자브 주에 있는 마을이다. 사히왈 시 서남서쪽, 라비 강 좌안으로 넓게 이어진 흙 둔덕들 위에 있다. 라비 강은 예전에는 강이었으나 지금은 메말라 있다. 1921년 흙 둔덕이 발굴되면서 인더스 문명에 속한 큰 도시 유적이 드러났다. 남서쪽으로 약 644km 떨어져 있는 모헨조다로 다음으로 큰 유적지이다. 1921년 인도 고고학 탐사단의 영국인 총감독 존 마셜 경이 처음으로 발굴작업을 시작하고 감독했다. 그의 발굴로 기원전 3500년경까지 거슬러 올라가는 인도의 선사시대가 밝혀졌다.

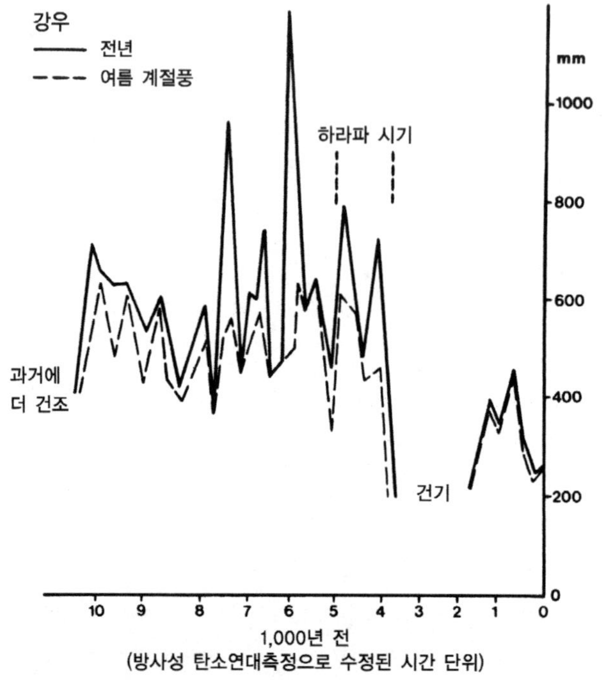

〈그림 44〉 호수면과 식물학(화분분석) 증거로 추정한 지난 1만 년간의 인도 북서부 라자스탄의 강수량 변동(G. Singh의 연구에 기초한 R. A. Bryson의 다이어그램을 전재하였음).

(Mohenjodaro)[15]는 약 기원전 2500～1700년 사이에 번성했다. 밀, 보리, 수박, 대추야자, 그리고 아마도 면화는 현재의 라자스탄의 타르(Thar) 사막이 있는 곳에서 자랐다. 그리고 이곳에는 코끼리, 코뿔소, 물소가 살았다. 당시에 이 지역의 연평균 강수량은 400～800mm 사이로 추정된다. 그 당시에 이 지역의 문화 발달에 있어서 일부 단절은 홍수 사건들에 기인한다. 인더스 문명의 출현은 약 기원전 3500～3000년과 기원전 800년 또는 그 이후 사이의 '아북부(sub-Boreal)' 기후 시기에 특히 현저했던 것으로 생각되는 기후변동의 하나

15) 옮긴이 주: 파키스탄 남부 신드 지방의 인더스 강 동쪽 연안에 있는 한 무리의 마운드로 구성된 유적이다. 모헨조다로라는 이름은 '죽은 자의 흙무덤'을 뜻한다. 모헨조다로의 고고학적 중요성은 1922년 처음으로 인정받았고 그 뒤 발굴을 계속해 흙무덤 속에서 인더스 문명의 가장 큰 도시 유허를 발견했다. 5km에 달하는 도시 둘레, 유구(遺構)와 유적의 내용물 때문에 일반적으로 이 도시는 과거 광대한 지역을 지배했던 고대국가의 수도였다고 알려져 있다. 현재 인더스 강에서 3km 떨어져 있는 모헨조다로 시는 오늘날과 마찬가지로 과거에도 인위적 장벽으로 인더스의 범람을 막았으며, 도시는 놀라울 정도의 규칙성을 보이는 12개의 구역 혹은 '섬'으로 이루어져 있다. 각 구역의 크기는 남북 길이 384m, 동서 길이 228m로서, 그 안은 곧거나 구부러진 통로로 다시 나누어져 있다. 도시 서쪽의 중앙부는 6～12m 높이로 진흙과 진흙벽돌을 쌓았고, 그 규모는 불확실하지만 구운 벽돌로 사각형 탑을 덧쌓아 이를 더욱 보강했다.

와 관련이 있을 것이다. 이 기후변동은 세기의 리듬으로 출현했었고, 때로 더 길게 지속되었다. 이 경우에 아마도 다시 더 강력하게 북쪽으로 여름 계절풍의 강우가 발달하였고, 온대의 비와 겨울 눈이 더 북쪽으로 극 지역까지 이동하였다. 그 결과로 중앙아시아가 건조해졌다. 기원전 2500년경까지 하라파의 도시 번영은 중앙아시아[투르크메니스탄(Turkmenistan)][16]로부터 이란 동부와 아프가니스탄(Afghanistan) 남서부까지 뻗는 넓은 지역에서 인간의 거주 기록이 중단된 것과 시간적으로 일치한다. 또한 추측하건대 남쪽으로 중앙아시아와 연결된 지역과 중앙아시아 사이에 교역 관계가 단절된 것과도 관련이 있을 것이다.

인더스 문명은 전성기에 나일 강 하곡과 메소포타미아 문명을 합친 것보다 더 넓은 지역에 이르렀다. 이 문명이 최후에 쇠퇴할 때 처음에는 점진적이었으나, 약 기원전 1900년 후에는 발달한 도시생활이 파괴되었다. 그 후 더 급속하게 쇠퇴하였는데, 이것은 당연히 점증하는 가뭄의 탓으로 돌릴 수 있다(<그림 44>에는 한 식물학자가 연구한 이 지역의 강수량 변동이 제시되었다). 이 지역의 다음 거주자들인 아리아인(Aryan)[17]이 도착하기 전에 몇 세기 동안의 간격이 있었던 것으로 생각된다. 하라파의 거주자들과 대조적으로 아리아인은 하천으로부터 멀리까지 그들의 취락을 확장하지는 못한 것 같다. 아리아인의 취락도 마찬가지로 다시 쇠퇴하고, 그 이후 많은 강들이 바짝 마르면서 사라졌다. 알렉산더(Alexander) 대왕이 기원전 330～323년 사이에 서남아시아를 통과하여 인더스로 그의 군대를 진군시켰던 당시조차 아마도 현재보다 수자원이 풍부했을 것이 확실하다. 그러나 그것은 이 지역의 과거 기후 시기로부터 남았던 잔재였다. 잔존 식생도 있었다. 알렉산더 대왕의 군대는 하천의 제방을 따라 자라고 있는 목재로 만든 배로 인더스 강을 건넜다. 서기 2세기의 학자인 프톨레마이오스(Claudius Ptolemaeus)는 그의 시대에는 통과할 수 없었으나 과거에는 번창했던 대상로(隊商路)들과 아라비아에 있는 5개 강을 언급하고 있다. 이곳에는 현재 건조한 와디(Wadi)[18]들을 건너는 로마 시대의 다리가 있었다.

---

16) 옮긴이 주: 중앙아시아에 있는 나라로 1925년에 수립되었으며 수도는 아슈하바트이다. 북쪽의 카자흐스탄, 동쪽의 우즈베키스탄, 남쪽의 이란과 아프가니스탄 등 중앙아시아 지역의 국가들과 국경을 접하고 있다. 카스피 해가 서쪽 국경을 이룬다.

17) 옮긴이 주: 선사시대에 이란과 인도 북부 지역에 살던 민족이다.

18) 옮긴이 주: 반건조 지역 또는 사막 지역에서 볼 수 있는 물이 말라버린 하도(河道)이다. 건곡이라고도 부른다. 계절적인 강우나 불규칙적인 강우 때에는 일시적으로 홍수가 나기도 한다.

고대 중국

고 추코첸(竺可楨) 박사가 요약한 연구들은 후빙기의 최온난기들을 지배했던 기온의 현재 상태와의 편차가 세계의 다른 지역들에서보다 중국에서 약간 더 컸다는 사실을 제시하고 있다. 전체적인 평균 편차는 크게 다르지 않아서 현재보다 약 2℃ 정도 높았으나, 한겨울의 기온은 현재보다 약 5℃ 높았던 것으로 생각된다. 화중(華中)에는 눈이 거의 내리지 않았고, 벼를 현재보다 1개월 이르게 파종할 수 있었다. 대나무 숲은 현재의 화중 저지보다 훨씬 광범위하게 황허(黃河) 분지까지 북쪽으로 분포하였다. 현재 1월 0℃ 등온선의 평균 위치를 따라 달리는 자연 대나무 분포의 북한계는 현재보다 기원전 3000년경에 위도 3° 정도 더 북쪽에 위치하였다. 1월 평균 기온이 현재보다 아마도 3℃ 정도 높았던 기원전 1100년경까지 대나무의 북한계는 본격적으로 후퇴하지 않은 것 같다. 대나무로 모자와 필기도구를 만드는 것 이외에도 죽순은 식용으로 이용하고, 다 자란 줄기는 건축재료, 가구와 악기를 만드는 데 사용하였다. 이와 같은 유용한 식물의 다양한 쓰임새는 초기 중국이 수준 높은 문명을 발달시키는 데 중요한 역할을 하였음을 암시하고 있다(기후의 건조화 경향 때문일지라도 어느 단계에서 파피루스 줄기 역시 이집트 하류로부터 사라졌다). 극동은 다른 초기 문명의 중심으로부터 상대적으로 고립되어 있었다. 그리고 중국은 원래 독자적으로 발달한 농업의 시작과 동물 사육의 중심이었던 것으로 생각된다. 중국의 초기 신석기 농경문화는 북서부의 간쑤 성(甘肅省)과 황하 분지의 하류 부분 사이의 지대인 화북(華北)의 비옥한 황토에서 성장했다. 그러나 관개를 하면서 밀과 기장을 경작한 청동기 시대로 급격하게 발달한 것은 습윤한 시기에 중앙아시아를 건너서 이러한 기술들이 발달했던 서역(西域) 지역들과 접촉했던 것을 암시한다.

유럽과 다른 북반구 지역의 상황

후빙기의 최온난기 말경에는 서구에서도, 심지어는 북유럽만큼 먼 북쪽에서조차 문명의 큰 진전이 있었다. 신석기시대는 청동기시대로 이어졌다. 그리고 폭풍이 없는 온난한 기후로 인하여 육로와 해로로의 여행과 문화 및 교역이 크게 발달할 수 있었다. <그림 45>의 지도는 기원전 2000년에 삼림과 초지의 한계가 얼마나 멀리 북쪽으로 그리고 대륙의 중심부를 관통하여 유라시아와 북아메리카를 가로질러 이들의 현 위치 너머로 확장되었는가를 보여주고 있다. 북부와 대륙 내부에서 영구동토 –영구적으로 동결한 하층토– 역시 현재보다 매우 제한적으로 분포했다. 이것은 아마도 여름에 지표상에서 녹은 물을

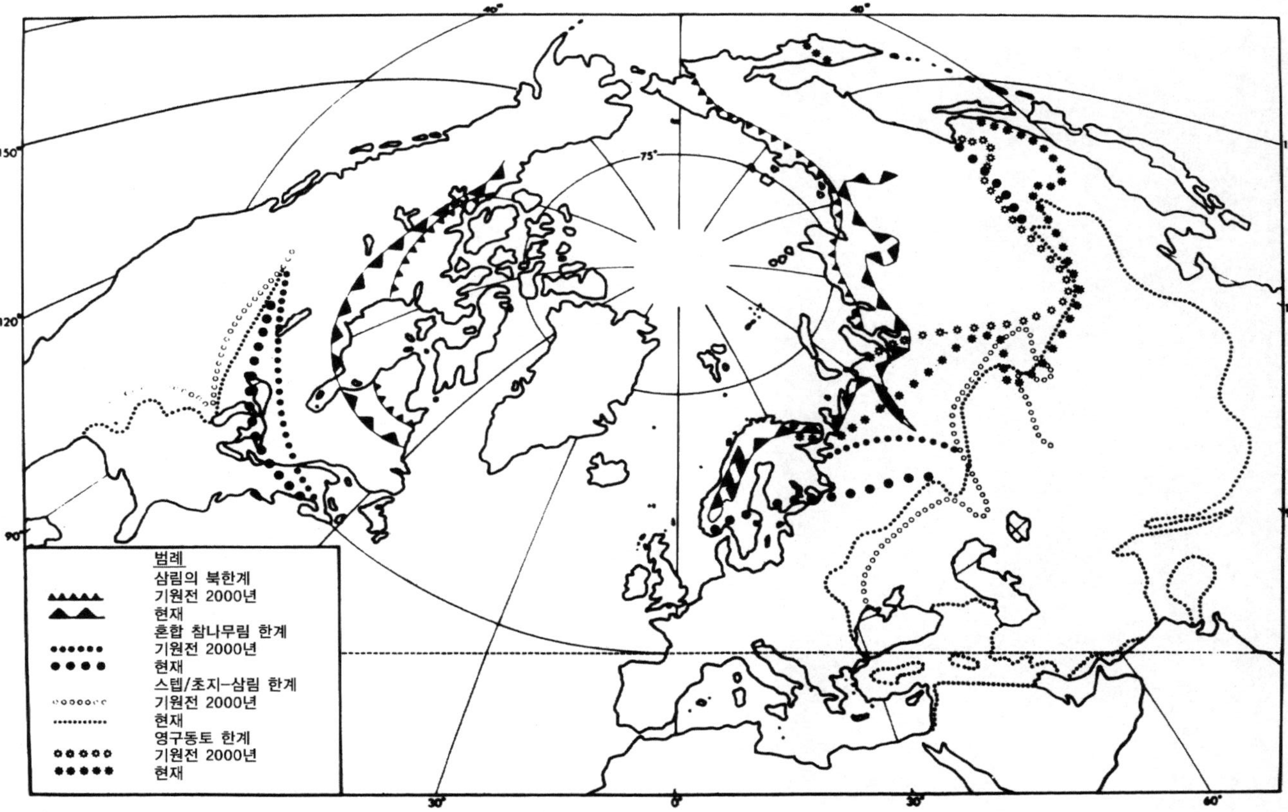

〈그림 45〉 기원전 2000년경과 현재의 북아메리카, 유럽, 아시아의 평원에서 삼림지대와 초지지대의 한계.

〈그림 46〉 달 관측소로 건축된 것으로 볼 수 있는 오크니 제도에 있는 환상 열석(環狀列石, stone circle, the Ring of Brodgar). ("The place of astronomy in the ancient world," *Philosophical Transactions of the Royal Society*, Series A, vol.276, no.1257, p.152에서 the Royal Society와 A. Thom 교수의 허락을 받아 전재하였음)

쉽게 배수시키지 못하는 한랭한 소택지(cold swamp)가 적었다는 것을 의미한다. 한랭한 소택지는 현재 북극 주변에서 수목의 분포를 제한하고 있다. 알프스 산맥에서는 여름에 빙하와 잔설(殘雪) 역시 덜 확장하여 재를 넘을 수 있었고, 상당히 높은 고도에서 금광이 운영될 수 있었다. 영국제도에서 콘월(Cornwall)과 스코틀랜드의 북서 하이랜드(Highlands)의 대서양에 면한 해안, 심지어 (여기서 수목의 종 수가 매우 제한되었을지라도) 오크니 제도(Orkney Islands)[19]까지 이르는 북부의 삼림 피복은 마찬가지로 폭풍의 일기 상태와 거친 바다가 없었던 시기에 대한 지표가 된다. 그리고 아이슬란드에서조차 현재 빙하로 채워진 일부 계곡들에서 수목이 성장하였다.

거석 유물(megalithic monument)들의 분포는 지중해로부터 브르타뉴(Britanny), 콘월, 웨일즈(Wales), 그리고 아우터 헤브리디스(Outer Hebrides)[20]와 오크니까지 추적된다. 비록 이들 많은 기념비 중 가장 훌륭한 것의 하나가 내륙인 잉글랜드 남부의 개방된 백악 고원위의 스톤헨지(Stonehenge)[21]에 있을지라도, 이러한 거석 유물들의 분포는 의심할 여지 없

19) 옮긴이 주: 영국 스코틀랜드 본토의 북쪽 약 32km 지점에 있는 70개 이상의 섬들이다.
20) 옮긴이 주: 영국 스코틀랜드 북서 해안의 제도이다.
21) 옮긴이 주: 영국의 선사시대 유적지로 외곽이 흙구조물로 둘러싸인 원형으로 배치된 거대한 선돌(立石) 구조물이다. 선사시대인 기원전 3100년 무렵부터 세워지기 시작했고, 영국 윌트셔

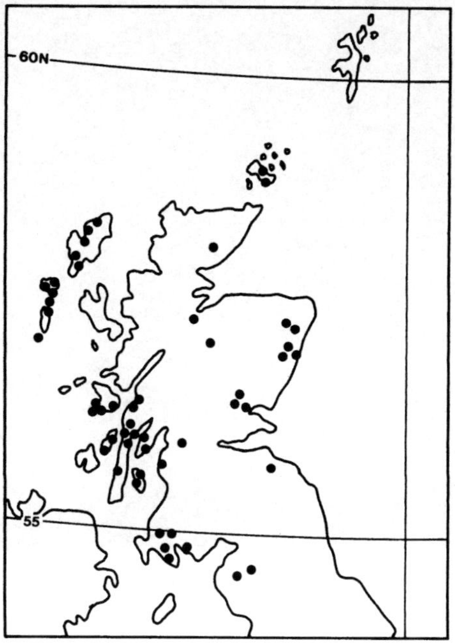

〈그림 47〉 A. Thom 박사가 천문(대체로 태양) 관측소들이었을 것이라고 제시한 기원전 2000~1500년 무렵으로 연대가 측정되는 영국 북부의 환상 열석들의 분포. 이들 중 여러 지점은 현재 영국제도에서 가장 운량이 높은 지역으로 연중 22~30%만 태양을 볼 수 있다.

이 이 경로를 따르는 밀접한 항해 연계성을 지적하고 있다. 태양 혹은 천문 관측소(<그림 46, 47> 참조)로서 많은 환상 열석(環狀列石, stone circle)이 분명하게 건축되었다는 사실은 –특히 헤브리디스와 오크니의 경우에– 이들 지역에 현재보다 구름이 적었다는 것을 암시하는 것이다. 이러한 가정은 온난한 기후 체제 동안 지배했던 바람 순환을 복원한 것(<그림 43> 비교)과 더 북쪽에 위치한 고기압과 완전히 일치하는 것이다. 최근의 발견에 의하면 아일랜드의 캐로우모어(Carrowmore)에 있는 거석 무덤들과 열석들 중의 일부는 기원전 4500~3700년 사이로 연대가 측정(수정된 방사성 탄소연대측정)되는, 지금까지 발견된 것 중 가장 오래된 것으로 간주된다. 그렇지만 이러한 발견이 상황을 바꾸지는 못한다. 환상 열석의 천문학적 기능과는 별개로 당시에 지배했던 기후 패턴을 복원한 것은, 이 지역에서 현재와 비교하여 고기압이 더 빈번했고 더 자주 하늘이 맑았던 기후 체제가 이미 이 시기 훨씬 이전부터 있었다는 사실을 지적하고 있다.

주 솔즈베리에서 북으로 13km 떨어진 곳에 있다.

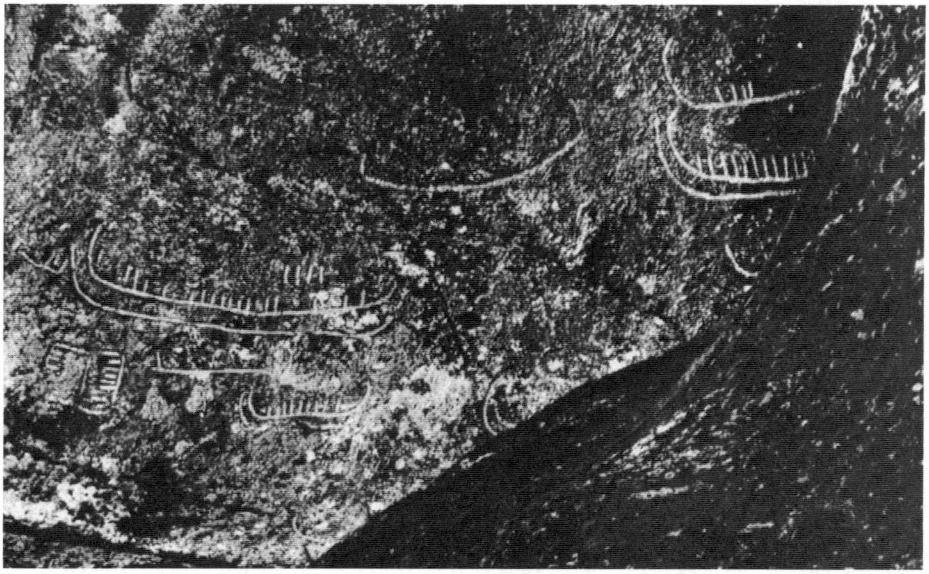

〈그림 48〉 노르웨이 스타방게르(Stavanger) 부근 레브하임(Revheim)에 소재한 청동기시대 보트의 암각화(스타방게르 소재 고고학 박물관의 허락을 받아 전재하였음).

〈그림 49〉 고대의 스키 타는 사람들. 청동기시대나 석기시대 말로 추정되는 노르웨이와 백해(White Sea) 부근의 암벽화(출전: G. Berg, "The origin and development of skis throughout the ages," *Finds of Skis from Prehistoric Time in Swedish Bogs and Marshes*, Stockholm, Generalstabens Litografiska Anstalts Forlag, 1950).

〈그림 50〉 스코틀랜드 중부 캐른고름 산괴(Cairngorm Mountains)의 해발 650m에서 발견된 약 4,000~4,500년 전에 성장했던 거대한 소나무 그루터기. 이 고도는 현재 왜소하고 발육부진한 수목한계 부근 또는 바로 위이다.

앞에서 언급한 항해 연계성은 주로 교역과 관련이 있었음에 틀림없다. 기원전 마지막 2000년 동안 콘월의 주석은 청동을 만들기 위해서 남쪽의 지중해 지역으로 교역되었고, 완성된 금속제품을 북쪽으로 가져갔다는 사실은 잘 알려져 있다. 청동기시대는 아마도 '비커족(Beaker folk)[22]'과 함께 북해를 건너 영국제도에 처음으로 도달하였을 것이다. 그

22) 옮긴이 주: 약 6,000년 전인 신석기시대 말에서 청동기시대 초까지 유럽의 온대지역에 살던 종족이다. 비커라는 이름은 이들의 독특한 유물인 정교한 톱니 무늬가 수평으로 새겨진 종 모양의 큰 잔(비커)에서 유래했다(이들의 문화는 때로 종 비커 문화로 불리기도 함). 비커족의 고분은 대부분 단일 고분으로 되어 있으나 서부 유럽의 많은 지역에서는 거석 고분의 형식을 취하기도 한다. 호전적인 종족으로서 기본적으로는 활을 사용했으나 평평하고 날카로운 단도, 구리로 만든 창머리, 직사각형 모양의 휘어진 손목 방패 등도 사용했다. 이들이 구리(금)를 찾아 광대한 지역을 돌아다니면서 청동 야금술이 유럽 전역으로 확산되었다. 에스파냐 지역에서 출현했던 것으로 보이는 비커족은 금속을 찾아다니면서 유럽 중부와 서부로 퍼져나갔다.

러나 기원전 2000년경에 이미 거석 문화는 발트 해의 호박(琥珀) 교역과 함께 스코틀랜드와 오크니로부터 덴마크와 스웨덴 남부[스코네(Skåne)]로 분명하게 역반향으로 전파되었다. 노르웨이는 그 당시에 이러한 발달이 없었던 예외 지역으로 매우 빈곤한 나라였다. 그러나 노르웨이의 조건들 역시 —50명까지의 인원이 노를 젓는— 수많은 보트뿐만 아니라 사람들과 친숙한 동물들을 그린 암벽화(<그림 48> 참조)에서 목격되는 바와 같이 분명히 해상교통의 발달에 유리하였다. 순록이 이들 중에서 가장 빈번하게 나타나고 있으나, 말과 소뿐만 아니라 썰매와 스키를 타는 사람들도 보인다(<그림 49> 참조). 분명히 사람들은 후빙기 최온난기의 겨울에 스칸디나비아 산지에 눈이 내리지 않았다고는 상상할 수 없을 것이다. 유사한 그림들이 러시아의 오네가 호(Lake Onega)[23]와 백해의 경계 부근에서도 발견되고 있다.

그 당시에 상대적으로 온난했다는 사실에 대한 판단의 척도는 해발 450m 이상까지 잉글랜드 남서부[다트무어(Dartmoor)]의 구릉지에서 수목한계선(<그림 50> 참조)을 설정한 나무들의 잔재뿐만 아니라, 청동기 문화의 범위에서도 나타나고 있다. 현재 같은 지역에서 절대 고도한계는 300m이다. 신석기시대 말과 청동기시대 초인 기원전 2000년대 동안 사람들은 아마도 계절적으로만 잉글랜드 북부 페나인(Pennines) 산맥의 600～800m 고도의 고지에 거주하였을 것이다. 이들 취락은 다음 1,000년 동안 이탄이 형성됨으로 인하여 다시 포기된 것으로 생각된다. 기원전 1000년에서 500년 사이의 일부 기간에 페나인 산맥 정상부 고지의 계곡 소택지(valley swamp)와 물이끼류(peat moss)[24] 사이의 높은 지역에 사람들이 일시적으로 재정착한 것을 제외하고, 이러한 고도가 높은 산지는 방치되었다. 웨일스(Wales)의 구릉지에도 석기시대 말과 청동기시대의 여러 거주지들이 있었다. 그러나 웨일스의 구릉지와 페나인 산맥에서 그 이전의 삼림은 쇠퇴하고, 방목으로 인하여 고지면에 남아 있던 나무들이 크게 피해를 입어서 이탄지의 피복이 확대되는 데 중요한 역할을 하였고, 따라서 취락이 더 이상 유지되지 못했다.

23) 옮긴이 주: 유럽에서 두 번째로 큰 호수로 유럽권 러시아 북서부, 라고다 호와 백해 사이에 있다.

24) 옮긴이 주: 물이끼목(—目, Sphagnales) 물이끼과(—科, Sphagnaceae) 물이끼속(—屬, Sphagnum)에 속하는 300여 종(種)의 식물을 말한다. 물이끼속은 물이끼과의 단일 속이다. 식물체는 연녹색에서부터 짙은 붉은 색까지 다양한 색을 띠며 키가 30cm에 이른다. 열대 지역에서 극지에 가까운 지역까지 연못·습지·늪지·호숫가 및 습기 있는 산성 벼랑 위 등지에서 무리 지어 자란다. 북쪽 지방에서는 물이끼가 여러 형태의 습지를 만든다. 죽은 식물과 다른 식물 찌꺼기들이 압축되고 화학적으로 분해되어 토탄(土炭)이라고 알려진 유기물질을 만드는데, 토탄은 채취해 말려서 연료로 쓴다.

8. 기후요란의 시기와 고대 세계의 몰락

후빙기 기후발달의 전환점

우리는 오스트레일리아의 수분수지 발달에 대해서, 예를 들어 화분분석, 과거의 호수면 등과 같은 지금까지 조사된 증거로부터 약 기원전 4000~2000년까지 또는 (아마도) 2500년까지의 어느 시기에 전환점이 있었다는 가장 일반적인 결론을 내릴 수 있다. 오스트레일리아 전역에서 이 시기 이전에 많은 장소들이 현재보다 더 습윤했고, 지속적으로 그런 상태가 이어져왔다. 그리고 강우는 열대와 온대 지역에서 모두 증가했다. 그 시기 이후로 상당히 큰 변동이 중첩되는, 조금 기온이 낮아지고 강수량이 적어지는 경향이 확인되고 있다. 이것이 1978년에 발표된 캔버라의 오스트레일리아 국립대학교(Australian National University) 태평양학 대학(School of Pacific Studies)에 재직한 워커(D. Walker) 교수의 견해였다. 앞 장에서 분명하게 나타난 바와 같이, 동일한 전환점은 현 세계의 다른 거대한 사막들에서 알 수 있다. 그리고 이 전환점이 조사된 세계 모든 지역의 상부 수목한계선 고도에서 나타나는 바와 같이, 대략 같은 시기가 지배하는 기온 발달사에서 전환점을 특징짓고 있다. 이러한 전환점은 북유럽 및 중유럽, 북아메리카의 옐로스톤 국립공원과 일본, 뉴기니(New Guinea)의 산맥들뿐만 아니라, 뉴질랜드와 남아메리카 안데스 산맥에서의 상응하는 연구를 통해서 확인될 수 있다. 온대와 저위도에서 삼림의 북한계의 변천과 산지 빙하들에 의해서도 이러한 전환점이 증명되고 있다. 후빙기 중반에 여전히 녹고 있는 빙하의 잔재가 가장 컸던 캐나다 북부와 그린란드 북부의 지역들에서만 기후최적기(climax of warmth)가 상당히 지연되었다. 일부 지역들에서 기후최적기는 기원전 2000년 또는 그 이후에야 비로소 도달하였다. 따라서 전구적인 사건, 즉 현 간빙기의 절정기에 대한 증거는 분명하다. 아열대와 열대의 최고습도와 중위도와 고위도, 그리고 모든 위도대의 산지 식생을 통해서 나타나는 최고기온은 후빙기의 최온난기와 관련된 상태로 이해되어야 할 것이다.

왜 고대 문명은 인더스 하곡에서 수분 공급이 더 작아지고 작물 및 식생 지역이 축소되었을 때 더 이상 지속될 수 없었는가, 그리고 왜 아시아와 북아프리카의 다른 문명들이 새로운 상황에 적응하고, 그들의 생활 공간을 포기해야만 했는가 하는 이유가 이제 분명해진다. 그러나 정확하게 언제 무슨 일이 일어났는가? 그리고 어떻게, 어디에서 인간 활동이 사막화 과정을 촉진시켰는가? 우리는 개별적인 사건들을 전체와 결합시킬 수 있는가?

여러 민족 사이에서 황금시대(Golden Age)에 관한 서로 다른 과거의 전설들이 존재한다. 이러한 관념은 고대 그리스, 로마와 여러 민족들의 문학에서 나타나고 있다. 가끔 이러한 관념은 이상화된 사회 상태로 나타나나, 경우에 따라서는 잃어버린 경관을 암시하고 있다. 이에 대한 가장 잘 알려진 사례가 성경의 에덴 동산에 관한 이야기이다. 이러한 신화들의 일부에 이 책에서 다루는 일부 변화에 관한 통속적인 희미한 기억이 포함되어 있다는 사실은 당연하다. 물론 문명의 전성기, 쇠퇴 및 붕괴의 시기가 일반적으로 여러 지역에서 동시에 나타나지는 않았다. 그러나 기원전 3000년경부터 다음 세기들까지 북아프리카와 아라비아 사막 지역의 취락은 매우 광범위하게 쇠퇴하였다. 기원전 1200년경에 서남아시아(근동, Hither Asia)와 북아프리카의 스텝 및 사막 지역에서 매우 뚜렷했던 다른 요란의 시기가 있었다. 이러한 사건들이 기후변화에 의해서 발생될 수 있었다는 한에서 변화의 패턴과 변화가 미친 영향은 아마도 더 많은 증거가 존재하는 중세 말의 쇠퇴만큼 뚜렷하였다. 중세 말에 대해서는 제11장에서 상세히 다루도록 하겠다.

기후 악화의 증거

이 장에서 다루는 시기에 대해서 우리가 가지고 있는 가장 상세한 증거는 <그림 51>에 제시된 캘리포니아 주 화이트 산맥 상부 수목한계선 부근에서 성장하는 강털소나무의 기원전 3431년 이후 매년의 나이테 폭 자료이다. 물론 이 고도에서 나이테 폭은 주로 여름 기온의 수준과 그 기간에 따라 반응한 것이다. <그림 51>의 곡선에서는 유럽과 구대륙의 다른 지역의 기후발달에 대해서 상세하게 적용할 수 있는 내용을 취할 수 없는 반면, 우리가 잉글랜드에 대해서 다소 신뢰할 수 있게 유도한 기온 자료가 있는 서기 1100년 이후의 세기들에 대한 100년 평균 측정값은 유럽의 기온과 유의한 상관관계가 있는 것으로 나타나고 있다. 캘리포니아 주의 기록과 여러 유형의 증거가 이용되고 있는 유럽 사이에서 우리가 알고 있는 차이는 다음과 같다.

① 유럽에서는 기온이 대략 1세기 동안 한 번 또는 아마도 여러 차례 기원전 1100년

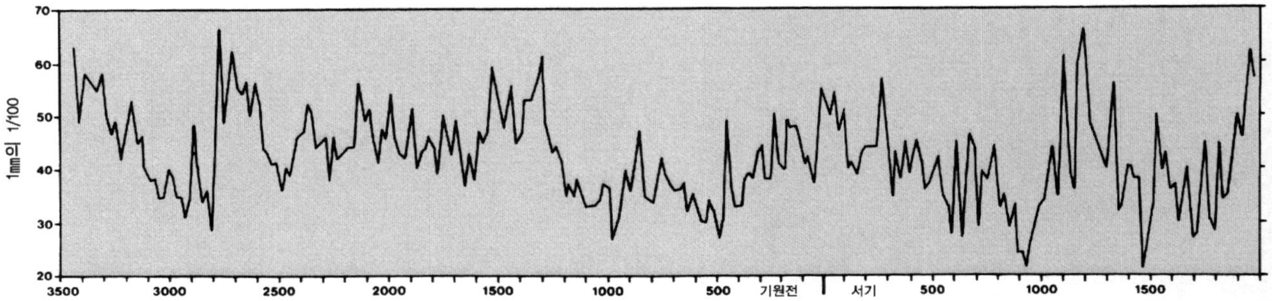

〈그림 51〉 기원전 3431년부터 캘리포니아 주 화이트 산맥의 상부 수목한계선 부근에서 성장하는 강털소나무의 성장테에서 나이테의 폭(20년 평균). 이 고도에서의 변동은 여름의 온량 변동과 또는 여름 기간을 가리키는 것으로 간주될 수 있다[투손(Tucson)에 소재한 아리조나 대학교 나이테 조사 연구소에 재직하는 V. C. La Marche 교수가 친절하게 제공한 자료임].

경과 800년경 사이의 후빙기 최온난기의 수준에 가까웠던 것으로 생각된다.

② 유럽에서 로마 시대의 온난함은 아마도 기후가 가장 안정하고 기후최적기(climatic optimum)로 가정되는 서기 4세기까지 지속된 것으로 생각된다. 이와 대조적으로 캘리포니아 주의 나이테 기록은 이미 이 시기보다 100～150년 전에 기후가 다시 추워진 것을 제시하고 있다.

③ 유럽의 중세 온난기는 적어도 북유럽과 서유럽에서 다시 약 1세기 더 길게 지속되었으며, 아마도 서기 13세기에 그 절정기에 도달하였다. 유럽에서 이 온난기는 마찬가지로 더 일찍, 즉 900년대에 시작되었던 것 같다.

④ 중세 온난기에 이어지는 한랭한 기후는 1400년대에 캘리포니아 주에서처럼 유럽에서 기온이 매우 낮은 시기였으나, 대략 1590년대와 1690년대에 혹심하게 추웠다.

<그림 52>는 유럽의 상부 수목한계선 고도의 일반화된 변화를 캘리포니아 주의 상부 수목한계선 고도 변화와 비교한 것이다. 이 그림에서 평행성이 더 밀접하게 보인다. 캘리포니아 주의 나이테가 제시하는 최고기온(<그림 51> 참조)과 중세 및 현대의 유럽의 기온(<그림 29> 참조)은 산지 및 북부 해안으로 삼림의 한계가 후빙기에 최대로 전진했던 위치까지 다시 이동하기에는 충분히 길게 지속되지 않았다는 것이 분명하다. 물론 여러 장소에서 고대의 삼림 피복이 복구되는 것은 불가능하였는데, 그 이유는 그 사이에 토양이 척박해지고 이탄(泥炭)이 형성되었기 때문이다.

덜 완전하기는 하지만, 우리에게 기원전 3000년 이후의 기후발달 기록을 제공해주는 다른 '대용(proxy)' 지표들로는 방사성 탄소연대측정된 빙퇴석과 과거의 빙하 확장을 제시하는 다른 증거들이 있다. 또한 (우리가 인간에 의해서 교란되거나 관리가 된 식생이 있는 지역을 주의하여 피하는 한) 이탄지와 호상(湖床) 퇴적물에서 방사성 탄소 동위원소로 연대측정한 화분분석, <그림 33>에 제시된 크림 반도의 호수 퇴적물과 같은 퇴적물의 연층(年層)과 그린란드 및 남극대륙의 빙모의 연층을 연구한 것이 있다.

우리는 이 모든 자료로부터 세계의 서로 다른 지역들에서 후빙기의 최온난기부터 기온이 하강하는 과정을 확인할 수가 있다. 세계의 거의 모든 지역 해발 1,000m 이상의 고도에서 100m당 0.6~0.7℃ 사이의 평균 기온감률이 지배하였다. 이러한 특성에 의거하여 우리는 상부 수목한계선을 계곡 쪽으로 하강하게 한 장기간의 기온변화를 평가할 수 있다. <그림 51>에서 볼 수 있는 변화는 기원전 500～200년경에 후빙기의 최온난기보다 유럽의 장기간 평균 기온이 약 1℃ 낮았고, 북아메리카 남서부에서는 약 0.5℃ 낮았다는 사실이다. (최근 1000년대에 중세 이후 기온이 좀더 하강하였다) 기원전 마지막 2000년 동안 (그리고 다시 중세 말에) 더 급격하게 나타났던 일부 기후변화와 비교하여 이러한 기온 하

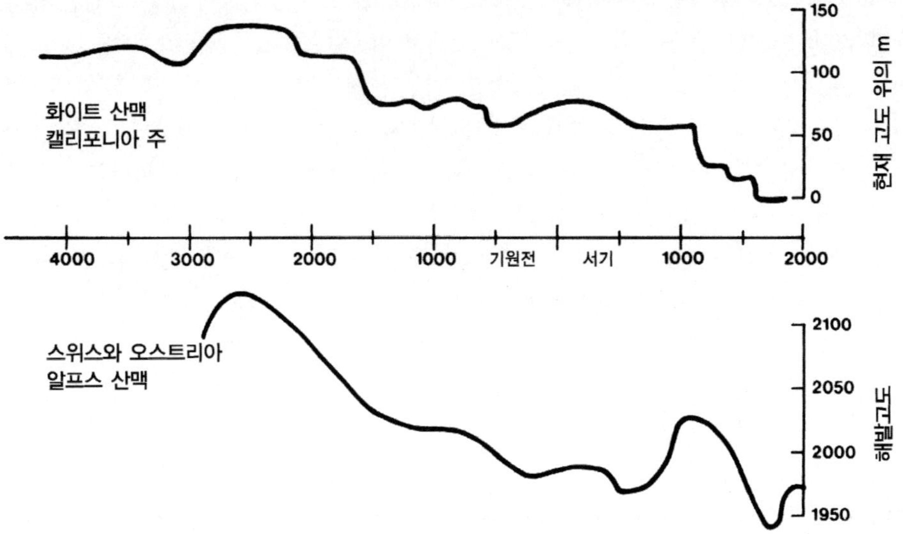

〈그림 52〉 캘리포니아 주의 화이트 산맥과 스위스와 오스트리아의 알프스 산맥에서 상부 수목한계선 고도의 변화(출전: V. C. La Marche와 V. Markgraf의 연구).

강의 수치는 작은 것이다. 그렇지만 <그림 51>에서는 캘리포니아 주 나무들의 성장테(growth ring)가 수많은 뚜렷한 단기간의 변화를 제시하고 있는 것이 분명하게 나타난다. 여기서는 기후 개선뿐만 아니라 기후 악화도 제시되고 있다. 평균 기온은 수년뿐만 아니라 수세기에 걸쳐 영향을 받았다. 이러한 사실은 유럽과 북아메리카에서 과거 빙하의 확장과 후퇴로부터 유추될 수 있다. 이러한 빙하 이동의 효과는 상부 수목한계선으로 기록되는 장기간 변동보다 더 컸다. 이렇게 매우 급격하게 시작되는 변화는 화산 활동이 증가한 시기 및 대기권 상층에서의 빈번한 화산재 베일(volcanic dust veil)과 확실한 관련이 있다. 나이테의 간격으로 측정된, <그림 51>에서 볼 수 있는 기원전 1300~900년경, 서기 1200년 전후, 그리고 다시 1800년 이후의 수세기 간격으로 제시된 변화는 1,000년 간격의 평균 나이테 간격 편차의 2배 이상이 된다. 이와 같이 예외적으로 큰 편차는 캘리포니아 주에서는 1℃ 이상, 유럽에서는 2℃ 이상 지배한 기온변화에 상응하는 것이다. 캐나다 북부와 아마도 고위도의 다른 지역에서는 변화가 이보다 더 컸을 것이다.

기원전 3300년 또는 그 이전부터 기원전 2800년경까지 캘리포니아 주에서 기온이 크게 하강한 증거(<그림 51> 참조)는 추측하건대 유럽에서 빙하가 확장한 피오라 진동에 상응할 것이다. 이러한 증거 역시 뚜렷한 결과이지만 피오라 진동이 상당히 오래 지속되었는지는 지금까지 확실하지 않다. 유럽, 아시아 또는 북아메리카가 북반구의 다른 지역에서 증명되고 있는, 기온이 현저하게 하강한 시기의 영향을 전혀 받지 않았는지는 상상할 수가 없다. 이러한 추측은 각각의 지역에 대해서 이용할 수 있는 지식으로 증명되고 있다. 그렇지만 다음과 같은 사실도 분명하다. 일부 사건은 반구의 한쪽 또는 다른 쪽에서 훨씬 더 강력하게 발달하였다. 주요 발달은 반구의 양측에서 중복됨에도 불구하고 동시에 일어나지는 않았다. 추측하건대 지질학자들이 불길하게 신빙기(Neoglacial)라고 부르는 이렇게 매우 이른 발달의 시기에 그 '무게의 중심(center of gravity)'이 북극해의 한쪽에 있는 거대하고 두꺼운 부빙(浮氷)이 형성되었다. 북극 분지의 다른 쪽으로는 해류가 따뜻한 해수를 수송하여 이 지역의 대부분에는 얼음이 형성되지 않았다.

미국 남서부의 뉴멕시코 주와 아리조나 주에서는 초기의 농업이 기원전 4500~4000년 사이의 온난한 시기에 북쪽으로 전파되었다. 이것은 추측하건대 규칙적으로 북쪽에 여름 비가 내려서 가능했을 것이다. 지금까지 그때 이후로 다음 2,000년 동안 이 지역에서 농업이 계속되었다는 증거가 없다. 따라서 기원전 3000년 전 초기의 한랭한 시기에 좀더 건조한 기후 체제가 시작되어 이 지역에서 농업이 끝났을 것이다. 기원전 2800년경에 캘리포니아 주에서 매우 뚜렷했던 기후회복(climatic recovery)은 그리 오랫동안 지속되지 않아 인구 이동에는 별로 영향을 미치지 못했다.

더 북쪽으로 프레리[1] 경관(prairie landscape)은 수천 년 동안 삼림을 희생시키면서 북동쪽으로 확대되었으며, 기원전 6000~5000년 사이에 미시시피 강 부근과 미시간 호의 남단에 도달했을 때 최대 범위에 이르렀다. 이러한 발달[2]은 아마도 최대로 발달한 편서풍과 로키 산맥으로 인한 엄청난 비그늘 효과(rain-shadow effect)와 관련이 있었을 것이다. 북아메리카에서는 여전히 후빙기 초기였다. 과거 빙상의 상당 부분이 캐나다에 여전히 존재했고, 온난화로 인하여 남쪽에서 형성된 기온경도로 강한 바람이 불었다. 기원전 5000년 이후 프레리의 자연적인 경계는 점차 서쪽으로 후퇴하였다. 편서풍대가 약화되거나 훨씬 북쪽으로 이동하였을 때, 이러한 후퇴 현상이 가장 뚜렷하였다. 그 이유는 중서부(Middle West)의 대평원으로 다시 습윤한 기후가 들어올 수 있었기 때문이다. 이러한 바람 순환과 기후변동이 이 지역의 역사와 인구에 얼마나 중요한 영향을 미쳤고, 현재까지 얼마나 중요한가에 대해서는 이 책의 차후의 장들에서 다룰 것이다.

---

1) 옮긴이 주: 북아메리카 중앙지역에 발달해 있는 완만한 기복의 초원이다. 강우량은 동쪽 가장자리의 삼림지대에서 1,000mm이고, 서쪽으로 갈수록 줄어들어 사막과 비슷한 지형을 나타내는 서쪽 가장자리의 지역에 이르면 약 300mm 이하가 된다. 프레리 목초지의 식생대 역시 강우량의 차이에 따라 다양하게 나타난다. 이 지역에 분포하는 대표적인 식물은 다년생 풀이며, 그 밖에 꽃이 피는 완두와 국화과 식물들이 다양하게 분포한다.

2) H. E. Wright(University of Minnesota)는 이 지역의 식생사를 연구하였다. Bernabo와 Thompson Webb(Brown University, Providence, Rhode Island)은 현재 로키 산맥의 동쪽 미국 전 지역의 후빙기 동안의 식생 분포를 종별 및 단계별로 주의 깊게 지도화하였다.

기원전 2000년대 유럽 삼림 구성의 역사에서는 느릅나무류의 쇠퇴와 관련된 급격한 변화로부터 점진적인 회복상태가 확인된다. 그렇지만 느릅나무류나 라임 모두 완전하게 회복되지는 않았다. 마찬가지로 유럽 참나무의 연륜은 이 기간에 매년간과 10년간의 변동성이 최근보다 훨씬 더 컸다는 사실을 보여주고 있다. 아마도 이 변동은 또한 기원전 3500년 이전의 '대서양' 체제의 균등한 기후에서보다 컸다. 이 변동성은 청동기시대의 말기에 다시 약화되었다. 과거 호수의 호상 퇴적물의 연층들을 세어서 개략적으로 연대측정한 스웨덴의 유명한 빙호[3]편년(氷縞編年, varve chronology)에 의하면 기원전 2300년경에 스웨덴의 이탄지에서 좀더 습윤해진 뚜렷한 변화가 일어났다. 이를 통해서 이탄이 집중적으로 형성되었다. 북부에서 이러한 사건은 남동유럽이 건조한 체제로 변하는 것과 대비될 수 있을 것이다. 이 체제는 기원전 2200～2100년 기간에 나타났다. 대륙 북부 및 북서부의 강수 경향과 남동부의 강수 경향 사이에서 이러한 차이는 정상이며, 지배하는 고기압의 크기와 저기압대의 폭에 의해서 결정된다. 석판이나 '석주(石柱, steles)'에 새겨진 고대 이집트의 기록에서 기원전 2180～2130년경, 그리고 다시 약 기원전 2000～1950년 사이, 그리고 다시 약 200년 후에 큰 기근이 있었다는 사실을 우리는 알고 있다. 기록에 의하면 이러한 기근은 사막으로부터 비정상적인 남풍이 지배하고, 나일 강의 수위가 낮아진 것, 즉 매년 홍수가 일어나지 않은 것과 관련이 있다. 더욱이 기원전 22세기와 18세기에 동쪽으로부터 사람들이 이집트를 침입하여 이집트의 고왕국과 중왕국이 멸망하였다. 여기서 당시의 침입자들이 과거 고향의 가뭄으로 인하여 동요가 되었는지의 여부를 생각하는 것은 당연하다. 이에 대해서 크림 호수의 퇴적물로 증명되는 주기적인 변동은 다른 장소들에서도 뚜렷하게 나타나고 있다. 이 위도들에서 건조한 기간들과 습윤한 기간들이 아마도 시간적으로 다소 지연되어 나타날지라도 이에 해당하는 지역으로는 또한 아프리카의 남부 지역이 있다.

앞 장에서 인더스 강 하곡에 대해서 제시한 일부 요란에서는 위에서 기술한 변동들과 관련 발달이 중요하고, 이 발달은 그 자체로 다시 아프리카와 근동에서 비를 가져오는 저기압 활동의 이동경로와 관련이 있다. 불행하게도 이에 관한 정확한 자료는 없다.

삼림이 인간의 간섭을 통해서 변하지 않은 카슈미르(Kashmir)의 화분 다이어그램(<그림 53>)은 더 많은 온량을 필요로 하는 수목들이 쇠퇴하고 이 시기에 다시 소나무류가 더 널리 분포하게 되는 것을 보여주고 있다. 그러나 이에 대한 정확한 자료는 없다. 따라서 우리는 카슈미르의 위도에서 전체 기온이 북부의 기온 발달 경향과 같다는 사실을 알게 된다.

---

3) 옮긴이 주: 빙하의 영향을 받은 분지에 매년 얇게 퇴적된 실트층과 점토층으로 이루어진 것을 빙호(氷縞)라 한다.

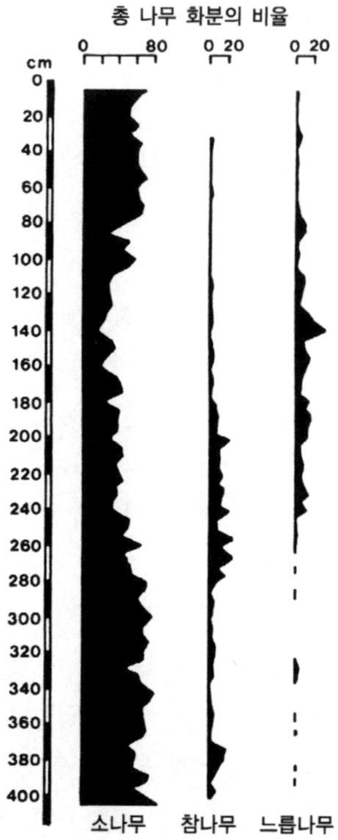

<그림 53> 34°N 75°E 부근 카슈미르의 해발 3,120m 위의 이탄지 지역에서 소나무와 더 많은 온량을 필요로 하는 나무들의 화분 출현으로 본 후빙기의 변동. 수직 눈금은 소택지의 깊이이고 시간 척도로 해석할 수 있다. 최근의 퇴적층은 맨 위에 있다. 80cm 깊이는 약 2,500년 전부터 형성된 것으로 생각된다.

기원전 1500~1300년 사이에 알래스카와 알프스 산맥에서의 빙하 확장과 또한 미국의 로키 산맥(콜로라도 주), 스칸디나비아, 뉴질랜드에서 부활된 빙하 활동은 아마도 '신빙기(Neoglacial)' 발달[4]의 최초의 뚜렷한 현상일 것이다. <그림 51>의 강털소나무 기록에서 입증되는 바와 같이 기원전 1300년경에 뚜렷한 한랭기가 캘리포니아 주에 도달하였다. 그리고 이 시기는 그때 이후의 어느 시기에도 완전히 지속적으로 회복되지 않았다. 캐나다 국경의 남쪽 미국 로키 산맥의 대부분 -그리고 아마도 모든- 현재의 빙하는 기원전 1500년 이후에 형성된 것으로 믿어진다. 중앙아메리카와 남아메리카에서도 기원전 1500년경에 크게 한랭화된 증거가 있다.

해저 조사를 통해서 대략 기원전 1500년까지 전체의 온난한 후빙기 동안 멕시코 만류

4) J. M. Grove는 그의 논문 "The glacial history of the Holocene," *Progress in Physical Geography*, vol.3, no.1, London, Arnold, 1979, pp.3-54에서 이 분야에 관해서 지금까지 얻게 된 지식의 전체 개관을 제시하고 있다.

가 규칙적으로 해안을 따라서 미국 북동부 메인 주까지 북쪽으로 흘렀다는 사실이 나타났다. 그 후에 멕시코 만류는 미국 해안의 훨씬 남쪽 지점으로부터 대서양으로 선회하여 결코 다시 북쪽 경로로 흐르지 않았다.

대략 같은 시기 또는 바로 그 직후에 유럽에서의 변화는 취락 공간의 확장에 영향을 준 알프스 산맥과 그 주변에서 이탄지의 재성장기와 호수면의 변동으로 조짐이 나타났다. 아일랜드와 북서유럽 다른 지역의 수많은 소택지는 서로 다른 시기의 변동을 보여주고 있다. 이러한 변동은 부분적으로 불량한 배수로 인하여 순전히 국지적으로만 결정된다. 즉, 습지에 서식하는 식물의 성장 주기와 물이 고여 있는 소택지(morass)의 붕괴는 때때로 인접한 주변 지역의 지표 위에 형성되었다. 그러나 건조한 시기 이후에 이탄 표면이 다시 성장한 시기는 아일랜드에서 기원전 1500년과 800년경, 그리고 서기 500년에 가장 널리 나타났다. 스웨덴에서 이 새로운 소택지의 성장기와 '지표에 재현된 현상'은 기원전 1200년경과 600년경, 그리고 서기 400년경과 1200년경에 나타났다.

유럽의 호안 취락과 산지의 광업에 미친 영향

기원전 4000년경과 2400년경 사이 또는 그 후의 후빙기의 최온난기에 중유럽에서, 예를 들어 스위스 부르개쉬 호(Burgäschisee) 및 태인겐(Thayngen)과 알프스 산맥 전면 지역(Alpenvorland)의 페더 호(Federsee)의 호안(湖岸)에 말뚝을 박고 집을 지은 독특한 취락이 형성되었다. 이들 지역은 차후에 큰 재해를 가져온 홍수가 일어난 후에 방치된 것 같다. 브룩스(C. E. P Brooks)는 일부 이러한 홍수들이 '아마도 기원전 1300년 직후, 헝가리 평야로부터 청동기시대의 대규모 민족이동과 관련이 있을 수 있고, 그 과정에 프리지아인(Phrygians)이 아시아[실제로 소아시아(Asia Minor)]에 도달하였다고'[5] 기술하고 있다. 대략 같은 시기에 히타이트인들(Hitties)[6]이 아나톨리아 고원을 떠났고, 의심할 여지 없이 에트루리아인(Etruscan)[7]의 선조와 초기 로마인들의 선조를 이루었던 민족들이 북쪽으로부터 이탈리아로 침입하였다. 호수들의 수위는 낮았고, 유럽의 이탄지들은 대략 기원전 1000

---

5) C. E. P. Brooks, *Climate Through the Ages*, 2nd edition, London, Ernest Benn, 1949, p.300. (그 당시에 제시된 일부 연대들은 차후의 지식과 더 정확한 연대측정 기술의 관점에서 수정될 필요가 있다)

6) 옮긴이 주: 기원전 2000년이 시작될 무렵 아나톨리아에 등장해 기원전 1340년경 근동의 지배세력이 된 인도유럽어족이다.

7) 옮긴이 주: 이탈리아 에트루리아(아펜니노 산맥의 서쪽과 남쪽에 있는 테베레 강과 아르노 강 사이의 지방)에 살던 고대 민족이다.

년경의 더 온난했던 중간 시기에 바짝 말랐다. 그 후에 새로운 호안 취락이 형성되고, 농업이 알프스 산맥의 수목한계선 위에서도 다시 시작되었다. 그렇지만 이러한 새로운 시작 전체가 기원전 800년 후의 시기에 지배했던 더 습윤하고 한랭한 기후에서 붕괴되었다. 기원전 500년 직전 또는 그 무렵에 보덴제의 수면이 급격하게 약 10m 상승하였고, 모든 호안 취락은 새로운 자연재해로 전멸하였다. 알프스 산맥 전 지역에서 인구수가 최저에 달했고, 사람들의 생활 공간은 대체로 가장 온난한 계곡들에 제한되었다.

감스(H. Gams)가 이미 1937년에 그의 『알프스 삼림의 역사(*Geschichte der Alpenwälder*)』[8]에서 언급한 바와 같이 기원전 800～700년 할슈타트(Hallstatt)[9] 문화의 말기에 기후는 극히 악화되었다. 잘츠부르크(Salzburg) 부근 지역에서 암염(岩鹽) 광산과 교역으로 부유해진 사람들에게 이러한 변화는 참담한 것이었다. 거의 같은 세기에 호수는 인접한 취락으로 범람하였다. 또한 빙하가 확장하여 과거에 고산에서 번성하였던 광업, 예를 들어 호헨 타우어른(Hohen Tauern)의 금광이 운영될 수 없었고, 알프스 산맥의 재들을 넘는 통행이 중단되었다. 상부 수목한계선은 현저하게 하강하였고, 또한 삼림의 종 구성도 변하였다. 참나무류와 다른 활엽수들은 전나무류(fir)와 소나무류에게 자리를 빼앗겼다. 우리가 현재 알고 있는 바와 같이 기원전 1200년 후의 기간은 남동쪽으로부터 침입한 가문비나무류가 널리 분포하는 주요 시기 중의 하나였다.

스칸디나비아 지역에 미친 영향

빙하는 노르웨이의 북부와 남부에서도 모두 확장하여 기원전 800～700년에 거의 최근 세기들에 가장 심했던 기간만큼 그 최대 위치에 도달했다. 이 기간은 또한 동쪽으로부터 스칸디나비아로 가문비나무류가 진출한 주요 시기 중의 하나였다. 이 수종은 핀란드 남부에 널리 분포했고, 스웨덴 중부를 지나서 노르웨이 동부의 헤드마르크(Hedmark)까지 도달하였다. 이 시기는 또한 라그나뢰크(Ragnarök) 전설이[10] 발생한 시기로 일반적으로 알

8) H. Gams, "Aus der Geschichte der Alpenwälder," *Zeitschrift des deutschen und österreichischen Alpenvereins*, vol.68, Stuttgart, yearbook for 1937, pp.157-170.

9) 옮긴이 주: 파울 라이네케는 남부 독일에서 발견된 유물을 토대로 청동기시대를 좀더 세분해 청동기시대 A·B·C·D와 할슈타트(Ha) A·B·C·D로 나누었다. 여기서 할슈타트 C는 중부 유럽이 철기시대로 접어들기 시작한 과도기를 나타낸다. 철기시대는 범유럽적인 현상이었지만 단편적인 부족문화와 아울러 지역에 따라 변화가 많기 때문에 연대는 복잡해진다. 후기 청동기시대와 철기시대에 암염을 캔 오스트리아의 암염 산지 옆에는 인공 유물이 많이 묻혀 있는 묘지가 있는데, 이 마을 이름을 딴 할슈타트 시대는 전기(Ha A·B)와 후기(Ha C·D)로 나뉜다.

10) 옮긴이 주: 고대 노르웨이어로 '신들의 운명'이라는 뜻이다. 스칸디나비아 신화에서 신과 인간

려져 있다. 북부의 신들이 몰락하는 것에 관해서 다룬 이 전설은 동시에 북구(北歐)의 과거 생활방식의 종말을 다루고 있다. 스웨덴의 위대한 기상학자 베르제론(Tor Bergeron)이 믿고 있는 바와 같이, 우리는 스노리 스튀르뤼손(Snorri Sturluson)[11]이 이 사건을 훨씬 늦은 시점[서기 1220년경에 기술한 그의 시 「에다(Edda)」][12]로 기술하여 고정한 것에서 출발할 수 있다. 이것이 무서운 핌불빈테르(Fimbulvinter)[13]이다. "눈이 살을 에는 듯한 바람과 함께 모든 방향에서 날렸다. 세 번의 이러한 겨울이 연이었고 그 사이에는 여름이 없었다." 「에다」에서 언급한 사건들은 시간적으로 우리가 다른 곳에서 본 증거 중의 하나인 그 이전 1000년대의 현저한 기후 악화와 일치한다는 가능성을 배제할 수 없다. 이것이 사실이라면, 그리고 이 점에서 스노리의 시를 글자 그대로 받아들인다면, 에게 해의 티라[14]의 거대한 화산폭발로 기원전 1450년경에 북구가 예외적으로 짙은 화산재의 베일로 가려지는 결과를 가져왔다고 추측할 수 있다. 이러한 화산폭발로 미노아(Minoa)의 크레타(Crete) 섬과 그에 속한 에게 해의 섬들이 매몰되었다. 대기 중으로 날아올라 간 주로 미세한 물질들로 이루어진 분출물의 양은 서기 1883년에 폭발한 크라카타우(Krakatau)[15] 화산폭발과 비교하여 5배 이상으로 추정되었다. 후자는 19세기의 가장 큰 화산폭발이었다. 최근 세기들의 비교할 수 있는 다른 화산폭발처럼 이 화산폭발은 1~2년 동안 지구의 기온을

세계의 종말을 일컫는 말이다. 라그나뢰크를 상세히 묘사한 것으로는 10세기 말에 쓰인 듯한 아이슬란드의 시 「시빌의 예언(Völuspá)」과 이 시의 내용을 골격으로 삼은 13세기 스노리 스튀르들뤼손(1241년 죽음)의 「산문 에다(Prose Edda)」밖에 없다. 이 두 자료에 따르면 혹독한 겨울과 도덕의 혼돈에 이어 라그나뢰크의 날이 오면 거인과 마귀가 사방에서 몰려 나와 신을 공격하고, 신은 이들과 맞서 싸우다가 영웅처럼 죽을 것이며, 해가 어두워지고 별도 사라지고 땅이 바다 속으로 잠길 것이라고 한다. 그 뒤에 땅이 다시 솟고, 순결한 '발드르' 신이 죽은 자들로부터 되돌아오며, 수많은 의인이 금으로 지붕을 만든 집에서 살게 될 것이라고 한다.

11) 옮긴이 주: 아이슬란드의 시인·역사가·족장이다. 「산문 에다(Prose Edda)」, 「헤임스크링글라(Heimskringla)」의 저자이다. 위대한 시인이자 「에길 사가(Egils saga)」에 나오는 영웅 에길 스칼라그림손의 후예로서 그는 3세 때부터 아이슬란드의 오디에 있는 가장 영향력 있는 족장인 존 로프트손의 집에서 자랐으며 그를 통해 아이슬란드 전통에 대한 깊은 지식을 얻었고 유럽에 대해서도 폭넓은 식견을 갖게 되었다.

12) 옮긴이 주: 13세기에 편찬된 2권의 책에 실려 있는 고대 아이슬란드 문학 작품집이다. 이 두 권의 책을 흔히 「산문 에다(Prose Edda)」(또는 「새 에다(Younger Edda)」)와 「시 에다(Poetic Edda)」(또는 「옛 에다(Eledr Edda)」)로 구분한다. 에다는 오늘날 게르만 신화에 대한 지식을 제공하는 가장 충실하고 자세한 자료이다.

13) 옮긴이 주: '매우 추운 겨울'을 의미한다.

14) 옮긴이 주: 티라(Thíra)로 영어로 'Thera, Santorin, Santorini'라고도 한다. 에게 해에 있는 그리스 키클라데스 제도 최남단의 섬이다.

15) 옮긴이 주: 인도네시아 자바 섬과 수마트라 섬 사이의 순다 해협에 있는 라카타 섬의 화산이다. 1883년의 폭발은 유사 이래 가장 큰 화산 활동 가운데 하나였다. 과거 100만 년 사이의 어느 시점에 화산이 폭발하면서 분석과 재로 된 화산암질의 원뿔형 화산이 형성되었다. 해저 300m 아래에서 해발 약 1,800m 높이까지 솟아 있던 이 화산은 그 후 산꼭대기가 파괴되어 칼데라, 즉 지름이 6km나 되는 사발 모양의 움푹한 땅을 이루었다.

아마도 약 0.5℃ 하강시켰다. 이 영향은 고위도에서 더 심하게 나타났고, 더 큰 화산폭발이 미친 영향은 훨씬 컸을 것이다. 스노리가 표현한 내용은 거대한 화재와 함께 끝났는데, 아마도 그 이전의 북한계에서 죽었던 더 많은 온량을 선호하는 나무들의 바짝 마른 잔재를 무서운 산불로 태웠을 것이다.

이러한 가정은 특히 콜로라도 주 볼더(Boulder)의 니콜스(Harvey Nichols) 박사가 화분분석으로 내린 결론과 밀접한 관계가 있다. 그는 캐나다 북부의 삼림사를 연구했다. 이 연구에 의하면 삼림은 기원전 1500년경에 캐나다 전역에서 급격하게, 그리고 결국 기원전 4000년부터 도달하였던 북한계로부터 200~400km 후퇴하였다. 이러한 후퇴와 함께 아마도 죽은 나무에 번개가 쳐서 점화된 거대한 산불이 일어났을 것이다. 전체 지대가 툰드라 경관으로 바뀌는 데 대략 1세기가 걸렸다. 이러한 경관의 변화와 기원전 500년경의 뒤따른 한랭기 모두 북극의 대륙 지역에서 지배하는 여름 기온을 3~4℃ 하강시켰다는 결론을 내릴 수 있게 한다.

동지중해와 근동에 미친 영향

기원전 1200년경에 도달했던 이러한 전 세계적인 변화의 시기는 동지중해 지역과 근동 지역에서의 일반적인 요란 상태와 일치한다. 이미 기원전 1500년경에 아리안족은 이란에서 인도 북서부로 집단으로 침입하여 정착하였다. 크레타 섬의 미노아 문명은 수세기 전에 발생한 에게 해 티라 섬에 있는 산토린(Santorin)의 거대한 폭발로 인하여 매몰되어 큰 피해를 입었다. 이 시기는 일반적으로 기원전 1470~1450년으로 연대가 측정되고 있다. 미노아 문명은 실제로 그리스 본토의 남부에 있는 미케네(Mycenae)[16] 제국으로 대체되었다. 기원전 1200년경에 이 문화는 붕괴되고, 대략 1세기 후에 북쪽으로부터 도리아족(Dorian)이 실제로 거의 사람이 살지 않던 그리스 지역으로 이주할 수 있었다. 기원전 850년까지 그리스에는 사람들의 거의 거주하지 않았다. 이와 유사하게 기원전 1200년경에 히타이트족은 현재의 터키에 위치한 아나톨리아 고원에 있는 그들의 과거 고향을 떠났다. 이집트는 북동쪽으로부터 침입한 민족, 히타이트족과 시리아의 침략자 및 리비아로부터 온 다른 이주자들에 의해서 위협을 받았다. 이러한 모든 이주 현상은 원거주지에서 발생한 가뭄이 그 원인인 것으로 지적되고 있다. 1960년대에 미국의 고고학 교수 카펜터(Rhys Carpenter)는 이러한 가설을 조리 있게 주장하였다. 그의 견해는 이후 기상학과 고기

16) 옮긴이 주: 펠로폰네소스 반도에 있던 선사시대의 그리스 도시이다.

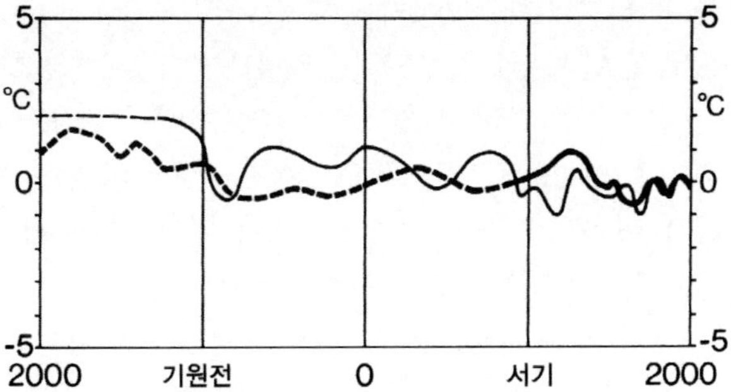

<그림 54> 잉글랜드(굵은 선)와 중국(가는 선)에서 기원전 2000년 이후에 지배했던 기온 경향의 비교(잉글랜드에 대해서 Manley의 기온 자료를 이용한 추코첸의 다이어그램을 채택하였음).

후의 연구를 통해서 증명되었다. 헤로도투스(Herodotus)는 크레타 섬 주민들이 트로이 전쟁(Trojan War) 이후에 기근(饑饉)과 페스트로 크게 고통을 당하여 크레타 섬에 실질적으로 사람이 거의 살지 않았다고 보고하고 있다. 이것이 바로 확실하게 가뭄으로 추론되는 상황인 것이다.

기원전 1800~1650년 사이 구바빌론(old Babylon)의 말기와 기원전 600~400년의 후기 바빌론을 비교하여 예루살렘 히브리 대학교(Hebrew University of Jerusalem)의 노이만(J. Neumann)은 보리 수확 시작의 평균 날짜가 1개월 이상, 즉 3월 말에서 5월 초로 지연되었다는 사실을 발견하였다.

기원전 2000년 이후 일부 시기에 농업 및 목축과 금속의 이용이 남쪽으로부터 유럽 러시아 삼림지대로 전파되기 시작하였다. 그러나 신석기 문화는 드네프르(Dniepr) 강 상류와 볼가(Volga) 강을 따라 유지되어 최북단에는 서기 첫 1000년대까지 존속하였다. 이와 대조적으로 볼가 강 지역에는 기원전 1500~1200년에, 그리고 서시베리아의 예니세이(Yenesei) 강과 오브(Ob) 강을 따라서 기원전 1200~700년 사이에 문화변화가 있었다.

중국에 미친 영향

유럽 및 북아메리카와 아마도 편년이 대부분 다른 중국(<그림 54> 참조)에서 역시 기원전 1100~800년 사이에 후빙기의 가장 온화했던 시기가 끝나고, 다시 완전하게 회복되지 않았다. 기원전 1500년에 고대 중국의 양사오 문화(仰韶文化),[17] 룽산 문화(龍山文

17) 옮긴이 주: 중국 신석기시대 말기의 문화이다. 1921년에 허난 성(河南省) 멘츠 현(澠池縣) 양

化)[18]는 중앙아시아로부터 침입한 기마민족에 의해서 정복되었다. 이러한 사실은 추측하건대 이 지역에서 점증한 어려움의 초기 단계를 알리고 있다(아마도 건조도가 증가하거나 겨울이 더 추워졌거나, 두 가지 현상 모두 있었을 것이다). 수세기 후의 변화는 분명히 강화된 변동성을 수반하고 있는데, 이것은 큰 가뭄을 포함하였다. 대나무는 주 분포지역의 북쪽으로부터 후퇴하였고, 쌀과 과일의 수확 날짜가 늦어지고, 화중(華中)의 한수이(漢水, Han river, 33°N)[19]의 결빙 현상이 기록되었다. 기후는 현재와 유사하였다. 추코첸(竺可楨)에 의하면 기후가 약 기원전 800년 후, 그리고 기원전 500년 후에 현재보다 다소 온난했다는 증거가 있다. 이러한 기후로 인하여 중국 동부의 산둥(山東) 지방의 남부(36°N)에서 기장의 이모작이 가능했고, 기원전 200년경에는 더 추운 상태로 다시 돌아왔다. 이 기간의 상당 부분은 전국시대(戰國時代, Warring States Period, 기원전 480~222년)[20]로 알려진 중국의 혼란기였다. 중국에서 이 천 년 동안에 추웠던 시기와 온난했던 시기는 아직까지 정확하게 확인되지 않고 있다.

저위도와 고위도의 비교

저위도, 적어도 아프리카와 근동에서는 기원전 마지막 천 년의 중반 수세기 동안에 기후가 추웠던 것으로 추측된다. 이러한 기후 상태에 관한 증거들 중에는, 예를 들어 기원전 600년경의 예언자 예레미야(Jeremiah)[21]의 말(예레미야 제18장)과 같은 『구약 성서』의

사오(仰韶)에서 발견되었다. 산시 성(陝西省) 웨이허 강(渭河) 유역, 산시 성(山西省) 서남부와 허난 성 서부의 협장(狹長) 지대에 주로 분포한다. 서쪽으로는 간쑤 성(甘肅省)과 칭하이 성(青海省)의 접경지역까지 이르고, 동쪽은 징한 철도(京漢鐵道)의 연선(沿線)까지 미치며, 북쪽으로는 내몽골의 허타오(河套) 지구까지, 남쪽은 한수이 강(漢水)의 중류까지 이른다.

18) 옮긴이 주: 중국 중부의 신석기문화이다. 1928년 우진딩(吳金鼎)이 처음으로 청쯔야(城子崖) 유적지를 발견했다. 룽산 문화라는 명칭은 이 유적을 발견한 산둥 성(山東省) 룽산(隴山) 진(鎭)에서 따온 것이다. 연대는 기원전 3000~2000년 중반으로 거슬러 올라간다.

19) 옮긴이 주: 중국 양쯔 강(揚子江)의 가장 중요한 지류 가운데 하나로 총길이는 대략 1,532km이다. 산시 성(陝西省) 남서부인 닝창 현(寧强縣) 북쪽에 있으며, 미창 산맥(米倉山脈)에 속하는 보중 산에서 발원한다. 예로부터 상류는 위다이 강(玉帶河) 및 양수이 강으로 불렸으며, 몐현(勉縣) 아래쪽에서는 몐수이 강(勉水)으로 불린다. 이 강은 한중(漢中)에 이르러 비로소 한수이 강으로 불린다.

20) 옮긴이 주: 중국에서 각 제후국들이 패권을 다투던 시기(기원전 475~221년)이다. 전국시대는 중국 역사상 가장 번성하고 후대에 많은 영향을 끼친 시대 중의 하나이다. 이 시대에 맹자(孟子)와 순자(荀子)를 비롯하여 많은 사상가가 등장했고, 이후 2,000년 동안 중국을 특징짓는 정부구조와 문화양식이 형성되었다. 전국이라는 이름은 이 시기의 역사를 다룬 고대의 역사서 『전국책(戰國策)』에서 유래된 것이다. 전국시대는 더 작은 나라들로 쪼개어져 있던 그 이전의 춘추시대(기원전 770~476년)와 구분된다.

수많은 내용이 있다. "그러므로 나 여호와가 이같이 말하노라. …… 레바논의 눈이 어찌 들의 반석을 떠나겠으며 원방에서 흘러내리는 찬물이 어찌 마르겠느냐. …… 그러나 내 백성은 나를 잊었노라."[22] 이 문맥은 이러한 일이 생각될 수 없음을 제시하고 있다. 더욱이 이 기간에 중앙아메리카에서도 추웠는지는 확실하지 않다. 그러나 멕시코 계곡에서의 문화발달에 관한 고고학 연구들은 유럽인들이 도달하기 이전 시기에 인간의 취락이 절정기에 도달했던 세 개의 서로 구분될 수 있는 기간이 있었다는 사실을 제시하고 있다. 대략 기원전 500～100년, 서기 800년경의 짧은 기간, 그리고 그 이후의 아스텍(Aztec) 제국의 3세기 또는 4세기 동안, 특히 16세기의 1520년까지가 그 기간이다. 이들 시기는 유럽과 미국의 대부분 지역, 특히 로키 산맥의 동쪽과 캐나다 중부의 극 지역에서 서늘한 기후가 지배했던 주요 시기와 일치한다. 여름 비가 북쪽으로 멀리 이동하지 않았으면, 멕시코의 기후는 대부분의 시기보다 더 습윤했을 것이다. 이들 시기에 더 습윤했다는 사실은 취락이 호안을 따라 펼쳐진 평야로부터 (토양층이 얇고 현재의 기후가 대부분의 농업을 하기에는 너무 건조한) 산맥의 기저부까지 이동하였다는 사실로 증명된다. 기원전 600～300년경에 최초로 이렇게 급격히 인구가 증가하였다. 총인구수는 5～9배까지 증가한 것으로 추정된다.

우리가 이 장에서 다룬 수천 년 동안의 기후변화를 분석한 결과에 의하면 이러한 기후변화는 후빙기의 최온난기의 종말과 관련이 있다는 사실이 분명해진다. 여기에서 인간활동이 기후변화와 크게 관련이 있었다고 가정하는 것은 주제넘은 일일 것이다. 기온은 여러 차례 갑자기 하강하였고, 또한 부분적으로 다시 상당히 빠르게 회복되었다. 그렇지만 여기서 기온상승은 단기간 지속되었거나 완전하지 않았다. 기원전 3500～500년 사이에 가장 온난한 세기들과 가장 한랭한 시기들 사이의 평균 기온의 편차는 중유럽에서 2℃나 그 이상에 달하였다. 캐나다와 스칸디나비아의 증거에 의하면 고위도와 중국의 겨울 동안의 변화가 이보다 더 컸다. 약한 기온 하강 현상이 마찬가지로 바빌로니아(메소포타미아)와 인도 북부에서도 증명되고 있다. 그렇지만 아열대와 저위도에서 가뭄이 증가한 것이 이 지역의 문명에 가장 큰 영향을 준 주요 인자이다. 이렇게 수많은 큰 환경변화로 인하여 이러한 변화가 그 당시의 사회에 영향을 주었다는 사실 또는 그 이후의 고대에 과거의 황금시대에 관한 이야기가 있었다는 사실은 놀라운 일이 아니다.

---

21) 옮긴이 주: 히브리의 예언자, 개혁가, 『구약 성서』 예레미야의 저자이다. 고대 근동 역사에서 중대한 시기에 발생한 종교 및 정치 사건들에 깊이 휘말렸으나, 그런 가운데서도 영적인 지도력을 발휘하여 동족들로 하여금 기원전 586년에 예루살렘이 바빌로니아에게 함락되고 많은 유대인들이 바빌로니아로 끌려가는 등의 재난을 견뎌낼 수 있게 해주었다.

22) 여기서 인용한 판은 1881년의 개정된 표준판과 *Knox Bible*에서 제시된 가장 분명한 번역을 혼합하였다.

당연히 기후발달의 개별 시기들의 강도는 세계의 여러 지역에서 달랐다. 전체적으로 기원전 1000년대에 기원전 1500년경부터 그 이후로 북아메리카에서 기온이 가장 크게 하강한 것 같다. 그러나 이러한 사실은 가장 온난한 시기가 수세기 전에야 비로소 시작된 고위도 북부 지역에는 적용되지 않는다. 유럽과 북반구의 기타 대부분 지역에서 기원전 1200년경의 기온 하강이 아마도 더 중요한 것 같다. 가장 뚜렷한 기후변화와 가장 추운 일기 상태는 다음 1000년대 중반에 이들 지역에서 나타났다.

캐나다 북동부의 북극 지역과 그린란드 북부의 늦은 개척과 일치되어 이 지역에 에스키모가 도달한 최초의 증거는 기원전 2500년경으로 연대가 측정된다. 이에 반하여 여러 민족이 이 지역을 이보다 수천 년 전에 통과하여 알래스카에 정착하였다. 문화적인 변화는 상대적으로 정확하게 다른 지역에 적용되는 기후 연대와 일치하는 시기에 일어났다. 기원전 1500년부터 약 1100년까지 인간 활동이 그린란드 북부에서 감소하고, 허드슨 만과 래브라도 해안을 따라서 그 흔적이 나타나는 과거 민족들이 남쪽으로 이동하였다. 기원전 1100~700년에 약간의 기후회복 이후에 그린란드 북부의 취락은 다시 방치되었고, 일반적인 남쪽을 향한 이주가 반복되었다.

북서유럽에서의 상세한 내용

끝으로 이러한 발달의 최고점들과 최저점들을 북서유럽에서 좀더 살펴보는 것은 흥미있는 일이다. 북서유럽에는 기후적으로 중요한 일부 세부 내용에 관한 증거가 있다.

이미 기원전 2000년까지 삼림은 스코틀랜드 북서부의 노출된 해안과 스코틀랜드와 잉글랜드 북부의 가장 높은 지점들로부터 후퇴하였다. 이보다 훨씬 남쪽의 아일랜드, 웨일스, 콘월에서 삼림이 여전히 대서양 해안까지, 그리고 청동기시대까지 현재보다 높은 구릉지에 확장하였다. 잉글랜드 남부에서는 인간 활동이 상당히 활발하였다. 약 기원전 세 번째 1000년대 이후의 신석기시대에, 특히 백악(白堊) 고원(chalk upland) 부근의 자연 식생피복이 파괴되기 시작하였다. 땔나무로 이용된 참나무류와 개암나무류가 구릉지의 기저부와 사면에서 성장하였다. 이미 초지로 전환된 백악 고원에서는 신석기시대의 농부들이 작물을 재배하고, 양을 사육하면서 살았다. 기원전 두 번째 천 년대에 이들 취락 공간은 포기되고, 초지, 묘지 및 편리한 교통로로만 이용되었다. 이러한 사실로 청동기시대의 건조한 시기에 샘들이 계곡 더 아래쪽으로 내려가서 높은 지역에서의 물 공급은 어려워졌다. 주민들이 개간하였다가 후에 방치된 백악 구릉의 개척 지역에는 영국으로 이주한 마지막으로 큰 수종인 너도밤나무류(beech)[23]가 널리 분포하게 되었다.

기원전 800~400년 사이에 서구에 극히 습윤했던 시기가 뒤따랐다. 웨일스 서부 트레개론(Tregaron)의 거대한 이탄지에서 반복한 방사성 탄소 테스트의 정밀한 연대측정에 의하면 이 4세기 동안 거의 1m 깊이의 이탄층이 발달하였다(이러한 깊이의 이탄층은 그 다음 2000년 동안 발달한 이탄층의 깊이와 같은 것이었다). 잉글랜드 동부에서 우리가 갖고 있는 지표들에 의하면 적어도 이 시기의 초기에 기후가 더 건조했다. 이 지역이 결국 다시 습윤해졌지만, 기원전 1000년경과 그 후에 농업은 요크셔의 동해안 부근 홀더니스(Holderness)의 평탄한 저지까지 확장되었다. 기원전 750년경으로 연대측정되는 난파선이 링컨셔의 브릭(Brigg) 부근에서 발견된 상황으로부터, 동쪽으로 흐르는 하천들이 기원전 8세기와 아마 그 후에도 느린 유속을 가졌을 것을 추론할 수 있다. 이러한 관찰은 해당 세기들 동안 매우 강한 편서풍이 지배했다는 사실을 지적하고 있다. 이 시기에 알프스 산맥과 노르웨이에서 빙하가 후빙기의 최온난기 이후의 다른 어느 시기에서보다 더 빨리 확장하였다. 이 빙하는 그들의 최소 범위를 넘어서 확장하여, 최근 세기의 가장 추웠던 시기에 빙퇴석이 도달했던 곳까지 확장하였다(그리고 일부 장소에서는 빙하가 심지어 이보다 더 확장하였다).

기원전 500년경의 북반구 상의 열분포에 관한 지식을 이용하여 기상학적으로 복원한 예상되는 바람 순환의 특징은 북극이 한랭화되어 저기압 활동을 남쪽 북유럽으로 밀어냈다는 것을 제시하고 있다. 이를 통해서 캐나다와 그린란드로부터 영국과 중유럽까지 대서양 상공에서 겨울에 아마도 강력하고 한랭한 편서풍이 발달하였을 것이다. 그리고 여름에는 영국제도 위와 유럽을 지나서 지중해 지역까지 저기압성의 북서풍이 지배했을 것이다. 과거의 문헌에서는 잉글랜드 동부의 해면이 기원전 500년경에 매우 높았다는 인상을 전하고 있다. 그러나 이러한 사실은 전혀 근거가 없는데, 그 이유는 당시에 세계 대부분의 지역에서 기후가 크게 한랭화되었고, 빙하가 확장하였기 때문이다. 이러한 가정은 오히려 예외적으로 높은 수위와 북해의 폭풍해일로 인한 범람을 통해서 일어났다고 생각할 수 있을 것이다. 이 두 가지 현상은 바람이 극히 강한 저기압 지역의 후면에서 북서풍과 북풍으로 풍향이 바뀌었을 때 나타났을 것이다.

웨일스 남부로부터 덴마크까지 북서유럽의 해안을 따라서 사구(砂丘) 활동은 당시에 여러 폭풍 일기 상태가 특히 빈번하게 발생했음을 제시하고 있다. 포스 만(Firth of Forth)의 스코틀랜드 동해안에 있는 특정한 갑(岬)들은 북풍이 부는 일기 상태에서 사구 또는 모래 언덕(sandbank)으로 형성된 것으로 나타나고 있다. 이들은 기원전 500년경으로 연대가 측정된다. 아마도 빙하가 형성되고 해면이 조금 하강하여 하구에서, 그리고 해안을 따라서 넓은 모래 면이 노출되어 사구가 형성되었을 것이다. 기원전 500년경으로 연대가

23) 옮긴이 주: 여러 종류의 교목들 가운데 특히 참나무과(—科, Fagaceae) 너도밤나무속(—屬, Fagus)에 속하는 10여 종(種)의 식물이다.

측정되는 나폴리(Naples)와 아드리아 해(Adriatic Sea)에 있는 대부분의 고대 항만 시설은 현재보다 평균 해면이 약 1m 낮았다는 사실을 암시하고 있다. 물론 지중해 지역에서 구조(構造)적으로 매우 불안정한 상태(tectonic instability)를 근거로 이러한 이야기를 하는 것은 거의 신뢰성이 없다. 그렇지만 기후변화와 그 기간에 관해서 우리가 이용할 수 있는 지식에 의하면, 기원전 2000년부터 500년까지 해면이 약 2m 또는 그 이상 하강하였다는 결론을 내리게 된다. 로마 제국의 시기에 해면이 전구적으로 지속적으로 상승하는 경향이 있었고, 결국 서기 400년경에 현재 또는 그보다 조금 위와 비교할 수 있는 높은 수준에 도달했던 것처럼 보인다.

네덜란드 해안은 기원전 3000～2000년 사이에 일반적으로 현재 위치로부터 약 50km 더 동쪽에 위치하였다. 이것은 그 당시에 가정된 가장 높은 세계의 해면에 상응한다. 해안선은 서쪽으로 이동하고, 북해는 후퇴하였으며, 이를 통해서 기원전 두 번째 천 년에 새로운 해안 사구벽(sand-dune barrier)들이 형성되기 시작했다. 그렇지만 모래층에 혼합된 물질을 방사성 탄소연대측정으로 확인한 바에 의하면 주요 이동이 약 기원전 600～150년 사이에 일련의 높날림모래(blowing sand) 운동으로 일어났다. 마찬가지로 덴마크 유틀란트(Jutland) 반도의 이탄지 연구에서는 기원전 600년경과 서기 원년경 사이에 높날림모래층이 관입되었음을 증명할 수 있었다.

잉글랜드 남부 내륙의 경관 연구도, 마찬가지로 한랭하고 서부에서 습윤한 기후 체제가 지속되었다는 사실을 지적하고 있다. 기원전 900년 후 일부 기간에 점점 더 늪같이 되는 지역의 기존 도로를 유지시킬 목적으로 서머싯(Somerset)의 영지(領地)의 저지 위에 목재 도로(wooden trackway)를 깔았다. 그리고 기원전 350년경에는 그 대신에 보트를 이용하였다. 다음 세기의 기원전 250년경에 글래스턴베리(Glastonbury)와 미어(Meare)에서 호안(湖岸)에 말뚝을 박고 집을 지은 호안 취락이 건설되었다. 아마도 거주자들은 방어 목적으로 이러한 위치의 장점을 택하였을 것이다.

기원전 500년경에 잉글랜드 동부의 기후도 그 이전보다 훨씬 더 습윤했다. 따라서 잉글랜드, 웨일스, 아일랜드의 모든 지역이 당시에 그와 같이 변화된 습윤한 체제의 영향을 받았다. 이로서 바람이 더 이상 주로 편서풍이 아니었다는 사실이 뚜렷해진다. 또한 저기압 활동도 영국제도 남쪽이나 위를 빈번하게 통과하고, 그 이전 세기들보다 훨씬 남쪽과 동쪽으로 확장되었다. 기후 상태는 차후에 더 상세하게 다룰 서기 15세기에 유럽을 지배했던 체제와 유사하였다. 그리고 잉글랜드를 가로지르는 이미 설립된 고대 능선길[예를 들어 브리스틀부터 런던까지의 코츠월드(Cotswold)[24] 능선길, 스톤헨지부터 노퍽까지의 이크닐드

24) 옮긴이 주: 영국 잉글랜드 중서부 지역을 가로질러 80km 정도 뻗어 있는 석회암 구릉지대의 산마루이다.

통로(Icknield Way),[25] 후에 순례자의 길(Pilgrim's Way)[26]로 알려진 윈체스터(Winchester)부터 캔터베리(Canterbury)까지의 구간]은 조밀한 삼림뿐만 아니라 흔히 늪이 많은 저지 지역을 돌아가는 특별한 장점이 있었다.

대종교들의 출현 시기

끝으로, 삶과 세계에 관한 대종교와 철학이 이 장에서 다룬 시기인 마지막 천 년에 출현한 것은 흥미 있는 내용이다. 당연히 이 시기의 기후 사건들이 종교의 창시자나 철학자들의 사상에 직접적으로 영향을 준 것은 전혀 아니었을 것이다. 그들은 아마도 기후변화를 의식하지도 못했을 것이다. 어디에 살았거나 마찬가지로 모든 사람은 어떠한 경우에도 적어도 그 시기의 일반적인 특성과 구별되는 특정한 해들을 경험하였을 것이다. 심지어 어떤 사람들은 그의 전 생애 동안 기상 현상이 유별났던 지역에 살았을 수도 있을 것이다. 하라파와 인더스 문명의 기원에서 중앙아시아 북부의 사람들과 인도 북서부의 거주자들이 같은 시대에 경험했던 일들이 얼마나 달랐는가를 이미 관찰할 수 있었다. 일반적으로 문화변화와 마찬가지로 기후변화도 분명하게 정의할 수 있는 지리적 패턴이 있다. 아주 일반적인, 심지어 전구적인 기후 경향이 지배하더라도 보통 그와 반대되는 경험을 하게 되는 일부 지역이 있다. 확실히 계절풍 지역들과 건조지대의 주변에서 증가한 기상 변동은 열렬한 선교사들 또는 무장한 지지자들이 새로운 종교를 전파하는 데 유리한 조건을 제공할 수 있었을 것이다. 예를 들어 한 위도대의 거의 대부분 지역에 영향을 주는 가뭄과 같은 매우 집중적인 기후 이상(climatic anomaly)이 나타나는 시기가 이러한 변동에 해당된다. 전통적인 생활방식과 질서정연한 관습이 파괴되면, 새로운 종교의 전파가 특히 용이해진다. 이슬람교가 전파되던 기원후 첫 번째 천 년에 지중해 지역에서 그와 같은 가뭄으로 인한 붕괴가 있었던 증거가 있다.

기원전 마지막 천 년대에 중국의 기후사는 유럽(<그림 54> 참조)에서의 경과와 근본적으로 달랐다. 대략 기원전 1200～800년, 그리고 다시 기원전 600～200년에 중국에서는 확실하게 민족의 대이동과 관련이 있는 매우 극심한 기후 상태가 지배하였다. 이러한 민족이동과 그로 인한 소요는 아마도 모든 유럽과 아시아의 민족들에게 직접적 또는 간접

---

25) 옮긴이 주: 선사시대의 유명한 교통로로 동앵글리아 고지, 칠턴 산지, 버크셔다운스를 끼고 있는 건조지대를 따라 노퍽에서 윌트셔에 이르는 잉글랜드 지방을 가로지르고 있다.

26) 옮긴이 주: 영국 잉글랜드 남부의 노스다운에 있는 길이다. 영국해협과 웨식스 지방의 백악층 중간 지역 사이에 있는 유명한 선사시대의 통로로, 많은 구간이 지금까지도 소로(小路) 또는 승마로로 이용되고 있다.

적으로 영향을 주었을 것이다. 석가모니(釋迦牟尼, 기원전 563～483년)와 공자(孔子, 기원전 551～479년)는 각각 인간의 경험으로 고통받는 전반적인 문제에 대한 해결책을 제시하였다. 공자는 모든 사람은 형제로서 서로 지지해야 한다고 가르쳤다. 석가모니는 결국 우리의 존재 상태를 일치시키고 번뇌(煩惱, 고통과 슬픔)에서 해탈(解脫)한 경지(境地)에 도달할 목적으로 니르바나(悅盤)[27]에 이르는 길로 명상을 추천하였다. 유태인들의 바빌론 유수(幽囚, Babylonian Exile, Babylonian Captivity라고도 함)[28]는 기원전 600～536년 사이의 시기에 있었다. 이와 때를 같이하여 유대인들의 정신적 지도력을 새로이 하고, 7세기 전 민족 이동 시기에 다져진 유대인 공동체를 관장하는 율법으로 되돌아가자는 간곡한 권고도 다시 행해졌다. 그리스에는 기원전 4세기와 5세기에 위대한 철학자들이 나타났는데, 그들의 가르침은 기독교와 전체 유럽의 사상에 영향을 주었고, 현대 학문과 민주적인 토론의 발달을 가져왔다.

27) 옮긴이 주: 불교에서 수행을 통해 도달하는 궁극적 경지로 욕망이 소멸된 존재 상태를 말한다.

28) 옮긴이 주: 기원전 598(또는 597)년과 기원전 587(또는 586)년 바빌로니아가 유대 왕국을 정복한 뒤 유대인을 바빌로니아에 강제로 억류시킨 사건이다. 바빌론 유수는 페르시아가 바빌로니아를 점령한 기원전 538년에 공식적으로 끝났는데, 바빌로니아를 정복한 페르시아의 키루스 대왕(성서의 고레스 왕)은 유대인에게 팔레스타인으로 돌아가도록 허용했다. 역사가들은 다음의 사실에 대해서는 의견의 일치를 보았다. ① 팔레스타인에서 몇 차례 폭동이 일어나자 그때마다 추방 조치가 있었는데, 그렇다고 모든 유대인이 조국에서 강제로 추방된 것은 아니었다. ② 귀향이 허용된 후 돌아가고자 하는 유대인들은 수차례에 걸쳐 바빌로니아를 떠났고, 일부 유대인들은 바빌로니아에 계속 남아 있었으며, 이 결과 최초로 많은 공동체가 형성되어 디아스포라(유대 왕국이 패망하여 바빌로니아로 유배당한 뒤 이방인 사이에 흩어져 살게 된 유대인들 또는 '유배되어' 팔레스타인, 곧 오늘날 이스라엘 지역 바깥으로 흩어진 유대인들이나 유대인 공동체를 총칭한다)의 형태로 계속 살게 되었다는 사실 등이다.

9. 로마 시대와 그 이후

로마 시대의 지중해 세계

우리가 알고 있는 바와 같이 로마는 기원전 753년에 창설되었다. 대략 같은 시기에 그리스인들은 시칠리아(Sicilia, 영어로는 Sicily)와 이탈리아 남부에 식민지를 설치하였으며, 기원전 600년경에는 마르세유(Marseille)에도 식민지를 설치하였다. 기원전 2세기 무렵까지 페니키아인(Phoenician), 카르타고인(Carthaginian), 그리스인들이 항해, 교역, 농업, 식민지 개척에서 로마인들보다 뛰어났다. 기원전 600년경에 페니키아인들은 아프리카를 주항(周航)하였다. 그리고 최초의 로마 역사가들은 기원전 200년 전에 그들의 저서를 그리스어로 썼다. 동지중해와 남지중해 지역 사람들의 문화적·경제적 발달은 아마도 이들 세기에 지배했던 더 추운 기후를 통해서 유리했을 것이다. 이 당시의 기후는 겨울에 비가 더 많이 내려서 그리스와 북아프리카 주변 지역 토양의 비옥도를 높였다. 이를 통해서 카르타고인들과 후에 로마인들이 이들 지역에서 경작을 할 수가 있었다. (기원전 3000년 전의 더 습윤한 기후의 잔재로서 수위가 여전히 현재보다 높았고, 사막의 오아시스는 더 넓었다) 카펜터(Rhys Carpenter) 역시 초기의 고대 그리스인들이 따뜻하게 옷을 입었고, 그들 집의 지붕이 경사진 박공(牔栱, gable)[1] 구조를 가졌다고 지적하였다. 이것은 크레타 섬의 초기 미케네와 미노아 문화의 시기에 흔했던 평탄한 지붕 및 반나체의 옷을 찾아볼 수 없다는 것을 의미한다. 역사 기록[예: 리비우스(Livy)][2]에서는 당시에 적어도 로마에서 몇 해의 혹한의 겨울이 있었다는 사실과 테베레 강[3]이 얼고, 여러 날 눈이 쌓여 있었다고 보고된다. 그리

---

1) 옮긴이 주: 물매지붕(경사진 지붕)의 양쪽 끝부분에서 지붕 면과 벽이 이루고 있는 삼각형 단면의 모서리를 말한다. 처마에서 뾰족한 지붕 끝까지 뻗어 있으며, 고대 그리스 신전에서는 박공을 페디먼트라고 불렀다. 양쪽 방향으로 경사진 기붕을 박공지붕이라 하며 마치 책을 엎어놓은 모양이다.

2) 옮긴이 주: 리비우스(Titus Livius, 영어로는 Livy)는 기원전 59년~서기 17년에 살았던 로마의 역사가이다.

3) 옮긴이 주: 테베레 강(Flume Tevere, 영어로는 Tiber River)은 유럽의 역사적인 강이며 이탈리아

고 이 지역에 기원전 300년경에는 너도밤나무류가 성장하였던 반면, 서기 1세기의 플리니우스(Plinius, 영어로는 Pliny)[4] 시기에 기후는 너도밤나무류가 성장하기에는 너무 온난하였다. 로마인들은 플리니우스의 시기에 너도밤나무류를 산지에서 성장하는 나무로 간주하였다.

대략 기원전 310~300년에 피테아스(Pytheas)[5]는 헤브리디스(Hebrides)[6]에서 스코틀랜드 북부까지 연장되는 서유럽 해안에서 탐사여행을 했다. 그는 여기서 '80완척 높이(cubits[7] high)'의 파도를 만났다. 그는 북쪽으로 6일간 항해한 후에 툴레(Thule)[8]라고 부르는 66°30´N에 있는 섬에 도달하였는데, 이 섬은 아이슬란드로 확인할 수 있다. 그 이유는 특히 피테아스가 이 지역에서 출현하는 '부유하는 흙과 공기(earth and air suspended)'로 이루어진 낯선 물질, 추측하건대 부석(浮石)을 관찰하였다고 기술하고 있기 때문이다. 이 섬에서 하루 더 항해했을 때 바다는 이미 얼어 있었다. 그의 보고서에서 설명되지 않은 부분은 이 섬에 사람이 살았다고 언급한 것이다. 피테아스에 의하면 이곳의 주민들은 야생 딸기(wild berries), 꿀과 자주 비가 내리기 때문에 헛간의 실내에서 탈곡한 야생에서 자란 '갈풀속의 낟알(*Palaris canariensis*)'[9]을 먹고 살았다. 이 민족은 누구인가? 과거의 기후가 양호한 시기에 유럽에서 온 항해자인가? 또는 아마도 이글루(igloo)를 연상시키는, 스카라브레(Skara Brae)[10] 부근의 작은, 부분적으로 반지하의 돌집 형태가 제시하는 바와 같이,

---

에서 포 강 다음으로 긴 강이다.

4) 옮긴이 주: 플리니우스(Pliny)는 로마의 작가이자 학자이다.

5) 옮긴이 주: 피테아스(Pytheas)는 기원전 300년경에 활동한 그리스의 항해가· 지리학자· 천문학자이다.

6) 옮긴이 주: 영국 스코틀랜드 대서양(서쪽) 연안에 있는 제도이다.

7) 옮긴이 주: cubit는 우리말로 완척(腕尺)으로 팔꿈치에서 가운데 손가락 끝까지의 길이이며, 1 cubit는 대략 46~56cm가 된다.

8) 옮긴이 주: 툴레는 툴레 문화(Thule culture)로 이해할 수 있을 것이다. 툴레 문화는 알래스카 북부의 북극해 연안과 동쪽의 아문센 만에서 발전했던 에스키모 선사문화이다. 900년경부터 급속히 동쪽으로 퍼졌으며, 12세기에는 그린란드까지 미쳤다. 또한 이 문화는 북극권 캐나다의 중앙까지 계속해서 퍼져나갔으며, 1300~1700년경에는 거꾸로 알래스카의 툴레 동부에서 서부로 문화가 전파되었다. 툴레 문화는 고래잡이를 중심으로 이루어졌다. 해안에 위치한 겨울철 영구가옥은 고래의 뼈와 가죽, 뗏장 등으로 만들어졌으며, 이 가운데 일부는 반지하구조였다. 겨울철 이동 중에는 얼음집을 사용한 반면, 가죽 텐트는 여름에 사용했던 것 같다.

9) 옮긴이 주: 독어 번역본에 'Glanzgras(*Phalaris canariensis*, 독한사전에는 흰갈대풀로 나와 있음)'로 번역되어 있으나 정확한 우리말 명칭은 찾지 못하였다. 학명 '*Phalaris canariensis*'도 찾을 수 없었다. 단 '*Palaris*'는 갈풀속을 의미한다.

10) 옮긴이 주: 유럽에서 발견된 것 중 가장 완벽하게 보존된 석기시대 취락의 하나이다. 스코틀랜드 오크니 제도의 메인랜드 섬 스케일 만의 해안에서 수천 년 동안 사구에 덮여 있었다. 1850년에 대폭풍으로 그 모습이 드러난 뒤 1860년대에 윌리엄 와트가 이곳에서 4동(棟)의 건물을 발굴했고, 1926년에 다시 폭풍이 지나간 다음 영국 고대 기념물 담당 부서가 새로이 발굴을 실시했다. 고고학자들은 스카라브레가 기원전 2000~1500년경에 만들어졌다고 추정했다.

기원전 마지막 1000년대의 어느 시기에 오크니 제도까지 진출했던 에스키모인가?

스트라보(Strabo)[11]의 보고에 의하면 기원전 약 120~114년 사이에 현재의 덴마크와 독일의 해안선을 후퇴시킨 바다의 범람을 수반한 북해에서의 한 차례의 거대한 폭풍과 일련의 폭풍들이 있었다. 소위 사임브리아(Cymbrian 또는 Kymbrian) 범람으로 피해를 입은 지역에 살던 켈트족(Celtic)과 튜튼족(Teutonic)은 남쪽으로 이주하였다. 적어도 캐나다, 그린란드, 스칸디나비아에서 증명되고 있는, 북극 지역에서 기온이 크게 하강하고 또한 연구된 모든 지역에서 산지 빙하가 확장한 이 시기까지 약 1,000년 이상의 기간에 북유럽과 중유럽으로부터 남쪽으로 민족이동이 일어났다. 그러나 이후에 수백 년 동안 그러한 정도의 커다란 기후요란 또는 사회 혼란이 전혀 언급되지 않고 있다.

카이사르(Julius Caesar)는 기원전 54년 여름에, 오늘날에는 아무것도 아닌, 지속적으로 분 서풍과 북서풍 때문에 영국해협을 건너서 잉글랜드로 원정할 때까지 오랫동안 지체해야 했다. 이와 유사한 사정은 기원전 55년 여름에도 그대로였고, 노르망디의 윌리엄(William of Normandy)[12]은 서기 1066년 10월 초 항해에 유리한 바람이 불 때까지 꼼짝도 할 수 없었다.

플리니우스의 시기와 그 이전 세기에 원예에 관해서 저술한 로마의 저자들은 그 당시에 포도와 올리브가 이탈리아에서 그 이전 세기들에 재배되던 지역에서보다 더 북쪽에서 재배될 수 있었다는 사실을 강조하고 있다. 이러한 사실은 여러 종류의 화석과 대용 자료에서 나타나는 일반적인 지표들과 일치한다. 이들 자료에 의하면 서기 400년 무렵까지 로마 시대의 유럽에 지속적으로 온난해지면서 점점 더 건조해지는 경향이 있었다. 대략 서기 400년까지의 점진적인 지구온난화는 당연히 앞 장에서 다룬 해면 상승의 증거와 일치한다. 로마 지배 전성기의 이러한 배경은 지속적으로 변하는 기상 상태가 작은 방해에 불과하여 결코 그 당시와 그 이후의 역사 추이에 영향을 미치는 장애 요인이 되지 못했다는 ─현재 널리 퍼져 있는─ 가정을 하게 할 수도 있다.

로마 제국이 투쟁해야만 했던 잘 알려진 정치적 불안 요인에도 불구하고, 그리스도는 석가모니 및 공자와는 달리 상대적으로 온화한 기후 시기에 출생했다는 사실을 알 수 있

11) 옮긴이 주: 스트라보(Strabo)는 그리스의 지리학자·역사학자이다. 그의 『지리학(*Geography*)』은 아우구스투스 왕의 재임기간(기원전 27년~서기 14년) 동안 그리스·로마에 알려져 있던 국가와 민족들에 대한 내용이 담긴 현존하는 유일한 책이다. 또한 많은 전문서적으로부터 인용한 내용들은 그 책에 포함된 국가들의 역사뿐만 아니라 그리스의 지리학에 대한 포괄적인 내용을 담고 있다.

12) 옮긴이 주: 노르망디의 윌리엄(William of Normandy)은 윌리엄 1세(William I)로 별칭이 정복왕 윌리엄(William the Conqueror)이다. 중세의 가장 위대한 군인·통치자 중 한 사람으로 프랑스에서 강력한 봉건영주로 두각을 나타냈으며, 잉글랜드를 정복(1066년)하여 그 역사의 경로를 바꾸어놓았다.

다. 북아프리카와 근동에서 지속적으로 다소 습윤한 기후를 제외하고 분명히 현재의 기후와 상당히 유사한 기후가 지배했다. 그 외에도 충적토의 수분뿐만 아니라 과거의 식생도 로마 제국의 곡창(穀倉)인 아프리카의 광범위한 경지에서 장기간 농사를 지을 수 있는데 도움이 되었다. 이 지역에는 그 이후에 시리아와 요르단의 사막에 의해서 다시 정복된 페트라(Petra)[13]와 같은 취락이 번성했었다.

알렉산드리아(Alexandria)의 프톨레마이오스(Claudius Ptolemaeus)는 서기 120년경에 우리가 현재의 기후와 비교하여 주목할 만한 차이를 발견할 수 있는 기상 일기(weather diary)를 남겨놓았다. 오늘날 이집트인 그 지역에서는 당시에 8월을 제외하고 매달 비가 내렸으며, 여름 내내, 그리고 다른 계절에도 번개가 쳤다. 7월과 8월에 더운 날이 가장 빈번했다. 현재는 바다에서 육지로 부는 지속적인 북풍과 북동풍이 7월과 8월의 기온을 낮춘다.

로마 시대의 온화한 기후를 가리키는 다른 흔적은 서기 101~106년 사이에 포르칠레데피에르[Iron Gate,[14] 구유고슬라비아와 루마니아의 트란실바니아 고지(Transylvanian highlands)[15] 사이] 부근의 도나우(Danube) 강 위에 수많은 돌 교각(橋脚)을 가진 다리가 건설된 것에서 볼 수 있다. 이 다리(<그림 55> 참조)는 로마군과 행정 관리가 다키아(Dacia)[16]로 건너갈 수 있는 통로로 트라야누스(Trajan) 황제[17]를 위해서 아폴로도로스(Apollodorus of Damascus)[18]가 설계한 다리이다. 이 다리는 약 170년간 서 있었다. 이러한 건축물은 차후의 세기들에 정상적인 겨울보다 더 많이 언 얼음으로 인해 붕괴되었을 것이 확실하다. 로마의 지배가 끝난 후에 다키아인들이 결국 이 다리를 파괴했다고 전해지고 있다.

서기 1세기 말경에 도미티아누스(Domitian) 황제[19]의 칙령(勅令)으로 북쪽으로 계속해서

13) 옮긴이 주: 헬레니즘 시대와 로마 제국시대에 걸쳐 아랍 왕국의 중심지였던 고대 도시이다. 이 도시의 유적은 요르단의 마안 주(무하파자)에 있다. 페트라는 동서 방향으로 모세 계곡(Wadi Mūsa)이 관통하고 있는 해안단구 위에 건설된 도시였다.

14) 옮긴이 주: 포르칠레데피에르(Porţile de Fier, 영어로는 Iron Gate. 세르보크로아티아어로는 Gvozdena Vrata), 도나우 강 유역의 드제르다프 협곡 중 맨 끝의 협곡이다.

15) 옮긴이 주: 트란실바니아는 유럽 동부에 있는 역사적 지역이다. 트란실바니아는 북쪽과 동쪽은 카르파티아 산맥, 남쪽은 트란실바니아 알프스 산맥, 그리고 서쪽은 비호르 산맥에 둘러싸인 지역이었다.

16) 옮긴이 주: 다키아(Dacia)는 카르파티아 산맥과 트란실바니아 지방을 일컫던 고대 지명으로 지금의 루마니아 중북부와 서부 지역에 해당한다.

17) 옮긴이 주: 트라야누스는 'Caesar Nerva Trajanus Germanicus'라고도 함(97~98년). 본명은 'Marcus Ulpius Trajanus'이다. 외부 이탈리아 출신으로는 최초로 로마 황제가 되었다. 로마 제국의 경계선을 동쪽으로, 특히 다키아·아라비아·아르메니아·메소포타미아 등지에서 영토를 넓히려고 애썼으며 대규모 토목공사를 벌이고 사회복지를 확대했다.

18) 옮긴이 주: 아폴로도로스(Apollodoros, 영어로는 Apollodorus of Damascus)는 2세기 초에 활동한 그리스의 건축가·기술자이다.

19) 옮긴이 주: 도미티아누스(Caesar Domitianus Augustus, 영어로는 Domitian. 본명은 Titus Flavius Domitianus)는 로마의 황제로 81~96년에 재위하였다. 치세 말년에는 여러 유명한 원

포도 재배가 확산되는 것이 금지되었다. 그는 알프스 산맥 너머의 로마 제국의 서부와 북부 지방에서 포도 재배하는 것을 금하였다. 이 칙령은 서기 280년경에 프로부스(Probus)[20]에 의해서 폐지되었다. 실제로 독일과 잉글랜드에 포도 재배를 도입한 것은 로마인들이었다. 대략 서기 300년 후의 시기에 포도가 영국에 수입되었다는 아무런 증거도 없다. 이 지방은 적어도 포도를 자급했을 가능성이 있었다. 수세기 동안 이탈리아 남부로부터 북쪽으로 포도 재배가 확산된 것이 중요한 기후변화에 기인하는 것은 아니다. 이탈리아에서 포도 재배자들은 거의 어려움을 겪지 않았고 오히려 유리한 조건 때문에 포도가 실제로 더 북쪽에서 재배될 수 있을 것이라고 판단했을 것이다.

동양과의 연결: 교역과 민족이동의 시기

기원전 150년경부터 서기 300년 또는 이보다 수십 년 후까지 로마 시대의 수세기 동안 낙타를 이용한 대상(隊商)들은 중국과 사치품을 교역하기 위해서 아시아 대륙을 가로지르는 대실크로드(Great Silk Road)를 이용하였다. 그러나 카스피 해의 해면 변동을 기초로 하고, 간헐천(間歇川)과 호수들의 연구를 통해서, 그리고 신장(新疆)[21]과 중앙아시아의 방치된 취락을 기초로 서기 4세기에 이 루트를 통한 교통을 중단시킬 정도로 건조한 시기가 발달했다고 알려져 있다(<그림 56> 참조). 서기 300～800년 사이에 다른 집중적인 건조한 시기들이 발생하였는데, 특히 이들 시기에 뚜렷했다. 이러한 사실은 또한 이들 시기에 최고에 달했던 카스피 해의 매우 낮은 해면이 가리키고 있는 내해(內海)들의 구해안선과 과거의 항구 시설들로 증명되고 있다. 이러한 증거로 보아서 헌팅턴(Ellsworth Huntington)[22]이 1907년에 발간된 그의 저서 『아시아의 맥박(*The Pulse of Asia*)』에서 제시한 가설은 매우 타당하다. 유목민들이 이용했던 중앙아시아의 목초지가 말라버린 것이 야만인 부족들과

로원 의원들이 그의 공포정치로 고통을 받았다.

20) 옮긴이 주: 프로부스(Marcus Aurelius Probus)는 로마의 황제로 276～282년에 재위하였다. 4세기의 작가들은 농업에 기울인 황제의 엄청난 관심에 주목했다. 그는 갈리아·스페인·브리튼에서 포도 재배를 장려했다. 그러나 농업 개간사업을 위해 발칸 반도에 파견한 부대가 엄격한 군율에 반기를 들어 그를 살해했다.

21) 옮긴이 주: 'Xinjiang' 또는 'Sinkiang'이라고도 씀. 중국의 북서부에 있는 자치구.

22) 옮긴이 주: 미국의 지리학자로 중앙아시아, 미국, 멕시코, 중앙아메리카의 기후를 조사하고, 주로 기후가 지형, 지질학적·역사적 변화, 인간의 활동, 문명의 분포와 어떤 관계를 가지는가에 대해 연구했다. 이러한 연구들을 기초로 『문명과 기후(*Civilization and Climate*)』(1915), 『인간의 서식지(*The Human Habitat*)』(1927), 『문명의 주요동기(*Mainsprings of Civilization*)』(1945) 등 몇 권의 저서를 남겼다.

〈그림 55〉 포르칠레데피에르 부근에서 도나우 강을 건너는 서기 101~106년에 건설된 로마의 다리. 로마에 있는 트라야누스 기둥의 그림에서 볼 수 있는 바와 같이 이 다리는 돌 교각 위에 나무 구조물로 이루어졌다.

비정착인들로 하여금 서쪽의 유럽으로 이동하게 하여 결국 로마 제국을 약화시키는 연쇄 반응을 일으켰다.

로마 제국이 천천히 쇠퇴하는 시기와 중복되는 민족의 대이동(Völkerwanderungen) 시기는 기원전 마지막 천 년 동안과 같이 주로 한 방향으로 이동하는 특징이 있다. 기원전의 민족의 이동이 북쪽에서 남쪽으로 일어났던 반면, 로마 시대의 민족의 이동은 동쪽에서 서쪽으로 일어났다. 두 가지 경우 모두 전구적인 원인이 작용한 것을 암시한다. 최초의 민족의 대이동의 경우에는 극 지역과 한랭한 북극기단이 확산되어 기후가 크게 요란을 받은 지역에서 생활을 유지하기가 점점 더 어려워진 것이 발단이 된 것으로 생각된다. 두 번째 민족의 대이동의 경우에는 장애 요인이 분명하게 북쪽에 있었던 것이 아니라 유라시아 대륙의 중심인 동쪽에 있었다. 이 지역에서는 겨울에 항시 매우 추웠기 때문에 결정적인 변화는 오히려 실제로 틀림없는 증거가 있는 건조한 시기와 더 관련이 있는 것으로 생각된다.

<그림 57>은 기원전 4세기부터 서기 1300년까지 거의 2,000년 동안 유럽의 기후변동에 관해서 동시대의 문서 기록을 근거로 우리가 언급할 수 있는 내용을 제시한 것이다. 이탈리아의 홍수 빈도와 매년의 강수량 변동은 지중해 지역의 북부에 있는 다른 지역에서 나온 지표들과 상당히 일치하는 것으로 나타나고 있다. 이 사실은 우리가 카스피 해와 중앙아시아의 수분수지에 대해서 확인한 변동에도 적용된다. 그리고 건조한 시기들이 해당 지역에 큰 어려움을 주었다는 것은 확실하다.

<그림 56> 중앙아시아(신장)의 톈산(天山) 산맥의 투루판(Turpan) 저지에 있는 지아오헤(Jiaohe) 절벽에 판 동굴. 서기 200년경부터 교역으로 번성했던 실크로드에 있는 한 도시의 －아마 과거 불교 사찰의－ 잔재로 서기 1000년 이전에 방치되었다(Bruce Dale이 촬영한 사진, 저작권은 Washington, D.C.에 소재한 National Geographical Society에 있음, 이 책을 위해서 친절하게 제공해주었음).

중요한 전염병

기온이 상승하고 점점 더 건조해져서 로마 시대 말기에 여러 종류의 전염병이 발생했다는 기록이 있다. 서기 144～146년, 그리고 171～174년에 이집트의 여러 지역에서 인구가 1/3로 감소하였다. 서기 166년에 마케도니아(Macedonia)로부터 로마에 페스트가 도달하여 로마 제국의 넓은 지역에 퍼졌다. 서기 251～268년에 이탈리아와 아프리카에 더 나쁜 전염병들이 퍼졌다. 당시의 보고에 의하면 로마에서 사망자 수가 하루에 5,000명까지 달했다. 이 중에 가장 심각했던 전염병은 서기 542～543년에 유스티니아누스(Justinian)[23] 황제 재임 기간의 림프절 페스트(bubonic plague)였다. 이 전염병은 이집트 또는 나일 강 상류 계곡, 또는 아마도 에티오피아에서 발생하여 로마 제국 전체에 전파되었으며, 페르시아와 인도, 그리고 유럽의 항구들에 도달하였다. 중세의 흑사병(Black Death)과 마찬가지로 사

23) 옮긴이 주: 527～565년에 재위한 비잔틴의 황제 유스티니아누스(Justinianus I)를 말하는 듯하다.

망자 수는 처음 발병하였을 때 매우 높았다. 그러나 그 후 점차로 약하게 퍼지면서 재발병하였다. 서기 542년과 565년 사이에 비잔틴(Byzantine) 제국[24]과 유럽 인구의 1/2, 즉 총 1억 명 정도가 이 림프절 페스트에 걸려서 사망하였다고 한다. 이 병은 아마도 그 이전 세기들의 다른 곳에서는 이미 소멸되었던 전염병이 시간적으로 늦게 재발하여 서기 664년과 682년에 아일랜드에 도달했던 흑사병일 것이다. 이에 기후가 어떤 역할을 했을 경우에는 초기의 페스트 확산에 대해서 건조한 시기가 중요한 것은 의심할 여지 없이 이러한 조건하에서 곤란한 위생 상태와 관련이 있을 것이다. 중세의 페스트는 국지적으로 온난습윤한 도시 지역들과 접촉 가능성이 많은 여행로를 따라 인구가 많은 지역들에서 가장 극심하게 발생한 것으로 생각된다. 이러한 사실은 아마도 유스티니아누스 황제 시기에 출현한 페스트에도 적용될 수 있을 것이다.

북유럽의 해면 변동과 해안선의 변화

로마 시대의 온난한 세기들 동안 아마도 최대 총 1m에 달하는 전 세계적으로 느린 해면 상승이 일어났다. 이러한 해면 상승은 지중해 해안에 있는 과거의 항구시설들을 물 속에 잠기게 했을 뿐만 아니라 서기 400년경에 워시(Wash)[25]부터 잉글랜드의 습지(fenland)[26]까지 상당한 해진(海進)이 일어나게 하였다. 플랑드르(Flanders)부터 유틀란트 반도(Jutland)까지 대륙의 북해 해안을 따라서 하구 지역과 만(inlet)들에서는 작은 선박들이 운항할 수 있었다(<그림 58> 참조). 이러한 상황이 앵글족(Anglian)과 색슨족(Saxon) 이주자들이 그들의 과거 대륙의 고향으로부터 북해를 건너 잉글랜드로 진출하는 데 도움이 되었을 것이다. 대략 서기 250년과 275년 사이에 과거의 플랑드르와 네덜란드의 해안선 위로 해진이 일어나서 대륙의 해안 평야에서 인구가 감소하였다.[27] 링컨셔의 잉글랜드 습지의 해안과

24) 옮긴이 주: 서로마 제국이 멸망한 뒤에 약 1,000년 동안 존속했던 동로마 제국이다. 비잔틴 제국이라는 이름은 유스티니아누스 왕조가 지중해 탈환을 위해 벌였던 게르만족 세력과의 전쟁에서 패배한 610년 이후부터 오스만 투르크에 의해 팔라이올로구스 왕조의 마지막 황제가 퇴위한 1453년까지를 일컫는 중세 그리스의 동로마 문화권을 의미한다. 그러나 동로마인들은 자신들의 영역을 신의 은총과 영원한 로마의 위대한 유산을 물려받은 그리스도교 국가라는 자부심을 지니고 있어서 스스로를 계속해서 '로마인'이라 불렀다.

25) 옮긴이 주: 영국 북해에 있는 얕은 만이다.

26) 옮긴이 주: 'fens'라고도 하는 영국 잉글랜드 동부에 있는 개간된 소택지의 자연 지역이다.

27) 그 시기에 벨기에와 네덜란드의 해안평야에 관해서 여기서 언급한 상황에 관한 정보를 제공해준 University of Ghent의 M. Ryckaert 박사, F. Verhaeghe 박사, A. Verhulst 교수에게 감사드린다.

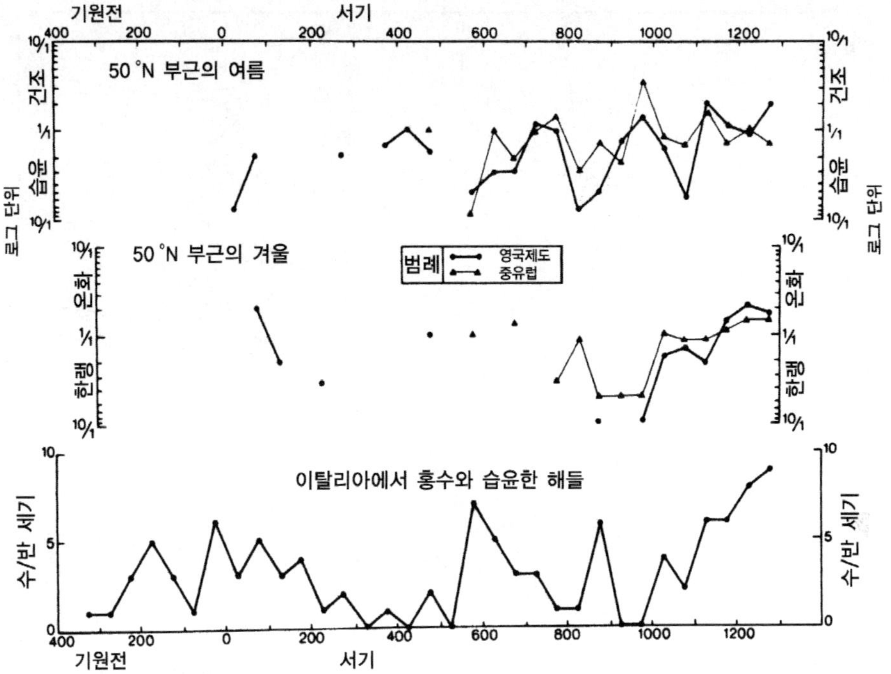

〈그림 57〉 기원전 400년부터 중세 사이에 유럽의 기후 기록의 개관. 영국제도와 독일의 강수량이 많거나 건조한 여름과 춥거나 온화한 겨울과 이탈리아에서 강수량이 많은 해에 관한 보고 내용의 빈도(50년 간격). 여름과 겨울의 보고 내용의 지배적인 특성이 비율로 제시되었다.

후에 설치한 제방 밖에 위치한 노르만족의 정복 이전 시기의 —그 위로 조수(潮水)가 들어오고 조수의 소금이 가득 찬 모래로부터 얻은— 염전(鹽田)은 로마 시대 말과 중세에 해면이 높던 시기 사이의 해면이 조금 낮아진 시기를 가리키는 지표가 될 수 있을 것이다. 서기 7~10세기 사이에 해면이 낮아졌다는 다른 증거가 있다. 이보다 훨씬 늦은 시기로 연대가 측정되는 염전들은 이 지역의 제방 위에서도 증명되고 있다. 이 염전은 현재의 평균 해면 위 3m까지 높이 위치하였다. 네덜란드에서의 연구에 의하면 이 해안에서 높날림모래(blowing sand)와 이동 사구(shifting dune)들의 과거 활동은 약 기원전 100년 후에 안정되었다. 열한 세기가 경과하면서 결국 사구는 숲이 되었다. 이러한 사실은 다른 변화들 중에서 지하수위가 그 이전보다 높았음에 틀림없고, 폭풍이 감소한 것을 의미하는 것이다. 기원후 첫 천 년의 후반에 우리가 다루게 될 한랭한 기후 시기에 단지 소규모의 국지적으로 제한된 높날림모래 현상만이 있었다. 해안의 삼림은 중세에 벌채되었다. 벌채로 인하여 그 이후에 사구의 활동이 재개되어 동쪽으로 사구가 더 확대될 수 있었을 것이다. 핼럼(Sylvia Hallam, *Antiquity*, vol.35, 1961, pp.152-156)은 잉글랜드 동부 워시의 해안 부근

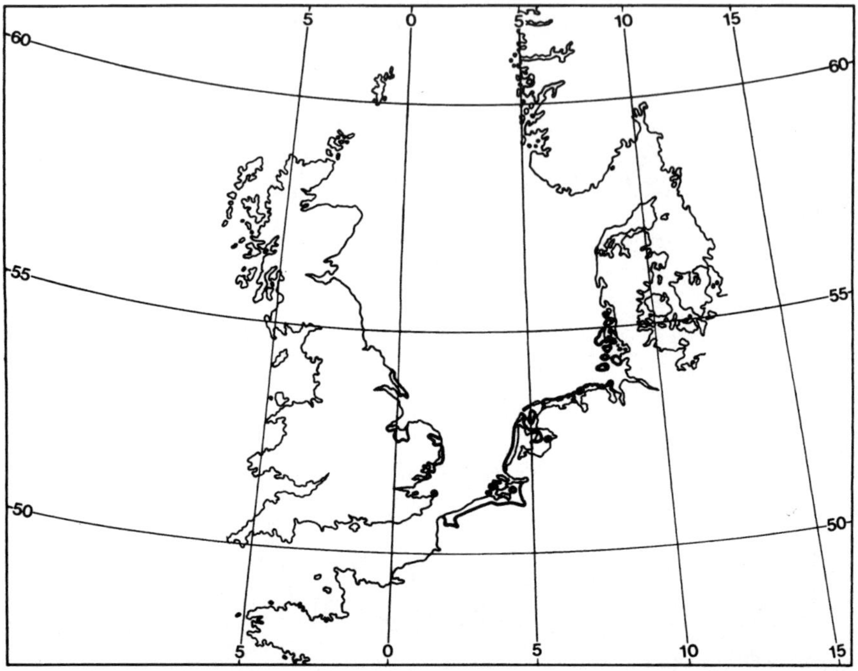

〈그림 58〉 서기 400년과 1000~1100년경의 북해 해안선이 현재의 해안선(가는 실선)과 크게 다른 지역(굵은 실선)을 가리키는 개관도. 서기 1000년대 동안 역사적인 사건들을 일으킨 기후의 원인 또는 자극을 찾아보면, 해안 지역의 침수는 다소 작은 국지적인 지역들에만 영향을 주었던 반면, 가지흐스탄(Kazakhstan) 또는 우크라이나(Ukraine)로부터 동쪽으로 아시아를 지나서 대륙의 중심부에서 지배적이었던 가뭄이 거대하고, 사람이 적게 살았던 지역에 영향을 주었다. 그리고 아시아에서 가뭄으로 인하여 발생한 목초지 손실이 슬라브족(Slavonic)이 유럽 평원을 건너서 서쪽으로 이동하게 연쇄반응을 일으켰을 것이다. 슬라브족은 덴마크의 국경까지 서쪽으로 그들의 취락 지역을 확대시켰다.

지역에서 취락사를 장기간 집중적으로 연구하여 해면이 수세기 동안 상승해서 기원전 마지막 세기에 최대에 이르렀다고 지적하고 있다. 그 후 서기 200년 무렵까지 여러 차례의 해퇴(海退)가 있었으며, 서기 300~400년경에 해면이 매우 높았던 시기와 해진이 뒤따랐다. 해면은 다시 7세기와 8세기, 그리고 그 이후에도 다시 낮아졌으나, 13세기 말과 15세기까지 해면은 다시 상승한 것 같다. 내 견해로는 15세기까지 해면이 높았다는 인상은 실제로 대부분 폭풍해일, 즉 빈번한 폭풍 일기 상태로 인하여 반복된 바다의 범람에 기인했을 것이다.

기원후 첫 천 년 동안의 유럽의 기후 경향

이제 기원후 첫 천 년 동안 중유럽과 그보다 더 북부에 위치한 지역의 기후 추이를 살펴보도록 하겠다. <그림 57>은 건조한 여름 및 습윤한 여름과 온화한 겨울 및 추운 겨울에 관한 보고 내용의 빈도 비율을 이용하여 문서 정보의 양의 변동을 제시한 것이다. 그럼에도 불구하고 보고 자료의 수가 너무 작아서 신뢰할 수 있는 비율을 제시할 수는 없다. 상당 기간들에 대해서 아무런 추정도 할 수가 없다. 그렇지만 영국제도와 중유럽의 곡선이 상당히 평행하게 달리는 것에서 신뢰할 수 있는 이유를 찾을 수 있다. 또한 화분(花粉) 연구와 빙하의 이동 등에서 일반적인 증거를 찾을 수 있다. 서기 400년까지 여름 기후가 점점 더 더워지고 건조해지는 경향이 있었다. 일부 추운 겨울들도 있었으나, 지속적으로 영향을 주는 추위는 아니었다. 그림에서는 기원후 첫 천 년의 후반 동안, 특히 6세기와 서기 750~900년 사이의 일부 시기들에서 일반적으로 더 춥고 변화가 심한 기후를 인식할 수 있다. 이러한 기후는 6세기와 9세기에 적어도 지중해 북부 지역과 북유럽, 서유럽과 중유럽에서 습도가 높은 것으로 나타났다. 이에 관한 보고가 현재 남아 있는 당시의 북해 해안에서의 대부분의 폭풍과 바다의 범람은 마찬가지로 6세기와 9세기로 연대가 측정된다. 서기 520년경에 폭풍으로 제방이 유실되어 웨일스 서해안에 위치한 카디건 만(Cardigan Bay)의 캔트레프 이 궤로드(Cantref y Gwaelod) 전체 영지는 침수되었다. 노르웨이 남서부의 상대적으로 낮은 고도에 위치한 예렌(Jaeren) 해안 지역[28]에서 상당히 넓은 경지와 취락이 방치된 것은 이 시기에 기후가 더 서늘하고 변화가 심했다는 사실을 가리키는 다른 증거로 간주될 수 있다. 방금 언급한 세기에 대해서 예를 들어 763~764년의 겨울에 관한 내용과 같은 일부 예외적인 겨울에 관한 보고들이 있다. 763~764년의 겨울에는 엄청난 눈이 내렸고, 유럽 남부에서 올리브나무와 무화과나무류(fig)가 크게 손상되었다는 기록이 유럽의 여러 지역들에서 나타나고 있는 최초의 겨울이었다. 다르다넬레스(Dardanelles) 해협[29]에서도 바다가 얼었다. 859~860년의 극심하게 추웠던 겨울에도 베니스(Venice) 부근 아드리아 해(Adriatic Sea) 주변에서 얼음이 두껍게 얼어서 짐을 실은 마차를 지탱할 수 있었다. 끝으로 1010~1011년에는 보스포루스(Bosphorus) 해협뿐만 아니라 나일 강에서조차 얼음이 얼었다.

유럽에서 580년대에 강수량이 많아서 큰 피해를 가져왔던 해들이 연이은 것과 같이, 이와 같은 극심한 겨울은 고립된 현상들로 간주되고, 여기서 연구된 기원후 천 년 동안의

28) H. Salvesen, *Jord i Jemtland*, Östersund, AB Wisenska bokhandelens förlag, 1979, 187pp.
29) 옮긴이 주: 마르마라(Marmara) 해와 에게(Aegean) 해를 잇는 유럽·아시아 대륙 간의 해협이다.

기후는 언급할 만한 정도로 한랭화되지 않았다고 사람들은 지금까지 생각해왔다. 특히 취리히대학교 지리학과의 뢰트리스베르거(Röthlisberger)와 슈네벨리(Schneebeli)[30]가 알프스 산맥에서 행하고, 칼렌(Wibjörn Karlén)이 노르웨이와 스웨덴에서 행한 최근의 연구에서는 이러한 견해가 수정되어야 한다고 제안되고 있다. 스위스 남서부 바그네스 계곡(Val de Bagnes)의 곡저에 있는 과거 빙하의 말단부를 가리키는 구빙퇴석의 방사성 연대측정으로 다음과 같은 사실이 밝혀졌다. 서기 600～700년경과 아마도 다시 850년에 양 사면으로부터 내려온 빙하의 위치는 1550년～1850년 사이의 잘 알려진 소빙기에 도달했던 위치까지 확장되었다.[31] 이 빙하들은 이 계곡을 통과하여 이탈리아로부터 산맥을 넘는 고대 로마의 교통로를 완전히 통행할 수 없게 만들었다. 더욱이 체르마트(Zermatt) 부근의 상부 수목한계선 부근에서 성장하는 잎갈나무류(larch)의 나이테 연구(<그림 59>)는 서기 300년대 말에 매년 작은 변동만을 한 점진적인 기후 온난화 현상이 나타난 것을 제시하고 있다. 이러한 온난화에 뒤이어 400～415년 사이에 다소 뚜렷한 변동이 나타났고, 그 후에 추운 시기가 이어졌다. 이 연대측정이 신뢰할 수 있다면, 로마의 행정은 서부에서 제국이 붕괴하던 시기에 야만인들의 이동으로 인한 위협 이외에도 다른 어려움에 직면하게 되었다.

같은 기간 알프스 산맥의 다른 지역들에서도 빙하가 확장하여 계곡 아래로 이동한 상부 수목한계선이 확인되고 있다. 노르웨이의 북부에서도 서기 450년～850년 사이에 빙하가 마찬가지로 최대로 확장하였다. 일부 연구[32]에서 이 시기에 배핀 섬(Baffin Island)[33]과 알래스카에서 모두 빙하가 최대였다는 사실이 증명되고 있다. 우리는 이미 북서유럽의 해양과 해안에서 6세기와 9세기에 폭풍의 일기 상태가 있었다는 사실을 언급하였다. 서기 400～440년 사이에 첫 천 년 동안 알려진 바다 범람의 1/4이 관련되는 폭풍이 발생했다. 이들 폭풍은 잉글랜드 남부에서 해안을 변화시켰으며, 네덜란드 해안에서는 많은 인명을 앗아갔다.

기상학 연구의 관점에서 서기 첫 천 년의 일부 기간 중위도에서 확인된 한랭한 기후 체제가, 주로 아열대와 고위도에서 그 다음 천 년 동안 잘 알려진 기후발달과는 다소 다른 패턴과 다른 발달 과정을 가졌다는 사실이 주목할 만하다. <그림 35>의 그린란드 북

30) Swiss alpine club의 잡지인 *Die Alpen*의 특별호(1976년 11월호)에 발표되었음.

31) 1200년부터 1300년 사이의 빙하 확장을 포함하여 지난 약 4,000년 동안의 다른 빙하 확장들은 그 규모가 다소 작았다.

32) Jean Grove 박사는 "The glacial history of the Holocene," *Progress in Physical Geography*, vol.3, no.1. London, Arnold, 1979에서 매우 유용하게 요약하였다.

33) 옮긴이 주: 배핀 만에 의해 배핀 섬과 분리되는 그린란드(북쪽)와 래브라도-언게이바(캐나다) 본토(허드슨 해협을 남쪽으로 가로지름) 사이에 있는 섬이다.

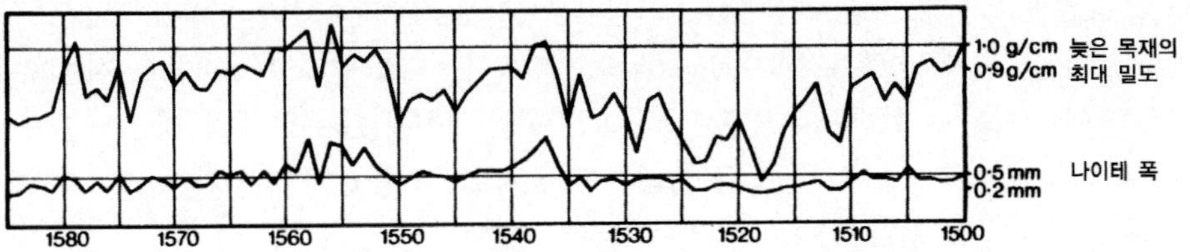

〈그림 59〉 스위스 체르마트(Zermatt) 부근의 상부 수목한계선 부근에서 성장하는 잎갈나무류의 늦여름 목재의 평균 나이테 폭과 밀도(이 측정값은 실제로 여름 기온을 가리키는 지표가 된다). 연대측정은 절대적이지 않고, 방사성 탄소연대측정으로 하였다. 그리고 서기 1950년 전에는 나이테를 세었다(즉, 눈금에서 1500은 서기 400년에 해당한다). 약 400년 이후에 더 추운 해들로 전환하는 것을 뚜렷하게 볼 수 있다(출전: F. Röthlisberger가 발표한 Swiss Forestry Research Institute가 측정한 자료임).

서부의 산소 동위원소 기록이 이러한 사실을 분명하게 해준다. 이 지역에서 서기 400년대의 한랭한 기후 체제가 다소 오래 지속되었기는 하지만 덜 지배적이었던 것으로 나타나고 있다. 한랭한 기후 체제가 서기 600년대에 이미 장기간 지속되는 상대적으로 온난한 시기로 이어지고, 서기 12세기에 그 절정에 이르렀다. 그렇지만 북반구의 거의 모든 지역에서 한랭했던 시기에 지역적으로 유리한 기후 상태는 그린란드 북부 부근과 상공에서 반복적으로 나타난 고기압에 기인할 수 있다. 이 고기압은 항시 그린란드 서부의 전 지역과 데이비스 해협(Davis Strait)[34] 부근 지역들에 남풍이 불게 했다. 더욱이 서기 400~900년과 1400~1900년의 두 한랭한 기후 체제는 기원전 마지막 천 년의 중반에 지배했던 기후 체제와는 부분적으로 달랐다. 후자의 기간에는 서유럽이 지속적으로 습윤했다(그리고 추측하건대 편서풍이 지배했다). 그렇지만 더 추운 기후가 적어도 북반구의 중위도에서 지난 3개 천 년 동안의 각각의 중반 세기들 동안 발달하였다. 실제로 기원전 3500년경과 1500년경의 특정한 발달의 평행성 역시 기후가 더 추워졌고, 중위도에서 빙하가 확장한 것에서 알 수 있다. 심지어 세계의 중위도 지역에서 각각의 천 년의 중반에 다소 유사한 경향이 나타났을 수 있다.[35]

서구에서 로마 제국의 말경에 기후발달이 지방 역사에 어떤 영향을 미쳤는가를 알 수 있는 흥미 있는 사례가 서퍽 세인트 에드먼즈베리(Bury St. Edmunds) 부근 웨스트 소우(West Sow)에 있는 이스트 앵글리아(East Anglia)에 있다. 로마 통치가 막바지에 다다른 때인 서기 400년경에 색슨족의 마을이 로마의 허락을 받아 얕은 계곡이었던 현재 습지 지역의 주변에 설치되었다. 아마도 이 지역의 토지는 이 위도대와 남유럽에 1세기 또는 2세기 동안 분명히 더 건조한 기후가 지배했을 당시에 덜 습했을 것이다. 하여튼 밀, 보리,

34) 옮긴이 주: 배핀 섬(캐나다) 남동부와 그린란드 남서부 사이에 있는 북대서양의 만이다.

35) J. M. Grove, op. cit., 1979는 세계의 빙하 확장을 조사하여 지난 6,000년 동안 6개의 주요 빙하 확장 시기를 열거하고 있다.

귀리, 호밀과 아마가 잠시 재배되었다. 그러나 7세기에 거주자들이 이 마을을 떠났다. 아마도 로마인들이 떠난 후에 더 나은 취락지를 이용할 수 있게 되었을 것이다. 사람들이 마을을 떠난 시점이, 이 지역에서 6세기와 그 이후의 시기에 비가 많이 온 해들 이후(특히 580년대와 600년대 초)에 토지가 너무 습해졌을 것이라는 결론을 내리게 한다. 고고학자들의 연구는 습지가 확대되었다는 것을 제시하고 있다.

대략 이 시기에 서머싯(Somerset)의 글래스턴베리(Glastonbury) 부근에 있는 수도원의 초기 수도사들은 그 지역의 습지에서 배수를 하였다. 수도사들은 당시에 탁월한 배수 전문가로 간주되었다. 당시에 잉글랜드의 색슨족은 주로 하곡의 습지에서 배수하였으며, 수도사들은 다른 곳의 습지에서 배수하였다.

지중해 지역과 남부 지역의 기후 경향

이들 지역보다 훨씬 남쪽의 지중해 지역, 북아프리카와 더 동쪽으로 아시아까지 건조했던 시기가 같은 천 년 동안의 특성을 결정하고 있다. 이 건조한 시기는 대략 서기 300~400년과 800년에 2회 최고에 달했다. 카스피 해의 해면은 이들 시기에 낮은 수준으로 하강하였다. 이탈리아와 아마도 지중해 북부의 다른 지역에서 가장 건조했던 시기는 서기 600년경과 다시 800년대 말에 북유럽과 중유럽에 영향을 미쳤던 습윤하고 한랭한 기상의 영향으로 분명하게 단절되었다(<그림 57> 참조). 그러나 이보다 남쪽과 동쪽에 위치한 넓은 지역에서는 건조한 기후가 지속된 것 같다. 이 시기에 에페소스(Ephesus),[36] 안티오크(Antioch)[37]와 팔미라(Palmyra)[38]가 멸망하였다. 사람들이 이들 지역과 이탈리아 남부 및 그리스에서 해안으로 이주하면서 배후지의 인구가 감소하였다. 그리고 아라비아에서는 서기 600년경에 그 이전에 건조한 시기를 극복하여 정교한 관개 체계로 농사를 지을 수 있었던 지역들이 포기되었다. 카펜터(Rhys Carpenter)에 의하면 서기 7세기에 건조한 시기가 그 절정에 도달하였다. 따라서 이슬람교는 이슬람 지역에서 가뭄으로 인하여 기후가 나빠진 시기에 급속하게 전파된 것 같다.

약 35°N 이남의 북반구 대부분 지역의 기후는 계속 온난했거나 건조했던 이전 세기들

36) 옮긴이 주: 소아시아 이오니아 지방에 있던 그리스 도시들 가운데 가장 중요했던 곳이다.
37) 옮긴이 주: 고대 프리지아의 피시디아와의 경계 가까이에 있던 도시로 오늘날의 터키 이스파르타 주 얄바치에 면해 있었다.
38) 옮긴이 주: 고대 시리아의 도시로 지금의 시리아 힘스 주에 있었다. 팔미라라는 이름은 셈어가 사용되기 이전의 이름인 타드무르, 타드모르, 투드무르의 그리스어·라틴어 형태이다.

보다 더 온난했다. 에티오피아에서 여름 계절풍 비로 인한 나일 강의 매년의 홍수는 줄어들었다. 이와 반대로 나일 강의 겨울 유출량은 적도 부근의 비로 인하여 많았다. 또한 적도 동아프리카에 있는 루돌프 호(Lake Rudolf)의 수위도 높았다. 이것은 아마도 적도 강우대가 그 당시에 계절적으로 남북으로 거의 이동하지 않았다는 것을 의미하는 것이다. 이 비는 1970년대에 사헬(Sahel) 지대[39]와 에티오피아에 가뭄이 들었던 해들보다 적도 아프리카와 또한 백나일 강(White Nile)[40]에 더 많이 내렸던 것 같다. 아마도 위에서 언급한 세기들의 계절적인 강수대의 이동은 1970년대보다도 심지어 더 제한되었던 것 같다.

이러한 일이 그 문화적 유대관계로부터 단절된 기독교의 왕국이 현재 수단의 북부인 누비아(Nubia)의 나일 강 하곡에서 로마 시대와 그 이후 동안 존속하게 된 배경이 되었다. 그리고 실제로 14세기까지 비잔틴 전통 양식의 예술 작품으로 장식한 교회가 건설되었다. 다음 세기에야 비로소 이들 건축물들이 모래 속에 묻히게 되었다.

대서양의 다른 편에서는 마야(Maya) 문명이 서기 300년부터 800년 무렵까지 그 전성기를 이루었다. 마야족의 피라미드는 현재 울창한 열대우림으로 덮이고, 온난습윤하여 사람을 무기력하게 만드는 기후가 지배하는 유카탄(Yucatan) 반도의 남부 저지에 있다. 마야 제국은 중앙아메리카에서 14°N 또는 15°N에서 25°N까지의 위도에 걸쳐 있다. 마야 문명의 전성기가 지중해에서 중앙아시아까지의 지대에서 전개된 가뭄 시기와 시간적으로 우연히 정확하게 일치하거나 또는 그 이전 또는 그 이후와 비교하여 중앙아메리카의 이 위도대의 기후가 마찬가지로 더 건조했었을까?

열대림 지역들: 중앙아메리카와 동남아시아

고대가 시작되기 전에 마야 문명은 오랜 형성시기가 필요했으나, 서기 800년 후에 급격하게 몰락하였다. 17°N 부근의 과테말라(Guatemala) 고원 주변에 있는 호수 퇴적물과

---

39) 옮긴이 주: 세네갈에서 수단까지 뻗은 서아프리카의 반건조기후지대로 사하라 사막의 연변에 접하여 점이지대를 이룬다. 남쪽으로 서아프리카의 열대 지방까지 뻗어 있는 광대한 사바나 초원지대인 수단 평원의 북부 지역으로 정의되기도 한다. 대서양으로부터 세네갈 북부, 모리타니 남부, 말리에 있는 나이저 강의 대만곡부(大彎曲部), 부르키나파소(옛 이름은 오트볼타), 니제르 남부, 나이지리아 북동부, 차드 중남부와 수단 공화국까지 걸쳐 있다.

40) 옮긴이 주: 수단의 말라칼과 하르툼 사이를 흐르는 나일 강의 지류이다. 홍수철(6~9월)에 이 강은 하르툼에서 나일 본류에 총유수량의 30% 정도밖에는 공급하지 못하는데, 그 이유는 청나일 강의 거센 홍수가 백나일 강의 흐름을 막아 호수로 흘러들어 가게 하기 때문이다. 한편 수위가 낮은 기간(4~5월)에는 거침없이 흘러 나일 강 전체 수량의 80% 이상을 공급한다. 이 강은 기선이 1년 내내 다닐 수 있다.

소택지의 화분 연구에 의하면 약 서기 850~900년의 50년 동안에 초지에서 활엽수림으로 주변 식생이 급격하게 변한 것을 알 수 있다. 그러나 과거와 반대 방향으로 식생이 변화한 것은 이미 기원전 900년 무렵으로 연대가 측정된다. 고도로 조직된 마야 문명은 바로 현재 삼림을 제거하기가 가장 어려운 중앙아메리카 지역에서 발달하였다. 이 문화의 기원은 건조하거나 배수가 잘 되는 고지에서 수립되었다. 그러나 이 문화는 습윤한 과테말라의 저지로 확산되어 이 지역에 배수로망이 건설되었다. 궁극적으로 200만 또는 300만까지 성장한 인구 때문에 이러한 방법으로는 인구를 부양할 수 없었다. 관개나 배수 체계를 운영하고 삼림을 제거하는 데 필요한 복잡한 사회 구조를 유지하기가 너무 어려웠다고 생각할 수도 있다. 아마도 이러한 과제는 기후가 건조했던 시기에만 성립될 수 있었을 것이다. 이러한 해석은 이 지역의 주민들 사이의 논쟁으로 인하여 그리고 우리가 그 이유에 관해서 아무것도 알지 못하기 때문에 어렵다.

매우 많은 인간 활동의 증거로 기후변화가 마야 문명의 발달과 최후의 붕괴에 중요한 역할을 했다는 가설은 과거 수년 동안 거의 고려되지 않았다. 그럼에도 불구하고 1970년대에 수행된 화분분석은 마야 문명의 초기에 마야족들이 저지에서 삼림이 감소하는 자연변화를 알았을 것이라고 추측할 수 있게 한다. 그들은 화전(火田)을 개간하여 현재의 과테말라와 엘살바도르(El Salvador) 저지까지 농업을 확장할 수 있다는 것을 알았다. 고고학의 증거를 기초로 한 다른 가설은 서기 800년경의 고대 마야 시기의 말기에 멕시코의 계곡과 유카탄 반도의 기후가 매우 건조해져서 물 공급과 토양수분이 위기 상황에 이르게 되었다는 데에서 출발했다. 가뭄은 가장 건조한 지역들을 포기해야만 하는 상황까지 오래 지속되었다. 아무리 그럴 수 있다고 하더라도, 유카탄 반도와 과테말라 및 온두라스(Honduras)의 남부 지역은 바로 그 후에 매우 습윤해져서 삼림이 급속하게 확산된 것이 분명하다. 서기 900년대 말경 아마도 인디오족들은 엄한 지배자에 대항한 농부들의 반란 이후 문화 쇠퇴의 시기에 계속 제사 지내는 곳을 방문했고, 경관이 변하고 있는 붕괴되는 건물들 사이의 오두막집에서 살았다.

브룩스(C. E. P. Brooks)는 오래전 마야 문명의 역사적 추이와 메콩(Mekong) 강과 태국 국경 사이의 동남아시아에 있는 그 다음 세기에 존재했던 크메르(Khmer) 제국의 역사 사이의 유사성을 지적하였다. 위도 14°N에 있는 크메르의 수도 앙코르(Angkor)는 서기 860년에 설립되어 확장되는 정글에서 폐허로 사라지기 전 4~5세기 동안 번영하였다.[41] 이러한 큰 식생변화는 분명하게 기후변화가 일어난 것을 가리키는 것이다. 그러나 근년에 기후 연구에 관한 관심이 증가하고 있음에도 불구하고 여전히 중앙아메리카와 동남아시

41) C. E. P. Brooks, *Climate Through the Ages*, 2nd edition, London, Ernest Benn, 1949.

아에서 문명의 흥망성쇠(興亡盛衰)의 배경을 확실하게 해결할 만한 세부 상황에 관한 지식이 여전히 결여되어 있다.

멕시코 남부와 캄보디아(Cambodia)에서 건조한 시기가 출현한 시간적인 차이는 몇 도의 위도차와 상당히 관련이 있고, 아마도 동남아시아 계절풍 출현의 변화와도 관계가 있을 것이다. 그렇지만 인도차이나 반도의 크메르 문명의 역사는 다음 장에서 다룰 시기에 해당한다.

10. 바이킹 시대부터 중세 절정기까지

중세 온난기에 북반구 상의 비대칭적 열분포

앞 장에서 이미 언급했던 바와 같이 서기 300～400년에 시작된 좀더 온난한 기후는 세계의 일부 지역에서 아마도 수세기 동안, 그리고 많은 경우에 단절되지 않고 서기 1000～1200년까지 지속되었다. 작은 변동만이 나타난 이러한 체제는 특히 저위도, 남극대륙과 아마도 또한 북태평양을 따라서, 그리고 북극의 일부 지역에서 찾을 수 있다. 이와 반대로 유럽과 북아메리카의 대부분 지역 및 유럽의 북극 지역에서는 분명히 온난한 기후의 중단 현상이 있었다. 그러나 10세기 말에서 12세기까지 세계의 대부분 지역에서 -그에 관해서 우리가 증거를 가지고 있는 한- 새로운 온난화 현상이 나타났다. 이러한 온난화는 이들 세기에 부분적으로 후빙기의 가장 온난한 1000년대의 수준에 도달했을 수 있었을 것이다.

이러한 온난기는 중국과 일본에서는 분명히 없었다. 역사 기록에서 대략 서기 650년부터 850년까지 이들 국가의 온난기가 확인될 수 있다. 이 시기는 유럽에서 한랭한 단절 현상이 나타난 시기와 상당히 정확하게 일치한다. 그러나 고(故) 추코첸(竺可楨) 박사가 수집한 자료는 중국의 기후가 11세기와 12세기에 훨씬 더 한랭해졌다는 사실을 분명하게 제시하고 있다. 이들 자료에는 겨울에 빈번하게 눈이 내리고 얼음이 얼었으며, 20세기보다 봄에 한 달 정도 늦게까지 눈이 내렸다고 많이 언급되어 있다. 매실나무(plum tree)는 화베이(華北) 지방에서 사라졌다. 상하이(上海) 부근 해안 지방에서는 밀감나무(mandarin tree)가, 화난(華南) 지방의 일부 지역에서는 여지나무(lychee)가 서리 피해(霜害)로 죽었다. 일본 교토(京都)의 왕실 정원에 있는 벚꽃의 개화기에 관한 장기간의 기록에 의하면 9세기에는 평균적으로 가장 이른 봄에 개화했고, 12세기에는 전체 기록 중에서 가장 늦은 봄에 개화했다. 12세기에 벚꽃은 그 이전 300년보다 평균 14일 늦게 개화하기 시작했다. 12세기는 북태평양과 그 주변 지역에서 한랭한 시기였다는 암시가 있다. 이것이 사실이라면, 대서양으로부터 태평양 지역으로 전체 상층편서풍대(와 그를 통해서 결정되는 기후대)가 지속적으로 이동하여, 태평양 지역이 한대 기단이 침투하는 영향을 상대적으로 빈번하게 받은 것이 유럽과 북아메리카의 중세 기후최적기(medieval optimum)에 관한 부분적인 설명이 된다. 이렇게 온난한 기후는 대서양의 북극해와 인접한 대륙들의 상당 부분까지 확장하였다.

이 장에서 우리는 중세 절정기의 기후최적기가 가장 전형적이었던 북반구의 대서양 측과 그 주변 국가들을 주로 다룰 것이다. 그 이유는 이들 지역에서 현재 기후 기록과 인류의 역사 기록을 가장 구하기 쉽기 때문이다.

북유럽과 북대서양에서 중세의 기후 추이

카를 대제(Charles the Great)[1]가 서유럽 제국(western empire)을 재건한 것은 특히 유리한 기후 시기와 일치하지 않는다. 물론 그의 통치 기간이 매우 길지는 않았다. 대략 770～800년 사이에 제국을 건설하기 위해서 일으킨 전쟁은 유별나게 추운 겨울이 있던 시기로 생각된다. 아마도 다른 계절들이 습윤하기보다는 오히려 더 건조했지만, 가뭄이 든 해 이외에도 홍수로 인한 어려움을 겪은 해들도 있었다. 이러한 상황은 45～65°N의 경도에서 고기압이 빈번하게 '편서풍을 저지'한 시기라는 결론을 내릴 수 있게 한다. 이러한 상황에서는 기후가 정체된 고기압의 위치에 따라서 정상적인 경과로부터 편차가 나거나 심지어 반대되는 경향도 나타날 수 있게 하는 여러 종류의 극심한 계절의 경향이 발달하였다. 그러나 우리가 이에 대해서 확신을 할 수 있기 전에 다른 증거들이 필요하다.

유럽에서 계절들의 특성에 관한 기록들이 점점 더 많아지기 때문에 다음 3세기 내지 4세기 동안 기후가 온난해졌다는 사실은 분명하다(<그림 29>와 <그림 57> 참조). 이러한 온난화로 인하여 특정한 시기에 구릉지에서 경작의 고도 한계가 그 이후에 더 이상 도달하지 못했던 고도에 이르렀다. 수목한계선의 고도도 마찬가지로 올라갔을 것이다. 중유럽 지역들에서 상부 수목한계선(<그림 52> 참조)은 확실히 17세기보다 100～200m 더 높았

1) 옮긴이 주: 샤를마뉴(Charlemagne), 샤를 1세, 카를 1세라고도 한다. 별칭은 대제(Carolus Magnus, Charles le Grand, Karl der Grosse, Charles the Great)이고, 768～814년에 프랑크 왕국의 왕으로 재위하였다. 799년 5월 교황 레오 3세는 로마에서 반대파들의 습격을 받자 샤를마뉴의 궁정으로 피신해 지원을 간청했다. 샤를마뉴는 800년 11월 교황과 함께 로마로 가서 황제의 예우로 영접을 받았다. 성 베드로 성당에서 열린 성탄절 미사 때 로마인들이 샤를마뉴를 황제라고 찬양하자, 교황은 성유식을 집전하여 샤를마뉴에게 왕관을 씌워주고 샤를 아우구스투스라는 이름으로 황제에 임명했다. 샤를마뉴가 옛날 로마 제국의 서부 지역을 지배하고 있다는 사실이 그의 황제 지위에 대한 합법성을 구체화해주었다.

다. 그린란드 빙상 시추 코어의 산소 동위원소 기록(<그림 35> 참조)은 고위도 북부 지역의 기후가, 이 지역에서도 온난화가 더 안정되고 증가했을지라도, 이미 서기 600년 이후로 상대적으로 온난해졌다는 사실을 제시하고 있다. 캘리포니아 주의 높은 고도의 나이테 기록(<그림 51> 참조)은 1100～1300년 사이에 유럽과 마찬가지로 급격하게 기온이 상승하여 최고점에 도달하였다는 사실을 제시하고 있다.

독일의 저지에 있는 유럽 참나무류의 1,000년 이상의 나이테 기록으로 나타난 변동을 기후의 관점으로 분석하기가 어려운데, 그 이유는 기온뿐만 아니라 강수도 나무 성장에 중요한 역할을 하기 때문이다. 다른 지역들의 기록은 이 장에서 다루고 있는 시기들 내에서 가장 좁고, 가장 넓은 나이테 폭이 모두 나타나게 된 사실과 일치하고 있다. 10세기, 특히 약 910～930년 사이, 그리고 다시 990년대를 지배했던 극히 좁은 나이테는 확실히 여러 차례의 긴 가뭄 기간을 가리키고 있다. 일반적으로 서늘했던 여름들이 이러한 결과가 나타나게 했다고는 생각할 수 없을 것이다. 자료가 적은 당시의 일부 기록에 의하면 일부 여름은 오히려 매우 더웠다. 현재의 자료가 주는 인상에 의하면 10세기에 영국, 독일, 스칸디나비아 남부 상에서 주목할 만하게 고기압의 일기 상태가 빈번하여 강수가 적었고, 여름에 상대적으로 더웠으며, 겨울에 상대적으로 추웠다는 결론을 내리게 된다. 후자는 아마도 요크(York)에서 고고학 발굴 시에 발견된 앵글로-스칸디나비아 시기(Anglo-Scandinavian period)의 수많은 뼈로 만든 스케이트를 통해서 증명된다. 독일의 참나무의 연륜연대에서는 약 1052～1160년 사이에 다른 극심한 상황이 나타나고 있다. 10년 평균 나이테 폭은 10세기보다 35～80%나 넓었다. (개별적인 해들은 제외하고) 극히 습도가 높지 않았다면, 우리는 적어도 900년대보다 더 습윤했으며, 일반적으로 성장기에 온난했다는 결론을 내릴 수 있을 것이다. 다음 페이지들에서 이러한 온난한 기온에 대한 다른 증거를 보게 될 것이다.

의심할 여지 없이 이 장에서 다루는 시기에 유럽 밖의 세계로 유럽인들이 진출하였다. 어느 정도까지 이러한 경향이 더 온화한 기후 체제에 직접 종속되었는가?

바이킹 시대 오래전에 유럽 항해자들과 특히 아일랜드 수도사들은 때때로 북대서양을 항해하였다. 아일랜드 수도사들은 5세기와 6세기, 그리고 그 이후에 유럽에서 문화가 쇠퇴하고 야만족들이 침입하는 불안정한 시기로부터 멀리 떨어진 근거지를 마련하기 위해서 평화스러운 해안들을 찾았다. 아이슬란드와 북극으로 계절에 따라서 이동하는 야생 거위가 수도사들이 북부에 육지가 있다는 확신을 갖게 한 것으로 추측된다. 520～550년 사이에 빙산에 도달하기 위해 그린란드 방향으로 충분히 멀리 항해한 세인트 브렌던(St. Brendan)[2]의 여행에 관한 전설은 실제적인 배경을 갖고 있음에 틀림없다. 아일랜드 수도사 디퀼(Dicuil)[3]은 서기 825년에 저술한 기록에서 분명하게 다음과 같은 내용을 확신시키고 있다.

> 바다에는 많은 다른 섬들이 있다. …… 강한 순풍을 받고 전속력으로 영국제도의 최북단을 출발하면 곧바로 꼬박 이틀을 항해하여 도달할 수 있는 …… 이들 섬 중에 일부는 매우 작고 …… 좁은 해협으로 서로 떨어져 있다. 이들 섬에는 스코사(Scotia, 즉 아일랜드)[4]로부터 항해해 온 은둔자들이 약 100년 동안 살았다. 그러나 이 섬에 …… 태초부터 사람이 살지 않았던 것처럼, 현재 이 지역에는 북구의 해적들 때문에 은둔자들이 더 이상 살지 않고, 매우 많은 양들과 여러 종류의 바닷새들만이 살고 있다.

여기서 기술하고 있는 섬들은 대략 서기 700～725년에 이미 아일랜드 수도사들이 정착했던 페로 제도라고 일반적으로 알려져 있다[나는 존스(Gwyn Jones)가 번역한 『바이킹의 역사(*A History of the Vikings*)』(Oxford University Press, 1968)을 인용하였다]. 그러나 800년경에 바이킹족이 처음 출현하자 수도사들이 이 섬을 떠났다. 스칸디나비아인들이 수년 전(860년 이전)에 사고로 두 차례 이 지역으로 표류하였다. 그러나 최초의 기록이 남아 있는, 바이킹족(Floki Vilgerdason의 지휘 아래)이 아이슬란드로 탐험한 것은 약 860년경이었다. 860년대에 이 섬에 노르웨이(Norse) 사람들이 정착하기 시작한 것으로 생각된다. 그러나 바이킹족은 아일랜드 수도사들이 이들보다 먼저 그곳에 살았다는 사실을 확인했다. 디퀼은 이미 790년대에 사람들이 이 섬을 방문했던 것을 보고하고 있다. 아일랜드의 기록에 의하면 아이슬란드에서 북쪽으로 하루만 항해하면 바다가 얼어 있었다. 플로키(Floki)의 일

---

2) 옮긴이 주: 켈트족의 성인, 수도원 설립자, 대수도원장, 전설적인 대서양 항해의 주인공이다. 유명한 여행가이기도 한 그는 헤브리디스 제도(이오너의 대수도원장 성 콜룸바가 쓴 성 아담난 일대기에 따르면)와 서부 스코틀랜드, 웨일스, 브르타뉴 등을 항해했다. 항해에 관한 그리스도교인의 전설적인 이야기 『브렌던의 항해(*Navigatio Brendani*)』는 8세기 초쯤에 쓰여졌으며, 그는 이 책의 주인공으로 등장하여 유명해졌다. 이야기하는 형식으로 쓰여진 걸작, 「아일랜드 서사시」는 10세기 초에 라틴어 산문으로 번역되었다. 『브렌던의 항해』에 따르면 브렌던은 다른 수사들과 함께 '약속된 성자들의 땅'(후일 이곳은 카나리아 제도로 확인됨)을 찾아 오랫동안 헤맨 끝에 그곳에 도달한다. 바다 선원들이 오랫동안 찾아 헤맸던 대서양 어딘가에 있다는 성 브렌던의 섬은 콜럼버스 시대까지도 아조레스 제도의 원주민들이 본 적이 있다고 했지만 신기루였을 것이다. 1945년 G. A. 리틀의 『항해사 성 브렌던(*St. Brendan the Navigator*)』이 출간되었고, 이어서 1962년 G. 애시의 『서쪽에 상륙하다 : 성 브렌던의 아메리카 항해(*Land to the West St. Brendan's Voyage to America*)』가 출간되었으며, 1959년 C. 셀머는 『수도사 성 브렌던의 항해(*Navigatio Sancti Brendani Abbatis*)』를 편집했다.

3) 그의 논문 "Lieber de Mensura Orbis Terrae"에서 인용. 옮긴이 주: 825년 아일랜드에서 활동한 수도사·문법학자·지리학자이다. 그의 저서는 과학사적으로 매우 중요하며 9세기 아일랜드의 학문 수준을 보여준다. 그는 종교 축일의 날짜를 계산하면서 천문학 지식을 많이 얻었다. 825년에 완성한 『세계 측량에 관해(*De mensura orbis terrae*)』에는 아일랜드 은자(隱者)들이 795년 아이슬란드로 가서 백야(白夜)를 경이롭게 바라본 사실에 대한 최초의 기록이 담겨 있다.

4) 옮긴이 주: 원래(10세기까지) '스코사(Scotia)'란 아일랜드를 가리키는 이름으로, 여기에 사는 사람을 스콧족이라고 했다.

행은 얼음으로 막힌 아이슬란드 북서부의 거대한 피오르드[협만(峽灣)]들 중의 하나[아르나르 피오르드(Arnarfjord)]를 관찰하였다. 그러나 이 시기 이후에는 1190년대까지 아이슬란드 부근 해상에 얼음이 있었다는 언급이 거의 없다. 라우게 코흐(Lauge Koch)[5]가 1010～1012년, 1015년, 1106년, 1118년과 1145년에 얼음이 있었다고 보고한 것은 확실치 않은 것으로 간주된다. 위에서 언급한 1190년대에 아이슬란드와 그린란드 사이에 거대한 얼음이 다시 나타났다. 그리고 1203년 7월과 8월에 아이슬란드 해안에도 얼음이 나타난 것이 확인되고 있다.

스칸디나비아인의 해양 탐험 여행과 790년대부터 그 이후로 유럽 해안을 약탈한 바이킹의 해적 행위에 관한 난폭한 이야기는 북구인(northern people)이 범선 항해를 능숙하게 할 수 있었을 때 시작된 것으로 생각된다. 그들이 천연 자석이나 나침반을 사용하기까지에는 수세기가 걸렸다. 항해자들이 북쪽으로 극 지역까지, 서쪽으로 그린란드·뉴펀들랜드(Newfoundland)까지, 그리고 아마도 캐나다 배핀 섬(Baffin Island)의 북쪽 북극해까지 여행할 수 있었던 것은 확실히 해빙(海氷)이 후퇴하고, 상대적으로 폭풍이 적게 불었던 긴 기간에 기인할 것이다. 노르웨이 북부가 고향인 오타르(Ottar) 혹은 오테레(Othere)는 잉글랜드의 앨프레드(Alfred) 왕[6]에게 그가 870～880년 무렵에 당시의 고래 어장 범위를 넘어서 백해(White Sea)까지 탐험 항해를 했던 내용을 보고하였다. 브레멘의 아담(Adam of Bremen)[7]에 의하면 노르웨이와 잉글랜드의 왕 하랄 하르드로데(Harald Hardråde)[8]는 1040～1065년 사이의 언젠가 한 선단의 배로 육지 한계를 넘어서[스피츠베르겐 섬(Spitzbergen) 아니면 노바야젬랴 섬(Novaya Zemlya)] 얼음 두께가 3m나 되는 지점까지 '넓은 북부의 바다(the expanse of the Northern Ocean)'를 탐험하였다. '그들의 눈앞에 사라진 세계의 알려지지 않은 경계가 마침내 전개되어 있었다.' 중세에 아이슬란드 배들은 북쪽 방향으로 4일 걸리는 것으로 추정되는 '북극의 만(polar gulf)에 있는' 스발바르 제도(Svalbard)까지 항해했다. 이것은 항해 시간으로 측정했을 때 70～72°N 사이의 동그린란드 해안을 의미하는 것 같다(이 이름은 현재 적용되고 있는 스피츠베르겐 군도가 아님). 이 그린란드 해안은 1194년에 발견되었

5) Lauge Koch, "The East Greenland ice," *Meddelelser om Grøland*, band 130, nr 3, Copenhagen, 1945.

6) 옮긴이 주: 남서부 잉글랜드의 색슨족 왕국인 웨식스의 왕(871～899년 재위)이다. 잉글랜드가 데인족의 수중에 떨어지는 것을 막고 학문과 교육을 장려했다. 『앵글로색슨 연대기(*Anglo-Saxon Chronicle*)』의 편찬은 그의 재위 중인 890년경에 시작되었다.

7) 옮긴이 주: 독일 역사가이다.

8) 옮긴이 주: 하랄 3세라고 하며, 노르웨이의 왕(1045～1066년 재위)이다. 일찍이 비잔틴 제국 군대에서 유명한 스칸디나비아 출신 전사로 활약했다. 노르웨이 군소 족장들을 무자비하게 억압했기 때문에, 덴마크 정복 시도(1045～1062년)에서 그들의 군사적 지원을 받지 못해 결국 실패했다.

고, 사람들은 이미 1200년 전에 바다표범, 해마, 고래를 사냥하였다. 그러나 곧바로 얼음이 증가하여 사냥을 하지 못하게 되었다. 같은 해안이 1285년경 유리한 기후 조건하에서 아마도 다시 발견된 듯하다. 그러나 1342년까지 얼음이 크게 증가하여 아이슬란드와 그린란드 사이 위도 65°를 따라가는 구항로는 포기되었고, 이보다 남쪽에 있는 항로가 이용되었다. 후에 그린란드와의 교통이 완전히 단절되었다.

서기 1000년 무렵에 항로를 이탈한 항해자들이 ―그 이전에 아이슬란드와 그린란드(이 지역에는 최초의 노르웨이 취락이 980년대에 설립되었음)처럼― 바이킹족이 빈랜드(Vinland) 또는 와인랜드(Wineland)[9]라고 불렀던 북아메리카 해안을 우연히 발견하였다. 중세 북유럽의 전설에서 이보다 남쪽에 있었던 다른 취락에 대해서도 언급되고 있지만, 지금까지 뉴펀들랜드 북부 랑스 오 메도즈(L'Anse aux Meadows)에 있는 취락지만이 유일하게 발견되었다. 하여튼 아메리카 항해와 취락은 수년 후에 포기되었다. 아마도 일기와 해빙이 아니라 원주민과의 어려움이 있었던 것 같다. 다른 보고들에 의하면 서그린란드에 있는 고대 노르웨이 취락으로부터 마크란드[Markland, 래브라도(Labrador)][10]까지의 항해가 훨씬 늦게, 즉 14세기(항해는 1347년에 이루어졌다)에 건축용 목재를 구하기 위해서 이루어졌다. 이 시기에 기후와 얼음 상태는 악화되었고, 유럽과의 교통은 거의 단절되었다.

거주자들이 잡았던 많은 대구와 그들의 패총(貝塚)에서 발견되는 대구 뼈는 노르웨이 취락의 전성기에 서그린란드 전면의 수역(水域)이 적어도 20세기의 가장 온난한 시기만큼 따뜻했다는 사실을 암시한다. 이보다 더한 이상온난화 현상이 다른 상황으로부터 케이프 페어웰(Cape Farewell)의 서쪽 남그린란드 피오르드들 내의 아주 고요한 수역에서 발생했다고 우리는 아마도 확실하게 결론을 내릴 수 있을 것이다. 이것은 인간의 인내 한계

---

9) 옮긴이 주: 북아메리카 대륙에 있는 삼림지이다. 1000년경에 레이브 에릭손이 이 지역을 조사한 후 이름을 붙였다. 그곳의 정확한 위치는 알려지지 않았지만, 지금의 캐나다 동부나 북동부의 대서양 해안선을 따라 있던 지역이었을 것으로 여겨진다. 바이킹이 빈랜드를 다녀갔던 사실에 대한 자세한 자료는 2개의 고대 스칸디나비아 무용담 「그린란드 사람들의 전설(Saga of the Greenlanders)」, 「에리크 더 레드의 전설(Saga of Erik the Red)」에서 찾아볼 수 있다. 이 두 작품의 이야기는 그 내용이 조금 다르다. 「그린란드 사람들의 전설」에 따르면, 비아르니 헤리울프손이 아메리카 대륙을 발견한 최초의 유럽인이 된다.

고대 스칸디나비아인들이 붙인 이름인 빈랜드는 '포도주의 땅'이라는 의미이다. 토르핀은 자신이 그곳에서 자라는 '와인베리'를 발견했다고 보고했는데, 스칸디나비아인들이 모든 베리류를 '와인베리'라고 부름에도 불구하고 이것이 나중에 포도를 의미하는 것으로 이해되었다. 아마도 그들이 실제로 찾아낸 것은 크랜베리(덩굴월귤)였을 것이다. 이 과실은 토르핀의 식민개척자들에게 실망스러웠음이 틀림없다. 왜냐하면 그들이 3년 동안의 식민탐험 중에 그들에게 약속되었던 울창한 포도나무 숲을 볼 수 없다고 불평했기 때문이다. 그러나 스칸디나비아인들은 빈랜드라는 이름을 고수했고, 북아메리카 대륙은 유럽 대륙문학에서 포도의 땅으로 묘사되었는데, 1075년 브레맨의 가톨릭 학교 교장이던 아담(브레맨의 아담)이 쓴 『함부르크-브레맨 주교사(主教史)』를 통해 이 대륙의 이름이 처음 등장했다.

10) 옮긴이 주: '삼림지대'라는 뜻이다.

가 과거 기온에 관한 믿을 만한 정보를 제공하는 드문 경우가 된다. 1125년경에 아이슬란드에서 저술된 책인 『란드나우마보크(*Landnámabók*)』[11]는 수세기 전의 아이슬란드 취락의 계보를 기록하고, 985～1000년 사이 그린란드의 고대 노르웨이 취락을 기술하고 있다. 이 책에서는 최초의 그린란드 정착자들 중의 한 사람인 토르켈 파세르크[Thorkel Farserk, 식민지를 건설한 에릭 더 레드(Erik the Red)[12]의 사촌]가 이용할 수 있는 배가 없어서 흐발세이야르(Hvalseyjar) 피오르드를 헤엄쳐서 건넜다고 기술되어 있다. 그는 그의 사촌을 접대하기 위해서 흐발세이(Hvalsey) 섬에서 다 자란 양을 집으로 가져왔다. 이 거리는 2마일 이상이 된다. 햄스테드(Hampstead)에 있는 의료연구실험실(Medical Research Laboratories)에 근무하는, 해협에서 수영하는 인내력에 관한 연구를 한 퓨(L. G. C. E. Pugh) 박사의 견해에 의하면 10℃는, 지방질이 많을지라도, 특별하게 장거리 수영을 훈련하지 않은, 건강한 사람이 위에서 언급한 거리를 수영할 수 있는 최저수온이다. 현재 이 해안에 있는 피오르드들의 8월 평균 수온이 6℃ 이상(+3℃에서 6℃까지가 전형적인 수온이다)이 되는 경우가 드물기 때문에 토르켈이 수영하여 집으로 양을 데려오던 해의 수온은 아마도 이 임계치보다 4℃ 이상 따뜻했을 것이다.

다른 내용이 이 지역의 육지에서 이와 유사한 큰 기온차를 제시하고 있다. 고대 노르웨이 사람들의 묘지는 그 이후로 영구동토(permafrost) 상태가 유지되고 있는 지하 깊숙한 곳에 위치하고 있다. 그린란드 구식민지 시대의 다른 보고에서는 기후와 관련된 내용을 알기가 어렵다. 라우게 코흐(Lauge Koch)는 1188년 또는 1189년, 즉 이 지역에서 이미 기후가 더 추워지기 시작해서 해빙이 해안을 따라서 더 남쪽의 남그린란드에 도달하고, 노르웨이로부터 아이슬란드로 항해하던 스탕폴덴(Stangfolden)이라는 한 척의 배가 동그린란드 해안 앞에서 난파했다는 중세의 보고를 인용하고 있다. 수년 후인 1200년경에 해안 부근의 암석 동굴에서 7명의 승무원 시체가 발견되었다. 그들 중에는 난파선의 비운에 관해서 비문에 글을 쓴 성직자 잉에몬드(Ingemond)도 있었다. 마찬가지로 대략 같은 시기에 난파당했던 잉에몬드 형제도 그와 다른 두 사람이 대륙빙상의 남부를 횡단할 수 있었다고 보고하고 있다. 그와 그의 동료들은 그 후에 케이프 페어웰의 조금 서쪽, 그린란드의 고대 노르웨이인들의 주요 취락지인 소위 동쪽 정착지(East Settlement, 실제로 그들의 최

11) 옮긴이 주: '정착에 관한 책'을 뜻하는 아이슬란드어로 아이슬란드인의 독특한 계보학적 기록이다. 원래 12세기 초 식자(識者) 아리 토르길손이 편찬한 듯하나, 뒤에 여러 가지 변형판이 나왔다. 아이슬란드에 처음 정착한 400명의 이주민들과 그 노르웨이 조상들, 그리고 그 후손들의 이름이 실려 있으며, 토지소유 상황도 지형적으로 정확하고 아주 상세하게 묘사되어 있다. 결혼이나 분쟁에 관한 일화 또는 간결하면서도 생생한 인물묘사를 보면 마치 옛사람들이 되살아나는 것 같다. 수많은 아이슬란드 서사시의 원천이 되어왔다.

12) 옮긴이 주: 그린란드를 식민지로 만든 첫 유럽인이다.

〈그림 60〉 남사면의 초기 취락 시기에 설립된 아이슬란드 남부 스비나펠(Svinafell)에 있는 고대 농가들 중의 하나. 거대한 빙하가 현재 농가 부근의 계곡을 메우고 있는 것을 볼 수 있다(레이캬비크의 Sigurdur Thorarinsson 박사가 제공하여 허락을 받고 전재하였음).

남단 취락) 부근에서 사망하였다. 이러한 사실은 사람들이 주변에 있는 대륙빙상을 위급한 상황에서 모험을 하지 말아야 하는 그러한 유해 환경으로 생각하지 않았다는 것을 암시한다. 얼음이 녹을 때를 제외하고 사람들은 얼음을 통행할 수 있는 것으로 간주하였다. 당연히 수일간 좋은 날씨와 강한 바람이 없는 상황에서만 횡단이 가능했을 것이다.

1250년 무렵에 그 당시 노르웨이 작품인 『왕의 거울(*King's Mirror, Konungs Skuggsjá*)』은 다음과 같은 내용을 보고하고 있다.

> 대양을 건너자마자 전 세계의 다른 어느 곳에서도 보지 못한 많은 양의 얼음이 나타났다. 그리고 이 얼음은 육지로부터 멀리 떨어져 있어서 얼음까지 가는데 바다에서 4일 이상이나 걸렸다. 그러나 이 얼음은 남쪽, 남서쪽, 또는 서쪽보다 육지로부터 북동쪽과 북쪽에 있었다.

같은 책의 다른 부분에는 1250년경의 그린란드에 관해서 '사람들이 내륙으로 들어가 얼음이 없는 거주가 가능한 땅이 있는가 보려고 가장 높은 산에 올라갔다'고 보고하고 있다. 많은 보고에 의하면 노르웨이 그린란드인(Norse Greenlander)들은 기후가 악화되는 초기에 물질과 사냥할 음식을 찾으러 점점 더 멀리 집을 떠나서 돌아다녀야 했다. 그들은 또한 그린란드 서부에서 그 이전보다 더 북쪽으로 올라가서 배핀 만에 도달하고, 남쪽으로 이동하던 에스키모와 접촉하게 되었다.

당시에 유럽인들이 도달했던 북극 지역의 경계 지대에서 중세 초 온난기의 정도를 고찰한 후에 이제 다른 지역의 증거를 주목해보도록 하겠다. 작물재배의 북한계는 이 장에서 고찰하는 세기들 동안의 상응하는 재배 범위를 보여주고 있다. 아이슬란드에서 곡물은, 그 지역에 최초로 고대 노르웨이인들이 정착했던 시기부터 16세기 말에 섬이 방치될 때까지 상당히 지속적으로 재배되었다. 초기에 아이슬란드에는 후기보다 의심할 여지 없이 더 많은 관목의 자작나무 숲이 있었다. 이곳에 정착했던 사람들이 삼림을 대부분 파괴하였다. 13세기에 아이슬란드의 삼림 지역은 아마도 1/5에서 1%까지 감소되었다. 보울튼(G. S. Boulton) 박사는 이스트 앵글리아 대학교와 아이슬란드의 동료들과 함께 아이슬란드 남동부의 크비스커(Kvisker)에 있는 천 년 동안 사람들이 거주했던 농가를 연구하였다. 이 연구에 의하면 이 장소에 지었던 여러 집들 중에 가장 오래된 집이 가장 크고 부유했던 것으로 나타났다. 이 집은 서기 1090년의 화산재층 이전으로 연대가 측정된다. 이 집의 패총에는 (수입한) 굴을 포함한 여러 가지 사치스러운 음식물의 잔재가 포함되어 있다. 농지를 둘러싸고 있던 삼림에는 그 이후에 다시 성장하지 못했던 크기의 자작나무 줄기가 자랐다. 화분분석에 의하면 크비스커의 농부들은 대략 1200년에 귀리 재배를 포기하고, 보리 재배를 약 1/2로 감소시킨 것으로 나타난다. 다음 세기에 지표의 대부분은 부분적으로 하천의 자갈[하성력(河成礫)]과 부분적으로 빙하로 덮였다(<그림 60> 참조).

유럽에서 중세 온난기의 절정

노르웨이에서 아마도 보리와 같은 곡물 종은 적어도 오타르(Ottar, 약 880년)의 시기부터 11세기까지 북부의 말랑겐(Malangen, 69°30′N)의 경우와 같이 훨씬 북쪽에서 재배되었다. 트론헤임 부근의 트뢴델라그(Trøndelag)에서는 밀이 재배되었다. 트론헤임 주변 지역에서의 화분분석과 다른 기록들은 다시 이들 곡물의 재배가 중세 말에 급격하게 중단되었음을 제시하고 있다. 홀름센(Andreas Holmsen) 교수[13]는 노르웨이에서 오랫동안 그다지 변하지 않고 남아 있던 벌채된 삼림 지역과 정착 농민이 농사를 짓던 지역이 800～1000년 사이에 확장되어 100～200m 더 계곡 위로 올라가고, 심지어는 더 높은 지역까지 올

13) A. Holmsen, *Norges historie*, Oslo and Bergen, Universitetsforlagert, 1961.

〈그림 61〉 13세기의 경작의 결과로 남은 이랑과 고랑, 노섬벌랜드의 레더스데일(Redesdale) 위의 황무지 300~320m까지의 남사면의 사진.

라갔다고 보고하였다. 그렇지만 이 면적의 대부분은 1300년 이후에 다시 소실되었다.

영국의 많은 지역에서 경지는 그보다 오래전 또는 그 이후에 도달할 수 없었던 높은 고도까지 올라갔다. 남서부의 다트무어(Dartmoor)에서는 약 400m까지, 스코틀랜드의 경계 부근에 있는 노섬벌랜드(Northumberland, <그림 61> 참조)에서는 320m까지 경지가 올라갔다. 1300년에 켈소(Kelso) 대수도원 소유인 스코틀랜드 남부의 해발 300m 고도에 있던 농장은 100ha 이상의 경지를 소유했다. 그 외에도 1,400마리의 양과 양치기와 그 가족들이 사는 16채의 작은 농가가 있었다. 중세의 포도 재배 한계에서 출발하여 포도 재배 입지의 현재 기후를 현대의 포도 재배 한계와 비교하면, 잉글랜드와 중유럽에서 하반년(夏半年)에 지배했던 기온에 대한 개략적인 척도를 구할 수 있을 것이다. 이 척도는 <그림 29>에서 제시된 방법을 이용하여 유도되고, 그림이 있는 지면들에서 설명된 수치들을 검증하는 데 이용되었다. <그림 62>는 중세 잉글랜드의 포도원 분포도이다. 이를 비교해 보면, 당시의 여름 평균 기온이 잉글랜드의 20세기 여름 평균 기온보다 아마도 0.7~1.0℃까지 높았고, 중유럽 평균 기온보다 1.0~1.4℃ 높았다는 것을 알 수 있다. (중세 잉글랜드의 포도주의 질은 잉글랜드의 포도 교역을 조약으로 묶어두려는 당시 프랑스 포도주 상인들의 노력으로 알 수 있다) 잉글랜드에서는 특히 1100~1300년 사이의 5월에는 서리 피해가 적었

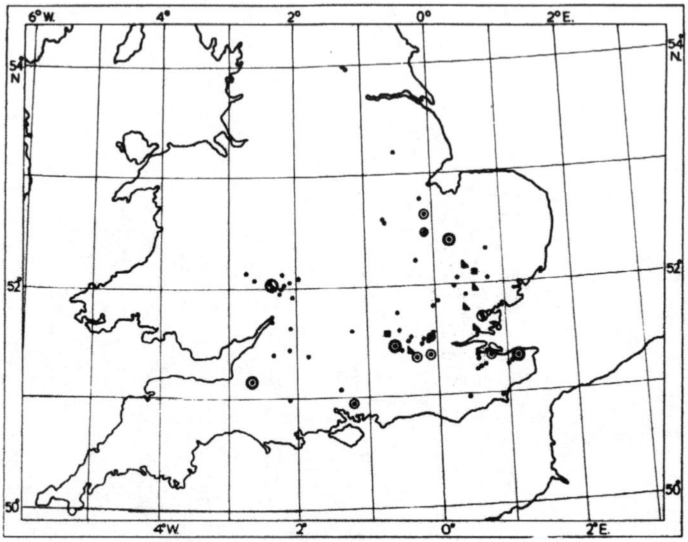

범례

- 포도원, 보통 1~2에이커(acre) 또는 크기 미상
- 포도원, 5~10에이커
- 포도원, 10에이커 이상
- 30~100년간 지속적으로 포도가 재배된 증거가 있음
- 100년 이상 지속적으로 포도가 재배된 증거가 있음

〈그림 62〉 잉글랜드에서 알려진 중세 포도원 지역의 분포.

다. (<그림 63>은 이와 관련하여 흥미가 있다) 따라서 유럽에서 확인할 수 있는 최고 온난기는 클라크(Kenneth Clark)[14]가 최초의 유럽 문명의 대부활(great awakening)이라고 부른 시기인 중세의 뛰어난 성당 건축 시기와 일치한다. 특히 논쟁이 되고 있는 십자군 활동이라는 유럽인들의 지속된 에너지 분출도 기후가 유리한 시기와 일치하고 있다. 트레버로퍼(Hugh Trevor-Roper)[15]는 기후에 관해서는 언급하지 않았지만, 서기 1250년경을 전환점으로 간주하였다.

> 유럽의 중세 절정기는 …… 이 시점까지 우리는 —약 1050년부터 그 이후로— 진보만을 …… 인구성장, 농업혁명, 기술발달을 보아왔다. 경계는 모든 방향으로 확대되었다. …… 이미 13세기 중반에 영토 확장은 중단되었다. …… 1242년에 게르만 기사들(Teutonic knights)이 동쪽

---

14) Kenneth Clark, *Civilization*, London, BBC and John Murray, 1969.
15) Hugh Trevor-Roper, *The Rise of Christian Europe*, Thames & Hudson, 1965.

〈그림 63〉 글로스터셔(Gloucestershire), 튜크스베리(Tewkesbury)에 있는 중세 잉글랜드의 포도원. 지면은 사진의 중앙에 있는 북쪽 방향의 도랑으로 완만하게 경사져 있다. 이것은 확실하게 서리가 잘 내리지 않는 요지(frost hollow)로 중세의 경작자들이 꽃이 만개한 후에 5월의 늦서리 피해를 별로 입지 않았다는 것을 암시하고 있다.

으로 진군한 것은 …… 러시아의 슬라브족의 지배자에 의하여 가로막히게 되었다. …… 1300년경에 기독교도의 동로마 제국(Eastern Empire of Christendom)의 잔재만이 그리스에 남았다.

이미 12세기에 그린란드에서 그 절정기가 지난 중세 온난기는 유럽에서 대체로 1300년 또는 1310년까지 지속된 것으로 나타나고 있다. 그렇지만 북해와 영국해협에서 폭풍의 빈도가 뚜렷하게 증가했으며, 낮은 해안 지역은 범람으로 인한 피해를 입게 되었다. 온난한 기후는 심지어 이 마지막 시기에 그 최고에 달했을 수도 있다. 그 이유는 우리가 그 당시의 기록들이 있어서 1280년대에 페나인 산맥과 노섬브리아(Northumbria)의 황무지에서 경지가 너무 높이까지 올라가서 양치는 농부들이 방목할 면적이 너무 좁아졌다고 불평한 것을 알기 때문이다. 유럽 자체가 북극에서 하강한 기온의 영향을 받기 전 마지막 시기에 온난기의 정점에 도달한 것은 기상학적으로 보아 북극의 기후 체제가 그린란드와 아이슬란드의 자오면에서 강력하게 돌출한 것과 일치한다. 이러한 극 기후의 발달은 그린란드와 아이슬란드에서 강한 기압골과 서유럽 상공에서 정기적으로 나타나는 온난한 기압마루가 있는 상층편서풍 순환의 패턴을 왜곡시켰다. 14세기 중반과 후반에 이와 유사한 패턴들이 때때로 재발한 것 같다. 이러한 일기 상태는 14세기 초에 처음으로 습윤한 기후가 단절된 후에 유럽에 심각한 가뭄을 가져왔다. [당시의 큰 건물들에서 발생했던 문제들－붕괴하는 탑과 갈라진 금이 있는 벽 및 둥근 천장이 있는 성당과 교회(<그림 64> 참조)－은 잘못된 설계보다는 토양수분의 변화와 그로 인한 지반 침하에 기인하는 것 같다]

요크의 발굴에서는 이 지역에서 중세와 로마 시대에 살았던 노린재류[bug, *Heterogaster urticae* (F.)]가 발견되었다. 이들의 전형적인 서식지는 현재 잉글랜드 남부의 양지바른 장소에서 쐐기풀(stinging nettle)[16]이 자라는 곳이다. 요크에 노린재류가 출현했다고 하는 것은 당시에 이 지역의 기온이 현재보다 높았다는 것을 암시하는 것이다. 곤충들을 연구한 결과에 의하면 중세의 요크에 딱정벌레목(beetle)의 '*Aglenus brunneus* (Gyll.)' 역시 풍부하였는데, 이들은 채소 쓰레기가 부패하는 데서 발생하는 높은 온도를 갖는 서식지를 선호한다. 이 발견된 두 가지 사실은 도시 환경 자체에서 조밀하게 건축된 중세의 도심으로 인하여 상당히 높은 기온이 지배했음을 암시하고 있다.

그린란드와 아이슬란드에서처럼 동유럽에서도 이미 1200년대에 시작된 더 춥고, 요란 받은 기후를 가리키는 많은 지표들이 있다. 그리고 서부에서는 13세기 동안 확장된 빙하가 알프스 산맥에서 어려움을 일으켰다. 아마도 10세기와 11세기 초의 최온난기의 일부 시기에 사람들은 알프스 산맥에서 가뭄을 걱정했던 것 같다. 그 이유는 알레취(Aletsch) 빙하 부근의 높은 곳으로부터 그 아래의 계곡으로 용수로 오버리데린(Oberriederin)이 설치되어 있었기 때문이다. 이와 유사한 용수로가 자스탈(Saastal)과 돌로미티게 산맥[17]에 건설되었는데, 1200～1350년 사이에 빙하가 확장되어 파괴되었다.

기원전에 방치되었던 오스트리아의 호헨 타우어른(Hohen Tauern)과 중유럽의 다른 높은 고도에 있는 고대 금광은 중세 절정기의 온난기에 다시 채광되었으나, 후에 폐쇄되었다. 지하수로 인하여 약 1300년에 문제가 발생하기 시작했다. 고슬라르(Goslar)에서는 1360년에 하르츠(Harz) 산지의 광산에서 50년 이상 물이 증가했다고 보고되고 있다. 보헤미아(Bohemia)에서는 같은 문제로 인하여 이미 1321년에 일부 광산들이 폐쇄되었다. 알프스 산맥에서는 일부 광산의 입구가 빙하로 막혔다.

지중해 지역·동유럽·아시아의 당시의 기후

지중해 지역과 카스피 해, 그리고 멀리 중앙아시아까지 높은 고도에서 중세 온난기는 20

16) 옮긴이 주: 쐐기풀속(—속, *Urtica*)의 우르티카 디오이카(*Urtica dioica*)이다.

17) 옮긴이 주: Alpi Dolomitiche, 영어로는 Dolomites이라고 한다. 이탈리아 북부 알프스 산맥의 동쪽 지점에 있는 산맥이다.

〈그림 64〉 칼라일 성당(Carlisle Cathedral)의 지반 참하로 변형된 홍예문. 약 1300~1350년 이후에 아무런 움직임도 일어나지 않은 것 같다. 그 이전 세기에 토양이 말라서 이 지점이 압밀(壓密)작용을 받은 것이 피해의 원인으로 짐작되고 있다.

세기보다 더 습윤한 시기였다. 호수의 수면은 높았고, 카스피 해의 수면은 9~14세기 사이의 상당 기간 현재보다 8m 높았다. 12세기에 시칠리아의 두 하천, 에르미니오(Erminio) 강과 산레오나르도(San Leonardo) 강에서 주운(舟運)이 가능했던 것으로 기술되어 있다. 현재는 그 당시의 선박으로도 주운이 불가능하다. 시칠리아 팔레르모(Parlermo) 부근의 오레토(Oreto) 강을 건너는 다리처럼(<그림 65> 참조) 다리들이 건설되었는데, 이들의 크기는 현재의 강들에 맞는 크기가 아니다[1177~1185년에 프랑스 남부에 유명한 아비뇽의 다리(Pont d'Avignon)가 마침내 론(Rhone) 강 하류 위에 건설되었는데, 이 지점은 여러 도로가 집중하고, 유속이 항시 빨라서 다리를 건설하기 어려운 곳이었다. 로마인들은 이 지점에 다리를 건설하는 데 실패하였다. 이후에 다리의 부분들이 여러 차례 붕괴하여 1680년에 마침내 반파된 상태에서 방치되었다]. 그리스의 하천들과 북아프리카 및 아라비아의 와디(Wadi) 하천들에서도 중세 절정기에는 보통 연중 물이 흘렀다. <그림 44>는 중세에 인도 북서부의 건조 지역에서도 더 적절한 양의 비가 내렸음을 제시하고 있다.

아마도 이러한 현상들은 온난기 동안 부분적으로 사막지대 위에 있는 고기압대가 현재의 정상적인 위치를 넘어, 현재 여름에 맑은 날씨가 나타나게 하는 아조레스 군도로부터 독일 또는 스칸디나비아에 이르는 선까지 북쪽으로 이동한 것으로 설명될 수 있다. 이와

(a)

(b)

<그림 65> (a) 현재 그 지역에 있는 강보다 훨씬 넓은 강 위에 걸쳐 있는 1113년에 건설된 시칠리아 팔레르모에 있는 중세의 다리[제독의 다리(Ponte dell' Ammiraglio)]. (b)에서 볼 수 있는 현재 유로가 바뀐 오레토 강은 처음 건설되었을 당시 이 다리까지 배들이 들어올 수 있었다(로마에 소재한 Aeronautica Militare Italiano, General Fea of the Servizio Meteorologico가 친절하게 제공해준 사진임).

같은 부분적인 자오면 바람 순환 패턴은 상층편서풍대(극둘레소용돌이)의 한랭한 기압골 변형과 함께 보통 한랭한 지상 기단이 남쪽으로 동유럽과 서유럽, 심지어 중앙아시아까지 내려오게 한다. 이곳으로부터 이 기단은 보통 산맥에 의해서 지중해 지역의 서쪽과 남쪽으로 편향된다. 이러한 현상은 보통 북아메리카 상공에서 일정한 요란에 의해서 지배되는 상층편서풍보다 더 긴 파장을 가진 발달된 상층편서풍대가 동쪽에 위치하기 때문이다. 이러한 현상은 로키 산맥에 의해서 일어난다. 이러한 긴 파동은 아마도 주요 바람의 흐름이 고위도로 이동했을 때, 그리고 특히 13세기에 북극이 냉각되어 열경도와 바람을 강화시켰을 때에 발생할 수 있었을 것이다.

우리가 과거의 호수면 변동에 관해서 알고 있는 지식은 —카스피 해의 경우에 고고학적으로 확인되었음— 오랫동안 로마 제국을 괴롭혔던 아시아로부터의 야만족의 이동이 서기 300년경과 800년경에 있었던 중앙아시아와 서아시아에서의 가뭄 시기와 관련이 있을 수 있다는 결론을 내리게 한다. 이와 반대로 13세기의 몽고족의 대침입은 카스피 해가 상승한 습윤한 기후 시기에 발생했던 것 같다. 아시아 내륙의 민족 칭기즈 칸과 그의 몽고 유목민들이 1205～1225년 사이의 20년 동안 유럽의 러시아, 인더스 강, 베이징(北京) 관문까지 급작스럽게 집단적으로 침입한 것은 전적으로 아시아의 건조한 심장부에서 인구가 증가한 데에 그 원인이 있을 것이라고 추측된다. 이 시기는 초지 상태가 정상적인 시기보다 더 좋았을 때이다. 그러나 이러한 급작스러운 침략이 그린란드 북부의 산소 동위원소 기록과 아이슬란드로의 대규모 북극 해빙의 확장이 증명하고 있는 고위도에서의 한랭화와 시간적으로 일치하는 현상은 극히 한랭한 극 기단이 아시아 내륙으로 내습하여 몽고족이 침입하는 방아쇠 작용을 하였다는 추측을 가능하게 한다. 이러한 한랭한 기단의 영향은 특히 여름에 더 잘 느낄 수 있을 것이다. 이것은 추측에 불과하나, 중국에서는 한랭한 기후 체제가 오랫동안 지배했고, 일부 학자들에 의하면 이러한 이상(anomaly)이 수세기 후에 유럽에서 소빙기(Little Ice Age)로 이해될 때까지 점진적으로 서쪽으로 확산되었다.

이 단원에서 고찰한 북반구 지역들은 여러 가지 면에서 동아시아의 기후 상태와 뚜렷하게 구별된다. 동아시아에서는 기후대가 12세기를 정점으로 오랜 기간 남쪽으로 이동했다. 남동쪽으로 등온선이 내려가고, 상층편서풍대에서 바람의 이동[인도 위에서의 북쪽으로의 이동(또는 기압마루)으로부터 동아시아 위에서의 남쪽으로의 이동(또는 기압골)]은 타이와 인도차이나 반도의 북부 위에 적은 비가 내리게 하는 고기압의 경향을 갖는 패턴이 나타나게 했다. 이러한 기상학적인 가정은 캄보디아(Cambodia)의 앙코르(Angkor)에 있는 크메르 제국이 일시적으로 유리한 —즉, 건조한— 조건하에서 번성할 수 있었다는 설명을 할 수 있게 해준다. 이 지역은 1300년 이후에 다시 정글이 되었다.

해면과 저지 해안에 미친 영향

우리가 중세의 온난한 세기들 동안 유럽의 기후 상태에 관해서 조사한 것은 약간 높은 해면이 나타나게 된 상황을 언급하지 않고는 완전하지 못할 것이다. 해면은 아마도 빙하가 녹는 온난기 동안 점진적으로 전구적으로 상승하였을 것이다. 그리고 특히 추측하건대 그 지역의 분지에서 지각의 습곡작용(褶曲作用) 때문에 침강현상이 당시에 지속되었고 현재도 일어나고 있는 북해의 남부 지역에서 해면이 상승하였을 것이다. <그림 58>은 벨기에에서의 큰 해진을 보여주고 있다. 브루게(Brugge)[18]는 중요한 항구였었고, 이스트 앵글리아에서 여러 개의 지류가 있는 얕은 피오르드는 육지 쪽의 노리치 방향으로 들어왔다. 워시의 남쪽에 있는 잉글랜드의 소택지(fenland)[19]는 갈대와 관목숲으로 둘러싸인 얕은 염수의 수로와 낮은 섬들이 있는 넓은 수중 경관을 형성하였다. 엘리(Ely) 섬은 단절되어 앵글로-덴마크(Anglo-Danish)의 거주자들은 노르망디인들이 잉글랜드의 나머지 지역을 정복한 후 7~10년 동안 저항할 수 있었다. 11세기와 12세기에 네덜란드와 벨기에 해안평야의 인구는 결국 독일로 사람들을 이주하게 한 범람의 정도와 빈도에 따라서 변동하였다.[20]

북아메리카의 기후 추이와 이에 관한 비교

북아메리카에서는 로키 산맥의 동쪽 지역에서 지배했던 기온이 유럽의 기온과 매우 유사했고, 습윤한 기후 시기에 매우 흥미 있고 중요한 변화가 나타났던 증거가 있다. 래브라도 북부와 인접한 언게이바(Ungava)[21] 지역에만, 지금까지 3000~3500년 전에 시작해서 삼림이 후퇴하고 툰드라가 확장했던 기후 한랭화가 중세에 중단되었다는 아무런 징후도 없다. 콜로라도 대학교(University of Colorado) 북극고산연구소(Institute of Arctic and Alpine Research)에 근무하는 니콜스(Harvey Nichols) 박사의 주도하에 수행된 광범위한 화분분석 연구에 의하면, 대략 500년에서 약 1000~1200년 또는 1250년까지 점점 온난화되는 여름과 관련되어 허드슨 만의 서쪽 퀘벡 주의 북부와 노스-웨스트 테리토리스(North-

18) 옮긴이 주: 벨기에 북서부 서(西)플랑드르 주의 주도이다.

19) 옮긴이 주: 영국 잉글랜드 동부에 있는 개간된 소택지의 자연 지역이다.

20) 헨트 대학교(University of Ghent)의 베르훌스트(A. Verhulst) 교수가 친절하게 이에 관한 정보를 제공해주었다.

21) 옮긴이 주: 캐나다 퀘벡 주 북부에 있는 반도의 부분이며, 북쪽으로 허드슨 해협, 동쪽으로 언게이바 만과 래브라도, 남쪽으로 이스트메인 강, 허드슨 만에 둘러싸여 있다.

West Territories)에서 삼림이 일부 회복된 것으로 나타나고 있다. 이보다 훨씬 남쪽의 미국 중서부에서 위스콘신 대학교(University of Wisconsin)의 배리스(Baerries)와 브라이슨(Bryson)이 수행한 고고학 연구에 의하면 밀 크릭(Mill Creek) 문화[22]의 인디언들은 서기 1200년 전에 아이오와(Iowa) 주의 북서부에서 옥수수를 재배하였다. 현재 이 지역에는 작물을 재배하기에는 비가 부족하다. 인디언들이 사냥했던 고라니와 사슴 모두 삼림에 사는 동물로 약 1100년 전에는 인디언들의 주요 식용 고기였다. 12세기에 발견되는 쓰레기 더미에서 이들 동물 뼈의 비율이 급격하게 감소하였고, 평야를 선호하는 들소 뼈의 비율이 더 많아졌다. 들소 뼈의 양은 서쪽으로 갈수록 증가하고 있다. 이 지역의 기후는 로키 산맥의 '비그늘(rain-shadows)'에 있어서 더 건조하다. 그러나 약 700년부터 그 이후로 전 지역의 기후는 그 이전보다 습윤해진 것 같다. 1200년 무렵에 급격하게 반전될 때까지 프레리(prairie)[23]는 나무가 울창한 경관이 되었다. 농사를 짓던 사람들은 북서쪽의 평야로 퍼져나갔으며, 이미 8세기에 북쪽 위스콘신 주로, 그리고 미시시피 강과 다른 계곡들을 따라서 미네소타 주로 이주하였다. 이들의 문화는 1200년까지 번영하였고, 갑작스러운 소멸은 가뭄 및 식생변화의 증거와 일치하고 있다. 이 지역에서 이와 같은 변화는 기온경도가 북극의 한랭화로 인하여 커질 때 산지의 비그늘을 강화시켜서 연장시키는 빈번하게 이동한 편서풍으로 설명된다. 우리는 이미 그린란드와 아이슬란드의 바다에 관해서 이와 같은 증거를 언급하였다.

이 장에서 고찰한 기후사는 한 역사가[24]가 다음과 같이 요약하게 하였다. "호기심을 자극하도록 잉글랜드 장기간 평균 기온의 단면은 일반적으로 이해되는 물질적인 복지와 개략적이기는 하나 뚜렷하게 일치한다." 더욱이 그는 "중세의 팽창, 14세기와 16세기 말의 위기, 그리고 15세기(16세기 초까지), 18세기와 19세기의 전성기는 기온 추이의 개략적인 경향에 상응한다"고 확인하였다. 그럼에도 불구하고 그는 기후변화는 이러한 현상들을 설명하는 데 중요하지 않다는 입장을 주장하고 있다. 따라서 앤더슨(Anderson)은 만일 기후가 불변했다고 해서 유럽의 역사가 크게 달랐을 것이라고 단언할 수 없다고 하였다. 우리는 다음 장에서 다룰 시기들의 사례에서 이러한 주장을 좀더 상세하게 고찰할 수 있을 것이다.

---

22) 옮긴이 주: 크릭족(Creek)은 무스코기어를 쓰며 원래 조지아와 앨라배마 지역의 광대한 평지를 차지하고 있던 북아메리카 인디언이다. 경제는 주로 옥수수·콩·호박 재배에 기초를 두었다. 농사는 대부분 여자들이 맡아 했으며, 남자들은 사냥이나 전쟁에 참여했다.

23) 옮긴이 주: 북아메리카 중앙 지역에 발달해 있는 완만한 기복의 초원이다.

24) 앤더슨(J. L. Anderson)이 노리치(Norwich)에 소재한 이스트 앵글리아 대학교에서 1979년 7월에 개최된 기후와 역사 회의(the Climate and History Conference)에서 강연한 내용임.

11. 중세 말에 다시 악화된 기후

북극의 기후 악화

고대 노르웨이 그린란드인(Old Norse Greenlander)의 생활 조건은 1197~1203년에 크게 악화되었다. 그린란드가 아이슬란드 및 유럽과 연결되는 바다에서 처음에는 각각의 해에만, 그러나 그 후에는 지속적으로 얼음이 증가하였다. 이러한 상황은 분명하게 북극의 한랭화와 관련이 있다(<그림 35> 참조).

기원전 700년경에 특히 캐나다 동부의 극지방에 살았고, 서기 800~900년 후에 고위도로 돌아왔던 도싯(Dorset) 문화[1]의 에스키모들은 이미 12세기에 남쪽으로 이동하였다. 고고학자들은 그린란드 북서부의 툴레(Thule)[2] 부근에서 발달했던 다른 에스키모 문화가

1) 옮긴이 주: 도싯 문화는 그린란드(Kalatdlit-Nunat)와 남쪽으로 뉴펀들랜드에 이르는 캐나다 동부 극지방의 선사문화(기원전 800~서기 1300년경)이다. 이 문화의 이름은 배핀 섬의 케이프 도싯에서 실시한 발굴에서 유래한다. 도싯 문화의 기원에 관해서는 여러 가지 학설이 있다. 알래스카나 다른 서북 극지방에서 발생했다는 설, 훨씬 더 남쪽에 있는 아케익기 인디언 문화나 우드랜드 인디언 문화에서 유래했거나 강한 영향을 받았다는 설, 인디언 문화의 영향은 거의 받지 않았으며 기본적으로 선(先)도싯으로 불리는 캐나다 동부 극지방의 문화에서 자생적으로 발달한 에스키모 문화라는 설 등이 있다.

이 문화의 주인공들의 인골은 에스키모 유형으로 보인다. 도싯인의 식량원은 주로 바다표범과 해마 같은 바다 포유동물이었지만 육지동물과 새를 잡거나 물고기를 낚기도 했다. 개와 개가 끄는 눈썰매를 몰랐기 때문에 작은 손썰매를 이용했다. 에스키모인의 전형적 도구인 활비비 역시 없었다. 해안지대에 자리 잡은 주거지는 일반적으로 반지하 가옥과 커다란 집회소로 이루어졌다. 여름철에는 짐승 가죽으로 덮은 텐트를 사용한 듯하다. 또한 도싯인들은 계절에 따라 작은 무리를 이루며 이리저리 떠돌아다니던 유목민이었던 것 같다. 도싯의 유물인 작살촉, 자루, 칼, 램프, 뗀석기(打製石器)는 아주 독특한 것이었다. 장신구는 뼈, 상아, 나무로 만들었고 조각을 새기기도 했다. 때로는 자연주의적 기법으로, 또 때로는 양식화하거나 기괴한 모습으로 표현된 동물과 인간의 소상(小像)은 부적이나 사냥주술을 위한 도구로 이용된 것으로 보인다. 도싯 문화가 사라진 시기는 명확하지 않지만 두 집단 사이에 접촉이 있었음을 보여주는 징표가 있는 것으로 보아 툴레인들이 알래스카에서 이주한 뒤였던 것 같다. 기후의 변화가 도싯 문화의 몰락에 영향을 미쳤던 듯하다. 도싯 문화가 역사시대의 캐나다 원주민 문화와 그린란드 원주민 문화에 끼친 영향의 정도는 그리 크지 않지만, 몇 가지 후대의 도구 양식은 도싯 문화에서 유래했고 1903년까지 이곳에 살고 있던 한 에스키모 집단은 도싯인의 후예로 여겨진다.

면 북쪽 지역에서의 사냥을 더 잘하였기 때문에 이들이 이동하였을 것이라고 가정하고 있다. 그러나 아마도 얼음이 증가하고 바다표범과 해마가 감소하여 사냥감을 구하는 경쟁이 더욱 치열해졌을 것이다. 바이킹족과 에스키모족은 1200~1250년에 처음으로 그린란드에서 접촉하게 되어 초기에 서로 교역을 하였다. 그러나 약 75가구의 농가만이 있던 북쪽에 위치한 서그린란드의 두 개의 작은 바이킹 중심지인 서쪽 정착지(Vesterbygd, 'West Settlement')는 약 1350년에 무력 충돌이나 질병, 아마도 페스트로 파괴되었다. (다른 취락의 선박이 이 지역에 왔을 때 야생으로 배회하는 몇 마리의 소와 양들만이 발견되었다)

약 225호의 농가가 있던 규모가 큰 동쪽 정착지(Østerbygd, 'East Settlement')는 점점 더 어려워지는 상황에서도 1500년 무렵까지 존재했다. 15세기에 헤리욜프스네스(Herjolfsnes)의 묘지에 매장된 성인의 평균 신장은 164cm에 불과하였다. 이와 대조적으로 취락의 초기에 평균 신장은 약 177cm로 확인되고 있다. 얼음이 점점 더 증가하여 1342년경에 마침내 65°N 상의 아이슬란드와 그린란드 사이의 구항로가 이보다 남쪽에 있는 항로로 바뀌게 되었다. 1369년에 마지막 중세 왕의 전매 교역에 이용되었던 선박들 중의 하나가 노르웨이 해안 전면에서 난파당한 후에 유럽과 그린란드 식민지 사이의 정기적인 교통이 단절되었다. 그 후에 아이슬란드로 가는 항로에서 이탈한 많은 선박들이 그린란드에 도착하였다. 15세기에 특히 영국과 다른 지역의 상인들 및 해적들이 그린란드를 가끔 방문했다는 간접적인 증거가 있다. 1492년에 교황 알렉산더 6세(Alexander VI)는 기독교의 변경 식민지인 이 섬의 상황을 우려하는 글을 썼다.

> 그린란드의 가르다(Garda) 교회는 지구의 끝에 위치해 있는데, 그곳에 사는 사람들은 빵·포도주·식용유가 없기 때문에 건어물과 우유만 먹고 살고 있다. …… 그 지역에는 매우 드물게

---

2) 옮긴이 주: 툴레 문화(Thule culture)는 알래스카 북부의 북극해 연안과 동쪽의 아문센 만에서 발전했던 에스키모 선사문화이다. 900년경부터 급속히 동쪽으로 퍼졌으며, 12세기에는 그린란드까지 미쳤다. 또한 이 문화는 북극권 캐나다의 중앙까지 계속해서 퍼져나갔으며, 1300~1700년경에는 거꾸로 알래스카의 툴레 동부에서 서부로 문화가 전파되었다. 툴레 문화는 고래잡이를 중심으로 이루어졌다. 해안에 위치한 겨울철 영구가옥은 고래의 뼈와 가죽, 뗏장 등으로 만들어졌으며, 이 가운데 일부는 반지하구조였다. 겨울철 이동 중에는 얼음집을 사용한 반면 가죽 텐트는 여름에 사용했던 것 같다. 고래·물개·바다코끼리·북극곰·순록·사향소와 작은 포유류 등을 사냥했으며, 조류·물고기·민물조개·야생식물을 채집했고, 이동할 때는 카약(1인용 유개 가죽배)·우미악(큰 무개 가죽배)·개썰매 등을 이용했다. 돌 램프·요리 냄비·마제 점판암 도구·고래뼈 등을 사용한 것이 특징적이었다. 툴레 문화의 예술품에는 상아 또는 나무를 조각해서 만든 작은 형상이 있는데, 이는 아마 주술이나 사냥 등에 쓰였을 것이다. 툴레 문화는 에스키모의 전형적인 도구와 무기를 모두 포함하는 매우 발달되고 전문화된 문화로 이후 에스키모의 문화 발전에 지대한 영향을 끼쳤으며, 지금도 다소 변형된 형태로 캐나다 동부, 그린란드 북부, 알래스카 북서부 등지에 잔존해 있다. 동부의 발전에 영향을 받은 툴레 서부 문화는 알래스카의 문화 발전에 기초를 형성했다. 툴레 문화는 15세기에 알래스카 중앙 지역에서 사라졌는데, 이는 기후변화 때문인 것으로 짐작된다.

배가 가는데, 그 이유는 바다가 얼기 때문이다. ―80년 동안 어느 배도 이 지역의 해안에 도달하지 못한 것으로 생각된다― 항해를 했다면, 8월에만 가능했을 것으로 생각된다. …… 대략 80년 동안 그 지역에 한 사람의 주교나 신부도 주재하지 않았다고 사람들은 말하고 있다.[3)]

실제로 헤리욜프스네스 묘지의 영구동토에는 부분적으로 1500년대 무렵의 시체와 유럽의 의상을 포함하는 의류가 보존되어 있다. 그러나 약 1540년에 함부르크(Hamburg)로부터 출발해서 항로를 이탈하여 그린란드에 도달한 선박들은 한 구의 바이킹족 시체만을 발견하고 생존한 거주자들을 발견하지 못했다. 이 시기부터 때때로 고래를 잡는 사람들이나 1607년의 허드슨(Hudson)[4)]과 같은 탐험가들만이 얼음지대를 통과하여 사람이 살지 않는 그린란드의 북극 해안까지 도달하였다. 1720년대에야 비로소 덴마크-노르웨이 국가(Denmark-Norwegian state)가 그린란드 남서부에 다시 식민지를 설립하였다. 그린란드 동부에는 19세기 이전에 취락이 없었다.

15세기에 어부들이 브리스틀에서 대서양을 가로질러 점점 더 서쪽으로 항해할 수 있게 한 탐험 여행이 시작되었는데, 추측하건대 그 이유는 북극의 차가운 해수가 점점 더 확대되는 결과로 북동대서양 고위도의 어류가 그들의 과거 서식지를 떠났기 때문이다. 어부들은 1470년대 또는 1480년대에 이미 뉴펀들랜드 뱅크스(Newfoundland Banks)에서 고기를 잡을 수 있었다.[5)] 아이슬란드-그린란드 해역에서 한자 동맹 도시들의 경쟁(Hanseatic competition)[6)]으로 상황은 확실히 악화되었다. 어떻든 간에 북동항로를 찾기 위해서

3) Vilhjalmur Stefansson, *Greenland*, London, Toronto, Bombay and Sydney: George, Harrap, 1943, 240pp.에서 인용하였음.

4) 옮긴이 주: 영국의 항해가·탐험가로 유럽과 아시아를 잇는 북극항로를 찾기 위해 영국(1607, 1608, 1610~1611년)과 네덜란드(1609년)의 네 차례 탐험에 참가했다. 북아메리카의 허드슨 강·해협·만은 그의 이름을 따서 명명된 것이다. 허드슨의 초기 생애에 대해서는 알려진 것이 없다. 그를 후원하던 런던의 머스코비 사(社)는 그의 전 세대에 속하는 허드슨이라는 이름의 몇몇 탐험가들과 이미 관계를 맺고 있었다. 북서항로를 찾아 최초로 북극해를 항해했던 영국의 항해가 존 데이비스는 현재 런던 이스트엔드의 선창가에 해당하는 라임하우스에 있는 토머스 허드슨의 집에서 1585년 탐험 계획을 세웠다. 이 자리에 참석했던 헨리 허드슨은 깊은 인상을 받고 이후로 일생 동안 북극해 탐험을 시도하였다. 그는 북극 지리에 대해서 잘 알고 있었을 뿐만 아니라 항해기술도 뛰어났기 때문에 머스코비 사와 네덜란드의 동인도회사는 그를 위험한 탐험 여행의 지휘자로 결정했다.

5) A. A. Ruddock, "John Day of Bristol and the English voyages across the Atlantic before 1497," *Geographical Journal*, vol.132, 1966, pp.225-233 참조.; A. A., Ruddock, "Columbus and Iceland," *Geographical Journal*, vol.136, 1970, pp.177-189도 참조.

6) 옮긴이 주: 한자 동맹은 독일 북부의 도시들과 외국에 있는 독일의 상업 집단이 상호교역의 이익을 지키기 위해 창설한 조직으로 13~15세기에 북유럽의 중요한 경제적·정치적 세력이었다(독일어 Hanse는 '무리'나 '친구'라는 뜻의 고트어에서 유래한 중세 독일어로서, '길드'나 '조합'을 의미했음). 한자 동맹의 전신은 독일 상인들이 활동한 2개의 주요 지역, 즉 북해 연안의 저지대 및 브리튼 섬과 교역 관계를 갖고 있던 라인란트, 그리고 독일인들이 유럽 북동부의 방대한 배후지와 서유럽 및 지중해 지역 사이에서 중개상 노릇을 한 발트 해 연안 지역에 있던

1553년에 챈설러(Chancellor)와 같은 16세기 영국의 해양여행자의 탐험 여행과 1590년대에 바렌츠(Willem Barents)[7] 지휘하의 네덜란드의 탐험은 특히 불리한 시기에 이루어졌다. 이러한 사실은 1570년대의 프로비셔(Frobisher)[8]의 탐험, 1580년대의 데이비스(Davis)의 탐험, 그 직후의 허드슨의 탐험에도 적용된다. 프로비셔, 데이비스, 허드슨은 북극해를 통과해서 인도로 가는 북서항로를 찾으려고 했다. 이와 유사한 상황하에서 허드슨은 1607년에, 페리(Edward Perry)는 1827년에 여전히 북극에 도달하려고 시도하였다. 이 시기에 반복해서 북서항로를 발견하려고 시도한 것은 1831년에 자북(磁北)에 도달하는 데 성공한 로스 경(Sir James Clark Ross)[9]의 여행과 같이 기후가 극심하게 불리한 시기에 이루어졌다.[10] 당시에는 바람 패턴에 의하여 조절되어 북극 부빙에 열린 곳이 있었지만, 수백 년 동안 극심한 북극 기후가 지배하였다. 고래를 잡는 사람들은 그린란드 북동부 부근에서

지방의 상인 단체들이었다. 1280년대에 이미 라인 지방의 다양한 상인 집단들은 그들의 공통된 이익을 지키기 위해 협력했고, 발트 해 무역을 지배한 뤼베크 및 그 밖의 독일 북부 도시들과 동맹을 맺었다. 동맹의 목적은 해적 및 산적을 진압하고, 등대를 세워 항해의 안전을 촉진하며, 수로 안내인 등을 훈련시키고, 무역기지와 독점권을 확립함으로써 교역의 안전을 확보하는 것이었다. 그들은 많은 외국 도시(예를 들면 노르웨이의 베르겐, 러시아의 노브고로트, 영국의 런던)에 상업 지역(kontore)을 세웠다. 수십 년 뒤 한자 동맹의 공격적인 보호무역정책은 현지 상인들의 반발을 불러일으켰고, 전쟁이 벌어지는 경우도 있었다. 1368~1370년에 한자 동맹은 덴마크 왕 발데마르 4세의 단호한 저항에 부딪쳤다. 발데마르는 발트 해 남서부 지역을 지배하여, 그곳에서 한자 동맹이 장악한 경제적 지배력을 종식시키려고 애썼다.

7) 옮긴이 주: 네덜란드의 항해가로 유럽에서 아시아로 가는 북동항로를 조사했다. 바렌츠 해(海)는 그의 이름을 따서 명명된 것이다. 그는 넓은 지역을 항해하면서 항로를 정확하게 해도에 기입했으며, 중요한 기상학 자료들을 수집해 초기의 북극탐험가들 가운데 가장 중요한 인물로 알려져 있다. 1594, 1595년 두 차례의 항해에서 바렌츠는 북부 유럽을 돌아서 러시아 북부의 노바야젬랴 군도 부근에 도착했다. 그리고 1596년의 세 번째 항해에서는 지금의 스발바르인 스피츠베르겐을 발견했다.

8) 옮긴이 주: 영국의 항해가로 캐나다 북동해안의 초기 탐험자였다. 1576년 프로비셔는 배 3척을 이끌고 태평양으로 가는 북서항로를 찾기 위해 영국을 떠났다. 래브라도와 배핀 섬을 탐험한 이들은 영국으로 돌아가 금광이 있을 것이라고 보고했다. 1577, 1578년 같은 지역에 대한 두 차례의 원정으로 허드슨 만을 발견했지만 금을 찾지 못했고, 식민지를 건설하려던 그의 계획은 실패로 돌아갔다. 1585년 프랜시스 드레이크 경의 서인도 제도 원정대에 부대장으로 참가했고, 3년 뒤에는 스페인 무적함대와의 전투에서 두드러진 활약을 했다.

9) 옮긴이 주: 영국의 해군 장교로 북극과 남극의 자기(磁氣)를 조사하는 일을 했고, 남극의 로스해와 빅토리아랜드를 발견했다. 로스는 1819~1827년 윌리엄 E. 패리 경의 북극탐험에 참여했다. 아저씨뻘인 존 로스 경을 따라 두 번째 북극탐험을 떠난 그는 1831년 6월 1일 자기 북극에 도착했다. 1839~1843년에는 자기를 관찰하고, 자기 남극에 도달하기 위해 탐험대를 이끌고 남극을 탐험했다. 그는 '에러버스호'와 '테러호'를 지휘하며 1841년 로스 해를 발견했고, 자극 지점으로 항해하는 도중에 빅토리아랜드를 발견했다. 그는 태즈매이니아 섬의 호버트에서 겨울을 보낸 뒤 1841년 11월 다시 남극대륙으로 향했다. 그는 그레이엄랜드 해안 부분의 해도(海圖)를 만들었고 웨들 해의 빙산 주위를 돌아 항해했다. 1843년 영국으로 돌아와 기사 작위를 받았고『남반구와 남극 지역에서의 발견과 연구를 위한 항해(*A Voyage of Discovery and Research in the Southern and Antarctic Regions*)』(1847)를 출판했다.

10) L. P. Kirwan, *A History of Polar Exploration*, London, Penguin Books, 1962, 408pp. 참조.

항해할 때 일부 이와 같은 부빙의 열린 곳을 발견하였다. 이러한 사실이 북극 중앙의 바다에 얼음이 없는 곳이 있다는 잘못된 가정을 하게 하였다.

아이슬란드의 고대 노르웨이 사회는 그 경제가 심각하게 침체되어 서기 1200년경에 몰락하기 시작했고, 이러한 현상이 추측하건대 거의 6세기 동안 지속되었을 것이다. 이 지역의 인구는 1095년의 세금대장에서 제시되고 있는 바와 같이 약 7만 7,500명에서 1311년에 약 7만 2,000명으로 감소하였다. 1703년경에는 인구수가 거의 5만 명으로 감소하였다. 1780년대에 얼음과 화산폭발이 있었던 기후가 나쁜 해들이 지난 후에 인구는 약 3만 8,000명에 불과하였다. 사람들의 평균 신장 역시 그린란드에서와 같이 10세기부터 18세기까지 173cm에서 167cm까지 감소하였다. 남아 있는 기록에 의하면 이와 관련하여 북극해의 해빙이 수개월 동안(보통 1월과 3월 사이, 가끔 6월과 8월 사이) 아이슬란드 해안에 도달한 해들이 중요하다는 사실이 분명해진다. 이러한 해들에는 봄과 여름에 매우 추워서 특히 아이슬란드 북부와 동부 전 지역에서 건초 수확이 극히 적었다. 수천 마리의 양들이 죽었고, 해안의 조개들은 얼음으로 인하여 소멸되었다. 점차로 곡물 재배가 포기되었고, 빙하가 확장되었다. 그 외에도 아이슬란드 전 지역이 화산재와 용암으로 덮이는 피해가 있었다. 화산재에 포함된 불소와 유황 성분 때문에 초지가 황폐화되고, 그로 인하여 양과 소가 죽었다. 가장 격심한 화산폭발의 하나로 1362년 아이슬란드 남부의 외래피[Öraefi, 외래파외쿨(Öræfajökull)]의 대폭발이 있었다.

노르웨이-덴마크 왕이 당시에 요구했던 교역 전매사업 또한 의심할 여지 없이 영향을 주었을 것이다. 이로 인한 제한이 아마도 아이슬란드를 어렵게 하는 데 기여했을 것이다. 그러나 아이슬란드가 쇠퇴하게 된 주 원인은 자연재해였다. 이것은 토라린손(Sigurdur Thorarinsson)이 1956년 그의 논문에서 명명한 바와 같이 아이슬란드의 '1,000년 동안의 얼음 및 불과의 투쟁(thousand years struggle against ice and fire)'[11]이었다.

특정 시기에 관한 기록은 없지만, 이들 세기 동안 기후가 불리한 시기뿐만 아니라 유리한 시기도 있었다는 사실을 분명하게 알 수 있다. 예를 들어서 중세 말에 아이슬란드에서 교회들의 마루에 북극곰 가죽을 깔아놓은 것은 14세기에 곰이 많았다는 증거가 된다. 이로써 곰들이 얼음 위를 걸어서 아이슬란드로 왔다는 결론을 내릴 수 있다. 100년 후에 곰 가죽은 드물게 되었다. 그리고 그 가죽은 오래되고 낡았다. 곰 가죽이 덴마크에서 왕국의 교역 전매로 제한되기 전인 16세기에는 다시 증가하였다. 이러한 정보는 1200년대 말부터 14세기까지 많은 얼음이 있었다는 해빙에 관한 직접적인 보고 내용으로부터 추론한 것을 확실하게 해준다. 그 다음으로 1500년대 말과 그 후에 얼음이 다시 크게 증가하

---

11) *Miscellaneous Papers*, no.14, Reykjavik, Museum of Natural History, Department of Geology and Geography, 52pp.

기 전에 단기간 기후가 좋아졌다. 아이슬란드에서 가장 얼음이 많았고, 기후가 가장 추웠던 시기는 1197~1198년과 1203년부터 갑자기 시작되었다. 이 시기는 1300년경, 약 1580년부터 1700년까지, 특히 1690년대와 다시 18세기 말과 19세기 말에 절정에 이르렀다.

유럽에 미친 첫 번째 영향: 폭풍

점점 더 빈번해지고 강하게 나타나는 폭풍과 바다의 범람이 이미 13세기에 그린란드와 아이슬란드에 영향을 미쳤다. 이것은 유럽의 거주자들, 특히 북해 주변의 거주자들이 알게 된 최초의 기후변화에 관한 징후였다. 이 시기의 말에 여러 차례 바다가 범람하여 많은 인명이 손실되었다. 이것은 근년에 방글라데시와 중국에서 일어난 최악의 재해와 비교될 수 있다. 13세기에 네덜란드와 독일의 해안에서 적어도 네 차례나 일어난 바다의 범람에서 사망자 수는 약 10만 명 혹은 그 이상으로 추정되고, 최악의 경우에는 30만 6,000명으로 사망자 수가 추정되고 있다. 1240년과 1362년에는 범람으로 인하여 (당시) 덴마크의 주교 관구인 슐레스비히(Schleswig)에서 농업 수입의 1/2 이상에 해당하는 60개 소교구(parish)가 '바닷물에 잠겼다'고 보고되고 있다. 이러한 폭풍해일이 일어나는 동안 네덜란드의 추이더 호[Zuider Zee, 에이셀호(Ijsselmeer)][12]가 형성되어 커졌다. 20세기에야 비로소 이 호수는 배수되었다. 독일과 덴마크의 북해 해안에서 토지가 손실되어 섬들과 만들(Inlets)이 생기게 되었다. 다른 섬들은 폭풍해일로 파괴되었다. 800년에 폭이 60km 이상이었던 것으로 추측되는 헬고란트(Holgoland) 섬[육지에서 50km 떨어진 독일 만(German Bight)에 있는 섬]은 1300년경에 25km로 줄어들었고, 아마도 그 중에 1/2은 그해의 폭풍해일로 손실되었을 것이다. 현재 이 섬의 장축은 약 1.5km에 불과하다. 잉글랜드에서 라벤스퍼(Ravenspur) 또는 라벤스버그[Ravensburgh: 헐(Hull)의 동쪽]와 던위치[Dunwich: 이스트 앵글리아의 서펵 해안]의 큰 항구들은 이들 세기의 바다 폭풍으로 점차로 손실되었다. 북해의 대륙 해안에서는 1421년, 1446년, 1570년의 폭풍으로 인한 범람으로 10만 명 이상의 사망자가 발생하였다고 보고되었다. 1570년의 폭풍 기간에는 대도시들이 범람으로 잠겼고, 사망자 수가 40만 명으로 추정되고 있다. 1634년에는 다시 독일과 덴마크 해안 및

12) 옮긴이 주: 에이셀 호(IJsselmeer)는 네덜란드 북부와 중부에 걸쳐 있는 얕은 담수호이다. 에이셀 호를 와덴 해(옛 조이데르 해의 북부)와 북해로부터 분리하는 댐(압슬로이트데이크)을 건설함으로써(1932년 완공) 옛 조이데르 해의 남부에 생겼다. 에이셀 호를 이루는 댐은 해발 약 8m 지점에 있으며 길이가 31km로 노르트홀란트 주와 프리슬란트 주 사이에 걸쳐 있다.

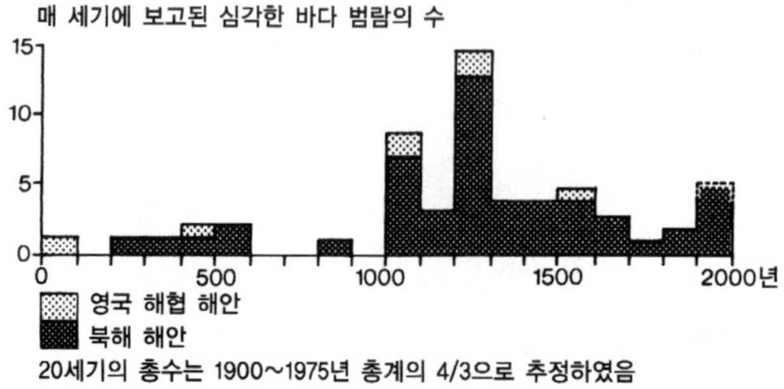

〈그림 66〉 북해와 영국해협의 해안에서 많은 인명과 토지 손실을 가져왔던 심각한 폭풍해일이 보고된 세기별 분포. 이 다이어그램이 기초한 자료와 출전은 필자의 책 *Climate: Present, Past and Future*, vol.2, London, Methuen, 1977, pp.120-126에 상세하게 표로 제시되어 있다. 이 다이어그램의 폭풍의 수를 세는 데 있어서 초기의 자료 수집자들이 같은 사건을 반복하여 보고한 오랜 과거의 자료에서 나오는 오류는 배제되었다.

그 전면에 위치한 섬들에서 많은 토지가 손실되었다.

<그림 66>은 역사시대에 북해 지역에서 알려진 심한 폭풍해일의 분포를 제시한 것이다. 북해 남부의 네덜란드 해안에서는 큰 피해를 가져온 폭풍해일이 1400년대 초와 1600년대 말에 가장 빈번하게 발생했다.[13] 1500년대 말에 특히 규모가 크고 강한 폭풍들이 발생했다. 특히 1570년 11월 1~2일에 발생했던 폭풍은 프랑스부터 독일 북서부까지의 해안을 범람시켜 피해를 가져왔다. 이 다이어그램을 해석할 때에는 과거 기록이 아마도 드물게 남아 있다는 사실에서 출발해야 할 것이다. 그러나 다음과 같은 결론을 내려도 좋을 것이다. 실제 최대 폭풍해일은 전 지역에서 서기 11세기와 13세기에 발생했다. 북해의 남부에서는 위에서 언급한 1400년대 초와 1600년대 말에 최대 폭풍해일이 발생했다. 많은 기록에 의하면 다른 시기보다 로마 시대 말기와 그 직후 및 다시 20세기에 더 강한 폭풍해일이 있었다. 이러한 분포로 북해 저지 해안의 폭풍해일은 다음의 시기에 가장 큰 피해를 일으켰다는 결론을 내릴 수 있을 것이다. 첫째, 긴 기간 온난한 기후가 지배하여 빙하가 녹은 후에 해면이 다소 상승할 때, 둘째, 한랭화되는 북극이 약 50~65°N 사이의 위도에서 열경도를 강화시켜서 이 지대에서 폭풍의 빈도 및 강도를 증가시킬 때이다. 13세기와 아마도 다시 최근 수십 년 동안 이 두 가지 조건이 모두 존재했다. 현재 폭풍해일로 인한 인명 손실이 적은 것은, 북해 해안에 제방을 건설하고 이 제방을 지속적으로 개선하여 근 세기들에 인간이 자연재해와의 투쟁에서 가장 큰 성공을 거두었다는 사실을

13) 암스테르담(Amsterdam)의 고트샬크(M. K. E. Gottschalk) 교수의 저서 *Stormvloeden en rivieroverstromingen in Nederland*, Deel I(voor 1400), Deel II(1400-1600), Deel III(1600-1700), Assen, van Gorkum, 1971, 1975, 1977은 포괄적이고 비판적으로 편찬한 모델이다.

〈그림 67a, b〉 중세 말에 높날림모래폭풍의 결과들. (a) 위: 포트톨벗(Port Talbot) 부근의 웨일스(Wales) 남부 해안의 켄픽(Kenfig)에 있는 석호(潟湖)는 소문에 의하면 1316년경에 사구의 이동으로 형성되었다. 이 석호가 이 지역에 있는 중세의 항구를 폐쇄하였다. 1344년과 1480년 사이에 사구가 더 이동하여 마침내 로마 시대의 구해안도로를 묻었다. 1573년의 폭풍으로 높은 사구(砂丘)의 선이 3km 내륙으로 이동하였다. (b) 아래: 웨일스 북서부의 모파 할렉(Morfa Harlech)의 평지를 보호하는 큰 사구대로 둘러싸인 해안. 이들 사구는 1385년까지 이용되다가 폐쇄된 할렉(Harlech)의 과거 항구에서 바다 쪽으로 1km 이상 떨어져 있다.

〈그림 67c〉 (c) 포비(Forvie)의 모래면. 스코틀랜드의 애버딘셔(Aberdeenshire)의 동해안에 있는(1413년 8월 강한 남풍의 폭풍으로 소멸된) 포비의 중세 지구(地區, township)를 덮은 30m 높이의 사구.

증명해주는 것이다.

중세 말과 그 후 대서양 북동부와 북해 지역에서 강한 폭풍이 불 때 높날림모래(blowing sand)에 의해서 많은 해안 지역들이 매몰되는 동반 현상이 일어났다(<그림 67> 참조). 유럽 북서부의 모래 해안(砂濱海岸)을 따라서 브르타뉴(Bretagne)부터 헤브리디스(Hebrides)와 덴마크까지 약 13세기 초부터 1800년경까지 오랫동안 이러한 재해가 발생했다. 예를 들어 웨일스 서해안의 중세의 작은 할렉(Harlech) 항은 1400년경(<그림 67>에 제시된 다른 경우들의 기껏해야 수십 년 내)에 큰 사구들로 인하여 영구히 사라졌다. 17세기에 큰 폭풍은 페로 제도(Faeroe Islands) 북서측의 삭순(Saksun)에 있는 아름다운 천연항을 모래로 채워서 파괴했다. 스코틀랜드 북동부에서는 다른 폭풍이 현재 컬빈샌즈(Culbin Sands)로 알려져 있는 지역의 약 60km^{2}의 좋은 경지와 아홉 채의 농가, 그리고 한 채의 대저택을 매몰시켰다. 이스트 앵글리아의 벡랜드(Beckland)에 있는 사질(砂質) 지형과 네덜란드의 유사한 지역에서 내륙에 위치한 장소들조차 이 시기에 빈번하게 높날림모래의 영향을 받았다.

스코틀랜드 북부 동해안의 <그림 67>에 제시된 사진의 경우는 북해 해면이 낮아진 상황에서 남풍의 폭풍이 불 때 일어난 흥미 있는 현상이다. 더욱이 제시된 날짜는 천문학적으로 계산된 조수가 19년 주기의 극값 이하로 단지 4~7cm 하강한 기간의 수일 내에 있었다. 그리고 이 주기 자체는 대체로 2000년 극값에 조금 모자라는 주기이다. 이와 같이 일치하는 현상은 단 한번의 폭풍으로 해안의 마을이 파괴될 수 있는 만큼 많은 양의 모래를 운반할 수 있는 인자들이 결합하여 나타날 수 있다는 사실을 제시하고 있다. 아마도 예외적으로 낮은 조수가 바람이 들어올릴 수 있는 엄청나게 많은 양의 모래를 노출시켰을 것이다. 물론 그 이전의 폭풍들과 높은 조수로 인하여 파도에 의해서 모래가 해안쪽으로 운반되고 평탄하지 않게 모래를 쌓아놓은 상황이 일조했을 가능성도 있다. 이 모든 사건들에서 기원전 마지막 1000년대와 중세 말에 북서유럽 해안에서 광범위하게 사구가 활동한 시기가 이 위도대에서 상대적으로 춥거나 기온이 하강하면서 폭풍이 잦았던 시기였다는 사실을 주목할 만하다. 이에 더하여 이 두 시기는 장기간 최대 조차(潮差)가 나타날 무렵에 다소 집중되었다.

14세기 초 유럽의 한랭화와 강수

1300년 직후 사람들은 유럽에서 한랭화 경향의 영향을 느끼게 되었다. 이러한 한랭화는 이 장에서 상세하게 다루게 될 기후 악화(climatic deterioration)의 기본 요소로 간주될 수 있다. 잉글랜드와 중유럽의 포도 재배의 역사와 서부에서 보주(Vosges)[14]로부터 체코슬로바키아, 독일과 폴란드의 경계에 있는 에르츠게비르게(Erzgebirge)[15]까지 구릉 위의 상부 수목한계선의 역사적 추이는 <그림 29>의 일반화시킨 기온 곡선으로 분명하게 증명된다. 그러나 평활한 이 곡선은 실제 기후 충격들을 가리고 있다.

중세의 온난한 기후 체제를 끝낸 기후변화는 매우 급격하게 일어났음에 틀림없다. 이러한 기후변화는 우선 1313년 또는 1314년과 1317년 사이의 습윤한 여름과 대체로 습윤했던 봄과 가을의 예외적인 기후 추이를 갖는, 위에서 언급한 지역에서 나타났다. 그리고 이 기후는 짧은 휴지 기간만을 갖고 적어도 1321년 초까지 나타났다. 더욱이 이러한 변화는 1284년부터 1311년까지 대체로 온난·건조한 여름이 있었던 중세의 실제로 주목할 만한 기간에 바로 이어져서 일어났다. (14세기의 처음 10년에는 많은 사람들이 잉글랜드에서 새로이 포도 재배를 시작해도 된다는 확신을 가졌다) 유럽 전역에서 곡물이 익지 않은 1315년(<그림 68a> 참조)은 아마도 그 뒤에 이어진 해들 중 가장 안 좋은 해였다. 이로 인한 누적 효과로 대륙의 많은 지역에서 매우 비참한 기근이 일어나서 대규모의 기아와 질병으

14) 옮긴이 주: 프랑스 동부 로렌 지방에 있는 주이다.

15) 옮긴이 주: 보헤미아 대산괴(大山塊)와 접해 있는 산맥으로 독일-체코 국경선을 따라 160km 뻗어 있으며, 평균 너비가 40km에 이른다.

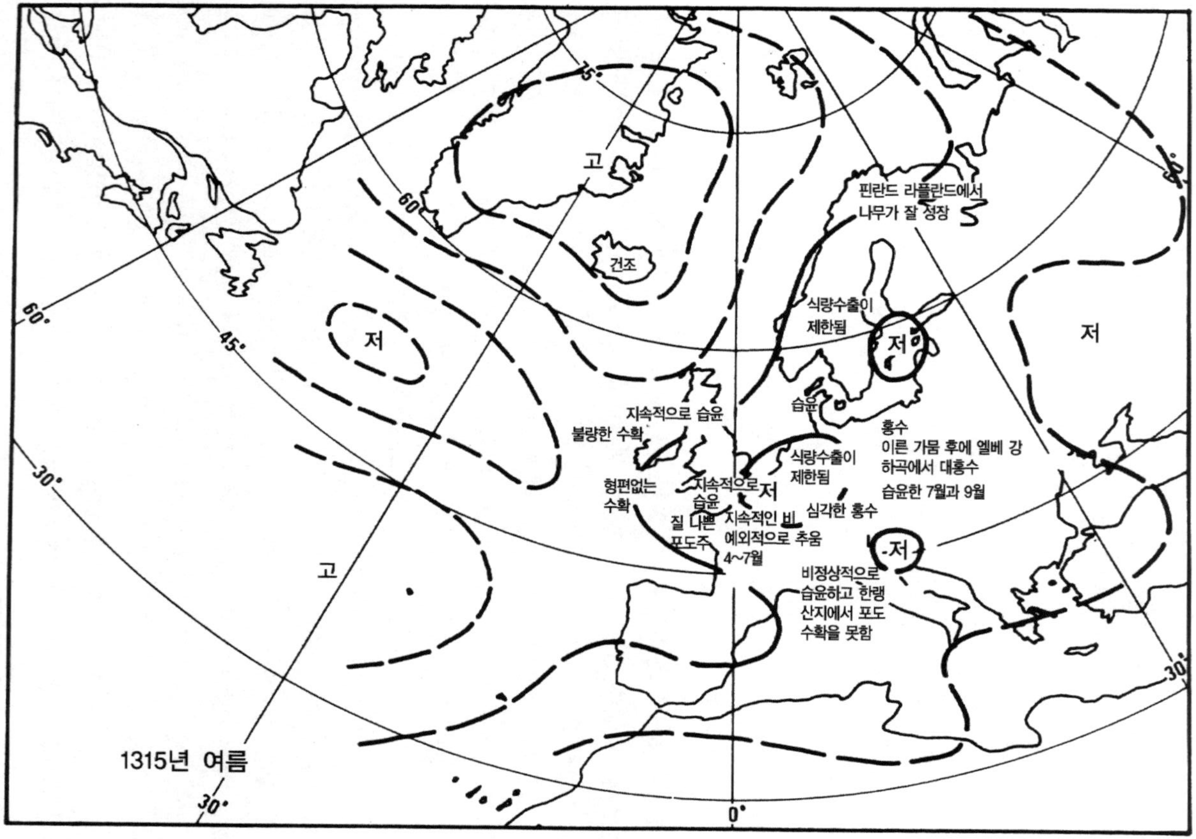

〈그림 68a〉 1315년 여름에 보고된 일기 및 작물 상황과 그와 관련하여 지배적이었던 것으로 추측되는 기압과 바람 패턴.

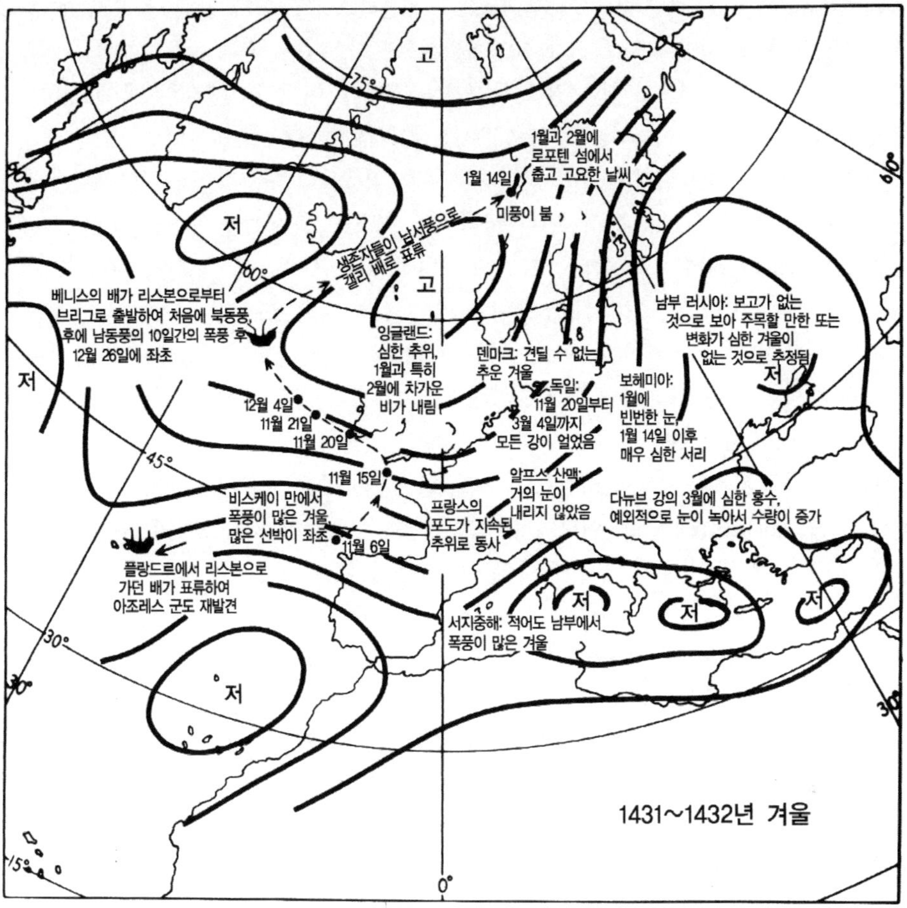

〈그림 68b〉 1431~1432년 겨울에 보고된 일기와 그와 관련하여 지배적이었던 것으로 추측되는 기압과 바람 패턴.

로 인한 사망자가 발생하고, 사람 고기를 먹는 사건(cannibalism)이 서유럽의 여러 나라들에서조차 보고되고 있다. 많은 수의 양과 소 역시 물에 잠기거나 때로 홍수가 났던 지역을 휩쓸고 간 '우역(牛疫, murrains)'[16] 또는 유행성 전염병으로 죽었다. 그 후 14세기에는 서유럽과 중유럽에서 강하고 상당히 길게 지속된 일기 변동이 있었다. 1320년대 말과

16) 옮긴이 주: rinderpest, steppe murrain, cattle plague, contagious bovine typhus, 우질(牛疾)이라고도 한다. 일반적으로 북아프리카, 인도, 동남아시아 일부 지역 등에서 반추동물, 주로 소에게 발병하는 바이러스성 질병이다. 우역은 인간에게 홍역을 일으키고 개에게 바이러스성 디스템퍼를 일으키는 바이러스와 가까운 관계에 있는 파라믹소바이러스(모르빌리바이러스속)에 의해 일어난다. 이 바이러스는 직·간접 접촉을 통해 전염된다.

1330년대, 그리고 1380년대에도 여름에 주로 온난하고 건조했다(자주 너무 건조했다). 그리고 다른 10년들 동안에도, 특히 1360년대 여름에 주로 습윤했다. 동유럽에서는 여름에 더위와 가뭄으로 이 세기의 전 기간에 문제가 발생했다. 여기서 기술된, 겨울에도 영향을 주었던 서유럽 기후의 이러한 변동 유형은 15세기에도 계속되어 동유럽으로도 확산되었다. 1430년대에는 중유럽과 서유럽에서 매우 추운 겨울들이 연속적으로 나타나거나 적어도 긴 추운 기간(long severe spell)이 나타났다. 1431~1432년(<그림 68b>)과 1433~1434년부터 1437~1438년까지의 매년 겨울이 이렇게 추웠던 겨울에 속한다. 지난 1,000년 동안 1690년대에만 10년 기간 내에 그렇게 많은 추운 겨울 또는 추운 기간이 있었던 것 같다. 더욱이 1407~1408년과 1422~1433년 겨울은 역사적으로 중요할 정도로 추워서 얼음 위로 발트 해를 건너서 통행할 수 있었고, 늑대들이 북해 동단에 있는 얼음 위로 노르웨이로부터 덴마크까지 왔다고 한다.

여러 연구에 기초한 <그림 69>는 칼라일(Carlisle)[17] 부근 잉글랜드-스코틀랜드 경계의 볼턴 펠 모스(Bolton Fell Moss) 이탄지의 수분 변동의 '역사'이다. 이 변동은 이 책의 다른 부분에서 다루게 될 기온 및 강수 결과와 일치하는 것으로 나타나고, 그에 따라서 결과의 정확성에 대한 다른 증거로 간주될 수 있다. (물론 10세기에 제시된 수분과 분명하게 일치하지 않으나, 잉글랜드 북서쪽 변두리의 수분은 당시의 편서풍과 잉글랜드 남동 반부와 독일에서 가뭄이 일어나게 했던 고기압 일기 상태로 특징지어지는 우리가 가정한 기후 상황에 상응할 수 있을 것이다) 볼턴 모스(Bolton Moss)의 곡선은 잉글랜드 강들이 현재(그리고 아마도 중세 절정기의 초)보다 15세기에 일반적으로 더 넓고 깊었다는 트리벨리언(Trevelyan)의[18] 주장을 확실하게 뒷받침하고 있다. <그림 69>에서 아주 분명한 사실은 1300년경에 적어도 잉글랜드 북서부에서 토양수분이 매우 크게 변했다는 것이다. 당시에 스웨덴과 북유럽 및 서유럽 다른 지역의 이탄지에서 제시되고 있는 새로운 성장기의 빈도의 관점에서 이러한 변화는 실제로 훨씬 더 광범위하게 발생했을 것이다. 앞 장에서 우리는 마찬가지로 하르츠(Harz)[19]와 중유럽 다른 산지들의 광업에서 수분의 증가로 인하여 일어난 이와 관련된 어려움에 주목했다.

아마도 서기 14세기와 15세기에서 연구되는 대부분의 10년들의 유럽 기후의, 그 모든 결과들을 황폐화시키는 가장 주목할 만한 측면은 여름과 겨울에 약 50~55°N과 60~

17) 옮긴이 주: 영국 잉글랜드 컴브리아 주의 주도(州都)로 스코틀랜드 지방과 경계를 이루고 있다.

18) G. M. Trevelan, *History of England,* Longmans, Gren & Co., 1928.

19) 옮긴이 주: 독일에서 가장 북쪽에 있는 산지로 베저 강과 엘베 강 사이에 있으며, 니더작센 주와 작센안할트 주의 일부를 차지하고 있다. 남동쪽 끝에서 북서쪽 끝까지의 길이는 100km이고, 최대 너비는 약 32km이다.

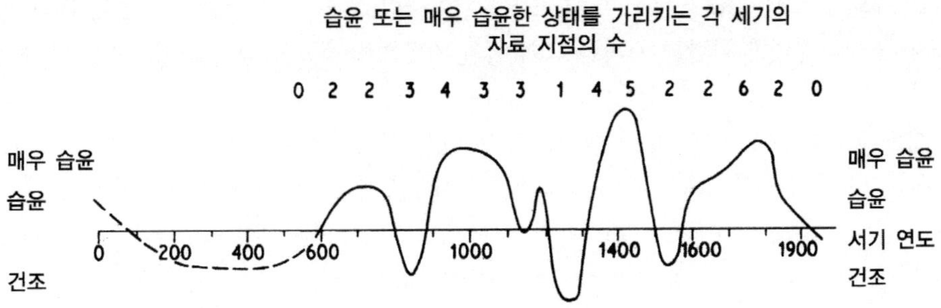

〈그림 69〉 사우스햄프턴 대학교(Southhampton University)의 바버(Keith Barber) 박사가 추적한 칼라일의 북동쪽에 있는 볼턴 펠 이탄지 표면 수분의 장기간 변동 기록[화분과 대화석(macrofossil) 분석, 토양 화학 조사와 토지 이용의 역사 기록에 기초하였음]. (자료: Barber 박사가 친절하게 제공해준 자료임)

65°N 사이의 위도대에서 크게 지배했던 것으로 생각되는 예외적인 편동풍 빈도였다.[20] <그림 68a>와 <그림 68b>는 우리가 이에 대해서 유사한 방법으로 복원한 각 계절들의 일기도에서 추론한 것이다. 이것은 확실하게 1310년, 1330년, 1340년, 1420년과 1430년에 시작한 10년간의 여름과 1420년대와 1430년대의 겨울에 대해서 적용되었다. 이러한 복원은 유럽 주변으로부터 극적인 일기가 있었던 이들 계절에 관한 충분한 보고가 있고, 또한 서로를 증명하는 자료를 충분히 제공하고 있는 문헌을 이용하여 가능했다. 10년 지도들은 참조된 10년의 매년 지도들을 평균하여 그렸다. 가장 흥미 있는 지도들 중에는 기근과 경제적 어려움이 있었던 1310～1319년의 10년과 1340년대의 여름에 대한 지도들인데, 그 이유는 전염병인 흑사병이 도달한 1348년의 더위에 이어진 서유럽과 중유럽 전체의 여름철의 예외적인 습윤함 때문이다. 마찬가지로 극심하게 추운 날씨가 유난히 많았던 1430년대의 겨울철도 흥미 있는 10년 지도이다.

이들 10년을 특징짓는 기후의 효과는 어디서나 노퍽(Norfolk)－그리고 아마도 잉글랜드 동부 전역－에서보다 우리의 '정상'에 대한 생각을 잘 알 수 있게 하였다. 이들 지역에서 보통 건조한 기후는 탁월한 편서풍, 잉글랜드 남부 및 서부 구릉의 능선과 웨일스의 산지 및 페나인 산맥에 의해서 공급되는 수분이 차단되는 것에 대부분 기인한다. 이 시기에 북해와 발트 해로부터 부는 차가운 북풍, 북동풍 및 동풍이 이렇게 차단된 지역에 지속적으로 수분을 공급하였다. 특히 노퍽과 이스트 앵글리아 및 잉글랜드 북동부의 대부분은 의

20) H. H. Lamb, "What can historical records tell us about the breakdown of the medieval warm climate in Europe in the fourteenth and fifteenth centuries —an experiment," *Contribution to Atmospheric Physics*, vol.60, no.2, Wiesbaden, Vieweg, 1970, pp.131-143; Chr. Pfister, "Veränderungen der Sommerwitterung im südlichen Mitteleuropa von 1270-1400 als Auftakt zum Gletschershochstand der Neuzeit," *Geographica Helvitica*, no.4, 1985, pp.186-195.

심할 여지 없이 현재보다 훨씬 더 습윤한 지역이 되었다. 이러한 사실은 그들의 배수로를 유지하는 데 실패한 사람들에 대한 그 당시의 지방 법원에서의 법적 분쟁의 빈도로 확인된다.

지도의 다른 부분은 또한 강수 변화로 뒷받침된다. 특히 이탈리아 북부[발다오스타(Val d'Aosta)]와 심지어 론(Rhône) 강[21] 상류 및 그 지류들[사아스(Saas)에서와 같은]이 있는, 높은 산 능선들에 의해서 북쪽으로부터 비가 차단되는 알프스 산맥의 여러 지역에는 이 시기에 원래 좁은 나무로 된 도관인 수로망들이 건설되었다. 이 수로망은 알프스 산맥 높은 산지의 빙하로부터 흐르는 하천으로부터 계곡 양측에 있는 여름 초지에 관개할 목적으로 건설되었다. 이들 구조물 중의 하나는 심지어 높은 곳으로부터 발디아스(Val d'Ayas)까지 제르비옹 산(Mount Zerbion)의 높은 절벽들을 따라서 25km에, 그리고 남쪽에 물을 공급하기 위하여 고개 너머까지 물을 관개했다.

산지의 비그늘 지역(mountain shelter)을 포함하여 비 또는 눈의 지리적 분포의 변화는 이러한 경우들과 같이 탁월풍 변화의 민감한 탐지자—기후 패턴을 복원하는 독특한 지표 도구—가 된다. 중세 말에 북풍과 북동풍의 분명한 빈도로 나타나는 북유럽, 스코틀랜드, 스칸디나비아에서 이러한 변화에 의한 기후 영향의 가혹함은 다음의 사실로 증명되고 있다. 즉, 흉작과 자작나무 껍질로 빵을 만들어 먹게 되어 감소한 인구에 관한 보고들, 그리고 잉글랜드 북부와 노퍽, 미들랜드(Midland) 동부에서 더 가난하고 더 노출된 고지 농촌 마을들이 방치된 것으로 증명되고 있다.

질병의 시기

14세기에 부분적으로, 그리고 15세기에 여전히 지배했던 습윤함으로 인하여 확실히 사람과 동물, 그리고 작물의 질병이 크게 증가하였다.

잉글랜드에서 13세기 말(평균 수명이 약 48세였음)부터 1376~1400년까지 평균 수명이

---

21) 옮긴이 주: 유서 깊은 남부 통로로, 유럽의 가장 중요한 수로 가운데 하나이며 유럽 대륙에서 유일하게 지중해로 직접 흘러들어 가는 큰 강이다. 스위스 중남부에 있는 알프스 산맥 빙하에서 발원하여, 일련의 좁은 폭의 구조곡과 좀더 넓은 산간 계곡들을 따라 서쪽으로 흘러 레망 호로 들어간다. 제네바 시를 통해 레망 호에서 흘러나온 뒤 프랑스로 들어가 복잡한 '갈지(之)' 자 모양을 그리면서 쥐라 산맥을 통과하여 리옹 시에서 주요 지류인 손 강과 합류한다. 남쪽으로 방향을 바꾼 론 강은 계속해서 알프스에서 발원하는 큰 지류들인 이제르·뒤랑스·아르데슈 강을 받아들이면서 알프스 산맥과 마시프상트랄 사이에 있는 빙하들이 파놓은 골짜기와 분지들을 통과하여 흐른다. 이 강은 마르세유 서쪽에서 충적퇴적물이 그물코 모양을 이루는 강바닥을 지나 지중해로 들어간다.

약 10세나 감소한 것으로 확인되고 있다.[22] 성(聖)안토니열(熱)(St. Anthony's fire)이라고도 부르는 맥각병(麥角病, ergotism)[23]은 이 시기에 가장 무서운 질병 중의 하나로, 일기와 가장 관련이 많은 질병이었다. 이 질병은 습윤할 때 수확한 호밀 낟알이 검어지는 맥각균(ergot blight, *Claviceps purpurea*)에 의해서 발병한다. 구운 빵에 들어 있는 작은 양의 독성이 있는 곡물조차 이 질병을 일으킨다. 전염병이 발생하면 마을의 모든 사람들이 경련, 환각, 신체의 팔다리가 썩는 괴저(壞疽)[24]로 고통을 당하여 결국 죽게 된다. 괴저의 만성 단계에는 사지(四肢)가 우선 얼음같이 차가워지고, 그 다음에는 타는 듯한 느낌이 든다. 그 다음에는 팔과 다리가 마치 탄 것과 같이 조직이 검어지고, 말라서 결국은 떨어져 나간다. 가축조차 감염되어 죽는다. 그리고 임산부는 유산을 하게 된다.

마름병[25]에 걸린 곡물을 통해서 발병하는 병보다 유럽 중세 사회의 경제·문화적 구조의 붕괴와 관련하여 흔히 언급되는 것은 1348～1350년 사이에 나타나서 그 후에 항시 다시 재발했던 선(腺)페스트(bubonic plague), 흑사병(Black Death)이다. 이로 인해 유럽 여러 지역에서 인구의 1/8에서 2/3가 사망한 것으로 추정되고 있다. 거두어들이지 못한 수확과 노동력 부족 및 물가 상승의 결과에 관해서 많이 기술되어 있다. 도시와 항구에서, 그리고 자주 이용된 교역로 및 순례 여행로를 따라서 사망률이 매우 높았다. 전체적으로 보아 아마도 유럽 인구의 1/3 이상이 페스트로 인하여 희생되었다. 흥미 있는 일은 흑사병의 발원지가 중국 또는 중앙아시아에 위치한다는 것이다. 이 지역에서는 1332년에 예외적인

22) A. Comfort, *Nature and Human Nature*, London, Penguin Books, 1969.

23) 옮긴이 주: 맥각병(麥角病)은 곰팡이 때문에 풀, 특히 호밀에 생기는 병이다. 이 병에 걸리면 낟알이 커지고 딱딱해지며 갈색부터 검은색까지 여러 색을 띤 각상돌기(角狀突起), 즉 맥각으로 변하는데, 산과학(産科學)에서는 이것으로 자궁수축제를 만들어 산후 출혈을 막는 데 쓴다. 가루로 만든 맥각을 먹으면 중독이 되는데, 경련이 일어나고 죽기도 하는 맥각중독 또는 성(聖)안토니열(熱)이 일어날 수 있다. 또 강력한 합성 환각제인 d-라이서진산 디에틸아미드, 즉 LSD(d-lysergic acid diethylamide)를 만들기도 한다. 맥각병을 일으키는 곰팡이는 자낭균류(子囊菌類)인 맥각균(Claviceps purpurea)으로, 이에 감염된 호밀 이삭에서는 한동안 달콤하고 노란색을 띤 진(津)이 스며 나온다. 그러고 나면 이삭은 녹말을 다 잃고 성장을 멈추게 되며 씨방에는 균사체(菌絲體)가 스며든다. 균사체는 곰팡이의 균사 덩어리로 양분을 지닌 딱딱한 균사체가 가을에 빽빽하게 뭉쳐진 것이다.

24) 옮긴이 주: 괴저(壞疽, gangrene)는 상처나 감염으로 인해 혈액공급이 오랫동안 중단되어 동물의 연조직이 국소적으로 죽은 상태를 말한다. 괴저가 생겨난 부위는 처음에는 변색되고 만져보면 차갑게 느껴지나, 나중에는 까맣고 건조해지면서 주위의 건강한 세포와 구별된다. 만약 괴저 부분이 좁은 영역에 국한되면 그 조직은 완전히 말라서 떨어져나간다.

25) 옮긴이 주: 마름병(blight)은 식물에 나타나는 병이다. 이 병에 걸리면 잎·꽃·열매·줄기나 식물 전체가 갑자기 심하게 노란색 또는 갈색으로 변하며 반점이 생기고 시들거나 죽는다. 흔히 어린줄기나 그 밖의 어린 조직들이 이 병에 걸린다. 대부분 세균이나 곰팡이에 감염되어 병이 생기지만, 건조한 날씨가 계속될 때 생리 현상에 잘못이 생겨 나타나기도 한다. 선선하고 축축한 곳에서 자라는 식물들이 곰팡이나 세균에 의해서 이 병에 잘 걸리며, 경제적으로 가치 있는 식물들은 한 가지 또는 그 이상의 마름병에 걸릴 염려가 있다.

비가 내려서 홍수가 난 동안, 또는 그 직후에 선(腺)페스트가 풍토병이 되었다. 이 홍수는 지금까지 알려진 가장 큰 기상재해 중의 하나로 중국의 대하곡들에서 700만 명의 인명 손실을 가져왔다. 이 홍수는 또한 사람들의 취락과 하수 시설을 파괴했을 뿐만 아니라, 넓은 지역에서 쥐를 포함한 야생 동물의 서식지도 파괴하였다. 따라서 여러 인자들이 중세 시대를 몰락시키는 데 기여하였다. 이러한 인자들 중에서는 흑사병과 경제적 어려움, 또는 당시의 지적인 탐구(intellectual questioning)보다도 기후가 크게 관여되었다.

방치된 농지와 포기된 마을 취락

질병 및 전염병이 인구와 경제를 쇠약하게 만든 것과 관계없이 기후가 중요한 역할을 했다는 사실은 잉글랜드 및 대륙의 북부에서 포도원의 실패, 과거의 북한계로부터 작물 재배의 후퇴, 높은 고도 지역에서 모든 경작의 포기 및 마을과 농가의 인구 감소에서 알 수 있다. 흑사병이 발병하기 수년 전인 1341년의 농업 생산을 평가한 노나룸 인퀴시티오네스(Nonarum Inquisitiones)에는 잉글랜드 모든 지역에 농사를 짓지 않는 많은 촌락이 있었다고 기록되어 있다. 특히 이것은 14세기 초의 기근 이후로 인구가 감소했기 때문만이 아니라, 지력 소모, 씨앗의 부족과 쟁기질할 소가 없는 데도 기인한다고 하였다.[26]

과거 취락들이 이렇게 방치되는 과정은 북유럽 및 중유럽 전역과 또한 남유럽의 고도가 높은 지역에서도 관찰되고 있다. 전전(戰前)의 독일 지역 내에서만 사람이 살지 않는 수천 개의 중세의 작은 마을(hamlet)과 마을이 있던 지역들이 확인되고 있다.[27] 독일과 잉글랜드에서 이 현상은 약 1315년의 10년 기근과 관련이 있는 것으로 유명하다. 그러나 이 현상은 10년 기근보다 일찍 시작했고, 흑사병이 발병하기 전 20년 동안 이미 그 절정에 달했다. 잉글랜드 중부의 2개 군에서 인구수를 납세 기록에 근거하여 추정할 수 있는 사람이 살지 않는 80개 이상의 마을 중 약 10%만이 흑사병 때문에 방치되었다. 그러나 모든 마을은 1311년과 1320년대 사이의 기근 시기에 많은 인구를 잃었다. 그리고 1350년경에 사라진 마을들은 일반적으로 14세기 초 기근이 든 해들에 인구수가 가장 크게 감소한(평균 약 2/3) 같은 장소들이었다. 여러 지역에서 어떤 마을들은 사라지고, 다른 인접한 마을들에는 사람들이 살았다는 사실 때문에, 이에 대한 원인이 기후라는 것이 자주 의심을 받는다. 그러나 다행스럽게도 이것은 흔히 토양과 방위(exposition)의 차이로 설명될

---

26) M. L. Parry, *Climatic Change, Agriculture and Settlement*, Folkestone, Dawson, and Hamden, Conneticut, Archon Books, 1978에서 인용하였음.

27) W. Abel, *Die Wüstungen des ausgehenden Mittelalters*, 3rd edition, Stuttgart, 1976.

수 있을 것이다.[28] 유럽의 많은 지역이 황폐화되는 현상이 시간적으로 일치하는 것은, 예를 들어 기후 경향과 같은 광범위한, 추측하건대 외적인 원인에 기인한다는 것을 의미한다. 더욱이 잉글랜드에서 대부분의 황폐화가 약 1430~1485년 사이에 발생했던 것은 빈번하게 추웠던 겨울 및 좋지 않았던 여름 시기와 일치하고 있다. 기후가 좋지 않았던 여름은 특히 1450년대와 1460년대 말에 나타났다. 그러나 기후의 영향은 아이슬란드와 아마도 동유럽을 제외하고 가장 크게 영향을 받은 곳이 노르웨이일 것이라는 점에서 가장 뚜렷하게 암시된다.

기후가 북유럽에 미친 결과: 노르웨이·덴마크·스코틀랜드

우리는 '교회 회계 장부(church books, kirkebøker)'에 수록되어 있는 조세, 직업과 재산에 관한 많은 정보와 오슬로(Oslo)의 홀름센(Andreas Holmsen) 교수의 획기적인 연구 덕택으로 중세와 그 후의 노르웨이에 관한 많은 내용을 알고 있다.[29] 이들 정보와 연구는 북유럽의 기후사·환경사·사회사 사이의 상호작용에 관한 수많은 지표를 제공하고 있고, 황폐한 농가에 대한 연구 프로젝트(Deserted Farms Research Project, Ødegårdsprosjekt)[30]를 통해서 핀란드와 아이슬란드를 포함하는 모든 북구 나라의 연구자들이 수년간에 걸쳐서 공동연구를 하게 하였다.

사람들은 이미 1200년 이전에 노르웨이 북부에서 처음으로 농가를 버리고 떠나기 시작했다. 이러한 현상은 랩(Lapp)족 사냥꾼들이 이용하던 지역으로 확대되었고, 노르웨이 사람들이 남쪽과 해안 부근의 어장으로 이주한 것과 동시에 일어났다. 바이킹 시대 말에 노르웨이 북부의 홀고란트(Hålgoland)에 약 1,000호의 농가가 있었음이 틀림없다. 이곳 주민들은 보리, 귀리와 호밀을 재배하였다. 1430년대까지 로포텐(Lofoten) 제도(諸島)의 풍부한 어업 지역과 그 부근에서는 95%까지, 그리고 다른 지역들에서는 약 60%까지 농가가

---

28) 잉글랜드의 동쪽에서, 예를 들어 노퍽(Norfolk)과 특히 동부에서 늪이 많은 장소들과 북동쪽을 향한 높은 지대의 장소들에서 사람들이 살지 않았던 마을의 비율이 높았다는 사실은, 칠턴 힐스(Chiltern Hills)의 배수가 매우 잘 되는 백악(白堊)의 토양에서는 아닐지라도, 중요한 인자로 15세기에 그 지역의 동쪽에서 현저하게 강우량이 증가하였다는 것을 암시한다. 이것은 동풍의 빈도가 실제로 증가하였다는 것을 지적한다.

29) A. Holmsen, *Norges Histoire*, Oslo and Bergen, Universitetsforlaget, 1961. 자료원에 대한 상세한 내용과 목록은 A. Holmsen, *Hva kan vi vite om Agrarkatastrofen i Norge i Middelalderen*, Oslo, Bergen and Tromsø, Universitetsforlaget, 1978 참조.

30) J. Sandnes and H. Salvesan, *Ødegards tid i Norge*, Oslo, Bergen and Tromsø, Universitetsforlaget, 1978.

방치되었다. 실제로 해안에서 1350~1500년 사이에 인구수와 경제는 팽창하였다. 이 시기에 그린란드 주변 지역으로부터 극 지방의 한랭한 해류의 유출이 증가한 것은 노르웨이 해안에 많은 어족을 가져온 온난한 대서양 해류의 유입이 강화되어 보상되었다. (그러나 그 후 17세기에 노르웨이 어업 역시 기후 악화의 영향을 받은 것 같다)

그 다음으로 노르웨이 서부가 영향을 받았다. 13세기 동안 인구가 조금 감소하였고, 1330년대와 1340년대에 농업 수확량이 감소하고, 암석 낙하와 같은 자연재해로 인하여 손해를 입었기 때문에 세금이 줄었다. 노르웨이의 자연적인 특성 때문에 지역에 따라서, 그리고 농가에 따라서 큰 차이가 있었다. 전체적으로 보아 이러한 쇠퇴 현상은 피오르드 내부 지역과 트론헤임 주변 지역인 트뢴델라그(Trøndelag)의 비그늘 지역에서 가장 뚜렷했다. 이 지역은 중세 초에 밀을 재배하여 가장 부유했다. 특히 흥미 있는 사실은 스웨덴 국경 부근 트론헤임의 동쪽, 해발 350m의 농업적으로 중요하지 않은 고지에 위치한 농촌인 호세트(Hoset, <그림 70> 참조)의 경우이다. 이 지역은 산드네스(Sandnes) 교수와 하프스텐(Hafsten) 교수 및 그의 동료들과 특히 살베센(Helge Salvesen) 박사가 학제 간 연구를 한 대상 지역이 되었다. 고고학 연구와 화분분석에 의하면, 작은 삼림 지역이 약 서기 4세기에 곡물을 포함하는 경작을 하기 위해서 개간되었다. 농부들은 아마도 인근 지역에서 철을 생산할 수 있는 가능성에 관심을 가졌을 것이다. 그 이후로 한랭한 기후 시기에 사람들은 두 차례 혹은 세 차례 이 지역을 떠났고, 이곳은 다시 삼림으로 덮였다. 이러한 상황은 놀라운 일이 아닌데, 그 이유는 남서풍이 탁월했던 시기에 트뢴델라그는 노르웨이 남부 큰 산지의 비그늘 지역이었기 때문이다[그리고 알프스 산맥의 푄(Föhn)[31]과 같은 효과로 인하여 남풍과 남서풍이 이 지역을 추가로 온난하게 하였다]. 그러나 북서풍과 북풍이 지배적일 때마다 이 지역은 북극해로부터 불어오는 바람에 직접 노출되었다. 호세트는 약 서기 6세기부터 9세기까지의 기간에 처음으로 방치되었다. 그러나 중세 절정기에 이 지역에서 곡물 재배가 그 절정에 이르렀다. 그리고 취락이 방치된 두 차례의 시기는 1435년과 1698년의 가장 뚜렷한 기후 스트레스(climate stress)가 있던 시기와 일치한다. 약 1930년에야 비로소 농업이 다시 전면적으로 이루어지기 시작했다.

중세의 농지 확장은 특히 노르웨이 대부분의 비그늘 지역들, 즉 중부와 남부[외스트란데트(Østlandet)]에서 흑사병이 발병하던 시기까지 계속되었다. 따라서 그 뒤에 나타나는 모든 상황을 페스트 재해에 귀착시키는 것은 단순할 것이다. 이 질병 자체는 국지적으로만 발생했다. 따라서 사망률은 통로가 있는 큰 계곡인 할링달(Hallingdal)에서 인구의 90%

31) 중유럽 알프스 산맥의 북사면(즉, 풍하 측)에 부는 온난한 돌풍성의 남풍인 푄은 다른 지역에서 산맥을 넘는 바람과 같이 상승할 때, 산맥의 풍상 측에서 많은 구름을 형성하고 비와 이슬비를 내리게 하여 공기로 방출되는 응결 잠열로 가열된다.

<그림 70> 호세트. 노르웨이 트론헤임의 동쪽, 63°24′N, 11°10′E, 해발 350m에 있는 농촌이다. 이 지역의 위치는 농업의 한계에 위치하여 약 1435년과 1690년대에 기후가 악화되는 동안 2회에 걸쳐서 마을이 방치되었고, 다시 삼림으로 덮였다. 과거에 이 지역에서 처음으로 경작을 한 시기 역시 쇠퇴하여 서기 500~900년 사이에 마을이 방치되었던 것으로 보인다.

에 달했고, 스웨덴 남부를 통해서 트론헤임으로 가는 순례 루트를 따라서는 약 2/3에 달했다. 혈액형 연구에 의하면 노르웨이 남부의 중앙에 있는 텔레마르크(Telemark)의 가장 외진 지역에서는 전혀 페스트가 발병하지 않았다는 사실이 제시되고 있다. 그러나 노르웨이 인구가 약 200년 동안 회복되지 않았다는 사실은 주목할 만하다. 이 오랜 기간 높은 곳에 위치한 농가들은 비어 있었는데, 그 이유는 부분적으로 생존했던 농부들이 계곡의 더 나은 토지 위에 있는 빈 농가들을 점유할 수 있었기 때문이다. 그러나 1387년까지 수확량과 세수는 1300년경의 12%(일부 지역에서)에서 거의 70%에 달했다. 오슬로 부근의 주교(主敎) 영지에서조차 귀리만 재배되었다. 그리고 사람들은 1460년대에 이러한 변화가 지속적인 것을 알게 되었다. 1665년에도 노르웨이 총곡물수확량은 약 1300년의 67~70%에 불과했던 것으로 보고되고 있다. 노르웨이 서부에서 18세기 중반까지 중세의 생산량을 초과하지 못했다.[32)]

덴마크의 여러 지역, 특히 유틀란트(Jutland)의 북해 해안에서 상황은 더 낫지 않았던

32) Kåre Lunden, "Norge under Sverrøtten 1177-1319," Knut Mykland(ed.), *Norges Histoire*, Bind 3, Oslo, J. W. Cappelens Forlag, 1976.

것 같다. 이 지역에서도 마찬가지로 많은 농가들이 방치되었고, 곡물이 재배되지 못했다. 여전히 농사를 짓던 농가들에는 여러 가구가 함께 살았다.[33] 1406년 덴마크 왕실의 결혼식에 참석했던 영국 방문객들은 넓은 면적이 물에 잠긴 채로 경작되지 않았고, 어느 곳에서도 밀이 자라지 않았다고 보고하고 있다. 실제로 덴마크 전역에 조금씩 편차가 있어서 퓐(Fyn)[34] 섬과 셸란트(Sjaelland) 섬 동쪽의 보호된 지역은 훨씬 적은 스트레스를 받았다.[35]

기후의 영향뿐만 아니라 흑사병으로 인해서 피해가 막심했던 인구 감소는 중세 말 유럽 여러 지역에서 농업과 가축 사육에 변화를 주었음이 분명하다. 중세 말에는 추측하건대 어느 지역에서나 보통 3주 또는 그 이상 생육기간이 단축되었다. 북부에서는 적산온량(accumulated warmth)이 감소하고, 흉작의 빈도-작물이 익지 못할 때인 무서운 '녹색의 해들(green years)'-가 증가하였다. 밀은 보리나 귀리보다 여름에 다소 더 많은 온량을 필요로 하고, 연강수량이 90cm 이하인 지역에서 가장 잘 자란다. 그러나 밀은 습윤한 상태로 잘 운반할 수 있고 실내에서 건조되는 반면, 다른 곡물들은 쉽게 과열된다. 호밀은 다른 곡물들보다 혹한의 겨울을 잘 견디고, 척박한 토양에서 비교적 생산성이 높은 작물이다. 그러므로 기후가 악화되는 동안에는 보리·귀리·호밀이 재배되었고, 유럽의 온난한 지역에서만 밀이 재배되었다. 다른 한편으로 충분한 수확이 나오지 않는 곡물 재배는 여러 지역에서 포기되고, 증가하는 양털의 수요를 충족시키기 위해서 양이 사육되었다.

스코틀랜드 하이랜드(Highlands)에서의 오랜 씨족 전쟁(clan warfare)의 역사와 하이랜더(Highlander, 高地人)들이 저지에서 오랫동안 가축을 사육한 풍습은, 이 시기에 남부 고지대(Southern Uplands)로부터 국경을 넘어 잉글랜드까지 행해진 가축 사육과 마찬가지로 악화되는 기후 스트레스로 설명될 수 있다. 12세기와 13세기의 '황금시대' 동안 취락은 깊은 산골짜기에 들어가 세워졌다. 맬컴 3세(Malcolm III)[36]와 그의 왕비[후에 성 마거릿(St. Margaret)이 됨]가 던펌린(Dunfermline)의 왕궁 안에 거주하던 1070년대와 1080년대에 이미 스코틀랜드는 노르만족의 지배로부터 탈출한 수많은 잉글랜드 망명자들의 안식처였다. 그러나 아이슬란드와 노르웨이 북부 및 서부와 같이 이 지역의 상당 부분이 극적인 일기 변화에 노출되어 있었다. 이러한 변화 과정에 북서풍과 북풍이 항시 빈번하게 불었고, 온

33) A. E. Christensen, "Denmarks befolkning og bebyggelse i Middelalderen," *Nordisk Kultur*, vol.2, Copenhagen, Oslo, Stockholm, 1938, pp.1-57.

34) 옮긴이 주: 덴마크 유틀란트 반도 남부와 셸란트 섬 사이에 있는 덴마크에서 두 번째로 큰 섬이다.

35) Sv. Gissel, "Forskningsrapport for Denmark," *Nasjonale forskningsoversikter-Det Nordiske Ødegardsprosjekt*, Publikasjon Nr.1, Copenhagen, Landbohistorisk Selskab, 1972, 223pp.

36) 옮긴이 주: 맬컴 3세(Malcolm Ⅲ)는 맬컴 캔모어(Malcolm Canmore)라고도 한다. 스코틀랜드의 왕(재위 1058~1093년)으로 왕권을 강화한 왕조를 창시했다.

화한 남서풍은 그에 상응하게 감소하였다. 여러 가지 내부적인 어려움이 잉글랜드 왕과 그의 군대가 침입한 것과 모두 관련되지는 않지만 약 1300년에 시작되었다. 15세기의 역사학자 보이스(Boece)는, 1396년에 스코틀랜드의 북부 전역은 씨족 전쟁의 소용돌이에 휘말렸고, 1411년에 내부적 어려움이 크게 강화되어 15세기에 뚜렷하게 그 절정에 달했다고 기술하고 있다. 1433년에 하이랜드의 중부 지역을 지배하던 마 백작(Earls of Mar)의 시대가 끝나고, 이 지역의 빈곤이 급격하게 악화되었다. 스웨덴에서처럼 1430년대에 스코틀랜드 하이랜드에서는 곡물이 없었기 때문에 10년 동안이나 나무껍질로 빵을 만들어야 했다. 그리고 그와 관련된 정치적 불안정으로 1436년에 스코틀랜드 왕 제임스 1세(James I)가 퍼스(Perth) 부근 하이랜드 지역 주변에서 사냥하던 중에 살해되었다. 그 시점에 에든버러 성 북쪽으로는 어느 곳에서도 왕의 안전이 보장될 수 없어서 에든버러(Edinburgh)가 스코틀랜드의 수도가 되었다. 우리가 이미 유럽 다른 지역에서 기후가 혹독했던 것을 알게 된 동일한 10년 동안 빈곤과 기근이 처음으로 던펌린의 연대기에 기록되었다. 그리고 호스킨스(W. G. Hoskins)는 1437~1439년[37]의 잉글랜드 기근이 1315~1317년의 기근에 못지 않았다고 추정하고 있다.

스코틀랜드 역사에서 이러한 사건들의 자연적 배경은 13세기 중엽에 한 지점에 해발 425m가 되었던 에든버러 남동쪽 람머무어 힐스(Lammermuir Hills)[38]에서의 경작의 상한계가 점차로 낮아져서 1600년경에는 200m 하강한 사실에서 알 수 있다. 1300년부터 1500년까지 서쪽의 보주(Vosges) 산맥부터 독일 중부와 남부를 지나 구(舊)체코슬로바키아까지 중유럽의 구릉지들에서 상부 수목한계선은 100~200m까지 하강하였다. 그리고 1300~1430년 이후에 독일 남서부 바덴(Baden)에서 포도 재배의 상한계는 약 220m 하강하였다. 이러한 고도변화는 <그림 29>에서 나타나는 바와 같이 개략적인 여름 기온의 변화 정도로 증명된다. 독일 알프스 산맥의 베레흐테스가덴(Berechtesgaden) 부근의 상부 수목한계선 부근에서 성장한 잎갈나무류(larch)의 매년 나이테는 우리에게 마찬가지로 전 기간의 기후에 대한 지표가 된다.[39] 즉, 1330~1490년 사이에 나이테 폭이 유별나게 변동했다. 그러나 1490년부터 1560년까지는 양호한 성장기였고, 그에 이어서 악화되었다. 1590년부터 나이테 폭은 평균적으로 1490~1560년 기간의 1/2에 불과하였다. 1770~1810년, 그리고 1850~1950년은 다시 상대적으로 양호한 성장기로 나타났다.

37) W. G. Hoskins, BBC 방송 대담, 1964년 11월 24일.

38) 패리(M. L. Parry)가 조사하였음. 그의 *Climate Change and Agricultural Settlement*, Folkstone, England, Dawson, and Hamden, Conn., Archon Books, 1978, 214pp. 참조.

39) B. Huber, "Durchschnittliche Schwankung und Periodenlänge von Jahresring-Breitenkurven als Klima-Indikatoren," *Geologische Rundschau*, vol.54, no.1, Stuttgart, Enke, pp.441-448.

중유럽·남유럽·동유럽

1300년 이후에 강화된 단기간 변동하는 기후악화를 유럽 남부에서도 느낄 수 있었다. 수많은 홍수 및 가뭄 시기와 매우 추운 겨울 또는 온화한 겨울이 있었던 일부 3년에서 5년까지의 시기, 그리고 더 길게 지속된 매우 습윤한 기후를 가졌던 시기들이 이 기후에 속한다. 프랑스 북부의 밀과 포도 재배 지역에 1310년부터 10년 동안 흉작이 들어 그로 인한 기근으로 100만 명이 사망하였다. 라두리에(Ladurie)[40]는 1349년부터(그러나 지속적인 자료는 약 1550년부터 있음) 프랑스 남부의 포도 수확 일자를 어떻게 기후 지수(index of climate)[41]로 이용할 수 있는가를 제시하였다. 그리고 뮬러(K. Müller)[42]는 서로 다른 시기에 잘 보고된 독일 남부 포도 수확의 비율(%)에 의거하여 중세 초부터 현재까지 라두리에의 지수와 유사한 많은 정보를 제공하는 지수를 개발하였다. 초기 기록들이 단편적이기는 하나 독일의 기록은 1300년 이전에 30~70%까지 포도 수확의 비율이 감소한 것을 제시하고 있다. 1400~1700년 사이에 이 비율은 53% 이상이 된 적이 없고, 부분적으로는 20% 이하에 달했다.

1420년대와 1430년대에 만연한 기근으로 동유럽에서 사람 고기를 먹었다는 기록이 있다. 이러한 현상은 1310년대에 서유럽에도 있었다. 반복된 기근으로 인하여 사람들이 러시아로부터 서쪽 독일로 이주하였다. (이러한 인구이동의 규모를 추정하는 것은 도움이 될 것이다) 그리고 1430년대의 매우 추운 겨울에 동쪽의 스몰렌스크(Smolensk)[43]부터 서쪽의 잉글랜드까지 유럽의 많은 지역에 늑대들이 있었다(스코틀랜드와 아일랜드에서는 그렇지 않았으나, 잉글랜드에서는 이 시기 이후에 늑대가 더 이상 출현하지 않았다).

15세기의 불리한 기후 시기에 스코틀랜드 하이랜드만이 불안정했던 것은 아니다. 덴마크와 현재의 스웨덴 남부 지방 스코네(Skåne)[44]에서도 점점 악화되는 농업 위기로 사람들

---

40) E. Le Roy Ladurie, *Times of Feast, Times of Famine*, New York, Doubleday, 1971, 426pp.

41) 18세기의 포도 수확 날짜에서는 프랑스가 높은 알코올 도수를 갖는 포도주를 보장하기 위해서 포도를 늦게 수확하는 새로운 정책을 채택한 것을 고려해야만 한다.

42) K. Müller, *Geschichte des Badischen Weinbaus*, Lahr in Baden, von Moritz Schauenburg, 1953, 283pp.

43) 옮긴이 주: 스몰렌스크는 러시아 연방 서부 스몰렌스크 주의 주도로 드네프르 강 유역에 있다. 러시아에서 가장 유서 깊은 도시들 가운데 하나로, 863년 첫 기록을 남겼을 당시에 드네프르강과 서(西)드비나 강 사이의 연수(連水)육로 및 모스크바 지방과 서유럽 사이의 교역로를 통제하는 주요 거점이었다. 이러한 지정학적 특성 때문에 무역과 관련해 매우 중요하게 여겨지는 동시에 파란만장한 역사를 지니게 되었다.

44) 옮긴이 주: 스웨덴의 남부 지방에 위치하며, 말뫼후스 주와 크리샨스타드 주로 구성되어 있으며, 예로부터 '스웨덴의 곡창지대'로 알려져 있다. 스칸디나비아 반도 남쪽 끝 지역으로 동쪽·남쪽은 발트 해, 서쪽은 외레순드 해협 등 3면이 바다로 둘러싸여 있다. 또 북쪽으로 할란드·

이 도시로 몰려들었고, 15세기 말까지 도시에도 영향을 준 좀더 큰 규모의 이주 현상이 일어났다. 1420년대와 1430년대에 보헤미아(Bohemia)에서 후스파(Hussite)[45]가 봉기하였다. 이 사건이 기본적으로는 민주주의의 종교적·정치적 이념 및 독립과 관련된 것이기는 하지만, 우리는 많은 사람들이 나쁜 일기와 흉작의 시기로 인하여 사회적 기반을 잃어 더 빠르게 후스파의 전쟁에 가담하게 되었다고 가정할 수 있을 것이다. 이와 비교할 수 있는 내용은 1455년부터 1485년까지 끌어온 잉글랜드의 장미전쟁(Wars of the Roses)[46]에도 적용될 수 있을 것이다. 트리벨리언[47]은, 서민들은 아마도 이러한 전쟁의 역학적인 원인에는 거의 관심이 없었지만, 오히려 기아와 황폐한 국토 상태가 백년전쟁(Hundred Years War)[48]이 끝나고 프랑스로부터 귀환한 병사들이 다시 입대하는 계기를 만들었다고 언급하고 있다. 유럽의 대부분 지역들－예를 들어 잉글랜드, 스웨덴과 독일 남부－에서 규모가 작고, 소작을 줄 수 없는 취락들은 주로 15세기에 방치되었다. 워릭(Warwick)의 루스(John Rous)는 잉글랜드에서 그의 생애 동안 사람들이 떠났던, 대부분 한 영지에 있는 총 58개의 취락지들을 1485년에 기록하고 있다.[49] 과거의 경지를 양 사육(양치기들은 쓰러지지 않은 집이나 헐지 않은 방치된 농가를 은신처로 사용하였다)과 같은 다른 용도로 전환하려는 시도가 큰 혼란을 불러일으켰다. 토지를 전환하여 울타리[50]를 둘러친 지주들은 적대 행위

스몰란드 지방, 북동쪽으로는 블레킹게 지방과 접한다. 해변과 여름 휴양지가 있는 평평한 해안 지역으로부터 내륙까지는 스웨덴에서 가장 비옥한 평야로 꼽힌다.

45) 옮긴이 주: 후스파는 보헤미아의 종교개혁자인 얀 후스의 추종자들이다. 후스는 콘스탄츠 공의회(1414～1418년)에서 단죄받아 화형당했다. 1415년 그가 죽은 뒤 많은 보헤미아 기사들과 귀족들은 공식 항의서를 발행하고 신앙 때문에 박해를 받는 사람들을 보호했다. 이 운동의 주요 지지자들 가운데는 후스를 계승하여 프라하 베들레헴 예배당 설교자가 된 스트리브로의 야코베크, 타보르파(극단적인 후스파로서, 이들이 요새로 삼은 프라하 남쪽 타보르에서 그 이름이 유래함)의 지도자 바클라프 코란다, 프라하에 극단적인 개혁당을 조직한 얀 첼리프스키가 있었다. 후스파는 로마 교회와 결별하고 전례에 체코어를 사용하며 평신도들도 빵과 포도주를 다 사용하는 형태의 성찬식을 거행했다(이 행위를 뒷받침한 교리를 가리켜 양형영성체주의라 했고, 온건한 후스파를 가리켜 양형영성체파라고 했음).

46) 옮긴이 주: 장미전쟁(薔薇戰爭, Wars of the Roses)은 영국 역사에서 강력한 튜더 왕가 정부가 탄생하기에 앞서 왕권을 둘러싸고 벌어진 일련의 치열한 내전(1455～1485년)이다.

47) Trevelyan, op. cit.

48) 옮긴이 주: 14～15세기 유럽에서 프랑스 왕위계승의 정통성을 포함한 여러 문제를 놓고 잉글랜드와 프랑스가 벌인 전쟁이다. 100년 내내 지속되지는 않고 간헐적으로 벌어졌으나 수세대에 걸친 잉글랜드와 프랑스 왕들의 싸움이 되었다. 문서상으로 볼 때 이 전쟁은 1337년에 시작되어 1453년에 끝난 것으로 되어 있으나 사실상 프랑스에 있던 잉글랜드의 봉토를 놓고 일어났던 분쟁까지 거슬러 올라가자면 12세기부터 그 기원을 찾을 수 있다.

49) M. Beresford, *The Lost Villages of England*, London, Lutterworth Press, 1954, 445pp.

50) 옮긴이 주: 인클로저(enclosure)는 토지의 집중적인 개인 소유화를 의미한다. 서유럽에서 공유지와 초원, 목초지 및 그 밖의 경작 가능한 토지를 오늘날과 같이 세밀하게 구획된 개인 소유의 농장 부지로 분할하거나 통합하는 것을 가리킨다. 인클로저 이전에는 많은 농지가 무수하게 흩어져 있는 조각땅(地條) 형태로 존재했다. 작물의 경작기에만 개인이 각기 이 땅을 관리했다.

의 대상이 되었다. 독일에서는 상승하는 시민의 긍지(civic pride)와 15세기 상업도시의 호사스러움이 이농과 도시들이 농촌의 무법 상태에 대항해서 마련한 보호 장치에 어느 정도 관련된 것 같다. 농촌에서는 농부들의 폭동이 결국 1525년의 대반란(general rebellion)[51]까지 점점 더 악화되었다.

유럽의 러시아에서 1300년 이후에 증가한 기후 재난은 서부보다 심했던 여름 가뭄에 기인한 것 같다. 이러한 기후 경향은 중세의 노브고로트(Novgorod)[52] 시의 거리를 도로 포장하는 데 이용한 목재의 나이테 폭이 일반적으로 좁아지는 데서 증명되고 있다. 또한 혹한의 겨울이 점점 더 많이 나타났다. 수도원의 연대기[53]는 이렇게 추운 기후가 서유럽에서 예를 들어(1310년대, 1430년대와 1690년대와 같은) 수십 년 동안에만 도달했던 정도의 기근과 인명 손실을 가져왔다는 인상을 기록하고 있다.

남유럽에 대해서는 기대에 어긋나게도 15세기의 직접적인 기후 증거가 지금까지 거의 없다. 그렇지만 곡물가와 포도 수확의 일자가 1430년대에 심각하게 영향을 받은 것 같지 않다는 사실을 제시하고 있다. 이와 같은 사실은 이보다 훨씬 더 북쪽에서 수많은 극심한 계절이 있던 약 1420~1480년 사이의 기간에도 적용된다. (<그림 32a>는 잉글랜드의 남서반도도 유사하게 이러한 영향을 받지 않았다는 사실을 제시하고 있다) 1430년대의 선행 기상분석에 의하면 북유럽 위에서 저지고기압의 출현 빈도가 예외적으로 높았다. 고기압의 서쪽 경계에서 남풍은 이 시기에 아이슬란드의 기후가 부분적으로 회복되었다는 상황을 잘 설명해줄 수 있다. 이 분석이 정확하다면, 15세기에 지중해의 일부 지역 위에서는 아마도 비정상적으로 저기압 활동이 많았을 것이다. 이로 인해서 현재의 평균보다 많은 비가 내렸으나, 적은 기온 극값만이 나타났다. 에스파냐와 이탈리아 대성당의 기록보관소에 있는 기록들이 지중해 지역의 기후사에 관한 가능한 직접적인 정보로, 언젠가 체계적으로 연구되기를 간절히 바라는 바이다.

추수가 끝난 이후 다음 경작기까지는 공동체에 맡겨져 부락의 가축들이 풀을 뜯거나 다른 목적에 쓰이는 땅이 되었다. 토지를 구획하는 것은 이처럼 개방된 땅에 울타리를 둘러쳐서 공동의 방목이나 다른 목적에 쓰이는 것을 막기 위한 것이었다.

인클로저 운동(enclosure movement)이 영국의 취락을 집촌에서 고립장택으로 변화시킨 계기가 되었다.

51) 옮긴이 주: 독일의 농민반란을 의미함.

52) 옮긴이 주: 러시아 연방 북서부에 있는 노브고로트 주의 주도임.

53) I. E. Buchinsky, *The Past Climate of the Russian Plain*, Leningrad, Gidrometeoizdat (in Russian), 1957, 이 책은 이러한 자료원으로부터 관련된 내용을 인용한 유용한 자료집이다.

아프리카와 인도에서의 발달

위대한 아랍 지리학자들의 저술에 의하면 북아프리카 사막 지역들은 중세 절정기와 그 후에, 즉 11세기부터 14세기까지 현재보다 더 습윤했다. 이러한 사실은 아마 아라비아에도 적용될 것이다. 북아프리카의 주변 지역으로부터 가나(Ghana)와 말리(Mali)를 지나 사막의 동부인 쿠프라(Kufra) 오아시스(24～25°N, 22°E)까지 사하라 사막 지역을 횡단한 여행기가 있다.[54] 그 당시에 사막은 27°N 너머 북쪽으로 확장하지 않았다. 사람들이 살지 않는 지역을 횡단하는 데 2개월이 걸렸다. 그러나 1352년의 여행기는 이 지역에서 많은 수의 야생 소가 가끔 대상들에게 접근했다고 보고하고 있다. 그 시기에는 아마도 건조 기후로의 추이가 이미 시작되었다고 짐작되는데, 그 이유는 쿠프라 지역의 주민들이 소 사육을 포기했다고 보고하고 있기 때문이다. 현재 사막이 된 지역에서는 과거에 많은 가축 떼가 방목되었다. 13세기부터 15세기까지 제국이 있었다. 보고에 의하면 말리는 그 전성기인 1307～1332년 사이에 서아프리카의 대부분 지역을 포함했다. 1325년에 말리(Mali) 제국의 술탄(Sultan)[55]은 통북투[56]에 왕궁과 모스크(이슬람교 사원)의 높은 첨탑을 건설하였다. 통북투를 일시적으로 잃었던 말리는 1353년에 권력을 회복하여 1433년에 투아레그(Tuareg)[57] 유목 민족에게 넘어갈 때까지 지속되었다. 인간의 정치사를 기초로 확실하게 기후변화를 추론할 수는 없지만, 이와 같이 극심한 지역에 대해서 기술된 사건들은 점점 더 건조해지는 사막 지역이 점점 더 악화되는 생활 상태를 제공한 원인일 것이라는 사실을 대부분 확인시켜주고 있다. 프랑스 몽펠리에(Montpellier)에 있는 랑그도크 과학기술 대학(the Université des Sciences et Techniques du Languedoc)의 말리(J. Maley)의 화분분석 연구 결과로부터 우리는 그 사이에 차드(Chad) 호 분지에서 서기 700～1200년 사이에 수단-기니 계절풍 지대(Sudan-Guinean monsoon zone)의 식생대에서 식물 화분이 가장 많이 출현했고, 이들과 다른 물을 필요로 하는 식물들이 1300～1500년 시기에 급격하게 감소했다는 사실을 알고 있다. 13세기, 15세기, 17세기에 200년 간격으로 관찰되는 반복된 남쪽으로

54) K. Pejml, "A contribution to the historical climatology of Morocco and Mauretania," *Studia geophysica et geodetica*, vol.6, Prague, pp.257-259.

55) 옮긴이 주: 술탄(sultan)은 이슬람 세계에서 성속(聖俗)의 지배자를 일컫는 말이다. 『코란』에 쓰인 원래의 뜻은 도덕적 또는 정신적 권위를 의미한다. 이 말은 후에 정치권력 또는 지배권력을 나타내게 되었고 11세기부터는 이슬람 군주의 칭호로 사용되었다.

56) 옮긴이 주: 통북투(Tombouctou)는 Timbuktu라고도 쓴다. 서아프리카 말리의 도시로 사하라 사막 횡단 대상로의 교역소이며 이슬람 문화(1400～1600년)의 중심지로서 역사적으로 중요한 의미를 지닌 곳이다.

57) 옮긴이 주: 투아레그족은 알제리의 투아트 및 리비아의 구다미스에서 나이지리아 북부까지와 리비아의 페잔에서 말리의 통북투에 이르는 지역에 거주하는 종족이다.

의 인구이동은 서기 700～1200년과 그 파급효과가 이 지역에서도 느껴지는 소빙기 사이 수분 최적기(moisture optimum: 수분이 가장 많은 시기)의 유일무이한 현상이다. 우리는 이들 지역에서 적어도 더 중요한 가뭄이 든 해들의 기록을 포함해서 보고하고 있는 아랍 문헌들과 차드 호 및 다른 아프리카 호수들의 과거 호수면의 지속적인 연구 및 연대측정으로부터 더 많은 직접적인 정보를 구할 수 있기를 바란다.

이러한 상황은 인도 아대륙의 기후 추이에 대해서도 유사하다. 랄(K. S. Lal)[58]은 중세와 그 이후의 시기에 인도의 기근과 인구에 관한 자료를 분석하였다. 이러한 과거 시기의 기근과 계절풍의 출현에 관한 자료가 아직 분석되지는 않았지만, 인구수를 추정한 것은 흥미로운데, 그 이유는 인구수를 추정한 것이 (근본적인 장기간의 기온상승은 제외하고) 우리가 고위도의 기온 경향을 추정한 것과 대략 일치하고 있기 때문이다. 랄에 의하면 서기 1000년경에 인도 아대륙의 총인구를 가장 잘 추정한 것은 최고 2～3억 명이다. 서기 1200년경까지 인구수는 이미 1억 9,000만～2억 명으로 약간 감소하였고, 1388년에는 1억 7,000만 명으로 감소하였다. 약 1525～1550년 사이에는 약 1억 2,000만 명으로 급격하게 감소하였다. 1600년경의 인구는 1억 3,000만～1억 4,000만 명으로 제시되고 있다. 전쟁과 대량 학살의 영향을 고려하면, 기근과 질병이 아마도 중세 말에 인구수가 크게 감소한 주요 원인임에 틀림없을 것이다.

북아메리카에서의 기후 추이: 전(前) 유럽 문화에 미친 영향

우리가 북아메리카를 연구할 때, 매디슨(Madison)에 위치한 위스콘신 대학교(University of Wisconsin) 환경연구소(Institute for Environmental Studies)의 브라이슨(R. A. Bryson) 교수의 주도로 수행된 연구는 급격한 인구이동이 있었음을 지적하고 있다. 이러한 인구이동이 나타난 시기와 성질은 분명하게 기상학적인 원인에 기인함을 암시하고 있다. 서기 1000년경에 아메리카 인디언들은 로키 산맥의 기저부로부터 콜로라도 주 동부와 네브래스카 주 서부에 걸친 모든 고원에서 옥수수를 재배하였다. 이보다 좀더 동쪽에는 참나무류(oaks)와 미루나무류(cottonwood)[59]가 자라는 하곡에 중요한 취락들이 있었다. 세인트루이스의 바로 동쪽 일리노이 주 남부에 현재 커호키아(Cahokia)[60]로 알려진 이들 장소 중의

58) K. S. Lal, *Growth of the Muslim Population in Medieval India*, Delhi, Research Publications, 1973.

59) 옮긴이 주: 미루나무(cottonwood)류는 버드나무과(—科, *Salicaceae*) 사시나무속(—屬, *Populus*)에 속하는 생장 속도가 빠른 북아메리카산 교목이다.

하나에서 4만 명이 살았던 것으로 추정된다. 화분분석 연구 결과, 이들의 농업과 사냥 공동체의 쓰레기 더미(또는 부엌 쓰레기 더미)에서 발견되는 여러 동물 뼈들의 수를 센 것에 의하여 브라이슨과 배라이스(Baerreis)는 이 취락지가 서기 1200년 이후에 급격한 변화를 겪었다는 사실을 발견했다. 수로 부근의 계곡들에서 변화가 가장 적었다. 그러나 참나무류는 성장했던 대부분 장소에서 사라졌고, 전체 나무 수는 프레리의 식물들이 자라면서 감소하였다. 그리고 이들 식물들 중에서 단초(短草)가 다시 널리 분포하고, 많은 수분을 필요로 하는 장초(長草)는 밀려났다. 아이오와 주 북서부의 조사된 한 장소에서 초본(草本) 화분(grass pollen)이 무시할 정도의 비율로부터 목본(木本)에 속하지 않는 화분(not-tree pollens)이 약 70%까지 증가하는 데 45년 정도의 기간이 걸렸다. 그에 상응하게 사람들의 식단이 삼림 동물인 사슴에서 들소로 바뀌었다. 이러한 모든 상황은 강수량이 현저하게 감소했다는 증거가 된다. 더욱이 이렇게 추측하는 것은 북극이 한랭화되던 시기에 남북 간의 기온경도가 커져서 점점 더 편서풍이 증가했다는 가설과 일치한다. 이러한 현상이 로키 산맥의 비그늘 효과를 그 이전보다 더 동쪽으로 확대시켰을 것이고, 그에 따라 이 지역이 더 건조해졌다. 서기 1200년 무렵 이후에 취락이 완전하게 방치된 것으로 이러한 상황은 끝나게 된다. 우선 가장 건조한 지역에 있는 작은 마을들에 사람이 살지 않게 되고, 사람들이 하곡에 있는 더 넓은 장소에 집중하였다. 그러나 이들 중 가장 큰 취락인 커호키아조차 1300년경에 포기되었다. 그리고 18세기에 최초 유럽(프랑스) 상인들이 이 지역에 도달했을 때 그들은 단지 흩어져 있는 작은 인디언 취락들만 발견했다. 브라이슨과 그의 공동 연구자들[61]이 제시한 바와 같이 현대의 여름 동안에도 강한 편서풍이 불 때 길게 동쪽으로 뻗은, 강우가 매우 부족한 '손가락 형태의(finger)'(50% 이상) 지역이 형성된다. 이 경우에 로키 산맥의 비그늘 지역이 동쪽으로 확대되는 미국 강수 패턴의 전형적인 현상이 나타난다. 그리고 이러한 현상은 주로 중서부(Middle West)의 북부와 커호키아 부근의 밀 크릭(Mill Creek) 문화의 마을들에 집중하였다. 항시 건조한 로키 산맥에 가까운 평야의 일부 지역에서 13세기에 일어난 기후변화는 분명하게 큰 피해를 주었다. 모

---

60) 옮긴이 주: 미국 일리노이 주 남서부 세인트클레어 군의 자치체로 미시시피 강을 사이에 두고 미주리 주 세인트루이스와 마주 보고 있다. 1699년 퀘벡 주에서 온 선교사들이 설립했으며, 커호키아 인디언어로 '야생 기러기'라는 뜻을 가진 커호키아로 명명했다. 북쪽의 콜린즈빌 근처에 거대한 선사시대 인디언 도시가 있었던 커호키아 마운즈 주립유적지가 있다.

61) 이들이 조사한 내용은 R. A. Bryson과 T. J. Murray의 *Climates of Hunger*(Madison, University of Wisconsin-Press, 1977, 171pp.)에 흥미 있게 제시되어 있다. 이보다 상세한 내용과 참고문헌 목록은 다음과 같다. R. A. Bryson, D. A. Barries and W. M. Wendland, "The character of later glacial and postglacial climatic changes," *Pleistocene and Recent Environments of the Central Great Plains*, Special Publication No.3, Department of Geology, University of Kansas, 1970, pp.53-74.

든 작은 마을들은 바로 방치되었다.

브라이슨은 극심하게 건조한 기간이 200년 동안 지속되었고, 이 기간은 편서풍을 대부분 유럽 북부까지 확장시켰던 강력한 상층편서풍이 발달한 것과 일치한다고 추정했다. 이것으로 이 지역의 13세기와 14세기의 온난기뿐만 아니라 편서풍대가 훨씬 남쪽으로 이동한 1351년경에 유럽에서 활발했던 저기압성 비의 발달에 대한 이유가 설명된다. 같은 연구 결과는 이보다 훨씬 남쪽의 텍사스 주 북서부와 오클라호마 주의 인접 지역에 있는 남부 평야에서 —중세 절정기에 지중해 지역에 내렸던 만큼— 강우가 증가했을 것이라는 사실을 지적하고 있다. 그 당시 북부 평야 지역의 인구가 이들 지역으로 이동했을 것이라고 추정되고 있다. 고고학 연구에 의하면 확실하게 서기 1200년경에 텍사스 주의 이른바 팬핸들(Panhandle) 지역에 거주하던 인구수는 급격하게 증가하였다. 미국지질조사소(US Geological Survey)와 플래그스태프(Flagstaff)에 위치한 노던아리조나 대학교(University of Northern Arizona)의 칼스트롬(Karlstrom)과 그의 동료들은 콜로라도 고원과 아리조나 주 북부 및 뉴멕시코 주 인접 지역의 인디언들이 북부 평야의 기후변화에 상응하는 기후변화를 경험했다는 증거를 발견했다.[62] 경제는 옥수수, 스쿼시(squash: 호박과의 식물),[63] 콩과 일부 야생 식물에 의존했고, 야생 사냥감으로 보충되었다. 대략 서기 550년부터 인구가 증가하여 이 지역에 확산되었으며, 800～1150년 사이까지 고원의 거의 모든 거주가 가능한 지역에 사람들이 살았다. 이 사람들은 메사 베르데(Mesa Verde)에 거대한 암굴 주거(cliff dwelling)[64]를 만들고 10세기부터 13세기까지 푸에블로 보니토(Pueblo Bonito)와 차코 캐년(Chaco Canyon)[65]에 여러 층의 석조 마을(stone village)과 도시(town)를 건설했다. 그들은 또한 관개

---

62) R. C. Euler, G. J. Gumerman, T. N. V. Karlstrom, J. S. Dean and R. H. Hevly, "The Colorado plateaus—cultural dynamics and paleoenvironment," *Science*, vol.205, pp.1089-1101, 1979.

63) 옮긴이 주: 페포계 호박으로 빨리 자라고 작은 열매를 맺으며 덩굴이 뻗지 않는 변종을 미국에서는 스쿼시라고 하며, 반면 생장 기간이 길고 덩굴이 길게 뻗으며 큰 열매를 맺는 변종을 호박이라고 한다.

64) 옮긴이 주: 암굴 주거(巖窟住居, cliff dwelling)는 미국 남서부 지역에 살던 푸에블로 인디언의 선사시대 주거지이다. 주로 지금의 애리조나·뉴멕시코·콜로라도·유타 주가 만나는 지역의 절벽 양쪽 가장자리나 돌출부 밑에 지었다. 돌로 만든 암굴집은 고전 푸에블로 시기나 푸에블로 3기에 있었고, 그 뒤 푸에블로족은 멀리 남쪽으로 이주해서 푸에블로 촌락을 건설하고 현재까지 살고 있다.

65) 옮긴이 주: 옛 이름이 'Chaco Canyon National Monument'이고, 현재 차코 문화국립역사공원(Chaco Culture National Historical Park)이라고 부르는 이곳은 미국 뉴멕시코 주 북서부에 위치한다. 아메리카 대륙 발견 이전 시대의 인디언 유적지 13개와 푸에블로 문화의 우수성을 보여주는 300개의 작은 고대 집터가 있다. 푸에블로 집터 가운데 가장 규모가 크고 완벽하게 발굴된 푸에블로 보니토는 10세기경에 지어졌으며, 약 800개의 방과 32개의 키바(지하 예배당)가 있다. 이 유적은 그 당시 사람들의 연장제작·베짜기·도기제조·농경·석공술 등이 매우 우수했음을 입증해준다. 인공유물들이 관람객 센터에 전시되어 있다.

수로, 도로 및 봉수대(烽燧臺)를 건설하였다. 그러나 1150년 후에 큰 하천을 따라서 유리한 지역을 선호하기 때문에 많은 지역, 특히 고지대에 사람들이 살지 않았고, 관개와 가정용 상수(上水)를 위해서 더 많은 수로가 설치되었다. 1300년 후에 과거의 근거지에는 사람들이 거의 살지 않게 되고, 거주자들은 남쪽과 남서쪽으로 리오그란데(Rio Grande) 강[66]을 따라서 아리조나 주 중부의 호피 메사(Hopi Mesa) 지역[67]으로 이주하였다. 화분분석과 연대측정에 이용된 나이테 연구에 의하면 이와 관련된 환경변화, 특히 물의 이용 가능성과 지하수면과 관련된 변화가 분명하게 나타나고 있다.

66) 옮긴이 주: 북아메리카 대륙에서 긴 강 중의 하나로 콜로라도 주 남서부에 있는 로키 산맥 남부에서 발원하여 멕시코 만까지 3,034km를 흐르며, 텍사스 주(미국)와 멕시코 사이의 경계선 전체를 이룬다.

67) 옮긴이 주: 호피족은 푸에블로 인디언의 일파로 나바호 인디언 보호구역 중앙부와 페인티드데저트 가장자리, 곧 애리조나 주 북동부에 해당하는 지역에 산다. 이전에는 모키족 또는 모퀴족으로 알려졌으며, 유토아스텍 제어의 쇼쇼니어를 사용한다. 인구는 약 6,000명이며, 돌과 아도비 진흙으로 만든 전형적인 계단식 푸에블로 가옥에서 산다. 많은 독립된 부락을 이루고 있으며, 대부분의 거주지는 메사(mesa) 위에 세워져 있다. 메사(mesa: 스페인어로 '테이블'이라는 뜻)는 하나 이상의 가파른 사면이 있는 평정 고원이다. 미국의 콜로라도 고원지대에서 흔히 볼 수 있다. 그와 비슷하나 크기가 더 작은 것은 뷰트(butte)라고 한다. 메사와 뷰트 모두 침식작용으로 형성되는데, 삭박(削剝), 즉 하각(下刻)과 박리 과정에서 고원의 좀더 단단한 암석층은 강계곡과 같이 침식현상이 심한 장소들 사이에 있는 저지대의 평평한 보호덮개 역할을 하게 된다. 그 결과 탁자 모양의 산(메사)이나 성채 같은 모양의 구릉(뷰트)이 생긴다.

12. 소빙기

16세기와 17세기 역사의 배경

16세기

16세기부터 수많은 기상 기록이 남아 있는 기간이 시작된다. 특히 유럽에서는 기록들이 점점 더 구체적으로 증명될 수 있으며, 때로 정확하게 연대가 기록되어 있다. 더욱이 대략 이 시기부터 세계의 다른 지역에 대한 기록문서도 이용할 수 있다. 그리고 17세기 중반과 후반에는 최초의 계기관측기록들(instrument observation records)이 나타났다. 세계 여러 지역의 빙하와 북극해 해빙의 증거와 같은 이들 기록문서는 우리에게 20세기 기후보다 당시의 기후가 더 한랭했음을 알려주고 있다. 잉글랜드의 17세기 말의 온도계 기록에서는 이 기간의 연평균 기온이 1920～1960년 기간과 비교하여 약 0.9℃ 낮았음을 알 수 있다. 1690～1699년 기간에 기온차는 1.5℃였다.

우리가 잉글랜드(<그림 29> 참조)와 유럽의 다른 지역에 대해서 이용할 수 있는 16세기의 자료에서 구한 기온은 15세기보다 약 1500～1550년 사이에 일반적으로 좀더 온난한 기후 조건이 지배했다는 결론을 내리게 하고 있다. 이러한 가정은 캘리포니아(<그림 51> 참조) 주의 나이테 폭과 뉴질랜드의 한 동굴의 방해석(方解石) 동위원소 연구를 통해 조사된 고기온(古氣溫, paleotemperature)[1]을 통해서 증명되고 있다. 우리는 이러한 온난한 기후가 (바람 순환 패턴의 관점에서) 북부 그린란드 빙하(<그림 35>)의 동위원소 측정에 의해 추정되고 아이슬란드에도 영향을 주었던 15세기의 일부 기간에 일시적으로 기후가 회복된 것에 대한 일종의 반대되는 현상이었는지의 여부에 대해서 아직 말할 수가 없다. 아마도 45～50°N의 위도대에 영향을 주었던 다소 빈번했던 고기압과 북유럽 위의 편서풍이 16세기 초에 유럽을 온난하게 했을 것이다. 이와 대조적으로 15세기는 －1550년부터 1770년 이후까지의 기간과 같이－ 60°N 북쪽에서 매우 빈번했던 고기압과 이 위도 이남의

1) A. T. Wilson과 C. H. Hendry의 연구는 *Nature*, vol.279, London 1979년 5월 24일, pp.315-317에 발표되었음.

유럽에서 북동풍과 남동풍 사이의 바람이 분 것으로 특징지어진다.

1500~1550년 기간에 대체로 기후가 온화했음에도 불구하고 잉글랜드에서는 적어도 세 번의 겨울 동안 매우 추워서 런던의 템스 강이 얼었다. 템스 강은 지류를 배관으로 묻기 이전에 더 쉽게 얼었다. 그 후에 새로운 다리들은 조류가 훨씬 더 상류쪽으로 거슬러 올라가도록 했다. 유럽 대륙에서 1530년대에 여름 기후는 매년 크게 변화하여 독일 참나무류 나이테 기록의 그래프와 프랑스 및 스위스에서 기록된 포도 수확의 날짜는 규칙적인 톱니와 같은 지그재그 선을 이루고 있다.[2)][이러한 톱니 흔적(독일어로 Sägesignatur)은 여러 기후 자료에서 부분적으로 심지어 지배적으로 나타나는, 대략 2년 주기로 교체되는 중요한 사례이다] 이러한 관측에 의하면 유럽에서 1500년~1550년에 지배했던 온난함은, 그 차이가 아마도 그렇게 크지 않을지라도, 1900년부터 1950년대까지의 온난함에는 필적하지 못했음을 추측하게 한다. 플론(Flohn) 교수는 독일 바이에른(Bayern) 주 두 지역[아이히슈타트(Eichstatt)와 잉골슈타트(Ingolstadt)]의 1508~1531년을 망라하는 기상일기들(weather diaries)을 조사하여 1880~1930년의 겨울 기온과 비교하여 큰 차이를 확인하지 못했다. 그러나 여름에는 평균적으로 1880~1930년보다 약간 더 습윤(7~8%)했고, 그에 따라 더 추웠다.

16세기 중반에 매우 급격한 기후변화가 일어났다. 그리고 근거에 의하면, 매년과 수년 간격으로 현저하게 큰 변동이 있기는 했지만, 다음 150년 이상의 기간에 대략 1만 년 전의 마지막 주요 빙기 이후 가장 추운 기후 체제가 지배했다. 이 시기는 전 세계 모든 지역에서 나온 증거가 현재보다 더 추운 기후 체제를 입증하고 있는 유일한 시기이다. 우리는 이 기간 내에서 더 한랭했던 해들과 덜 한랭했던 해들을 구분할 수는 있지만, 이 기간을 소빙기(Little Ice Age)의 절정으로 간주할 수 있을 것이다. 다른 견해에 의하면 1420년경부터 또는 심지어 1190년부터 1850년까지 또는 1900년까지의 전 기간을 소빙기가 발달한 기간으로 간주할 수 있다.

중유럽에서의 변화: 1500년대부터 1800년대까지

1546년부터 1576년까지 취리히(Zürich)에서 기록된 기상일기에서 겨울의 강설·강우 일수 중에 강설의 상대적인 빈도는 1563년까지 44%였고, 1564년부터 그 이후로는 63%였다. 이 자료와 다른 자료를 통계적으로 분석한 유사한 연구에서 플론은 1560년부터 1599

2) 홀수 년(1529, 1531, 1533, …… 1541년)의 여름에 포도 수확 일자가 평균 16일 늦어지고, 나이테가 짝수 년(1530, 1532, …… 1540년)보다 약 1/3 정도 넓은 것으로 보아 여름에 습윤하고 한랭했음을 알 수 있다.

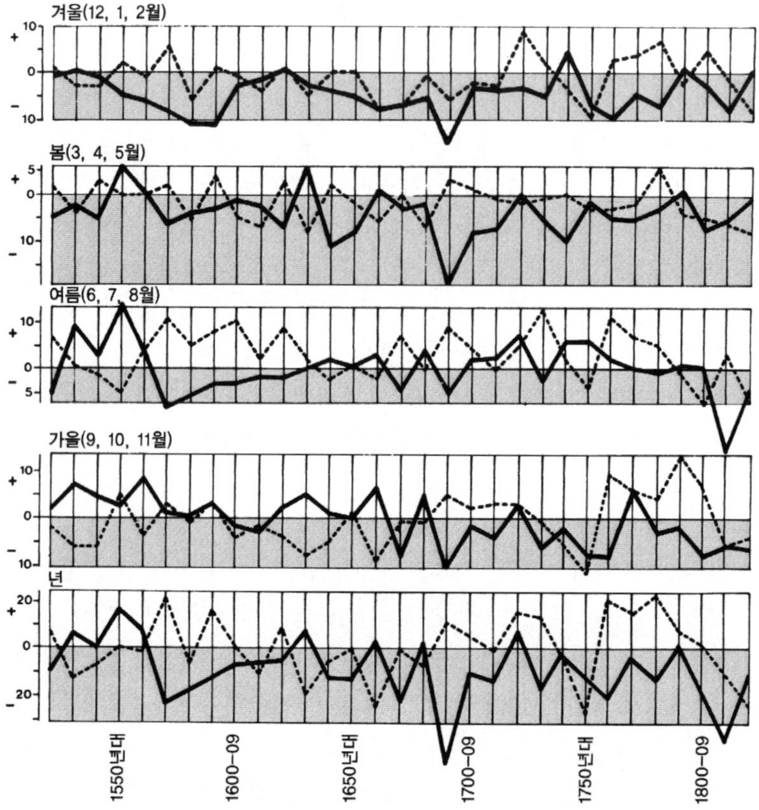

〈그림 71〉 1525~1529년과 1530~1539년부터 1820~1829년까지의 10년 평균으로 스위스 베른과 취리히 부근의 매년의 각 계절에 대한 온량지수(굵은 선)와 습윤지수(파선). 이용할 수 있는 당시의 문서 기록을 통해 조사한 이 지수는 (상대적으로) 분명하게 온난한(또는 습윤한) 달의 수에서 분명하게 한랭한(또는 건조한) 달의 수를 뺀 것으로 정의되었다(스위스 베른 대학교 지리학 연구소의 Christian Pfister 박사가 친절하게 제공한 자료를 허락받아 전재하였음).

년까지 중유럽 겨울 평균 기온이 1880～1930년 또는 16세기 초반의 겨울 기온보다 약 1.3℃ 낮았다는 결론을 내렸다. 티코 브라헤(Tycho Brahe)가 덴마크에서 1582년부터 1597년까지 관측한 것은 비교하기 위해서 이용된 대략 같은 근대 기간보다 겨울 기온이 약 1.5℃ 낮았던 것 같다. 우리는 덴마크의 관측에서뿐만 아니라 네덜란드와 남유럽 사이 해양 상의 선박의 일기 기록에서도 동풍이 탁월하였다는 사실을 알고 있다. 덴마크 티코 브라헤의 관측 자료에서는 남동풍이 연중 가장 빈번한, 유일한 풍향이고, 북서풍도 남서풍만큼 자주 불었다. 계기관측이 없었기 때문에 여름 기온을 믿을 만하게 추정할 수는 없다. 해석의 문제가 현재보다 더 잘 극복될 수 있을 때, 나이테에 존재하는 화학 원소들

〈그림 72〉 1750년(위)과 1950년(아래)에 같은 지점에서 본 론 빙하.

중의 안정한 동위원소를 연구하여 이러한 결함을 보충할 수 있을 것이다. 우리는 우선 독일 남서부의 바덴(Baden)에서 1550～1620년 사이에 질 좋은 포도주가 생산된 해의 비율이 1480～1550년 사이 빈도의 1/2 이하라는 사실을 확인하게 된다. 16세기 말과 17세기에 잉글랜드에서 조사된 여름 기온은 1900～1950년까지 또는 16세기 초의 여름 기온보다 평균 0.6℃에서 0.8℃까지 낮았다(<그림 29> 참조). 그에 따르면 이러한 차이는 유럽 대륙에서 조금 더 컸다. 그러므로 <그림 32a, b>에서 급격하게 곡물 가격이 상승한 것은 전적으로 또는 부분적으로 기후변화에 기인했다고 해도 타당할 것이다.

우리는 <그림 71>에서 중유럽에서 3세기 이상에 걸쳐 일어난 기후변화 과정을 상당히 정확하게 추적할 수 있다. 나는 스위스의 풍부한 역사 기록을 상세하게 분석한 결과를 이 책에 전재하도록 허락해준 스위스 베른(Bern) 대학교의 사학자 피스터(Christian Pfister) 박사에게 진심으로 감사드린다. 이 그래프들은 1540년대부터 16세기 말까지 겨울에 점진적으로 한랭화되는 것을 보여주고 있다. 이러한 한랭화는 1620년대까지 회복된 후에 반복되어 매우 추운 1690년대에 그 절정에 달했다. 뒤이어 기후가 회복되었으나, 1750년대부터 1780년대까지의 겨울은 평균적으로 다시 추웠다. 봄과 여름은 대체로 비슷하게 일치하나, 10년마다 일어난 일부 변화는 겨울에 나타난 변화보다 더 뚜렷하게 나타난다. 1690년대의 봄들과 1570년대 및 1810～1819년의 여름들은 현저히 추웠던 것으로 나타나고 있다. 1550년대의 온난한 여름들에 스위스는 건조했다. 그러나 특히 1570년대부터 1620년대까지를 포함해서 주로 습윤한 여름이 반 세기 이상 그 뒤를 이었다. 1690년대, 1720년대, 1730년대와 1760년부터 1780년대까지 습윤한 여름의 특성이 다시 나타났다. 1760～1810년 사이의 가을과 이보다 덜한 정도인 1550년대, 1570년대와 1590년대의 가을, 그리고 1690년부터 1720년대까지의 기간을 제외하고, 다른 어느 계절에도 소빙기 동안 그렇게 긴 습윤한 기간은 없었다. 가장 주목할 만한 것은 가을까지 계속 온난했다는 것이다. 즉, 8월·9월·10월이 1560년대까지 온난했다. 1630년대, 1660년대, 1680년대, 그리고 1770년대에 또다시 가을에 가장 온난했고, 그 후에 훨씬 더 추운 겨울로의 변화가 일어났다. 이 기후는 보통 마찬가지로 훨씬 더 추운 가을로의 뚜렷한 변화를 의미한다. 1690년대의 가을에 특히 추웠다.

약 1570년부터 1600년까지, 그리고 1690년부터 1740년까지 탁월했던, 일반적으로 춥고 습윤한 해들에 알프스 산맥에서 빙하가 크게 확장했다는 것은 놀라운 일이 아니다(<그림 72> 참조). [1546년에 여행가 세바스티안 뮌스터(Sebastian Münster)의 보고에 의하면, 18세기의 규모에는 결코 못 미치지만, 스위스의 론(Rhône) 빙하가 이미 1900년경만큼 확장하였고, 푸르카(Furka) 재까지 급한 오르막길의 기저부에 있는 넓은 곡저에 도달하였다] 피스터는 베른 경제아카데미(Wirtschaftsakademie Bern)[3)]가 1759년에 설립한 기후관측망의 계기관측기록을 이용하여 18세기 말에 한랭습윤한 해들이 다시 출현한 현상을 좀더 상세하게 조사하였다. 이 시기에는 단기간에 큰 변동이 나타났다. 1759～1763년과 1778～1784년에는 온난한 경향이 나타났다. 그러나 1764～1777년에는 뚜렷하게 추웠다. 스위스 저지에서 여름에는 비가 많이 왔고, 알프스 산맥에는 눈이 내렸으며, 특히 1770년의 겨울은 길고 눈이 많이 왔다. 이와 대조적으로 알프스 산맥 초지의 눈을 녹이기에는 여름이 너무 짧았고, 빙하가 크게 확장하였다. 그리고 1769～1771년에 밀, 감자, 우유가 부족하여 기근이 들었다. 이와 유사한 조건들이 1812～1817년의 짧은 기간에 지배하여 1816년과 1817년에 기근이 들었다.

피스터는 1683년부터 그 이후의 베른과 취리히 부근 지역의 기상일기를 연구할 수 있었다. 그는 매년 평균적설일수가 처음 20년간은 약 70일, 1690년대에는 75일인 것을 확인하였다. 이와 대조적으로 1705～1714년의 10년간 적설일수는 20세기의 가장 온화한 겨울의 10년(1920년대)만큼 적었다(42일). 더 현저하게 1684～1685년, 1730～1731년, 1769～1770년, 1788～1789년의 겨울에 취리히 부근 지역에서 적설일수가 총 약 110～112일이었고, 베른에서 1784～1785년의 적설일수는 150일 이상이었다. 1613～1614년에는 적설일수가 약 150일이었던 것으로 생각된다. 이들 적설일수는 지난 100년간 스위스에서 가장 길었던 겨울인 1962～1963년에 기록된 총 86일의 적설일수와 비교된다. 피스터는 통계적인 방법으로 이들 기상일기의 기상관측으로부터 기온을 유추할 수 있었고, 1683～1700년의 취리히의 겨울 평균 기온이 1900～1960년의 평균보다 1.5℃ 낮았던 사실을 알게 되었다(이것은 <그림 29>에서 이용된 자료로부터 잉글랜드 중부에 대해서 유추한 편차와 잘 일치한다). 그렇지만 현대와의 가장 큰 편차는 20세기보다 평균 2.2～2.7℃ 낮았던 3월에 나타났다. 3월은 겨울에 해당하는 달이었다. 이 절에서 언급된 극히 추운 모든 겨울 동안 3월에 계속 눈으로 덮여 있었다. 아인지델른(Einsiedeln, 해발 882m)에서 이러한 사실은 1687년 4월에도 적용된다. 1699～1701년의 3년간 적설은 5월 15일까지 녹지 않고 남아 있었다. 이로 인하여 나타났던 평균 기온은 현대의 평균보다 약 4～5℃ 낮은 것을 의미한다. 이 3년 동안의 기후는 스위스의 농장들에 크게 영향을 주었다. 곡류 작물들은 기생충(*Fusarium nivale*)의 피해를 입었다. 이 기생충은 현재 스칸디나비아와 독일 북부에서 봄에 적설 밑에서 나타나나, 오늘날 스위스에는 더 이상 없다. 3월과 4월에도 여전히 눈이 있을 때 동물용 건초 비축량은 고갈되어 가축들에게 짚과 소나무 가지를 먹였고, 많은 소가 도축되었다.

우리가 이러한 상세한 내용을 알고 있는 유럽에서의 상황을 평가하여 앞 장들에서 과

3) Chr. Pfister, *Agrarkonjunktur und Witterungsablauf im westlichen Schweizer Mittelland 1755-1797*, University of Bern, Geographical Institute, 1975, 279pp.

거의 기간에 대해서 조사한 바와 같이 세계 여러 지역의 상황을 조사하도록 하겠다.

아이슬란드와 북극 주변 지역

앞서 제시된 바와 같이(<그림 22> 참조) 그린란드는 북극 해빙이 확장하여 이미 교통이 단절되었다. 그리고 아이슬란드와 그린란드 사이의 폭넓은 덴마크 해협은 1580년대 여름에 여러 차례 부빙(浮氷)으로 완전히 차단되었다. 아이슬란드에서는 모든 북부 지역과 이 섬의 동부 및 서부에서 이러한 영향을 가장 잘 추적할 수 있다. 그 후 17세기 말경에 농장을 덮은 빙하 확장에 관한 역사 기록이 있다. 그리고 약 1480년부터 그 이후로 빙하 밑의 화산 활동과 관련한 급작스러운 빙하 분출로 농지가 손실된 재해가 있었다. 그에 이어 하천이 범람하여 그와 함께 모래와 자갈이 포함된 급류가 흘렀다. 이러한 빙하홍수(jökulhlaupar)[4)]는 보통 약 1주일간 지속되었고, 템스 강 유속의 1,000배나 되는 최대 유속을 가졌던 것으로 추정된다.[5)] 그러므로 이 시기에 인구가 해안으로 이주하였다. 이 지역의 안전 지대인 남서부에서는 어업이 활발하였다. 앞 장에서 우리가 알게 된 전반적인 인구 감소 현상은 적어도 인구의 일부가 해외로 이주했음을 추측하게 한다. 해빙은 (수많은 단기간의 변동에도 불구하고) 더 증가하는 추세였다. 가장 심각했던 해인 1695년에는 아이슬란드가 완전히 해빙으로 둘러싸여 수개월 동안 어느 선박도 이 섬에 올 수 없었다. 우리는 제4장에서 이보다 더 크게 북극의 한랭한 해수가 확장한 것에 관해서도 언급하였다. 이러한 상황에서 섬의 식량 공급에 도움이 되었던 대구 어로 역시 1685년부터 1704년까지 20년 동안 이 섬의 남서부에서조차 결국 실패로 돌아갔다. 그 당시에 아이슬란드인들이 어로 작업에 사용했던 원시적인 장비 역시 실패에 한 역할을 했는데, 그 이유는 외국의 배들은 남쪽 해안으로부터 20km 떨어진 곳에서 대구를 잡을 수 있었기 때문이다.[6)] 페로(Faeroe) 제도의 해역에서는 30년 동안 어업을 할 수 없었는데, 한랭한 해수가

---

4) 옮긴이 주: 이 단어는 원래 아이슬란드어이다. 이 빙하분출홍수(glacier outburst floods) 또는 'jökulhlaup'는 장관이기는 하나 큰 피해를 준다. 빙하분출홍수는 빙하 내에서 융빙수의 배수가 내부의 가소성이 있는 흐름으로 막혀서 물이 빙하 뒤에 저장될 때 발생한다. 이 운동은 유로가 융빙수로 넓혀져서 더 빠르게 물이 흐르도록 하며, 더 많이 빙하가 녹아서 유로가 더 넓어지면서 다량의 물이 한꺼번에 방출될 때까지 계속된다. 아이슬란드에서는 세계에서 가장 장관인 빙하분출홍수가 발생했다. 1922년 그림스보튼(Grimsvotn) 홍수는 약 7.1km^{3}의 물을 방출했는데, 이것은 거의 5만 7,000m^3/s에 달하는 것으로 추정된다.

5) Sigurdur Thorarinsson, "The thousand years struggle against ice and fire," Miscellaneous Papers no.14, Reykjavik, Museum of Natural History, Department of Geology and Geography, 1956, 52pp.

6) 이와 같은 정보를 제공해준 스웨덴 룬드 대학교 경제사 연구소의 기슬리 귄나르손(Gisli

이 지역에서 널리 퍼졌던 것으로 생각된다. 1756년까지 북극 해빙은 다시 30주 동안 아이슬란드의 해안에 있었다.

북극이 크게 한랭화되어 그 영향이 중위도까지 미쳤던 이 시기에 알래스카와 라플란드(Lapland, 핀란드의 최북단)에 대한 나이테 연구는 기후가 오히려 온화하고, 1580년 혹은 그 이후까지 양호한 성장 조건을 제공하였다는 증거를 제시하고 있다. 이러한 상황은 기상학적으로 보아 이들 지역에서 햇빛과 남풍을 동반하는 (오늘날에도 여전히 저지고기압 일기 상태에서 특히 잘 나타나는) 빈번한 고기압 일기 상태에 기인할 수 있다. 이들 고기압은 의심할 여지 없이 당시에 유럽과 북아메리카 대부분의 지역 위에서 빈번하게 북풍과 동풍이 불게 한 고기압이다.

유럽의 대폭풍과 해안 범람

우리가 <그림 22>와 관련하여 알게 된 바와 같이 아이슬란드까지 북극 해빙이 확장한 것과 페로(Faeroes) 제도 지역까지 북극 해수가 확장한 것은 페로 제도와 아이슬란드 사이의 북대서양 해면이 현재보다 5℃ 더 차가웠던 것을 의미한다. 그 결과로 위도 50~61°N 사이에서 65°N까지 열경도가 크게 강해졌다. 이것으로 북대서양의 이 지역 위에서 수시로 저기압성 폭풍이 발달할 수 있는 근거가 생기게 되었다. 이 폭풍의 강도는 현대의 대부분의 가장 심한 폭풍의 강도를 능가하였다. 이러한 주장은 해안에서 일어났던 수많은 재해로 뒷받침되고 있다. 해면이 조금 하강했던 시기에조차 (1682년 암스테르담에 설치된 최초의 조류계에 의해서 제시되고 있는 것처럼) 바다가 범람하고 침식 및 높날림모래로 인해서 해안에 재해가 발생했다. 1588년에 스페인 무적함대[7]로부터 이용할 수 있는 일기 보고서를 기상학적으로 분석하여 이러한 사실을 가장 명확하게 지적할 수 있다(<그림 73> 참조). 스페인 무적함대의 탐험 동안 6일간의 일기 상태를 분석한 것을 통해서 증거를 제시하기에 충분한 저기압 중심의 정확한 위치가 확인된다. 저기압 중심의 이동속도는 이 여름 동안 적어도 여섯 차례의 경우에 현대의 경험으로 기대할 수 있는 제트류의 최대풍속의 한계에 이르거나 이를 능가하였다.

이 지대에서 대폭풍은 계속 발달하였다. 앞 장에서 언급한 1570년에 대륙 해안에서 일어난 거대한 북해의 범람과 인명 손실, 1634년 10월 21일 폭풍에서 덴마크, 독일, 네덜란

Gunnarsson)에게 감사드린다.

7) 옮긴이 주: 스페인 무적함대(Spanish Armada)는 1588년 스페인의 펠리페 2세가 영국을 침공하려고 플랑드르(지금의 벨기에)에서 출동한 스페인 육군을 돕기 위해 파견한 대규모 선단이다.

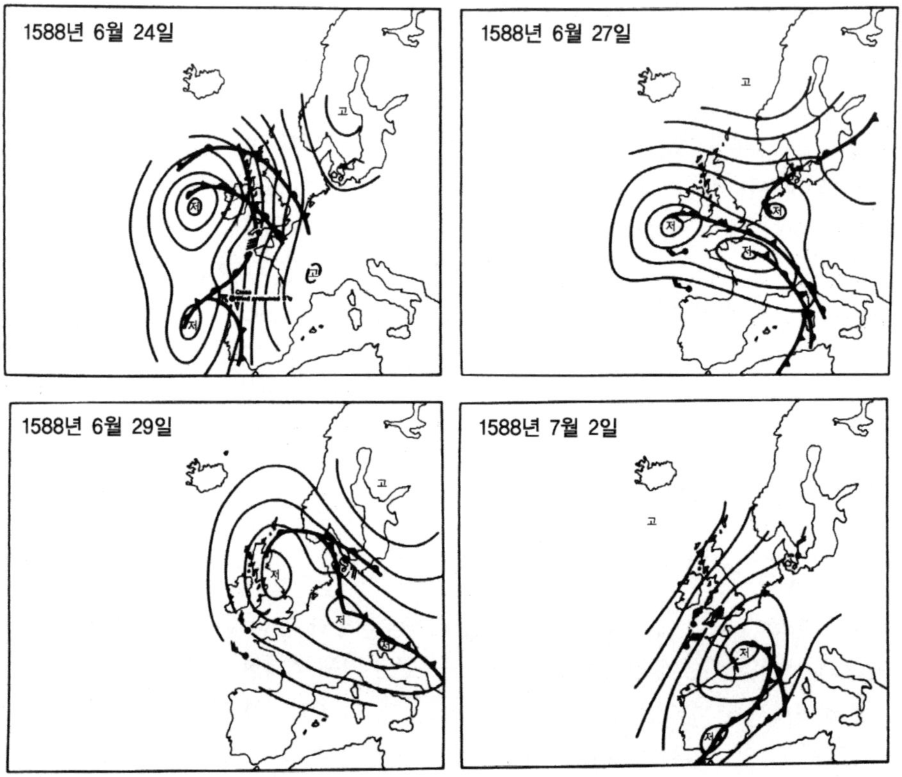

〈그림 73〉 스페인 무적함대의 선박들과 덴마크의 천문학자 티코 브라헤의 관측으로 분석된 1588년 여름의 4일의 기상도.

드 해안의 지속적인 토지 손실[그리고 노르트스트란트(Nordstrand) 섬의 피해], 1694년 스코틀랜드 북동부의 컬빈 샌즈(Culbin Sands)의 형성, 그리고 1697년 헤브리디스(Hebrides) 제도의 4,000년 된 취락지가 모래로 매몰된 것이 이 대폭풍에 해당한다. 마찬가지로 여기에 디포(Defoe)[8]가 상세한 내용을 기술한 1703년 12월 7~8일(신달력)에 잉글랜드 남부를 통과한 대폭풍이 있다. 이 바람은 플리머스(Plymouth) 부근의 에디스톤(Eddystone) 등대[9]와

8) Daniel Defoe, *The Storm*, published in London, 1704.
옮긴이 주: 영국의 소설가, 팜플렛 작가, 저널리스트로 『로빈슨 크루소(*Robinson Crusoe*)』(1719~1722)와 『몰 플랜더스(*Moll Flanders*)』(1722)로 유명하다.

9) 옮긴이 주: 에디스톤 등대(Eddystone Lighthouse)는 전통민요나 뱃노래에 등장하는 유명한 등대이다. 영국 잉글랜드의 플리머스에서 22.4km 떨어진 영국해협 내의 해상에 위치한 에디스톤 암초 위에 있다. 1696~1699년에 목재로 세운 처음의 등대는 1703년 대폭풍 때 설계자 헨리 윈스턴리와 함께 유실되었다. 존 러디어드가 설계하여 참나무와 강철로 만든 두 번째 등대는 1755년에 화재로 소실되었다. 세 번째 등대는 1756~1759년에 존 스메턴이 건설한 것으로 암

동쪽 해안까지 잉글랜드 전역의 도시와 농촌에 있는 집들을 파괴하였다. 런던 자체의 피해만도 200만 파운드로 추정되었다. 수많은 나무가 바람으로 쓰러졌다. 그리고 많은 배가 —부분적으로 조수가 보통 올라오는 위쪽— 하천의 상류로 밀려오거나, 해안이나 바다에서 파선되었다. 이 폭풍으로 8,000명의 인명 손실이 있었던 것으로 추정된다. 이러한 매번의 범람에 수천 명이 익사하였고, 다른 여러 경우에는 토지가 손실되었다. 1634년, 1671년, 1682년, 1686년과 다시 1717년 크리스마스에 유럽 대륙의 해안에서 이와 같이 크게 바다가 범람했음에도 불구하고, 모든 지역에서 빙하가 확장되어서 거의 전 세계적인 규모로 한랭했던 시기에 해면은 서기 1000년경 또는 1200～1400년 사이의 중세만큼 높았다. 그렇지만 그 차이는 약 50cm 정도에 불과했다. 1570년～약 1720년 사이의 이러한 범람의 빈도는 엄청난 폭풍 활동으로 인한 것이 분명하다.

스코틀랜드에 미친 영향

추측하건대 극지방의 해수와 해빙이 남쪽으로 크게 확산되어 발생한 이상야릇한 사건들 때문에 에스키모들은 1690～1728년 사이에 카약(kayak)을 타고 여러 차례 오크니 제도[10] 지역으로 왔다. 한번은 에스키모들이 돈(Don) 강에서 애버딘(Aberdeen)[11] 부근까지 도달했다. 이것은 스코틀랜드 자체에서 이 상황이 당사자들에게 얼마나 어려웠던가를 보여주는 예외적인 사건이었다. 해빙과 어업, 특히 대구 어로에 관한 보고에 의하면 아이슬란드와 스코틀랜드 북부에서 단지 수백 km 떨어진 페로 제도 사이의 수온이 현재보다 5℃ 차가웠다고 추측된다. 이러한 자료는 캐른고름(Cairngorms) 산괴와 스코틀랜드의 다른 산지들의 정상이 연중 눈으로 덮여 있었다는 당시 상황을 기술한 여러 여행자들의 수많은 보고들에서 알 수 있다. 4～7℃ 사이의 다소 차가운 해수에서 가장 잘 번식하는 대구는 이와 관련하여 유용한 지표가 되는데, 그 이유는 대구의 신장(腎臟)이 2℃ 이하의 수

반 위에 석재를 연이어 건립하는 공법을 도입해 등대건축의 신기원을 이룩했다. 이 등대는 1882년에 제임스 더글러스 경이 설계하여 건축한 등대로 교체된 후로 현재의 모습을 갖추었다. 등대의 높이는 해수면 위 40m이다.

10) 옮긴이 주: 영국 스코틀랜드 본토의 북쪽 약 32km 지점에 무리 지어 있는 70개 이상의 섬들이다.

11) 옮긴이 주: 영국 스코틀랜드의 북해 해안에 접해 있는 역사적인 칙허특권도시로 디 강과 돈 강에 걸쳐 있다. 번잡한 해항이며 스코틀랜드의 어업과 동북부의 상업 중심지이다. 애버딘은 '입구'라는 뜻의 애버와 '디 강의'라는 뜻의 딘이라는 게일어의 합성어이다. 1970년대에 영국의 북해 석유산업 및 이와 관련된 용역·물자 산업 중심지로 급속히 발전했다. 그램피언 주의 행정구에 속한 시이다.

온에서는 활동을 하지 않아 더 차가운 바다로 들어갈 수 없게 하기 때문이다. 페로 제도에서 대구 어업은 1615년경에 쇠퇴하기 시작하였다. 그리고 어획량이 점점 더 감소하여 우리가 아는 바와 같이 1675~1704년 사이의 대략 30년 동안 이 지역에서 대구가 전혀 잡히지 않게 되었다. 얼음이 아이슬란드를 둘러싸던 같은 기간인 1695년이 가장 어려운 해였다. 대구는 셰틀랜드 제도(Shetland)[12] 수역에서도 드물게 되어 (트론헤임 피오르드의 내부에서 분명하게 생존했던 한 집단 서식지를 제외하고) 노르웨이 전 해안에서 사라졌다. 이를 통해서 북극의 차가운 해수가 노르웨이 해의 전체 해면에 분포한 것으로 확실하게 추론할 수 있을 것이다. 그리고 그 다음 해에 조금 개선되었지만, 바다의 상태는 현재보다 1800년 이후까지 훨씬 더 차가웠던 것으로 생각된다.

<그림 74>에서 제시된 기근 기록으로 스코틀랜드에서의 변화 과정과 가장 심각한 기후 스트레스의 기간을 확인할 수 있다. 이 다이어그램에서 이용된 정보들은 주로 리테(Lythe)와 스마우트(Smout)[13]가 조사한 경제 기록, 연보, 연대기로부터 정리되었다. 대부분 자료가 스코틀랜드 동부와 관련되기는 하지만, 북부와 서부의 가난한 하이랜드 지역에서 상황이 더 나빴다는 사실을 지적하고 있다. 16세기 후반에 반복하여 발생한 기근은 동시대 사람들의 의식에서 다음 세기들에 중요한 역할을 하여 당시에 시작된 스코틀랜드로부터의 이민과 인과관계가 있다. 스마우트에 의하면 "사람들이 스코틀랜드로부터 해외로 이주하게 된 이유에는 여러 요인들이 있었다. 그중에 고향의 일반적인 빈곤과 어려운 생활 상황이 가장 분명한 요인이었다. …… 얼스터(Ulster)[14]와 (후에) 아메리카가 비어 있는 토지를 제공하였다. 네덜란드와 영국은 중상주의의 복지를 제공하였다. 러시아, 스웨덴, 덴마크, 프랑스와 모든 독일의 작은 영지들은 군국주의의 기회를 제공하였다." 월터 스콧 경(Sir Walter Scott)[15]의 작품에서 언급된 스코틀랜드의 용병은 17세기에 유럽을 성가시게 한 전쟁에서 유능한 병사였다. 30년전쟁(Thirty Years War) 동안 이 용병은 특히 중유럽의 스웨덴 왕을 위해서 자주 복무했다. "1660년에 사람들이 군대로 입대하던 흐름은 끝났다. …… 그럼에도 불구하고 1700년 이후에도 지중해 북쪽에서 스코틀랜드인 장교가 없는 군대는 거의 없었다"(Smout, 1963: 92). 스코틀랜드 농민들이 1612년에 좀더 풍요한 지역 및 아일랜드 북동부에 있는 기후가 양호한 얼스터 지역으로 '이주(plantation)'한 것과 관

12) 옮긴이 주: 셰틀랜드 제도(Shetland Islands)는 스코틀랜드 본토에서 약 210km 북쪽에 있는 제도이다.

13) S. G. E. Lythe, *The Economy of Scotland 1550~1625*, Edinburgh, Oliver & Boyd, 1960; T. C. Smout, *Scottish Trade on the Eve of Union 1660~1707*, Edinburgh, Oliver & Boyd, 1963, 320pp.

14) 옮긴이 주: 아일랜드의 옛 지방이다. 북부 지역의 왕국이었던 곳으로 남쪽으로 라우스, 서쪽으로 더니골의 대서양 연안까지 뻗어 있다.

15) 옮긴이 주: 스코틀랜드의 소설가·시인·역사가·전기작가로 역사소설의 창시자이자 가장 위대한 역사 소설가로 꼽힌다.

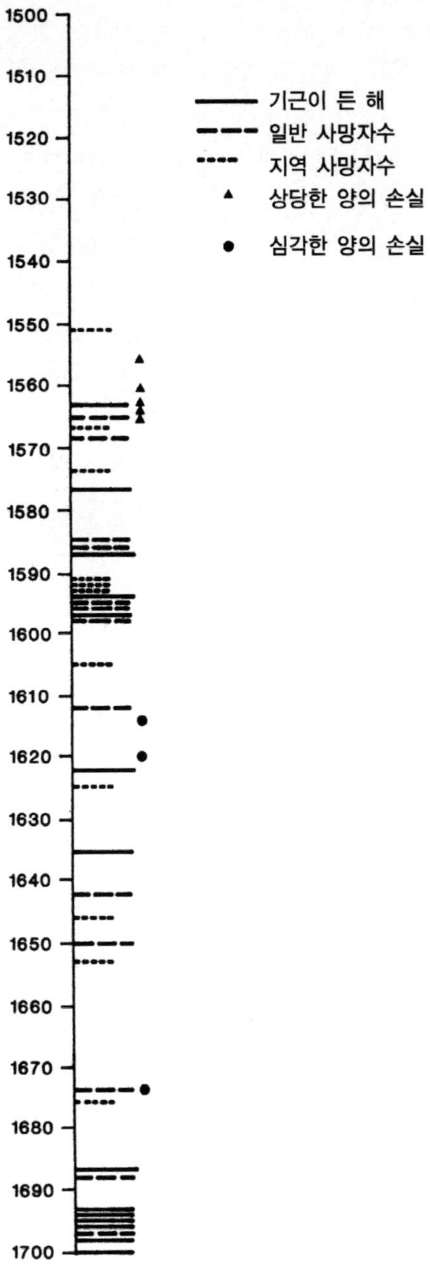

<그림 74> 1550~1700년 사이에 스코틀랜드에서 보고된 흉년(파선)과 기근(실선)이 난 해들. 이 정보는 주로 동부 스코틀랜드에서 나온 것이다. 보통 눈 때문에 가축(양과 소)을 크게 잃은 해는 점으로 표시했다.

련하여 그 지역이 고향인 아일랜드인을 축출한 것은 오늘날까지 남아 있는 그 시대의 가장 중대한 유산이다. 제임스 4세(James IV)[16]는 아일랜드의 정치적·종교적 상황을 일격에 그에게 유리하게 안정시키려는 의도를 가졌다. 그는 잉글랜드의 왕위에 즉위하여 그의 소유가 된 아일랜드에서 권력을 이용하여 스코틀랜드 흉작의 영향을 완화시키려고 했다. 현재 이것은 어떻게 국제관계를 수행하지 말아야 하는가에 대한 모델 사례로서 간주되고, (거의) 절대적인 권력의 특징적인 남용으로 간주되고 있다. 1691년경에 얼스터(Ulster)에서 스코틀랜드인의 수는 약 10만 명이었다. 이로써 스코틀랜드 인구의 약 1/10에 달했고, 그 수는 1690년대의 재해 동안 스코틀랜드의 고향을 등진 이주자들로 곧 다시 증가하였다. 17세기에 다른 곳으로부터 아일랜드로 이주한 피보호자(protégé)들, 즉 왕으로부터 토지를 부여받은 이주자들과 달리, 이들은 그들 스스로 농사를 짓는 주로 소박한 사람들이었다.

1612년 얼스터에 사람들이 이주한 것이 1590년대의 불행한 기억을 일깨우는, 같은 해의 스코틀랜드의 흉작과 관련이 있다면, 이것은 아마도 과잉반응이었던 것 같다. 그 이유는 그 이전 세기의 마지막 40년 동안보다 스코틀랜드에서 60년 이상의 기간에 가난과 기근이 심하지 않았기 때문이다. 그러나 약 1670년부터 이 상황은 다시 악화되어 그해에 엄청나게 많은 양의 눈과 서리가 내렸다. 1674년 3월 초(신달력)에 13일 동안 지속된 땅 날림눈(drifting snow)으로 많은 양(羊)을 잃었다. 이 세기의 마지막 해들에는 이 상황이 더욱 나빠졌다. 1693~1700년 사이에 스코틀랜드 고원의 모든 교구(敎區)에서 8년 중 7년 동안 흉년(주로 귀리)이 들었다. 싱클레어(John Sinclair) 경이 100년 후에 편찬한 『스코틀랜드의 통계보고(*Statistical Account of Scotland*)』에는 모든 교구에서 그 해들에 관해서 한탄한 내용을 언급하고 있다. "가난한 사람들이 많은 양의 쐐기풀(nettle)을 뜯기 위해서 자주 교회에 딸린 묘지에 왔고, 자주 쐐기풀 때문에 싸웠다. …… 가난한 사람들은 게걸스럽게 쐐기풀을 먹었다……"[중부 스코틀랜드 북쪽의 더트힐(Duthil)과 로티머처스(Rothiemurchus) 교구 기록]. 어린아이들을 노예로 팔았다고 하는 기록도 있다. 전국적으로 모든 교구에서 인구의 1/3에서 2/3까지 사망했다. 이것은 여러 지역에서 흑사병보다 더 큰 재해였다. 사람들이 공동 묘혈(墓穴)에 매장되는 것을 두려워하게 되었다. 이 시기에 모든 마을과 농촌 지역에서 인구가 감소하였다. 미들로디언(Midlothian)[17] 솔턴(Salton)의 플레처(Andrew Fletcher)

---

16) 옮긴이 주: 제임스 4세는 스코틀랜드의 왕으로 1488~1513년에 재위했다. 정열이 넘치고 인기 있는 통치자였으며 왕권의 통제 아래 나라를 통합하고 왕실재정을 굳건하게 함으로써 유럽의 정치 판도에서 스코틀랜드의 위상을 높였다. 부왕인 제임스 3세가 1488년 6월 11일 반란군과의 전투에서 전사한 후 왕위를 계승했다. 15세에 왕이 된 그는 정치에 즉각 적극적으로 참여했다. 서부와 북부 스코틀랜드처럼 인구가 희박한 지역까지 자신의 권위를 확대하고 1493년 무렵에는 아일랜드의 영주 세력까지 모두 제압했다.

17) 옮긴이 주: 영국 스코틀랜드 남동부 로디언 주에 있는 행정구이다.

는 1698년에 에든버러의 스코틀랜드 의회에서 다음과 같이 호소하였다. 부유한 계급은 "스스로 그들의 사치를 못마땅하게 생각해야 하고" 나라의 곤란한 상황을 인식해야 할 것이다. "건강을 해치는 음식 때문에 가난한 사람들 사이에서 질병이 퍼지고 있다." 인구의 약 20%가 각 집을 돌아다니며 구걸하고 있었다. 재커바이트(Jacobite)[18]에게는 이것이 '윌리엄(William) 왕 통치의 부도덕한 해'였다. 그러나 다른 사람들은 1707년에 잉글랜드와의 합병이 아마도 이러한 어려운 시기 이후에 불가피한 것으로 생각하게 되었다.

높은 고도에 위치하여 연중 얼음으로 덮였던 산 속의 작은 호수[권곡호(圈谷湖), tarn, lochan(스코틀랜드 말로 작은 호수)]들에 관한 한두 개의 보고는 스코틀랜드 하이랜드 북부와 동부에서 당시에 지배했던 일반적으로 기온이 하강한 것에 대한 척도가 된다. 따라서 왕립 철학회보(Philosophical Transactions of the Royal Society)에 1675년으로 연대가 추정되는 다음 보고가 있다. "치점(Chisholm) 소유 글렌칸니치(Glencannich)의 스트라글라시(Straglash, 영어로 Strathglass)에 있는 작은 호수가 …… 매우 높은 구릉의 정상들 사이의 요지에 있다. …… 이 호수에는 가장 더운 여름에조차 그 중앙에 얼음이 있다." 우리는 또한 캐른고름 산괴의 정상들이 항시 눈으로 덮여 있다는 여행자들의 보고도 갖고 있다. 이러한 관찰은 20세기의 연평균 기온보다 약 1.5～2.0℃, 즉 잉글랜드 중부에서 실제 기온 측정으로 제시되는 기온의 2배에서 3배나 낮은 기온을 전제로 한다. 그렇지만 이러한 기온 하강 현상은 아이슬란드의 남동쪽으로 극 지역의 해수가 분명하게 확장한 것을 고려하면 그리 큰 것은 아니었다(<그림 22> 참조).

스칸디나비아와 핀란드

기대할 수 있는 바와 같이 스코틀랜드의 상황은 대체로 노르웨이의 상황과 비교될 수 있다. 16세기와 17세기 초에 노르웨이에서 기후 조건이 어느 정도 회복되었음에도 불구하고 1665년의 총농가 수는 1300년경보다 적었다. 그리고 17세기 말에는 농가들이 더 많이 방치되었다. 이 중에서 또한 앞 장에서 언급한 호세트의 전체 마을이 방치되었다. 다음 100년 동안 농가들은 일부 경우에 빙하의 확장으로 매몰되었고, 그에 속한 농지들은 눈사태, 홍수, 암석낙하 및 산사태로 파괴되었다. 하르당게르 고원(Hardanger Vidda)에는 작은 새 빙하가 형성되었고, 그중에 한두 개가 현재까지 데드 아이스(dead ice)[19]로 남

18) 옮긴이 주: 재커바이트(Jacobite)는 1688년 영국 명예혁명으로 왕위에서 축출된 스튜어트 왕가의 제임스 2세 및 그 후손의 추종자이다. 재커바이트 운동은 1688～1745년에 정치적으로 중요한 비중을 차지했다.

아 있다. 1936년과 1951년 사이에 눈과 얼음은 로프로 만든 울타리를 풀어놓았다. 이 울타리는 1602년부터 1624년까지 토지를 소유했던 한 농부가 늑대로부터 그의 양을 보호하기 위해서 노르웨이 서부 노르트피오르드(Nordfjord)의 올덴(Olden) 부근에 있는 산 사면에 설치했던 것이다. 16세기 말에 몇 차례 흉년이 들기는 했으나, 노르웨이에서는 스코틀랜드 및 아이슬란드에서처럼 그리 일찍 기후가 악화되지 않은 것 같다. 이 지역은 아마도 이미 주목했던 바와 같이 라플란드의 나이테로도 증명되고 있는 고기압과 남풍의 영향을 받아 유리했던 것 같다. 약 1640년까지 거주자들은 노르웨이 남부의 높은 지역에 위치한 오랫동안 방치되었던 농가들을 다시 소유하게 되었다. 1667년에는 현물로 지불되는 세금과 소작료를 그 이전 세기 이상으로 올리기 위해서 농가와 토지의 가치를 재평가하였다. 그러나 바로 그 이후 자연재해들이 농업에 많은 피해와 어려움을 가져왔다. 사람들은 암석낙하, 눈사태, 산사태, 홍수 피해로 인하여 세금을 인하해달라고 탄원하였다. 이 탄원은 신중하게 조사된 후 승인되었다. 이러한 사건들은 1680년대 말과 1690년대에 더욱 빈번해졌다. 그리고 빙하 자체가 확장하여 경지를 매몰시켰다.[20] 노르웨이에서는 1690~1710년 사이에 이러한 종류의 재해가 특히 빈번하게 발생했고, 약간 완화된 형태로 이러한 기후 재해가 18세기 중반까지 계속되었다. 그 후에 기후 재해가 지속적으로 감소했다. 20세기 중반에는 이러한 상황이 무시할 수 있는 수준에 이르게 되었다.

트론헤임 소사이어티(Trondheim Society)의 『스크립터(*Skrifter*)』의 제1권(1761)을 쓴 18세기 노르웨이의 역사학자인 쇠닝(G. Schøning)에 의하면 노르웨이 트론헤임 주변 지역에는 빈번하게 3회 연속 극심한 흉년이 들었다. 그는 이에 대한 사례로 1600~1602년, 1632~1634년, 1685~1687년, 1695~1697년, 1740~1742년을 들고 있다. 그렇지만 청어잡이는 이들 해 중 여러 해 동안 보통 때보다 나았다. 쇠닝은 다음과 같이 기술하고 있다. "이에 대한 자연적 원인은 의심할 여지가 없이 우리에게 흉년이 들었던, 즉 오랫동안 지속된 강한 폭풍의 서풍과 북풍이 …… 해안으로 보통 때보다 많은 수의 북극해[바렌츠 해(Barents Sea)]의 어족을 몰고 왔다." 이러한 설명은 어족이 모두 더 남쪽으로 몰려 내려간 1690년대의 극심한 상황을 제외하고 대체로 타당하다.

조세(租稅) 기록에서 알 수 있는 바와 같이 16세기와 17세기에 노르웨이 북부의 인구 밀도는 어획고의 변화에 따라 두드러지게 변동하였다.[21] 로포텐과 베스테롤렌(Vesterålen)

---

19) 옮긴이 주: 'dead ice'란 빙하 퇴적물 속에 묻혀 있는 빙괴를 말한다.

20) J. M. Grove, "The incidence of landslides, avalanches and floods in western Norway during the Little Ice Age," *Arctic and Alpine Research*, vol.4, Boulder, Colorado, 1972, pp.131-138. 노르웨이 기록보관소(Norwegian archives)에서 친절히 제공한 원래의 기록들로부터 많은 미발간된 상세한 내용을 제공해준 잉글랜드 캠브리지의 Dr. Jean Grove에게 감사드린다.

21) 예를 들어 Kari Lundbekk, *Lofoten og Vesteralens Historie 1500-1700*, Stokmarknes, Lofoten and

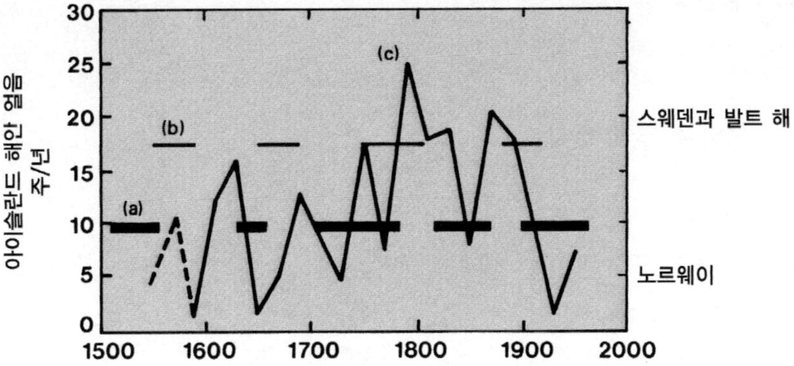

〈그림 75〉 청어를 잡는 시기. (a) 노르웨이 해안, (b) 스웨덴 해안(발트 해), (c) 아이슬란드 해안에 북극 해빙이 출현(R. J. H. Beverton and A. J. Lee, 'Hydrographic fluctuations in the North Atlantic Ocean …… ,' in C. G. Johnson and L. P. Smith(eds.), *The Biological Significance of Climatic Changes in Britain*, London and New York, Academic Press for Institute of Biology, 1965, pp.79-107에서 채택하였음).

에서 인구수는 약 1618년에 가장 많았고, 그 다음 30년 동안 20~30% 감소하였다. 1650년대에는 인구수가 더 늘어나 최고에 이르렀고, 17세기 말에는 다시 30% 정도 감소하였다. 남부로부터 이 지역으로 이주해왔다가 다시 떠난 어부들이 이러한 인구 변화에 기여했을 것이다. 생선-주로 말린 대구-을 발트 해 동부 지역의 곡물과 교역한 양이 중유럽의 전쟁과 평화를 통해서 크게 변했기 때문에 이러한 관련성에 대한 기후변화의 영향을 뚜렷하게 확정하기는 어렵다. 그러나 17세기 후반에 어획량이 많지 않았고, 특히 17세기 마지막 10년들 동안 노르웨이 북부에서 농가가 다시 상당한 규모로 방치되었다는 사실은 분명하다.[22]

스웨덴은 노르웨이나 러시아보다 덜 심하기는 했지만 주로 북유럽의 다른 지역들과 같은 부담을 갖게 되었다. (노르웨이 해에서의 북풍과 러시아의 혹한의 겨울은 분명하게 기후가 악화되고 있는 주요 특징이었다) 스웨덴 북부에는 유럽 다른 지역들에서 널리 나타났던 취락과 농업이 후퇴했다는 증거가 거의 없었다. 그 이유는 아마도 가장 좋은 토지와 취락지만이 점유되었기 때문일 것이다. 일부 핀란드 사람들이 훨씬 남쪽의 스웨덴과 노르웨이에 정착하기 위해서 이미 16세기에 핀란드를 떠났지만,[23] 핀란드에서는 17세기 이전에 마을

Vesterålen Communes, 1978, 335pp. 참조.

22) 1690년과 1700년 사이에 노르웨이의 북부 지역의 경관, 대부분 바다에 의존했던 모든 생활방식, 어업의 쇠퇴, 내륙에서의 곡물 재배와 빈곤은 루터교의 시인이자 목사인 페터 다스(Petter Dass)가 지은, *Norlands Trompet*, Oslo, H. Aschehoug & Co. (W. Nygaard), 1974의 재판 인쇄된 시집에서 확인되고 있다.

23) E. Österberg, "Kolonisation och kriser-bebyggelse, skattetryck, odling och agrarstruktur i västra Värmland ca. 1300-1600," *Det nordiska ödegardsprojektet publikation nr 3*, Lund Gleerups, 1977,

의 황폐화가 거의 시작되지 않았다.

북유럽의 어업과 항해 민족

발트 해, 북해-노르웨이 해의 청어 어업에서 뚜렷한 변화가 있었는데, 이에 대해서는 분명하게 기후적인 중요성뿐만 아니라 역사적인 중요성도 서로 영향을 주었다. <그림 75>에는 이러한 변동을 제시하였다. 어느 정도까지 이러한 발달이 같은 어족의 이동을 반영하고 있는지는 물론 알려져 있지 않다. 그렇지만 노르웨이 사람들이 청어 어업을 했던 5회의 시기는 아이슬란드 해안에서 해빙이 가장 적게 출현한 시기에 상응한다. 16세기와 17세기의 사례에서 어류는 노르웨이 해안보다 북해를 선호했던 것 같다. (청어는 보통 3～13℃ 사이의 해수에 서식한다) 트리벨리언은 영국의 역사에 미친 영향을 다음과 같이 기술하고 있다.[24] "심해 어업이 증가한 것이 튜더(Tudor) 시대 초기의 특징이었다. 이로 인하여 사람들이 해안에 정착하여 나라가 강해졌다. …… 청어는 최근에 발트 해에서 북해로 이동하였다." 16세기 말 영국의 역사학자 캠던(Camden)은 이에 대해서 다음과 같이 기술하고 있다. "우리 할아버지 시대에 노르웨이 해역에만 출현했던 청어는 우리 시대에는 …… 매년 우리의 해안에 떼를 지어 나타나고 있다." 따라서 이러한 여러 관점으로 보아 북쪽 이웃나라들이 피해를 본 반면에 잉글랜드는 적어도 소빙기로부터 이익을 얻었다.

우리가 여기서 조사하는 세기들 동안 북부의 수도로서 트론헤임이 쇠퇴하고, 노르웨이의 궁전을 처음으로 오슬로로, 그리고 아케르스후스(Akershus) 요새와 북구의 왕국들을 합병한 후 코펜하겐(Copenhagen)으로 천도하였다. 끝으로 1536년부터 (1815년까지) 노르웨이는 더 이상 독립국가로 존재하지 못했다. 스코틀랜드에서도 이와 비교할 수 있는 (그러나 짧은 거리의) 남쪽으로의 이동이 일어나 1707년에 잉글랜드와의 합병으로 최후를 맞았다.

17세기 초반에 홀란드(Holland)가 번성한 것은 북해와 대서양으로 어족이 이동한 것뿐만 아니라 풍차를 이용하여 발전한 산업혁명에 기인한다. 홀란드가 해양 세력으로 부상한 것은 더욱이 중유럽에서 30년전쟁으로 발생한 혼란 상태와 이 어려운 시기에 홀란드의 교역 이익을 보호할 필요성이 발생한 것과 관련이 있다. 17세기 말에 이와 같이 번성하던 것이 다소 쇠퇴하게 되는데, 그 이유는 부분적으로 대폭풍과 바다가 범람하여 제방을 붕괴시킨 것뿐만 아니라 농업과 어업의 수확량이 낮아졌기 때문이다.

308pp.; H. Salvesen, *Jord i Jemtland*, Östersund, 1979, 187pp.도 참조.

24) G. M. Trevelyan, *English Social History*, London, Longmans, Green & Co., 1944, 628pp.

잉글랜드의 수확과 보건

잉글랜드는 소빙기 기후의 직접적인 영향으로부터 완전하게 벗어나지 못했다. 1480년부터 1760년까지 주로 서부에서 잉글랜드의 밀 수확량을 조사한 호스킨스(Hoskins)의 연구[25]에 의하면 재해가 발생했던 해들의 추이가 나타난다. 재해가 발생했던 해들 중에서 1550년대와 1560년대, 1594～1597년, 1692～1698년 및 1709년, 1740년과 1756년이 특히 두드러지게 나타나고 있다. 1490년대, 1537～1548년, 1685～1690년, 1700～1707년에 수확이 양호하였다. 1717년부터 조사 기간의 마지막까지 수확이 양호한 해의 비율이 증가하였다.

1555년과 1556년 여름의 생산량은 잉글랜드에서 확실히 그 이전의 유리한 시기 이후에 발생한 심각한 충격이었다. 이미 1550년, 1551년과 1554년에 수확량은 평균 또는 평균에도 미치지 못하는 상황이었다. 이 결과가 기근으로 간주되어야 하는지에 대해서는 논쟁의 여지가 있다. 그러나 추측하건대 영양실조로 인하여 모든 가족을 사망하게 한 1557～1558년의 유행성 감기(influenza)는 더욱 악화되었다.[26] 잉글랜드 남서부의 작은 교구인 콜리튼[Colyton, 엑서터(Exeter) 부근]의 출생, 혼인과 사망 기록을 정확하게 연구한 것은 약 1550년 이후로, 이 지역의 인구에 관한 개관을 제시하고 있다.[27] 수년 동안 사망률이 출생률보다 높았던 1550년대에 인구가 감소하였다. 그 이후 1640년대에 이 지역의 마지막 페스트가 한 해 동안 인구를 약 20% 감소시킬 때까지 인구는 상당히 꾸준히 증가하였다. 그러나 그 후로 1650년대의 단기간의 결혼 증가를 제외하고 오랫동안 인구수가 실제로 회복되지 않았다. 1660년대부터 약 1730년까지 다시 사망자 수가 출생자 수를 초과하였다. 1780년대 후에만 출생률이 실제로 사망률을 초과했다. 결혼 적령기(適齡期)가 늦어지고, 일반적으로 출생률이 감소한 것은 그 시대의 조류였던 것 같다. 1560년부터 1645년까지 이 교구에서 여성의 평균 결혼 연령은 27세였고, 1700년 이후까지 30세였다. 1720년 후에 결혼 연령이 낮아지기 시작했다. 1800년경에 장기간 평균 결혼 연령은 25세였고, 1830년대에는 23세로 낮아졌다. 작은 시장이 있는 도시를 이용할 수 있고, 양모 산업의 입지가 발달한 이 농촌 교구에서 인구수와 수명이 이렇게 변화한 정확한 원인이 무엇인지를 분명하게 확인할 수는 없다. 그렇지만 이에 대한 원인은 1640년대의 페스트

25) W. G. Hoskins, "Harvest fluctuations and English economic history," *Agricultural History Review*, vol.12, 1964, pp.28-46, and vol.16, 1968, pp.15-31.

26) W. G. Hoskins, BBC broadcast, 1964년 11월 24일.

27) E. A. Wrigley, *Population and History*, World University Library, London, Weidenfeld & Nicolson, 1969, 254pp.

<표 2> 1659~1979년 사이에 잉글랜드 중부에서 7회의 가장 추운 겨울과 7회의 가장 온화한 겨울 동안 12월, 1월, 2월의 평균 기온(1850~1950년 겨울의 장기간 평균은 4.0℃임)

겨울	1683~1684	1739~1740	1962~1963	1813~1814	1794~1795	1694~1695	1878~1879
℃	-1.2	-0.4	-0.3	+0.4	+0.5	+0.7	+0.7
겨울	1868~1869	1833~1834	1974~1975	1685~1686	1795~1796	1733~1734	1934~1935
℃	6.8	6.5	6.3	6.3	6.2	6.1	6.1

를 제외하고 당시 지배했던 기온의 변동이라고 우리가 추측하는 것과 직접적인 관련이 있을 것이다.

소빙기의 일기 변동성

소빙기의 기후로 인한 어려움은, 모든 세대가 의심할 여지 없이 적응할 수 있었던, 낮은 기온에만 기인하는 것은 아니다. 이러한 상황에 상응하게 건강, 출생률, 수명 등이 변했을 것이다. 그러나 앞의 두 절에서 언급했던 수확의 결과가 의미하는 바와 같이 기온 수준이 크게 변동한 것이 문제가 되었다. 수확량은 기대에 크게 못 미쳐서 당시의 가능성을 크게 초과하는 정도의 비축량이 요구되었다. 이러한 변동은 매년 가끔씩만 크게 나타나는 것은 아니었다. 단기간, 자주 6년 또는 8년을 포함하는 기간 사이의 큰 차이는 전혀 극복되지 못하는 어려움이 되었다. 이러한 현상은 더욱이 근년에 새로이 나타나고 있는 것 같다. 확실한 것으로 간주되는 1665년과 1666년(런던에서 1666년 9월에 도시 전체를 태우는 대화재가 발생하여 끝나게 된 최후의 큰 페스트가 발생했다) 두 해의 매우 더웠던 여름 날씨는 마지막 1,000년 동안 가장 추웠던 세기의 중엽에 나타났다. (이 사실은 당연히 1975년과 1976년 여름을 상기시킨다) 이와 유사한 현상이 1651~1652년과 1652~1653년 두 해의 겨울에 발생했다. 리가(Riga)[28] 항구에 대한 400년 이상의 풍부한 기록에 의하면 발트 해에는 그 당시에 해빙이 적었다. 1658~1659년의 겨울에는 이와 반대되는 극심한 현상이 나타났다. 이러한 추이는, 1974~1975년의 해빙이 없던 겨울의 불과 수년 전에 발생했던, 1962~1963년과 1965~1966년에 발트 해에 해빙이 매우 많았던 겨울과 유사하다. 이러한 추이는 또한 1659년부터 잉글랜드에서 측정된 기온으로 제시한 <표 2>와

28) 옮긴이 주: 라트비아의 수도로 서(西)드비나 강의 양안에 자리 잡고 있으며 리가 만 입구에서 15km 떨어져 있다. 오늘날 리가는 행정·문화·산업의 중심지이며 주요 항구이다. 그러나 12월부터 4월까지 리가 만이 얼어서 항구로서의 기능을 하지 못한다.

<표 3> 1659~1979년 사이에 잉글랜드 중부에서 14회의 가장 더운 여름과 15회의 가장 추운 여름 동안 6월, 7월, 8월의 평균 기온(1850~1950년 여름의 장기간 평균은 15.2℃임)

여름	1826	1976	1846	1781	1911	1933	1947	
℃	17.6	17.5	17.1	17.0	17.0	17.0	17.0	
여름	1868	1899	1676	1975	1666	1719	1762	
℃	16.9	16.9	16.8	16.8	16.7	16.7	16.7	
여름	1725	1695	1816	1860	1823	1674	1675	
℃	13.1	13.2	13.4	13.5	13.6	13.7	13.7	
여름	1694	1888	1922	1812	1862	1698	1890	1920
℃	13.7	13.7	13.7	13.8	13.8	14.0	14.0	14.0

<표 3>에 열거된 가장 극심한 겨울과 여름의 목록으로 설명될 수 있다. 소빙기에 1680년대, 1690년대, 1790년대의 겨울들과 1670년대와 1720년경의 여름에 몇 년 간격으로 반대되는 극심한 현상이 나타난 것이 주목할 만하다.

<표 2>와 <표 3>에서 인용한 기온 값은 고(故) 고든 맨리(Gordon Manley) 교수[29]가 매우 주의하여 균질화한 자료이다.

잉글랜드에서 종교개혁 이후에 과거 수도원의 재산을 넘겨받은 일부 귀족들은 —중세 절정기에 수도사들이 포도원을 설치했던 것과 같이— 16세기 말부터 18세기까지 온난한 여름에 다시 포도원을 설치하려고 시도했다. 이 포도원은 특별하게 만든 담으로 보호되고, 과거처럼 개방된 경지가 아닌 곳에 설치되었다. 그러나 새뮤얼 페피스(Samuel Pepys)가 1661년 7월과 8월에 그중에서 가장 큰, 50년 전 세실 가(家)(Cecils)가 햇필드 하우스(Hatfield House)에 설치한 포도원을 보러 갔을 때 그는 단지 매일 추운 날씨와 구즈베리(gooseberry)[30]의 크기에 관해서만 이야기하고 있다.

29) G. Manley, "Central England temperatures: monthly means 1659 to 1973," *Quarterly Journal of the Royal Meteorological Society*, vol.100, London, 1974, pp.389-405.

30) 옮긴이 주: 구즈베리(gooseberry)는 범의귀과(—科, *Saxifragaceae*)에 속하는 열매 맺는 관목이다. 북반구가 원산지이다. 커랜트(currant)와 함께 종종 까마귀밥나무속(—屬, *Ribes*)에 속하는데 어떤 학자들은 구즈베리 무리만을 구즈베리속(*Grossularia*)으로 분류하기도 한다. 나무에는 가시가 있으며 초록색 또는 초록빛이 도는 분홍색 꽃들이 두세 송이씩 무리 지어 핀다. 열매는 장과(漿果)로서 타원형이며 하얀색·빨간색·노란색·초록색으로 익고 열매껍질에는 가시나 털이 있거나 없다. 추위에도 잘 견딜 수 있어 북극권 근처의 북쪽 지방까지 자라고 있다. 이들은 춥고 습기가 많은 기후를 보이는 지역의 축축하고 질척한 찰흙에서 잘 자라며, 잎이 무성하게 달려 장과에 햇빛이 닿지 않게 해준다.

유럽의 주목할 만한 겨울들과 여름들

우리가 이 장에서 다루고 있는 역사 시기는 또한 유럽의 하천들이 얼었던 매우 추운 시기였다(<그림 76> 참조). 17세기에 런던 템스 강은 적어도 11번 얼었고, 1564~1565년과 1813~1814년 사이에 20~22회 얼었다. 이 현상 자체는 아마도 그리 큰 경제적 의미가 없는데, 그 이유는 이것이 예상된 일반적 인식이었고, 사회가 이러한 현상에 적응했었기 때문이다. 그럼에도 불구하고 네덜란드 운하가 얼었기 때문에 교통이 두절된 시기에 주의해서 기록해놓은 것으로 네덜란드에서 1634년까지 지배했던 겨울 기온을 복원할 수 있었다.[31] 이 자료를 통해서 1670~1700년 사이에 겨울 기온이 매우 낮았다는 사실이 증명되고 있다. 그러나 -영국에서 좀더- 네덜란드의 기온은 17세기 수십 년 동안 1800년경만큼 낮았다. 1670~1700년 사이에 잉글랜드 중부의 장기간 겨울 평균 기온은 연평균 적설일수가 20세기의 적어도 2~10일과 비교하여 20~30일에 달했음을 추측하게 하고 있다. 17세기의 극심한 겨울에 관해서 훨씬 더 많은 총일수를 나타내고 있는 일부 보고들이 있다. 1662~1663년 겨울에 앨더넘(Aldenham)에서 60~70일, 1783~1784년 겨울에 버클런드[Buckland, 또한 허트폴드셔 Hertfordshire]에서 약 80일, 1657~1658년 겨울에 잉글랜드 남부의 다른 지점에서 102일이 그것이다. 이들 자료는 1962~1963년 겨울 50~65일 사이의 전국적으로 관찰된 수치 및 1978~1979년 겨울의 약 40일과 비교될 수 있다. 1683~1684년의 추운 겨울 역시 다음과 같이 기록된 사실로 주목할 만하다. 즉, 잉글랜드 남서부(서머싯, Somerset)의 눈이 없었던 지점에서 지면이 1m 이상의 깊이까지 얼었다. 1683~1684년 겨울에도 잉글랜드 남동부와 프랑스의 영국해협을 따라서 5km 폭의 해빙 띠가 나타났다. 네덜란드 북해 해안의 해빙 띠는 30~40km의 폭을 가졌던 것으로 가정하고 있다. 발트 해에서처럼 선박 운항이 중단되었다. 이와 유사한 상황이 아마도 1607~1608년 겨울에도 발생했다.

1690년대와 그 전후의 혹한의 겨울보다 여름 기온이 하강했던 것이 경제적으로 좀더 중요했다. 우리는 이들 해에 스코틀랜드의 흉작과 노르웨이 및 스위스에서의 이와 유사한 어려움에 대해서 언급했다. 잉글랜드에서는 생육기간이 20세기의 가장 온난했던 10년들과 비교하여 장기간 평균(30~50년)으로 약 5주일 단축되었다. 작물에 필요한 여름의 연 총적산온량(yearly total accumulation of summer warmth)도 그에 상응하게 감소하였다. 예를 들어 봄·여름·가을의 기온이 낮았고, 여름 기온이 현대의 평균 기온보다 대체로 약

---

31) H. M. van den Dool, H. J. Krijnen and C. J. E. Schuurmans, "Average winter temperatures at De Bilt (the Netherlands) 1634-1977," *Climatic Change*, vol.1, Dordrecht, Reidel, pp.319-330 참조.

<그림 76> 런던의 얼어 있는 템스 강. 위: 1676년 12월. 아래: 1684년 2월(위의 Abraham Hondius의 그림은 런던 박물관의 허락을 받아 전재하였음).

2.0℃ 또는 그 이상 낮았던 1695년, 1725년, 1740년, 1816년과 같은 가장 추웠던 해들에 생육기간이 추측하건대 2개월 또는 그 이상 짧아졌다. 중유럽의 저지대 국가들, 특히 폴란드와 러시아의 대평원 동부에 있는 대륙의 주요 '곡창지대(breadbaskets)'와 프랑스에서는 작물에 미친 영향이 결코 산지 지역에서처럼 심각하지 않았던 것 같다. 그러나 1695년에 더욱 넓은 지역에 흉작이 있었고, 1695년부터 1697년까지 동유럽, 예를 들어 에스토니아(Estonia)에 기근이 들었다.

이러한 발달에 대해서 분명하게 모순되는 현상으로 1680~1720년 사이에 노르웨이에서 최초로 대규모의 상선 선단(商船船團)이 생겼다. 이것은 노르웨이가 그 후에 세계에서 가장 큰 상선 선단을 갖게 되는 첫 단계였다. 노르웨이 남부 해안의 지방 역사 기록들에 의하면 이러한 팽창은 특히 해안의 농부들이 흉작으로 인하여 그들의 목재를 파는 대신에 스스로 수송하려고 선박을 건조했기 때문에 가능했다.

예술가들의 인상(기후와 회화)

소빙기의 가장 혹심한 기후 시기가 시작되어 당시의 예술 및 문화 생활에 주었던 인상은 화가 브뢰겔(Pieter Brueghel the Elder)[32]에게 1564~1565년 겨울이 미쳤던 영향으로 분명하게 나타나고 있다. 그것은 전혀 새로운 예술 전통을 시작하였다. 그는 그의 유명한 그림 <눈 속의 사냥꾼>을 1430년대 이후 어느 겨울보다 길고 추웠던 그해 겨울 2월에 그렸다(<그림 77> 참조). 이 그림은 상상의 경관이기는 하지만 아마도 경관 자체가 다른 관심사의 배경으로서가 아니라 그림의 실제 주제가 되었던 최초의 사례일 것이다. 그리고 브뢰겔은 1년의 사계절을 각각 극적으로 표현한 일련의 풍경화를 계속 그렸다. <그림 78>의 (a)와 (b)에 제시된 두 그림에서 플랑드르의 모진 겨울이, 예수의 출생을 둘러싸고 있는 빈곤한 상황을 극적으로 표현하기 위하여 그가 그 이전에 한 번 그렸던 종교적인 주제를 다시 끄집어내도록 화가에게 동기를 부여한 것이 흥미 있다.

세계의 다른 지역들에서의 소빙기의 증거를 모두 똑같이 철저하게 조사하여 기록하기

---

32) 옮긴이 주: 브뢰겔(Pieter Brueghel de Oudere, 영어로는 Pieter Brueghel the Elder)은 플랑드르의 화가이다. 꽃 정물화와 풍경화로 유명하다. 피터 브뢰겔 1세의 둘째 아들로 아버지가 죽기 바로 전에 태어났고 할머니 손에 자라 안트베르펜에서 미술을 배웠다. 젊은 시절 이탈리아로 가서 페데리고 보로메오 추기경의 후원을 받아 그림을 그렸고, 1610년 합스부르크 오스트리아 대공의 궁정화가로 임명을 받았다. 주로 안트베르펜에서 일했으며 페테르 파울 루벤스의 친구였다. 루벤스와는 때로 캔버스에 꽃·풍경화·동물화를 함께 그렸는데 루벤스가 사람을 그려넣었다. 그 예가 <낙원의 아담과 이브>이다. 그의 아들 얀 브뢰겔 2세(1601~1678년) 역시 화가였으며 주제와 기법도 두 사람의 차이를 거의 알아보기 어려울 정도로 비슷했다.

〈그림 77〉 다음 200년 중에 몹시 추웠던 첫해인 1565년 2월에 브뢰겔(Pieter Brueghel the Elder)이 그린 상상의 풍경화 〈눈 속의 사냥꾼〉. 이 그림은 풍경화의 새로운 양식을 만들었고 특히 추운 겨울의 풍경을 유행하게 했다(Original in the Kunsthistorisches Museum, Vienna).

에는 이 책의 분량이 너무 적다. 그렇지만 몇 가지 점은 반드시 언급되어야 한다.

남유럽·북아프리카·인도

우리는 남유럽에서 매년, 그리고 매 십년 강화된 변동성, 특히 강수량에 대한 변동성과 그로 인해서 발생했던 어려움을 제시하고 있는 기록을 발견하게 된다. 스페인에는 건조한 해들이 있는 여러 기간과 하천이 범람한 것으로 특징지어진 다른 해들이 있었다. 또한 스페인과 프랑스 남부에는 하천을 얼게 했던 혹한의 겨울들이 있었다. 로드리에(Ladurie)[33]는 프랑스 남부에서 수확이 적었던 개별적으로 추웠던 해, 또는 습윤한 해 뒤에 많은 단기간의 위기가 따랐다는 사실을 증명하였다. 이보다 더 동쪽의 터키에서 여행자들과 유럽의 영사관 직원들은 16세기 말과 17세기 초에 아나톨리아 고원의 넓은 지역을 사람들이 살

33) E. Le Roy Ladurie, *Times of Feast, Times of Famine*, New York, Doubleday, 1971 참조.

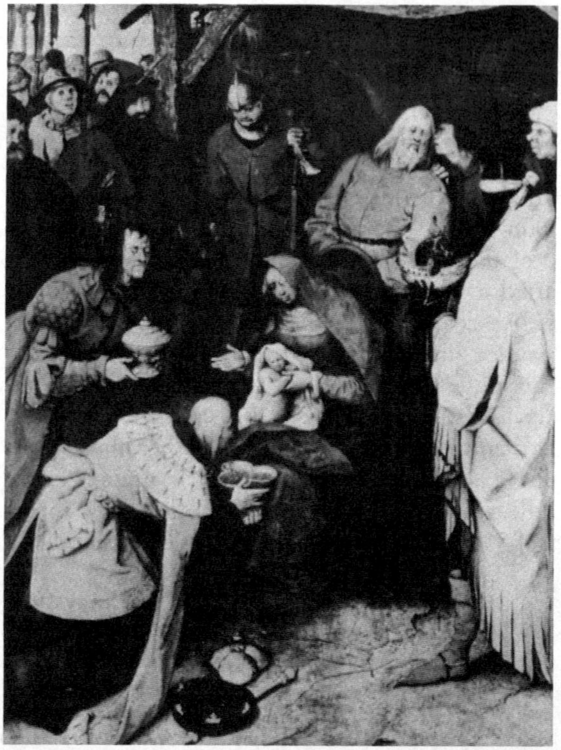

(a)

(b)

<그림 78> 1564~1565년의 몹시 추운 겨울 전과 후에 그린, 어린 예수를 세 명의 동방박사가 방문한 것을 묘사한 브뢰겔(Pieter Brueghel the Elder)의 두 그림이다.
(a) 1563년 그림. 주변의 풍경과 일기가 아무런 역할도 하지 않았다.
(b) 1567년 그림. 플랑드르의 겨울이 빈곤과 공공시설 취약을 강조하기 위해서 이용되었다.

지 않는 마을과 불모의 농지가 있는 건조 지역으로 기술하고 있다. 이 지역의 나이테 연구는 앞으로 우리의 지식을 유용하게 보완해줄 수 있고, 이러한 유형의 환경 스트레스가 이 시기에 터키의 폭동과 불안정 상태를 일으켰다는 가정을 증명해줄 수 있을 것이다. 이보다 좀더 남쪽에 위치한 에티오피아에서 유럽인 마누엘 드 알메이다(Manoel de Almeida)는 1628년에 현재 눈으로 덮여 있지 않은 정상이 연중 눈으로 덮여 있다고 보고하였다. 1591년 말리 제국의 멸망이 이 지역이 과거보다 더 건조해진 것을 암시하지만, 17세기에 서아프리카 모리타니아(Mauretania)에서 참나무 숲에 관한 보고는 기후가 현재보다 서늘하고 습윤했다는 가정을 하게 한다.

아프리카의 이 지역에서의 상황은 니제르(Niger) 강 하도(河道)의 큰 만곡부가 있는 지역의 홍수와 기근의 연대기에서 좀더 분명해진다. 이는 현존하는 보고서로 분석이 가능하다. 통북투(Timbuktu, 16°37´N, 2°36´W)는 니제르 강 홍수의 영향을 받는 지대의 북한계에 위치한다. 이 기록에 의하면 17세기와 18세기 초의 홍수들은 현재보다 규칙적으로 도시로 밀려왔고, 심지어 말리와 송가이(Songhai)의 왕[34]의 고대 궁전이 있는 성(城)까지 이르렀다는 사실이 분명해진다. 이 홍수를 피해서 사람들은 대피해야만 했다.[35] 그때까지 알려지지 않았던 이들 대홍수 중에 최초의 홍수는 1592년 12월 16~17일에 발생했다. 다른 홍수들은 1602~1603년 겨울과 1616~1619년 사이의 세 번의 겨울에 모두 발생했다. 17세기의 1640~1672년 사이에 네 번 또는 다섯 번의 다른 홍수가 발생했다. 1703~1738년 사이에 세 번 더 홍수가 일어났으나, 그리 넓은 면적에 걸쳐서 발생하지는 않았다. 그 이후로 그와 같은 홍수가 발생하지 않았다. 이들 홍수는 그 이전 여름에 멀리 떨어진 아프리카의 서단 기니(Guinea, 10~12°N)의 니제르 강 상류 분지에 내린 심한 폭우의 결과로 발생했다. 이보다 더 북쪽의 하천이 다시 남동쪽으로 곡류하는 장소 부근의 통북투 지방에서 1617~1743년 사이의 대략 같은 기간에 가뭄으로 인하여 예외적인 기근이 발생했다. 이 기근은 1695년과 1697년을 포함하는 큰 홍수들이 발생했던 바로 그해들에 발생했다. 연대기에 의하면 소빙기의 가장 추운 시기는, 20세기 1960년 이전의 경우와 같이, 서아프리카의 여름 비가 계절적으로 15~20°N 또는 그 북쪽으로 이동하는 대신에 적도 부근에 내린 시기와 일치한다는 추측을 하게 한다. 이러한 상황하에서 17세기에 통북투 부근의 사헬(Sahel) 지대에 빈번하게 심각한 가뭄이 들었다. 아프리카의 중앙을 지나

34) 옮긴이 주: 송가이 제국은 15~16세기에 번성한 서아프리카의 무역 제국으로 지금의 중부 말리를 흐르고 있는 나이저 강의 중류 지역을 중심으로 위치했으며, 이후 서쪽으로 대서양 연안과 동쪽으로 니제르와 나이지리아까지 영토를 넓혔다.

35) J. Manley는 이 자료를 그의 논문 "Études palinologiques dans le bassin du Tchad et paléoclimatologie de l'Afrique nord-tropicale de 30,000 ans à l'époque actuelle," Ácademie de Montpellier, Université des Sciences et Techniques du Languedoc, 1980에서 요약하였다.

는 자오선 상에서 차드 호(13~14°N, 14~17°E)의 수위는 결국 현재의 수위로 하강하기는 했으나, 현재보다 아마도 4m 정도 높았다. 그리고 17세기와 18세기 초에 사람들이 더 습윤한 남쪽으로 이동하였다. 그러나 현재와 달리 당시에 동아프리카에서의 이러한 상황은 같은 위도대의 서아프리카와 분명히 달랐다. 카이로(Cairo)의 나일 강의 매년 매우 높은 홍수 수위는 특히 17세기 말에 에티오피아에서 여름에 매우 많은 비가 내렸다는 사실을 추측하게 한다.[36] 당시의 다른 달에 나일 강의 수위가 낮았던 것은 동아프리카의 적도 상에 20세기보다 비가 적게 내린 것을 암시한다. 본초자오선(Greenwich meridian) 부근의 자오면 상공에서, 소빙기의 기후 체제가 특히 훨씬 더 남쪽으로 내려갔던 것으로 생각된다.

인도에서 17세기의 기록을 조사한 바에 의하면 계절풍이 현재보다 더 자주 중단되어 불지 않았다. 브라이슨에 의하면 1588년에 대도시 파테푸르 시크리(Fatepur Sikri, 현재의 Fatchpur)를 건설한 후 16년 만에 이 도시를 포기한 것은 물 공급이 고갈된 데에 기인했을 가능성이 있다. 이 지역과 다른 지역에서 상층 바람계의 강한 자오면(북-남) 순환이 매년의 변동과 때때로 한 해 안에서의 뚜렷한 변화를 일으키지만, 인도 아대륙에서 여름 계절풍이 약하게 발달하는 것은 극관(極冠, polar cap)[37]과 상층편서풍대(극둘레소용돌이)가 팽창한 증거와 관련이 있다. 따라서 여행자들이 시베리아의 경관과 호수들을 관찰하여 보고한 바와 같이 시베리아 북서부가 1690년대와 그 전후에 (아마도 남풍이 불어서) 매우 온난했다는 사실은 놀랄 만한 일이 아니다. 1690년대와 그 전후에 북유럽·서유럽·중유럽은 노르웨이 해로부터 북풍과 북서풍이 자주 불어서 가장 추웠다.

극동 지역

나는 레이덴 대학교(University of Leiden) 사학과에 재직중인 오오스터호프(J. L. Oosterhoff) 박사가 네덜란드 동인도 회사의 고기록을 연구해서 나온 선행 정보를 제공해준 것에 감사드린다. 이 연구는 아시아 동해안 전면의 대만에서 17세기 여름에 남서계절풍이 인도에서와 마찬가지로 빈번하게 북풍으로 단절되었다는 사실을 제시하고 있다. 같은 시기에

---

36) 포르투갈의 선교사 마노엘 드 알메이다(Manoel de Almeida)가 1628년에 에티오피아의 호수들과 하천들의 수위가 매우 높았다고 보고한 내용을 A. T. Grove, Alayne Street와 A. S. Goudie가 "Former lake levels and climatic change in the rift valley of southern Ethiopia," *Geographical Journal*, vol.141, no.2, London, 1975, pp.177-202에서 참조하였다. A. T. Grove, "Geographical introduction to the Sahel," *Geographical Journal*, vol.144, no.3, 1978, pp.407-415도 참조하였다.

37) 옮긴이 주: 남극대륙의 중심에 존재하는 빙상(ice sheet)을 의미하는데, 이 단어를 북극해의 해빙에 사용하는 것은 잘못된 것이다.

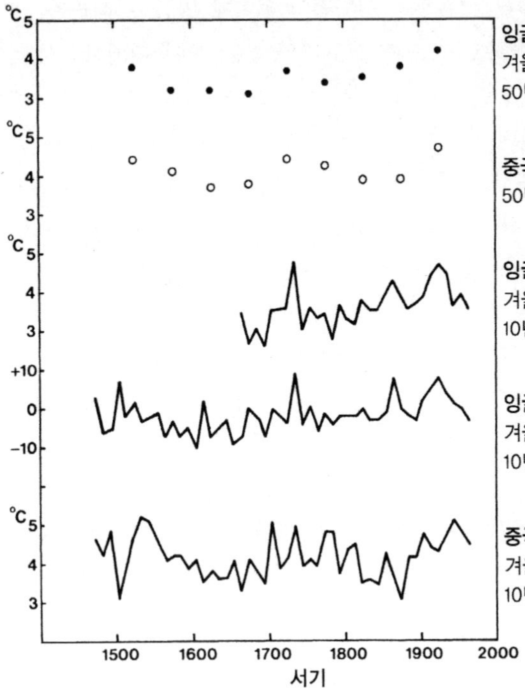

<그림 79> 1500년 이후 잉글랜드 중부와 중국(상하이)에 대해서 유도한 겨울 기온 기록의 비교. [잉글랜드 중부의 기온은 고(故) Gordon Manley 교수가 주의하여 균질화한 자료이고, 잉글랜드에 대한 겨울의 혹한도 지수(Winter Severity index)는 제5장에 기술되어 있다. 이 두 항목이 <그림 29>를 작성하는 데 이용되었다. 상하이의 기온은 1979년 제네바에서 개최된 세계기후회의(World Climate Conference)에서 발표된 Chang Chia-cheng, Wang Shao-wu, Cheng Szu-chung의 논문에서 인용하였다] 온도계가 도입되기 전의 상하이의 기온은 잉글랜드에서 이용된 것과 유사한 방법으로 유도되었다.

기후는 유럽과 같이 중국에서도 20세기보다 더 추웠다(<그림 79> 참조). 1654~1676년 사이에 장시성(江西省)에서 서리 피해가 있는 여러 차례의 겨울들이 잇달아 나타나 수백 년 동안 재배되던 감귤과 오렌지를 포기하게 되었다. 일본은 현재보다 추웠으나, 17세기의 중국보다 그리 심하게 영향을 받지 않은 것 같다. 일본 중부의 작은 스와 호(諏訪湖)의 결빙 일자에 관한 기록은 이 지역에서 가장 추운 겨울이 1500~1520년 사이, 그리고 다시 1700~1710년 및 1850~1880년에 나타났다는 것을 제시하고 있다.

서기 1000년 무렵과 대조적으로 <그림 79>에 제시된 중국의 기온 추이는 유럽의 기온과 일반적으로 매우 유사하다.[38] 때때로 중국과 유럽에서 기온이 가장 온난해지거나

38) J. Chang의 연구(*Climatic change and its causes*, Peking Scientific Publications, 1976, 중국어, M. M. Yoshino 교수의 *Climatic Change and Food Production*, University of Tokyo Press, 1978에 수록되었음)에는 지난 500년간 중국에 4회의 주요 한랭기가 열거되어 있다: 1470~1520년,

가장 낮아지는 데 10년에서 20년까지 시간적인 격차가 있었다. 이러한 현상은 의심할 여지 없이 대기대순환에서 '자오면 순환' 또는 '저지' 현상이 지배하여 상층편서풍이 저위도와 고위도로 광범위하게 순환한 것과 관련이 있다(<그림 10> 참조). 소빙기 기후에서 이러한 패턴이 얼마나 빈번했는가는 스위스의 눈을 잉글랜드의 기온과 비교하고, 한랭한 기단이 매년 다른 위치에서 남쪽으로 밀고 내려온다는 (또는 이에 대응하여 온난한 기단이 북쪽으로 밀고 올라간다는) 사실로 알 수 있다. 온도계로 측정하여 가장 추웠던 겨울이 잉글랜드에서는 1683~1684년이었고, 스위스에서는 적설기간이 매우 길었던 1684~1685년이었다. 이러한 유형의 상황이 어떻게 발생하였는가는 <그림 80>의 (a)와 (b)의 두 해 겨울철 지도에서 북풍의 위치를 비교하여 알 수 있을 것이다. 분명하게 똑같이 매우 추웠던 겨울이 잉글랜드에서 1607~1608년(온도계를 사용하기 이전)에 발생했다. 스위스에서는 가장 길게 적설이 있었던 세 번의 시기 중에 한 시기가 나타난 1613~1614년에 매우 추웠다. 잉글랜드에서 1784~1785년 겨울에 조금 덜 추웠으나, 1780년대에는 1783~1784년 겨울이 가장 추웠다. 스위스에서 1784~1785년은 긴 적설기간이 있었던 다른 사례이다. <그림 19>, <그림 20>, <그림 21>은 현대에 이러한 유형의 바람 순환 패턴을 갖는 반구의 인접 지역에서 눈에 띄게 춥고 온난했던 사례를 제시한 것이다. 여기서 다시 <그림 80>의 (a)와 (b)에서 같은 기본 패턴을 보게 된다. 바로 이러한 현상이 <표 2>와 <표 3>에서 언급했던 연이은 해들에서 큰 변동이 발생하게 했다.

잉글랜드에서 1683~1684년 겨울은 매우 춥고 길었으며, 1659년부터 현대까지 맨리(Manley)가 추정한 월평균 기온에서 가장 추웠다. 잉글랜드 남서부, 서머싯 동부의 한 장소에서 습윤한 토양의 1m 깊이까지 동결된 것이 발견되었다(토양이 건조한 곳에서는 이 깊이의 1/2까지만 동결되었다).

1683~1684년 2월 9일(구달력), 즉 신달력에 의하면 1684년 2월 19일에 동켄트(Kent)의 리드(Lydd)로부터 리처드 프리보이(Richard Freeboy)라고 하는 사람이 쓴 편지(1861년에 발견되어 왕립학회의 *Notes and Queries*, vol.11, 2nd series, 1~7월, 1861년에 발간되었음)에서 우리는 이러한 겨울이 나타나게 한 바람과 해류 패턴의 동적인 성질을 어렴풋이 알 수 있다. 다음의 인용문은 미든(G. T. Meaden) 박사의 *Journal of Meteorology*(vol.11, no.105, pp.18-19)

1620~1720년(특히 1650년과 1700년 사이의 10년들), 1840~1890년, 그리고 1945년 이후(특히 1963년 이후). 이 모든 기간은 —후자의 경우가 약하기는 하지만— 특히 17세기의 주요 기간이 유럽과 유사한 명칭을 갖고 있다. 그러나 Chang이 열거한 중국의 주요 온난기(1550~1600년, 1720~1830년, 1916~1945년) 중에 첫 번째 온난기에는 소빙기의 주 체제가 시작될 때 유럽에서 처음으로 기온이 하강하였다. 18세기의 유럽의 온난기는 많이 단절되었는데, 예를 들어 추운 겨울과 1760년대의 서늘하고 습윤한 여름들이 진행하여, 그리고 1810년부터 10년간 연중 추운 것으로 단절되었다.

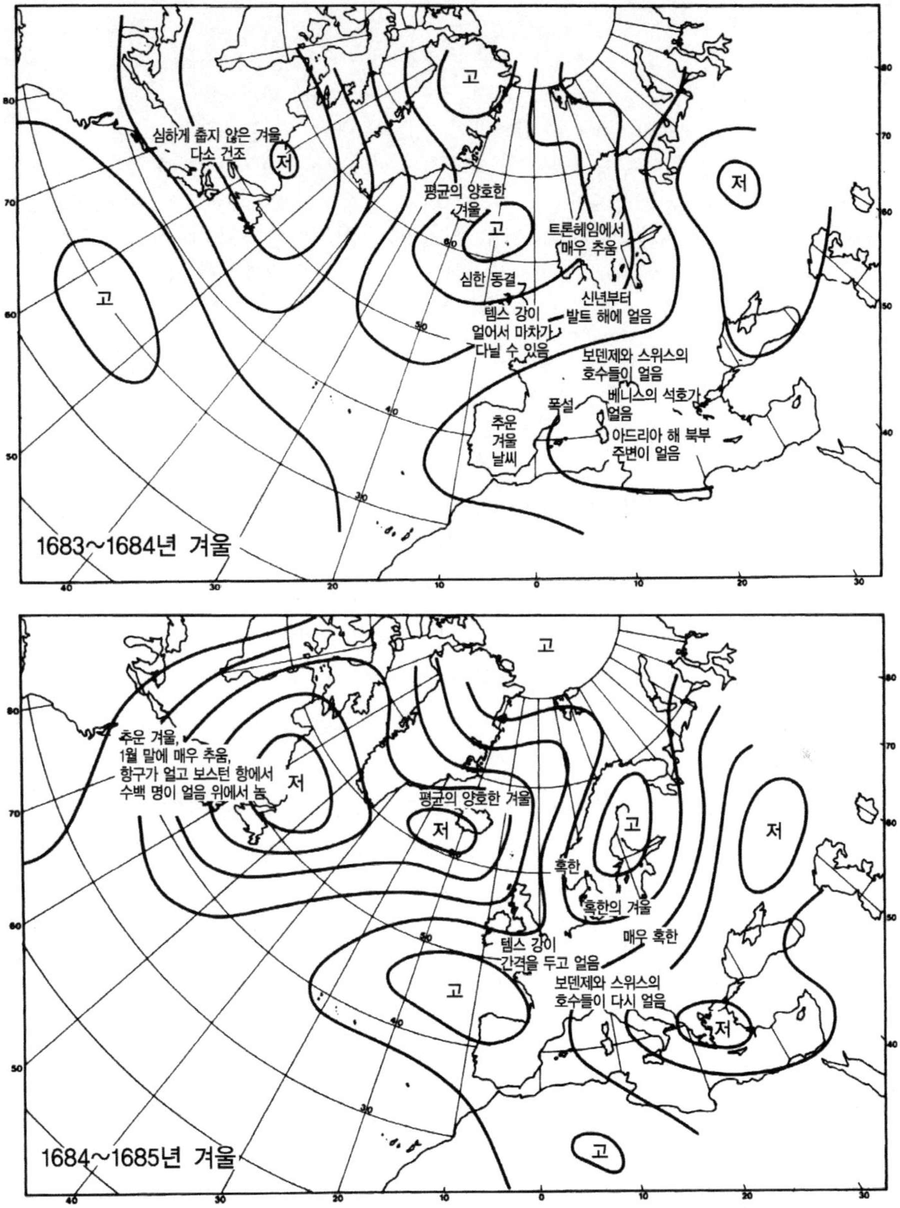

〈그림 80〉 (a) 1683~1684년 겨울과 (b) 1684~1685년 겨울의 바람 패턴과 가상의 해면기압 분포를 분석한 시도. 관측 기록이 남아 있는 지역들 위의 지도 상에는 일기를 기록하였음.

1월, 1986년에 발간된 편지이다.

며칠 동안 조수를 …… 그곳에 있는 얼음 때문에 …… 폴스톤 타운(folstone towne) 부근에서 …… 볼 수 없었다. …… 라이트(Light)의 서쪽에 수마일이나 되는 얼음의 섬들 …… 다음날 해가 뜰 때 나는 보트의 갈고리를 잡고 …… 얼음이 매우 두꺼운 것을 보고 바다 위로 약 2로드(rod: 약 5m)를 걸어갔다. …… 엷은 조각들이 서로 붙어 있어서 이들 사이로 내 지팡이를 찍을 때 그 밑에 (많은) 얼음이 있는 것을 느꼈다. 늙은 사람은 …… 일부 작은 조각들을 관찰하고 …… 이스트워드(Eastward)로부터 약 12일 전에 오기 시작했다.

내가 그 위에 있던 이후 약 2시간이 지나 바람이 불고 조수가 밀려올 때 모든 얼음이 그 방향으로 걸음 속도만큼 빠르게 떠내려가는 것을 목격했다. …… 나는 이 얼음이 홀란드 또는 다른 동부로부터 온다고 판단했다. 이것은 지속적으로 부는 동풍이 얼음을 이 방향으로 떠내려오게 한 것이다.

제시된 내용은 17세기에, 특히 1675년 이후 노르웨이 해의 모든 해안에 영향을 주면서 아이슬란드에 얼음이 증가한 것에 관해서 현재 알려진 내용이다. 그러나 이 내용은 1684년에 켄트에서 편지를 쓴 사람에게는 전혀 알려져 있지 않았다. 그리고 얼음이 포함된 두께와 영국해협과 북해 남부의 양측에 겨울에 얼음이 많았다는 보고를 언급하고 있다. 이러한 남쪽 해역에서 그해에 얼음은 일반적으로 북풍에 의해서 북극으로부터 아이슬란드와 노르웨이 사이를 통과하여 그쪽 방향으로 밀려온 것으로 생각된다.

17세기의 마지막 25년 동안 셰틀랜드 제도까지 남쪽으로 노르웨이 해 주변의 모든 지역에서 대구가 잡히지 않았다고 하는 것은 약 60～61°N의 북쪽에서 해수의 온도가 2℃ 이하로 내려갔다는 사실을 지적하는 것이다.[39] 지난 20년간 편찬된 어업과 해빙에 관한 증거는 페로 제도와 아이슬란드 사이의 지역에서 17세기의 마지막 25년 동안 지배했던 해면온도가 현재보다 5℃ 낮았다는 것을 가리키고 있다. 이러한 발달은 1600～1615년 사이에 시작된 것으로 생각된다. 기후는 1750년부터 1840년 이전에 결코 회복되지 않았고, 북극 해빙이 페로 제도에 다시 나타난 1880년대와 1960년대에 역행하였다. 이것은 이상한 내용을 발견한 것이 아니라 간과되어서는 안 되는 해류 기후(ocean current climate)의 잠재적인 불안정성을 제시한 것이다. 북동대서양에서 해수가 매우 차가워지는 것은 영국제도로부터 아이슬란드와 노르웨이까지에서 익숙한 기후가 종속되는 온난한 북대서양 해류(멕시코 만류)의 흐름이 이 시기에 다른 지역으로 바뀌었다는 것을 의미한다. 아마도 2만 년 전 마지막 주요 빙하작용을 특징지었던 미국의 라몬트 도허티 천문대

39) H. H. Lamb, *Weather, Climate and Human Affairs*, London, Routledge, 1988, pp.141-163, 364pp.

(Lamont-Doherty Observatory)에서 수행된 CLIMAP[40]의 프로젝트 연구에서 제시된 바와 같이 아마도 같은 지역에서 같은 성질이 소규모로 이동했을 것이다.

16세기와 17세기의 북아메리카

대륙의 동부와 중심부에도 일부, 이용할 수 있는 문서 보고가 있지만 16세기와 17세기의 북아메리카의 상황에 대해서 우리는 여전히 여러 유형의 화석 또는 '대용' 자료에 크게 의존하고 있다. 우리는 유럽에서 온 초기 식민자들과 탐험가들의 보고로부터 일부 매우 추운 겨울들이 있었다는 사실을 알고 있다. 서유럽에서와 같이 북아메리카 동부에서 1607~1608년 겨울에 매우 추웠던 것은 많은 보고를 통해서 증명되고 있다. 메인 주에서 항시 북풍이 불고 매우 추워서 유럽 사람들과 인디언들 중 많은 사람들이 사망했다는 사실을 우리는 알고 있다. 제임스타운(Jamestown)에서 '유럽의 대부분 지역에서 예외적으로 추워서 …… 버지니아만큼 매우 추웠다.' 그리고 퀘벡 주의 설립자인 사뮈엘 드 샹플랭(Samuel de Champlain)은 1608년 6월에 슈피리어(Superior) 호 주변에서 얼음 위에 올라가도 얼음이 꺼지지 않는 것을 발견했다. 투손에 소재한 아리조나 대학교(University of Arizona)의 프리츠(H. C. Fritts) 교수와 그의 동료들은 북아메리카 전역의 수많은 지점에서 나이테를 연구한 것에 기초하여 대기순환을 복원하였다. 이 연구에 의하면 대륙의 동부와 중부에서 강화된 북풍의 지상풍이 탁월하였다. 태평양 상공에서는 저위도로 이동한 편서풍이 일반적으로 감소하였다. 이 대륙의 대부분 지역에서 20세기보다 추웠으나 미국 남서부 지역 위의 약한 남풍 순환과 관련되어 온난했던 기미가 있다. 항공사진과 암석 위에서 이끼가 성장한 지면을 측정하여 캐나다 북극 지역 북동부의 배핀(Baffin) 섬의 넓은 지역이 70%까지 연중 눈과 얼음으로 덮였다는 사실이 드러났다. 이 지역은 (1960년 이후 약간 증가하기는 했지만) 현재 2 또는 3%까지의 면적만이 항시 눈으로 덮여 있다. 북아메리카 북서부의 빙하들에서도 마찬가지로 현재의 한계보다 빙하가 훨씬 더 확장했던 기록이 있다.

---

40) 옮긴이 주: CLIMAP는 Climate: Long-Range Investigation, Mapping and Prediction의 약자.

13. 기후회복, 1700년부터 1950년경까지

소빙기 동안 세계의 여러 양상

우리가 추정할 수 있는, 1700년경에 세계의 모든 지역에서 지배했던 기온은 20세기에 측정된 기온보다 낮았다. 17세기의 마지막 40년 동안 잉글랜드에서 온도계로 측정된 기온과 20세기 전반에 측정된 기온 사이의 차는 세계의 평균 기온에 대한 근사치로 간주될 수 있을 것이다. 북극 주변 지역에서의 한랭화는 이 근사치보다 컸고, 기온이 거의 하강하지 않은 아열대 해양들에서는 작았다. 남극대륙에서만 이 시기의 기후가 수세기 전 또는 19세기보다 약간 온화했다는 기미가 있다.

세계의 많은 지역에 현재보다 더 춥고 습윤했던 지방들이 있었다. 이러한 이유는 증발량이 감소하고 그 이전에 추웠던 수십 년 동안 쌓인 눈과 얼음 때문이었다. 우리는 이미 노르웨이에서 눈사태, 홍수, 산사태, 암석 낙하가 빈번하게 발생했다는 사실을 언급했다. 알프스에서 확장한 빙하는 여러 지역에서 곡저(谷底)를 횡단하여 계곡을 막아서 일시적으로 호수를 형성했다. 이러한 호수들이 반복하여 얼음 댐을 터뜨려서 계곡 아래쪽에 큰 홍수가 나게 했다. 스위스의 자스탈(Saastal)과 오스트리아의 외츠탈(Ötztal)에서는 이러한 현상이 여러 차례 발생했다. 히말라야 산맥에서도 이와 유사한 현상들이 발생했던 증거가 발견되고 있다. 예를 들어 1697년에 샤를빌(Charleville) 부근 코크(Cork) 백작의 영지, 1771년과 1772년에 솔웨이 모스(Solway Moss, 잉글랜드와 스코틀랜드 경계 부근)와 1824년 페나인 산맥의 요크셔(Yorkshire) 백작 영지의 호어스(Haworth)에서와 같이, 영국제도의 이탄지는 여러 장소에서 매우 수분이 많아서 넘쳐흘렀다. 이 모든 경우는 주로 추웠던 여름들에 이어서 많은 비가 온 후에 발생했다. 1771～1772년에 솔웨이 모스의 '난입(irruption)'으로 200ha의 농지가 4m까지 두께의 검은색 토탄질의 진흙으로 덮였다.

강수량이 현대 평균보다 5～10% 적었던 잉글랜드 남부와 중부 저지에서는 증발이 더 잘 되었다. 이 지역에서 1740년대의 강수 부족량은 확실히 이보다 더 많아서 10년 내내

15～20%에 달하였다. 이들 지역에서 16세기와 17세기에 선호되던 취락 입지들은 곡저가 그 이후보다 더 건조했다는 사실을 추측하게 한다. 이와 같은 사실은 중유럽의 지역들에도 적용될 수 있을 것이다. 우리는 존 이블린(John Evelyn)이 그 당시에 이스트 앵글리아의 브레클랜드(Breckland) 황야(heath)에서 먼지 폭풍이 빈번하게 불었다는 것을 기술한 내용을 알고 있다.[1)]

불규칙한 온난화

잉글랜드, 중유럽과 북유럽, 중국에서 우리가 이용할 수 있는 모든 기온과 대용 기온 자료(proxy-temperature record), 그린란드 북부의 빙하, 캘리포니아 주 산지의 나무들, 뉴질랜드 동굴의 종유석(鐘乳石)은 1700년 직후 10년 또는 20년 동안만 지속되었던 더 온난한 상태로의 뚜렷한 변화(<그림 27>, <그림 35>, <그림 51>, <그림 79> 참조)를 제시하고 있다. 그린란드 북부에서는 온난화가 점진적으로 일어나서 18세기 말에 뚜렷한 최고점에 도달했다. 1730년대에 유럽은 20세기의 가장 온난한 시기와 마찬가지로 온난했다. 1730년대에는 온난하여 스웨덴과 아이슬란드에서 통계적으로 증명될 수 있는 정도로 건강과 수명이 현저히 향상되었다. 스코틀랜드 던펌린의 연대기(annals of Dunfermline)[2)]에 의하면 1733～1734년에 도시의 저택(Town House)에서 매년 개최되던 무도회를 오랫동안 금지했던 엄격한 청교도법이 완화되었으나, 1년 후에 다시 금지령이 반포되었다. 같은 연대기에 의하면 1733년에 "밀이 이 지구(地區)에서 처음으로 자랐다"(16세기와 그 이전에 밀이 자랐던 것이 거의 확실하다고 생각되지만). 그러나 그 다음 시기에 기후 조건이 거의 모든 지역에서 변하여, 더욱이 1회 또는 그 이상 급격하게 변하여 16세기와 17세기의 가장 추운 시기들과 같았다. 1740년대 말과 1750년대, 1780년경과 1800～1808년에 주목할 만하게 온난했던 유럽의 여름을 제외하고 지속적인 온난화는 19세기 말 또는 20세기 초까지 확실하게 나타나지 않았다.

18세기와 19세기의 소빙기에 특징적이었던 큰 변동성이 다시 반복되었다. 따라서 온난

---

1) 1677년 9월 10일자(구달력) 이블린(Evelyn)의 일기에는 다음과 같이 기록되어 있다. "이동하는 모래가 …… 리비아 사막의 모래처럼 …… 이리저리 다니면서 그 지역에 큰 피해를 주었고, 일부 귀족들의 모든 소유지를 완전히 덮어버렸다." 이동하는 큰 사구는 바다로부터 내륙으로 50～70km 떨어진 잉글랜드에서 가장 건조한 지역인 셋포드(Thetford) 부근의 내륙 경관의 특징이었다.

2) 옮긴이 주: 던펌린은 영국 스코틀랜드 파이프 주 던펌린 행정구에 있는 구청 소재 칙허 자치도시이다.

기에도 일부 매우 추운 겨울들이 있었다. 1708～1709년 겨울은 유럽에서 역사적으로 매우 추웠다. 물론 아일랜드와 스코틀랜드는 이러한 영향을 받지 않아서 거의 춥지 않았다. 사람들이 걸어서 발트 해 위를 건너갈 수 있었고, 플랑드르의 해안을 따라서 또다시 많은 얼음이 나타났다. 잉글랜드와 스코틀랜드에는 매우 많은 눈이 내렸으나, 프랑스는 건조하였다. 프랑스에서는 서리가 많이 내려서 많은 나무들이 죽었다. 프랑스의 북단 지역에서는 포도 재배가 영구적으로 포기되었고, 프로방스(Provence)[3]에서는 모든 오렌지나무가 손실되었다. 이러한 현상이 대륙성 동풍이 지배했던 겨울 패턴이었다. 7년 후인 1716년에 런던 템스 강은 다시 얼었다. 이번에는 얼음층이 매우 단단하여 1월의 높은 사리(spring tide)[4]에도 불구하고 겨울 정기시장(frost fair)을 열 수 있었고, 얼음을 4m나 들어올렸다. 얼음 위에서는 많은 행사가 열려서 런던의 극장들에는 거의 인적이 끊겼다. 그럼에도 불구하고 잉글랜드에서 1723～1724년 겨울과 1730년대의 8회 이상의 겨울은 20세기의 가장 온화한 겨울들과 비교될 수 있을 것이다. 이와 유사하게 1718년과 1719년 여름에 유럽 대부분 지역에서 매우 더웠고, 가뭄이 발생했으며, 잉글랜드에서 1720년대 말과 1730년대 여름에는 마찬가지로 20세기의 가장 좋은 여름과 비슷했을 것이다. 물론 1725년의 여름은 6월, 7월, 8월의 월평균 기온이 13.1℃로 온도계로 기온을 관측했던 기록 중에서 가장 추운 여름이었다. 런던에서 1725년 7월은 "여름보다 오히려 겨울에 가깝다(more like winter than summer)"고 기술되고 있다. 당시 잉글랜드 중부의 여름 평균 기온은 현재 스코틀랜드 북부에서 정상적인 여름 평균 기온으로 간주되는 것이다. 파리의 날씨 특징은 지속적으로 비가 내리는 것이었다. 그럼에도 불구하고 생육기간이 부분적으로 수개월 연장되고, 풍부한 일조량과 풍작을 가져온 당시에 뚜렷했던 온난한 해는 그 이전 세기의 추웠던 세기말을 경험했던 사람들의 마음과 영혼에 매우 강한 인상을 주었다. 아마도 그 해들의 일사량은 당시에 잉글랜드의 도시에 진기한 유행이 된 배스(Bath) 시의 유명한 조지 왕조풍의 테라스(Georgian terrace)를 개방된 구릉지에 설계하도록 결정하는 데 기여했을 것이다.

우리가 이 장에서 다루는 세기들에서 여러 차례 다루게 될 기온과 강수량의 매년의 변동 범위의 차는 18세기 초반에 특히 매우 컸다. 이들 변동은 온도계 및 우량계의 측정 기록과 나이테 자료를 통해서 확인되고 있다.

기후가 개선되는 추이는 1739～1740년의 매우 추운 겨울로 갑작스럽게 단절되었다.

---

3) 옮긴이 주: 프랑스 남동부의 부슈뒤론·보클뤼즈·알프드오트프로방스·바르 주들을 포함하고 있는 역사적·문화적 지방이다.

4) 옮긴이 주: 사리(spring tide)는 삭(朔)과 망(望)에 태양·지구·달이 일직선 상에 놓일 때 조수간만(潮水干滿)의 최대 차를 보이는 조석(潮汐)이다.

또한 다음 해에 동풍이 지배했던 겨울(east wind winter)[5]에 잉글랜드에서는 1740년에서 1741년으로 넘어갈 무렵에 지속적으로 추운 달들이 나타났다. 1740년은 잉글랜드에서 1659년부터 기온관측이 시작된 이래 가장 추운 역년(曆年, calendar year)이었다. 잉글랜드 중부에서 전체 평균 기온이 6.8℃로 이것은 셰틀랜드에서 대략 정상적인 기온이다. 겨울과 봄, 그리고 가을에는 20세기에 스웨덴 남부에서 이들 계절에 예상되는 것과 같은 기온이 나타났고, 여름에는 햇빛이 잘 들었으나 우리가 스코틀랜드 중부에서 정상(평균)으로 간주하는 기온에 이르렀다. 맨리는 이러한 해에는 20세기 가장 온난한 해의 정확하게 두 배만큼의 난방용 연료가 필요하다는 계산을 하였다. 그 다음의 여러 겨울 역시 추웠고(1740년 겨울과는 비교할 수 없지만), 이들 해에 스코틀랜드와 아일랜드에서 마지막으로 늑대들이 나타나서 사냥되었다. 1740년대와 1750년대의 대체로 온난했던 여름들 및 가을들과 이들 해에 적었던 강수량은 잉글랜드 농촌에 사는 사람들에게 용이하고 쾌적한 인상을 남겨주었다. 당시에 마찬가지로 기상관측이 시작되었던 유럽의 다른 나라들과 미국의 동부에도 이러한 사실이 적용된다.

농업의 발달

이러한 변동들, 특히 1730년대의 온난함과 대략 18세기 말까지 지배했던 여름의 온난함(<그림 27> 참조)은 농업이 향상되는 데 유익한 배경이 되었음에 틀림없다. 노퍽의 일부 지주들은 당시에 전 유럽에 그들의 이름을 유명하게 한 새로운 방식을 도입하였다. 대략 1730년부터 타운센드(Townshend) 경[순무 타운센드(turnip Townshend)][6]은 작물들을 다양화했는데, 특히 근채류(根菜類)를 도입하였다. 18세기의 마지막 10년들 동안 토마스 코크(Thomas Coke)가 새로운 작물을 도입한 것은 그가 지력을 향상시키기 위해서 이회토(泥灰土)를 뿌리고 방풍림을 심은 것과 마찬가지로 새로운 방식을 개척한 것이다. 18세기 초

---

5) 하천을 얼게 했던, 지속적으로 매우 차가운 대륙성 동풍이 서유럽을 지배한 유사한 겨울이 1940년과 1947년에 1830년과 다른 해들에서처럼 다시 나타났다. 그러나 소빙기의 많은 추운 겨울들은 단속(斷續)적인 북풍으로 특징지어져서 적어도 유럽 서부에서 대체로 온화한 겨울과 급격하게 교대되면서 눈이 내리고 얼음이 얼었다. 1963년의 긴 겨울은, 북쪽으로부터 스칸디나비아와 발트 해를 경유하여 유럽으로 유입되고 서유럽에는 빈번하게 동풍으로 도달하는 북극 한랭기단을 갖는 중간 패턴에 속한다. 이러한 패턴이 1684년과 같은 17세기의 일부 추운 겨울들을 지배했다. 1712년 이후 이 패턴은 이러한 규모로 전혀 다시 나타나지 않았다. 유럽에서 다른 추운 겨울들의 대부분은 유럽 지역에서 평균보다 약한 패턴들과 기단이 적게 이동하는 것으로 특징지어진다.

6) 옮긴이 주: 영국의 휘그당 정치가로 1721~1730년 영국의 외교정책을 이끌었다. 타운센드는 농작물을 윤작할 때 순무를 심는 방법을 개발하여 '순무 타운센드'라는 별명을 얻기도 했다.

부터 1795년까지 런던의 스미스필드(Smithfield) 시장[7]에서 팔린 양과 소의 평균 체중은 두 배 이상이나 되었다.

감자는 남아메리카에서 발견되어 (밀이 잘 자라기에는 기후가 너무 습윤한) 아일랜드에서 이미 17세기 후반에 상당한 규모로 재배되었다. 감자는 아일랜드인들이, 1690년대에 스코틀랜드인들이 당했던 극심한 기근을 모면하는 데 크게 기여하였다. 감자잎마름병(*Phytophthora infestans*)[8]은 이보다 훨씬 후에야 나타났다. 18세기 동안 감자는 유럽에서 동쪽과 북쪽으로 전파되어 밀 수확이 적거나 흉작이 든 습윤한 해에 기근의 위험을 줄이는 데 기여하였다. 헝가리 정부는 1772년에 기근이 든 후에 감자를 재배하도록 지시하였다. 러시아에서 역시 1760년대와 1830년대에 작물의 흉작이 든 이후에 정부가 감자 재배를 장려하였다. 스코틀랜드와 노르웨이의 북부 지방에서는 지주들이 장려하여 감자 재배가 점차로 매우 중요하게 되었다. 유럽에서 감자의 이로운 점을 이미 발견하고 뉴잉글랜드로 이주한 스코틀랜드와 아일랜드의 이주자들이 1718년에 북아메리카에 감자를 도입하였다. 감자는 산업혁명 시기에 급격하게 성장하는 유럽의 도시 인구를 위해서 또 다른 장점을 갖게 되었다. 감자 수확량은 경지면적의 크기나 성질에 관계없이 모든 작물 수확량의 몇 배나 된다.

16세기 말에 시작되어 1900년경까지 여러 국면에서 지속된 추운 기후는 신세계로부터 다른 작물, 즉 옥수수를 유럽으로 도입하는 것을 지연시켰다. 옥수수는 유럽 남부 지역들에서 이미 1670년대에 재배되었으나 사람들이 맛이 없다고 생각하였다. 그 이유는 옥수수를 소화시키기 어려운 것으로 간주하였기 때문이다. 남프랑스에서는 '스페인 곡물(spanish corn)'이라고 부르고, 존 로크(John Locke)[9]는 옥수수가 가난한 사람들의 빵이 될 수 있다고 이야기하였다. 그러나 이미 1780년대에 옥수수가 널리 재배되었다. 스페인, 포르투갈, 이탈리아에서는 옥수수가 주식이 되었다. 그 후 옥수수는 전 남동유럽에 확산되었다.[10]

---

7) 옮긴이 주: 옛 런던 시의 북서부 지역으로 육류시장으로 유명한 곳이다. 현재 여러 구역으로 나누어져 있는 이 시장은 생육·냉동육·가금·장조림·생선·과일을 취급한다.

8) 옮긴이 주: 감자역병이라고도 한다. 곰팡이 일종인 감자역병균(*Phytophthora infestans*)에 의해 발생하는 질병이다. 주로 감자와 토마토에 발생한다. 이 병은 4~29℃ 사이의 습기가 많은 지역에서 발생하는데, 덥고 건조한 날씨는 이 병의 확산을 저지한다. 전염된 감자나 토마토 덩굴은 2주일 내에 썩는다. 이 역병으로 1845~1860년 아일랜드에서는 감자 기근이 일어났다. 1946년 미국 동부에서는 토마토 작물의 절반 이상이 파손된 것을 계기로 1947년 역병예보기관이 설립되었다.

9) 옮긴이 주: 영국과 프랑스 계몽주의의 선구자로서 미국 헌법에 정신적 기초를 제공했던 영국의 철학자이다.

10) 미국에서 유럽으로의 작물 도입과 작물이 미친 영향, 그리고 구세계와 신세계 사이의 다른 교환에 관한 더 상세한 내용은 A. W. Crosby, *The Columbian Exchange: Biological and Cultural*

18세기 말에 잉글랜드와 중유럽(예: 독일 남부와 오스트리아)의 여름 평균 기온은 일반적으로 20세기의 평균 기온보다 조금 높았다. 이것이 최난월 평균 기온이 16.5℃ 이상인 지역에서만 나타나는 하늘소[house longhorn beetle(*Hylotrupes bajalus*)]가 조지 왕조시대 말에 잉글랜드 남부, 특히 런던에서 가옥의 목조 부분을 크게 손상시켰던 이유가 될 수 있다. 후에 이 곤충은 사라졌으나, 1934～1953년 사이 20세기의 온난기에 해충으로 다시 나타났다.

18세기 말과 19세기 초의 다른 기후요란

우리가 이미 지적한 바와 같이 18세기 여름의 온난함이 지속적으로 계속되지는 않았다. 다른 계절들에는 일반적으로 현재보다 추웠다. 프랑스에서는 1775년에 기상관측 계기로 매일의 기상관측 자료를 체계적으로 수집하여 실제로 점점 더 예측할 수 없는 기후에 관한 불안과 여러 유형의 극심한 계절들이 더욱더 많이 출현하고 있다는 결론에 이르렀다. 피스터[11]는 스위스의 관측으로 1764년부터 약 14년 동안 저지에서 여름에 일반적으로 춥고 비가 많이 왔으며, 알프스 산맥에는 눈이 많이 왔다고 추측하고 있다. 변동이 최고에 달했던 1769～1771년에 겨울이 길었고, 눈이 많이 내렸다. 여름 역시 알프스 산맥 상부 초지 위의 눈을 녹이기에는 너무 짧고 서늘했다. 빙하가 현저하게 확장했고, 식량 생산이 감소하였다. 밀, 감자, 우유가 모두 불리한 영향을 받아서 기근이 발생했다. 잉글랜드에서 (사실상 1697년 이후) 우량계로 관측한 기록 중에서 1751～1760년 여름이 가장 습윤했다. 이 10년의 습윤한 여름의 강수량은 평균적으로 현재 평균 강수량의 127%에 달했다. 1763～1772년 여름(117%)과 1775～1784년 여름(115%) 강수량은 이에 크게 미치지 못했다. 후자의 기간에는 일반적으로 온난습윤했다. 1763년과 1768년(각각 현재 평균의 181%와 164%)은 전체 우량관측 기록 중에서 각각 두 번째와 여섯 번째로 습윤했다. 북유럽에서는 일부 여름에 너무 습윤하거나 추워서 (또는 둘 다) 흉작이 되었고, 감자가 재배되지 않았던 지역들에서 기근이 들었다. 그러나 18세기 후반은 주로 온난한 여름과 추운 겨울이 있던 시기로 기술될 수 있다. 스코틀랜드에서 1781년과 1782년의 수확은 1690년대, 그리고 1709년과 1740～1742년의 나쁜 경험을 희미하게 상기시켰다. 이러한 기억은 사람들이 갑자기 이민을 떠나도록 하였다. 1781년의 여름은 춥고, 초지나 곡물이

Consequences of 1492, Westport, Connecticut, 1972, 268pp. 참조.

11) Chr. Pfister, *Agrarkonjunktur und Witterungsverlauf im westlichen Schweizer Mittelland, 1755-1797*, University of Bern, Geographical Institute, 1975, 279pp.

성장하기에 너무 건조했다. 1782년에는 스터링셔(Stirlingshire)에서 다 익지 않은 곡물이 10월 31일에 내린 눈으로 덮였다. 1783년에도 크게 나아지지는 않았는데, 그 이유는 먼지의 연무(haze of dust)가 태양을 3주 동안이나 가리고 유황을 함유한 안개가 끼었기 때문이다. 이 두 가지 현상은 같은 해 5월과 6월에 아이슬란드에서 대규모로 화산이 폭발한 것에 기인한다. 그렇지만 이해 여름에 잉글랜드는 더웠다. 화산재가 섞인 비의 일부는 스코틀랜드 북부 케이스네스(Caithness)[12]의 작물에 피해를 입혔다. 유황을 함유한 대기에서는 유해한 냄새가 났고, 네덜란드에서 작물에 피해를 입혔으며, 사람들의 눈은 따끔따끔하게 쓰라렸다. 남부 프랑스에서는 이해의 6월에 상층 연무의 밀도 때문에 태양이 수평선 위 17°에 이를 때까지 태양을 볼 수가 없었다. 실제로 18세기와 19세기에 기후가 회복되는 동안 많은(또는 대부분의) 역행했던 기후 추이가 예외적으로 빈번했던 화산폭발에 기인한다는 것을 증명해주는 근거들이 있다. 이러한 화산폭발은 특히 1752~1840년대 사이에 대기권 상층에 먼지베일을 형성하여 오랫동안 머물게 했다.

1783~약 1802년 사이 북반구에서 화산 활동이 잠시 잠잠해진 이후 19세기 초의 화산폭발로 형성된 지속적인 먼지베일은 광학 효과를 일으켰다. 당시의 많은 관찰자들[이들 중에는 런던의 존 컨스터블(John Constable)[13]의 친구인 룩 하워드(Luke Howard)[14]가 있음]이 이를 기술하였다. 이러한 화산 활동의 광학 효과는 터너(J. M. W. Turner)[15]가 그의 그림들을 유명하게 만든 일몰 색깔을 표현했던 것에서 출발할 수 있다. 터너 작품의 이러한 측면은 1807년경부터 증명되고 있고, 성층권에 먼지가 가장 많았던 것과 일치하는 1830년대에 특히 특출하였다. 추측하건대 먼지베일이 가장 뚜렷하게 기후에 영향을 미쳤던 것은 1816년이었다. 이해는 유럽과 북아메리카의 동부에서 '여름이 없던 해'로 알려져 있다. 이 현상은 인도네시아의 탐보라(Tambora, 8°S, 118°E)[16] 화산이 1815년 4월에 크게 폭발한 1년 후에 나타났다. 이렇게 시간이 지연된 것은 성층권의 먼지가 전 세계의 베일로

---

12) 옮긴이 주: 영국 스코틀랜드 북부 하이랜드 주의 행정구이다.

13) 옮긴이 주: J. M. W. 터너와 함께 19세기 영국의 대표적인 풍경화가이다. 영국의 지방 풍경을 꾸준히 스케치해서 그린 사실적이고 정감 어린 그림들(예를 들면 1821년의 <건초 수레(The Hay-Wain)>)로 유명하다.

14) 룩 하워드(Luke Howard)는 플레이스토(현재 동부 런던에 있는)에 사는 퀘이커 교도 약사였다. 그가 구름을 연구하여 분류한 것은 존 컨스터블의 관심을 불러일으켰을 뿐만 아니라 후에 현대의 국제구름도감(*International Cloud Atlas*)의 기초가 되었다.

15) 옮긴이 주: 'Joseph Mallord William Turner'는 영국의 낭만파 화가로 19세기의 가장 위대한 풍경화가로 평가된다. 그의 작품은 빛과 색채, 표현주의적인 분위기로 인해 매우 폭넓고 웅장하며, 특히 바다를 표현한 작품이 뛰어나다.

16) 옮긴이 주: 탐보라(Tambora)는 인도네시아의 숨바와 섬 북쪽 해안에 있는 휴화산이다. 해발 4,000m 높이로 솟아 있었으나 1815년 격렬하게 폭발하면서 산 정상부가 날아간 뒤 오늘날에는 해발 2,851m를 유지하고 있다. 당시 대분화로 입은 피해는 약 5만 명의 주민 사망, 3만 5,000채 이상의 가옥 파손으로 집계되었다.

확산되는 데 시간이 걸렸기 때문이다. 먼지베일은 입사태양복사가 투과되는 것을 감소하게 하여 지구를 한랭화시켰으며 지구의 바람 순환 패턴을 변화시켰다. 이 화산이 폭발할 때 적어도 15km^{3}의 고체가 대기로 날아올라 간 것 같다. 1812년에는 서인도제도의 상비센테 섬(São Vicente Island, 영어로는, St. Vincent Island)[17]과 셀레베스(Celebes)[18]의 아우(Awu)에서, 그리고 1814년에는 필리핀에서 마찬가지로 큰 화산이 폭발했다. 이로 인한 성층권의 먼지베일은 완전히 사라질 수가 없었다. 1816년 6월에는 북아메리카 동부의 거의 모든 지역에서 북동풍이 불면서 눈이 내렸고, 해안 부근 지역을 제외하고 42°N까지 남쪽으로 6일부터 11일까지 눈이 쌓였다. 퀘벡 시에서는 며칠간 기온이 하루 종일 0℃ 부근이나 이하에 머물렀다. 기온이 4월 이후에 거의 0℃ 이하로 하강하지 않는 코네티컷(Connecticut) 주에서는 1816년에 매달 서리가 내렸다. 유럽에서는 일반적으로 곡물 수확과 포도 수확이 늦어졌다. 지속적으로 비가 내리고 기온이 낮아서 영국제도의 서부 지역들에서는 흉작이 되었고, 웨일스 중부의 기근으로 가족들은 식량을 구걸하기 위해서 먼 거리를 돌아다녀야만 했다. 그러나 바람 패턴은 우크라이나(Ukraine)에서 더운 여름이 나타나게 했다. 그리고 스코틀랜드 북부에서 날씨가 좋았고, 셰틀랜드에서는 '거친 봄 후에 아름다운 여름'이 나타났다. 이것은 봄에 셰틀랜드를 성가시게 하고, 아이슬란드 해안에 6월까지 북극 해빙이 녹지 않게 했던 북풍 이후, 그해 여름에 아한대 지역에서 고기압이 나타난 것을 의미하는 것이다. 여름에 러시아의 유럽 지역에서도 북풍이 불었다. 아시아의 계절풍 역시 1816년에 변화된 패턴을 가졌던 것으로 생각된다. 한국과 극동 지역에 폭우가 내렸으나, 인도에서는 남부에 폭우가 내렸다.[19]

1816년의 이러한 이상 패턴은 1816~1819년의 유럽 역사에서 가장 심각한 발진티푸스, 같은 해에 남동유럽과 동지중해에서 페스트, 그리고 1816~1817년에 벵갈에서 시작하여 전 세계를 휩쓴 콜레라를 창궐하게 했다. 또한 1816~1817년의 기근을 살펴보면, 이것은 1315~1350년의 사건들과 비교될 수 있는 기후와 관련된 전 세계적인 재해 중의 하나였다.[20] 1580년대~1590년대와 1690년대의 흉작과 기근은 유럽에 더 좁게 제한된

17) 옮긴이 주: 대서양에 있는 카보베르데에 속한 섬으로 아프리카 서해안에서 640km 떨어진 산투안탕 섬과 산타루지아 섬 사이에 있다. 넓이는 227km^{2}이며, 가장 높은 몬테베르데 봉은 해발 774m이다.

18) 옮긴이 주: 셀레베스는 인도네시아 대(大)순다 열도(Greater Sunda Islands)의 4개 섬 가운데 하나이다.

19) 1816년의 이상한 여름 계절풍과 그 추이가 단절된 것에 관한 많은 상세한 내용은 James Jameson의 책 *Report on the Epidemick Cholera Morbus, As It Visited the Territories Subject to the Presidency of Bengal in the Years 1817, 1818 and 1819*, published Calcutta, 1820에서 알 수 있다.

20) J. D. Post, "Meteorological historiography," *Journal of Interdisciplinary History*, vol.3, no.4, Cambridge, Massachusetts, MIT, 1973, pp.721-732.

것 같다. 그리고 이렇게 국지적으로 제한되어 아마도 질병이 급격하게 더 널리 확산되지 못하게 되었을 것이다. 마크 셸리(Mark Shelly)가 1816년의 사건들을 통해서 프랑켄슈타인(Frankenstein)[21]을 만들어내도록 자극받았다는 사실을 우리는 가벼운 농담으로 이야기하고 있다.

1780년대의 일기로 돌아가 볼 필요가 있다. 이 10년의 기간에도 1783년에 두 개의 큰 화산이 폭발한 후 대기권 상층에 예외적으로 많은 양의 화산재가 나타났다. 1783년 5~6월에 아이슬란드에서 화산이 폭발하였고, 8월에는 일본에서도 화산이 폭발하였다. 화산 폭발이 유일한 원인인가의 여부에 관계없이 이 10년 동안의 기후 상태는 비정상적이었고, 바람 순환 역시 크게 편차가 났다는 사실이 확실하게 확인되고 있다. 노리치에 소재한 이스트 앵글리아 대학교의 기후연구학과에 재직하는 킹톤(J. A. Kington)이 분석한 1781년부터 1786년까지의 매일의 일기도들은 영국제도 위에서 일반적으로 편서풍이 부는 날수의 빈도가 매우 낮았다는 사실을 제시하고 있다. 이 6년 동안의 평균으로 편서풍이 분 날은 66일이었다. 이와 비교해서 1861~1978년의 118년 동안에는 편서풍이 91.5일간 불었다. 1785년에는 단지 45일간 편서풍이 불었다. 1780년대 동안 기록된 수많은 극심한 기후 상태 중에서 잉글랜드 중부에서 다음의 자료가 특히 흥미롭다. 잉글랜드 중부에서 320년 동안의 기온관측 기록 중에 최난월은 1783년 7월로 평균 기온이 18.8℃였다. 이와 같은 평균 기온은 파리(Paris)로부터 100~200km 남쪽에서 예상되는 기온이다. 물론 기온이 현재의 평균 기온보다 2℃ 이하로 낮았던, 320년 동안 4회 이상의 매우 추운 겨울도 나타나지 않았다. 더욱이 이 10년 동안에 잉글랜드와 웨일스에는 250년의 기록 중에서 추측하기에 가장 건조했던 해인 1788년이 있었다.[22] 1788년에는 1월부터 12월까지의 강수량이 현재 평균 강수량의 63%에 불과했다. 그렇지만 이 10년 동안에 극심한 일기의 영향이 가장 강력했던 곳은 프랑스인 것 같다. 1785년 3월은 지금까지의 기록 중에서 가장 추운 달이었다. 이 3월은 유럽의 넓은 지역에서 이미 예외적으로 추웠던 겨울 기간을 연장시켰다. 그 다음에 가뭄이 든 해가 이어졌다(파리에서는 예상 연 강수량의

---

21) 옮긴이 주: 프랑켄슈타인은 메리 울스턴크래프트 셸리가 쓴 소설이다. 원제목은 『프랑켄슈타인: 현대의 프로메테우스(*Frankenstein: or, The Modern Prometheus*)』(1818)이다. 이 소설로 인해 영화사상 가장 널리 알려진 괴물이 창조되었다. 고딕 소설과 공상과학소설을 결합한 이 소설은 시체 조각들을 모아 인조인간을 만들고 생명력을 불어넣었다가 결국 자신이 만든 피조물 때문에 목숨을 잃는 스위스의 신비학도 빅토르 프랑켄슈타인에 관한 이야기이다. 그 후 프랑켄슈타인이라는 이름은 처음에는 애정을 추구하지만 결국 충동적으로 난폭해진 괴물 인조인간 자체를 가리키는 말로 널리 사용되었다.

22) 이와 같이 조심스럽게 기술할 필요가 있는데, 그 이유는 장기간의 강우 기록을 균질화하는 것이 기온 기록을 균질화하는 것보다 훨씬 더 어렵기 때문이다. 또한 현재보다 강우 측정 지점이 적기 때문에 지역을 대표적으로 파악하기가 어렵다.

67%만이 내렸다). 이로 인하여 프랑스의 농가에서는 건초가 부족하게 되었고, 그 결과로 많은 소들이 도살되어야 했다. 그 당시 프랑스 농부들은 호밀과 귀리로 빵을 만들어서 먹었고, 상류 계층만이 밀로 만든 빵을 살 수 있었다. 이러한 상황하에서 가난한 계층은 수입의 약 55%를 빵에만 지출하였다. 다른 해(1788년)에 가뭄이 들고 추웠던 겨울(1788~1789년) 후에 프랑스 노동자들은 수입의 88%를 빵을 사는 데 지출했다.[23] 이것으로 프랑스 사회를 변화시킨 프랑스 혁명의 원인이 일기에만 기인한다고는 결코 말할 수 없으나, 일기가 결국 폭발을 일으키는 압력을 강화시켰다는 데는 거의 논쟁의 여지가 없을 것이다.

1789년 여름은 다소 정상적으로 온난했다. 실제로 파리의 바스티유(Bastille) 감옥은 날씨가 좋은 7월에 습격을 당했다. 그러나 이 여름은 강수량으로 보면 잉글랜드와 웨일스에서 지난 250년 동안 30번째의 가장 습윤한 여름에 속했다. 노르웨이 동부에서는 1789년 7월에 예외적인 재해가 발생했다. 폭우가 내린 후에 글로마(Glåma, 영어로는 Glomma)[24] 강은 아직까지 들어보지 못한 홍수를 일으켰는데, 그 이유는 길고 추운 그 이전 겨울이 지난 후 표층 토양이 여전히 얼어 있어서 불투수층이 되었기 때문이다.

기후 리포터로서 찰스 디킨스와 예술가들

1790년대와 19세기의 처음 몇 년 동안 잉글랜드와 유럽 대륙의 여름은 쾌적하고 온난했다. 그리고 1794~1795년의 추운 겨울을 제외하고 겨울에 1780년대보다 덜 추웠다. 그러나 1809년 여름과 함께 길고 추운 여름이 시작되었다. 1810~1819년의 10년 동안 아마도 대기 중의 화산재로 인하여 모든 계절이 대체로 추웠다. 찰스 디킨스(Charles Dickens)가 유명해진 그의 소설들에서 '전통적인 겨울'을 기술한 것은 그의 어린 시절 경험에 상응하는 것이었다. 1812~1820년 사이 여섯 번의 크리스마스에는 눈이나 서리가 내려서 화이트 크리스마스가 되었다. 화이트 크리스마스는 런던에서는 예외적인 일이었다. 잉글랜드에서 1690년대 이후 1810년부터 1819년까지의 10년 동안이 가장 추웠다.

---

23) G. Lefebvre, *Études sur la Revolution Française*, Paris, Presses Universitaires de France, 326pp.; G. Neumann이 "Great historical events that were significantly affected by the weather – 2. The year leading to the Revolution of 1789 in France," *Bulletin of the American Meteorological Society*, vol.58, no.2, 1977, pp.163-168에 상세하게 요약한 내용도 참조.

24) 옮긴이 주: 글로마는 노르웨이 동부의 강이다. 스웨덴과 노르웨이 국경 근처 트론헤임 남동쪽 약 130km 지점에서 우르순덴 호로 흘러들어 가는 여러 개의 작은 호수와 하천들에서 발원한다. 스칸디나비아 반도에서 가장 긴 강(총길이 약 599km)으로, 총 4만 2,051km² 유역에 걸쳐 흐른다.

(a)

(b)

<그림 81> 홀란드와 잉글랜드에서 17세기와 19세기 초의 화가들이 그린 운량의 전형적인 사례가 있는 풍경화들. (a) 로이스달(Jacob van Ruysdael, 1628~1682년)의 <데벤테르의 풍경(A view of Deventer)>, (b) 컨스터블(John Constable, 1776~1837)의 <옥수수밭(The cornfield)>.

19세기 초에 다시 추워진 계절로 인하여 특정한 유형의 따뜻한 여자 속옷, 특히 '부점 프렌드(bosom friend)'를 디자인하게 되었다. 1790년대에 프랑스 혁명이 일어난 후에 유행했던 '신체를 노출시킨' 대담한 패션은 사라졌다. 당시에 북풍은 여성의 의상이 정숙하게 복고풍이 되도록 하였다.

풍경화의 경향이 변했던 것을 통계적으로 연구한 바에 의하면 존 컨스터블(John Constable)[25]의 그림과 그의 동시대의 다른 화가들의 그림들, 그리고 또한 17세기 네덜란드파(Netherlands School)의 그림들로부터 당시의 전형적인 여름 일기에 관해서 알 수 있다 [<그림 81>의 (a)와 (b) 참조]. 여러 시기의 유럽의 구상화(representational style painting)를 조사한 바에 의하면 1550~1700년의 그림에서는 하늘의 거의 80%가 구름으로 덮여 있었다. 18세기의 여러 시기에는 구름으로 덮인 면적이 50~75%였고, 컨스터블과 터너(Turner)의 시기(1790~1840년)에는 70~75%, 20세기에는 55~70%가 구름으로 덮여 있었다.[26] 예술가들에 의해서 기록되는 패션 경향이 평균 운량의 변화를 과장했을지라도, 야외에서 작업하는 화가들이 일반적으로 하반년에 확인한 이러한 변동은 실제로 우리가 알고 있는 여름의 기온 변동에 상응한다. 화가들은 물론 이러한 관점에서 당시 사람들의 주관적인 인상을 충실하게 따랐을 것이다. 런던과 유럽 다른 도시들의 연기로 인한 점점 심각해져 가는 대기오염은 우리가 회화에서 분명하게 출처가 제시된 것을 발견할 수 있는 19세기 풍경의 다른 측면이 된다. 브림블콤(Brimblecombe)[27]은 15세기부터 20세기까지의 회화에서 이러한 현상을 추적하였다. 지배적인 하늘 색깔은 청색에서 황색, 그 다음에 연분홍색을 띤 회색으로 점진적으로 변했다. 이러한 현상과 다른 역사적 증거들은 런던의 대기오염이 튜더(Tudor) 왕가의 시기에 뉴캐슬(Newcastle)과 타인사이드(Tyneside)에서 석탄을 연료로 도입하여 급격하게 증가했다는 사실을 증명하고 있다. 1690년부터 1900년까지 대기오염 수준은 거의 항시 높았다.

---

25) 옮긴이 주: J. M. W. 터너와 함께 19세기 영국의 대표적인 풍경화가이다. 영국의 지방 풍경을 꾸준히 스케치해서 그린 사실적이고 정감 어린 그림들[예를 들면 1821년의 <건초 수레(The Hay Wain)>]로 유명하다. 1828년경 이후에는 더욱 자유분방하고 다채로운 양식의 그림[예를 들면 1829년의 <헤이들리 성(Hadleigh Castle)>]을 그렸다.

26) 이에 대한 상세한 조사 내용은 H. H. Lamb, "Britain's changing climate," *Geographical Journal*, vol.133, no.4, London, 1967, pp.445-468과 H. Neuberger, "Climate in art," *Weather*, vol.25, no.2, London, 1970, pp.46-56에 제시되어 있다.

27) P. Brimblecombe, University of East Anglia seminar 1978(unpublished).

19세기 중엽과 대규모 빙하 후퇴의 시작

1820년대와 1830년대에 영국과 유럽은 다시 더 온난해져서, 특히 1820년대의 기분 좋은 온난한 봄들 및 가을들로 구별된다. 그리고 1826년 여름은 잉글랜드에서 기온관측이 이루어진 300년 동안 가장 온난했다. 당시의 기온은 분명히 1976년의 기록보다 조금 높았다. 그러나 여전히 매년 기온이 크게 변동하였다.

1829년 8월에 스코틀랜드의 일기는 북풍과 북동풍이 불 때 현저히 추워졌다. 8월 3일과 4일에는 40시간 동안 비가 내려서 이 지역 북동부의 전 지역 하천들이 지금까지 들어보지 못한 정도로 범람을 하였다. 이 홍수로 많은 다리와 하천 주변의 가옥들이 물에 떠내려갔으며, 하구역(河口域)의 유로가 변했다. 이 달에 28일 동안 스코틀랜드 북동부의 건조한 저지에 비가 내렸다. 이 달 동안 내린 측정된 총강수량은 장기간 평균의 2.5배 이상이 되는 것으로 생각된다. 1821~1822년과 1833~1834년 겨울은 1845~1846년 겨울과 같이 기상관측이 시작된 이후 거의 가장 온화한 겨울에 가까웠다. 그러나 1819~1820년, 1822~1823년, 1829~1830년, 1837~1838년은 1840년대의 여러 겨울과 같이 매우 추웠다. 1829~1830년에 중유럽의 보덴제(Bodensee, 영어로는 Lake Constance)는 1740년 이후 처음으로 완전하게 얼었다. 이러한 결빙 현상은 1963년까지 다시 발생하지 않았다. 이와 반대로 이러한 결빙 현상이 17세기에는 5회, 1563~1600년 사이에는 4회나 발생했다. 그리고 1837~1838년 겨울에는 스칸디나비아에서 극심하게 추워서 (덴마크의 북단에 있는) 스카겐(Skagen)부터 노르웨이 최남단 지점까지의 바다에서, 그리고 노르웨이 남서해안을 따라서 눈으로 볼 수 있는 만큼 멀리까지 얼음이 얼었다. (1838년 3월에 이 대서양 해안의 얼음은 다시 남쪽으로 떠내려갔다)

잉글랜드에서 1820년대, 1830년대, 1840년대의 많은 봄과 가을에 습윤했다. 이러한 상황과 1810년 이후와 (1846년은 제외한) 1840년대에 서늘하고 습윤한 여름의 경험을 통해서 18세기의 건조한 시기에, 특히 1740년대에 시작된 관개농업을 일반적으로 포기하게 되었다. 19세기 후반에 잉글랜드에는 현저하게 길었던 다른 습윤한 계절들이 있었는데, 특히 1848년, 1852년, 1872년, 1877년, 1882년에 습윤했다.

1840년대에 지속적으로 변동하는 계절이 있던 시기에 잉글랜드에는 더 불쾌하게 추웠던 여러 여름이 있었으나, 1846년 여름에는 물론 또한 매우 더웠다. 1846년에는 더위가 멀리 북유럽과 아시아까지 이르렀던 것으로 생각된다. 이로 인하여 시베리아 북동부 툰드라의 영구동토(permafrost)의 일부가 녹았다. 레나(Lena) 강[28]을 항해했던 러시아의 작은

28) 옮긴이 주: 러시아 연방을 흐르는 주요 강이며 세계에서 가장 긴 강 중의 하나이다. 중앙아시아 바이칼 호(湖)의 서쪽, 시베리아에 있는 작은 산에서 형성된 호수에서 발원한다. 길이는 총

측량선박의 선장은 거대한 홍수가 일어난 경관에서 강(하상)을 찾기가 어려웠다고 기술하고 있다. 강은 단지 "하천이 빠르게 흐르는 것과 세찬 소리를 내는 것"으로만 확인될 수 있었다. "나무들, 이끼, 많은 양의 토탄이 떠내려왔다." 한 지점에서 "한 개의 코끼리 머리"가 수면 위로 잠시 떠올라 왔다가 이 동물은 결국 배 옆으로 떠내려와서 잠시 밧줄로 고정되었다. 선원들은 다시 수렁으로 가라앉기 전에 새로 수면 위로 떠오른 매머드를 조사할 수 있었다. 1840년대에 잉글랜드의 겨울 역시 '변화가 심했다.' 이 10년 동안 적어도 세 번의 겨울은 매우 추웠으나, 1845~1846년 겨울에는 매우 온화하여 당시에 왕립학회 의장이었고, 그 후에 기상학회(Meteorological Society)의 설립자들 중의 한 사람이었던 새빈(Sabine)은 멕시코 만류가 정상적인 경계를 넘어서 얼마나 확장되었는가를 관찰하였다.[29]

아일랜드 감자 기근

유럽인들이 1848년 혁명의 해에 폭발할 때까지, 1840년대 인류의 역사는 민주주의를 위한 사상사 및 점증하는 정치적 운동의 중요성과 유럽 국가들이 관심을 가졌던 보통선거권의 관점에서 기술되었다. 그럼에도 불구하고 일기, 일기가 농업 및 가난한 도시인에게 미친 역할을 조사할 가치가 있다. 일기는 적어도 유럽의 한 부분에서 감자 대기근으로 야기된 아일랜드 역사의 전환점에서 중요한 영향을 미쳤다. 유럽에서 일반적으로 온난했던 1846년 여름에 습윤한 남풍이 불었고, 대서양 부근에 저기압 지역이 위치할 때 비가 많이 내렸다. 이것은 [병에 걸린 괴경(塊莖, 덩이줄기)을 포함한 미국으로부터의 선적에서] 1845년 유럽에서 처음 출현한 감자잎마름병(*Phytophthora infestans*)이 발생하여 급속하게 확산될 수 있는 이상적인 조건이었다. 이 유기체는 지속적으로 10℃ 이상인 기온과 노출된 식물 표면이 90% 이상의 상대습도를 유지할 때 수일 내에 빠르게 증식하게 된다. 아일랜드에서 멀리 떨어진 노르웨이 남서부의 애렌(Jaeren)에 있는 한 농가의 일기(日記)에서 우리는 1846년에 교대로 비가 오고 해가 나면서 항시 온난하여 곡물이 빠르게 익었고, 8월 29일까지 안전하게 창고에 저장할 수 있었으나, "감자는 다시 썩었다"라는 내용을 읽을 수 있다. 감자가 주식인 대다수의 영세 농가(작은 농가의 80%가 6ha 이하의 경지를 소유했고, 많은

4,400km이며, 러시아를 가로질러 북쪽으로 흘러 하구에서 삼각주를 이루어 북극의 랍테프 해로 흘러든다.

29) Lt-Col. E. Sabine, "On the cause of remarkably mild winters which occasionally occur in England," *Philosophical Magazine and Journal of Science*, London, Edinburgh and Dublin, April, 1846.

농가들은 이 면적의 1/5만 소유하였음)가 있는 아일랜드에서 이러한 날씨는 큰 피해를 가져왔다. (주로 미국에서 수입한 많은 양의 옥수수를 통한) 구호대책에도 불구하고 많은 사람들이 사망했다. 이 감자잎마름병은 6년 이상의 기간에 지속적으로 발생하였다. 이에 더하여 아일랜드에만 제한되지 않은 발진티푸스가 발병하여 더욱 악화되었다. 아일랜드에서는 100만 명이 사망한 것으로 추정되고 있다. 그리고 이민의 물결이 시작되었다. 1851년의 인구수는 1845년에 도달했던 850만 명의 최고 수준에서 이미 거의 1/4로 감소하였고, 20세기까지 1/2로 줄었다. 그 이후로 인구수는 결코 1845년 수준에 도달하지 못했다.

19세기 중엽의 미국

매디슨(Madison)에 소재한 위스콘신 대학교(University of Wisconsin)의 에버하드 월(Eberhard Wahl)[30]과 그의 공동 연구자들은 미국에서 1830년대부터 1860년대까지의 기후를 연구하였다. 이들은 공식적인 기상관측망의 기록을 이용하였는데, 이 중에는 가장 일찍 이러한 유형의 기상관측을 시작한 대륙 중부의 기상관측소 기록도 포함되어 있다. 이 연구 결과에 의하면, 매년의 각 계절에, 기후가 미국의 동부와 중부의 1931~1960년의 평균보다 내륙에서 1~2℃ 추웠고, 초가을에는 심지어 2.0℃ 이상 추웠다. 반면에 태평양 해안까지 자료가 있는 1850년대와 1860년대에는 로키 산맥이 지나는 주들에서 1931~1960년 평균보다 1℃까지 온난했고, 봄, 여름, 초가을에는 1.5℃까지 온난했다. 같은 지역에서 강수량은 최근보다 약 20% 많았으나, 겨울에는 40%까지 비와 눈이 더 많은 남-북 지대가 중서부(Middle West)에 위치했다. 우리가 16세기와 17세기 소빙기의 절정기에 대해서 추론했던 바와 같이, 이러한 분포에서 바람이 20세기보다 (편서풍이 적은) 자오면 순환이 강했다는 사실이 분명해진다. 특히 북아메리카의 동부와 중부에서는 북풍이, 서부에서는 남풍이 더 빈번하게 불었음이 틀림없을 것이다. 그러나 바람 패턴의 주요 특성에서 경도상의 위치가 틀림없이 다소 변했고, 그래서 1849년에 서부 캘리포니아로 마차를 몰고 이동하던 사람들은 중서부(Middle West)가 사실상 사막이라고 생각하게 되었던 것이다.

30) E. Wahl, "A comparison of the climate of the eastern United States during the 1830s with current normals," *Monthly Weather Review*, vol.96, no.2, Washington D.C., 1968, pp.73-82.; *Monthly Weather Review*, vol.98, no.4, 1970, pp.259-265도 참조.

유럽과 북극 주변 지역

1840년에는 해류 패턴이 변하였다. 그로 인하여 아이슬란드는 15년 동안 거의 완전하게 북극해 해빙의 영향을 받지 않았다. 그리고 몇 년 동안(1845~1851년) 서그린란드 해안 전면에서 많은 양의 대구를 어획할 수 있었다. 이 시기에 유럽의 기후는 좀더 추웠다. 바람 순환에서는 대륙의 대부분 지역에서 동풍이 불었으나, 아이슬란드 지역에서 남풍이 불게 한 북유럽 상의 '저지' 고기압이 빈번하게 나타났다. 이러한 온난한 바람은 때때로 동쪽으로 유럽까지 확장하였다. 1855년에는 다른 기류의 변화가 새로이 동그린란드 해안 전면에 얼음을 가져오는 해류를 강화시켜서 이 얼음이 아이슬란드로 돌아가게 했다. 그리고 바로 북대서양 상에 서풍과 남서풍이 다시 불어서 유럽에 온난한 계절들이 나타나고 빙하가 후퇴하게 하였다. 이러한 발달은 1860년대까지 지속되었다. 특히 1868년 여름에는 잉글랜드에서 30℃ 이상의 기온을 갖는 더운 날들이 많았다. 이해의 6월 22일에 켄트(Kent)의 턴브리지(Tonbridge)에서 38.1℃가 기록되었다. 잉글랜드에서 1868~1869년의 겨울에는 평균 기온이 6.8℃로 기온이 관측된 이후 가장 온난했다. 이 평균 기온은 아일랜드 서해안의 평균보다 높으며, 잉글랜드의 과거 일부 봄의 평균보다 더 높은 것이다. 1870년대에는 유럽에서도 대체로 온난한 계절들과 온화한 겨울들이 나타났다. 1870년과 1875년 2월에만 추웠으며, 1870년 12월과 1871년 1월에 오랫동안 결빙했다. 1872년에는 잉글랜드와 웨일스에서 매우 습윤했고, 1875년부터 그 이후로 대부분의 여름은 습윤했다.

19세기 말경

1690년대와 비교할 수 있는 새로이 현저히 더 추운 기후가 1879년에 나타났다. 1878년 12월과 1879년 1월에 잉글랜드의 기온은 주로 영하에 머물렀고 많은 눈이 내렸다. 봄에는 추웠고, 5월은 많은 4월보다 추웠다. 이 여름은 가장 습윤했고, 잉글랜드의 긴 기상관측의 역사 동안에 7회의 가장 추운 여름 중에 하나에 속했다. 매우 추운 가을이 뒤따랐고, 12월에는 다시 영하에 가까운 기온이 나타났다. 한랭하고 습윤한 일기로 인하여 작물이 늦게 익어서 이스트 앵글리아에서도 일부 지역들에서 작물이 크리스마스 때까지 수확될 수 없었다. 잉글랜드와 네덜란드에는 스케이트를 탈 수 있는 많은 겨울이 있었다. 그리고 20세기의 강한 온난화가 시작되기 전에 스웨덴의 발트 해 해안에서도 얼음 위에서 놀 수 있었다. 50년 동안 지속된 잉글랜드 농업의 쇠퇴는 이 시기부터 시작되었다. 1875

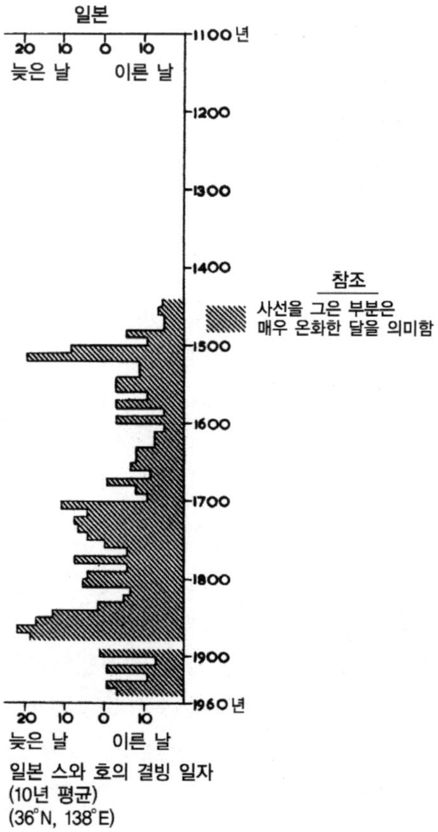

〈그림 82〉 1440년 이후 매 10년 동안 일본 중부에 위치한 스와 호(諏訪湖)의 평균 결빙 일자. 매 10년에 대한 평균은 전체 평균 1월 15일로부터의 편차 일수(−이름, +늦음)로 제시되었음.

년부터 곤란한 계절 조건이 수확에 영향을 주었다. 그리고 영국의 자유무역 시장에서 프레리(prairie)로부터 들어온 미국의 값싼 밀과 경쟁하기 시작했다. 1879년에 농업의 쇠퇴는 농업의 붕괴로 이어졌다. 수년 내에 잉글랜드 북서부의 작물 재배 지역은 초지로 전환되었다. 그 직후 오스트레일리아, 뉴질랜드, 남아메리카로부터 냉동육이 수입되자 이 지역은 소득이 없게 되었다. 농장 노동자들이 농촌을 떠나 도시로 이주하였고, 많은 수의 농부들이 해외로 이민을 떠나기 시작했다. 다른 유럽 국가들은 수입 관세를 통해서 미국과의 경쟁에서 그들의 농부들을 보호했다. 그러나 1879년과 그에 뒤이은 추운 겨울과 습윤한 여름이 있는 곤란한 해들의 영향은 잉글랜드에만 제한되지 않았다. 1880년대에 북유럽·중유럽·서유럽 국가들로부터의 이민이 절정에 달했다.

중국과 인도에서는 1876～1879년에 가뭄과 기근이 나타났고 계절풍이 나타나지 않았다. 이들 해에는 극동의 상황이 중세 유럽의 기근 상황과 유사하였다. 사람 고기를 먹는 일(食人, cannibalism)과 어린이를 노예로 팔았다는 여러 사례가 전해지고 있다. 중국의 기온 기록(<그림 79> 참조)과 일본 중부의 스와 호(諏訪湖)의 결빙 일자와 같은 지표들(<그림 82> 참조)은 이 시기가 극동에서 소빙기 동안 가장 어려웠던 시기라는 사실을 제시하고 있다. 1870년대 말에 인도와 중국에서 기근으로 사망한 사람의 수가 1,400만~1,800만 명으로 추정되고 있다.

이 장과 12장에서 기술된 세기들에 대한 역사적 문서 정보는 남반구에서도 지난 1,000년 동안 현대보다 더 추운 기후가 발달하였다는 사실을 증명하고 있다. 남아메리카와 뉴질랜드에서 빙하가 확장하였고, 뉴질랜드에서 그에 상응하게 삼림이 변했다. 그러나 가장 어려운 시기들은 북반구와 비교하여 시간적으로 지연되어 나타났으며, 심지어는 거의 반대로도 나타난 것 같다. 제3장에서 이러한 현상의 증거를 이미 언급하였다. 이 시기는 북반구의 북극의 얼음이 크게 확장하여 아이슬란드로 떠내려오던 시기이지만, 1770년대의 쿡 선장(Captain Cook)의 항해와 1830년대까지의 다른 탐험은 남극의 해빙이 덜 확장하였고, 얼지 않은 바다가 더 남쪽에까지 이르렀다는 가정을 증명하고 있다. 19세기 후반 1850년대와 1900년경에 남반구의 해빙은 멀리 북쪽으로 확장했다. 당시에 항해하던 선박들로부터의 많은 보고들에 의하면 라플라타 강(Río de la Plata)[31] 앞에서 훨씬 저위도로 표류하여 남반구의 다른 대륙들에 가까이 다가가는 남극의 대륙 빙하로부터 분리된 거대한 탁자 모양의 빙산을 볼 수 있었다고 한다.

런던의 템스 강이 꽁꽁 얼었던 1894~1895년 후에 잉글랜드와 유럽에 오랫동안 추운 겨울이 더 이상 나타나지 않았다. 잉글랜드에서는 1940년 1월까지 평균 기온이 영하로 내려가는 달이 없었다. 1916~1917년과 1928~1929년의 겨울만 이 45년의 기간 중 추웠던 겨울이라고 할 수 있다. 잉글랜드에서 이 2회의 겨울에만 2월의 기온이 영하로 내려가서 템스 강이 얼었다. 1962~1963년의 훨씬 더 추웠던 겨울(잉글랜드 중부에서 3개월 평균 기온이 -0.3℃, 1월에 -2.1℃)에 런던의 강들의 수온은 약 10℃ 이하로 내려가지 않았다. 이렇게 수온이 높았던 이유는 산업과 도시로부터의 폐수가 하천으로 유입하였기 때문이다. [이해 겨울은 과거에 정기시장(frost fairs)이 런던의 강 위에서 열렸던 겨울보다 추웠다. 도시화의 진전은 오히려 미래의 추운 겨울에 —메트로폴리스(metropolis)의 서쪽 경계— 햄프턴 궁(Hampton

31) 옮긴이 주: 우루과이와 아르헨티나의 경계에 있는 강이다. 파라나 강과 우루과이 강이 합류하여 남아메리카 남동해안에 형성되었다. 약 3만 5,000km^2 지역을 관류한다. 대략 삼각형 모양인 라플라타 강은 우루과이와 아르헨티나를 각각 북쪽과 남쪽 경계로 하며 동쪽으로부터 대서양으로 흘러들어 간다. 주요 지류인 파라나 강과 우루과이 강은 아르헨티나 북서부, 브라질 남부, 볼리비아 남동부, 파라과이 전역, 우루과이 대부분을 관류하면서 약 414만 4,000km^{2}에 이르는 지역을 지난다.

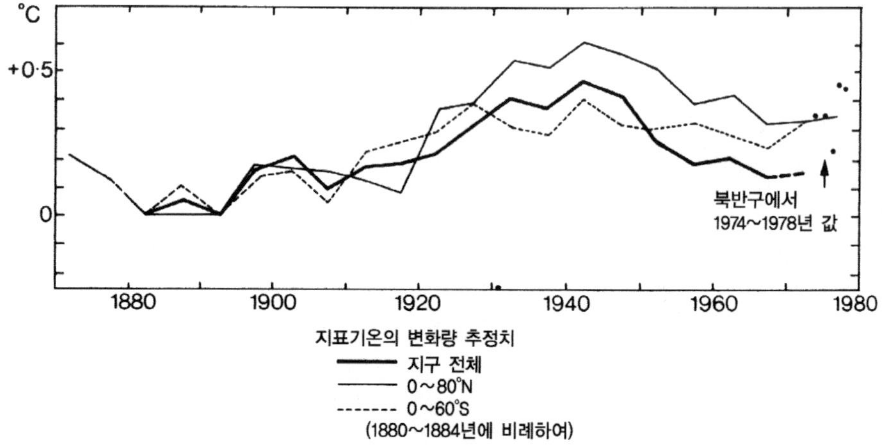

<그림 83a> 1870년 이후 전 세계 기온의 가상 추이. 전 세계, 0~80° N과 0~60° S에 대해서 추정된 5년 연속 평균과 1974년부터 1978년까지 매년에 대한 북반구 전체에 대한 추정치. (5년 평균은 매년의 추정치보다 더 신뢰할 수 있는 것으로 간주된다)

Court) 부근의 템스 강에서 스케이트를 탈 수 있고, 웨스트민스터(Westminster) 부두에서 수영을 할 수 있다는 사실을 암시해주고 있다!]

실제로 여러 지역에서 시도된 바와 같이 지구 상의 세계 평균 기온의 추이를 보여주는 <그림 83a>에서 우리가 기술한 내용을 분명하게 새로이 할 필요가 있다. 가장 권위 있는 설명은 (세계기상기구/UN 환경계획) 기후변화에 관한 정부 간 회의(IPCC: Intergovernmental Panel on Climate Change)의 내용이다.[32] <그림 83b>에 제시된 곡선은 1860년부터 1989년까지 연속적인 5년 평균으로 볼 때의 IPCC의 수치를 나타낸 것이다. 1990~1992년의 현저하게 온난했던 해들의 3년 평균은 그래프 오른쪽 끝의 마지막 점이 된다. 이 역사적인 곡선의 전체 형태는 관측 지점들에서 도시화 및 산업화로 인한 온난화와 다른 왜곡시킬 가능성이 있는 영향들을 배제하여 기온값을 보정한, 연속되는 수정한 값이다—큰 선박으로 해양에서 관측 실무를 하는 데서 나타나는 변화, 수면 위의 갑판의 높이에 따른 변화는 적어도 없고, 선박에서 덮개가 없는 버킷(open bucket) 대신에 통풍 구멍의 파이프

32) Intergovernmental Panel on Climate Change (Chairman Dr. J. T. Houghton) *Scientific Assessment of Climate Change*, World Meteorological Organization, Geneva and United Nations Environment Programme, 1990; J. T. Houghton et al.(eds.), *Climatic Change: The I.P.C.C. Scientific Assessment*, Cambridge University Press, 1990, 365pp.; J. T. Houghton(ed.), *Climatic Change(The Supplementary Report to the I.P.C.C. Scientific Assessment)*, Cambridge, Cambridge University Press, 1992.

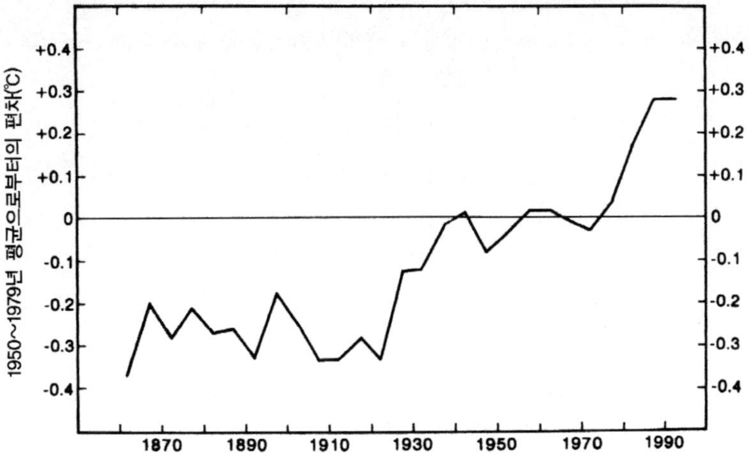

〈그림 83b〉 기후변화에 관한 정부 간 회의(IPCC), *Supplementary Report*에 제시된 수치로 그린 1861년부터 1992년까지의 세계 평균 기온의 변화.

내에서 행한 최근 수십 년간의 측정이다. 아무리 주의 깊게 관측 절차를 연구하고, 아무리 주의 깊게 관측 후에 적용되는 조정을 연구할지라도, IPCC는 1℃의 수백 분의 일 내에서 세계 평균 또는 한 지역의 평균에 대한 값을 알리는 것은 실현되기 어려운 이상적인 것이라는 믿음을 갖고 있다. 모든 책임 있는 연구자들은 측정된 기온이 장소의 특성과 시간에 따른 이들 특성의 변화에 대해서 조정되어야만 한다는 데 동의하고 있다. 이 모든 이유로 인해서 자료는 수정되어야 한다. 자료에 영향을 줄 수 있는 여러 종류의 오염과 마찬가지로 도시 및 산업화의 영향도 시간에 따라 변한다. 우리는 크고 작은 섬들의 기후가 '공해(open sea)'의 기후뿐만 아니라 가장 가까이 있는 넓은 육지의 기후와도 다르다는 사실을 알고 있다. 극 지역의 황무지에 있는 사람이 거주하는 야영지에서조차 인공적으로 발생시킨 열, 연기 및 오염을 통해서 자체의 기후가 생기며, 이 모든 것이 국지적으로 좁은 장소에 머물게 되어 기온 역전 아래에 모인다. 역전층 아래의 약한 풍속 역시 이러한 영향이 국지적으로 크게 집적되게 한다. 이러한 까닭에 보정을 하는 일이 결과에 임의의 요소가 들어가게 할지라도 반드시 보정을 해야만 한다.

고(故) 미첼 2세(J. Murray Mitchel Jr)는 1963년에 기후변화에 관한 세계기상기구/유네스코 로마 심포지움(WMO/UNESCO Rome symposium on changes of climate)에서 <그림 83>을 발표하였다. 이 그림은 1870년(북반구는 1840년)부터 1959년까지, 그리고 후에 1970년대까지 확장하여 연속된 5년 기간에 대해서 위도 80°N~60°S 사이의 전 지구의 10° 위도대의 지표상의 평균 기온으로 그린 것이다. 개정된 지도가 <그림 83b>이다. 이 지도는 영국기상청(British Meteorological Office)의 폴란드(C. K. Folland)와 그의 동료들이 처음으로 현재 이용할 수 있는 1850년대 이후의 세계의 해면온도의 훌륭한 자료 및 이를 조사한 결과이다. 그리고 노리치에 소재한 기후연구학과(Climatic Research Unit)의 존스(P. D. Jones) 및 다른 연구자들이 전 세계 지상 관측소들의 연구를 이용하여 예고 없이 지나쳐서는 안 되는 세계의 기온 역사(world temperature history) 과정의 서로 다른 특징을 제시하고 있다. <그림 83a>와 <그림 83b>에 제시된 바와 같이 20세기 세계 기온 과정 사이의 차이는 <그림 83>에 제시된 조사가 남극과 위도 60°S 남쪽의 모든 위도를 생략했다는 사실로 부분적으로 설명되어야 한다. 이들 지역에서는 우리의 모든 증거가 실제로 매우 높은 기온이 약 1950년 이후에 −뉴질랜드에서 사실로 나타나는 바와 같이− 관측되었다는 것을 분명하게 한다. 이러한 차이가 나타나게 되는 다른 주요 이유는 십분의 몇 ℃에 불과하나 열대의 넓은 지역에 적용되는 열대에서의 중요한 온난화 때문이다.

그럼에도 불구하고 두 그림 사이에는 일치되는 점들이 있다. 북반구 해양의 모든 지역에서는 아니지만, 1880년대와 1890년대 초는 추웠던 시기이고, 20세기에는 일반적으로 더 온난했다는 사실이 일치하고 있다. 약 1920년부터 1940년까지는 온난화가 급속하게 일어났다. 1940년대에 시작된 한랭화는 불안정했으나, 기후 기록에 의하면 1970년 이후의 일부 시기까지 북반구에서 일반적으로 계속 더 추웠다. 남반구, 특히 남극대륙과 아남극 해양 지대에서는 약 1950년 이후부터 급격하게 온난화가 진행되었다. <그림 83b>에서 지적되고 있는 바와 같이 1975년 이후에 전 세계 기온이 급격하게 상승했음에도 불구하고 주목할 만한 사건들이 있었다. 이것은 예를 들어 <그림 27a>에 제시된 덴마크의 기온 기록과 다른 추운 사건들, 또는 1985년에서 1987년까지 지속적으로 더 추운 조건들이 있었던 북아메리카와 유럽[33]의 다른 기록들에서 볼 수 있다. 이 책을 쓸 당시(1994년)에 사건들의 상태는 1989～1991년에 실제로 예외적으로 온난했던 이후에 전 세계적으로 기온이 약간 하강한 것인데, 많은 사람들은 이 원인을 1991년 6월에 필리핀의 피나투보(Pinatubo) 산에서 큰 화산이 폭발한 결과로 생각하고 있다.

20세기의 온난화

20세기 첫 번째 10년대와 두 번째 10년대 동안 모든 사람이 기후가 온난해지는 것을 느낄 수 있었다. 이러한 현상을 <그림 27>, <그림 29>, <그림 35>, <그림 79>에서

---

33) H. H. Lamb, *Weather, Climate and Human Affairs*, London, Routledge, 1988, p.160, 364pp.

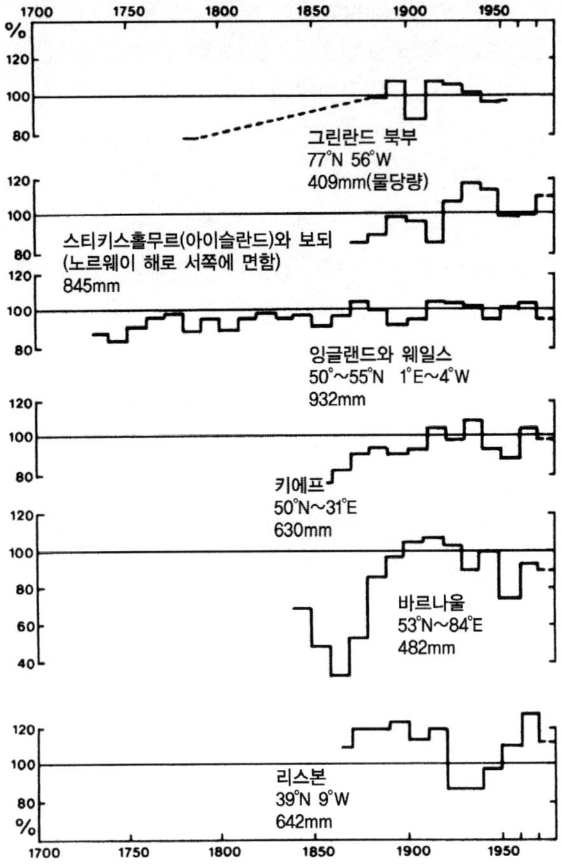

〈그림 84〉 1740년 이후 북반구의 선별된 장소들에 대한 연 강수량의 10년 평균(또는 비나 눈의 형태로 내린 상당 강수량).

잘 볼 수 있다. 잉글랜드와 아마도 많은 다른 장소에서 한 10년에서 다른 10년으로의 기온상승은 1690년대부터 18세기 처음 10년까지의 변화처럼 크게 일어나지 않았으나 훨씬 더 길게 지속되었다. <그림 83>에는 지난 약 100년 동안의 전 세계 기온변화를 제시하였다. 여러 곡선 중에서 북반구의 곡선이 가장 믿을 수 있다. (넓은 해양이나 얼음 때문에 규칙적으로 관측을 하는 지점이 매우 적고 불균등하게 분포되어 있는 세계의 여러 지역에서 기온을 추정하기가 어렵기 때문에 정확성이 제한되어 이 곡선은 지구 상의 제한된 지역들에만 적용된다) 이 시기에 잉글랜드에서 장기간 일어났던 기온변화는 전체적으로 지구 상의 평균 기온 변화와 유사하다. 아이슬란드, 스피츠베르겐(Spitzbergen)과 심지어 토론토(Toronto)와 같은 북극 주변 지역에 위치한 장소들에서는 지구 평균의 2배에서 5배까지의 온난화 현상이 일어났다. 이러한 발달 과정에서 영구 설선(雪線)과 얼음 한계는 북쪽으로 크게 후퇴하였다. 이러한 과정은 어느 정도 온난화로 설명된다. 스피츠베르겐의 석탄 항구는 1920년 이전의 3개월로부터 1930년대 말경의 7개월 이상까지 부동(不凍)이어서 선적을 할 수 있었다. 북극 해빙의 평균 총면적은 이 시기에 10～20% 사이에서 감소하였다. 적도 해양과 적도 부근의 작은 섬들조차 전 세계의 평균으로 계산된 만큼 거의 같은 정도로 온난해졌다. 그렇지만 저위도 심해로부터 차가운 물이 용승(upwelling)하는 장소나 범위가 변한 일부 지역에서는 용승 때문에 한랭해졌다. 대기대순환 및 강수분포의 변화와 그 변동성도 고려하면, 1920～1960년까지 지배했던 20세기의 기후 체제가 세계를 변화시켰다고 해도 과언이 아닐 것이다.

중위도에서 탁월한 편서풍이 더 강하게 일기를 결정하게 되었는데(<그림 16>은 영국제도의 경우에서 이러한 사례를 제시한 것임), 그 이유는 아한대의 저기압이 더 커지고 바람대가 더 극쪽으로 이동하였기 때문이다. 편서풍이 더 빈번하게 불어서 서쪽으로부터 수송되는 수분으로 비가 내리는 모든 지역에서 더 많은 비가 규칙적으로 내리게 되었다. <그림 84>에는 50°N 부근에서 유럽의 평야를 지나 중앙아시아까지의 장소들에 대해서 이러한 현상이 나타났던 것을 제시하였다. 이와 같은 현상은 남반구 상의 상응하는 위도대의 서측에서도 나타났다. 그리고 고위도에 더 많은 수분이 도달하여 그린란드 북부와 남극대륙의 빙상 위에 눈이 집적되었다. 중위도의 아메리카에서는 그 상황이 달랐는데, 그 이유는 증가한 편서풍이 로키 산맥과 안데스 산맥의 비그늘 효과를 통해서 이들 지역을 건조하게 했기 때문이다. 1930년대 동안 이러한 발달은 미국 중서부에서 더스트 보울 해들(Dust-Bowl years)[34]에 큰 피해를 준 가뭄에서 절정에 달했다. <그림 84>에서는 리스본(Lisbon)과 아열대의 다른 지역에서도 강수량이 감소했다는 사실을 알 수 있다. 이렇게 강수량이 감소한 원인은 고기압대가 큰 규모로 다소 북쪽으로 이동했기 때문이다. 그에 상응하게 사하라 사막의 남쪽에서는 서아프리카의 계절풍이 당시에 훨씬 더 북쪽으로 진출했다. 그리고 마찬가지로 인도의 계절풍이 가장 규칙적으로 불었고, 1925～1960년 사이

---

34) 옮긴이 주: 더스트 보울(Dust Bowl)은 미국 그레이트플레인스의 일부분으로 남서부 하이플레인스로도 알려진 지역이다. 대략 콜로라도 남동부, 캔자스 남서부, 텍사스와 오클라호마 주의 좁고 긴 돌출 지역들, 그리고 뉴멕시코의 북동부로 이루어져 있다. 더스트 보울이라는 말은 1930년대 초 이 지역을 강타했던 기후 상황에서 비롯되었다. 가축을 방목하고 토지관리가 대체로 허술했던 시기의 뒤를 이어 연평균 강우량이 500mm에도 못 미치는 심한 가뭄이 수년간 계속되자, 이 초원의 토착식물이며 뿌리에 수분을 간직하여 흙을 고정시켜주는 풀인 쇼트그래스가 죽었고, 결국 겉으로 드러난 표토는 강한 봄바람에 모두 날려갔다. '검은 눈보라'는 태양을 가렸고 바람에 날린 흙이 쌓였다. 대공황 때 수천 세대가 이 지역을 떠나야만 했다. 풍화작용은 연방정부의 지원으로 점차 줄어들었다. 방풍림을 심고 초원의 많은 부분이 복구되었다. 1940년대 초에 이르러서는 원래의 모습을 거의 되찾았다.

〈그림 85〉 사람들이 좋아하는 택지의 비교. (a) 1930년대에 서리(Surrey)의 길퍼드(Guildford)에서 저택의 입지로 선택된 전형적인 구릉 상의 택지. (b) (a)로부터 약 5km 떨어진 곡저에 있는 서리의 시어(Shere) 거리에 있는 16세기의 가옥들.

의 36년 동안에 두 번만 부분적으로 불지 않았다.

온대에서는 생육기간이 길어졌다. 잉글랜드에서는 평균 생육기간이 약 2주일쯤 길어졌다.[35] 눈과 결빙의 빈도가 일반적으로 감소하였다. 봄에는 마지막 서리(종상)의 일자가 빨라졌고, 가을에는 첫서리(초상)의 일자가 대략 2주일 또는 그 이상 늦어졌다. 그리고 약

35) 대략 지난 100년 동안 잉글랜드에서 10년 평균 생육기간은 약 20일까지 변동하였다(1880년경에 가장 짧았음). 개별 해의 생육기간은, 잉글랜드 중부의 기온이 6° 이상인 기간이 6.5개월 이하일 때, 거의 약 40일까지 변동하였다(1879년에 가장 짧았음).

1925년 이후에 빙하가 빠르게 후퇴하였다. 20세기의 거의 모든 온난화 동안 알프스 산맥의 빙하는 곡저부터 산지까지 사라졌다. 스칸디나비아, 아이슬란드, 그린란드, 아메리카와 적도 부근의 고산 지역에서도 마찬가지로 빙하가 크게 후퇴했다. 유럽 산지의 상부 수목한계선과 라플란드의 북부 수목한계선도 온난화의 영향을 받았다. 알프스 산맥은 19세기 초부터 경관이 크게 변하였다. 이와 유사한 변화가 많은 다른 계곡들과 세계의 다른 지역들의 사진들에 기록되어 있다. 조류(鳥類)와 여러 해양 어종(魚種)의 북부와 남부의 서식지 경계도 20세기의 온난화 동안 극쪽으로 이동하였으나, 이 이동 현상은 약 1960년 이후 점진적으로 역행하였다. <그림 85>는 1730년대의 바스(Bath)에서 시작된 유행의 추이를 따라 잉글랜드에서 1930년대의 저택의 입지로 선호된 개방된 구릉 정상의 택지와 16세기에 선호된 보호를 받는 곡저의 택지를 대비한 것이다.

3부
현대 세계의 기후와 미래의 문제

14. 1950년 이후의 기후

다른 전환점

이전 50～80년 사이 또는 그 이상까지 현저했던 세계 기후의 많은 경향들은 1940년대 이후 정체했거나 변하였다. 확실히 이러한 현상은 사람들이 기후에 관심을 갖도록 자극했고, 근년에 기후 연구를 활발하게 했다. 제2차세계대전이 끝난 이후 그 이전 10년 동안 일반적인 온난화를 일으킨 유리한 기후 경향이 실제로 학문적인 논의의 주제가 되었으며 대중의 주목을 끌었다. 그 당시의 관심은 계속되는 경향이 앞으로 어떻게 될 것인가에 집중되었다. 북극 해빙이 20세기 말에 사라질 가능성이 있는가? 그리고 이러한 결과가 북부 지역에서의 농업, 식량생산, 증가하는 인구가 정착하는 데에 어떤 영향을 미칠 것인가? 물론 대규모 기후 경향의 문제는 제외하고도, 그 이전과 마찬가지로 1950년 이후, 한 해에서 다른 해로 보통 일어나는 기후변동과 수년 단위의 기후변화도 있었다. 이러한 기후변동과 기후변화로 인하여 기후 경향의 방향을 그것이 이미 일부 기간, 아마도 수십 년 동안 지속되지 않은 이상 분간하기가 어려웠다. 그리고 실제로 이와 같은 단기간의 변동들이 20세기 중반 이후 빈번하게 나타났다는 많은 징후가 있었다.

변동성의 증가

이미 수행된 전 세계적인 연구에 의하면 <그림 86>의 (a)와 (b)에 제시된 바와 같이 기온과 강수량의 변동성이 증가했다는 사실이 확인되고 있다. 기압 분포에서도 1950년대를 제외하고 변동성이 증가했다. 플론(Flohn) 교수와 네덜란드 기상청의 슈우르만스(C. J. E. Schuurmans) 박사가 언급하고 있는 바와 같이 유럽에서는 변동성의 패턴이 이상하게 변하였다. 1940～1960년 사이의 어느 기간에 －기온과 강수를 고려할 때－ 극심한 계절들의

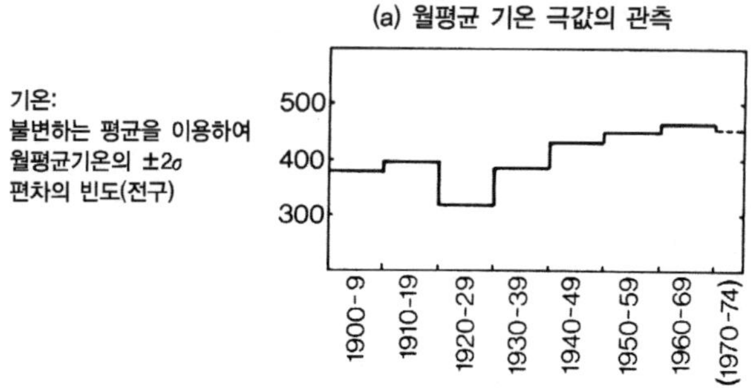

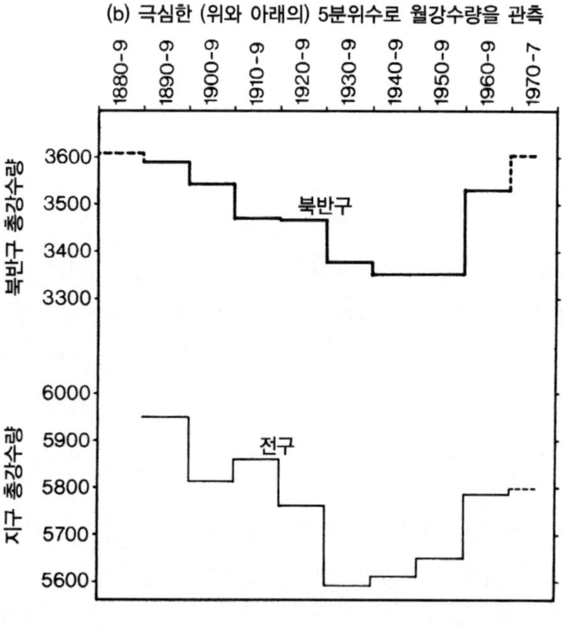

〈그림 86〉 극심한 달들의 출현 빈도의 변화. (a) 기온: 1900~1909년부터 1970년대까지 10년간의 전 세계적인 기온 추이. (b) 강수량: 1880~1889년부터 1970년대까지 극히 습윤하거나 건조했던 달들이 보고되었던 빈도를 기초로 조사한 북반구와 전 세계의 강수량 경향.

출현이 현저하게 증가했다. 이와 반대로 그 이전 10년들과 비교하여 다른 해들에 의해서 크게 결정되는 일반적인 변동성은 다소 낮았다. 여름은 예외가 되어 유럽에서조차 일반적으로 변동성이 증가하였다.[1)]

---

1) 이스트 앵글리아 대학교 기후연구학과(University of East Anglia, Climatic Research Unit)의 타바콜(R. K. Tavakol)과 존스(P. D. Jones)가 고안한 세계 기후변동성의 단순한 지수는 매 10°의 위도와 경도의 교차점에서 평균한 기압 또는 기온의 표준화한 편차로 이루어졌다. 북반구의 이

1960년 이후 보고된 전 세계의 극심한 계절의 목록은 매우 인상적이다. 이 목록에는 다음과 같은 사례들이 포함되어 있다.

1960~1969년	1770년대와 1790년대 이후 칠레 중부에서 가장 건조했던 10년.
1962~1963년	1740년 이후 잉글랜드에서 가장 추웠던 겨울.
1962~1965년	1738년 기상관측이 시작된 이후 미국 동부에서 가장 건조했던 4년 기간.
1963~1964년	1743년 이후 잉글랜드와 웨일스에서 가장 건조했던 겨울. 1745년 이후 볼가(Volga) 강 하류와 카스피 해(Caspian Sea)부터 페르시아 만(Persian Gulf)까지의 지역에서 가장 추웠던 겨울.
1965~1966년	발트 해가 완전히 얼음으로 덮였음.
1968년	1888년 이후 처음으로 북극 해빙으로 아이슬란드의 1/2이 둘러싸였음.
1968~1973년	(20세기의 모든 기록을 능가하는) 아프리카 사헬 지대(Sahel zone)에 지속적으로 가뭄이 들었던 가장 심각한 시기.
1971~1972년	동유럽의 러시아 일부 지역과 터키에서 200년 이상 동안 가장 추웠던 겨울. 티그리스(Tigris) 강이 얼었음.
1972년	핀란드 북부와 러시아 북부에서 관측이 시작된 이후 최대의 열파(heat wave, 7월).
1973~1974년	오스트레일리아 중앙의 사막에서 지금까지 기록되지 않았던 정도의 홍수.
1974~1975년	1834년 이후 잉글랜드에서 가장 온화했던 겨울. 발트 해에서 거의 얼음이 얼지 않았음.
1975~1976년	유럽의 큰 가뭄으로 1698년 이후 런던[큐(Kew)]에서 관측이 시작된 이후 가장 심각하게 토양수분이 부족했음.
1975년과 1976년	덴마크와 네덜란드의 기록에서 가장 컸던 열파, 그리고 부분적으로 잉글랜드에서도 가장 컸던 열파.
1976~1977년	미국 동부에서 (1738년에 관측이 시작된) 기온 기록 중에서 가장 추웠던 겨울.
1978~1979년	북유럽의 일부 지역과 아마도 모스크바(Moscow) 지역의 200년의 기록 중에서 가장 추웠던 겨울과 가장 낮았던 기온. 극심한 눈 역시 북유럽의 일부 지역에 내렸음.

이상에서 간략하게 만든 목록에는 남반구와 계기관측기록이 과거로 그리 오래 소급되지 않는 세계의 다른 지역들에서 보고된 대부분의 주목할 만한 사건들이 생략되었다. 점

들 기후 요소에 대해서 변동성 지수는 (저지작용의 빈도가 높았던 1940년대의 기압을 제외하고) 약 1920년부터 1960년까지 일반적으로 낮았다. 그 후에 변동성 지수는 1960년대 중엽과 그 이후에 높은 지수로 급격하게 증가하였다. 변동성 지수는 지도 상의 n 지점들의 각 지점에서 평균 $\bar{x}$로부터의 한 요소 x의 관측된 값 x의 편차에 대한 것으로

$$\frac{1}{n}\sum_{1}^{n}\frac{|x-\bar{x}|}{\delta_x}$$

로 표현될 수 있으며 δ_x는 각 지점에서 x의 표준편차이다.

이 계절인 봄과 가을에 영향을 준 경우들도 생략되었다.

아마도 기본적인 온난한 기후나 한랭한 기후로의 경향보다 이와 같은 비교적 단기간의 변동들이 우리가 살고 있는 계획의 시기(planning age)에 어려움을 불러일으키고 있다.[2] 이러한 변동들은 '자오면(meridionality)' 바람 순환의 강화, '저지(blocking)' 일기 상태와 정체된 고기압계 및 저기압계의 빈도가 증가한 것과 관련될 수 있다. 이러한 현상이 중위도의 한 경선 지역에 지속적인 북풍과 다른 경선 지역에 지속적인 남풍이 불게 하였다. 이와 관련하여 약 1950년부터 편서풍이 감소하기 시작한 것을 <그림 16>에 제시하였다. 중요하다고 생각되는 다른 인자들은 지구의 바람 순환과 기압 패턴을 연구하여 확인할 수 있다. 따라서 1960년대에 칠레의 가뭄과 약 1950년부터 (평균 약 1℃의) 뉴질랜드의 강한 온난화는 남반구의 제트류, 아남극 폭풍과 아남극 저기압 활동이 남쪽으로 이동한 것과 관련될 수 있다.[3] 이들 해에는 양 반구에 더 많은 저지 현상이 있었다. 평균 기압은 67°N부터 22~25°N까지의 모든 위도대에서 20세기 초반보다 높았다. 보통 저지 고기압이 나타나는 지역(캐나다 북동부와 그린란드 부근, 북유럽과 시베리아 북동부)을 제외하고 적도 부근과 또한 극 지역에서 그 이전보다 기압이 낮았다. 가장 눈에 띄는 특징은 대략 70~90°N 부근의 고위도, 즉 북극 모든 지역에서 저기압 활동이 증가한 것이다. 이것은 추측하건대 1950년대 이후부터 거의 동일하게 북극이 현저하게 한랭화된 것과 관련이 있다(<그림 87> 참조). 이것은 고위도와 저위도 사이의 기온경도가 커진 것을 의미한다.

중위도와 아한대에서 어느 정도 평균 기압이 상승하게 함에도 불구하고 중위도와 아한대의 정체된 고기압 지역과 관련되어 발생하는 더 복잡한 바람 순환 패턴은 저기압 중심들이 빈번하게 발생하기에 유리하게 하고, 지중해 지역(<그림 84>의 리스본 기록 참조)과 미국의 남부에서 강수량이 증가하게 하였다. 영국제도(위도 50~60°N) 상공의 바람과 일기 패턴의 장기간 기록에 의하면, 19세기 이후로 1960~1979년의 20년 동안 이 지역 위에서 고기압과 저기압 중심이 가장 빈번하게 출현했다. 추측하건대 이 위도 위를 통과하는 저기압 중심의 빈도가 증가한 결과는 영국제도 및 북대서양 동부 위, 그리고 북해 위의 50~60°N 사이에서 강풍과 폭풍(storm force wind)[4]이 출현한 것을 계산한 것이 <그

---

2) 열대 허리케인 피해율이 1900년부터 1930년까지 지배했던 수준으로 유지되고 각 폭풍의 빈도가 상당히 증가하였기 때문에 이미 1950년대 중반에 많은 선박 피해 보상을 해야 했던 보험산업은 1980년부터 산사태, 침강 및 서리 피해에 대한 가옥 보험료를 10% 이상 올려야 할 필요가 있다고 간주하였다.

3) 예를 들어 뉴질랜드 기상청(New Zealand Meteorological Service)의 K. E. Trenberth가 *Quarterly Journal of the Royal Meteorological Society*, vol.102, 1976, pp.65-75에 보고하였음.

4) I. Weiss and H. H. Lamb, "Die Zunahme der Wellenhöhen in jüngster Zeit in den Operationsgebieten der Bundesmarine, ihre vermutlichen Ursachen und ihre voraussichtliche weitere Entwicklung," *Fachliche Mitteilungen* Nr.160, Porz-Wahn, Geophysikalischer Beratungsdienst

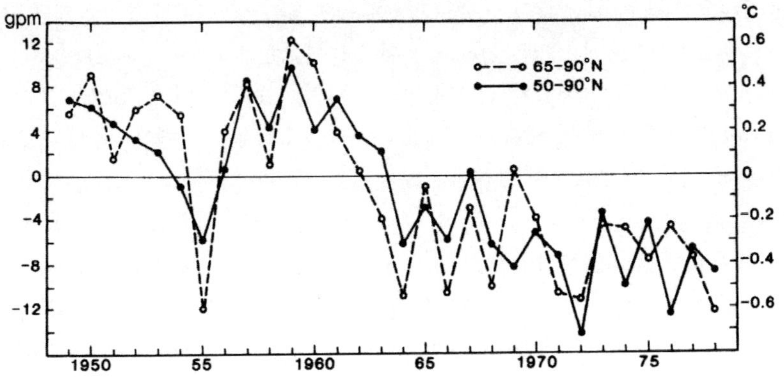

〈그림 87〉 1949년부터 1978년까지 50° N에서 북극까지, 그리고 65° N 이북의 북극 지역과 아한대 지역까지 북반구 고위도에서 지배했던 기온의 변화. (H. Flohn 교수가 발간한 그림을 이용하였음)

림 86> (b)의 지구의 강우 변동 곡선과 매우 유사한 변동을 나타내고 있는 데서 알 수 있다. 1960년대와 1970년대에 강풍 빈도는 북해 상공에서 연평균 약 30일과 대서양의 동단 상공에서 50~55일로 추정된다. 이러한 상황은 1880년대와 1890년대, 그리고 20세기 초의 수준으로 돌아온 것을 의미하고, 그 후 수십 년 동안 강풍의 빈도가 20~25%로 낮아졌다. 1960년대와 1970년대에도 이 지역에서 북서풍과 북풍의 빈도가 증가했다(편서풍이 하강한 데 대한 보상의 일부, <그림 16> 참조). 이들 바람은 여기서 논의된 저기압 후면에서 자주 강하게 발달하였다. 이러한 상황으로 독일 해군이 관측한 북해에서 거친 바다가 증가한 이유가 설명된다. 실제로 쿡스하벤(Cuxhaven)과 함부르크(Hamburg)에서 엘베(Elbe) 강의 유량을 관측한 것은 홍수 수위에서는 덜 뚜렷했지만, 1972~1973년 겨울에 북해의 폭풍 범람의 빈도가 1792~1793년 이후 가장 컸다는 사실을 나타내고 있다.[5)]

북극의 한랭화

1950~1960년 이후부터 북극의 한랭화는 20세기 초의 10년들 동안 가장 크게 온난화되었던 바로 같은 지역들에서 가장 뚜렷하게 일어났다. 이들 지역은 북극의 중앙(central Arctic), 세계의 해양으로부터 멀리 떨어진 2개의 거대한 대륙의 북단 지역, 노르웨이-동그린란드 해(Norwegian-East Greenland Sea)에 위치한 섬들이다. [예를 들어 80°N 50~60°E

der Bundeswehr, 1970.; *Fachliche Mitteilungen* Nr.194, Traben-Trarbach, 1979도 참조.

5) M. Petersen and H. Rohde, *Sturmflut*, Neumünster, Wachholtz, 1977, p.52, 148pp.

부근 프란츠 요제프 랜드(Franz Josef Land) 군도[6]와 같은 일부 장소들에서 장기간 평균 기온이 약 3~4℃ 하강했으며, 10년 겨울 평균 기온은 그 이전 10년들과 비교하여 1960년대에 6~10℃ 정도 하강했다] 아이슬란드의 해양학 연구에 의하면 해류 변화가 이러한 발달을 일으키게 한 것이 분명하다. 따라서 극의 해수를 남쪽으로 수송하는 매우 강력한(극심한 경우들에서는 10배나 되는) 차가운 동그린란드 해류(East Greenland Current)가 여러 해(특히 1968년과 1969년, 그러나 또한 1965년, 1975년, 1979년)에 다른 50년 동안보다 더 많은 북극의 해빙을 아이슬란드 해안으로 운반하였다(<그림 88> 참조). 1968년과 1969년의 4월과 5월에 아이슬란드는 1/2이 얼음으로 둘러싸였다. 이러한 현상은 1888년 이후 일어나지 않았다.

아이슬란드의 역사에서 이와 같이 얼음이 많았던 해들은 여름에 기온이 하강하고 농업 생산에 미치는 영향 때문에 항시 두려웠다. 1950년대에 아이슬란드의 하반년 평균 기온은 7.7℃였고, 평균 건초수확량은 (2.8kg의 질소 비료를 사용하여) 4.3톤/ha였다. 평균 기온이 6.8℃였던 1960년대 말에 (4.8kg의 비료를 사용했음에도 불구하고) 평균 건초수확량은 3.0톤/ha에 불과했다. 기온 수준이 실제로 풀이 성장하지 못할 정도로 매우 낮았다. 이와 마찬가지로 아이슬란드의 감자 수확량도 감소했다. 수백 년이 경과한 후 20세기의 온난한 수십 년 동안 아이슬란드에서 재배되던 작물은 1960년대에 다시 재배될 수 없었다. 동시에 해양에서 일어난 변화로 어류의 산란장과 계절적으로 어류가 이동하는 경로가 변하였다. 최근의 어장에 관한 국제 분쟁과 '대구 전쟁(cod wars)'에 대해서는 일반인들이 잘 알지 못하고 있다. 1920년대와 1950년대의 최고 수온으로부터 그린란드 서쪽의 평균 해면온도가 1℃ 이상 하강하여 대구 어업은 1970년대 초에 그 이전 어획량의 적은 부분으로까지 감소하였다.[7] 그린란드의 대구는 아이슬란드 해역으로 이동했고, 그 지역에서 수년 동안(1967~1971년) 감소한 어획량을 상쇄하였다. 그러나 1974년부터 아이슬란드 해역에서 산란하는 물고기의 수는 1950년대 말에 도달했던 수준의 1/10에 불과했다. 총어획량은 거의 1/2로 감소했는데, 이와 같이 감소한 현상에는 아마도 해수에서 변한 기후상태와 과잉어획이 함께 영향을 미친 것으로 생각된다. 마찬가지로 청어도 아이슬란드 해역으로부터 훨씬 동쪽과 남쪽과 북쪽의 노르웨이 해의 더 넓은 지역과 북해로 이동했다. 이와 대조적으로 대구의 남한계가 남쪽으로 이동하여 1963년경부터 북해에서 대구가 더 많이 잡히게 되었다.

1960년대에 시작된 더 추운 기후 체제가 단절된 것은 1970년대 초반부터 유럽과 아이

6) 옮긴이 주: 프란츠 요제프 랜드는 바렌츠 해(Barents Sea) 북동부, 러시아 북단에 있는 191개 섬으로 이루어진 군도이다.

7) 말름베르그(Sven-Aage Malmberg) 박사는 그린란드와 아이슬란드 해역에서 해수 온도와 염도, 그리고 어획량의 변화에 관한 일련의 유용한 조사 내용을 최근에 *Ægis*, Reykjavik, 1979~1980에 발표하였다.

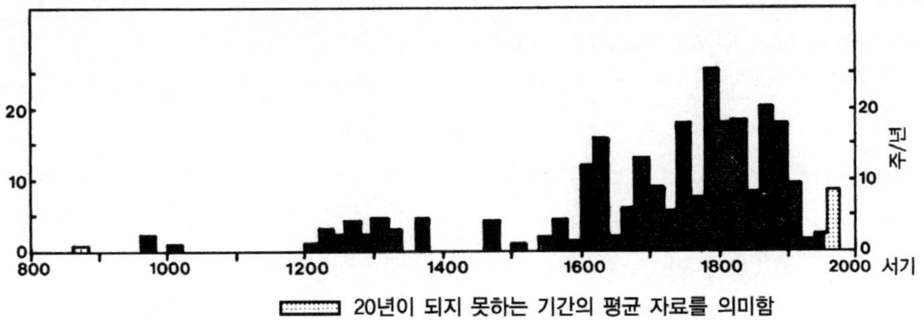

〈그림 88〉 아이슬란드 해안에서 북극 해빙의 출현 변동(L. Koch의 *The East Greenland Ice*, Copenhagen, 1945의 20년 평균, Icelandic Weather Bureau가 제공한 자료로 1975년까지 수정하였음).

슬란드, 동아시아의 일부와 미국 동부에 영향을 주었고, 아마도 너무 이르게 기후 경향이 전환된 것으로 간주되었다. 그 이유는 유럽의 대부분 지역과 위에서 언급한 지역들의 일부가 1971~1977년 사이에 4회에서 7회까지 연속된 온화한 겨울을 경험했기 때문이다. 이것은 실제로 이들 지역에 남풍 또는 남서풍이 불게 하는 위치에 반복해서 고기압이 출현하였기 때문이다. 이러한 겨울들 중 한 해 또는 두 해의 겨울은 1월 말에 코펜하겐의 공원에 장미가 피게 하는 것과 같은 극심한 현상을 일으켰다. 그러나 북반구의 많은 다른 지역, 아시아와 아프리카, 그리고 극 지역과 두 개의 대양 및 캐나다 동부에서 같은 해의 겨울에 정상보다 더 추운 겨울들이 연이어 나타났다. 이러한 패턴은 중위도의 바람 순환에서 정체된 ('저지') 기압의 위치에 따라 달라지기 때문에 그 다음 10년에 바로 이어진 해들에 이들 여러 지역에서 다시 그 반대가 되는 조건들이 나타났다는 사실은 놀라운 일이 아니다. 북극 주변의 다른 지역들에서처럼 아이슬란드에서 1970년대 말에 1960년대 이후 시작된 좀더 추운 기후 체제가 분명히 더 계속되었다는 것을 알게 되었다. 그리고 1979년과 1980년의 주목할 만하게 추운 해들 이후에 인간 활동에 의한 이산화탄소의 증가가 세계 기후에 미치는 영향의 결과로 널리 논의된 지구온난화의 가능성이 이들 국가에서 문제가 되었다.

세계 기온

<그림 83>은 과거 100년 이상의 기간에 전 세계의 기온변화를 추정한 것이다. 기후변화를 확인하기 위하여 필요한 정확도로 세계 평균 기온을 측정할 수 있는 가능성에 대

하여 모든 것을 유보해도, <그림 83>의 그래프의 주요 특징은 육지 지역의 관점에서 의심할 여지가 없이 실제로 정확하다. 이러한 사실은 특히 북반구의 곡선에서 파악되는 5년 또는 10년 평균에 해당된다. 알려진 다른 세부 사항으로 최근 북극의 한랭화는 남극과 북쪽으로 심지어 뉴질랜드를 포함하는 아남극 해양에서의 온난화와 대비된다. 북반구 및 남반구 고위도에서의 변화는 다른 곳에서보다 몇 배나 더 커서 우리가 이 변화를 확실하고 쉽게 알 수 있다. 그러나 세계의 다른 지역들에서는 20세기의 가장 온난한 10년들 이후에 실제로 한랭화가 일어났다는 사실이 분명하다. 유럽에서 여름에 가장 기온이 높고 일조량이 많았던 해들은 1933~1952년 사이에 있었다. 서늘한 기후로의 변화는 일반적으로 약 1950~1953년과 1960년대 말 사이에 일어났다. 그 이후로 1970년대 말 또는 그 후까지 아무런 결정적인 변화도 없었다.

일부 연구[8]에 의하면 배수가 잘 되고 포장이 되었으며, 지나치게 건물을 난방하는 우리의 도시들이 온난해진 것이 기온 통계에서 매우 중요한 인자로 나타났다. 도시 관측소들은 주변의 농촌 관측소들보다 보통 1.0~2.0℃(연평균) 정도 온난하다. 이러한 사실로 1960년대와 1970년대의 전 세계의 평균 기온과 19세기 말의 평균 기온 사이의 편차가 설명된다.[9] 인구가 5만~10만 명에 불과한 일부 작은 도시들에서조차 현재 이와 같은 '도시화 효과(urbanization effect)'가 나타나고 있고, 주변 지역보다 기온이 0.5~0.7℃ 정도 높을 수 있다. 하늘이 맑고 고요한 추운 겨울 밤과 더운 여름의 오후에 도시 내부와 주변 농촌 사이의 기온 차는 보통 이보다 더 크고, 5℃를 넘을 수 있다. 그렇지만 20세기의 온난화는 전적으로 관측소들의 도시화를 통해서만 나타난 허구는 아닌데, 그 이유는 대서양의 변두리, 아일랜드 남서부에 있는 발렌티아(Valentia) 천문대에도 영향을 주었고, 세계의 빙하들에서도 인상적으로 온난화의 영향이 나타나고 있기 때문이다.

1950년 이후의 기온변화는 평균으로 볼 때는 작지만 생육기간의 길이에 영향을 주었다. 잉글랜드에서 많은 농부들과 원예가들은 추운 봄에 익숙해졌다. 1938~1953년 사이의 16년 동안에 2년을 제외하고 1920~1960년의 평균보다 온난한 봄이 나타났다. 1962년부터 1980년까지 이 평균 수준에 이르는 봄은 한 번에 불과했고, 1965~1980년의 16년 동안에는 한 번도 온난한 봄이 없었다. 1938~1953년 사이에 가장 온난했던 봄(1943년 3월부터 5월까지)에는 잉글랜드 중부에서 평균 기온이 10.5℃였고, 1965~1980년의 가

8) H. Dronia, "Der Stadteinfluß auf den weltweiten Temperaturtrend," *Meteorologische Abhandlungen*, Band 74, Nr.4. Berlin, Inst. für Meteorologie der Freien Universität, 1967.

9) 그렇지만 하워드(Luke Howard)는 이미 1810~1820년경에 런던의 기온이 주변의 농촌보다 1.1℃ 정도 높은 경향이 있다는 사실을 지적하였다. 우리는 이미 요크의 고고학 연구에서 조사된 하늘소[house longhorn beetle(*Hylotrupes bajalus*)] 동물상으로부터 현재의 표준으로 작지만 조밀하게 건축된 중세도시가 그 주변 지역보다 현저히 온난했다는 사실을 언급하였다.

장 추운 봄은 1978년에 6.3℃였다. 같은 시기에 여러 차례 특히 온난한 가을이 있었다. 1945~1954년의 10년 동안 다만 두 번 1920~1960년의 평균 기온보다 낮았다. 1950~1979년 사이의 각각 10년의 후반에 세 번 또는 네 번의 온화한 가을이 연이어 나타났다. 1969년에는 13℃의 10월 평균 기온으로 잉글랜드 중부의 320년 기록 중에서 가장 온난한 10월이 나타났다. 그러나 과거에 잉글랜드와 스위스의 온난한 가을들(<그림 27>과 <그림 71> 참조)은 분명하게 연평균 기온곡선이 더 뚜렷하게 하강하는 조짐을 나타냈다. 실제로 잉글랜드에서 이와 같은 변화는 다음과 같은 결과를 가져왔다. (6℃ 이상의 기온을 갖는 기간으로 정의된) 생육기간은 그 이전의 온난한 10년들보다 1950년대 중반 이후로 평균 약 9일에서 10일까지 짧았고, 옥스퍼드(Oxford)에서 (유사하게 정의된) 봄이 시작하는 평균 일자는 1920~1950년의 3월 4일로부터 1963~1980년의 약 3월 20일까지 변하였다.[10]

1950년 이후 보고된 바 있는 기온변화가 미친 다른 결과들은, 네덜란드에서 최고기온이 25℃ 또는 그 이상인 최초의 여름날이 나타나는 날짜가 주목할 만하게 늦어진 것이다(그리고 매년 점점 더 늦어졌음). 1910년부터 1949년까지 매 10년의 평균은 5월 9일과 17일 사이였으며, 1950년대와 1960년대에는 5월 22일, 1970년대에는 6월 3일이었다. 다른 한편으로 캐나다 프레리의 밀 재배자들은 1970년대 9월에 가을의 첫서리가 일찍 내려서 어려움을 겪었다. 그리고 유럽에서 가을과 겨울 기온의 모든 변화에도 불구하고 가을의 첫눈은 평균적으로 일찍 내렸으며, 1960년대와 1970년대에 봄의 마지막 눈은 더 늦게까지 내렸다.

열대와 그 주변 지역에서의 기온변화는 북쪽의 위도대에서보다 확인하기 어려운데, 그 이유는 이 지역에 넓은 해양이 있고, 기온변화가 작기 때문이다(이러한 사실은 해양의 차가운 용승수가 기온에 영향을 주는 곳에는 해당되지 않는다). 위도 20~40°N 사이에서 1970년대의 기온은 그 이전 30~50년 동안보다 전 세계 평균으로 약 0.3℃까지 낮았다. 그리고 적도와 15°S 사이에서는 약 0.5℃까지 더 낮았다. 이것은 추측하건대 이들 지역에서 운량이 높았던 것을 의미한다. 약 15°N과 30~40°S 지역에서 기온이 약간 상승한 것은 이들 지역에서 운량이 감소한 것을 암시한다.

---

10) N. E. Davis, "The variability of the onset of spring in Britain," *Quarterly Journal of the Royal Meteorological Society*, vol.98, 1972, pp.763-777 참조.

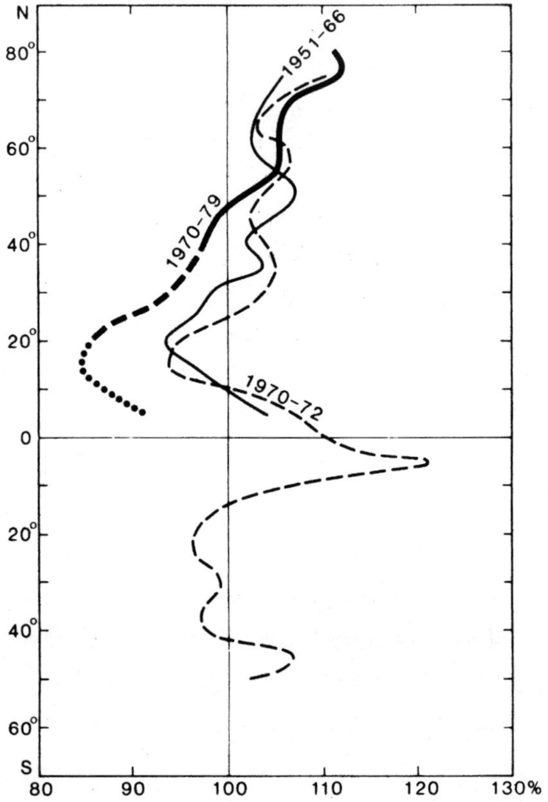

〈그림 89〉 위도별 세계(강우와 상당 강우량으로 측정한 강설량의 총량으로써) 강수 분포의 변화. 1950~1979년 사이의 서로 다른 시기에 측정된 강수량을 1931~1960년 동안의 평균에 대한 비율(%)로 표현하였다. (고위도와 적도 부근에서의 강수량 증가와 위도 20° 부근에서의 강수량 부족을 주목하라)

강수에 미친 영향

근년에야 비로소 비교를 하기 위하여 여러 시기의 세계의 강수 분포도－또는 더 정확하게 말해서 전체 강우와 강설량을 상당 강우(equivalent rainfall)로 측정한 분포도－를 그렸다. <그림 89>는 1931～1960년 평균으로부터의 변화의 관점으로 1950년 이후(수백 개의 관측지점의 잠정적인 측정으로)의 여러 해의 자료에서 위도별 분포를 비교한 결과를 제시한 것이다. 여기서 가장 분명한 사실은 적도 강우가 20세기 초의 10년들에서보다 적도에 더 가까운 지역들에 집중했다는 것이다. 이러한 상황은 아프리카의 사헬 지대로부터 에티오피아(Ethiopia)까지, 그리고 20～30°S 사이에서 장기간 지속된 가뭄의 가장 심각한 형태로

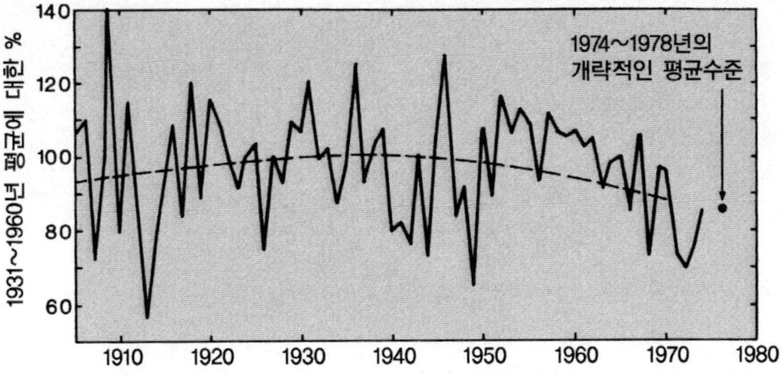

<그림 90> 1905년부터 1974년까지 아프리카 사헬 지대 주변의 연 강수량과 1974~1978년의 5년 평균. 약 12~14°N 사이의 5개 관측소(Zinder, Niamey, Sokoto, Kano와 Maiduguri)에 대한 평균 강우량. 평활한 곡선은 1905~1974년까지의 강우량에 적용한 최적 사인 곡선이다(A. H. Bunting, M. D. Dennet, J. Elston and J. R. Milford가 *Quarterly Journal of the Royal Meteorological Society*, 1976에 발표한 그림을 인용하였음).

나타난 15°N 부근 위도에서의 강수 부족에 상응하는 것이다. 20~30°S 사이의 지대에서 로데시아[Rhodesia, 현재의 짐바브웨(Zimbabwe)]와 남아프리카의 일부 지역은 때때로 가장 심각하게 영향을 받았다. 브라이슨은 아프리카에서 계절풍 비의 북한계가 사하라 사막의 남부 주변에서 1952~1958년에 22°N 부근으로부터 1972년에 약 19°N까지 어떻게 점진적으로 후퇴하였는가를 제시하였다. <그림 90>은 사헬 지대의 주변 12~14°N 사이에 위치한 서아프리카의 5개 지역에서 1900년 이후의 강우의 역사를 제시한 것이다. 여기서는 약 1915~1960년 사이의 최대 강수량을 가진 해부터 지속적으로 강수량이 감소한 것이 뚜렷하게 나타난다. 제시된 최적의 평활한 (사인) 곡선에는 이 변동이 200년 진동의 요소일 수 있다는 단서가 있다. 1970년대 말에는 아프리카의 적도 강우대가 더 제한되어 심지어 바로 적도에서도 강수량이 감소하였다. 그러나 이 현상은 다른 (아마도 훨씬 더 단기간) 과정의 일부일 수 있는데, 그 이유는 바로 같은 해들에 지구 반대편의 적도 부근(인도네시아, 서태평양과 중태평양의 군도)의 강우가 오히려 증가했기 때문이다.

적도 강우계(equatorial rain system)의 더 제한된 계절적 이동과 중위도에서의 자오면 바람 순환 패턴과 관련된 변동성이 증가하여 <그림 91>에서 볼 수 있는 바와 같이 근년에 인도 북부 상에서 평균 강우량이 감소하였고, 남서계절풍은 더 믿을 수 없게 되었다. 이와 같은 사실은 어느 정도까지 동아시아의 계절풍에도 적용된다. 다나카(M. Tanaka)[11]는 전 지역에서의 대규모 강우 패턴이 북대서양 고기압의 위치 및 서쪽으로의 범위와 관

11) M. Tanaka, "Synoptic study on the recent change in Monsoon Asia and its influence on agricultural production," in K. Kobayashi and M. M. Yoshino(eds.), *Climate Change and Food Production*, Tokyo, University of Tokyo Press, 1978, pp.81-100.

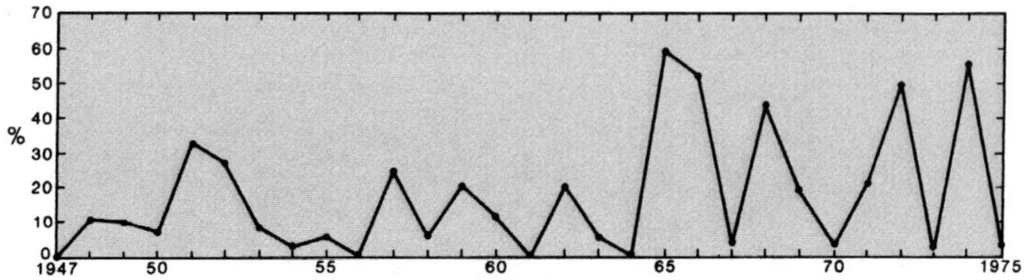

<그림 91> 1947~1975년까지 인도의 남서계절풍의 매년 변동. 매년 여름에 '적은' 비가 내린 인도의 지역 비율(%). (1960년대 중반 이후 변동성이 증가한 것을 주목하라) [K. R. Saha와 D. A. Mooley가 K. Takahashi와 M. M. Yoshino(eds.), *Climatic Change and Food Production*, University of Tokyo Press, 1978에 발간한 그림을 전재하였음. 같은 책의 다른 부분에 K. R. Saha가 제공하는 세부 내용에서는 1965년부터 1976년까지 인도 여름 계절풍 강수가 1900년 초 이후와 아마도 1840~1890년 기간 이후의 어느 시기보다 작았다는 사실이 제시되고 있다. 이 내용 역시 비교할 수 있는 매년의 변동성을 제시하고 있다]

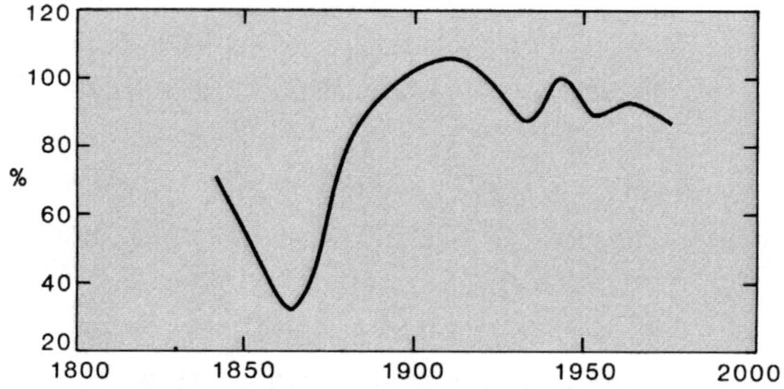

<그림 92> 중앙아시아 소련의 곡창 지역에 있는 바르나울(Barnaul, 53°N 84°E)의 강우량. 1900~1939년의 평균(482mm)에 대한 비율(%)로 표현하여 평활하게 한 연 강수량의 변동.

련이 있어서 아시아 전체의 계절풍 지역의 쌀 생산량이 동시에 일어나는 변동의 영향을 어느 정도 받는다는 사실을 밝혔다. 방글라데시, 인도, 미얀마와 한국에서 기후변동 때문에 가장 큰 쌀 수확량의 변동이 일어났다. 1965년과 다시 1972년에 인도에서 여름 계절풍으로 내린 총강수량은 1918년 이후의 해들보다 적었다고 보고되고 있다. 그러므로 1965년과 1972년은 1918년 및 19세기 후반의 재해가 심했던 해들(1848년, 1855년, 1877년과 1899년)과 같은 등급으로 볼 수 있다. 1975년과 같은 다른 최근의 해들에는 매우 많은 비가 내려서 인도 북부의 범람원들(river plains)은 홍수로 큰 피해를 입었다.

위에서 언급한 같은 지역에서 중위도의 변동성은 일부 큰 가뭄을 일으켰다. 따라서 소련의 중앙아시아에서 곡물 생산을 크게 저해하였다. 19세기 중반에 수십 년간 지배했던 수준은 아니나, 전체적으로 평균 강수량은 이 지역에서 감소했다(<그림 92>). 1972년 5월부터 9월까지 유럽에 속한 러시아의 대부분을 차지하고 중앙아시아에까지 이르는 소련의 넓은 지역에 보통 강수량의 1/2 이하가 내렸다. 이 지역의 대부분에서 총강수량은 기대되는 양의 1/4 이하였다. 20세기의 장기간 평균보다 3.7℃까지 높게 여름 평균 기온이 상승하여 큰 가뭄으로 작물이 황폐화되었으며, 거대한 산불이 일어나고, 심지어 바짝 마른 이탄지에도 불이 났다. 이해에 소련은 서방에서 대량으로 밀을 구매해야만 했다. 그러나 소련의 이와 같은 어려움이 인도와 서아프리카에서 계절풍이 불지 않은 것과 일치하기 때문에 훨씬 더 광범위한 지역에서 식량이 부족하게 되고, 세계 무역에 심각한 영향을 주었다.

1972년의 같은 여름에 중유럽과 서유럽을 포함하는 인접한 지역에서는 기온이 보통 수준보다 약 1℃ 이상 낮았다. 영국제도의 여름은 건조했지만, 이탈리아의 일부 지역들과 발칸 반도의 국가들에는 보통 때의 2배나 되는 비가 내렸다. 북아메리카의 동반부 전 지역 역시 보통 때보다 서늘하고 일반적으로 습윤했다. 서유럽과 로키 산맥의 동부 및 서부의 북아메리카는 다시 같은 10년대의 다른 해들 동안에 큰 가뭄과 홍수를 경험했다. 1973년에 북아메리카의 5대호와 미시시피 강은 1844년 이후 최대 수위가 되었다.

빙하·빙상·해면에 미친 영향

이 장에서 매년의 변동이 강조되었지만, 1953년 이후 일반적으로 유럽의 여름들이 한랭해진 것은, 20세기 중반 이후 기후 경향의 변화를 확정한 다른 결과를 나타내고 있다. 알프스 산맥에서 처음으로 장기간 지속된 빙하 후퇴가 느려졌다. 그 다음으로 1965년에 그때까지 거의 이동하지 않았던 대부분의 작은 빙하들이 확장하였다. 그리고 1972년 이후 큰 빙하를 포함하는 대부분의 빙하들이 이탈리아, 오스트리아, 스위스의 일부 지역들에서 확장했다. 1975년 이후에는 다른 지역들에서도 빙하가 확장했다. 노르웨이 서부와 북부에서도 이들 해에 과거 수십 년 이후 최초로 전체적인 빙하의 확장이 있었다. 마찬가지로 북아메리카에서 20세기 초의 빙하 후퇴에 뒤이어 일부 지역들에서 빙하가 확장했다. 미국의 북서부 캐스케이드 산맥(Cascade Range)[12]에서는 이미 1950년대에 빙하가 확장하기 시작했다. 캐나다 북동부의 (큰) 배핀 섬(Baffin Island) 중앙 고산 지역의 70%가 200~400년 전까지 '영구' 얼음과 눈으로 덮였다. 이 지역에서는 적설이 1960년까지 2%까지 감소했다. 이 지역에서는 그 이후로 영구 '설원'이 다시 넓어져서 새로운 빙하가 형성되어 근년에 여름의 결빙 한계(freezing level)를 거의 300m나 하강하게 하였다. (이러한 문제를 설명

12) 옮긴이 주: 미국 캘리포니아 주 북부 래슨 봉에서 시작해 오리건 주와 워싱턴 주를 지나 캐나다 브리티시컬럼비아 주 남부의 프레이저 강까지 1,100km 이상 뻗어 있는 산맥이다.

하기 위한 가장 중요한 인자는 거대한 남극의 육지 상의 빙상이 집적되는 것과 소모되는 것 사이의 평형 상태일 수 있지만) 소빙기 동안의 최대 위치에서 전 세계적으로 빙하가 융해되어 -이러한 빙하 후퇴의 대부분은 20세기 초에 일어났음- 전반적으로 해면이 지속적으로 상승했다. 불행하게도, 우리의 가장 긴 조수계(tide-gauge) 기록이 측정된 변화가 아마도 주로 이 지역의 지각의 요곡(warping)에 기인할 수 있는 북해 분지에 대해서만 있지만, 실제로 해면은 지속적으로 상승한 것 같다. 이러한 기록 중에 가장 오래된 기록으로 1682년에 암스테르담(Amsterdam)에 설치된 조수계는 이 지역에서 해면이 1930년까지 약 18cm 상승한 것을 가리키고 있다. 엘베 강 하구 지역에서의 해면 상승은 1825~1970년대 사이에 심지어 37cm에 달했다. 1830년 이후로 많은 장소들에서 조수계로 측정되는 전 세계적인 관측망이 이루어졌다. 약 1895~1960년 사이에 영국제도에서 15~20cm까지 달했던 주요 해면 상승이 일어난 것이 분명하다. (일부 장소들, 예를 들어 북해의 대륙 측 해안에서는 1960년 직전에 느리게 해면이 상승한 것으로 보고되고 있다) 이들 관측은 북반구 중위도와 고위도에서 전반적인 온난화와 가장 빠른 빙하 후퇴의 시기가 정확하게 일치하여 온난화가 이러한 현상에 대한 주요 원인으로 제시되고 있다. 약 1960년 이후 이러한 경향 역시 끝난 것으로 생각된다. 항시 북해의 남부에서 일부 편차가 나타나지만, 적어도 현재까지 해면 곡선이 평탄해지고 있다. 이와 반대로 역전되기 시작한 것은 1970년대인 것으로 생각된다. 이 책을 쓰던 시기(1981년)에 사람들은 이러한 유리한 경향에 관해서, 또는 그 지속성에 대해서도 아무런 확실한 설명도 할 수가 없었다. 이러한 예측은 정확한 기후예보(climatic forecast)를 필요로 한다. 그리고 해면이 전반적으로 19세기보다 20~40cm 높은 한, 해면 상승으로 바다가 범람하게 하는 폭풍해일(storm surge)의 위험은 증가할 것이다.

세계 기후발달의 감시

우리는 미래의 기후를 예측할 수 있느냐 하는 문제를 다루어야 하기 때문에, 어떻게 가장 효과적이며 경제적으로 기본적인 기후 경향을 감시해야 하는가를 생각해보는 것이 중요하다. 우리는 이 책의 전반적인 내용에서와 같이 이 장에서 세계의 기후 상태에 관한 가장 기본적인 지표로서 전 세계 평균 기온의 변화를 다루었다. 고위도와 저위도 사이의 기온경도의 변화와 이러한 경도차가 나타나는 주요 지역의 위치 변화는 바람 순환의 강도와 패턴에 영향을 준다. 따라서 극 방향으로의 열수송, 지배하는 온난한 일기와 한랭한 일기, 습윤한 일기와 건조한 일기, 고요한 일기와 폭풍이 부는 일기의 소규모 분포도 영향을 받게 된다. 우리는 북극 및 남극과 같은 정도는 아니지만, 고위도에서의 변화가 다른 지역에서보다 훨씬 더 큰 기온 차를 일으킨다는 사실을 알게 되었다. 그럼에도 불구하고 양극에서 빙기의 주요 시기와 간빙기 사이의 변화는 거의 동시에 일어났다. 적어도 역사시대에 인접한, 대서양과 유럽의 주변 지역에서 관측하여 판단되는 북극의 변화는 지구의 다른 지역들에서 지배했던 변화와 같은 방향으로 일어난 것 같다. 예를 들어 열대를 포함하는 다른 위도대에서도 중요한 기온변화가 있었다. 물론 이러한 변화는 바람 순환 및 해양순환과 관련되어 더 복잡한 지역적 또는 국지적 패턴으로 일어났다.

비가 많이 내리는 일기는 산맥(그리고 심지어 작은 구릉)의 풍상과 풍하에 바람이 상이한 빈도로 부는 지역에서 국지적으로 크게 변할 수 있다. 따라서 서유럽에서 1960년대와 1970년대에 45~60°N 사이에서 북대서양으로부터 부는 편서풍이 감소하여 강수량이 수% 감소하였다. 영국제도의 동측보다 서측에서 강수량이 더 감소하였다. 이와 반대로 뉴잉글랜드부터 래브라도까지 북아메리카의 북동부에서는 강수량이 실제로 증가하였다. 동북아시아의 상응하는 지역, 소련의 극동, 즉 오호츠크 해(Okhotsk Sea)와 캄차카(Kamchatka) 반도에서는 강수량이 지역적으로 20% 이상 증가하였다. 아마도 이러한 현상은 빈번하게 눈과 비를 가져오는 태평양으로부터의 동풍이 증가하고, 서풍이 감소한 것을 의미한다. 북극해의 주변 가장 높은 고위도에서 저기압 활동이 증가한 것과 관련한 해풍으로, 비와 눈에 노출된 해안에서 총강수량이 그 이전 30년과 비교하여 1960년대와 1970년대에 20~50%까지 증가하였다. 우리는 마찬가지로 저위도 사막지대 주변에서 강우량이 현저하게 변한 것을 확인하였다.

따라서 전 세계의 기후 상태에 관한 가장 단순한 지표들은 다음과 같다.

① 고위도, 특히 북극에서 지배하는 기온[시간이 경과하면서 나타난 큰 변동들은 뚜렷한 '시그널(signal)'을 제시하고 있으나, 북극의 개별 지역에서의 매년의 큰 변동들은 혼란을 일으킬 수 있다. 이러한 변화는 다른 위도로부터의 우연한 작은 요란을 주목하게 하는, 모든 곳에서 발생하는 가장 추운 기후 조건을 갖는 지대들의 이동과 관련된다].
② 예를 들어 영국제도의 편서풍 빈도 또는 저지 일기 상태의 빈도와 같은 중위도 바람 순환의 전반적인 특성에 대한 지표들.
③ (우리가 상당히 작은 실제의 변동들을 충분히 정확하게 파악할 수 있다면) 저위도의 기온.

아마도 내부 열대의 총강수량 또는 계절풍 강우량(그리고 이 비가 내리는 아프리카의 위도 범위)과 고위도에서 눈과 비의 형태로 내리는 강수량은 지구 바람 순환의 에너지에 대한 지표들이 될 수 있을 것이다.

우리는 이 장에서 20세기 초의 온난화 동안 해빙이 빠르게 후퇴한 것과 같이 북극의

<표 4> 세계의 일기에서 관련성을 가리키는 상관계수

서로 관련된 현상과 자료로 파악되는 기간	시간 단위(즉, 서로 연결되나 중복되지 않는 단위의 비교)	상관계수	통계적 유의수준 (%)
아이슬란드 해안의 북극 해빙과 세계 기온(1880~1974년)	5년	-0.64	99.0
아이슬란드 해안의 북극 해빙과 잉글랜드 중부의 기온(1870~1974년)	5년	-0.53	거의 99.0
아이슬란드 해안의 북극 해빙과 영국제도 위에서 매년 편서풍이 분 일수 (1870~1974년)	5년	-0.54	99.0
잉글랜드 중부의 기온과 북반구 기온 (1870~1974년)	5년	+0.71	99.9
영국제도 위에서 매년 편서풍이 분 일수와 아프리카 사헬 지대(10~20°N) 의 강우(1900~1973년)	1년	+0.56	99.0
런던에서 남서지상풍이 분 일수와 남극에 집적된 강설량(1760~1957년)	10년	+0.75	99.9

해빙이 1950년 수준으로부터의 기온 하강에 상당히 빠르게 반응한다는 사실을 확인하게 되었다(<그림 87>과 <그림 88> 참조). (북극 전체를 대표할 수 없는 아이슬란드와 그린란드 지역에 대해서만 장기간의 자료가 있다는 사실을 항시 고려해야 하지만) 연구자들은 오랫동안 실제로 북극 해빙의 변동을 전 세계 기후에 대한 지수로 이용할 수 있다고 가정해왔다. 영국제도의 편서풍의 일기 상태(<그림 16> 참조)의 빈도에서 확인되는 바와 같이 우리는 중위도 편서풍 빈도의 일반적인 평행성을 주목해야만 한다. 1870~1880년 이후 세계 기온의 추이(<그림 83a> 참조)도 바로 이와 같은 평행성을 제시하고 있다. 우리가 계기관측과 얼음을 수치적으로 추정하여 존재하는 제한된 역사시대의 자료를 안전하게 이용할 수 있다면, 이것과 다른 일부 자료를 <표 4>에 제시된 바와 같은 세계지수(world index)로 이용할 수 있을 것이다.

이 장에서는 세계의 기후 상태에 대한 단순한 지표들의 목록과 이들 사이의 관계를 논의하여 직접적으로 경제와 사회 분야들에 대해서 예보하는 데 가장 바람직한 사항들 중에서 분명한 항목들을 접하게 되었다. 이 책의 나머지 다른 장들에서 우리는 현재와 과거 역사에서 기후발달이 인간의 사건(human affair)들에 미친 영향의 정도를 검토해야 할 것이다. 그리고 우리는 경향에 영향을 줄 수 있는, 인간 활동의 부작용을 포함하는 미래 기후의 경향을 예보할 수 있는 가능성을 조사해야 할 것이다. 우리는 또한 기후가 미치는 영향과 그 미래의 발달을 고려하는 일들을 어떻게 달리 가장 잘 계획할 수 있는가에 대해서 기후 지식을 응용하는 것을 생각해야만 할 것이다.

15. 기후발달이 인류의 사건들과 인류사에 미친 영향

일반론

지금까지 우리는 과거의 기후 기록(past record of climate)으로 알려진 자료를 배경으로 인류사를 고찰하였다. 여기서 우리는 기후와 역사 사이에 밀접한 관련이 있는 가장 분명한 또는 흥미 있는 적은 지표들만을 논했다. 기후변화가 인류사와 현재의 인류의 사건들에 미친 영향을 평가하려고 한다면, 첫째로 영향을 미칠 수 있는 여러 가지 다양한 현상을 조사해야만 할 것이다. 두 번째로 우리는 직접적으로 기후 사건의 영향을 받는 민족의 경우와 기후 사건이 과거 또는 현재 간접적 또는 적게 사회에 미친 영향을 추적하는, 훨씬 더 어려운 문제들을 구분해서 다루어야만 할 것이다. 여기서 기후발달이 때로 그 이전에 익숙했던 인간 활동을 완전히 방해할 수 있다는 사실을 알아야만 할 것이다. 그러한 강제적인 상황은 물론 드물게 발생했다. 기후 사건 또는 경향은 보통 점진적으로 영향을 주었고, 그 후에 점증하는 압력이나 특정한 활동을 하는 데 어려움을 주는 것으로 작용하였다. 하여튼 관련된 인류 사회는 폭넓은 선택을 해야만 했다. 이 경우에 인간의 반응은 대부분 압력 또는 회피 가능성에 의해서 결정되었을 것이다. 기후 스트레스의 발원지가 약하거나 이로부터 멀리 떨어져 있을수록 기후 스트레스가 사회와 경제에 미친 영향을 추적하기가 점점 더 어려워진다. 직접적으로 기후변동 또는 기후변화가 영향을 미치는 경우에 '1차적 영향(first order effects)'이라고 부르고, 영향이 전달되는 체인의 연계 수에 따라서 더 간접적으로 영향을 미치는 경우에 2차적, 3차적, 4차적 영향 등으로 부르는 것이 도움이 될 것이다. 세 번째로 우리는 단기간의 기후 또는 일기 스트레스가 미치는 영향과 점진적 또는 급격하게 장기간의 변화가 미치는 영향을 구분해야 한다.

오늘날 안정된 생활 방식을 위협하는 기후(또는 기상) 사건들과 과거에 사람들을 괴롭혔던 이러한 사건들 사이에는 아무런 일반적인 특성의 차이도 없다. 따라서 역사에 미친 영향과 현재 또는 미래 인류 사회에 대한 어려움을 이 장에서 유용하게 고찰할 수 있을 것이다. 그 이유는 과거와 비교하여 나타나는 차이가 현대 기술과 우리가 적절한 예방조치를 취할 수 있는 점증하는 지식 및 적응력이 제공하는 보호 능력에 종속되기 때문이다. 하여간 어떤 방법으로 기후 사건들에 대한 우리의 취약성이 현재 다시 증가할 수 있는가에 대해서 의문을 제기해야 할 이유가 있다.

우리가 기후 스트레스를 분석하면 당연히 물의 결빙 또는 증발, 바람 스트레스(wind stress), 강우와 홍수 수위 또는 폭풍해일과 조수의 에너지 및 힘 등의 물리적인 문제가 중요하게 된다. 생육기간에 적산온량의 변화, 인간과 동물의 유기체, 또는 병인(病因) 유기체의 생활에 해로운 엄청나게 높거나 낮은 기온을 분석할 때, 그리고 강우·홍수·가뭄 등의 영향을 연구할 때 물리적 영향뿐만 아니라 직접적인 생물학적 결과도 중요하다. 더욱이 때로 기후 사건들이 사회에 미치는 경제적 및 심리적 영향도 중요하다. 일부 경우에 그것은 기후 사건 자체가 아닐 수도 있고, 그것은 오히려 그것이 어떻게 해석되느냐, 그리고 출현하는 시기에 인간 활동에 무슨 영향을 주는가에 따른 것일 수도 있다.

물리적인 변수들의 일부가 조합되면 이것은 고려되어야 하는 환경과 인간이 만든 구조에 영향을 줄 것이다. 예를 들어 플론 교수가 지적한 바와 같이 구름이 많이 끼고 비가 오는 일기에서는 증발이 감소하기 때문에, 나타나는 강수량의 변동이 보통 토양수분, 하천의 유출량과 흐름에 일반적으로 큰 비율의 변동을 일으킨다. 비와 눈이 강한 바람에 의해서 날리면 벽에 침투하고 지붕에 쌓이는데, 고요한 일기 상태에서 내린 비나 눈과 다른 효과를 나타내게 된다. 해수 온도가 결빙점(약 -2℃) 이하로 하강하면, 물보라를 일으키기에 충분한 강한 바람이 배의 건현(乾舷, upper-works)[1]과 삭구(rigging)에 언 물보라가 집적되어 선박에 치명적인 영향을 미치는데, 심지어 선박을 전복시킬 수도 있다. 이러한 유형의 많은 재해가 북극 어장에서 발생했다. 그리고 북아메리카의 평원과 프레리에 사는 사람들이 잘 알고, 북극 탐험으로도 잘 알려진 바와 같이, 강한 바람은 저온의 생리적 효과를 크게 증가시킨다. 단순하게 표현하면 다음과 같다. 남극과 산 정상, 그리고 겨울에 결빙하는 다른 지역들에서 바람(또는 실제로 바람과 저온이 함께 작용하여)은 위험한 요소가 된다. 30노트의 풍속에서 -5℃의 기온은 바람이 거의 없는 상태에서 거의 -30℃의 기온과 같은 냉각률을 갖는다. 인간의 신체가 쾌적하게 느끼는 기온 범위는 또한 습도의 영향을 크게 받는데, 그 이유는 신체의 냉각 메커니즘이 땀을 배출함으로써 조절되기 때문이다. 20세기의 백인 유럽인에 대한 연구에 의하면 음지의 바람이 불지 않는 상태에서 '쾌적한' 기온의 평균 상한계는 100% 상대습도에서 약 22℃로 나타났다. 이 기온의 상한계는 상대습도가 66%일 때 27℃로 상승했고, 매우 건조한 공기에서는 38~39℃로 상승했다.

1) 옮긴이 주: 건현(乾舷, freeboard)이란 배에 짐을 가득 실었을 때, 배의 수선(水線)에서 갑판까지 거리의 수면 위에 드러나는 뱃전을 말한다.

'정상적으로 견딜 수 있는' 상한계는 100% 상대습도 38℃에서 시작해 매우 건조한 공기에서 약 56℃까지로 나타났다. 모든 기온에서 90% 이상의 상대습도는 무기력한 느낌이 들게 하고, 약 7℃ 이하의 기온은 '으스스하게' 느껴지기 때문에 습도가 높아질수록 쾌적하게 느껴지는 기온 범위가 좁아진다. 기후 조건이 편안함과 작업 능력에 미치는 영향을 완전하게 살펴보려면 태양복사에 대한 노출 효과도 포함되어야 할 것이다.

이와 같이 고려하는 것은 민족과 인종들 사이의 에너지 차이와 관련이 있다고 생각하게 하였다.[2] 이러한 차이가 존재한다면, 이와 유사한 연구들에서는 서로 다른 인종 유형의 에너지, 순응력과 인내력의 차이에 관심을 가졌다. 동물들의 편안함과 건강은 서로 다른 종에 대한 임계치가 다르기는 하지만 같은 기후 요소들로 결정된다. 서로 다른 식용작물들의 기후 허용 범위와 각 작물에 대한 적정한 생육조건을 알고 이해해야 할 필요가 있다. 여러 가지 해충, 질병 및 보균자에게 유리한 기후 조건과 이들 질병을 사멸시키는 조건 역시 마찬가지로 중요하다.

인간 생활에 영향을 주는 기후변동과 기후변화의 가장 중요한 형태는 다음과 같다.

① 물 공급, 특히 지하수면과 토양수분, 우물 수위, 하천 수위, 호수 수위, 빙하와 물론 수력으로서의 물의 이용 가능성의 관점에서(물방앗간에서부터 수력발전까지).
② 지배적인 기온과 인간 및 동물의 쾌적감에 미치는 기온의 직접적인 영향,[3] 그에 따른 연료 수요와 작물 성장에 미치는 영향.
③ 햇빛, 습도, 운량과 이들이 건강과 성장에 미치는 영향, 그리고 태양에너지 잠재력.
④ 바람 상태, 바람이 구조물을 파괴할 수 있는 효과나 풍력과 조력의 이용 가능성. 증발, 따라서 식생과 작물, 그리고 곤충과 박테리아의 번식 조건에 미치는 영향도 중요할 수 있다.

이러한 영향들을 느낄 수 있는 개별 분야들은 다음과 같이 요약될 수 있다.

① 농업과 원예, 과수와 포도 재배 포함.
② 임업.
③ 곤충(예: 메뚜기)과 다른 해충들, 마름병, 버짐병과 방충해 대책.
④ 식물, 동물 및 인간의 건강과 질병.

---

2) S. F. Markham, *Climate and the Energy of Nations*, Oxford, Oxford University Press, 1942, 144pp. 참조.
3) 동물의 쾌적한 서식지가 동물 건강에 매우 중요하다는 사실이 알려져 있다.

⑤ 일기에 민감한 제조업과 건설업(섬유, 토목 등).

⑥ 교역(국내 및 국제 교역과 계획, 상품 할당량과 이의 이행, 농업과 산업 입지의 확정과 비상 지원 대책)과 가격에 미치는 영향.

⑦ 교통과 통신(산지의 재들, 사막을 가로지르는 도로, 습지 지역을 통과하는 도로의 개방과 폐쇄, 폭풍이나 얼음으로 위협받는 해로의 개방과 폐쇄), 도로의 청소와 관리에 필요한 비용, 전신과 전화선, 전선, 송유관과 가스 파이프라인 등의 유지비용, 일부 지역에서의 쇄빙 비용.

⑧ 관광(여름과 겨울 스포츠, 여행과 순항, 요양지의 설비 및 장비와 유지에 필요한 투자).

⑨ 눈사태, 급격한 빙하 증가, 이류(泥流), 산사태, 암석 낙하, 홍수 또는 바짝 마른 땅, 침강과 땅이 얼어 지면이 올라옴, 예외적인 강설, 맹렬한 폭풍 등으로 일어나는 재해와 어려움. 야생 생물(동물상과 식물상)에 대한 재해도 마찬가지로 경제적으로 중요할 수 있다[유럽의 호두나무들이 1708~1709년의 추운 겨울에 상당히 황폐화되어 가구산업의 위기로 이어져, 프랑스는 12년 동안 호두나무 수출을 금지하였다. 그리고 유럽은 우선 미국으로부터 흑호두나무(*Juglans nigra*)를 수입하기 시작했고, 그 후에 동인도회사의 선박으로 마호가니나무를 수입하였다].

⑩ 해안 범람과 침식, 모래와 자갈의 이동, 폭풍해일이나 장기간의 해면 변동과 관련된 하구와 항구의 침적.

⑪ 보험과 인명구조를 위한 방지대책과 비용(보험업, 식량과 물의 저장과 비축, 관개, 방파제 건설, 기후 감시와 연구).

⑫ 피난민의 구호 대책과 재정착 비용, 분쟁자들의 정착과 소요자들의 억제, 혁명과 전쟁의 위협 방지대책.

1차적 영향

과거를 고찰할 때 우리는 빈번하게 기후가 인간 활동을 속박했던 많은 경우들을 확인할 수 있다. 이에 대한 한 가지 사례는 마지막 빙기가 끝난 이후 수천 년 동안 해면이 크게 상승한 것이다. 이로 인하여 과거에 사람들이 거주하던 저지와 해안평야가 침수되었다. 이보다 늦은 시기에 북아프리카, 아라비아, 인도 북서부와 중앙아시아의 사막들이 말라서 그 지역의 인간 활동과 문화가 끝나게 되었다. 처음에는 기근이 발생되고, 결국 민족이 이동하였는데, 심지어 피난민들이 고도로 조직된 하곡문명을 가능하게 한 노예 노동력의 근원을 제공했다는 추측도 제기되었다. 다른 사례들로는, 기원전 800년경과 다시 중세 말에 알프스 산맥의 높은 고도에 위치한 광산에 접근할 수 없게 된 것, 과거의 여러 시기와 역시 기원전 800년경에 중유럽의 선사시대의 호수 촌락들(lake villages)이 범람한 것, 그리고 멕시코와 유카탄(Yucatan) 반도뿐만 아니라 캄보디아와 동남아시아 다른 지역들의 계곡에서 수분이 변화하고 삼림이 성장한 것 등이 있다. 우리는 중국과 로마 제국 사이의 교역을 위한 구대상로(caravan route)와 중앙아시아를 관통하는 대실크로드(Great Silk Road) 및 이 길을 따라서 있는 도시들을 몰락시킨 기후변화를 주목하였다. 그리고 그린란드의 고대 노르웨이 식민지(Old Norse colony)가 유럽으로부터 단절되어 몰락하고, 중세 말에 노르웨이 중부와 북부의 고원에서 인구가 감소하고, 유럽의 많은 다른 지역에서 경작이 포기되고, 포도 재배의 북한계가 후퇴한 것을 알게 되었다.

마지막 사례에 대해서 우리가 '회색 지역(grey area)'으로 들어갔다고 말할 수 있다. 여기서는 변화에 대한 다른 원인들이 주장될 수 있다. 잉글랜드, 독일 북부와 유럽의 다른 지역들에서 중세의 포도원이 소멸된 이유가 경제적인 원인에 있다고 흔히 주장되었다. 특히 좋은 포도주를 보르도(Bordeaux)와 프랑스 남부로부터 수입할 수 있다는 사실을 지적하고 있다. 이러한 사실이 계속해서 '분명한 설명'으로서 반복되어 보통 사람들도 이미 이해할 수 있는 문제가 되었다. 그렇지만 자료 분석에 의하면 기후가 경제적 균형을 전복시켰다는 사실을 부정할 수는 없다. 순전히 경제적인 설명은 프랑스의 포도 재배 지역이 잉글랜드의 지배하에 있었던 12세기와 13세기에 왕이 외교적 압력으로 잉글랜드가 포도 재배를 포기하도록 강요했다는 사실과 일치하지 않는다. 14세기와 15세기에 잉글랜드의 포도 재배가 점점 더 적은 수확을 거두게 되었을 때 아마도 보르도와의 포도 교역이 확대되었고, 교역 조건이 변했을 것이다. 잉글랜드 포도원들 중에 적어도 하나가 실패한 사실은 엘리(Ely)[4]에서 1469년의 참담한 종말까지 상당히 잘 기록되어 있다. 1341년에 재해가 많았던 여름 전에 경작되던 잉글랜드의 도처에 여전히 경작되지 않는 많은 토지가 있다고 이보다 훨씬 오래전에 기록되었고, 1315년경의 10년 동안 기아로 많은 사람들이 사망했다는 보고가 있다.

청동기시대, 로마 시대와 중세 절정기에 북유럽의 문화적 성취(특히 해상교역의 발달에 있어서)의 전성기와 기온 곡선의 높은 값들 사이에서 분명하게 일치하는 것은 불가피하게 기후가 역사에 매우 크게 영향을 미쳤음에 틀림없다는 추측을 하게 한다. 다른 세부적인 내용도 마찬가지로 문화적인 몰락과 정치적으로 불안정한 시기가 특히 중유럽의 기원전 800년경과 서기 5세기, 6세기, 14세기, 15세기와 17세기에 알려진 수많은 기후 충격들과 일치한다는 사실을 제시하고 있다. 유럽 대부분 지역에서 대다수의 혹한의 겨울(그리고 대

4) 옮긴이 주: 영국 잉글랜드 케임브리지셔 주에 있는 이스트 케임브리지셔 행정구의 도시이다.

기순환에서 분명하게 주목할 만한 '저지'의 빈도)로 특징지어지고 여름에 극심한 기온과 강우량 때문에 천후사(天候史)적으로 중요한 1430년대의 10년 동안, 스코틀랜드의 하이랜드[5)]와 보헤미아에서 민란이 일어났다. 스코틀랜드의 수도는 남쪽의 더 안전한 에든버러로 천도하였다. 잉글랜드와 프랑스 사이의 백년전쟁은 특히 혹심한 시기에 일어났고, 명(明) 왕조하에서 내부의 어려움으로 중국의 육지와 해양에서의 팽창의 시기가 급격하게 끝났다. 그리고 우리가 다음 장에서 보게 되는 바와 같이 13세기 말과 15세기 사이의 시기에 북유럽의 문화(그리고 어떤 의미에서 정치) 수도는 계속적인 단계로 트론헤임에서 남쪽으로 베르겐(Bergen)과 오슬로를 지나 결국 코펜하겐으로 이동하였다. 최종적으로 1536년에 노르웨이는 독립국가로서 존재하지 못하게 되었다. 아이슬란드 역시 점점 더 코펜하겐으로부터의 절대 지배하에 들어가게 되었다. 1707년에 유사한 정책으로 스코틀랜드의 독립이 끝나고, 영국(United Kingdom)에 흡수되어 런던의 통치를 받았다. 이러한 발달의 각 단계에 다른 비기후적 원인들이 보통 주장될 수 있다. 기후 스트레스는 과거에 사람들이 해야 했던 결정을 이유로 거의 고려되지 않았다. 예외적인 일은 아이슬란드와 그린란드, 유럽의 빙하 지역 부근과 흉작 등의 사건들이다.

극동의 역사를 보면, 중앙아시아에서 서기 300년경 가뭄의 시기는 유목민들의 침입으로 화북(華北) 지방에서 진(秦)나라를 몰락하게 한 갈등과 시간적으로 일치한다. 피난민들이 대량으로 화남(華南) 지방으로 몰려들어 이 지역의 문화 발달에 기여하였다. 한국과 일본 서부로 피난간 다른 피난민들의 이주는 이들 지역의 인구 증가에서 뚜렷하게 나타났다. 이러한 역사와 같은 현상들이 만주족의 중국 침입으로 반복되어 1662년 소빙기의 가장 혹심한 시기 중에 명(明) 왕조의 몰락을 가져왔다.

아마도 역사를 조절했던 이러한 기후 요인들을 관련시키는 것이 어떤 방법으로 사실에 상응하는 경우에, 확실히 그 인과관계가 단순하지 않고, 순결과(net outcome)로서, 즉 엄청나게 다양한 변화들, 선택들과 활동들의 통계적 결과로서만 나타날 것이다.

더 복잡한 결과들

기후의 영향과 발달로 인해 예상과 다르게 일어나는 사례들을 발견하는 일은 어렵지 않다. 덴마크와 잉글랜드는 1300~1700년 사이 소빙기가 시작할 때 기후적인 어려움과 재해로 괴로움을 당한 북부 인접 국가들의 몰락으로부터 이익을 얻었다. 이들 국가와 거

---

5) 옮긴이 주: 영국 스코틀랜드를 지형 조건과 문화에 따라 나눌 때 중요한 위치를 차지하는 지역이다.

의 모든 유럽의 국가들은 1320년대에 기근과 전염병이 발생하는 동안 흑사병과 그에 이어진 전염병을 통해서 극히 높은 사망률을 기록하여 유럽의 생존 인구들은 아마도 17세기와 18세기보다 14세기 말에 더 나은 영양을 공급받았다. 따라서 슬리허 반 바트(Slicher van Bath)[6]는 고기, 지방과 빵 등의 양을 언급하고, 14세기에 뉘른베르크(Nürnberg)의 한 병원에서 제공된 총단백질의 양을 하루에 약 3,400칼로리로 추정하였다. 이와 비교하여 400년 후에 뮌헨(München)의 한 병원에서는 하루에 약 1,900칼로리만 제공되었다. 15세기에 북대서양의 대구 어족이 이동하여 잉글랜드, 프랑스, 포르투갈의 어부들이 새로운 어장을 찾아야만 했다고 추측된다. 이들은 분명하게 확인되지 않은 기록에 의하면 1400년대 중반 또는 말에 뉴펀들랜드 어장(Newfoundland Banks)[7]에서 어업을 시작하였다. 그리고 16세기 초에 발트 해에서 청어가 사라져 북해 어업이 갑자기 중요하게 되었다. 이를 통해서 잉글랜드와 네덜란드의 항해 활동이 다시 큰 활력을 띠었다. 네덜란드는 17세기 초에 매우 번영하였으나, 그 후반에 다소 침체되었다. 그 이유는 제방이 붕괴되고, 어업과 농업에 피해를 준 강한 폭풍과 바다의 범람으로 인한 문제 때문이었다. 이미 오래전에 그린란드의 고대 노르웨이의 몰락에서 디스코 만(Disko Bay) 부근 서해안의 북부 지역에서 점진적으로 사냥이 포기되었고, 새로이 멀리 떨어진 지역으로 관심이 돌아섰다. 1267년에 처음으로 북쪽과 서쪽의 배핀 만으로, 그리고 심지어 1347년에는 서쪽의 마크란드[(Markland), 래브라도(Labrador)]로의 탐험이 증가했다. 그리고 추측하건대 식민지의 역사에서 가장 멀리 간 탐험은 이와 같은 늦은 시기에 행해졌다.

소빙기 동안 복잡하고 이상하게 진행된 민족이동의 다른 사례는 스칸디나비아 자체에서 찾을 수 있다. 15세기와 16세기에 노르웨이 북부에서 농가들이 방치되었을 때, 해안 어업은 점점 더 발달하였고, 이 지역에서 인구가 지속적으로 증가하였다. 이러한 현상은 부분적으로 훨씬 남쪽에 위치한 해안의 어촌들로부터 북쪽으로 이동한 다른 주민들의 유입에 기인하는 것으로 가정된다. 동시에 심지어 잉글랜드와 중유럽(그리고 남유럽의 일부 지역들)에서조차 고지와 다른 지역의 농장들과 마을들이 방치된 반면, 스웨덴 북부와 핀란드의 일부 지역에서는 취락이 여전히 더 확장하였다. 이러한 현상은 부분적으로 이들 지역에 인구가 항시 적어서 여전히 많은 유리한 취락 입지들이 점유되지 않았기 때문이다. 그러나 라플란드(Lapland)의 나이테는 실제로 1580년까지 또는 거의 1600년까지 지속적으로 양호한 성장기간이 지배했던 것을 증명하고 있다. 알래스카와 유콘(Yucon)으로부터

---

6) B. H. Slicher van Bath, *The Agrarian History of Western Europe AD 500-1850*, trans. O. Ordish, London, Arnold, 1963.

7) A. W. Ruddock, "John Day Of Bristol and the English voyages across the Atlantic before 1947," *Geographical Journal*, vol.132, London, Royal Geographical Society, 1966, pp.225-233.

도 이와 유사한 증거가 있다. 전체적으로 보아 이것은 기상학적으로 이들 지역에 일반적으로 온난한 햇빛이 비치게 한 저지고기압이 있었다는 사실을 제시하는 것이다. 이와 반대로 이 지역의 동측과 남측에서는 북풍과 동풍으로 인하여 북극 기단이 러시아와 중유럽, 그리고 북아메리카의 중부와 동부에 영향을 주었다. 그렇지만 16세기 말에는 핀란드 사람들이 스웨덴 중부, 노르웨이와 더 북쪽의 대서양 해안으로 이동하였다. 17세기, 특히 17세기 말에 더 널리 퍼지고 잘 기록되어 있는 추운 기후 체제에서 취락의 이동은 스칸디나비아 북부와 핀란드 전 지역에서 역으로 진행되었다.

따라서 우리가 극 주변 지역이나 더운 사막 주변 지역에 사는 사람들 중에서 기후가 인류사—그리고 어느 시대의 인류의 사건들—에 미친 대부분의 직접적인 영향들을 합리적으로 찾으려고 한다면, 우리의 사례들이 유래하는 지역들에는 복잡하고 예상과는 다른 변화들과 활동들이 많이 있다. 소빙기의 전성기 동안 기후 스트레스에 대한 가장 주목할 만한 반응들 중의 하나는 트론헤임과 오슬로 피오르드(Oslofjord) 사이의 모든 노르웨이 남부 해안에 기록되어 있다. 이미 12장에서 간략하게 언급한 바와 같이, 17세기 말에 수확은 흉작이었으며, 남동해안을 따라서 기후 조건이 가장 유리한 지역에 있는 농장에서조차 곡물이 때로 제대로 익지 않았을 때, 농부들은 그들의 토지에서 자란 목재를 외국, 특히 영국에 팔기 시작했다. 해안에 아주 가까이 살던 사람들은 목재를 수송하기 위하여 그들 자신의 선박을 건조했다. 특히 참나무를 가지고 있던 남부 사람들에게 가장 유리하였다. 여기에 20세기 초까지 세계에서 가장 컸던 노르웨이의 두 가지 최대 산업 분야, 즉 목재 거래와 상선단을 갖기 시작한 이유가 있다. 그리고 분명하게 북유럽에서 가장 가혹한 기후 시기를 포함하는 1680~1709년이 '노르웨이 해운업의 최초의 전성기'로 기술되고 있다.[8] 물론 이 시기에 강대국들은 유럽 남부에서 전쟁 중이었다. 전쟁이 노르웨이 목재 교역의 경기를 부양하였고, 더욱이 해적들의 활동으로 인하여 전쟁에 참여하지 않은 노르웨이 사람들이 그들을 보호하기 위하여 무장한 중립국이 되게 하였다. 스타방게르(Stavanger)에 관한 보고서에는 이러한 발달의 초기 단계의 상황이 간략하게 기술되어 있다. "1685년에 어려운 상황에도 불구하고 이 도시는 25문의 대포를 가진 전함을 유지할 수 있었다." 1690년대의 일부 해에 사망률이 출생률을 크게 초과하고, 1685년부터 1701년까지 이 도시의 인구가 실제로 감소하였다. 해안을 따라서 거의 모든 항구에 있는 선박의 크기와 수는 다음 25년 동안 엄청나게 증가하였다. 이 수치는 중립국의 '편리한 깃발(flag of convenience)'을 달고 항해하기 위하여 덴마크-노르웨이 국적을 취득하고 노르웨이에서 큰 선주(船主)가 된 네덜란드인들을 통해서 나타나게 되었다.[9] (독일 또는 네덜란드의 항구보다

8) A. Bugge, F. Scheel, R. Tank and J. S. Worm-Müller, *Den norske sjøfarts historie, vol. i, Kristiania*, Steenske Forlag, 1923.

는 드물지만 네덜란드인들은 특히 베르겐으로 와서 여기서부터 스피츠베르겐까지 고래를 잡으러 갔다.[9] 17세기에 네덜란드의 조선공들은 스웨덴의 조선업에서 선도적인 역할을 하였고, 스웨덴 해군의 강화에 크게 기여하였다고 기록되어 있다.

스칸디나비아에서 이러한 일이 일어난 17세기에 아이슬란드는 기후 스트레스에 전혀 다르게 반응하였다. 아이슬란드의 역사가 기슬리 귄나르손(Gisli Gunnarsson)에 의하면 봉건사회 지주(地主)의 권력은 어려움이 증가하고 있는 농촌 지역으로부터 해안에서 어업을 하려고 이탈하는 노동력을 여러 가지 효과적인 방법으로 저지할 수 있었다. 지주들의 이에 대한 대책이 법원 기록에 남아 있다. 당시에 궁핍하고, 시대에 뒤진 상태에 있던 아이슬란드 사회의 모든 분야는 분명히 기술혁신에 반대되는 상황이었다. 갑판이 없는(open-decked) 선박만이 이용되었다. 그리고 이 상황은 움쩍달싹 못하게 하는 규제로 인하여 더욱 악화되었다. 그에 따라서 낚싯줄에 한 개의 낚싯바늘만이 허용되었고, 미끼로 벌레를 사용하는 것이 금지되었다. 동그린란드 해류로부터 북극의 해수가 현재도 여전히 해안을 따라서 흐르는 아이슬란드 북부와 동부에서 항시 어려움이 가장 컸다. 그러나 1685~1704년 사이의 가장 어려운 시기에 아이슬란드의 남서부에서조차 건초 수확이 매우 적었을 뿐만 아니라 대구 어업도 전혀 되지 않았다. 18세기 말에 코펜하겐 정부가 갑판이 있는 범선과 낚싯줄에 많은 낚싯바늘을 다는 것을 도입하면서 어업과 선박조종술을 독려하여 아이슬란드의 경제회복을 도모하려고 했을 때, 변화에 대한 총체적인 저항과 장기간 투쟁해야 했었다.[10]

소빙기 전(全) 기간 아이슬란드의 인구는 감소하였다. 11세기부터 13세기까지 소빙기 절정기에 인구는 세금 기록을 근거로 7만~8만 명으로 추정될 수 있다. 1703년 최초의 인구조사에서 인구는 5만 358명이었으나, 4년 후에 천연두로 인하여 약 1/3이 감소하였다. 1730년대의 온난한 해들에 인구는 1755년까지 약 4만 8,000명으로 증가하였고, 그에 이어진 심각한 해들에 인구가 감소한 후에 1770년대에 다시 4만 9,863명으로 증가하였다. 그러나 그에 이어진 곤란한 계절과 초지 및 가축을 망친 화산폭발은 1784~1786년에 인구를 다시 최저 수준인 약 3만 8,000명으로 감소시켰다. 이러한 결합이 예를 들어 영양실조와 기아, 질병과 이민을 통한 여러 가지 방법으로 작용할지라도, 우리는 역사적 발달이 기온 곡선과 상당히 밀접하게 일치하는 것을 알 수 있다.

물론 변화에 대한 저항은 세계의 다른 지역에서도 잘 알려져 있다. 마치 17세기 아이

9) 이 정보를 제공해준 네덜란드 해군(Royal Netherlands Navy)의 보스셰르(Cdr Ph. M. Bosscher)에게 감사드린다.

10) 여러 흥미 있는 더 상세한 내용은 G. Gunnarsson의 "A study of causal relations in climate and history, with an emphasis on Icelandic experience," *Meddelande från Ekonomisk Historiska Institutionen*, nr.17, Lund University, Lund(Sweden), 1980에서 볼 수 있다.

슬란드의 상황이 현대 세계의 실제적인 걱정과 일치하여 설명되는 바와 같이, 1980년 브란트 위원회의 보고서(Report of the Brandt Commission)[11]는 인간의 에너지와 기술혁신 능력이 적절한 영양과 양호한 건강에 종속된다는 사실을 강조했다. 그렇지만 오늘날 빈곤한 지대에 살고 있는 대부분의 사람들은 장기간 지속된 영양실조와 기생충으로 인한 질병으로 시달리고 있다. 따라서 이들은 도움을 받지 않고 아프리카와 남아시아의 과잉인구의 압력과 어려운 기후 조건을 극복할 수 있는 새로운 경제를 스스로 건설할 능력이 없다. 우리는 유럽에 감자가 어렵게 도입된 과정을 알고 있다(제13장 참조). 아일랜드의 습윤한 기후에서 감자는 밀 또는 심지어 귀리보다 훨씬 더 믿을 만한 수확을 보장하여 이미 17세기에 '구황작물(bulwark against famine)'로 정착되어, 이 나라의 넓은 지역에서 자라던 다른 곡물은 점진적으로 줄어들게 되었다. 그러나 프랑스에서는 감자가 식물학적으로 자생하는 벨라돈나[belladonna: 가지과의 유독 식물, 독성이 있는 까마중류(deadly nightshade)][12]에 속하여 의심을 받게 되었다. 예를 들어 강낭콩(string beans)과 같은 신세계로부터 들어온 일부 다른 작물들은 쉽게 남유럽에 도입되었다. 존 로크(John Locke)는 1670년대에 프랑스를 여행한 후에 빈대에 물리지 않기 위해서 베개 밑에 또는 침대의 다른 편리한 곳에 강낭콩의 잎을 넣도록 권했다. 반면에 옥수수는 맛이 없다고 인식되었는데, 부분적으로 이러한 이유 때문에, 그리고 부분적으로 소빙기의 서늘한 여름 때문에 전파가 지연되었다.[13]

우리는 기후변화에 특히 취약하고, 이에 관해서 우리가 좋은 정보를 갖고 있는, 유럽의 이러한 지역들에서 과거에 인간의 결정에 더 복잡한 영향을 준 사례들을 택하였다. 우리가 현재와 미래에 대한 교훈을 충분히 이해하려고 한다면, 기후가 식량 생산과 건강에 어떻게 영향을 주는가에 대한 더 상세한 내용을 연구해야 할 것이다. 간접적이고 분명하지 않은 영향들 중에는, 물론 예술과 건축에 미친 영향과 같은 거의 측정될 수 없는 많은 영향들이 있다(제12장 참조). 예를 들어 유럽의 가옥들에 유리 창문이 널리 도입된 것이 16세기 말과 17세기의 소빙기 동안의 궁핍함과 일치하는 것인가? 기후가 미친 영향에 대한 사례, 특히 온난함이 의상에 미친 영향의 사례를 발견하는 일은 어렵지 않다. 여기서 이미 한번 일어나서 아마도 반복될 수 있는 기후 사건에 적응하는 일이 중요해진다. 민감한

11) *North-South: A Programme for Survival. The Report of the Independent Commission on the International Development Issues under the Chairmanship of Dr Willy Brandt*, London and Sydney, Pan Books, 1980, pp.81-82.

12) 이러한 정보를 제공해준 세계기상기구(World Meteorological Organization)의 농업기상학 위원회의 과거 의장이던 보오크(P. M. A. Bourke) 박사에게 감사드린다.

13) 이 단락의 일부 정보와 여러 다른 흥미 있는 상세한 내용은 A. W. Crosby의 "The Columbian Exchange: Biological and Cultural Consequences of 1492," R. H. Walker(ed.), Contributions in American Studies no.2, Westport, Conneticut, Greenwood Publishing Co., 1972에 수집되어 있다.

영향들 중에는 1718년과 1719년의 활짝 갠 여름과 1730년대의 온난함, 더욱이 1759년과 1778~1780년경의 더 좋은 여름들로 인한 당시 유럽의 문학과 음악에서 나타난 낙천주의(optimism)를 언급할 수 있다. 심리적인 영향은 1690년대를 살았던 사람들에게 특히 강했을 것이다.

곡물 수확에 미친 영향

우리는 중세 말에 노르웨이와 스코틀랜드의 대부분 지역에서 밀 재배가 어떻게 포기되었는지를 보았다. 아이슬란드와 곤란한 토지 조건을 가진 유럽의 수많은 다른 지역에서 곡물 재배는 오랫동안 포기되었다. 다른 지역에서는 귀리 또는 보리가 계속 재배되었다(아이슬란드의 1개 장소 또는 2개 장소에서는 16세기까지, 스코틀랜드와 노르웨이에서는 계속 재배되었다). 호밀은 최초로 재배되었거나 또는 증가되어 재배되었다. 1700년 후에 기후가 회복되자마자 이러한 변화는 반대로 일어났고, 호밀만이 많은 지역에서 계속 재배되었다. 우리는 기후와 역사에 이러한 평행성이 존재한다고 추측하고 있는 관계를 설명할 수도 있는 이러한 작물의 생육조건에 관해서 어떤 세부적인 내용을 알고 있는가?

패리(M. L. Parry)[14]는 이러한 현상들을 어떻게 연구할 수 있는가를 제시하였다. 다른 모든 식물과 마찬가지로 곡물들은 생육기간에 익기 위해서 전반적인 온량·수분·햇빛에 대한 특정한 요구 조건이 있고, 바람이 너무 강하게 불어서도 안 된다. 패리는 과거 수세기 동안 스코틀랜드의 상부 재배한계에서 가장 중요한 곡물이었으며, 아이슬란드와 노르웨이 북부에서도 중요했던 귀리의 사례를 상세하게 연구하였다. 재배되던 종들은 19세기에 교체되었다. 과거의 종들은 줄기가 짧고, 바람에 덜 흔들렸다. 그러나 과거의 종들이 현대의 종들보다 온량을 덜 필요로 하거나 수분에 더 잘 견딘다고 가정할 수 있는 아무런 근거도 없다. 과거의 종들과 현대의 종들 사이의 차이는 추측하건대 매우 작다. 그러나 새로운 귀리 종들이 물론 풍속에 대해서는 아니지만 높은 고도에 있는 농장에서 더 잘 견뎠다. 스코틀랜드 남동부의 람머무어 힐스(Lammermuir Hills)에 대해서 기후도(氣候圖, climatic atlas)의 자료를 비교하면, 1860년의 귀리 재배의 상한계는 평균 등풍속선이 4.4m/sec에 달하는 해발 약 320m였다. 평균풍속은 200m 이상에서 고도가 80m 높아질 때마다 약 1m/sec씩 증가하였다. 고도가 높아지는 데에 따른 태양복사의 변화는 제한하는 인자가 되기에는 너무 약하게 나타났다. 고도가 높아질수록 강해지는 복사강도보다

14) M. L. Parry, *Climate Change, Agriculture and Settlement*, Studies in Historical Geography series, Folkestone, Dawson, and Hamden, Conneticut, Archon Books, 1978, 214pp.

구릉지에서 안개 때문에 줄어드는 일조시간이 조금 더 크게 작용하는데, 이러한 구릉지 상부에서 실제로 감소하는 양은 5%에 불과하다. 토양수분은 고도가 높아질수록 급격하게 증가하여 물에 잠기는 것을 견디지 못하는 종들의 절대 상한계는 스코틀랜드 남동부 구릉지의 현재 기후에서 약 해발 425m이다. 최저기온이 또한 귀리 재배의 가능성을 일반적으로 이보다 낮은 고도에 제한한다. 그렇지만 수분으로 인하여 여러 해에 이보다 훨씬 낮은 고도에서도 흉작이 나타날 수 있었다.

패리는 습도와 기온이 미치는 영향을 더 정확하게 검증하는 연구를 계속하였다. 초여름에 심지어 높은 고도와 재배의 북한계 부근에서 식물의 줄기와 잎을 통한 수분의 가능 증산량(potential transpiration)이 강우량보다 많은 기간이 있다. 이로 인하여 토양이 마른다. 곡물이 익어갈 때 강우량이 가능증발산량(potential evapotranspiration)보다 많으면, 늦여름의 물 과잉이 높은 고도에서 재배되는 작물에 피해를 줄 수 있다. 패리에 의하면 높은 고도에서 여름의 습윤도(wetness)는 8월 말의 물 과잉과 여름의 이른 시기에 나타나는 '최대 가능 물 부족(potential water deficit)' 사이의 차로 어느 정도 신뢰할 수 있게 측정된다. 스코틀랜드 남부 구릉 지역의 현재의 귀리 재배에 관한 연구에 의하면 이러한 차이에 대한 제한 조건이 평균 60mm의 물과 평균풍속 6.2m/sec에 상응하는 반면, 성장기간의 최저 적산온량(minimum accumulated warmth)은 성장 임계치 4.4℃ 이상의 약 1,050일 적산 ℃ (day-degree C)[15]에 달한다. 상업적 수익성이 보장되는 수확을 위한 임계치는 20mm의 적산 물 과잉, 5m/sec의 평균풍속, 1,200일 적산 ℃가 된다. 보통 이 두 가지 극값 사이의 조건을 갖는 지대를 적절하게 한계 지역(marginal land)이라고 부를 수 있다.

풍속과 습도 기록이 너무 짧아서 수확 기록과 비교하기 위한 지난 수세기 동안의 최대 가능 물 부족과 여름의 물 과잉에 관한 적절한 자료를 제공할 수는 없다. 그러나 18세기 말과 19세기 스코틀랜드의 여름 적산온량은 계산될 수 있고, 이보다 이른 시기에 대해서도 추정할 수 있다. 이러한 제한은 생각보다 그리 크지 않은데, 그 이유는 여름의 온난함과 건조도 사이에 밀접한 상관관계가 있기 때문이다. 그러므로 패리는 잉글랜드 중부에 대해서 알려졌거나 이에 따른 기온변화를 참조하여 과거 수세기 동안의 귀리 흉작의 발생 빈도를 연구하였다(이 책의 <그림 29> 참조).

가족들이 자급자족하기 위해서 곡물을 농장에서 재배하면 귀리의 완전한 흉작은 아마도 드물었을 것이다. 보고에 따르면 곡물은 불량한 상태에도 불구하고 12월 또는 심지어 1월에도 수확되었다. 귀리는 아마도 곰팡이가 피거나 이삭이 패었을 것이다. 또한 많은 낟알이 바람에 흔들려 손실되었을 것이다. 이러한 현상이 곡물이 익지 않는 무서운 '녹색

15) 옮긴이 주: 일 적산 ℃는 일평균 기온에서 일정한 작물(여기서는 귀리의 4.4℃)의 임계치를 뺀 나머지를 합한 것이다.

의 해들(green years)'에 나타났다. 이러한 시기에는 그 이전 해에 종자로 보관한 곡물을 먹어야만 했다. 스코틀랜드에서 여러 차례 보고된 2년 또는 3년 연속된 흉년[예: 1740~1742년, 1781년과 1782년, 고지 지역들(upland districts)에서 아마도 인구의 1/3이 사망했던 1693~1700년 사이 8년 중에 7년]은 바로 기근을 일으켰고, 수많은 농부들을 파산시켰다.

패리는 스코틀랜드의 남동부 구릉지에 있는 농지에서 11월 말 또는 그보다 늦게까지 수확을 하지 못했던, 예를 들어 1782년, 1799년, 1816년과 같은, 일부 역사적인 여름에 대해서 적산온량을 조사하였다. 그는 이 조사에 의거해서 과거 여러 시기의 이와 같은 여름의 확률 빈도를 계산할 수 있었다. 그는 여기서 평균 기온의 변화가 잉글랜드 중부에 영향을 준 평균 기온과 같다고 가정하고, 상이한 값들(표준편차)을 상수로 대입하였다. 이러한 계산의 결과가 <그림 93>의 곡선들이다. 이 곡선들은 한 해 또는 연속된 두 해의 흉작 사이의 가장 있음직한 간격을 제시한 것이다. 위에서 언급한 가정에서 출발하여 장기간 평균 여름 온량이 확정된 4.4℃ 이상인 적산온량 일 ℃를 갖는 장소들과 시기들이 조사되었다. 최근에 지배적이었던 기온으로, 그래프의 곡선이 평균 7년마다 1년의 흉작이 일어나는 것을 제시하는, 연구된 지역에서 해발 300m 고도에서 약 1,150 적산온량 일 ℃의 평균온량을 구할 수 있었다. 13세기에 유도되어 같은 고도에서 평균 약 1,200 또는 그 이상의 적산온량 일 ℃를 갖는 기온에서 흉작의 분포는 약 20년당 1년으로 감소될 수 있었을 것이다. 그러나 17세기 후반에 지배했던 기후로 평균 약 975 적산온량 일 ℃가 되고, 순이론적으로 매 4년마다 2년 연속 흉작이 발생했을 것이다. 이러한 상황하에서 분명히 당시의 해발 300m 고도에서는 농업이 유지될 수 없었다. 이 계산이 기초하는 부정확한 가정에도 불구하고 이 결과를 통해서 과거 주민들이 높은 고도에서 경작을 포기하도록 한 상황에 관한 내용을 잘 알 수 있다.

이와 유사한 방법으로 이용 가능한 강수량을 추정하려고 시도한 것은 가능한 귀리 재배 상한계의 역사적 추이에서 아무런 변화도 지적하지 못하고 있다. 이 책의 <그림 29>와 유사한 기온 곡선은 -잉글랜드 중부와 스코틀랜드 남부 고지 사이의 차이로 감소된 값들과 4.4℃(식물성장의 한계값) 이상의 연평균 적산온량 일 ℃로 전환된 값들로- 우리에게 흉작빈도에 관한 역사를 제시해주고 있다. 이것이 패리 박사가 친절하게도 그의 책에서 전재하도록 허락해준 <그림 94>의 내용이다. 이 그림에서는 현재 약 320m 고도의 경작 한계 부근에 있는 농가들이, ① 경계가 해발 약 400m 이상에 있었던 서기 1200년경에 더 이상 재배 한계 지역이 아니었던 연대, ② 농업이 점점 더 어려워지고, 추측하건대 서기 1400년경부터 19세기까지 더 이상 수익성이 없었던 연대를 제시하고 있다. 패리는 이를 기초로 서기 1300년과 약 1700년 사이의 여러 단계의 기후 한랭화 시기와 그에 이어지는 온난화 시기, 즉 주로 1900년 이후의 추정되는 경작한계를 지도화할 수 있었다. 경작

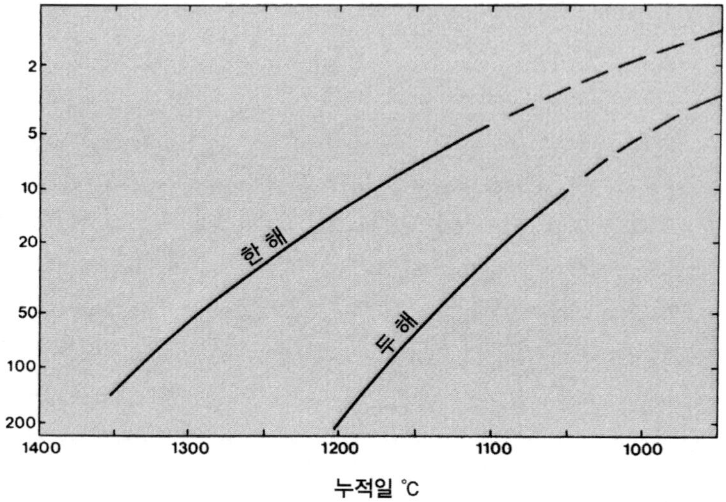

〈그림 93〉 성장기간 지배했던 평균 적산온량에 따른 스코틀랜드 남동부 구릉 지역의 귀리 흉작 빈도(M. L. Parry의 그림을 전재하였음).

한계에 관한 논제는 다음과 같은 두 가지 이유로 경험적으로 검증될 수 있었다. 그 하나는 상이한 시기에 람머무어 힐스(Lammermuir Hills)의 연구 지역－1600년 이전의 15개 마을과 1600～1750년 사이의 12개 다른 마을－에서 포기된 과거의 취락을 지도화할 수 있었던 것이다. 다른 하나는 이들 지도를 패리의 이론적인 한계와 비교할 수 있는 것이다.[16]

보리 역시 북유럽 대부분의 지역에서 가장 중요한 작물들 중의 하나이다. 이러한 보리종의 일기에 대한 민감도에 관한 1970년대의 연구에 의하면, 잉글랜드 동부에서는 보리가 서늘한 해들에 가장 잘 자랐다는 사실이 나타났다. 봄에 평균 기온보다 낮고 건조하면－이 시기에 오히려 느린 성장을 유리하게 하는 특징임－ 수확량이 높아졌다. 다음 단계에서는 많은 비가 유익하다. 그러나 밀접한 관계는 높은 수확량과 평균보다 서늘하고 일조량이 적으며, 습윤한 7월 사이에 있다. 보리가 현재 주로 넓은 동부 저지에서 재배되는 스코틀랜드에서 대략 같은 기간에 관한 연구에 의하면 평균 수확량(톤/ha)이 잉글랜드보다 약 20% 정도 많으며, 매년 변동이 적었다. 분명하게 스코틀랜드 기후가 이러한 보리종에 더 적합하다. 매년의 일기 차이에 대한 중요한 민감도는 스코틀랜드에서 성장기인 6월과 7월에 특히 일사량이 가장 많은 해들에 양으로만 반응하였다.[17]

16) M. L. Parry, "Secular climatic change and marginal agriculture," Publication no.64 of the Transactions of the Institute of British Geographers, 1975, pp.1-13.

17) I. T. Lyall, "The growth of barley and the effect of climate," *Weather*, vol.35, no.9, 1980, pp.271-278.

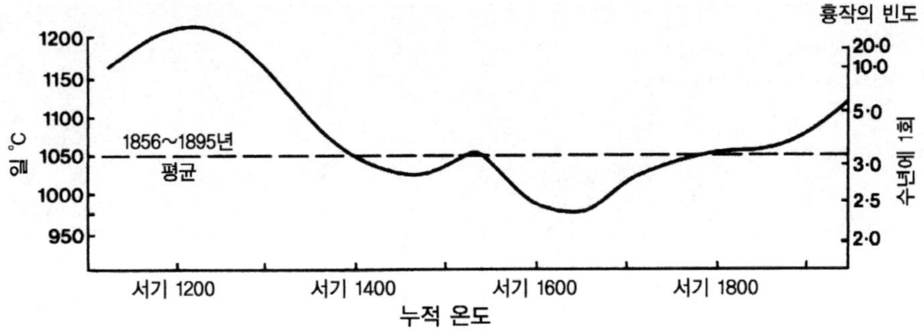

〈그림 94〉 1856~1895년(수평선)에 스코틀랜드 남동부 구릉 지역의 곡물 경작의 상한계 부근 지점들에서 지배했던 성장기의 추정된 평균 적산온량과 지난 1000년 동안의 변동. 서로 다른 시기에 이 지점들에서 귀리 흉작의 추정된 빈도는 그림의 오른쪽 눈금에서 읽을 수 있다(M. L. Parry의 그림을 전재하였음).

습윤한 가을에 밭이 물에 잠기면, 가을 곡물의 파종이 방해받거나 심지어 파종을 못하게 될 수도 있지만, 잉글랜드 동부의 광범위한 저지 위의 곡물 재배 지역에서 성장기 동안의 가뭄은 오늘날도 때로 흉작의 불안을 일으키고 있다. 근채(根菜) 작물의 수확, 특히 현대의 중장비를 이용하여 수확할 때에도 같은 어려움이 발생하고 있다. 잉글랜드 남동부에서 5월부터 8월까지 4개월의 성장기간에 나타나는 토양수분 부족의 역사적 추이가 런던[큐(Kew)]의 장기간 기온 및 강수 자료로 복원되었다.[18] <그림 95>는 1760년대~1770년대 초와 1740년 이전뿐만 아니라 1810년에서 1830년대까지, 그리고 1870년대와 1880년대에 이 지역의 일부에서 곡물을 수확하기 어려울 정도로 수분이 증가한 기간을 제시하고 있다. 그러나 가장 주목할 만한 특징은 200년 전 1740년대와 어느 정도 비슷한 현상을 나타내고 있는 20세기 온난한 해들에 가뭄의 빈도가 증가한 것이다. 실제로 최근에 가뭄 기간의 출현과 18세기에 발생한 가뭄 사이의 분명한 차이가, 런던의 성장과 현재 도시가 큐에서 측정된 기온에 현저하게 미친 영향으로 설명될 수 있는지의 여부를 고려해 볼 수 있다(현재 주변의 농촌에서 측정된 기온보다 큐의 기온이 평균 약 2℃ 높다).

18세기 스위스에 관한 상세한 내용

스위스의 사학자 피스터(Christian Pfister)[19]는 18세기 후반 스위스의 새로운 기후 악화의

18) T. M. L. Wigley and T. C. Atkinson, "Dry years in south-east England since 1698," *Nature*, vol.265, London, 3 February 1977, pp.431-434.

19) Christian Pfister, *Agrarkonjunktur und Witterungsverlauf im westlichen Schweizer Mittelland 1755~1797*,

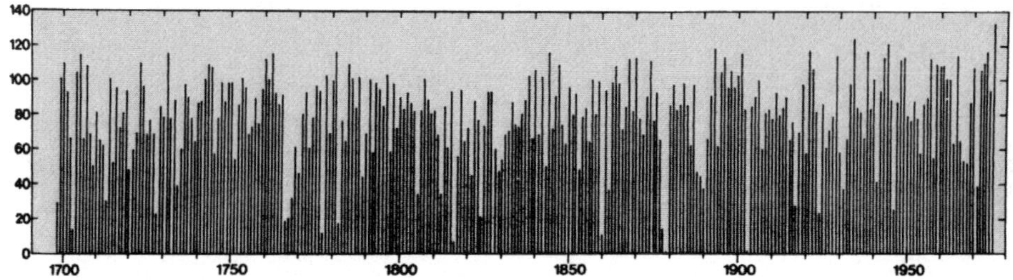

<그림 95> 위글리(T. M. L. Wigley) 박사와 애킨슨(T. C. Atkinson) 박사(1977)가 계산한 1698년부터 1976년까지 큐의 매년 5~8월까지의 토양수분 부족(두 저자의 허락을 받아 전재하였음).

역사와 기후 악화가 농업에 미친 영향을 상세하게 연구하였다. 여기서 그는 매일의 기상관측과 당시에 새로이 설립된 '칸톤 베른 경제학회(Ökonomische und Gemeinnützige Gesellschaft des Kantons Bern)'가 수집한 농업 및 경제 보고서를 이용하였다. 1759~1763년 사이, 그리고 1778~1784년 사이에 단기간 온난한 해들이 나타났으나, 이 해들 이외의 추운 시기에는 소빙기의 극심한 기상 조건들이 발생하였다. 1764년 후에 스위스 저지(Mittelland)에서 여름에는 일반적으로 춥고 비가 많이 왔으며, 1,500~2,300m 사이의 고도에서는 5월 중순과 9월 중순 사이에 24일 동안까지 새로운 눈이 내렸다. 이들 여름은 매우 짧아서 상부 알프스 산맥의 목초 위에 집적된 눈을 녹일 수 없었다. 이러한 현상은 오랫동안 중단되었다가 1978년에 어느 정도 반복되었다. 1770년에 2,000m 고도에 있는 스톡호른케테(Stockhornkette) 산맥은 여름 내내 눈으로 덮여 있었다. 1771년에도 조금도 나아지지 않았다. 1713년, 1740년, 1792~1795년, 그리고 특히 1812~1817년까지 유사한 현상이 나타났다. 여러 차례나 겨울은 더 길었고, 심지어 저지에서도 20세기보다 더 늦게 봄이 왔다. 가장 안 좋았던 해들에는 눈이 많았던 긴 겨울 이후에야 비로소 수확을 했고, 씨는 추측하건대 기생충(*Fusarium nivale*) 때문에 눈 밑에서 부패하였다. 빵을 만드는 곡물의 총 수확량과 십일조(十一條)는 칸톤 베른(Bern), 보(Vaud), 엠마누엘(Emmanuel)에서 1769~1770년에 1/4에서 1/3까지 감소하였다. 그리고 빵을 만드는 곡물 가격은 1771년에 2배 이상 상승하였다. 건초와 축산물, 즉 쇠고기, 버터, 치즈의 가격도 마찬가지로 상승하였다. 1785년에 십일조가 40~60% 감소한 것은, 1784~1785년의 예외적으로 길었던 겨울과 스위스의 극서부(the extreme west)를 제외하고 습윤했던 봄과 겨울 후에 이어진 매우 안 좋은 해인 것을 가리킨다. 매우 습윤한 시기가 혹독한 겨울의 뒤를 이은 이후에, 1789년의 곡물 가격은 뚜렷이 최고에 달했고, 1795년에 다시 2배가 되었다. 이러한 가격 상승

Bern, Geographisches Institut der Università, 1975.

으로 인하여 축산물 가격도 영향을 받았다. 그렇지만 이러한 상황은 감자 수확으로 진정되었다. 1796년에 가격은 계속 비정상적인 수준으로 높았다.

이것은 피스터가 스위스에 대해서 표로 만든 40년 자료 중에서 최악의 해들이었다. 십일조와 수확량의 장기간 평균 수준이 약 1770년대에 최저를 보이고 있고, 빙하가 확장되었지만 다른 해들에는 결코 그렇게 나쁘지 않았다. 따라서 사례 지역들에서 십일조는 1788년과 1789년에 급격하게 하강(10～30% 부족)하기 전에 1786년과 1787년에 이동평균곡선보다 약 10% 많았다.

아이슬란드, 노르웨이, 중유럽의 고지, 또는 스코틀랜드의 기후 상태를 분석하여 기후의 변덕스러움이 유럽 전체에 미친 영향을 의미 있게 검증할 수 있다는 사실은 당연히 논쟁이 될 수 있다. 그러나 1784～1785년과 1788～1789년의 혹한의 겨울이 미친 영향은 스위스보다 프랑스에서 더 극심했는데, 아마도 그 이유는 1785년과 1788년의 여름 가뭄 때문이었을 것이다. 우리는 제13장에서 그로 인해 나타난 빵 가격의 상승이 프랑스 혁명에서 어떤 역할을 하였는가를 살펴보았다.

1816년경

예외적인 화산 활동으로 인하여 엄청난 양의 화산 분출물이 성층권으로 올라가서 발생했던 1812～1817년의 이상(異常) 일기는 제13장에서 기술한 바와 같이 1816년에 그 절정에 달했다. 그해 여름에 뉴펀들랜드(Newfoundland) 부근부터 잉글랜드를 지나 발트 해 남부까지의 지대에 강우와 폭풍을 동반한 보통의 아북극 저기압 활동이 집중되었다. 잉글랜드 중부에서는 1816년 여름 3개월(6～8월)의 평균 기온이 13.4℃로 소빙기의 가장 추웠던 해들(1695년에 13.2℃, 1725년에 13.1℃)만큼 낮았다. 이러한 평균 기온은 많은 9월과 한 번 또는 두 번의 5월에 나아졌다. 전반적인 기후, 특히 여름에 잉글랜드에서 10년 동안, 그리고 다시 약 1835년과 1840년대 말 (마찬가지로 성층권에 올라간 화산재와 관련하여) 사이에 그 이전 10년들과 그에 이어지는 10년들보다 거의 평균 1℃ 추웠다.

수많은 다른 지역, 특히 유럽과 미국 북부에서 1816년에, 그리고 일본에서 1836년에 마찬가지로 혹심한 추위와 수확의 어려움이 있었음이 보고되었다. 인도에서는 계절풍이 요란되었다. '1812～1817년이 반복된 위기, 빈곤과 사회적 격변, 국제적인 민족이동, 정치적 반란, 유행성 질병으로 점철된 30년간의 경제적 휴지기간을 가져왔다는 사실'을 우리는 실제로 완전히 다른 인자들로 인하여 일어난 것으로 고찰할 수 있겠는가? 포스트(J. D. Post)[20]는 그렇게 생각하지 않았다. 그는 다음과 같이 기술하고 있다.

초기 산업화를 어렵게 만든 10년들을 인용하여 이 시기를 설명하려는 사람들은 이들 현상이 서유럽에만 제한되지 않았다는 사실을 기억해야 할 것이다. 1812~1848년 사이의 수많은 위기, 대중의 소요, 반란이 잘 알려져 있기는 하지만, 이들 10년의 유행병학(epidemioplogy)은 잘 알려져 있지 않다. …… 1816년의 기상 패턴은 1816~1817년에 벵갈(Bengal)에서 시작된 최초의 현대적인 유행성 콜레라를 발병시켰다. 유럽 역사에서 가장 널리 창궐한 발진티푸스(typhus)는 두 시기에 발생했다. 초기의 발진티푸스는 1813~1815년에 발생했고, 이보다 더 심한 전염병은 1816~1819년에 발생했다. …… 이 세기의 후반에는 아드리아 해안을 따라서 발칸 반도와 지중해 남부 지역들에서 페스트가 발생했다.

포스트는 그 사이에 발진티푸스 또는 콜레라와 춥고 서늘한 생육기간 사이의 관계를 철저하게 연구하였다. 그러나 페스트에 유리한 생태학적 조건은 완전히 설명되지 못하고 있다. 페스트의 발생은 일기 조건에 직접 기인하는 것은 아닐 수 있다. 1815년에 끝난 나폴레옹 전쟁과의 직접적인 관계는 적어도 마찬가지로 있음직하지 않은데, 그 이유는 예를 들어 피스터가 알펜첼(Alpenzell)의 교구에서 연구한 스위스의 기록에 의하면, 1819년에 출생률이 50%로 감소하여 최저점에 이르렀기 때문이다. 그리고 1818년부터 1855년까지 알프스의 빙하가 지속적으로 확장하였다.

동일한 25년 평균에 많은 전쟁이 있었던 해들이 포함되기는 하였지만, 이들 해가 독일에서 귀리 가격에 미친 영향은 <그림 32b>에 나타나는 바와 같이 1816년과 1817년에 뚜렷한 정점으로 나타나게 했고, 아마도 <그림 32a>에 나타난 유럽 다른 지역의 밀 가격도 최고로 상승하게 하였다. 포스트는 이들 해를 서구 세계에서 마지막의 큰 생존 위기(the last great subsistence crisis)의 시기라고 기술하고 있다. 그렇지만 이러한 영향은 이미 모든 지역, 특히 감자가 이미 재배된 아일랜드에서는 완화되었다.

잉글랜드에서는 농업을 개선하고자 이미 18세기에, 그리고 1740년대와 1750년대 사이의 건조한 해들에 강화된 관개기술을 사용하였고, 19세기의 서늘하고 습윤한 여름들, 특히 1820년 이후로 다시 포기되었다. 봄 역시 그 이전보다 빈번하게 습윤했다. 이와 유사하게 극동에서는 18세기 양쯔 강(揚子江) 하류에서 채택된 쌀의 이모작이 기후가 서늘하게 바뀌어서 19세기 초에는 지장이 있었다.[21] 유럽이 온난한 해였던 1718년에 이모작으로 7.6톤/ha의 최대 수확을 거둔 반면, 평균은 6.2톤/ha였다. 일본에서 이 시기는 아마도

20) J. D. Post, "Meteorological historiography," a review of E. Le Reloy Ladurie's *Times of Feast, Times of Famine*, New York, Doubleday, 1971.; *Journal of Interdisciplinary History*, vol.3, no.4, 1973, pp.721-732.

21) 세계기후회의(World Climate Conference)(1979), 세계기상기구(World Meteorological Organization), 제네바(Geneva)에서 발표한 세 명의 중국 학자 Chang Chia-cheng, Wang Shao-wu와 Cheng Szuchung의 진술임.

소빙기 동안 가장 추운 기간이었고, 한랭한 북동풍과 많은 비로 인하여 1782～1787년, 1833～1839년과 1866～1869년의 추운 여름에 흉작과 식량 부족 때문에 대기근이 일어났다. (적어도 처음 두 시기는 큰 화산폭발 이후에 예외적으로 많은 화산 물질이 성층권으로 올라갔던 것으로 특징지어진다) 많은 벼가 결코 익지 못했으며, 가난한 사람들은 음식으로 나무열매와 뿌리를 모아야 했으며, 개와 고양이를 먹어야 했다. 그리고 중세 말 유럽의 기근에서처럼 사람 고기를 먹었다는 증거가 있다. 일본 북부에서 일부 지방의 인구는 사망과 유랑 생활로 약 10% 감소하였다. 마찬가지로 17세기의 아이슬란드에서처럼 봉건제도와 외부 세계와의 접촉으로부터 고립된 상태가 재해를 악화시켰고, 단기간 또는 장기간 이러한 상황을 개선할 수 있는 조정과 혁신을 방해하였다.[22]

1879년과 영국 농업의 몰락

19세기 말 1879년에 피해가 막심했던 흉작과 잉글랜드 중부에서 13.7℃의 여름 평균기온, 그리고 평균의 2배가 되는 강우가 내렸던 다른 추웠던 해로 인하여 밀 수확이 1/2로 감소하였다. 그해의 다른 계절들에도 마찬가지로 추웠다. 유럽의 다른 국가들에서도 유사한 기후 상태로 인하여 급격한 변화가 일어났다. 많은 양의 값싼 밀이 이미 기계화가 이루어지기 시작한 북아메리카의 프레리로부터 수입되었다. 그 이전 4년의 여름 중에 3년의 여름이 습윤해서 이러한 추이가 1882년까지 계속되었다. 이로 인하여 영국 농업은 위기에 빠져서 50년 동안 계속 쇠퇴하였다. 유럽의 다른 국가들은 수입관세로 소규모 농부들을 보호하였다. 그러나 영국은 자국의 제조산업을 이루는 데 도움이 되었던 자유무역정책을 고수하였다. 그 결과로 농촌 지역으로부터 산업 지역과 영국의 해외 식민지로 사람들이 이주하였다. 곡물 재배 지역은 19세기의 마지막 30년 동안 1/4이 감소하였다. 그리고 농촌 인구는 수십만 명이 감소하였다.

20세기의 식량 부족

20세기에 북아메리카, 유럽, 그리고 여러 선진국들에서 식량 부족 문제는 거의 해결된

22) H. Arakawa, "Meteorological conditions of the great famines in the last half of the Tokukawa period, Japan," *Papers in Meteorology and Geophysics*, vol.6, no.2, Tokyo, 1955, pp.101-105. 또한 예를 들어 Takeo Yamamoto 교수의 최근의 수많은 논문들에서 참조.

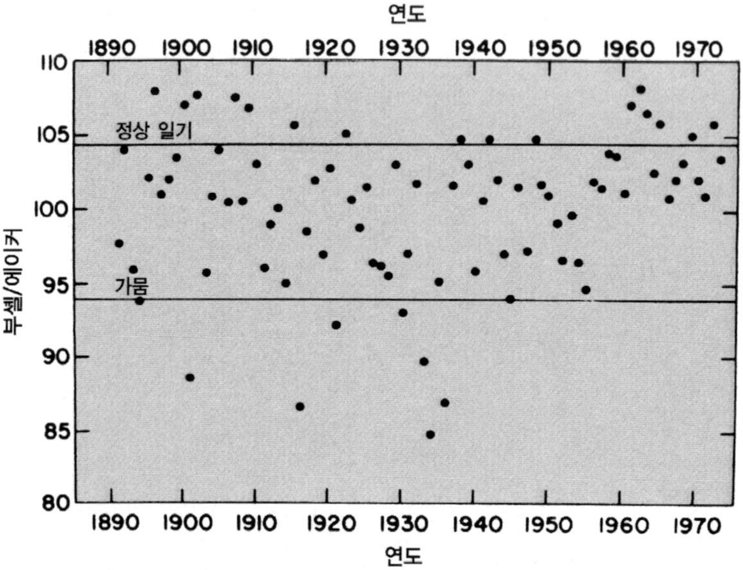

<그림 96> 1970년대에 이용할 수 있는 방법과 기술을 가설적으로 적용하여 옥수수를 재배하는 미국의 5개 주요 주(오하이오, 인디애나, 일리노이, 아이오와, 미주리 주)들에서 1890년 이후 계산된 매년 옥수수 수확량[이 계산은 아이오와 주, 에임스의 아이오와 주립대학의 톰슨(L. M. Thompson) 교수의 모델을 이용한 것이다. 이 그림은 미주리 주 컬럼비아의 맥퀵(J. D. McQuigg) 박사와 몇몇 사람들이 "The incluence of weather and climate on United States grain yield: bumper crops or droughts," Washington, D.C., NOAA Report, 1973을 처음으로 발표한 것으로 허락을 받아 전재하였음]. 1930년대의 가뭄이 든 해들－소위 '더스트 보울(Dust－Bowl)' 재해－과 그보다 20년 전이 눈에 띈다. 마찬가지로 1955년부터 1973년까지의 전례가 없는, 가뭄이 없는 해들의 추이가 수확량 증산에 기여한 것을 볼 수 있다.

듯하였고, 이러한 부양의 안정은 그간의 과학과 기술의 발달에 기인한 학문의 결과로 간주되었다. 그렇지만 맥퀵(McQuigg)과 몇몇 사람들은 미국 중서부의 주들에서 1955～1973년에 밀과 옥수수의 수확량이 2배나 증대된 것은 기술 혁신뿐만 아니라 상당 부분 오랫동안 가뭄이 없는 해들이 있었던 것에 기인한다고 지적하고 있다(<그림 96> 참조).[23] 마찬가지로 서유럽에서 농업과 축산은 1933년부터 1950년대까지 가장 온난하여 유리하였다. 아일랜드에서는 1900년경에 평균 8개월이었던 기온이 6℃ 이상인 생육기간이 거의 9개월로 늘어서 겨울에 사료로 소를 키우는 기간이 20% 감소하였다. 그때 이후로 아일랜드와 잉글랜드에서도 생육기간이 약 2주 정도 다시 줄었다.[24] 수확량이 많은 새로운

23) J. D. McQuigg, 'Climatic change and world food production,' 1975년 4월 23일 University of Florida에서 행한 강의.

24) 이러한 정보를 제공해준 아일랜드 기상청(Irish Meteorological Service)의 전임 청장 버크(P. M. A. Bourke) 박사께 감사드린다.

벼 품종과 다른 작물들이 개발되고, 많은 양의 식량을 비상시에 전 세계에 선박으로 빠르게 수송할 수 있게 됨으로써 이러한 이익이 제3세계의 많은 나라들에도 점진적으로 확산되었다. 그러나 향상된 과학 지식으로 인하여 증가한 작물 수확량이 계속적으로 증가하지는 못할 것이다. 이미 현재 아프리카와 남아시아의 많은 빈곤한 나라에서 식량생산 증가율보다 인구가 더 빠른 비율로 증가하고 있다.

전반적으로 유리한 발달 상황은 전 세계적인 인구 증가로 위협을 받고 있다. 그리고 농업에 가장 적합한 지역들이 이미 이용되고 있기 때문에 재배 면적을 더 확대시킬 경우 낮은 수확량이 나오리라는 것을 예상해야만 할 것이다. 이것으로 인구폭발이 얼마나 밀접하게 기후변동에 대한 인간의 취약성과 관련이 있으며, 인구폭발로 취약성이 강화될 수 있는가 하는 문제가 드러난다. 이스트 앵글리아 대학교 기후연구학과(Climate Research Unit)의 내 동료 팔루티코프(Jean Palutikof)와 파머(Graham Farmer)는 최근에 이러한 현상이 가뭄이 일어나기 쉬운 동아프리카 지역에서 특히 강한 형태로 나타나고 있음을 지적하였다.[25] 전통적으로 이들 지역의 거주자들은 다양한 종류의 작물을 재배하고, 여러 주에 걸쳐서 파종을 하여 재해로부터 보호받을 수 있었다. 이를 통해서 적어도 일부 종들은 건기에 살아남아서 열매를 맺을 수 있었다. 같은 이유로 그들은 많은 수의 가축을 사육하였고 먹이를 찾기 위하여 넓은 지역을 배회할 수 있었다. 1950년 이후로 인구 증가와 현대의 정치·조직 발달로 이러한 보호수단이 대체로 불가능하게 되었다. 정부는 환금작물 재배(cash cropping)를 선호하고, 이를 위해서 그 이전에 목초지로 이용되던 넓은 지역들을 농경지로 전환시켰다. 단일 작물은 아니라고 하더라도, 이들 지역의 농업은 몇 개의 작물 종에 집중되었다. 그리고 국경과 다른 경계가 현재 이주를 제한하고 있다.

식민지 이후의 아프리카(post-imperial Africa)에서 가장 안정한 국가들 중의 하나인 케냐(Kenya)의 사례에서 이와 같은 위험한 상황의 일부 측면들을 가장 잘 관측할 수 있다. 케냐는 높은 출생률과 낮은 사망률로 현재 세계에서 가장 높은 인구 증가율을 기록하고 있다. 케냐는 역사상 연 4%의 인구 증가율을 가진 최초의 국가가 되었다. 총인구는 1969년에 1,094만 3,000명에서 1979년에 1,500만 명 이상이 되었다. 일부 농촌 지역들에서는 인구밀도가 1960년대의 7년 동안 이미 2배가 되었다. 이러한 인구 증가율이 계속되면 케냐는 2000년에, 추측하건대 5,000만~6,000만 명의 인구를 부양해야만 할 것이다. 이 책을 쓸 당시인 1981년까지 3년 또는 4년 동안 충분한 강수량이 있을 때, 농촌 인구는 그 이후에 같은 강수량이 계속해서 내린다는 것을 기대할 수 없는 지역에서 농사를 짓고 아마도 정착해야 할 것이다.

---

25) *Financial Times*, 1980년 7월 16일.

<표 5> 세계의 밀과 곡물[a] 교역량

(단위: 100만 톤)

	1974～1975년에서 1979～1980년까지의 평균 생산량	1973년의 수출량[c]	1934～1938년의 수출량[c]
미국	251.3		
소련	184.8		
서유럽	138.1		
(EC)	(104.8)		
중국	116.8[b]		
전 세계 총량	1086.0		
북아메리카		88	5
소련과 동유럽		-27	5
서유럽		-21	-24
아시아(소련 제외)		-39	5
아프리카		-4	1
라틴 아메리카		-4	9
오스트레일리아와 뉴질랜드		7	3

출전: US Department of Agriculture and Overseas Development Council
참고: a. 쌀이 포함되지 않았음.
b. 1979년에 쌀을 포함한 중국의 총곡물은 3억 3,200만 톤임.
c. 이 칸에서 마이너스 부호는 순 수입을 의미함.

20세기 초의 10년들 동안 식량 보장(food security)은 선진국들에서 이미 개선된 농업의 과학적 지식이 점점 더 다양해진 목축과 결합된 것에 기인하였다. 이 시기에 제3세계 국가들은 낮은 인구밀도를 가졌다. 그렇지만 최근에 전 세계적으로 더 합리화된 것, 즉 거대한 지역에 지역적인 성장 조건에 가장 적정하다고 생각되는 한두 종의 작물을 재배하는 것은 이러한 식량 보장을 위협할 것이다. 단일경작(monoculture)은 과거에 대부분 대기근의 원인이었다. 그리고 한 작물이 가장 잘 자랄 수 있는 지역을 선정하는 것은 기후변화도 없고, 실제로 기대되는 특정 기간에 기후변동도 없다는 가정에서 출발해야 한다는 것을 분명히 알고 있어야 할 것이다.

이러한 취약성은 실제로 증가하고 있고, 세계의 인구증가와 모든 지역에서 점점 더 높아지고 있는 생활 수준에 대한 요구로부터 나타나는 곡물 공급에 대한 증가된 압력으로 미래－실제로 가까운 미래－에 심각한 우려를 불러일으키고 있다. (단일 작물의 최대 수확량을 계획하는 대신에) 의식적으로 농산물을 더 다양화하기로 결정하고 부유한 국가들에서 육류 생산을 위해서 특정한 가축들을 사육하는 데 이용되고 있는 곡물량을 감소시킨다면, 그에 대한 대책을 세울 수 있을 것이다. 곡물로 가축을 사육하게 되면, 사람의 식량으로서 같은 양의 단백질을 생산하기 위해서 곡물을 직접 식량으로 소비하는 데 필요한 양보다 7배의 곡물이 필요하다. 더욱이 위험은 비정상적인 기후변동 자체의 경우에만 제한되지 않는다. 단일경작과 넓은 지역에서 작물들을 전문화하는 것은 일어날 수 있는 재해의

<표 6> 세계의 25개 주요 식량 작물

(1976년에 재배된 양, 단위 100만 톤)

밀	417	감자	288
쌀	345	고구마	136
옥수수	334	카사바	105
보리	190	포도	59
콩	62	사탕수수	52
수수	52	토마토	41
기장	51	바나나	39
귀리	50	사탕무	34
호밀	28	오렌지	34
면실유	25	코코넛	33
		수박	23
		사과	22
		양배추	21
		참마	20
		땅콩	18

출전: FAO Procuction Yearbook, 1976.

규모를 명백히 증가시킨다. 바람이나 그 자체가 완전히 예상되는 범위 내에 있는 다른 기상조건들로 인하여 새로운 작물의 질병과 알려진 질병의 변종이 확산될 수 있다. 이것은 1840년대의 아일랜드 감자 기근의 중요한 인자였다. 유럽 대서양 지역의 습윤한 기후에서 성공적인 감자 재배와 18세기와 19세기 초의 아일랜드의 인구 증가는 감자가 (상당수의 농가가 단지 1ha의 경지를 가진) 매우 작은 농가의 한 가족을 부양하기에 충분한 식량을 생산하는 작물이라는 것을 의미했다. 따라서 감자는 국토의 넓은 지역에서 재배되는 유일한 작물이 되었다. 그러나 그때까지 알려지지 않았던 마름병이 발생하여, 1845년의 가을 바람과 1846년의 습윤한 여름을 통해서 빠르게 확산되었을 때 전체 수확이 포기되었다.

더 최근의 발달을 이러한 배경으로 조망해보는 것이 유용할 것이다. 1913년에 제정 러시아는 과잉곡물, 특히 밀의 주 생산국이자 수출국이었다.[26] 그리고 1930년대까지 유럽의 일부 국가들을 포함하는 많은 나라들은 수출하기 위해서 곡물을 과잉생산했다. 그러나 전 세계적으로 엄청나게 생산량이 증가했음에도 인구와 소비가 매우 크게 늘어나서 현재 북아메리카만이 실제로 수출하기 위해 곡물을 과잉생산하고 있다.[27] 그러나 미국이

26) A. Noye, "Soviet grain—problems and prospects," *Food Policy*, vol.1, no.1, Guildford, IPC Science and Technology Press, pp.32-40.; 동일한 호의 W. Schneider, "Agricultural exports as an instrument of diplomacy," pp.23-31도 참조.

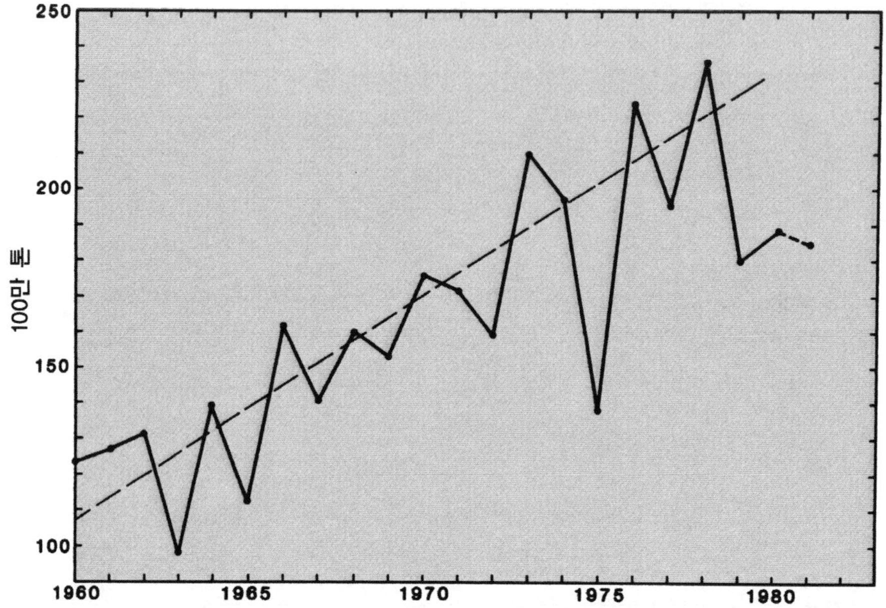

〈그림 97〉 1960년부터 1980년까지 소련의 매년 총곡물생산량. 파선은 더 넓은 재배 면적과 증가한 기술 투입으로 기대되는 생산량 증가를 의미한다. 1981년의 세 차례 연속된 흉작으로 전체 약 1억 7,000만 톤이 생산된 것으로 추정된다(미국 농무성이 제공해준 자료임).

브라질과 같이 액체 연료와 윤활유(오일, 알코올 또는 메탄올)를 생산하기 위해서 대규모로 곡물을 재배한다면, 미국에서조차 과잉생산이 사라지게 될 것이다. 북아메리카의 과잉은 아마도 미국의 증가하는 인구 때문에 약 10년 내에 사라질 수 있을 것이다.

1960년대 이후, 그리고 심지어 1970년 이후 녹색혁명(Green Revolution)으로 수확량이 많은 품종들이 개발되었음에도 세계의 총곡물생산량은 세계의 인구성장과 전혀, 그리고 확실히 지속적으로 보조를 맞추지 못했다. 1960~1961년 곡물연도 말에 세계의 곡물 비축량은 2억 2,200만 톤, 즉 1년 수요의 약 26%로 추정되었다. 10년 후인 1970~1971년의 비축량은 1억 6,600만 톤 또는 15%였고, 1974~1975년과 1975~1976년 곡물연도의 말에는 비축량이 각각 1억 3,100만 톤과 1억 3,800만 톤이었고, 1년 수요의 11%에 달했다. 물론 일부 국가들의 정책결정의 변화가 이 결과에 영향을 미쳤다. 1979~1980년의 비축량은 곡물연도 말에 다시 1억 9,500만 톤 또는 1년 수요의 14%로 회복되었다. 1970년대에 소련은, 여전히 세계에서 두 번째로 큰 곡물 생산국이었지만, 순 곡물 수입

27) 브라질은 옥수수를 증산하는 데 성공하여 최근에 곡물 수출국이 되었다. 1970년대 말에 EC는 밀을 포함하는 곡물을 과잉생산하였다고 보고되었다.

<표 7> 1900년 또는 1910년에서 1974년 또는 1975년까지
(예상되는 수준의 1/10 이상이) 밀 수확이 흉작으로 나타날 확률(%)

	1회의 흉작	연속 흉작	
		2년	3년
미국	17	9	5
소련 (봄밀)	44	13	4
소련 (겨울밀)	32	9	3
소련의 전체 밀 수확량	27	6	2

출전: C. Sakamoto, S. Leduc, N. Strommen과 L. Steyaert가 "Climate and global grain yield variability"라는 제목으로 *Climatic Change*, vol.2, no.4, 1980, pp.349-361에 발표한 논문에 제시된 자료.

국가가 되었다. <표 5>에는 세계의 변화된 상황을 제시하였다. <표 6>에서는 여러 주요 곡물의 상대적인 양을 알 수 있다.

일기는 주로 연변동의 형태로 역할을 한다. 우리가 알게 된 바와 같이 이러한 변동은 일부 지역들에서 증가하였다. 1970년대에 캐나다의 밀 수확은 반복해서 이른 가을 서리 피해를 입었고, 사하라 사막 남부의 아프리카의 수확은 가뭄 기간이 증가함으로 인해서 피해를 입었다. <그림 97>은 1960년부터 1980년까지 소련의 곡물수확량 변동을 제시한 것이다. 러시아는 곡물이 크게 부족했던 모든 해에 서방으로부터 많은 양의 곡물을 구입하였다. 1980년에는 20%를 훨씬 상회하는 곡물이 부족했고, 이것은 이미 두 번째 해였다. 이번에는 정치적인 제재 때문에 같은 규모로 곡물을 구입할 수가 없었다. 여러 면에서 가장 심각했던 경우는 세계의 다른 지역들에서도 일기 때문에 수확량이 크게 감소했던 1972년이었다.

소련은 매년 총수확량의 변동을 일으킨 기후 특성으로 괴로움을 겪었다. 여러 해 동안 관측된 변동성은 북아메리카의 약 2배나 되었다. 다르게 고찰해보면, 조사된 20세기의 가장 긴 기간에 1회의 밀 흉작이 있던 해, 또는 연이어 2회 또는 3회의 흉작이 있던 해들이 나타날 확률(%)이 <표 7>에 제시되었다. 여기서는 예상되는 수확량의 10% 이하로 수확량이 감소된 것을 흉작으로 정의하였다. 소련에서 총수확량의 변동성은 봄에 파종한 작물 또는 겨울에 파종한 작물 하나에 대한 것보다는 다소 적은 것으로 나타나는데, 그 이유는 서로 다른 계절들 사이의 변동이 다소 분명하게 보상되기 때문이다. 저지 상황이 일어나서 정체된 고기압이 확장될 때, 동-서로 길게 연장되는 유라시아의 평야와 그 남쪽 경계에 위치한 산맥들은 넓은 지역들에 가뭄(또는 겨울에 극심하게 추운 날씨)이 들게 한다. 이 고기압은 다른 해에는 다소 다른 경선 범위에 위치할 수 있다. 실제로 이 고기압은 같은 해의 겨울, 봄, 그리고 여름에 일반적으로 다른 곳에 위치한다. 2년 또는 3년 연이은 해에 (심각하기는 하나) 상대적으로 드물게 흉작이 나타난 빈도(<표 7> 비교)는 의심할 여

<그림 98> 1970년대에 큰 가뭄으로 사헬 지대 니제르의 바짝 마른 경관(Oxfam이 제공해준 사진).

지 없이 표본추출 문제, 즉 보통 작은 표본에서 나타나는 오차에 기인한다. 이들 수치는 1930년대에 미국에서 '더스트 보울(Dust-Bowl)' 해의 역사적으로 기록될 만한 가뭄으로 나타난 것을 상기시킨다. 혁명이 일어난 해들에 소련의 수확량 규모에 미친 정치적 영향을 배제시키기 위해서 이들 해에 이용된 수치들은 기상 모델을 이용한 시뮬레이션, 즉 실제 수확량보다는 기상학적인 허구에서 유도된 것이다.

1972년의 경험

이미 앞에서 간략하게 언급한 1972년의 사건들은 그때까지 전혀 또는 거의 고려되지 않던 기후 경향에 대해서 많은 걱정을 하게 했다. 소련에서 예외적으로 덥고, 건조했던 같은 해에 소련의 곡물 수확이 예상했던 것보다 약 13% 감소하였다. 가뭄 지대는 동쪽으로 확장되어 중국의 수확량 역시 크게 감소했다. 인도 북부에서도 계절풍이 비를 많이 내리지 않아서 유사한 결과가 나타났다. 사막지대의 남쪽 주변 지역을 따르는 다른 지대에서 이미 수년간 지속된 가뭄은 1972년과 1973년에 또한 그 절정에 달했다. 이로 인하여 사헬 지대부터 에티오피아까지 이르는 지역에서 추정하건대 10만 명에서 20만 명까지의 인명과 약 400만 두의 소가 죽었다(<그림 98> 참조). 또한 그들의 고향과 익숙했던 토지를 떠나 남쪽으로 많은 사람이 이주하였다. 그 지역의 과거 유럽 식민지의 행정의 잔재인 국경을 넘는 일도 있었다. 에티오피아, 케냐, 아이보리 코스트(Ivory Coast)의 커피 수확과 나이지리아의 땅콩·수수·벼의 수확 역시 크게 감소했다. 그리고 1972~1973년의 오스트레일리아의 밀 수확은 이 지역의 가뭄 때문에 그 이전 5년 평균 수확량보다 25% 이상 감소하였다. 페루(Peru)와 에콰도르(Ecuador) 연안 해류의 [엘니뇨(El Niño)로 알려진] 불규칙한 변동은 이 지역에 평소 풍부했던 멸치(anchovy) 어업을 황폐화시켰다.[28] 전반적으로 1972년에 세계의 총식량생산은 1971년보다 거의 2% 감소하였다. 그럼에도 이것은 과거에 도달했던 두 번째로 많은 양이었다. 이것은 1945년 기술적으로 발달한 시기 이후 처음으로 일어난 감소 현상이었다. (1972년까지 이 기간 세계의 생산량은 매년 약 3%씩 증가했다) 그리고 가장 직접적으로 영향을 받은 국가들 중에서 미국의 비축량을 식량으로 앞다투어 구매해야 하는 일이 일어났다. 여기서 소련은 그해 미국의 밀 수확량의 1/4과 서방의 다른 국가들에서 곡물을 구매할 수 있었다. 이로 인하여 세계의 밀 가격은 수개월 내에 2배가 되었고, 식량이 부족했던 극빈국들의 어려움은 더욱 커졌다.

1972년의 경우는 다른 여파도 미쳤다. 가장 직접적으로 기근으로 인한 스트레스를 오랫동안 겪은 에티오피아에서는 황제 통치를 넘어뜨린 혁명을 촉진시켰다. 석유는 보유하고 있으나 기후가 농업에 부적절한 개발도상국들은 기후와 다른 요인이 세계의 식량 공급에 미치는 위협을 새로이 인식하게 되었다. 그들은 석유가 고갈되는 시기에 대비해서 경제를 다양화하고 강화하기 위해 점차 감소하고 있는 자원을 이용할 필요를 느꼈다. 그리고 선진국들의 선도적인 과학, 기술 및 행정 기구들에서는 이 기후 사건을 어떻게 해석해야 하고, 기후에 대해서 어떤 형태로 마음가짐을 가져야 하는가 하는 혼란이 있었다. 이렇게 심각하게 생각한 것은 1973~1974년의 제1차 (4배의) 유가 인상으로 전례가 없는 세계 경제위기가 닥치자 발생한 두려움 이전에 이미 시작되었다. 가장 직접적으로, 인구 증가에 따른 식량 수요를 무한정 충족시킬 수 있는 녹색혁명으로 가졌던 희망은 지나치게 낙관적인 것으로 인식되었다. 그 이유는 특히 쌀과 다른 '기적의 작물들(wonder crops)'의 고수확 신품종들이 예상되는 기후 조건으로부터 벗어날 때 재래종들보다 때로 더 민감했기 때문이다(<그림 99> 참조). 1972년 전 세계적인 기후 이상 패턴(climatic anomaly pattern)의 어떤 현상들이 단기간 변동인 것으로 증명되고, 어떤 것이 좀더 장기간 경향의 일부로서 인식될 수 있는가를 확실하게 언급할 수 있는 아무런 준비된 방법도 없었다. 학

28) 페루는 연 1,200만~1,400만 톤의 어획량으로 대규모 통조림 산업을 이루어 당시에 세계에서 가장 많은 어획량을 올렸다. 그해 이후로 어획량이 200만 톤 이하로 감소하였다.

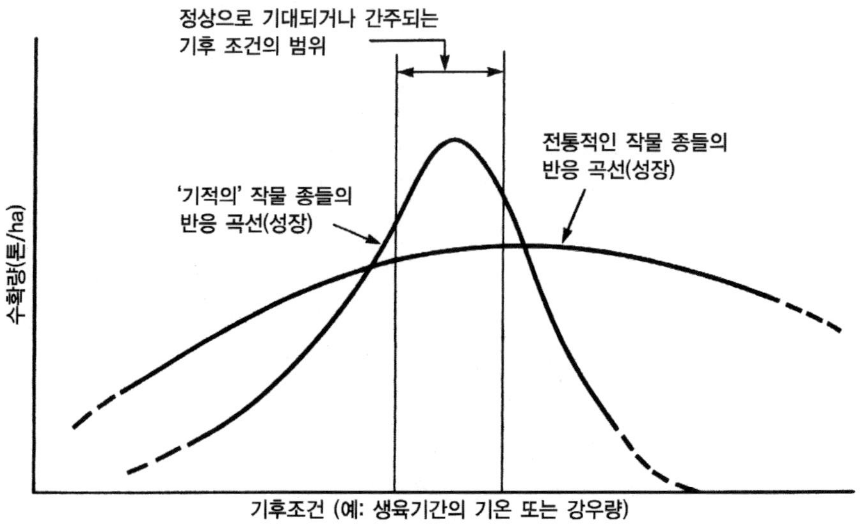

〈그림 99〉 예상되는 범위 안팎의 기후 조건에 대한 재래종들과 신품종들(예: 쌀)의 특징적인 반응.

문적인 '전문가'들의 의견은 선정적인 언론의 일부분에서 왜곡되어 과장된 경고로부터 극심한 자기만족에까지 이르고 있다. 많은 내용이 이러한 불행한 상황하에서 9년 후인 현재까지도 변하지 않았다. 학문은 단지 우리가 얼마나 절박하게 기후와 그 작용방법에 관한 기본 지식을 필요로 하는가를 강조하고 있을 뿐이다. 이러한 일은 지나치게 오랫동안 당연한 것으로 전제되어서 계속 연구해야 하는 일이 등한시되어왔다.

기술·기후·식량 공급

농업에서의 엄청난 기술 진보와 많은 지역들에서 1945년 이전 수확량의 2배 이상이 된 에이커당 평균 수확량에도 불구하고 매년 현재 인구에 충분한 식량생산이 보장될 수 없다는 사실이 분명하다. 그리고 기후변동 또는 기후변화가 없어도 적어도 다음 수십 년 동안 피할 수 없이 계속 증가하고 있는 세계 인구 때문에 사람들을 위한 식량을 더 많이 비축해놓기 위해서 곡물 사료를 줄여야 할 필요가 있을 것이다. 더욱이 세계에서 가장 큰 나라들조차 일기로 인한 수확량의 변동에 직접적인 영향을 받지 않을 수 없다. 기술의 발달과 대규모 경영 단위로 얻게 된 보장을 지나치게 과신하여 실수하게 되었다. 따라서 이러한 인자들이 단일경작의 관점에서, 그리고 불모지를 이용하며, 특히 날씨가 어떻든 간에 예상되는 수확량을 보장하리라고 기술을 과신하여 식량생산의 합리화를 극단적인 상태로까지 밀고 나갔다.

이러한 정책에서 혁명 이후 처음 20년 또는 30년 열광하는 동안의 소련의 지배를 기억하게 된다. 1927～1928년에 혁명 이전의 자료로 소련 전체의 곡물 생산량의 변동이 일기와 소련 남부의 몇 개의 주요 지방에서의 극심한 변동에 종속된다는 러시아의 통계학자 오부코프(V. M. Obukhov)와 체트베리코프(N. S. Chetverikov)의 연구가 완전히 무시되었다. 그리고 1929년에 제1차 5개년계획이 시작되었을 때 일기로 인해서 발생하는 어려움을 고려하여 변종들을 제외시켰다. 정부간행물에서 편집자는 다음과 같이 기록하고 있다. "수확의 문제는 마르크스의 변증법으로만 해결될 수 있다. …… 그리고 …… 우리 국가의 산업화와 밀접하게 관련된다. …… 수확은 사회주의 국가의 계획된 생산력의 투입 대상이 된다."[29] '어려운 기후 조건을 고려하고' 큰 기근이 들었던 해인 '1891년과 매우 유사한' 것을 고려하면 …… 느린 태도 변화는 공식적으로 만족할 만한' 것으로 기술된 1936년의 수확 결과로 시작되었다!

이와 유사하게 미국의 중서부에서 19세기 말 이후로 기계화된 영농 방법의 증가를 통해서 이루게 된 성공은 점점 더 많은 대초원 지역(great grasslands)을 이용하여 1930년대에 재해가 발생할 때까지 점점 더 과거의 가뭄을 잊게 하였다. 최초의 유럽인들이 미국에 이주한 이후 가뭄은 약 20～22년 주기로 발생했으나,[30] 이 가뭄은 그때까지 알려진 어느 가뭄보다도 더 심각했다. 미국 중서부의 가뭄이 이와 같이 대략 20년 주기로 발생하였다고 하더라도, 건기의 절정은 이 경우에 아열대 고기압대의 평균 위치가 1～2° 북쪽으로 이동하고 중위도에서 편서풍이 그 이전보다 더 규칙적으로 나타난 이미 언급한 장기간 변동의 절정과 거의 일치하고 있다. 1932～1937년 사이의 계속된 여름에는 로키 산맥을 넘어서 미국 중서부의 토양과 식생을 바짝 마르게 한 고온건조한 바람이 반복해서 불었다. 과거에는 그 지역의 자연 초지가 바짝 말랐을 때 단단하게 마른 매트(mat)로 변하여 토양을 보호했다. 이제는 작물들이 죽고, 쟁기질로 느슨해진 토양이 바람에 날려가게 되었다. 1933년과 1934년에 바람에 날린 먼지는 쉽게 동해안까지 추적될 수 있었다. 1934년 5월 12일에 ≪뉴욕타임스(*New York Times*)≫는 "1,500마일 떨어진 몬태나(Montana) 주

29) S. G. Wheatcroft, "The significance of climatic and weather change on Soviet agriculture with particular reference to the 1920s and the 1930s," *CREES Discussion Papers Series SIPS No.11*, Centre for Russian and East European Studies, University of Brimingham, 1977에서 인용.

30) 약 1800년대의 수년 동안, 약 1822년부터 1830년대 초까지, 1840년 전후 수년, 약 1859년부터 1860년대의 대부분 기간, 1880년대 말에서 1890년대 초, 1910년경, 1932～1940년, 1950년대 중반과 1970년대의 짧은 기간에 가뭄이 네브래스카(Nebraska) 주에 영향을 주었던 것으로 알려져 있다.

〈그림 100〉 1930년대 미국 중서부에 크게 가뭄이 든 해의 장면. 다가오고 있는 바람에 날린 토양의 먼지 폭풍.

만큼 서쪽에 위치한 가뭄이 든 주들로부터 날아온 먼지 구름이 어제 5시간 동안 해를 가렸다"고 보도하였다. 일식(日蝕)과 같은 이러한 조건에서 뉴욕은 어슴푸레하였고, 먼지 구름은 수천 피트 높이 떠 있었다.[31)]

미국 중서부가 '더스트 보울' 지역(<그림 100> 참조)이 되었던 이와 같은 악명 높은 해들에 수천 명의 농부들이 농사를 망쳤고, 수많은 가족들이 서해안으로 새로운 생활을 찾기 위해서 이주했다. '결코 농사를 짓지 말았어야 했던' 내륙의 농지들은 포기되었다. 연방정부는 토양복원계획을 실행하여 많은 토지를 초지로 전환시켰으며, 방풍림을 심었다.

1950년대와 1960년대 초 사헬 지대에 많은 비가 내렸던 시기에 부분적으로 이와 비교할 수 있는 실수 또는 오판을 했다. 이 지대에 있는 개발도상국들에 대한 국제적인 원조는 거대한 양의 지하수를 이용하기(그리고 궁극적으로 고갈시키기) 위해서 깊은 우물을 파는데 이용되었다. 수천 년 전의 다른 기후 체제 동안 집적된 이러한 지하수를 때로 '화석수(fossil water)'라고도 부른다. 이로 인하여 크게 증가한 소 떼와 (만족할 만한 의료 지원 덕분에) 인구가 증가한 이 지역에서 일종의 단기간의 번영이 일어났다. 그러나 빈약한 식생은 곧 과잉방목으로 고갈되고, 사막이 확장되었다.

그리고 이로 인하여 확실하게 자동강화되는 기상학적 메커니즘이 일어나서 가뭄이 지

31) W. O. Roberts and H. Lansford, *The Climate Mandate*, San Fransisco, W. H. Freeman & Co., 1979, 197pp.에서 인용.

속되었다.[32] 나지(裸地) 토양이 태양복사를 더 많이 반사시켜서 지면과 대기권 하층에서 흡수되는 총에너지가 감소하고, 상층으로부터 침강하는 건조한 공기가 있는 고기압 경향이 두드러졌다. 동시에 식생에 저장되어 새로이 증발될 수 있는 수분이 그 이전보다 감소하였다. 이러한 방법으로 전 지역은 1960년대 중반부터 그 이후로 나타난 다음의 자연적인 강수량 감소에 대해서 그 이전보다 더 취약해졌다. 사헬 지대에서 그 이후의 해들에 <그림 90>에서 보게 되는 1971~1973년의 최저로부터 강수량이 약간 증가하였기 때문에, 그리고 기상학적 조언으로 최근의 극심한 스트레스가 단지 우연한 단기간 변동에 불과하다는 만족할 만한 견해를 가졌기 때문에, 이주했던 사람들이 재정착하고 그들의 소 떼를 다시 늘리고 있다는 사실을 우리는 알고 있다.

이 장에서 제시된 사건들은 일종의 역사적 순환을 하는 것 같다. 여기서 인구는 기후가 유리한 시기에 증가하였고, 조만간 증가하는 인구를 부양할 수 없는 토지를 증가된 인구밀도로 점유하였다. 이와 유사한 인구증가는 새로운 기술을 도입할 때 나타나고 있다. 기후가 좋지 않은 해들이 나타날 때에 인구는 과거에 부분적으로 이주를 통해서, 그리고 부분적으로 영양실조, 질병과 사망을 통해서 항시 감소하였거나 완전히 소멸되었다. 이러한 상황은 보통 고통을 당하는 사람들의 완고한 태도를 통해서 특징적으로 더 악화되었다. 일부 학자들은 오늘날 세계의 많은 지역에서 크게 증가하고 있고, 여전히 빠르게 증가하는 인구에 대한 유사한 위험에 직면해서[33] 인류가 빙기에서 후빙기로의 변화를 포함하는 모든 과거의 기후변화를 극복했다고 생각한다. 그들은 이를 통해서 미래에 어떤 일이 일어나도 기후변화를 극복할 수 있을 것이라는 견해를 갖고 있다. 이러한 견해는 많은 이주자들과 노예 상태의 노동자들의 어려움으로부터 대량의 유행병과 사망에까지 이르는 연루된 엄청난 사람들의 고통을 간과한 것이다. 우리의 의무는 기후를 이해하는 것을 기초로 대책을 세워서 이러한 문제들을 최소화하는 것이다. 좀더 나은 상황에 있는 선진국들에서 이러한 예방조치를 하는 것이 확실히 중요한 대책이 될 것이다.

32) J. G. Charney, "Dynamics of deserts and drought in the Sahel," *Quarterly Journal of the Royal Meteorological Society*, vol.101, 1975, pp.193-202.

33) 브란트 위원회 보고서(Brandt Commission Report)는 제3세계에서 2000년경에 3,000만 명의 인구를 갖는 일부 도시들을 예견하여 현재 잘 알려진 캘커타의 빈곤함, 집 없는 사람들과 과잉 인구의 조건들을 최초의 이러한 성장 패턴의 사례로 간주하고 있다. 주변 지역에 있는 일부 농촌의 인구밀도는 덜 심각할 수 있을 것이다.

기후와 질병의 발생

이 장에서는 가장 기본적인 문제로서 기후변동이 식량 공급에 미치는 영향에 관해서 길게 강조했다. 여기서 이 장의 처음에 언급했던 많은 다른 유형의 인류 사회에 미친 영향을 다룰 공간은 없다. 사망자 수와 관련하여 이들 영향 중에서 가장 심각한 것은 전염병을 통해서, 그리고 인구가 조밀하게 거주하는 넓은 저지의 하천 또는 바다의 범람을 통해서 발생하는 사망자 수이다. 범람이 일어난 후에는 일반적으로 전염병이 퍼진다. 그렇지만 조직이 붕괴되지 않아 질병의 규모를 다룰 수 있는 한, 우리는 현대적인 예방의학의 발전을 통해서 현재 이러한 상황을 통제할 수 있다는 것을 기대할 수 있다. 우리는 이 책의 앞 장들에서 유스티니아누스 시대에 로마 제국을 휩쓸었던 피해가 컸던 전염병과 중세의 흑사병뿐만 아니라 1816~1817년에 벵갈(Bengal)에서 시작되었던 대규모 콜레라에 기후변동이 어느 정도 관여되었는가를 주목하였다. 이미 수세기 전에 유럽 사람들은 반복된 페스트의 출현이 일기의 영향을 받았다는 사실을 알고 있었다. 페스트는 보통 고온건조한 여름에 발병하여 길고 추운 겨울에 사라지는 경향이 있다. 이 책에서는 기후와 역사 간의 관계에 관한 이론을 제시하지 않으려고 했을 뿐만 아니라 이러한 관계를 단순화시키려고도 하지 않았다. 그러나 기후변동과 주요 질병의 발생 사이에 관계가 있는 경우에는 이러한 상황을 일으키는 환경을 이해하는 데 도움이 되도록 다음과 같이 분류하였다.

① 하수도 설비와 위생을 붕괴시키는, 예를 들어 큰 가뭄과 홍수와 같은 사건들.
② 특정한 곤충 및 다른 질병을 일으키는 유기체와 병독을 매개하는 곤충의 부화와 여러 질병 유기체의 숙주의 부화에 예외적으로 유리한 기상 조건과 이들의 지리적 분포를 촉진하는 기상 조건.
③ 기상 조건, 특히 감염과 질병에 대한 사람의 저항력을 약화시키는 모든 일기에 따른 식량과 물 공급의 붕괴.

②번의 경우에 마찬가지로 동물의 질병에 적용되고, 인간의 경제가 의존하고 있는 작물과 식생의 다른 요소들에 피해를 주는 (메뚜기, 기생충, 감자마름병 등과 같은) 곤충의 부화를 포함하는 내용을 간단히 언급해야 하겠다. ③의 경우에는 아마도 때로 (거의 모든 위도에서) 습윤한 겨울 조건과 이들의 첫 번째 결과 중에 있는 보통의 감염도 포함된다.

이 목록에서 ②에 포함된 많은 현상들 중에서 지나친 더위는 아니지만 온난함과 습윤한 환경 또는 충분한 습도의 특정한 조합이 국지적으로 습윤한 미환경(micro-environment)을 보장하기 위해서 필요한 것 같다. (a) 인간의 병, (b) 인간과 동물 모두에게 피해를 주는 질병, (c) 대규모 작물의 파괴와 관련이 있는 일기에 종속되는 여러 가지 곤충에 대한 사례로서 우리는 간략하게 다음과 같은 것을 고려해볼 수 있을 것이다.

① 선페스트(Xenopsylla cheops)를 전달하는 벼룩의 생활사는 20∼32℃ 범위에서 기온이 상승할 때 가속된다. 벼룩이 더 빠르게 번식되나, 기온이 높아질수록 각 곤충 세대가 더 빨리 죽는다. 상대습도가 30% 이하가 될 때 벼룩의 수명은 거의 포화 상태의 습도일 때의 1/4로 감소한다.

말라리아를 옮기는 모기(Anopheles)는 16℃ 이하의 기온이나 63% 이하의 상대습도에서 번식하지 않고, 모든 다른 모기들과 같이 고인 물이 있는 습윤한 환경에서 가장 잘 자란다. 때때로 말라리아는 귀향하는 여행객들[예를 들어 과거 세기들의 용병(傭兵)들]에 의해서 북유럽의 모기에 전해졌다. 올리버 크롬웰(Oliver Cromwell)[34]은 습지의 잉글랜드 모기에 물려서 이른바 학질로 사망했다. 북쪽에 위치한 스웨덴에서조차 말라리아가 발생했다고 알려져 있으나, 이 질병은 수년 내에 소멸되었는데, 그 이유는 지역적인 조건이 모기의 생활에 너무 추웠거나 건조했기 때문이다.

이와 다소 유사한 관측에 의하면 황열병 모기(*Aëdes aegypti*)의 평균 수명은 거의 포화 상태의 상대습도에서 7.0일인데, 48% 이하의 상대습도와 20℃의 건조한 공기에서는 4.5일까지 감소하고, 26℃의 기온에서는 약 2.0일까지 감소하였다. 이 때문에 번식 가능성이 감소했다. 다른 종류의 모기들은 아프리카와 남아메리카의 농촌 지역에서 황열병(yellow fever)을 전염시킬 수 있는 것으로 생각되나, 이들의 기후 선호도도 분명하게 유사하다.

② 수면병(睡眠病)을 전염시키는 물리면 치명적인 체체파리(Glossina)도 마찬가지로 적당한 온난함과 습도를 필요로 한다. 이 파리의 여러 종들도 수면병을 전염시키며, 이들은 그 정도가 다르기는 하나 어느 정도 음지를 필요로 한다. 따라서 이들의 대부분은 나무나 관목이 무성한 지역, 때로 강이나 호수 부근에서 가장 잘 번식한다. 이들은 주간의 양호한 햇빛이 있는 상태에서 물어뜯고 피를 빠나, 약 15.5℃ 이하의 기온에서는 활동하지 않는다. 가뭄은 애벌레와 번데기 단계에 있는 체체파리에겐 극히 치명적이다. 따라서 이들의 분포는 사막지대에 의해서 저위도 지역에 제한된다. 그리고 일부 지역에서는 식생을 제거하여 인간의 거주 조건이 향상되었다.

그곳에 도착한 유럽인들의 평균 수명이 6개월에 달했던, 서아프리카가 '백인의 무덤

---

34) 옮긴이 주: 영국의 군인 및 정치가로 탁월한 재능과 함께 경건한 칼뱅주의 신앙을 바탕으로 한 강인한 성품을 갖춘 인물로 영국내란(청교도혁명)에서 국왕 찰스 1세에 맞선 의회 진영의 유력한 장군 가운데 한 사람이다. 스튜어트 왕가를 전복시키는 데 기여했으며 1653∼1658년 잉글랜드와 스코틀랜드, 아일랜드를 포괄한 공화국의 호국경을 지냈다.

(White Man's Grave)'이라는 명칭을 갖게 된 1860년대와 1870년대의 특히 위험한 시기에 아프리카의 적도 강우가 예외적으로 강했고, 호수의 수위가 크게 상승했다. [당시에 이와 같은 사망 기록에도 불구하고 예수회(Jesuit)와 감리교(Methodist)의 런던 선교회에는 사망한 사람들을 대체하여 선교지로 가려는 지원자들이 12명 이상이나 대기하고 있었다] 이보다 조금 이른 1820년대와 1830년대에 가나(Ghana)가 덴마크의 식민지이던 시기에 적도 아프리카에서 호수 수위가 낮았고, 다른 증거에 의해서도 마찬가지로 이 지역의 기후가 건조했을 때 질병은 결코 그리 심각하게 발생하지 않았다. 의료 기술이 실제로 발달하지 않았음에도 불구하고 이러한 상황은 1870~1880년대 이후에 나아졌는데, 이것은 아마도 1890년대 극적인 강우량의 감소와 관련이 있을 것이다.35)

③ 이집트 땅메뚜기(*Schistocerca gregaria*) 역시 사막 또는 사막 주변 지역에서 비가 온 후에 번식하기 위해서 습윤한 시기를 필요로 한다. 이들은 25~35℃ 사이의 기온에서 가장 활발하다. 이들은 15℃ 이하의 기온에서 무기력하고, 50℃ 이상의 기온은 치명적이다.

그러므로 이 모든 경우에 곤충들은 앞서 언급한 적정한 일기 조건에서 번식하고, 바람을 통해서 빠르게 확산될 수 있다. 메뚜기는 때때로 유럽의 많은 지역에서 나타났고, 간혹 심각한 피해를 입힐 만큼 많이 나타났다. 그러나 과거에 더운 나라들에서는 메뚜기 떼로 인한 작물 피해와 기근에 관해 많은 기록이 있다. 최근에 이집트 땅메뚜기 떼의 피해를 입은 총면적은 약 3,000만 km^2에 달했다. 중요한 지역에서 메뚜기 떼의 번식은 평균 매 2년마다 관측되고 있다. 앞서 언급된 모든 경우에서 현대의 통제 방법은 관련된 곤충 종들의 알려진 환경 및 일기에 대한 종속성에 관한 지식을 이용하고 있다. 메뚜기의 경우에 국제메뚜기방지기구(international anti-locust organization)가 일기도를 포함하여 곤충이 번식하는 전체 지역을 지속적으로 지도화하여 상황을 관측하고 있다. 곤충 수를 줄이기 위한 살충제의 살포는 실제로 메뚜기가 부화하는 지역들과 날아다니는 메뚜기 떼가 양 반구의 기류가 열대 전선대(Intertropical Front)와 열대수렴대 내의 수렴선을 따라서 만나는 좁은 지대36) 안에 집중해 있는 곳을 목표로 할 수 있다. 1960년대와 그 이후에 전반적으

35) 아프리카 강우의 역사에 관한 더 상세한 내용은 S. E. Nicholson, "Saharan climates in historic times," in M. A. J. Williams and H. Faure(eds.), *The Sahara and the Nile*, Rotterdam, A. A. Balkema, 1980, pp.173-200 참조; 이보다 오랜 과거에 대해서는 S. E. Nicholson and H. Flohn, "African environmental and climatic changes and the general circulation in Late Pleistocene and Holocene," *Climatic Change*, vol.2, Dordrecht, Reidel, 1980, pp.313-348 참조.

36) R. C. Rainey, "Airborne pests and the atmospheric environment," *Weather*, vol.28, no.6, London, 1973, pp.224-239.; R. C. Rainey, E. Betts and A. Lumley, 'The decline of the desert locust plague in the 1960s: control operations or natural causes?,' *Philosophical Transactions of the Royal Society of London*, series B, vol.287, 1979, pp.315-344도 참조.

로 메뚜기가 감소한 원인이 곤충들에게 불리한 일기에 많은 부분 기인한 것으로 알려져 있지만, 이 10년들 동안에 실행된 방제대책이 성공한 분명한 증거도 있다.

마찬가지로 감자마름병이 발생하는 데 유리한 특정한 일기 조건(지속적으로 기온이 10℃ 이상이고, 습도가 90% 이상인 48시간 또는 그 이상의 기간) 또는 간흡충(肝吸蟲)과 위장염(胃腸炎), 그리고 중요한 발달 주기에서 숙주(宿主)와 매개동물과 같은 온대에서 잘 발생하는 가축의 질병을 일으키는 특정한 일기 조건은 한정될 수 있고, 경고와 초기 예방대책을 세우는 데 이용될 수 있다.

홍수와 혹한의 겨울이 미친 영향

기근과 질병을 통해서 발생하는 피해와 비교될 수 있는 규모로 가장 극심한 경우에 직접적으로 인류에게 피해를 줄 수 있는 유일한 기상 조건은 앞서 언급한 바와 같이 단기간 내에 일어나는 거대한 홍수이다.

① 하천 범람. 예를 들어 100만 명 이상이 익사한 1931년 6월 중국 후난(湖南)에서의 양쯔 강(揚子江)과 황허(黃河)의 범람과 90만 명이 익사한 것으로 보고된 1887년 9~10월의 황허 하곡에서 유사한 재해가 과거에도 있었다. 중국에서 1332~1333년의 하천 범람과 그에 따른 질병은 700만 명의 인명을 앗아갔다고 전해지고 있다. 일부 지역은 장기간에 걸쳐서 황폐화되었으며, 많은 취락이 파괴되었다. 이것이 '흑사병(Black Death)'으로, 세계를 휩쓴 전염병의 출발점이 되었을 것이라는 이론이 제기되었다.

② 열대저기압(tropical cyclone)과 태풍 또는 중위도의 저기압성 폭풍우(cyclonic storm)로 발생한 폭풍해일로 인한 해안의 범람. 1970년 11월 12~13일에 방글라데시(Bangladesh)에서 벵갈 만의 저기압으로 인하여 국토의 넓은 지역을 침수시킨 이러한 유형의 홍수가 발생했다. 원래 30만 명으로 추정되었던 사망자 수는 결국 당국에 의해서 약 75만 명으로 추산되었다. 중세 이후로 이와 유사한 많은 재해가 북해의 저지 해안 지역, 특히 대륙 측에서 발생했다. 사망자 수는 총 10만 명에서 40만 명까지로 추정되었다. 최근에 이러한 재해가 발생하지 않은 이유는 지난 300년 동안 건설한 방파제의 효과라고 볼 수 있다.

1972년과 1973년의 가장 심각한 가뭄 시기에 아프리카의 사헬-에티오피아 지대에서의 사망자 수는 확실히 후자의 범위에 접근했다.

유럽과 북아메리카에서 가장 심한 혹한의 겨울에 이와 같은 정도의 사망자 수는 결코 발생하지 않았다. 가난한 사람들과 노인들에게는 큰 고난과 어려움이었고, 도로 상에서 동사하고, 농촌에서 눈에 매몰되고, 도시의 도로 상에서 사망한 것으로 보고된 사람들이 많았지만, 혹한이 심각하게 미친 영향은 보통 국지적으로 제한되거나 심지어 개인들에게만 해당되었다. 그 규모는 아마도 1812년과 1942년에 러시아 평야에 노출된 나폴레옹과 히틀러의 군대가 입은 그 유명한 피해보다 결코 크지 않았다. 그렇지만 때때로 우리가 1788～1789년의 겨울 이후에 일어난 프랑스 혁명의 경우에서 알게 된 것과 같이, 식량 부족과 빵 가격 등을 통한 영향을 더 널리 간접적으로 준 결과도 있었다. 다른 더 오래된 경우들에는 늑대로 인한 어려움과 어린이를 먹었다는 것에 관한 보고도 있다.[37] 오늘날에도 물론 혹한의 겨울 일기를 통해서 중요한 경제적 손실이 발생할 수 있고, 특히 이와 같은 일기 상태가 다소 예외적인 지역에서 발생할 수 있다. 이러한 일기 상태를 적절하게 극복하고 이에 대해서 준비할 수 있는 경제적·군사적 가능성은 충분히 있다. 도로 상의 눈을 제거할 수 있는 강력한 장비(제설기)를 투입하고, 결빙에 대비해서 특정한 도로 구간과 철도 접합점을 난방하고, 연료를 비축하고, 비상식량을 투하하고, 구조작업을 하기 위한 대기 시설(헬리콥터 등)을 준비하는 비용은 —이 중의 많은 대책은 아마도 일부 겨울에만 필요할 것이다— 그와 같은 겨울에 입게 되는 손실에 대해서 비교·검토되어야 한다. 겨울에 추운 나라들에서조차 심각한 피해가 발생할 수 있다. 뉴욕 주의 버펄로(Buffalo) 시는 3～4m의 눈으로 도로가 차단된 1976～1977년 겨울에 수일 동안 도시의 주요 기능이 정지 상태에 빠졌다. 1970년대 말 겨울에 노르웨이 남부에서 현대식 건물의 평평한 지붕은 최근에 경험하지 못했던 눈의 무게로 인하여 붕괴되었다. 잉글랜드에서는 1978～1979년 겨울에, 적설 기간이 최근의 장기간 평균 7～14일이었던 많은 저지 지역이 약 40일간 50cm까지 적설로 덮여서 미들랜드(Midland) 동부 노팅엄셔(Nottinghamshire) 한 군에서는 도로 제설 비용이 평균의 약 3.3배나 들었다. 영국 전역에서 추가 비용은 총 5억 파운드

37) 예를 들어 1438년에 스몰렌스크(Smolensk, 러시아 연방 서부 스몰렌스크 주의 주도) 부근에서 발생한 이러한 일들이 보고되고 있다. 과거의 유사한 재해에 관한 보고들 중에는 서기 1215년의 노브고로트(Novgorod) 지역에서 서리로 모든 작물이 파괴되었다는 수도원의 기록이 있다. 큰 기근이 발생하여 사람들은 소나무 껍질을 먹었고, 빵을 구하기 위해서 어린이를 노예로 팔았다. 1690년대의 스코틀랜드와 같이 사람들은 공동묘지를 두려워했으나, 결국 너무 많은 사람들이 죽어서 이들이 모두 매장될 수 없었다. 개들은 도시, 마을과 농지에 버려진 모든 시체들을 먹을 수 없었다. 1230년에 다시 서리로 작물이 파괴되어 심각한 기근이 노브고로트와 스몰렌스크에서 발생했다. 살아남은 사람들은 시체를 먹었을 뿐만 아니라 '서로 죽여서 먹었다(people killed and ate each other).' 그리고 많은 시체가 부패하여 전염병이 발생했다. [이러한 세부적인 내용은 I. E. Buchinsky의 *The Past Climate of the Russian Plain*, Leningrad(in Russian), Gidrometeoizdat, 1957에서 인용한 당시의 기록에서 발췌한 것이다]

(또는 인구 1인당 약 10파운드)로 추산되었고, 그중에 가장 많은 부분이 정상적인 연료 소비보다 9% 더 많은 것을 나타냈다. 모든 계절이 추웠고, 합리적인 판단으로 50~70%의 추가 연료 수요가 더 필요했던 잉글랜드의 1740년과 같은 한 해가 나타나면, 추가 비용이 분명히 훨씬 더 증가했을 것이다.

기후변동과 관련하여 예외적으로 얼음과 눈이 많은 겨울, 빙하 확장에 관한 많은 내용과 이러한 상황하에서 고통을 받은 개인들의 애통한 사연을 기술한 것들이 있다. 그렇지만 흉작과는 달리 이들 현상은 다수의 사람들에게는 주변적인 현상에 불과하다. 이것이 바로 일부 역사가들이 기후가 불변했어도 지난 1,000년의 유럽 역사가 그다지 다르게 전개되지 않았을 것이라고 설명하는 이유가 된다. 본질적으로 그것은 역사에 대한 어떤 견해인가? 정치 역사학자나 혹은 법 역사학자의 견해? 확실히 사람들은 유럽의 서쪽과 남쪽의 더 안전하고 보호된 지역들에 치우쳤다. 북쪽에서는 심지어 정치·제도상의 구분과 제휴가 이러한 방법으로 영향을 받았을 수 있다. 그리고 확실히 이러한 견해는 유럽 사람들의 건강, 생활 조건, 행복에 관련된 많은 것을 무시한 것이다.

다른 관점들

예를 들어 유럽의 사회사 또는 심지어 중세 말 아이슬란드 및 그린란드의 외딴 식민지의 몰락과 같은 이 책에서 언급된 각 발달에 대해서 다른 비기후적인 원인들을 들 수 있다. 확실히 모든 다른 연관된 스트레스들이 조사될 필요가 있다. 우리가 특정한 장소와 특정한 시점에 페스트 또는 사회적 불안이 발생하는 이유(또는 사건들의 연쇄)를 필요한 모든 상세한 내용으로 제시할 수 없거나 아직 제시하지 못하는 상황이라도 중세 말의 기후 전환이 전체 사건들의 복합체를 가장 단순하게 설명하는 데 중심적인 역할을 한다는 것에는 아무런 의심의 여지도 없다. 맥각중독의 전염병(epidemics of ergotism)과 해로(海路)가 얼음으로 차단되었을 때 그린란드와의 교통의 단절과 같은 일부 세부적인 내용들에서 기후발달이 결정적인 영향을 주었다는 사실은 명백하다. 세계의 다른 지역들에서도, 건조지대의 주변에서 과거의 인구수가 급격히 감소한 것에서 기후 재해 또는 더 간접적인 기후 압력이 인과적으로 관여했는가 하는 타당한 의문을 제기할 수 있을 것이다. 몽고족의 침입으로 이라크의 인구가 대량 학살된 것은 침입자와 희생자가 서로 다르게 기후의 영향을 받은 다른 역사적인 사례로 간주될 수 있다. 이와 같은 끔찍한 사건으로 이라크의 농업이 오랫동안 쇠퇴해오던 서기 1258년에 중세 도시 바그다드(Baghdad)의 중요성은 종말을 고하게 되었다. 대략 같은 시기에 중앙아시아 몽고족의 본토는 보통 때보다 습윤한 기후 체제에서 번성하여 과잉인구를 갖는 전성기를 이루었다.

일부 상황은 분명하게 변화된 기후 상황에 신중하게 적응하려고 하거나 그들의 느낌에 적응하려고 할 때 인간이 행한 실수에 기인한다. 따라서 지난 천 년의 더 추운 세기들에 덴마크의 일부 지역들과 이스트 앵글리아의 브레크랜드(Breckland)에서 중세 절정기에 농사를 짓던 토양에 양을 사육한 것은 결국 잘못된 것으로 드러났다. 이스트 앵글리아와 유틀란트의 항시 다소 건조하고 바람이 많은 기후에서는 방목을 했기 때문에 식생피복이 잘 자라지 않았다. 토양은 사질의 황무지로 나빠졌고, 방풍림의 보호와 최근의 식목을 통해서만 개간될 수 있었다.

오늘날조차, 단기간의 재해를 인식하고 전 세계에서 구호물자를 모으고 응급조치를 통해서 극복하려는 능력이 점진적으로 증가해도, 우리가 장기간에 일어나는 변화를 과거보다 더 잘 완화시킬 수 있는지는 의심스럽다. 우리는 분명히 지나치게 엄격한 계획, 예를 들어 단일경작으로 세계 시장에 공급되는 생활에 필수적인 농업 생산물의 생산 할당량을 제한하여 방해를 받고 있다. 그리고 사람들이 이주해야 할 필요가 있을 때에는 국경이 강화되어 또 다른 방해를 받게 된다. 심지어 비슷한 비정상적인 일기가 2년, 3년 또는 4년 연이어 발생하여 주목할 만한 경향이 미치는 영향은 극복되지 못하는 스트레스를 줄 수 있었다. 기후가 인류 사회에 미쳤던 영향을 다룬 이 장에서 요약된 내용의 교훈들 중의 하나는 기후의 어려움과 재해의 영향, 특히 흉작으로 인한 절박함이 현대 세계에서도 세계 도처에 영향을 주고 있고, 적어도 전 세계의 경제에서 지배하는 가격 구조에 영향을 줄 수 있다는 사실이다.

일부 지엽적인 문제들이 매우 흥미 있을 수 있고, 시간이 경과함에 따라서 중요한 누적 효과를 얻게 될 수도 있을 것이다. 따라서 1979년 노리치에 소재한 이스트 앵글리아 대학교에서 개최된 국제기후·역사회의(International Climate and History Conference)에서 모이나한(E. J. Moynahan)은 중세와 그 이후의 기근을 통해서 아마도 뚱뚱한 사람을 선호하는 자연도태가 일어났을 것이라는 가설을 제시하였다. 뚱뚱한 사람은 마른 사람들보다 더 잘 생존할 수 있었다.[38] 실제로 비만의 적자생존적인 장점은 이주 오랜 과거부터 인류 사회에 작용하였을 것이다. 유럽과 다른 민족들에서 심장에 부담을 덜 주는 마른 체형이 더 오래 사는 데 유리하다는 이론이 나온 것은 극히 최근의 일이다.

일부 전문가들은 지난 1000년대의 추운 시기를 기술하는 소빙기(Little Ice Age)라는 용어

38) 1961년 3월 25일자의 영국의 의학 잡지 ≪랜싯(*The Lancet*)≫에 보낸 편지에서 모이나한(Moynahan) 박사는 선진국의 대부분 성인들은 2개월분의 지방을 가지고 있는 반면에 지나치게 살찐 사람은 매우 작은 양식으로도 8개월 또는 그 이상 생존하기에 충분한 지방을 가지고 있다고 추정하였다.

에 반대하는데, 그 이유는 서로 다른 저자들이 이 기간의 시작과 끝을, 예를 들어 1300~1900년, 1430~1850년, 1550~1700년 또는 약 1800년 등과 같은 서로 다른 시기로 정했기 때문이다. 그러나 이러한 차이들은 갑작스러운 소빙기의 시작과 회복기가 특정한 흥미 있는 주제 또는 지역에 따라 결정적인 임계치의 한계가 서로 다르게 나타나기 때문이다. 최대 인구성장, 일반 보건위생의 향상, 산업 기술과 농업의 발전, 전 지구로의 문화 확장이 '정확하게' 소빙기 동안인 1700~1900년 사이에 일어났다는 사실로 때때로 이에 대해서 이의를 제기하게 되었다. 그러나 이러한 견해는 이 모든 발달이 소빙기의 절정기 이후에 장기간 지속되었으며 불규칙적으로 경과한 기후회복 기간에 일어났다는 사실을 간과한 것이다. '기후와 문화를 나타내는 곡선들의 평행 현상(parallelism of the climatic and cultural curves)'은 실제로 주목할 만하고, 고려되어야만 할 것이다.

주변 지역들에서 미래에 일어날 수 있는 기후변화 역시 전 세계 경제에 쉽게 영향을 미칠 수 있을 것이다. 1974년 뉴욕의 스털링 포리스트 센터(Sterling Forest Center)에서 개최된 기후변화 시의 세계의 식량 공급(World Food Supply in Changing Climate)에 관한 회의에서 캐나다 프레리의 곡물 재배 지역은 장기간 평균 기온이 1℃ 하강할 때 약 1% 감소하며, 생산량도 대략 같은 정도로 감소할 것이라고 추정되었다. 그러나 이보다 더 한랭화될 때 생산량에 미치는 영향은 훨씬 더 커질 것이다. 강수량이 10% 감소하면, 수확량이 수% 감소하고, 강수량이 10% 증가하면 밀 생산량이 수% 증가하나, 귀리와 보리는 거의 영향을 받지 않는다.

요컨대 기후변동과 기후변화가 역사, 그리고 오늘날의 인간사에 미친 영향과 우리가 계획하고 있는 미래에 미칠 영향은 변화에 대한 불안정한 영향과 촉매로서 가장 적절하게 기술될 수 있을 것이다. 최악의 경우에 우리는 대내적·대외적 공동체의 가장 취약한 구성원들에게 고통의 부담을 전가시키거나 집중시키는 인류 사회에서의 반응을 보았다. 이러한 내용은 우리가 극단적인 경우의 추악함인 사람을 잡아먹은 사례를 고려할 때 아마도 가장 잘 인식될 수 있을 것이다.[39]

39) 세계 여러 지역의 과거 기후의 기록에서 극심한 상황하에서 사람을 잡아먹은 사례에 관한 다양한 관련 내용은 사람을 잡아먹은 것이, 그리고 어디에서 사람을 잡아먹었는가가 항상 단지 사회가 극히 식량이 부족했을 때 시작되었는가 하는 의문을 제기하게 한다.

16. 기후변동과 기후변화의 원인

일반론

우리가 학문적으로 확실하고 신뢰할 수 있는 미래 기후에 관한 예보 체계 또는 전문가의 의견을 개발하려고 한다면, 우선 기후변동과 기후변화의 원인을 이해해야만 한다. 기후변동의 발달에 포함된 과정들, 이들의 정상적인 시간 단위와 그 영향이 미치는 범위를 이해하지 못하면, 모든 예보는 억측에 불과하게 된다. 더욱이 이들 과정에서 주요 요소들의 행태를 감시할 수 있어야 한다. 이들의 결과가 적어도 알려진 과거 기후 기록에서 여러 시기들과 비교될 때 실재적인 것으로 제시될 수 있는 한, 이러한 비판은 분명히 복잡한 수학적 기후발달의 모델들에도 적용되어야만 할 것이다. 현재와 미래에 있을 수 있는 예측 가능성의 한계를 평가하는 것 역시 중요하다. 그리고 관심 있는 일반인들과 특히 미래의 기후발달에 중요한 모든 분야에서 결정을 하는 사람들이 기후예보를 실제로 평가할 수 있으려면, 이들은 기후변화에 관여하는 원인과 과정에 관한 현재의 지식 수준과 미래에 일어날 수 있는 기후발달에 관해서 가장 잘 이해하고 있어야 할 것이다.

우리는 먼저 이 책의 제3장과 제4장에서 이러한 문제들을 고찰했다. 이 장에서는 변화의 원인들과 징후들을 간략하게 요약하고, 이들을 다루는 우리의 과학적 능력이 어떻게 발달해왔으며, 발달하고 있는가를 다루도록 하겠다. 여기서도 우리는 자연적인 기후변화의 원인뿐만 아니라 인간이 기후에 미치는 영향도 고려해야 할 것이다.

우리는 지배하는 기온 수준과 지구 상의 기온 분포가 어떻게 가장 기본적인 내용으로 편리하게 다루어질 수 있는가를 보았는데, 그 이유는 이들 지표들이 예를 들어 대기대순환(general wind circulation)의 발달과 이를 통해서 다시 열과 수분을 재분배하고 일기계(weather system)를 발달시키고 조절하는 것과 같은 일련의 다른 현상들을 매우 많이 설명하기 때문이다. 인도의 여름 계절풍의 강수량조차 전 세계의 기온 수준과 관련하여 증가하고 감소한다. 이러한 관계는 특히 북쪽에서 차가운 북극 기단의 영향을 받는 지역의 수축과 팽창을 통해서 뚜렷하게 나타난다. 기온 수준을 변화시킬 수 있는 인자들은 다음과 같이 요약될 수 있다.

① 태양에너지 방출[그리고 아마도 행성 간(interplanetary) 또는 성간(interstellar)의 투과도]의 변동.
② 계절에 따라서 지구와 태양 사이의 거리에 영향을 주고, 태양광선이 서로 다른 위도대와 계절에 지구에 도달하는 입사각에 영향을 주는 천문학적인 변동.
③ 입사태양복사뿐만 아니라 지구방출복사에 대한 대기의 투명도 변동.
④ (3차원의) 해양과 대기 순환의 결과로서 해양과 대기의 내부 열수지에서 일어나는 변화와 순환에서 변화를 일으키는 모든 영향들.
⑤ 지표와 지표 부근의 입사 에너지의 흡수와 역복사의 변화, 이는 (a) 운량의 변동과 (b) 지표면 자체(눈과 얼음의 양, 상이한 유형의 식생피복과 나지 토양, 사막 또는 습지와 호수, 수륙분포의 장기간의 변화, 산지, 고원, 빙상)의 성질의 변화를 통해서 나타난 변화이다.

이러한 항목들을 이제 하나씩 개별적으로 살펴보도록 하겠다.

태양의 변화

주 에너지원, 즉 태양 자체로부터 나오는 복사에 의해서 기후변동이 일어날 수 있다는 생각은 분명히 이 주제를 학문적으로 다룬 사람들의 최초의 생각 중의 하나였다. 리치올리(Riccioli)[1]는 1651년에 지구의 기온이 태양에 흑점이 많이 나타날수록 하강할 것이라고 주장하였다. 일부 태양흑점이 1360~1380년대에 매우 커서 사람들이 안개 낀 날씨에 태양을 육안으로 보았을 때, 흑사병 이후 한 세대 또는 두 세대의 유럽 사람들에게 반복된 태양흑점의 출현이 세상 파멸의 징후라는 두려움을 갖게 했다. 한 보고서에는 "태양 표면의 검은 반점들이 교회 문의 못들만큼 매우 컸다"고 기술되어 있다. 갈릴레이(Galilei)는 1611년에 그의 망원경으로 흑점을 관측하였고, 이때부터 태양흑점의 변화가 거의 지속적으로 기록될 수 있었다. 제4장에서 언급한 바와 같이 1645~1715년 사이에 태양흑점의 활동이 거의 없었던 긴 기간이 있었다. 이 시기는 세계 대부분의 지역에서 일반적으로 낮

1) 옮긴이 주: 이탈리아 예수회의 천문학자이다.

은 기온이 지배했던 시기와 일치하였다. 오늘날 우리는 태양흑점이 태양 표면의 여러 가지 변화 형태들 중의 하나라는 사실을 알고 있다. 태양흑점이 나타나면, 태양의 검은 부분들에서 감소된 에너지 방출이 때로 태양흑점 주변의 밝은 부분들로부터 더 많은 복사를 통해서 그 이상 보상된다. 후자를 태양의 백반(白斑, faculae)[2]이라고 부르고, 1874년부터 비로소 체계적으로 관측되었다. 따라서 불행하게도, 대체로 11년 태양흑점 주기(eleven-year sunspot cycle)의 최대가 불확실하게 [부분적으로 극광 또는 '오로라(aurora)'의 큰 활동의 보고된 관측을 이용하여] 기원전 649년까지 증명되지만, 우리의 장기간 태양흑점 기록은 태양의 에너지 방출 변동에 대한 매우 부적절한 지표가 된다.

태양의 백반 부분과 흑점 부분 사이에서 측정될 수 있는 차이가 더 나은 지표가 될 수 있다. 실제로 기상 또는 기후의 매우 적은 자료가 다소 변동하나 대체로 11년 태양흑점 주기와 중요한 관계를 갖는 것으로 나타난다. 비교적 뚜렷한 약 20~23년의 간격을 갖고 다소 주기적으로 반복하여 일기 패턴이 출현하는 것-예를 들어 미국 중서부의 가뭄과 잉글랜드의 장기간 기온 기록의 일부 특성-이 2배의 태양흑점 주기와 관련이 있을 수 있다. 그러나 이러한 관계는 태양흑점 주기가 평균 약 11.1년이나 실제로 그 길이가 변하기 때문에 복잡하다. 지난 두 세기 동안 관측된 극심한 경우들은 9년 조금 이하부터 14년까지에 달했다. 주기 동안의 활동 역시 변하였다. 가장 짧은 주기에 일반적으로 가장 많은 태양흑점 수가 발생했다. 그리고 태양의 에너지 방출은 실제로 국제적으로 인정받은 '취리히 상대 태양흑점 수(Zürich relative sunspot numbers)'로 약 80인 중간 태양흑점 수(middling sunspot numbers)에서 가장 클 수 있다. 이와 비교해서 절대 최고(추측하건대 검은 부분의 영향이 백반의 영향보다 많을 때)에서는 200 이상의 흑점 수가 나타난다. 장기간 태양 활동의 변동은 좀더 단순하게 지구 기온 수준의 변동과 관련될 수 있다는 증거들이 있다. 따라서 상당히 짧은 주기와 분명하게 좀더 큰 태양흑점 활동은 20세기의 가장 온난한 기간(1915~1964년까지 평균 주기는 10.2년이었다)뿐만 아니라, 예를 들어 로마 시대 말과 중세와 같은 과거의 여러 다른 온난한 기후 시기에도 지배적이었다. 그리고 (연속적으로 약한 태양흑점 최고 사이의 약 12년의 평균주기 길이를 갖는) 태양 요란의 소위 스푀러 최저(Spörer minimum)는 17세기의 마운더(Maunder) 최저와 같이 서기 1400~1510년 사이에 현저하게 한랭한 지구 기후의 시기와 일치한다.

---

2) 옮긴이 주: 태양 표면의 밝은 쌀알무늬 구조로 주위 광구(光球)보다 약간 더 뜨겁거나 차다. 흑점은 대개 백반과 함께 있지만, 백반은 흑점 이외의 장소에도 존재한다. 보통 백광(白光)으로 보면, 백반은 광구배경이 원반의 중심 주위보다 어두운 태양의 겉보기 가장자리 근처에서 볼 수 있다. 수소나 이온화된 칼슘 기체의 파장에서 찍은 분광(分光) 태양 사진을 보면 백반이 전체 태양 원반에 걸쳐 채층(彩層) 안으로 솟아오른 것을 볼 수 있다. 태양의 가장자리 밖으로 보이는 경우에는 채층백반 또는 플라지라고 한다.

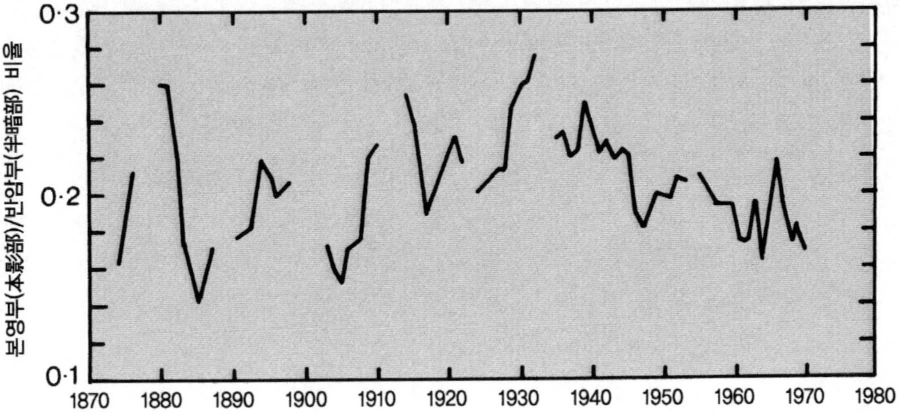

〈그림 101〉 1880년부터 1975년까지 태양흑점 내에서의 광도의 구조와 등급에 따른 태양 광도의 매년 변동 지수(출전: D. V. Hoyt, 허락을 받아 전재하였음).

태양의 광도(luminosity) 또는 태양광선의 강도는 현재 태양흑점의 검은 부분(本影, umbra)[3]과 회색 부분(半影, penumbra)[4]의 비율로 더 잘 측정될 수 있을 것이다. 이 비율로 태양의 깊은 곳에서 나오는 대류 에너지 흐름의 양이 측정된다고 한다.[5] <그림 101>에 점 찍은 태양 광도 지수의 연 값은 <그림 83a>에서 제시된 1880년부터 1970년대까지의 기간 내에 지구의 기온상승 및 하강과 상당히 평행하게 (또는 다소 앞서서) 달린다(이와 같은 지수를 18세기에 대해서 만들 수는 없지만, 1730년대 전후에 그때까지 알려진 세계의 대부분에 영향을 준 최대 온난기는, 200년 후 20세기에서처럼, 약 20～40년 앞서 나타났던 일련의 극히 활발한 태양흑점 주기의 태양흑점 기록과 유사한 관련성을 갖는다).

3) 옮긴이 주: 주어진 광원(光源)에서 나오는 모든 빛이 차단된 그림자 영역의 부분이다. 점광원(點光源)으로 생기는 그림자는 본질적으로 모두 본영이지만, 태양처럼 어느 정도 크기를 가진 광원 때문에 생기는 그림자는 작은 본영과 이보다 훨씬 넓은 반영(半影)이라고 하는 부분영으로 나뉜다. 따라서 일식(日蝕)의 경우 본영에서는 개기일식이, 반영에서는 부분일식이 일어난다. 이 용어는 태양흑점의 가장 어두운 안쪽 부분을 뜻하기도 한다.

4) 옮긴이 주: 천체에 의해 드리운 원추형 그림자의 바깥 부분으로, 태양빛이 부분적으로 차단된 부분이다. 이에 반해 본영(本影)은 그림자의 가장 어두운 중심 부분으로, 빛이 완전히 차단되어 있는 부분이다. 이 용어의 정의는 어떤 커다란 광원(光源)이나 전자기복사(電磁氣輻射)로 생기는 부분영(部分影)까지 포함시켜 확장할 수 있다. 반영에 있는 관측자에게는 태양(또는 다른 광원)이 부분적으로 어둡게 보인다. 또한 이 용어는 태양흑점의 바깥 부분을 나타내기도 한다.

5) D. V. Hoyt, "Variations in sunspot structure and climate," *Climatic Change*, vol.2, no.1, Dordrecht and Boston, USA, Reidel, pp.79-92.

지구궤도의 변동

위에서 언급한 방법으로 태양광선의 강도에 영향을 주는 지구궤도 및 지축의 기울기와 관련된 천문학적 변동의 성질은 제4장에서 설명되었다. 천문학적 변동의 시간 척도는 해저 퇴적물 시추 코어에서 이용할 수 있는 가장 장기간 기록의 최근의 동위원소 조사[6]로 지적되는 지구의 열수지 및 육지 빙하의 변화와 일치한다. 이것으로 이러한 궤도 변화가 빙기와 간빙기의 시간적인 출현을 조절한다는 논제를 확실히 증명하는 것으로 간주할 수 있다. 그렇지만 눈과 얼음으로 덮인 면적이 확장되어 흡수되는 복사량이 감소할 때 단계적으로 지구의 반사율(알베도)이 증가하는 것이 복사 변동의 영향을 강제적으로 증가시킨다고 생각할 수도 있을 것이다. 최근에 정확하게 어느 곳에서, 그리고 어느 계절에 복사 변동에 대한 반응을 가장 뚜렷하게 느낄 수 있고, 지구 전체의 기후발달에 대해서 가장 중요한가에 관하여 흥미로운 토론이 이루어졌다.[7] 그 결과로 눈과 얼음 집적의 가장 중요한 변화가 위도 60～70°N 사이의 거의 전체 육지 (그리고 부분적으로 산지) 지역에서 여름 태양의 변화하는 강도에 반응한다는 원래의 생각이 수정될 필요가 있게 되었다. 적설 면적의 확장에 영향을 주는 정상적인 계절에 따른 태양복사의 변화에 대한 가장 직접적인 반응은 가을에 위도 40～70°N 사이에서, 그리고 특히 경도 50～70°E 사이의 유라시아 대륙의 심장부에서 나타나고 있다. 눈의 융해 시기에 변화하는 복사에 대한 반응은 남반구 해양에서, 그리고 대략 10～11월에 가장 빠르게 일어난다. 따라서 이 시기가 바로 1년 중 이용할 수 있는 장기간 복사량의 변화가 가장 크게 일어나는 계절일 것이다. 논리적으로 50°N 북쪽의 북아메리카를 덮고 있는 만년설이 있는 완전한 빙기의 조건하에서 복사 변화에 대한 반응은 덜 민감하고, 한여름이 이곳에서 가을에 일어나는 과정보다 더 중요하다.

여기서 우리와 관련이 있는 것은 이러한 천문학적 변동들이 미래를 완전하게 예측할 수 있는 한 가지 요소가 된다는 사실이다. 이에 대해서는 다음 장에서 다루도록 하겠다. 그러나 이러한 변동들이 1만～10만 년의 주기 과정에서 지질학적 기록으로 제시되고 있는 일부 기후변화의 급격한 출현을 전혀 설명하지 못한다는 사실을 주지해야만 한다. 우

---

6) J. D. Hays, J. Imbrie and N. J. Shackleton, "Variations in the Earth's orbit: pacemaker of the ice ages," *Science*, vol.194, 1976, pp.1121-1132.

7) A. Berger, "The Milankovitch astronomical theory of paleoclimates: a modern review," in A. Beer, K. Pounds and P. Beer(eds.), *Vistas in Astronomy*, vol.24, Oxford, Pergamon Press, 1980, pp.102-122.; N. Calder, "Arithmetic of ice ages," *Nature*, vol.252, London, 15 November 1974, pp.216-218.; G. J. Kukla, "Missing link between Milankovitch and climate," *Nature*, vol.253, London, 20 February 1975, pp.600-602.

리는 이러한 급격한 변동에 대해서 태양의 에너지 방출량의 가능한 변화, 대기 중의 화산재의 양과 같은 다른 원인들을 고찰해야 할 것이다. 이러한 원인들은 궤도변화를 통해서 일어나는 느린 경향을 강력하게 강화(또는 약화)시킨다.

대기 중의 화산재

우리와 직접 관련되는 기간에, 자연에 의해서 때때로 대기 중의 투명도(transparency)가 가장 중요하게 변화하는 것은 대기 중에 존재하는 화산재 양의 변동에 기인한다. 우리는 차후에 이 장에서 인간 활동이 대기의 투명도에 미치는 영향을 다루도록 하겠다.

1980년 5월 세인트 헬렌스 산의 화산과 같은 거대한 화산폭발은 수많은 미세한 암석 입자들과 아황산가스로 이루어진 에어로솔을 성층권으로 분출하였다. 성층권의 이들 물질은 이러한 불순물들을 세척하는 대기권 하층의 비가 도달하지 않는 범위에 있다. 화산물질은 일반적으로 10일에서 수주까지의 기간에 지구를 도는데, 이 경우에 풍속의 차이와 때때로 풍향의 차이로 인하여 서로 다른 고도에서 상이한 기간에 수송된다. 이러한 차이와 일부 물질들을 다소 높은 층과 다소 낮은 층으로 수송하는 대류와 난류를 포함하는 확산 과정으로 이 물질들은 약 반 년 내에 관련된 반구(또는 심지어 전구)를 덮을 수 있게 일정한 베일로 점진적으로 퍼진다. 분출된 물질들이 더 높은 고도로 올라갈수록 베일은 더 오래 남게 된다. 미세한 물질들의 낙하 속도는 매우 느려서 1km 낙하하는 데 20일에서 1년까지 걸리고, 성층권에서는 1년에서 7년 또는 그 이상 머물 수 있다. 이 입자들은 태양(주로 단파)복사를 부분적으로 차단할 수 있는 반면, 지구방출(주로 장파)복사를 거의 방해하지 않고 통과시킬 수 있다. 따라서 먼지 층은 가열되는 반면, 지표와 대기권 하층의 기온은 그렇지 않은 경우 이하로 다소 하강한다. 과거에 보고된 여러 큰 화산이 폭발한 후 첫해에 최대에 이른 한랭화는 (중위도 평균으로) 0.1～1℃까지로 추정되었다. 같은 해에 아이슬란드와 일본에서 두 개의 거대한 화산이 폭발했던 1783년에 조합된 효과는 북반구를 약 1.3℃ 한랭화시켰는데, 그 효과가 완전히 사라지기까지는 4～5년이 걸렸다.

1980년 세인트 헬렌스 산의 폭발은 성층권 먼지베일의 관점에서 1～2km^{3}의 암석이 대기 중으로 들어갔음에도 불구하고 가장 큰 화산폭발에 속하지는 않는다. 그 이유는 대부분의 분출물들이 (드물게도) 거의 수평으로 폭발했기 때문이다. 그러나 이 화산폭발은 북반구에서 거의 50년 동안 지속된 매우 고요한 상태 이후, 약 1960년부터 전 세계적으로 화산 활동이 증가하는 경향의 일부로 간주될 수 있다. 처음에 분출된 물질의 양, 베일의 기간과 최대 확산 범위에 따라 화산재 베일의 순위를 정한 규모[8]에 의하면 1883년 동인도(East Indies) 크라카타우(Krakatau)의 대폭발은 1,000이 된다. 1880년대의 여러 폭발의 총 베일은 약 1,500에 달한다. 1902년에 서인도(West Indies)의 일련의 폭발은 1,000이 되는 새로운 베일을 만들었으며, 1912년 알래스카의 카트마이(Katmai[9])의 대폭발로 적어도 북반구 극 지역 상에서 이 베일에 새로운 물질이 공급되었다. 그 이후 북반구는 1963년 발리(Bali)의 아궁 산(Mount Agung, 먼지베일지수 800)이 폭발할 때까지 큰 화산재 분출의 영향을 받지 않았다. 아궁 산의 폭발은 그 다음 해들의 다른 화산폭발과 결부되어 새로운 베일을 형성하여 1960년대 말에 지수가 다시 1,000 이상으로 상승했다. 19세기 초의 가장 큰 폭발들 중 2개의 폭발은 같은 규모로 전 세계적으로 3,000～4,000의 지수를 갖는 베일을 만들었다.[10] 이와 같은 거대한 폭발이 시간적으로 연달아 발생해서 심각한 한랭화 현상을 일으켰고, 이와 관련되어 기후에 미친 영향이 수년에서 10년 또는 20년까지 지속되었음에 틀림없다.

미노아의 크레타(Minoan Crete) 시기에 에게 해(Aegean)의 티라(Thíra)[11] 화산과 서기 79년의 베수비오(Vesuvio, 영어로는 Vesuvius) 화산[12]과 같은 선사시대와 역사시대 초의 일부 화산폭발은 퇴적되어 여전히 확인될 수 있는 먼지(와 큰 분출물)를 조사하여 먼지베일을 추정할 수 있다. 티라 화산의 먼지베일은 약 3,000에서 1만까지의 값을 갖고, 서기 79년의 베수비오 화산은 1,000에서 2,000까지의 값을 갖는다. 서기 1362년의 아이슬란드 남부 외래파외쿨(Öraefajökull) 화산폭발의 먼지베일은 약 500의 값을 갖는다. 낮은 값은 부분적으로 고위도에서 분출할 때 먼지가 지구의 작은 지역에 확산되는 상황에서 나타났다. 예를 들어 서기 1104년과 기원전 750년경의 아이슬란드 헤클라(Hekla)의 1회 또는 2회의 분출은 아마도 같은 정도였을 것이다.

코펜하겐의 단스가르드(W. Dansgaard) 교수와 그의 공동연구자인 함머(C. U. Hammer)와 클라우젠(H. B. Clausen)은 그린란드 빙상의 연층에서 황산의 형태로 확인한 화산 물질 편년을 만들었다. 이들의 결과는 여기서 참조한 서기 1500년부터의 (전 세계적인) 화산 먼지베일 편년(volcanic dust veil chronology)과 상당히 일치한다. (세계 여러 지역에서의 먼지베일이

8) H. H. Lamb, "Volcanic dust in the atmosphere; with a chronology and assessment of its meteorological significance," *Philosophical Transactions of the Royal Society*, series A, vol.266, no.1178, 1970, pp.425-533.; Updated to 1976-7 in *Climate Monitor*, vol.6, no.2, Norwich, University of East Anglia, 1977, pp.54-67.

9) 옮긴이 주: 카트마이(Katmai)는 앵커리지 남서쪽으로 425km 떨어진 알래스카 주 남부에 있는 화산 지역인 텐사우전드스모크스 계곡(Valley of Ten Thousand Smokes)에 있다.

10) 최근에 대기 중에 가장 많은 화산재가 포함된 것은 1815～1816년과 1835～1836년이었다. 높은 수치는 또한 적어도 북반구에서 1783～1784년과 아마도 1690년대에 나타났다.

11) 옮긴이 주: 영어로 Thera. Santorin, Santorini라고도 부르는 에게 해에 있는 그리스 키클라데스 제도 최남단의 섬이다.

12) 옮긴이 주: 이탈리아 남부 캄파니아 평원의 나폴리 만 위로 솟아 있는 활화산이다.

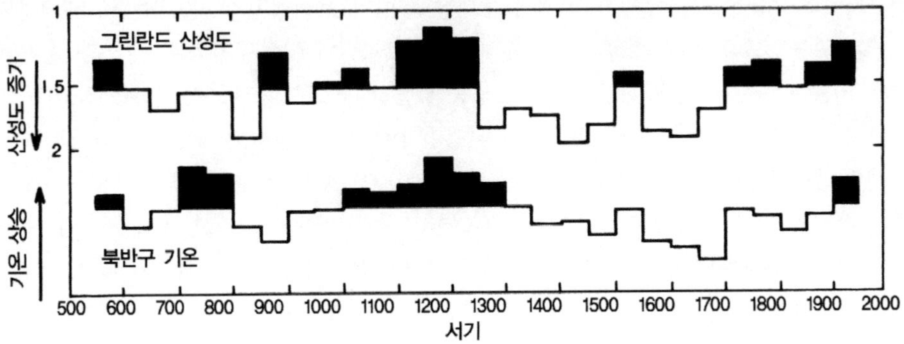

<그림 102> 단스가르드 교수와 그의 공동연구자 함머와 클라우젠에 따른 북반구 기온지수와 비교한 서기 553~1950년까지의 그린란드 빙상(71°N, 37°W 부근의 정상에서)의 연층에 퇴적된 산(酸) 양의 기록. 여기서 두 가지 모두 50년 평균이다. 얼음 산성도(ice acidity) 측정은 일반적으로 북반구 대기 중에 존재하는 에어로솔 양을 다소 대표하는 것으로 생각된다. 북반구 기온지수는 잉글랜드 중부의 기온(<그림 29>에서처럼), 캘리포니아 주 화이트 산맥의 상부 수목한계선의 나이테와 그린란드 빙상의 산소 동위원소 측정으로부터 유도되었다(W. Dansgaard 교수가 제공해준 다이어그램을 전재하였음).

71°N의 빙상의 퇴적물에서 완전하게 대표되는 것을 기대할 수 없다는 사실에도 불구하고, 화산재 지수의 편년으로 구한 전체 기간에 대해서 99.9%의 유의 수준으로 통계적 의미가 있는 0.46의 상관계수를 구하였다. 거의 빈틈이 없기 때문에 먼지베일 편년을 추측하건대 가장 신뢰할 수 있는 1770~1972년의 기간에 상관계수는 0.65였다. 그린란드 빙하의 산(酸) 퇴적은 서기 553년의 얼음층에서까지 측정되었다. <그림 102>에 제시된 연속된 반 세기의 산성도 값(그림에서 낮은 산성도의 양은 위로, 높은 산성도의 양은 아래로 표시되었음)과 북반구 기온 지수를 비교해볼 때 잘 일치하고 있다. 이것으로 대기 중으로 들어왔다가 퇴적된 화산 물질 양의 변동이 분석된 1,400년 동안의 기후변동과 관련이 있다는 사실을 확실하게 인정할 수 있을 것이다. 아마도 상이한 물질의 비율은 심지어 소빙기의 다른 중요한 원인도 제시할 것이다. 위스콘신 대학교의 브라이슨과 굿맨이 이용한 다른 연구 방법도 이러한 논제를 지지하고 있다.[13] 이 논제는 1950년 이후의 북반구의 한랭화가 같은 기간 북반구의 대기 중에 화산 물질이 2배가 된 것에 기인할 수 있다고 지적하고 있다.

다른 화산 편년[14]에서는 여러 위도대에서 1880년 이후 100년 동안 남반구와 북반구를 분리하여, 대·중·소의 화산재 분출량으로 단순하게 분출이 구분되어 화산 활동의 변동이

13) R. A. Bryson and B. M. Goodman, "Volcanic activity and climate changes," *Science*, vol.207, 7 March 1980, pp.1041-1044.

14) K. K. Hirschbroeck, "A new world-wide chronology of volcanic eruptions," *Paleogeography, Paleoclimatology, Paleoecology*, vol.29, Amsterdam, Elsevier, 1979-1980, pp.223-241.

연구되었다. 이 연구는 우리가 위에서 논의한 편년의 먼지베일지수를 대체로 배제하고, 수많은 중규모의 분출에 중점을 두었다. 이 두 편년은 대부분 일치하나, 새로운 연구 방법은 기후에 대한 화산재의 분명한 중요성을 보충하는 다른 특징을 뚜렷하게 하였다. 북반구의 성층권에 화산 물질이 공급되지 않았던 1912～1960년경 사이의 50년 지속되는 기간에 남반구에도 아무런 일이 없었다. 실제로 100년 동안 남반구에서 화산재를 분출한 화산 활동의 최대 전성기는 약 1925～1945년 사이에 있었다. 그리고 1912년 이후 50년 동안 화산이 고요했던 시기에 북반구의 기후는 크게 온난화되었고, 특히 북극에서 1920～1940년 사이에 기온이 크게 상승했으며, 남반구에서는 1930년대 동안 기온이 약간 하강하였다(<그림 83a> 참조).

이들 해의 기후변동이 변화된 화산 활동에만 기인하지 않는다는 사실을 분명하게 제시하고 있는 일부 상세한 내용들이 있다. 예를 들어 1950년경에 시작된 북반구의 한랭화는 중요한 화산 활동의 증가보다 앞서 일어났다. 따라서 1890년 이후 40년 동안 남반구뿐만 아니라 북반구에도 영향을 주었던 기온상승 경향은 남반구의 화산 활동 감소(와 1912년 이전의 북반구의 화산 활동의 감소)를 수반하지 않았다. 그럼에도 화산 베일이 최근의 기후사에서 중요한 역할을 했다는 많은 증거들이 있다.

실제로 마지막 대빙기(major ice age)의 여러 주요 시기에 크게 강화된 화산 분출이 있었다는 사실을 지적하는 여러 연구(예를 들어 훨씬 긴 기간이 되나 덜 정확한 연대측정을 포함하고 있는 남극 빙상의 화산재 편년)가 있다. 그러나 이 경우에 원인과 결과의 관련성은 결코 분명하지 않다. 해양의 거대한 양의 물이 육지에서 얼음으로 전환되었을 때 지각에 대한 스트레스의 변화로 연달아 화산 활동이 일어났을 가능성이 있다. 그렇지만 이러한 일이 사실이라고 하더라도, 대기 중 먼지베일의 반응－'피드백 효과'－이 있을 수 있어서 그 결과로 지표의 기후가 더 뚜렷하게 한랭화되었을 수 있다.

순환의 변화와 대기 및 해양에서의 열분포 변화

수주일부터 수년까지의 시간 단위에서 열수지의 내적 변화와 대기순환 및 해양순환의 발달에 관해서는 많은 내용을 언급할 수가 없다. 대부분의 기상학자들은 현재 이러한 현상들이 출현하는 것을 장기예보하는 것과 관련하여 확률적 사건들로 다루어야 할 필요가 있다고 믿고 있다. 그럼에도 불구하고 북반구 중위도에서 동반년 동안 일기변화에서 두드러진 30일(또는 거의 1개월 지속되는) 기간과 같은 자연적 진동의 주기가 나타날 수 있다. ① 태양 활동의 여러 단기간 주기, ② 태양과 행성의 배열이 변하는 것과 같이 태양에 대한 행성들의 조력에 따른 인력이 변동(이들은 태양의 요란에도 영향을 줄 수 있다), 그리고 ③ 지구와 대기뿐만 아니라 해양에도 작용하는 태양과 달의 조합된 조력(潮力)의 주기적 변동과 관련된 기미가 발견되었다. 태양 요란의 활동이 변하는 것은 부분적으로 그들의 위치가 변할 때 태양에 미치는 행성들의 (예측할 수 있는) 조력에 따른 인력과 관련이 있다. 많은 경우에 추정되는 주기 길이는 알려져 있으나, 직접적인 관계는 약하고, 예보를 하기 위한 적절한 기초가 되지 못한다. 이에 대한 한 가지 예외는 총괄적으로 지구의 극변동[챈들러 진동(Chandler wobble)][15]이라는 개념으로 알려진 지구 자전축의 작은 이동(그에 따라서 극의 이동)으로 일어날 수 있다. 이 극변동은 추측하건대 각운동량(angular momentum, momentum of spin)과 고체 지구 및 지구 내부의 유체 요소들, 그리고 적어도 부분적으로 조력의 영향을 받는 대기와 해양 사이의 관성의 재조정과 관련이 있을 것이다. 극이동의 구성 요소들은 수m의 극 변위의 연주기와 약 13~15개월까지 이르는 다른 주기 길이의 진동을 포함하고 있다. 미국과 러시아의 많은 학자들, 특히 상트페테르부르크(Sankt Peterburg, 레닌그라드의 현 지명)에 있는 지구물리관측소(Main Geophysical Observatory)의 막시모프(I. V. Maksimov)는 극변동을 일기예보에 이용할 수 있는 가능성에 관심을 가졌는데, 그 이유는 극의 작은 변위조차 대기순환에 이보다 훨씬 큰 변위를 일으킬 수 있기 때문이다. 이 현상은 고체의 지구와 지구의 얇은 대기의 '껍질(skin)' 사이에 모든 운동량 교환으로 일어난다. 최근에 미국에서 브라이슨과 스타[16]는 극변동을 분리된 부분 힘으로 분리하는데 성공하였는데, 이를 통해서 극변동의 예보가 단순화되고, 다가올 수년의 지구의 일기발달과 유용하게 관련시켰다. 1년부터 10년까지 미래의 기간에 대해서 계절별로 일기예보를 하는 것이 적어도 부분적으로 성공할 수 있다는 희망이 있다. 지금까지 이와 같은 기간에 대해서 예보는 불가능한 것으로 간주되었지만 높은 실제적인 가치가 있게 될 것이다.

지표에서 자연적으로 일어나는 변화는 복사흡수와 바람의 흐름과 해양순환에 영향을 주어서 기후발달을 변화시킨다. 이것은 주로 수천만 년에서 수억 년 걸리는 대륙표이(drifting of continents), 조산운동(mountain-building)과 관련된 매우 장기간의 변화이다. 이러한 현상들은 여기서 우리와 관계가 없다. 그렇지만 직접적으로 일기에 종속되거나 해양순환 또는 예를 들어 짙은 화산재 베일로 인한 태양복사의 차단 또는 표류하는 극의 해빙으로 특정 해협이 차단되는 것과 같은 사건들을 통해서 일어나는 변화들은 수개월 또

---

15) 옮긴이 주: 챈들러 진동이란 14개월 주기의 위도 변화를 일으키는 지구 자전축의 운동을 말한다.

16) R. A. Bryson and T. B. Starr, "Indications of Chandler compensation in the atmosphere," K. Takahashi and M. M. Yoshino(eds.), *Climatic Change and Food Production*, Tokyo University Press, 1978.

는 수년간 기후에 영향을 미칠 수 있다.

1,000km까지의 폭을 갖는 지역에서 때때로 3℃에 달하는 해면온도의 가장 큰 편차는 해면 위의 대기를 가열하는 정도를 변화시킨다. 이와 같이 때때로 나타나는 편차는 ① 열대에서 (대륙 해안에서 바람의 영향을 받아) 해면에 도달하는 차가운 용승수 양의 변화와 ② 고위도에서 해류 경계의 변화에 기인한다. 이러한 경우에 변화는 이용할 수 있는 태양열의 중요한 부분에 상당한다. 지배하는 기온에 이보다 더 큰 직접적인 영향과 비교할 수 있는 변화들은 눈 또는 얼음으로 덮인 면적이 확장하거나 감소할 때 일어난다. 이러한 사실은 특히 이러한 면적이 중위도까지 확장할 때에 해당한다. 중위도에 얼음과 눈이 없으면 태양복사가 더 많이 흡수된다. 그리고 사막이나 반사막 지역이 초본(草本)으로 덮인 습윤한 표면으로 전환되거나 역으로 사바나가 사막으로 변하면, 적지만 여전히 중요한 열흡수의 변화가 일어난다. 전자의 경우에는 열흡수가 증가하나, 사막으로 변할 때에는 열흡수가 감소한다. 이러한 변화는 자동강화(또는 '양의 피드백')되는 경향이 있어서 대류가 증가하고 사막 표면 위에서 식생으로 좀더 많이 덮인 표면에 더 많은 비가 내린다. 저위도에서는 운량의 영향이 커서 인도 계절풍 지역에서 7월에 실제로 지구로부터 우주로의 순복사 손실—즉, 순방출복사—이 있다.

이론적인 모델링뿐만 아니라 관측된 상관관계도 위에서 언급된 해면에서의 광범위한 기온 이상의 효과를 이해할 만하게 제시하고 있다. 따라서 나미아스(J. Namias)는 북아메리카 동부의 2/3와 유럽에서 1960년대에 지배적으로 추웠던 일기와 다시 1970년대 말의 추운 겨울들이 한랭한 북극의 지상풍이 돌발하게 하는 상층편서풍대의 비틀림(distortion)과 관련이 있다는 사실을 제시하였다. 분명히 북태평양 중앙의 해면의 수온 이상이 이 바람을 불게 했다. 영국 기상청(United Kingdom Meteorological Office)의 길크라이스트(A. Gilchrist)와 론트리(P. R. Rowntree)는 카보베르데 제도(Cabo Verde, 영어로는 Cape Verde Islands, 위도 17°N)[17] 부근의 열대 대서양에서 예외적으로 높은 해면온도가 유럽에 추운 겨울 날씨를 가져오는 대기순환 패턴을 발생시킨다는 사실을 제시하였다. 나미아스 이전에 론트리는 고(故) 비에르크네스(Jakob Bjerknes) 교수의 경험적 연구에 뒤이어 이론 모델링을 기초로 적도 태평양의 비정상적인 온난함과 미국 대부분 지역에서의 추운 겨울 날씨 사이에 유사한 관계가 있다는 사실을 제시하였다.

---

17) 옮긴이 주: 세네갈의 서해안에서 약 620km 떨어진 중부 대서양에 있는 섬나라이다. 카보베르데는 10개의 섬과 5개의 작은 섬으로 이루어져 있으며, 윈드워드 제도와 리워드 제도로 대별된다.

인간 활동이 기후에 미치는 영향

우리는 이제 인간 활동이 기후 체제를 방해하는, 지금까지 알려진 영향과 가능한 영향의 범위를 고려해보도록 하겠다. 지금까지 인간이 지구 환경을 가장 크게 변화시킨 것은 북반구의 온대 삼림지대를 벌채한 것이다. 이러한 발달은 소규모로 5,000년 전, 또는 그 이전에 시작되어 넓은 면적이 작물 재배를 위한 경지와 가축 사육을 위한 초지로 전환되었다. 이러한 삼림 파괴로 탁월풍은 강화되었으나, 추측하건대 해당 위도에서 토지가 열을 흡수하는 데는 큰 영향을 미치지는 못했다. 그렇지만 예를 들어 현재 아마존 분지와 다른 지역들에서 진행되고 있거나 계획된 것과 같이 저위도에서 삼림 지역을 파괴하는 것은 더 심각할 수 있다. 이론적인 모델링 연구에 의하면 이 경우에 지표 알베도(지표 반사율)의 증가로 열흡수가 감소하고, 대류와 강수가 크게 감소할 수 있다는 사실이 추측되고 있다. 위도 5°N～5°S 사이의 적도 지대의 약 34%가 현재 열대우림으로 덮여 있다. 그리고 이들 삼림을 완전히 벌채하면 지구가 약 0.2～0.3℃ 한랭화되고, 해당 위도대에서 기온은 이보다(1℃의 높은 부분만큼) 더 하강할 것으로 추정되고 있다. 지구 전체로 증발과 강우가 작은 순감소(언급된 연구에서는 약 1%)를 할 때 열대 자체에서는 수% 감소하고, 아마도 이 지대의 일부 지역에서는 10% 정도 감소한다는 것도 예상할 수 있다.18)

예를 들어 한 하천 유역 내에서와 같은 단지 국지적인 규모에서의 조림과 벌채는 기후에 중요한 영향을 주지는 않는다. 이러한 사실은 수분이 삼림 수관(forest canopy)을 통해서 보존되는 협의의 삼림 지역 내에는 적용되지 않는다. 소나기와 뇌우가 있는 바람이 약하게 부는 날에 때때로 수분이 재순환되어 같은 지역 내에 다시 비로 내리는 것을 통해서 예외적인 일이 발생한다. 그러나 일반적으로 대기 중에 약 10일 정도 수분이 잔류하는 것은 비의 대부분이 증발이 일어나는 장소에서 멀리 －심지어 수천 km－ 떨어진 곳에 내린다는 것을 의미한다.

기후와 환경을 변화시키는 수단

18세기에 노퍽에 처음으로 도입된 농업 기술 중에서 사람들은 의도적으로 방풍림을 심어서 풍속을 감소시키고, 가벼운 토양이 바람에 날려가는 것을 막으려고 시도하였다.

18) 이 결과는 G. L. Potter, H. W. Ellsaesser, M. C. MacCracken and F. M. Luther, "Possible climatic impact of tropical deforestation," *Nature*, vol.258, London, 25 December 1975, pp.697-698에서 인용하였다.

이 시도가 소규모로 기후를 변화시키려고 한 최초의 사례가 된다. 이와 비교할 수 있는 시도는 많은 다른 장소에서, 특히 덴마크와 노르웨이 북부 해안 부근과 러시아의 평원에 성공적으로 도입되었다.

현대적인 관개 프로젝트로 기후 자체는 아니지만 넓은 지역의 농업 조건을 변화시키려는 곳에서는 때로 인공적으로 관개된 토양 위 대기 중의 수증기가 특히 저수지로부터의 증발을 통해서 일반적으로 증가하기를 바라고 있다. 그러나 자연적으로 건조한 지역들, 특히 다소 사하라 사막지대의 축에 위치한 아스완(Aswan) 댐의 경우에 증발된 수분은 대기에서 분산되고, 바람에 의해서 멀리 운반되어 해당 지역에서 물이 손실되고 있다. 50°N 부근의 위도에 있는 볼가 (Volga) 강 분지 하류에서조차 관개를 하기 위해서 많은 양의 강물을 끌어 써서 증발 손실이 크게 증가하여 카스피 해로의 유출량이 감소하고, 이로 인하여 다시 최근 수십 년 동안 수위가 낮아졌다.

소련의 중앙아시아에서 인구가 증가하고 산업이 발달한 것과 이 지역의 평야들을 가능한 한 곡물과 면화 등을 재배하는 데 이용해야 할 필요성으로 인하여 수십 년 동안 이 지역의 수자원에 대한 과도한 수요가 생기게 되었다. 이로 인하여 호수 및 하천의 수위와 지하수면은 계속 낮아졌다. 아랄(Aral) 해는 20세기 말경에 완전히 말라서 사라질 위기에 직면했다. 그리고 카스피 해는 수위가 낮아지면서 염도가 크게 높아져서 유명한 철갑상어－그에 따라서 철갑상어의 알인 캐비아(caviar)－를 위협하게 되었다. 따라서 소련은 자연적인 물 공급을 보충해야 하는 조치를 강구해야만 했다. 시베리아의 큰 강들과 유럽 러시아의 북부에 있는 일부 강들은 북쪽으로 흘러서 북극해로 유입한다. 중앙아시아의 이러한 필요성은 소련 당국이 '하천의 유로를 변경시키는' 것으로 기술되는 거대한 계획을 세우게 하였다. <그림 103>은 유로 변경의 개념을 제시한 것이다. 전체 프로젝트는 1950년대와 그 이후에 흐루시초프(Khrushchev)의 '미개간지' 계획하에 경작을 하기 위한 관개뿐만 아니라 북서시베리아의 습지를 배수하는 것을 포함하였다. 이 계획은 대략 반 세기 동안 논의되었다. 의심할 여지 없이 이를 실현하는 것은 (기후에 미치는 부작용이 심각한 것으로 증명되지 않았다면 암석 장벽들을 원자력을 이용하여 폭파시키는 것을 포함한) 20세기 공학의 승리였을 것이다. 이러한 관점이 수많은 연구과제가 되었으며, 주저하게 하였다. 프로젝트의 시작에 관한 더 최근의 보고는 많이 주의를 요한다는 내용을 제시하고 있다. 적어도 초기에 카스피 해와 아랄 해 부근 남쪽의 건조 지역으로 물을 양수하기 위해서 매우 제한된 양만을 끌어다 써야 했다.

개관된 프로젝트에서 예상되는 어려움은 낮은 염도를 가진 해수의 엷은 층의 큰 부분을 이루는 관련된 강들의 담수가 북극해의 표면을 이룬다는 사실에서 나타났다. 예니세이 강만 해도 북극해로 들어가는 북반구 대륙들의 총유출량의 평균 10% 이상을 제공한

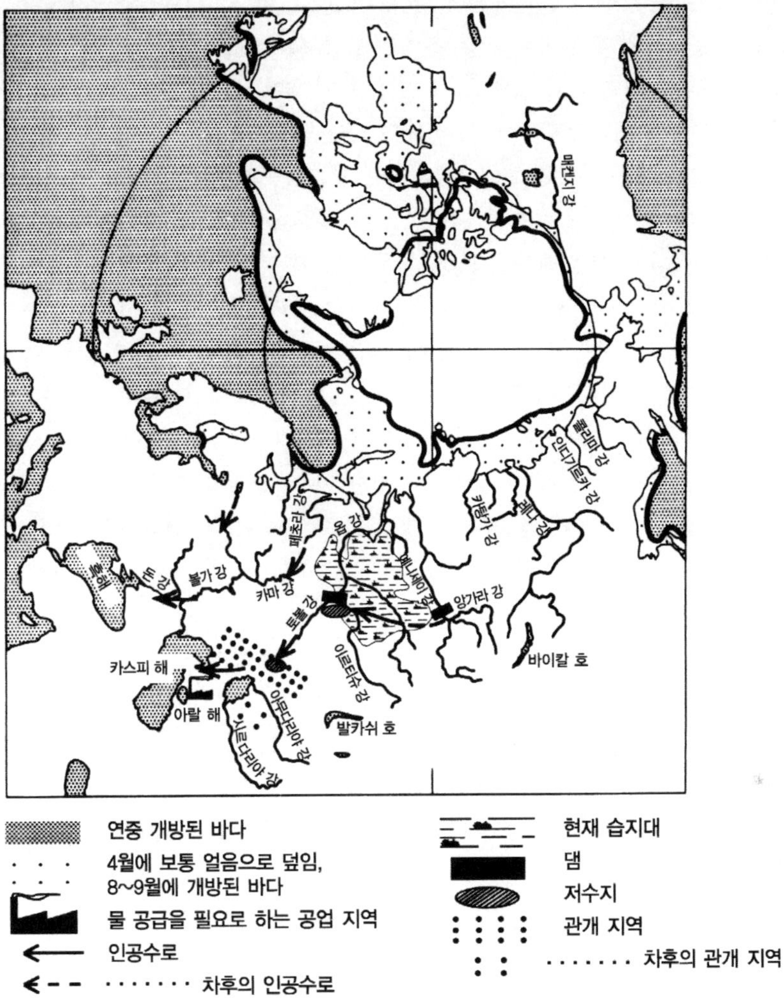

〈그림 103〉 소련 중앙아시아의 건조 지역에 관개하기 위해서 러시아와 시베리아의 강들인 페초라(Pechora) 강, 옵(Ob) 강, 예니세이(Yenisei) 강의 유로를 변경시키려는 계획.

다. 이 수층에 북극해의 얼음이 형성된다. 그리고 이 층이 제거되거나 심각하게 감소되어서 북극해의 많은 부분이 표면부터 아래로 염수의 해양(salt-water ocean)이 되면, 더 이상 얼음이 형성되지 못한다. 같은 이유로 노르웨이 해와 바렌츠 해(Barents Sea)의 대부분이 연중 얼지 않는다. 해수가 세계의 대양에서 정상적인 염도를 가지고 냉각되면 밀도가 높아지고 약 -2℃의 결빙점 부근까지 그 최대밀도에 이르지 못하게 된다. 이와 반대로 담수는 약 +4℃에서 가장 밀도가 높아서 표면이 +4℃ 이하로 냉각되었을 때 가장 차가운

물은 위에 남아서 0℃에서 얼음이 형성된다. 심해의 염수가 표면에서 냉각되면, 가장 차갑고 밀도가 높은 부분이 점차로 깊은 곳으로 하강하는 대류가 일어난다. 그에 따라서 얼음이 형성되어 해면에 얼음이 남게 되기 전에 전체 해양—또는 그중에 깊은 수심—이 해수의 결빙점 부근까지 냉각되어야 한다. 실제로 비균질성과 염도(와 밀도) 차이 때문에 어느 정도 얼음이 형성된다. 이러한 현상은 계절적으로 남극대륙 주변의 남반구 해양에서 나타난다. 그러나 거친 일기에서 수직 혼합으로 이 바다의 수괴는 쉽게 요란되고 얼음 형성이 파괴되어 얼음의 확장은 해안 부근의 더 차갑고 얕은 지역에 제한된다. 이러한 얼음층이 여전히 존재하는 지역들에서조차 얼음층은 현재보다 항시 훨씬 얇았을 것이다. 그러므로 이 얼음층이 여름에는 사라지고, 점이 계절들에 더 이상 폐쇄되지 않을 수 있다. 전체적으로 보아 70~75°N 북쪽의 얼음이 덮이지 않은 해양으로 전환된 북극 지역의 기후는 현재보다 연평균 약 20~25℃까지 온난해질 것이다. 이와 같은 큰 변화는 반구의 주요 열경도를 이동시켜서 대규모 바람 순환 패턴이 비와 눈을 가져오는 저기압 활동을 새로운 이동경로로, 즉 주로 북극과 아북극 지역으로 이동하도록 변화시킬 것이다. 이러한 이동의 결과로 다시 중앙아시아—소련의 프로젝트로 이익을 얻게 된 지역—와 이보다는 적게 유럽의 전 지역에서 강수량이 감소할 것이다.

여기서 기술된 방안은 인간이 —우연히 또는 고의로— 미묘하게 균형을 이루고 있는 어느 시점에서 지구의 체제를 교란해서 어떻게 상당한 규모로 기후를 변화시킬 수 있는가 하는 사례가 된다. 그렇지만 의도적으로 기후를 변화시키려는 대부분의 프로젝트에서 전세계의 기후 체제가 인간이 사용할 수 있는 상대적으로 작은 양의 에너지로 발생할 수 있는 요란에 대해서는 극히 잘 보호된다는 사실이 증명되었다. 1메가톤의 원자 폭발로 방출되는 에너지는 대략 1시간 동안 하나의 저기압 또는 중규모의 화산폭발로 방출되는 에너지의 1/100 정도의 크기이다. (화산폭발 이후처럼 성층권으로 들어간 먼지로 인하여 태양복사를 차단하여 일어나는 지상에서의 간접적인 핵폭발의 영향은 폭발 장소로부터 멀리 떨어진 곳의 일기에만 중요한 영향을 준다)

1950년대와 1960년대 초에 —모스크바에서 개최된 회의에서— 지구의 경작 가능한 총면적을 최대한 확대시키기 위해서 세계 기후를 변화시키는 가능성에 관한 논의가 있었다. 그 이후로 논의의 중점이 바뀌었다. 아마도 사람들은 세계의 인구성장이 이미 모든 기후변화와 광범위한 매년의 변동으로 일어나는 혼란에 대해서 세계 사회를 훨씬 더 취약하게 만들었다는 사실을 잘 이해하고 있다. 이러한 변동은 의심할 여지 없이 기후에 영향을 주는 모든 과정에서 발생한다. 오늘날 가장 큰 걱정은 세계의 대규모 기후변화가 증가하는 인간 활동의 고의가 아닌 부작용 때문에 발생할 수 있다는 가능성에 있다.

이산화탄소의 증가

인간 활동이 미칠 수 있는 영향에 관한 주요 근심은 지구 환경에서 외관상으로 무해한 기체인 이산화탄소의 증가와 관련된다. 이산화탄소(CO_2)는 나무뿐만 아니라 석탄, 가스, 석유 등 모든 화석연료를 연소시킬 때 발생되는 최종 산물이다. 이산화탄소는 대기 중에 약 350ppm의 부피를 갖는 매우 작은 양만이 있으나, 대기를 통과하는 복사에 미치는 영향 때문에 중요하다. 이것은 특히 지구로부터 방출되는 복사 에너지에 적용되는데, 그 이유는 CO_2가 일부 장파 범위에서 복사에 투명하지 않기 때문이다. 이 복사는 특히 지표와 대기 중에서 지배하는 온도에서 물체로부터 방출복사 때에 특히 빈번하게 나타난다. 따라서 이 복사는 지구로부터 위로 나가는 과정에 대기에서 CO_2에 의해 흡수되어 모든 방향으로 역복사되어 일부가 지구로 돌아온다. 이러한 결과와 부분적으로 CO_2가 흡수하는 파장과 중복되는 파장 범위에서 대기 중에 있는 수증기가 복사에 미치는 유사한 작용으로, 지구 표면의 기후가 태양으로부터 이와 같은 거리에 있는 한 행성에서 기대되는 기온보다 약 35～40℃ 온난하게 된다. 이 과정은 온실을 연상케 하여 이러한 온난화 현상을 때로 이산화탄소의 온실효과(greenhouse effect)라고 부른다. 마찬가지로 대기 중에 CO_2가 있는 다른 행성들, 특히 대기가 대부분 이산화탄소로 이루어진 금성과 화성에서 지배하는 기온은 기대되는 이산화탄소의 온난화 효과의 정도에 상응하는 것으로 생각된다.

지구의 대기 중에 CO_2의 양이 증가하여 온실효과가 강화될 수 있다고 예상하게 된다. 실제 측정에서 증명되고 있는 것처럼 대기 중에 이산화탄소의 양이 증가했고, 화석연료 연소의 증가[19]로 인하여 이산화탄소 증가율이 더 높아졌다. 1880～1890년에 대기 중의 CO_2는 약 290ppm이었다. 이 문제를 연구한 일부 학자들은 19세기에 농업을 목적으로 대량으로 삼림을 벌채하기 전에 (식생이 대기 중의 CO_2로 탄소동화작용을 하기 때문에) 이 비율이 270ppm으로 상당히 낮았다고 믿었다. 1950년에 이 비율은 약 310～315ppm으로 증가했고, 1980년에는 335～340ppm까지 상승했다. 이 수치는 대기 중의 이산화탄소 비율이 1890년 수준보다 1950년에 9%, 1980년에 15～17% 상승했고, 지난 150년간 아마도 심지어 26%까지 증가했다는 것을 의미한다. 이와 같이 탄소가 풍부한 대기가 수%까지 작물 수확량을 증가시키는 데 기여했을 것이라고 사람들은 계산했다. 인간이 화석연료를 연소시켜서 발생하여 대기 중에 잔류하게 된 추가적인 CO_2의 비율이 얼마나 되는가 조심스럽게 추정되었다. 그리고 이 추가적인 CO_2의 비율 중에서 얼마나 식물(또는 생물권의 다른 곳)에 의해서 흡수되고, 얼마나 해양에서 용해되는가도 추정되었다. 이산화탄

19) 시멘트 생산은 증가 비율에서 약 2% 이하의 작은 부분만 기여하고 있다.

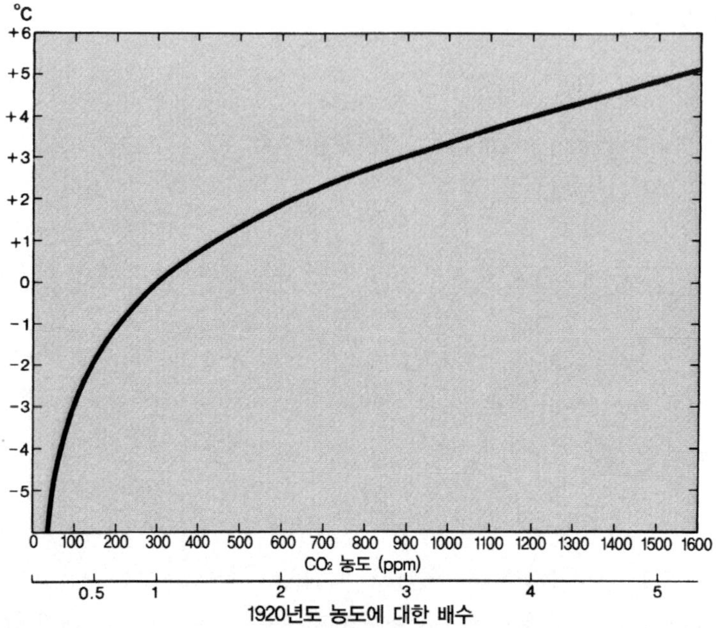

<그림 104> 대기 중의 상이한 이산화탄소의 비율로 일어나는 것으로 추측되는 (평균) 세계 기온의 변화(T. Augustsson and V. Ramanathan, "A radiative-convective model study of the CO_2 climate problem," *Journal of Atmospheric Sciences*, vol.34, 1977, pp.448-451의 이론 모델 연구에서 인용하였음).

소는 해양에서 결국 해저에 고체의 탄산염으로 침전·퇴적된다. 이들 연구에 의하면, 그 비율은 해양이 계절적으로 또는 장기간 가열되면 대기로 CO_2를 방출하고 냉각되면 흡수하여 조금 변하지만, 방출된 CO_2의 약 1/2이 대기 중에 잔류한다. 이산화탄소 농도가 2배가 될 때, 다수의 학자들이 인정하고 있는 이산화탄소의 증가를 통한 온난화 효과[장파복사 올가미(long-wave radiation trap) 효과의 증가를 통한]의 계산에 의하면 지표의 평균 기온이 약 1.9℃[20] 상승한다. <그림 104>는 넓은 농도 범위에 대해서 (CO_2가 300ppm이었던)

20) S. Manabe and R. T. Wetherald, "The effects of doubling the CO_2 concentration on the climate of a general circulation model," *Journal of Atmospheric Science*, vol.32, 1975, pp.3-15. W. L. Gates는 "A review of modeled surface temperature changes due to increased atmospheric CO_2," *Report No.17*, Climatic Research Institute, Oregon State University, Corvallis, 1980에서 이러한 방법을 다음과 같이 요약했다.

> 대기 중에 CO_2 농도가 증가하는 것이 일반적인 온난화를 일으킨다는 모델을 만드는 사람들 중에서 일치된 의견이 있다. 더 단순화된 모델은 …… 대기 중의 CO_2 농도가 2배가 될 때 일반적으로 수℃ 표면 기온이 상승한다……는 사실을 제시하고 있다. 대기대순환 모델 …… 일반적으로 단순한 모델의 온난화를 증명하고 …… 해양의 온난화의 결과로 기후 민감도(climate's sensitivity)를 강조하고 있다. 움직이지 않는(motionless) 해양을 …… 이용하

1920년 평균을 기준으로 한 예상되는 기온변화의 정도를 포괄적으로 제시하고 있다.

1950년대에 플라스(G. N. Plass)[21]는 최초로 물리학의 관점으로 지구 기후의 온난화 문제를 철저하게 연구했다. 그 이후로 학자들은 대기 중의 이산화탄소가 2배가 될 때 예상되는 지구 기후의 온난화에 관해서 서로 다른 추정을 하였다. 플라스는 CO_2가 2배가 될 때 기온이 3.6℃ 상승하고, CO_2가 1/2이 될 때 기온이 3.8℃ 하강한다고 제시하였다. 이를 기초로 하면 18세기와 19세기의 산업혁명 이후 지구 기후의 전체 온난화(약 1℃)가 설명될 수 있다. CO_2 온난화의 명제는 현상을 물리학적 관점으로 고찰하는 물리기상학자들(physical meteorologists)에게 항시 매력이 있었는데, 그 이유는 이것이 완전히 예측할 수 있는 대기과학의 복합적 문제들의 한 가지 요소였기 때문이다. CO_2가 복사에 미치는 영향은 이론적으로 분명하고 잘 이해되게 제시될 수 있다. 그럼에도 불구하고 사람들은 이 명제에 관해서 1960년대에 거의 관심을 갖지 않았다. 1960년대에는 대기 중의 CO_2가 과거보다 훨씬 빠르게 증가하였음에도 세계의 기온이 하강하였다는 사실이 발견되었다. CO_2 문제를 연구한 다른 학자들은 온난화 효과가 플라스가 제시한 값의 1/10에서 1/15 이하라는 것을 제시하였다. 그러나 지구 주위에서 대기로의 CO_2와 열수송뿐만 아니라 해양의 상층과의 교환과 운량에 미칠 수 있는 영향도 구조적으로 고려한 가장 복잡한 모델을 이용한 최근의 연구에서는 새로이 더 큰 온난화가 지적되고 있다. 즉, 대기 중의 CO_2가 600ppm으로 2배가 될 때 기온이 2.0에서 3.5℃까지 상승할 것이라는 내용이다.[22] 이 수치를 근거로 하면 <그림 104>에 제시된 곡선보다 더 급한 곡선이 될 것이다. 그러나 일부 기후학자들과 대기 모델 계산가들(atmospheric modelers)은 이 수치를 회의적으로 보았는데, 그 이유는 지금까지 해양(그리고 해양 내에서 심층들)과의 교환, 또는 구름과 대기 중의 습도에 미치는 영향과 같은 실제적인 동적 인자들을 적절하게 이론 모델들에 포함시킬 수 없었기 때문이다. 이렇게 기온이 상승한다면, 지구의 평균 운량이 1% 증가하는

여 …… (그리고 해양의 열용량을 제시하지 않는) 대기대순환 모델(GCM)은 …… CO_2 농도가 2배가 될 때 열대에서 약 3℃부터 고위도에서 약 6℃까지의 평균 온난화를 제시하고 있다. 정상적인 계절 변동을 하는 …… 해양이 있는 …… 실제적인 지리를 고려한 …… 계산은 CO_2 농도가 2배가 될 때 약 0.2℃에 불과한 온난화를 제시하고 있다 …… 얕은 혼합층을 갖는 해양이 이용될 때 …… CO_2 농도가 2배가 될 때 약 2℃의 더 실제적(realistic)인 평균 온난화가 추측된다.

저자의 의심할 여지 없는 권위에도 불구하고 여기서 '실제적인(realistic)'이라는 단어가 '기대되는(as expected)' 것이라는 의미 이상을 말한다고 보기가 어렵다.

21) G. N. Plass, "The carbon dioxide theory of climatic change," *Tellus*, vol.8, Stockholm, 1956, pp.140-154.

22) National Academy of Sciences, Washington, D.C., Climate Research Board, Ad Hoc Study Group on Carbon Dioxide and Climate(Chairman. J. G. Charney). Report—A Scientific Assessment(22pp.), 1979.

것이 제안되고 있는 CO_2 온난화 효과를 완전히, 그리고 적어도 지구에 미치는 순효과를 상쇄시킬 것이라는 사실이 지적되고 있다. 이와 같은 운량의 증가는 저위도에서 실제적인 해면의 온난화를 일으켜서 증발량이 증가하게 하고 대기 중에 더 많은 수증기가 들어가게 해서 중위도에 더 많은 구름이 끼게 할 것이다. 그러면 중위도에서는 그 이전보다 기온이 하강할 것이다.

인간 활동에 의한 다른 오염들

이산화탄소 이외에 인간 활동으로 인하여 대체로 점점 더 그 양이 증가하면서 대기 중으로 방출되어 마찬가지로 복사수지에 영향을 주는 것으로 가정되는 다른 물질들이 있다. 이와 관련하여 먼지와 연기 형태의 고체 미립자들이 특히 집중적으로 논의되었다. 연기는 산업 및 가정에서의 연소와 농업, 특히 열대 지방의 이동식 경작인 화전(火田)으로부터 발생했다. 동시에 지구 상의 경지면적이 크게 증가하였고, 개방된 프레리를 자주 트랙터와 다른 농기구들을 투입해서 대규모로 경작하여 대기권 하층의 먼지양이 증가되었다. 미국의 워싱턴 시(Washington, D.C.)와 다보스(Davos)의 알프스 산맥의 정상에서 대기의 혼탁도를 측정한 결과에 의하면 20세기 초부터 두 곳에서 모두 혼탁도가 크게 증가한 것(50~80%)으로 나타나고 있다. 코카서스(Caucasus) 산맥의 높은 고도에 위치한 빙하의 얼음층에서 측정한 먼지 퇴적량은 더 크게 증가했으나, 18세기부터 1930년경까지 거의 변화가 없었다는 사실을 제시하고 있다. 일부 학자들은 먼지 연무(dust haze)가 증가하여 (지구방출복사보다 입사태양광선을 더 많이 방해하여) 지표가 냉각되고, 이산화탄소의 온난화 효과를 완전히 상쇄시킬 것이라고 주장하고 있다. 화산재는 그 효과가 항시 수주 이상 지속될 때 성층권에서 나타나는 반면, 인간이 만든 먼지는 대기권 하층에 잔류한다. 브라이슨 교수는 이 현상을 화산재의 작용과 비교하여 그의 논문에서 '인간의 화산(human volcano)'이라고 표현하고 있다. 한 계산에 의하면 부유하는 미립자가 4배 정도 증가하면 지표의 평균기온이 약 3.5℃ 하강한다. 그러나 그 이후의 모델 연구에 의하면 이 효과는 입자들에서 지배하는 크기와 흡수 특성에 따라서 크게 변하고, 일부 경우에는 온난화 방향으로 진행될 수도 있다.[23)]

산업 지역 또는 인구가 조밀한 지역에서 나오는 연기 꼬리(smoke trails) 또는 '연기 기

---

23) 이스라엘, Tel Aviv University의 G. Ohring의 최근 연구 *Pageoph.*, vol.117, Basle, 1979, pp.851-864는 대기 중의 먼지의 일반적인 효과가 지표 부근을 냉각시킨다는 S. I. Rasool과 S. H. Schneider, *Science*, vol.173, 1971, pp.138-141의 연구의 과거 결론을 지지하고 있다.

둥'이라고 부르는 것은 보통 눈으로 볼 수 있고, 발원지에서, 특히 지면 부근은 차갑고 그 위는 따뜻하여 대류가 일어나지 않는 공기에서 하강풍이 불 때 크게 시정을 감소시킨다. 루르(Ruhr)[24]와 벨기에의 산업 연무는 겨울에 약한 동풍이 불 때 잉글랜드에서 장기간 흐린 일기 상태를 발생시켰다(이 현상은 최근 수십 년 동안 가정과 산업의 더 효율적인 연소 시설로 개선되었다. 이와 같은 사실은 영국의 인구 밀집 지역의 연무에도 적용된다). 1666년 런던 대화재(the great Fire of London)가 발생했을 때 존 로크는 약 80km 떨어진 옥스퍼드에서 이상한 공기의 색깔로 '태양광선이 낯선 적색의 흐릿한 빛'이 된 것을 관측하였다. 관측된 현상이 연기에 기인하기는 하지만, 그 이후의 기록에 의하면 그는 그 시점에 화재에 관해서 아무런 내용도 듣지 못했다. 그리고 16세기 말에 잉글랜드의 대규모 황무지(moorland) 화재로 인한 연기는, 포도가 싹이 틀 때 프랑스의 포도 재배에 피해를 입혔다고 한다.[25] 이것은 분명히 봄에 북풍이 불었다는 것을 가리킨다.

같은 맥락에서 중요하게 생각되는 대기 중으로 들어가는 다른 물질들로는 ① 토양에서 질소비료가 분해될 때 발생하는 일산화질소, ② 메탄가스와 ('프레온 가스'로 널리 알려진) 클로로플루오로메탄—하나 또는 그 이상의 염소 또는 불소 원자가 메탄가스의 일부 수소 원자를 대체시키는 화학 물질 그룹—이 있다. 클로로플루오로메탄은 에어로솔의 스프레이와 냉장고에 사용된다. 이들이 성층권으로 들어가면 메탄가스와 클로로플루오로메탄은 이산화탄소와 같이 장파복사를 선택 흡수하는 이외에 성층권의 일부를 파괴한다. 성층권 오존은 살아 있는 유기체에 치명적인 영향을 주는 일부 파장을 포함하는 태양의 단파복사를 흡수하기 때문에 중요하다. 오존은 지표와 대기권 하층 대신에 성층권을 가열한다. 그러므로 오존은 지표의 기후를 한랭화시키는 데 기여한다. 아황산가스를 통한 현저한 복사수지의 요란도 인간이 미치는 영향에 기인할 수 있다(아황산가스 역시 인간의 건강, 식생, 건물 등에 유해하다). 화학반응으로 붕괴되기 전에 대기 중에서 이들 기체가 잔류하는 기간이 훨씬 더 짧지만, 황화수소(hydrogene sulphide), 일산화탄소와 암모니아 역시 중요한 역할을 한다. (국지적으로 매우 제한된 경우를 제외하고) 인간이 추가시키는 수증기의 양은 자연적으로 발생하는 것과 비교하여 미미하다.

---

24) 옮긴이 주: 독일 서부 노르트라인 베스트팔렌 주에 있는 강과 강을 따라 있는 주요 공업 지역이다.

25) 대기오염의 역사에 관한 연구에서 이 정보를 제공해준 노리치 소재 이스트 앵글리아 대학교의 P. Brimblecombe 박사에게 감사드린다.

순효과

인간 활동의 결과로서 대기 중에서 이 모든 물질들이 증가하여 나타나는 순효과는 분명히 온난화이고, 이 순효과가 CO_2의 영향을 약 50% 상승시킬 수 있다. 플론[26]에 의하면 대기 중으로 들어가는 이 모든 물질들을 다루는 가장 단순한 방법은 실제로 직접적으로 참여하는 모든 물질들의 조합된 온실효과 같은, 이론적으로 기온에 같은 영향을 주는 '가(假)CO_2 농도(virtual CO_2 concentration)'를 계산하는 것이다.

현재 이산화탄소 또는 조합된 온실효과를 통한 온난화는 인식될 수 없다. 이 사실은 적어도 온난화가 자연적으로 일어나는 -때때로 물론 그 반대 방향으로의- 기후변동의 수준을 능가할 만큼 충분하지 못한 것으로 설명된다. 이와 같은 자연적인 기후변동의 범위는 때로 이미 실제적인 진폭에 도달하기 전에 새로운 경향-이 경향이 인간이 미치는 영향에 기인하는가 하는 문제와 관계없이-을 확인하는 것이 물론 어려운 '잡음 수준(noise lebel)'으로 기술된다. 그러므로 어느 시기 내에 (가정되는) 계속된 이산화탄소 증가로 인한 온난화가 매우 커서 더 이상 자연적인 기후변동을 통해서 상쇄되거나 불명료해질 수 없다는 사실을 발견하려고 노력해야만 할 것이다. 이를 기초로 하면, 자연적인 변동은 예측할 수 없는 것으로 배제되어서 확률적(random)인 것으로 간주된다. 이러한 이론을 대표하는 사람들은 후빙기에 자연적인 원인으로 나타난 장기간 평균 기온의 대략적인 변동폭을 ±1℃로 간주하고 있다. 그 결과로 그들은 온실효과를 강화하는 데 기여하는 다른 물질들과 결합된 이산화탄소를 통한 온난화가 지배하여 기후변동의 모든 다른 인자들이 20세기 말부터, 그리고 아마도 이미 1980년대부터 우세하여 '밀어닥칠' 것이라고 기대하고 있다. 이러한 견해는 1976년 세계기상기구(WMO: World Meteorological Organization) 집행위원회가 입증한 성명에 뚜렷하게 표현되어 있다[1976년 6월 22일자 ≪타임스(*The Times*)≫는 이에 관해서 보도하였음].[27] 그렇지만 이렇게 추론하는 것에는 오류가 있는데, 그 이유는 이와 관련하여 자연적인 기후변동의 범위를 충분히 의미 있게 수치로 정의하는 것이 불가능하기 때문이다. 지난 수세기 동안 또는 이보다 훨씬 더 긴 빙기와 간빙기의 기록이건 간에 지배적인 기온의 기록은 변화의 폭 자체가 변동한다는 사실을 보여주고 있다. 우리

26) H. Flohn, "Estimates of a combined greenhouse effect as background for a climate scenario during global warming," in J. Williams(ed.), *Carbon Dioxide, Climate and Society*, Proceedings of the International Institute for Applied Systems Analysis(IIASA) Oxford, Pergamon Press, 1978, pp.227-237.

27) 우연히 유럽은 같은 시기에 -1970년대의 두 번의 매우 온난한 여름 중에 두 번째- 예외적인 열파를 경험하였다. 유럽뿐만 아니라 북아메리카의 대부분 지역도 연속적으로 3회에서 6회의 온난한 겨울을 보냈다.

는 유럽의 초기 온도계 기록과 간접적인 나이테 자료에서 소빙기 동안, 특히 서기 1700년경 수십 년 동안의 마지막 시기와 다시 약 1760년과 1850년 또는 그 이후 사이에 (표준편차로 측정한) 자연적인 기후변동의 매년의 변동이 20세기 초보다 30～60%까지 증가했다는 사실을 알고 있다. 유럽의 나이테 연구는 서기 1280～1350년 사이 중세 절정기의 마지막으로 기후가 온난했던 10년들의 기후에 대해서 유사한 내용을 제시하고 있다. 그리고 그린란드 빙하의 동위원소연구와 다른 증거는 마지막 온난한 간빙기의 늦은 시기에 훨씬 더 급격한 변화가 일어났던 것을 제시한다.

한 가지 받아들이기 어려운 다른 제안은 진지한 학문적 논쟁을 기초로 제시되었다. 이것은 1950년대～1970년대 사이에 약 45°S 남쪽의 남반구 고위도에서 일어난 의심할 여지 없는 (60°S 남쪽의 남극대륙에 대한 전체 평균이 1℃ 이상에 달하는) 강한 온난화가 주로 이산화탄소에 의해서 일어난 온난화의 최초의 직접적인 신호일 수 있다는 사실을 말하는 것이다. 인간이 만든 모든 이산화탄소원으로부터 멀리 떨어진 이곳에서 이 영향이 처음으로 주목되었다는 것에 관한 논의는 부분적으로 해양의 열저장과 열수송에 종속되고, 부분적으로 먼지를 통해서 대기권 하층이 (점점 더) 오염되는 것으로부터 남반구 고위도가 멀리 있다는 사실에 종속된다. 그렇지만 이러한 제안을 하는 저자들은 남반구 고위도가 세계의 다른 지역들에 영향을 준 기온변동에 대해서 부분적으로 반대되는 관계를 갖고 있다는 증거를 모르고 있는 것이다. 이들은 더욱이 소빙기의 가장 추웠던 시기 동안 남반구 고위도에서 다소 온화한 조건이 지배했다는 사실을 고려하지 않은 것이다. 우리는 세계 기온변화의 분포와 이들의 기후적인 결과를 다음 장에서 고려하도록 하겠다.

서로 다른 파장에서 대기의 복사 투과에 미치는 이산화탄소 증가의 열적 효과가 복잡한 지구 환경에 어떻게 작용하는가를 확실히 알기 위해서는 다른 심각한 문제와 어려움을 해명해야만 할 것이다. 이것은 이론적으로 단순하다. 해양, 대기 중의 수증기량과 운량의 영향은 더 관찰되고 연구되어야 할 것이다. 그리고 생물권의 반응이 충분히 고려되어야 하는데, 그 이유는 탄소가 풍부한 대기에서 더 무성하게 성장하는 (해양의 식물 생활을 포함한) 식생은 태양복사의 반사와 흡수에 영향을 주기 위해서 색깔을 바꿀 수 있기 때문이다. 이로써 최초의 식생피복이 발달하기 전[28]의 조건과 그 후의 조건들 사이의 멀리 소급되는 지질학적 과거에 대기 중 CO_2 양이 크게 변화했다는 사실을 추론할 수 있다. 그러나 기후변화의 발달과의 예상되는 상관관계는 이 경우에도 아니고 그 후의 식생 변화에서도 나타나지 않았다. 이론적으로 가정되는 CO_2의 변화는 해당 기후 체제를 안정시켜야만 한다. 극빙(polar ice)이 거의 또는 전혀 없던 지사(地史)의 긴 온난한 시기들 동안 해

28) 아마도 약 3억 5,000만～4억 년 전의 데본기임.

양은 용해된 이산화탄소를 흡수할 수 있는 능력이 작아서 대기 중에 더 많은 CO_2가 있었다. 그리고 빙기들 동안 차가운 바다는 많은 양의 CO_2를 용해하여 대기 중에서 그 비율이 크게 감소했을 것이다. 빙기의 전성기 동안에는 200ppm이었을 것이다. 그렇지만 온난기들과 빙기들 사이의 식생 분포의 변화는 정반대되는 효과를 나타냈다.

서기 1600년 이후와 특히 지난 100년 동안 세계의 기온변동을 가장 성공적으로 수학적으로 시뮬레이션한 것(<그림 83>과 같이)은 3개의 변수만을 포함하는 방정식으로 이루어졌다.[29)]

① 대기 중의 화산 물질의 양에 대한 지수.
② 화석연료의 연소를 통해서 대기 중의 이산화탄소가 지속적으로 증가하여 일어난 최근에 더 증가한 온난화.
③ 태양 요란의 출현 지수.

예를 들어 화산재가 미치는 영향을 2배로 하여 방정식에 적응시켜서 정확도가 높아졌다. 이 방정식을 이용한 저자들은 그들 연구의 초고에서 훨씬 더 포괄적인 이론 모델링 작업을 적용시킬 수 있을 것이라는 제한점을 기술하였다. "우리는 모델을 '조율(tuning)' 하여 우리의 계산이 관측에 좀더 적합하게 개선하려는 노력을 주저하였다. …… 그렇게 많은 자유로이 변할 수 있는 매개변수들로 거의 모든 것을 모든 것에 적용할 수 있었다……." 그들은 또한 그들의 결과와 이용된 400년의 전 세계 지표 기온 기록 사이의 상관계수에서 수행되었던 정확한 계산의 중요성을 충분하게 고려하지 않았는데, 그 이유는 그 기록의 신뢰성에 관한 불확실성 때문이었다.

이 장에서 이미 언급했던 단스가르드와 함머, 브라이슨과 그의 공동연구자들의 결과는 슈나이더(Schneider)의 경험을 증명하고 있다. 이들은 이산화탄소로 인한 온난화 효과와 비교하여 성층권의 화산 물질이 미치는 효과가 현재 흔히 추측되고 있는 것보다 지표 기후를 한랭화시키는 데 더 중요한 역할을 할 수 있다는 결론을 내렸다.

산업화와 도시화의 영향

국지기후를 고의가 아니게 변화시키는 원인으로 인간 활동을 계속 주목해야만 이 장이

29) S. H. Schneider and C. Mass, "Volcanic dust, sunspots and temperature trends," *Science*, vol.190, 1975, pp.741-746.

완전해질 것이다. 특히 도시들과 산업 지역들, 이들 지역으로부터의 하강풍(downwind)과 순환 및 유출이 제한되는 폐쇄된 계곡들과 하천들을 여기서 다루어야 할 것이다. 도시와 댐으로 막아놓은 하천에서의 인공적인 기온상승에 관해서는 앞 장들에서 이미 언급하였다. 이러한 효과를 때로 도시화(urbanization)와 열오염(thermal pollution)이라고 부른다. 해안의 하구, 발전소와 정유소, 또는 다른 산업 지역 부근 배수구에서 나오는 인공적인 열은 심지어 외래 동물상과 식물상을 부양할 수 있다. 수년 전에 따뜻한 물에 사는 종인 가재(crayfish)가 펄리(Fawley) 정유소 부근 사우스햄프턴(Southhampton)의 하천에 정착한 것이 보고되었다. 이 가재는 추측하건대 해양 정기선이 항구에 도달할 때 배 밑에 고인 물과 함께 왔을 것이다.

일부 논쟁에도 불구하고 '도시 열섬(urban heat islands)', 즉 인공적으로 가열된 도심이 도시 위에서 대류운, 소나기, 뇌우의 활동을 증가시키며, 이로부터 얼마 떨어진 곳에서 하강풍을 증가시켰다는 사실이 확인되었다. 이를 통해 대도시들에서 가장 영향을 많이 받는 지역은 연평균 강수량이 10%까지 증가하였다.

이러한 조건들과 상대적으로 서리가 적고 강한 바람에 보호되는 장점들이 도시 환경에서 외래 식물들의 재배를 유리하게 할 수 있다.

아마도 도시와 산업 지역, 그리고 일부 다른 장소들(예: 고속도로, 철도)에서의 활동으로 나타나는 가장 중요한 국지적 영향은 연기와 증기, 그리고 화학 오염에 기인하는 것이다. 일부 장소들에서 일산화탄소, 오존과 다른 기체들, 그리고 농촌 지역에서 농약에 들어 있는 물질과 질소비료 역시 심각한 영향을 줄 수 있지만, 이러한 종류 중에서 (사람의 건강, 건물과 다른 재산－자동차 등－에 대한) 가장 광범위한 피해는 대기 중의 아황산가스와 아황산으로 인하여 발생한다. 대기 중의 이러한 화학물질로 건물과 기계가 부식, 붕괴될 수 있을 뿐만 아니라 사람의 폐도 피해를 입을 수 있다. 지의류(地衣類, lichens)[30]가 특히 민감하기 때문에 이들이 성장하거나 사라지는 것이 공기청정도의 지표가 될 수 있다.

이스트 앵글리아 대학교 환경대학의 브림블쿰(P. Brimblecombe)은 일련의 논문[31]에서 13세기 이후 런던과 유럽 다른 도시들의 대기오염 역사를 추적하였다. 아마도 가죽을 무두질하고, 도기를 제조하며, 석회를 생산하는 것과 같은 산업으로 인한 연기 오염과 악취는 역사적으로 이미 오래전에 이들 지역의 불평거리가 되었다. 이것은 주로 이들 산업 활동이 바람이 약하게 불고, 도시 안팎의 바람이 불지 않는 지역에서 행해지는 경우에 그러

30) 옮긴이 주: 균류(菌類)와 조류(藻類)가 조합을 이루어 상리공생(相利共生)하는 식물군이다.

31) P. Brimblecombe, "Attitudes and responses to air pollution in medieval England," *Journal of the Air Pollution Control Association*, vol.26, no.10, 1976, pp.941-945.; P. Brimblecombe and C. Ogden, "Air pollution in art and literature," *Weather*, vol.32, 1977, p.285.; P. Brimblecombe, "London air pollution 1500-1900," *Atmospheric Environment*, vol.11, 1977, pp.1157-1162.

했다. 이것은 특히 상공으로 대기의 오염물질이 확산되지 못하는 추운 겨울 날씨에 발달한 기온역전 일기 상태에서 그러했다. 이러한 상황은 아마도 일찍부터 때때로 산업 입지의 선정과 그 부근의 도시 취락 성장에 영향을 주었다. 브림블쿰은 서기 1200년 직후 석회를 태워서 제련하기 위해서 처음으로 런던에 석탄이 도입되었다고 보고하고 있다. 이렇게 연료를 전환한 결과와 도랑 및 배수구 위에 화장실을 만든 것과 관련된 하수 문제가 견딜 수 없는 악취가 나게 해서 불평을 유발했다. 1257년에 헨리 3세(Henry III)의 왕비는 불평하는 사람들 중의 한 사람으로, 그때부터 이 문제를 해결하기 위한 위원회가 설립되었다. 여왕 엘리자베스 1세(Elisabeth I)의 시기에는 석탄을 더 많이 이용하여 이 문제가 더욱 악화되었다. 가정 난방용으로 목재를 구하기가 어려워졌을 때, 초기에 뉴캐슬(Newcastle)로부터 해상으로 연기가 나는 타인사이드(Tyneside) 석탄[그러므로 '바다 석탄(sea-coals)'으로 알려졌음]을 수송해왔다. 처음에 성미가 까다로운 사람들은 석탄을 때는 방에 들어가는 것을 거부했다. 17세기 동안 햇빛이 부족하여 걸리는 어린이의 질병인 구루병(佝僂病, rickets)[32]의 발병이 뚜렷하게 증가했다. 이 질병은 결국 매우 널리 분포되었다. 1902년 리즈(Leeds)에서의 조사에 의하면 가난한 지구에 사는 어린이들의 1/2이 구루병으로 고통을 받았다. 이와 유사한 발병 빈도가 유럽의 다른 산업 지역에서도 특징적이었다. 그러나 연료를 목재에서 석탄으로 대체하는 것은 불가피했다.

이 상황은 나아지지 않았다. 이미 17세기가 끝나기 전에 연기가 나지 않은 난로가 개발되었으나, 이러한 발견은 금방 잊혀졌다. 1666년의 런던 대화재 이후 17세기 말에 건축된 크리스토퍼 렌 경(Sir Christopher Wren)이 설계한 새로운 세인트 폴 대성당(St. Paul's Cathedral)[33]은 이미 완공되기 전에 많이 더러워졌다. 왕립학회의 초기 특별회원의 한 사람이었던 디그비 경(Sir Kenelme Digby)이 1658년에 보고한 바와 같이 방의 벽에 태피스트리를 거는 것을 포기했는데, 그 이유는 빨리 더러워지고 반점이 잘 생겼기 때문이다. 우리가 관심을 갖는 더 흥미 있는 사실은 브림블쿰이 관찰한 다음과 같은 내용이다. 런던과 인구가 조밀하게 거주하는 산업화된 유럽의 다른 인접 지역들에서 장기간 오염이 증가된 것은 풍경화가들이 그린 배경의 색깔이 점진적으로 변한 것에서 나타난다. 배경의 색깔이 처음에는 주로 푸른색에서 점점 더 핑크색과 혼탁한 황갈색으로 변하였다. 런던의 안개는 '황색의 짙은 안개(pea-souper)' 색깔로 널리 알려지게 되었다. 최악의 상태에서 시정은 때로 매우 낮아서 걸어가는 사람이 자신의 발을 보기 어려울 정도였다. 그리고 어두워

32) 옮긴이 주: 비타민 D 결핍증이라고도 한다. 영아(嬰兒)나 소아기 때 비타민 D 섭취 부족 때문에 뼈의 성장에 결함이 생기는 질환이다. 햇빛을 쬐면 사람의 피부에서 비타민 D의 전구체(前驅體)인 에르고스테롤로부터 비타민 D가 만들어진다.

33) 옮긴이 주: 런던에 있는 영국국교회 대성당이다.

서 낮 동안에도 램프를 사용해야 했다. 디킨스(Dickens)는 이러한 안개를 '런던의 명물(London particular)'이라고 불렀다. 벽난로와 난로의 효율을 개선하려는 아무런 노력도 하지 않는 한 20세기까지 도시 공기의 오염은 석탄 소비의 증가와 거의 평행하게 증가했고, 그에 따라서 정확하게 공기 오염이 측정될 수 있었다. 우리가 어떤 척도로 연구하건 간에, 즉 예술가들의 증거 또는 안개 빈도의 보고,[34] 건물의 피해 또는 그을음의 퇴적량을 측정하건 간에, 런던의 대기 오염은 1600년 전부터 대략 20세기 초까지 항시 증가했고, 특히 17세기와 다시 1800년 후에 가장 급격하게 증가했다.

이미 벤저민 프랭클린(Benjamin Franklin) 시대 이후 과학자들은 굴뚝에서 나오는 연기가, 사용되지 않고 공기로 들어가는 불완전 연소된 연료라는 사실을 지적하였다. 그리고 1843년에 한 위원회가 최초로 연기를 감소시키는 입법을 제안하였다. 이 위원회는 영국 정부에 실행되지 못한 맥키논(Mackinnon) 보고서를 제출하였다. 런던과 다른 지역들에서 이러한 상태는 20세기 초에 효율이 높은 연소시설을 산업에 도입하여 개선되기 시작하였다. 그러나 가정에서의 오염은 계속되었다. 에든버러는 (오래된 검은 연기가 나는 도시를 의미하는) 올드 리키(Auld Reekie)라는 이름을 얻게 되었다. 잉글랜드, 그리고 중유럽과 북아메리카의 대부분 산업지역은 검은 하늘 아래 연기로 더럽혀진 잔디, 나무와 건물들로 둘러싸여서, 그 지역의 나방들은 낮 동안 생존을 유지하기 위해 보호색으로 검은색을 띠었다. [잉글랜드에서 처음으로 조사된 이러한 흑색소 침착증(melanism)은 돌연변이와 자연도태의 과

---

34) 런던 남동부 그리니치(Greenwich)에서 기록된 안개의 빈도와 교통을 방해할 정도의 짙은 안개의 빈도는 19세기 동안 10년 단위로 다음의 표에 제시되어 있다.

R. C. Mossman이 그의 논문 "The noninstrumental meteorology of London 1713-1896," *Quarterly Journal of the Royal Meteorological Society*, vol.23, 1897, p.287에서 원래 제시한 이 자료는 Her Majesty's Stationery Office for the Meteorological Office in London, 1968, 270pp.에 발간된 J. H. Brazell의 *London Weather*에 많은 다른 상세한 내용과 함께 다시 발표되었다.

	연평균 안개 일수	연평균 짙은 안개 일수
1811～1820	19	2.4
1821～1830	19	2.5
1831～1840	26	5.2
1841～1850	22	3.9
1851～1860	33	7.6
1861～1870	39	8.1
1871～1880	49	9.0
1881～1890	55	9.3

공기정화법(Clean Air Act)이 글래스고(Glasgow) 공항에서 발효되었을 때, 매 100시간 미풍에서 평균 안개 일수는 1961년 후에 약 44시간에서 1964～1969년 사이에 20시간 남짓까지 감소하였다.

정으로 빠르게 생물학적으로 적응한 사례가 된다] 1956년 공기정화법(Clean Air Act)이 발효된 이후 영국의 인구 밀집 지역들은 크게 개선되었다. 그때 이후로 영국의 도시들에서 기록된 일조량은 증가하였다. (구루병은 현재 매우 드물게 발병되며, 이에 대한 원인으로는 부분적으로 의학 발달뿐만 아니라, 아마도 도시의 맑은 공기를 포함하는 더 나아진 생활 조건 때문일 것이다) 그렇지만 이 법은 눈에 보이는 연기에 대한 것이며, 폐와 건물의 석조물에 해를 주는 아황산가스(SO_2)의 유해한 연기는 계속 방출되었다. 이들 물질은 겨울의 기온역전과 바람이 없는 상태에서 치명적인 수준으로 높아진 아황산가스 농도를 가진 안개가 형성될 때 벨기에와 미국뿐만 아니라 런던에서도 여러 차례의 '스모그(smog)' 재해의 주 원인이 되었다.[35] 1952년 12월 '대런던스모그(great London smog)'에서 대런던 지구(Great London district)의 사망자는 12월 6일까지 그 주에 2,062명에서 그 다음 주에 4,703명으로 증가하였다. 기관지염과 폐렴으로 인한 사망자 수가 7배나 증가하였다. 이미 1873년, 다시 1880년, 1892년과 1948년 12월 7～13일 '가축품평회 주간(Cattle Show week)'에도 유사한 사건이 발생했다. 1962년 12월에 재발한 사건은 다소 덜 심각했는데, 이것은 아마도 새로운 신공기정화법(New Clean Air Act)의 덕택일 것이다. ≪철학 연보(*Annals of Philosophy*)≫에는 1813년 12월 27일과 1814년 1월 2일 사이 런던 전역에 퍼졌던 '눈에 매우 민감한 영향을 주고' 산(酸) 냄새가 나는 유사한 짙은 안개에 관한 보고가 있다.

이러한 상황은 런던과 영국의 산업 지역들에서 입법과 산업 및 가정에서 마침내 연료를 더 효율적으로 연소시키려는 자체적인 노력으로 개선되었고, 온대의 다른 산업 국가들에도 이와 같은 사실이 적용된다면, 다른 오염 문제는 아마도 그대로 남아 있고, 모든 것이 국지적인 것은 아니다. 산업과 가정의 굴뚝으로부터 나오는 아황산가스는 계속 증가하여 생명을 위협하고 있다. (런던에서 북동쪽으로 약 30km 떨어진) 엡핑 포리스트(Epping Forest)에서 공기 중의 SO_2 농도를 측정한 것에 의하면 1784～1796년에 평균 $30\mu g/m^3$에서 1세기 후에 약 $60\mu g/m^3$까지 증가했으며, 1909～1919년의 $60\sim70\mu g/m^3$까지, 그리고 1970년경에 $70\sim120\mu g/m^3$까지 증가했다. 사람의 폐, 특히 노인들의 폐뿐만 아니라 동물과 식물의 잎도 피해를 입었다. 이미 수년 전부터 스칸디나비아의 호수와 강들에서 산성도가 증가하여 소중한 어종이 감소하여 불안해하고 있는데, 그 이유는 산업 지역과 영국, 베네룩스 3국과 독일의 발전소에서 나오는 아황산가스 때문이었다.

캘리포니아 주에서 일반적으로 맑고 온난한 기후에도 불구하고 로스앤젤레스는 자체의 특별한 스모그 문제를 안고 있다. 바다로부터 유입되는 서늘한 공기는 따뜻한 공기층 밑으로 들어온다. 이로 인한 기온역전 현상은 도시 상공의 공기 중에 들어 있는 유해물질

---

35) '스모그(연기+안개, smoke+fog)'라는 단어는 1948년 펜실바니아의 도노라(Donora)에서 많은 사람들이 사망했을 때, 이 재해들 중의 하나를 기술하기 위해서 미국에서 처음으로 사용되었다.

들을 분산시키는 대류를 차단시킨다. 이러한 상황은 특히 온난한 계절인 여름과 가을에 잘 발달하여 심각한 영향을 미친다. 산업도 관련되지만, 자동차의 배기가스가 가장 큰 오염원이 된다. 유해 가스의 농도는 흔히 눈이 따가울 정도로 높다. 그리고 상당히 먼 거리의 내륙에 있는 식생도 피해를 입었다. 오염도가 높은 날에는 경고 시스템을 가동시켜서 특별한 통제 조치를 하고 있다.

제3세계의 신공업 지역들에서는 때때로 매우 심각한 정도로 새로운 국지적 오염이 발생했다. 이것은 특히 폐쇄된 계곡들과 공기가 고요한 상황에서 발생했다. 야영지와 출장소, 북극과 남극에 설치된 원정대 기지와 비행장에서조차 강한 기온역전이 있는 일부 추운 날에 연기 농도가 때때로 일상생활을 중단시킨다. 이들 장소에서도 비행기와 지상의 다른 차량의 배기가스를 통해서 매우 차가운 공기 중으로 수증기가 방출되어－매우 낮은 수증기 농도로 포화 상태가 되는 공기 중의 과다한 물로 인한 오염 사례－ 때로 짙은 안개가 발생하였다. 온대에서도 이와 유사한 안개가 때때로 겨울에 고속도로를 따라서 차량의 배기가스의 수분과 철도에서 증기기관차를 통해서 형성되어 짙어진다. 고요하고 맑은 겨울 날씨에 산업의 냉각탑에서 나오는 증기에 의해서 낮은 층운(層雲)이 형성되면 이러한 현상을 흔하게 볼 수 있다.

17. 예보

일기예보의 발달

우리가 미래를 계획하기 위해서 일기 및 기후 예보를 이용하려고 하면, 수많은 상이한 시간의 척도들(time-scales)을 고려해야 할 것이다. 단기간과 장기간 발달에 포함된 과정들과 이때에 작용하는 주요 영향들, 우리가 예견할 수 있는 세부적인 내용의 양과 도달할 수 있는 신뢰도는 각각의 시간의 척도가 매우 다르므로 우리의 연구 방법과 표현 방법도 반드시 달라야만 할 것이다.

최초의 일기도는 1783년의 관측 자료를 기초로 1820년에 브랜디스(H. W. Brandes)가 그린 것이다. (관측 자료를 37년 후에나 이용할 수 있었던 것이다) 1850년 전신의 발명으로 폭풍의 이동경로를 처음으로 폭풍이 예보 지역에 도달하기 전에 추적할 수 있었다. 이를 통해서 폭풍경보와 일기예보가 가능해졌다. 19세기 말에 일기예보가 현재의 수준에 거의 가까운 정확도에 이르렀지만, 1920년대와 1930년대에야 비로소 전선(前線, fronts)과 서로 다른 기단(氣團, air-masses)들의 특성을 알게 되어 과거에 이해하지 못했던 세부적인 내용이 소개되었다. 기구와 비행기를 이용하여 상층 대기를 더 많이 관측할 수 있게 된 이후, 수시간 내에 나타날 수 있는 상층풍과 구름 상태에 관한 적절한 세부 사항들을 비행을 위한 예보에 포함시킬 수 있게 되었다. 그러나 레이더로 추적될 수 있고 모든 일기 상태에서 구름 위 상층 대기의 바람과 기온 자료를 전달할 수 있는 자동전파관측기구(automatic radio-sounding apparatus, 라디오존데)가 발명되고 나서야 비로소 1940년 무렵부터 상층편서풍을 지속적으로 관측할 수 있게 되었다.

이 시점까지 일기예보는 개별 일기계의 이동경로와 발달을 일기계가 처음 나타났을 때부터 추적하여 매일 지상일기도(surface weather map)에 기입하는 것에 다소 제한되었다. 그리고 이 일기계가 어떻게 그 위에 있는 상층풍에 의해서 조절되어(예를 들어 전선 저기압의 온난역에서 지상풍과 같이) 결국 소멸되거나 다른 시스템에 흡수되는가가 확인되었다. 한 지역 위에 천천히 이동하는 고기압이 정체하면, 2～3일 동안 맑은 날씨에 대한 일기예보는, 예를 들어 건초를 만들거나 수확을 하는 데 만족할 만한 정확도로 들어맞을 수 있었다. 그 다음에 편서풍대와 이보다 조금 나중에 제트류(jet stream)가 발견된 후에 이러한 발달을 지배하는 원리와 새로운 일기계의 중심, 즉 지상 일기도상의 개별적인 이동성 저기압과 고기압이 좀더 정확하게 기술될 수 있었다. 지상 일기도는 컴퓨터로 그릴 수 있게 되었고, 1일, 2일, 3일과 수일 전에 수치일기예보(numerically calculated forecasts, numerical weather forecasts)가 가능해졌다. 이 분야에서 1930～1950년 이후로 여러 날 전에 일기 발달을 제시할 수 있는 능력이 크게 발전하였다.

장기예보

서로 다른 기간에 대한 미래의 일기 상태를 사전에 계산할 때 오차가 합산되면, 장기예보는 상이한 일기계를 분석하여 제시할 수 있는 모든 상세한 내용에서 근본적인 한계에 부딪히게 된다. 오차는 이론의 약점과 기준이 되는 최초의 일기 상태에 대한 내용의 부정확성을 통해서, 그리고 부득이하게 제한된 지점의 관측망에서의 관측을 통해서 나타난다. 더욱이 대기순환은 약 5일 내에 기존에 저장된 에너지를 소모하고, 이 에너지 저장을 지속적으로 새롭게 하는 가열 패턴(열수송)은 순환 자체를 일으키는 일기에 따르게 된다. 일반적으로 예보 오차가 2배가 되는 데 걸리는 시간은 3～8일에 달하는 것으로 나타났다. 현재 평균 약 5～10일 후의 특정한 날에 대한 일기예보도(forecast maps)는 사전에 작성된다. 그 결과 일기예보도는 점차적으로 실제로 나타나는 일기 현상과 아무런 언급할 만한 유사성도 제시하지 못하게 된다.

예를 들어 한 계절 앞을 예보하는 장기예보는 주로 한 가지 측정방법, 또는 다른 측정방법으로 그 계절의 일반적인 특성을 분석한 것에 기초한다. 이러한 특성은 상층편서풍대(극둘레소용돌이)의 기류 패턴의 배치에 따라 온난한 지상풍 및 한랭한 지상풍과 일기계가 지배적으로 조절되는 것으로 결정된다. 이를 통해서 장기간 평균으로부터 지배하고 있는 예상되는 기온의 편차와 총강수량 및 보통 예측되는 비·눈·폭풍의 빈도에 관해서 언급할 수 있다. 지형적인 특성을 통해서 대부분 결정되는 비와 눈의 뚜렷한 국지적 차이 때문에 이를 예보하는 것은 기껏해야 장기간 평균의 확률(또는 백분율의 범위)로만 표현된다. 즉, 일반적으로 한 계절 내에서 모든 기상 현상의 시간적 추이의 가장 눈에 띄는 특징들만이 이 계절을 특징짓는 체제에서의 점진적인 최고점과 그에 이어지는 약화의 형태로, 또는 이 계절 내에서의 (자주 반복되는) 일부 진동을 확인하여 정확하게 제시된다. 추측하건대 가장 성공적인 가설만을 제시하는 물리적인 조절 과정을 이해한 것을 기초로 한 통계적 방법이 특히 생산적이다. 이 메커니즘은 특정한 해의 대기순환의 계절적인 발달과 여러 해의 평균적인 계절 추이를 결정한다. 여기서 장기간 지속되는 기온 이상의 추이와 관련된 법칙성이 인식되었다. 기온 이상 자체는 해빙과 적설 분포의 상이한 발달, 화산재 베일의 형성과 태양 활동의 변화 등의 다음에 발생한다. 정확하게 인식된 물리적 과정들과 관련되지 않은 통계적 상관관계를 '맹목적'으로 사용하고, 그러한 법칙성들이 단순히 반복될 때(그리고 특별한 예보에 대해서 증거를 뒷받침하지 못할 때) 이러한 사실을 인식하지 못하여 오류를 범하게 된다. 이론 모델의 결과를 기초로 통계적 방법을 더 개발할 수 있는 가능성이 있는데, 물론 이 모델이 실제 상태의 관측에 기초한다는 전제조건하에서만 가능하다.

한 해를 일정 기간(long spell) 한 가지 특정한 일기 유형이 자주 지배하는 시기를 갖는 자연계절(natural season)로 구분해서 알아보는 것이 도움이 된다. 각 자연계절의 말경에 보통 특정한 지구의 가열 패턴에 적응한, 지배적이었던 상층편서풍의 패턴이 붕괴한다. 그리고 이것으로 특정한 날씨가 지속되는 일기가 끝난다. 고위도에서는 계절들을 서로 구분하는, 한 해 내에서의 날짜가 상당히 정확하게 고정된다. (북극권 내에서 가을에 해가 지면서 어느곳에나 나타날 수 없는 남풍을 제외하고 아무것도 결빙을 멈출 수 없다) 중위도에서는 결정적인 날짜가 매년 크게 변동하나, 소련과 유럽의 대서양 주변 지대에서는 7월 초~8월 말에 지속적인 일기 특성이 지배하는 계절이 있다는 사실이 알려져 있다. 이와 유사하게 크리스마스 또는 정월 초하루 이후의 겨울 동안 2월 중순 또는 3월의 어느 시기에 패턴이 바뀔 때까지 지속되는 특정한 일기 특성을 갖는 긴 기간이 자주 나타난다. 그 이전의 늦가을 또는 '이른 겨울' 기간은 달라서, 일반적으로 완전히 다른 일기 기간으로 특징지어진다. 적도 강우가 계절적으로 이동하는 지대 내에 있는 저위도에서는 장기간 지속되는 일기 상태가 매년 상당히 유사하다. 이러한 현상은 일반적으로 한 해의 특정한 달들에 나타나는 계절풍이 부는 시기, 그리고 우기와 건기에서 잘 알 수 있다. 그러나 이들 계절의 시작과 끝의 일자, 이러한 계절 내에서의 출현 또는 휴식기간이 없는 것은 매년 크게 편차가 날 수 있다.

세계의 (결코 모두는 아니지만) 많은 기상관측 자료에서 상대적으로 뚜렷한 경향으로 존재하는 대략 2년 주기도 어느 정도까지 유용할 수 있다. 이 주기는 많은 장소에서 여름 기온과 겨울 기온에 영향을 주고 다른 장소들에서는 강우에 가장 뚜렷한 영향을 준다. 이러한 주기는 대규모 바람 순환 패턴의 상응하는 이동 경향과 관련된다. 실제로 다소 규칙적으로 나타나는 —저위도뿐만 아니라 고위도 상의— 성층권 바람의 변화는 매년 그 시기가 크게 변하지만, 주기의 발달과 이어지는 계절에 지배하게 될 지상 일기의 발달에 대한 시그널로 작용할 수 있다. 한 가지 가설에 의하면 마찬가지로 계절 예보에 이용될 수 있는 약 5.5년의 주기가 있다. 독일의 일기예보의 선구자였던 고(故) 프란츠 바우르(Franz Baur) 교수가 이 주기를 발견하였다. 그는 1950년대에 계절 예보에 이 주기를 현명하게 사용하여 괄목할 만한 성공을 거두었다. 중위도에서 지구의 바람 순환은 (상당히 불규칙적인) 11년 태양흑점 주기의 중간 시기에, 즉 태양흑점이 최대 이후에 감소할 때와 다음 최대로 상승할 때, 최대 빈도의 편서풍이 불게 되었다. 이 중간 시기에 특히 유럽에서는 빈번하게 온화한 겨울과 (고기압성 편서풍을 통해서) 다소 건조한 여름이 나타났다. 일기예보를 하기 위해서는 이 주기의 경향을 관찰하는 것이 다시 중요하게 된다.

한 계절 이상 또는 1년 이상의 예보 기간에 대해서 이러한 경향을 어느 정도까지 이용할 수 있는가는 －이 시간의 척도에 미치는 모든 다른 가능한 영향을 충분히 고찰해서－ 현재의 지식 수준으로 적절하게 판단되지 못할 것이다. 여러 가설에 의하면 여기서 조력(潮力)이 역할을 할 수 있다. 그 이유는 조력이 대기와 지각 자체뿐만 아니라 해양과 행성들의 배열 및 이차적인 결합과 지축의 기울기의 변동(챈들러 진동)과 관련된 다른 힘에도 작용하기 때문이다. 일부 학자들은 마지막에 언급한 두 가지 인자가 극히 많은 수의 저지(blocking) 일기 상태가 있었던 1980년대의 편차가 크게 나던 해들을 지적한다는 사실을 제시하고 있다. 확실한 사실은 앞으로 여러 해 동안 지배적으로 나타날 일기발달을 예보하려는 시도에서, 특정한 세부 내용의 신뢰도가 예보 기간의 길이가 길어질수록 감소한다는 것이다. 예를 들어 특정한 10년, 또는 심지어 특정한 해, 또는 해들에 심한 가뭄의 경향 또는 특히 매우 추운 겨울이 나타날 확률을 예보하는 것이 가능해질 것이다. 그러나 이 경우에 ±1년(또는 일부 경우에는 수년)의 확률오차는 고려되어야 한다.

유사한 해들의 군집성

이 시점에서 우리는 여러 해의 서로 관련된 시간의 척도에서 작용하며, 때때로 상당히 뚜렷한, 현재까지 설명되지 않은 현상들을 다루어야 하겠다. 이들 현상은 2년과 5.5년(그리고 다른 단기간)의 변동과 중첩될 수 있다. 이것은 항시 직접적으로 이어지지는 않으나 유사한 특성을 나타내는 여러 해들의 군집성(clustering)을 의미한다. 과거의 사례 중 한 가지를 들자면, 핌불빈테르(Fimbulvinter) 전설이 있다. 매우 유사한 바람 순환 패턴과 함께 유럽에서 연이은 세 번의 혹한의 겨울의 다른 추이는 1878～1881년과 1939～1942년에 발생했다. 때때로 이 유사성은 놀라운 세부적인 내용을 보여주고 있다. 한 가지 사례는 1961년, 1962년, 1963년에 잉글랜드에서의 3회의 '스케이트를 탄 크리스마스'가 계속 출

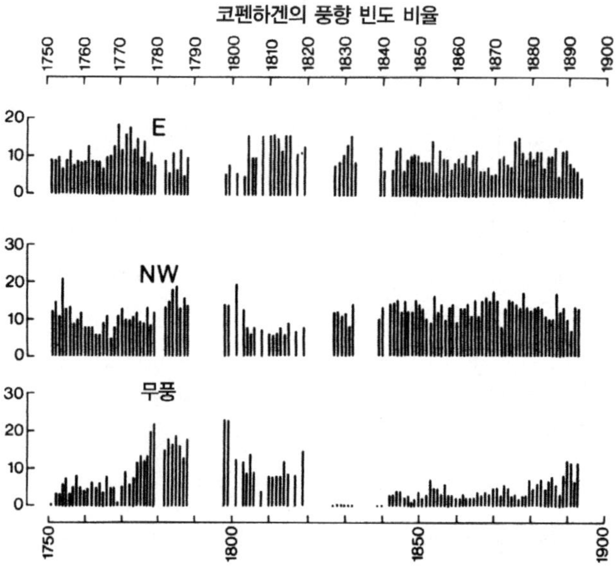

<그림 105> 1752~1893년까지 매년 덴마크의 코펜하겐에서 관측된 동풍, 북서풍, 무풍의 빈도(이러한 변동은 유사한 특성을 가진 해들이 그룹 또는 무리로 나타나게 되는 것을 보여준다).

현한 것이다. 이 경우에는 바로 12월 25일 또는 며칠 전에 시작되어 강력한 북유럽의 고기압과 바로 유럽 평야 위를 부는 동풍으로 인하여 매우 강력하게 얼음이 얼었다. 잉글랜드 남부에서 이보다 약하게 12월 25~28일 사이에 스케이트를 타기에 충분히 눈이 많았던 일기 또는 건조한 결빙 일기가 1964년과 1965년의 두 해에 더 계속되었다. (이러한 연속은 잉글랜드 남부에서 어떤 방법으로든 —흰 서리 또는 눈을 근거로— 20세기 초반 50년 동안에 단지 7~10번의 '눈이 내린 크리스마스'의 배경으로 보아야 할 것이다) 이와 유사한 다른 뚜렷한 군집성은 1월의 처음 5일 동안 영국제도 위에서 반복되어 빈번하게 나타난 북풍으로 1965~1971년에 나타났다. 이 5일 동안 북풍의 빈도는 30%였고, 서풍의 빈도는 10%에 불과했다. 우리가 일기도를 이용할 수 있는 다른 어느 해들(즉, 1781~1786년 사이 또는 1861년~현재까지)에도 이러한 특징이 나타나지 않았다. 이 오랜 기간에 1월의 처음 5일간의 평균으로 편서풍은 32%였고 북풍은 7%였다. 1921~1932년(다른 군집성)에는 편서풍의 빈도가 73%였고, 북풍의 빈도는 8%였다. 다른 군집성은 <그림 105>에 제시된 1752~1893년 코펜하겐의 동풍과 북서풍, 그리고 무풍의 장기간 연 총빈도 기록에서 볼 수 있다. 이에 대한 설명은, 추측하건대 관련된 해들에 지배적이었고, 아마도 나미아스(Namias)[1]가 1960년대에 북태평양에서 확인하고, 우리가 1690년대에 대서양 북동부에서 지적한 것(<그림 22> 참조)과 같은, 주요 해류 경계의 이상적(異常的)인 위치를 통해서 결

정된 강력한 지표 가열 패턴의 특징에 있을 것이다.

기후의 발달

미래의 일기에 관한 모든 정보에는 예보 기간에 관계없이 예보가 변할 수 있다는 단서를 달아야만 한다. 화산이 폭발하여 성층권에 많은 (아마도 오래 잔류하는) 먼지베일이 생긴다면, 다른 바람 패턴과 강수 분포를 갖는 추운 기후 체제로 예보를 바꾸어야 할 것이다. 이와 같은 단서는 근본적으로 예보 시점에 이미 성층권에 존재하는 먼지베일에 다른 화산 활동을 통해서 더 많은 화산 물질이 공급될 수 있는 경우에도 적용된다. 1~10년의 기간에 대한 예보의 경우에는 이러한 단서가 특히 더 필요하게 되는데, 그 이유는 전체 (또는 상당 부분의) 예보 기간이 하나의 큰 화산폭발로 발생하는 먼지베일의 영향을 받을 수 있기 때문이다. 그러나 실제로 모든 더 긴 기간에 대해서 주의를 해야 하는데, 그 이유는 과거에 알려진 것과 같은 화산폭발의 빈도 변화가 전체 예상을 뒤엎을 수 있기 때문이다. 화산재 베일이 나타나면 그 영향으로 일반적으로 한랭화가 뒤따를 것이다.

더 장기간의 척도를 고찰하려면 인간에 기인하지 않는 자연적인 기후변동을 먼저 고려하는 것이 편리하다.

주기적 발달

우선 이미 언급한 기간보다 더 오랜 기간에 일어나는 일부 추측되는 장기간의 주기적 변동을 다루도록 하겠다. 이 모든 경우에 있어서 지구 바람 패턴의 근본 원인뿐만 아니라 이들의 개략적인 작용 메커니즘도 아직 적절하게 알려져 있지 않다. 이러한 상황을 이해하고 있어야 비로소 현재의 진동 순환의 발달을 지속적으로 추적할 수 있을 것이다. 그렇지만 대략 20~30년 간격으로 미국 중서부에서 재발하는 가뭄과 같은 변동은 그들의 활동이 취약한 지역의 사람들(이 경우에는 농부들)이 주의를 하게 하고 아마도 대비책도 세우게 했다. 잉글랜드 중부의 기온 기록(<그림 27> 참조)은 대부분의 계절에 대해서 세계의 다른 자료들에서도 나타나고 있고 모든 두 번째의 태양흑점 주기로 일어날 수 있는, 같은

---

1) J. Namias, "Seasonal interactions between the North Pacific Ocean and the atmosphere during the 1960s," *Monthly Weather Review*, Washington, D.C., vol.97, no.3, 1969, pp.173-192.

시간의 척도에서 발생하는 경향이 있는 변동을 보여주고 있다. 이 주기는 대기의 자연적인 '반응(resonance)' 기간에 영향을 준다. 이러한 주기성은 저지 출현의 변동, 특히 그린란드-아이슬란드-스칸디나비아 지역의 고위도 고기압 출현의 변동의 한 가지 요소로 간주된다. 그러나 이러한 현상은 아마도 대략 50년의 주기성을 포함하는 장기간의 변동도 제시한다. 이에 대한 단서는 유럽에서 지난 900년 동안의 많은 역사 기록에서 계절의 일기와 관련된 내용에서 나타나고 있다. 북유럽과 중유럽에서는 대부분 세기들의 30년대와 80년대에 다른 10년들보다 더 빈번하게 고기압 일기 상태가 나타났다. 위도 50°N 부근에서 이와 관련된 높은 빈도의 동풍, 무풍 또는 미풍은 그와 같은 시기에 온난한 여름과 한랭한 겨울이 있는 중유럽과 서유럽 기후의 '대륙성' 경향을 나타냈다. 그렇지만 이와 같은 경향은 거의 20년 길이의 모든 다른 진동의 영향과 상충되었다.

이와 같은 사실은 우리에게 거의 100년의 길이를 갖는 주기적 경향이 있다는 사실에 대한 증거를 제시하고 있다.[2] 군집 현상(clustering phenomenon)의 경우에서와 같이 이러한 증거의 일부는 매우 정확하다. <표 8>, <표 9>, <표 10>의 자료는 이와 관련된 내용을 제시한 것이다. 우리가 —개략적인 형태이기는 하지만— 서기 3세기 이후부터 제시하고 있는, 또는 기온 기록을 이용할 수 있는 지난 320년만 고찰한다면, 우리는 혹한의 겨울이 다른 10년들보다 매 세기의 40년대와 60년대에서 90년대까지 더 빈번하게 출현한 것을 확인하게 된다.[3] 60년대와 90년대에 한랭한 겨울이 연달아 나타난 것이 흥미 있고, 95로 끝나는 해 또는 그 주변 해들의 예외적인 기록도 흥미롭다.[4] 온화한 겨울의 표본이 겨울 기온이 보통 3월에 기대되는 기온과 같은 극심한 경우에 제한되지만, 1734년, 1834년과

---

2) 거의 100년 길이의 주기성은 지난 500년 동안의 중국의 강우 분석과 가뭄 연구, 그리고 일본의 나이테 연구를 통해서, 또 잉글랜드 중부의 기온과 북아메리카 동부의 짧은 기록으로 나타나고, 대서양 해안에 영향을 준 저기압의 빈도로 나타난다.

1838년 초에 (해안 부근에서조차 1.3m 깊이까지의 토양 속의) 강한 동결과 해안의 얼음을 보고하고 있는 노르웨이 남서부 예렌(Jaeren)에 있는 농장의 일기는 (1709년에도 이와 유사한 혹심한 겨울이 나타났지만) 거의 100년 전 1740년의 마지막으로 비교할 수 있는 사실을 주목하게 한다. 그럼에도 이 모든 경우에 기록들은 장기간 지속성, 또는 이와 같은 길이의 주기성의 실체를 증명하기에는 너무 짧다.

3) 다른 유럽의 기록들, 특히 피스터(Pfister)가 분석한 상세한 스위스의 기록(특히 눈) 및 잉글랜드의 기온 자료, 스코틀랜드의 눈이 많았던 겨울들과 덴마크 근해의 얼음에 관한 보고들을 분석한 것은, 적어도 16세기부터 그 이후로 80년대들은 우리가 <표 8>에 열거한 이스턴(Easton)의 혹한의 겨울 분류에서 다소 낮게 나타났다. (<표 9>의 윗줄과 아랫줄 비교) 다른 기록들이 이용된다면, 적어도 1684년과 1685년은 포함되어야 할 것이다. 1584년, 1586년과 1587년도 실제로 마찬가지로 고려되어야 할 것이다.

4) 신뢰할 만한 보고에 의하면 1496년이 <표 8>에 제시된 바와 같이 이 전후 관계에 추가되어야 하는 증거가 있다. 각주 3)에서 소개한 경우들이 당연히 중요성을 갖는다면, 84나 그와 유사한 숫자로 끝나는 해의 기록도 거의 마찬가지로 언급될 만하다. 불완전한 자료조차도 1486년이 이 전후 관계에 추가되어야 한다는 사실을 제시하고 있다.

<표 8> C. 이스턴(Easton, *Les hivers dans l'Europe occidentale*, Leyden, Brill, 1928)[b]이 편집한 서유럽에서 매 세기에 가장 추운 겨울들[a]

세기	3	4	5	6	7	8	9	10	11	12	13	14	15	16	17	18	19	20
			401(21)								1205(10) 1210(10)	1303(21) 1306(10)	1408(4)		1608(4)	1709(4)		
			411(10)					913(10)			1217(21) 1219(17)	1316(17)		1511(21) 1514(10)		1716(21)		1917(1.5)
							822(10)	928(21)		1125(10)	1225(10)		1423(10)		1621(10)		1830(4)	1929(1.7)
			432(21)					940(21)	1033(21)		1236(10)		1432(17) 1435(5)			1740(8)	1838(20)	1940(1.5)
				545(21)			845(21)		1044(21)	1143(21) 1150(10)			1443(17)	1544(21) 1546(21)			1845(20)	1947(1.1)
		359(10)		554(10)		760(21)	856(21) 860(10)						1458(17)		1656(17) 1658(10)			
			462(10)	566(21)		764(10)			1068(21)		1270(10)	1363(21) 1364(10)	1465(21)	1565(4) 1569(17)	1667(21)			1963(-0.3)
							874(21)	975(21)	1074(10) 1077(10)	1179(21)				1571(10) 1573(17)	1672(21) 1677(21)		1871(19) 1880(12)	1979(14)
							881(21)						1481(17)	1587(21)	1684(17)	1784(11) 1789(10)		
	296(10)			593(21)	695(10)							1394(21) 1399(21)		1591(21) 1595(10)	1695(21)	1795(11) 1799(21)	1891(8) 1895(16)	

주: a. 겨울들은 1월인 해에 따라 번호를 붙였다. 표에서 이른 세기에 기재된 내용이 드문 것은 물론 정보가 부족하기 때문이다.
b. 사본에서 기술된 내용으로 유도된 이스턴(Easton)의 기온 추정은 기온 수준이 상승한 그의 지표(괄호)와 일치하여 가장 온화한 겨울이 80 이상의 단위로 기입되었다. 20세기에 대해서는 이스턴의 지수가 없기 때문에 그 대신에 12월, 1월, 2월의 평균으로 잉글랜드 중부의 기온이 제시되었다.

1935년의 전후관계는 이러한 현상으로 이들 해의 거의 1/2(그리고 1634년과 1648년도 이 표에 추가되어야 한다고 가정할 만한 이유가 있다)에 대한 이유를 설명하고 있다. 이와 같이 연달아 나타나는 일은 여름에는 덜 뚜렷하지만, 15～17, 27～31과 56～63으로 끝나는 많은 해들은 잉글랜드에서 매우 습윤한 여름의 58% 이상을 포함하고 있다. 그럼에도 불구하고 일부 이와 반대되는 현상들(1718년 여름에는 20세기 평균 강우량의 56%에 불과했고, 1818년은 37%, 1921년은 57%에 달했다)이 이들 연대 바로 부근에서 발생했다. 이미 위에서 제시한 바와 같이 중위도에 한랭한 겨울을 가져오는 '저지' 경향은 고기압의 위치가 매년 조금만 이동해도 매우 추운 겨울들이 있던 다음 해에 극히 온화한 다른 겨울이 발생하게 할 수 있다. 따라서 이 기록을 예보에 이용하는 것은 위험하다.

여기서 고찰한 주기적 경향들—특히 2 또는 2.2년, 대체로 5.5년, 20～23년, 50년, 100년의 주기와 200년과 같은 더 오랜 기간을 포함하는 다른 주기—은 세계의 대부분 지역에서 상이한 일련의 관측 자료들로 나타나고 있다. 따라서 이들은 추측하건대 (이들을 일으키는 외적 영향들과 무관하게) 바람 순환과 해양순환의 전 세계적인 특정한 발달을 나타내는 것이다. 그렇지만 이들은 대체로 관측 자료에서 적당한 진폭(amplitude)을 갖고 있고, (이들이 이와 같은 것으로 인식되는 경우에) 적은 부분의 변동성만을 설명하고 있다. 더욱이 이러한 주기적 경향이 특정한 해에 대한 지침으로서 이용될 수 없다는 사실(특히 반대되는 극심한 현상이 나타날 수 있을 때)이 대부분의 기상학자들이 이들의 가능한 가치를 예보 도구로서 낮게 평가하게 하고 있다. 이러한 입장은 알려진 물리적 기초가 없이 '수치로 왜곡하는 것'에 대한 매우 분명한 경고가 된다. 이들 현상을 성공적으로 다루기 위해서는 이들의 물리적 원인을 증명하고, 현재의 발달 주기에서 위상(phase)의 발달을 관측(그리고 정확하게 해석)할 수 있는 능력이 필요하다. 많은 시기와 많은 장소의 기후발달 과정에서 이러한 주기적 요소들의 일부가 (예를 들어 농부에게) 매우 중요할 수 있다는 사실을 인정하지 않을 수 없다. 그러므로 예측 상황을 개선하기 위해서는 확실히 지속적으로 노력해야 할 것이다.

자연 기후의 예보

자연 기후의 개략적인 추이에 관해서 지금까지 널리 인정되고 있는 예보는 부분적으로 이와 같은 기초에 근거한다. 1974년에 미국 국립과학재단(National Science Foundation)의 한 특별위원회는 <표 11>에 요약된 자료를 분석하였다. 이 결과는 자연 기후가 현재 매 10년당 평균 약 0.15℃의 비율로 냉각되고 있다고 제시하였다. 이 분석을 기초로 해서 대략 2015년까지 순 냉각률이 0℃까지 하강할 것으로 예상된다. 그에 이어서 20～30년

<표 9> 각 세기의 매 10년에 나타난 서유럽에서 가장 추운 겨울의 수(평균).

10년	00~09	10~19	20~29	30~39	40~49	50~59	60~69	70~79	80~89	90~99
<표 8>에서 이스턴 지수 22 이하인 겨울의 백분율	7.6	10.9	7.6	7.6	13.0	7.6	14.1	12.0	7.6	12.0
1659년 이후 잉글랜드 중부에서(월평균 기온 0℃ 이하) 평균 결빙 개월 수	0.3	0.7	0.7	0.7	1.3	0.7	1.2	1.5	1.5	2.7

동안 약간 온난해지고, 그 최고 비율은 서기 2030년경에 매 10년당 0.08℃가 될 것이다. 그 후에 기온이 한 세기 뒤에 다시 하강할 때까지 거의 변하지 않을 것이다. 여기서 고려된 약 100년, 200년, 2,000년 기간(또는 일부 학자들이 이야기하고 있는 250년과 2,500년) 동안의 변동은, 일부 조력의 변동도 포함될 수 있지만, 아마도 일반적으로 태양에 그 원인이 있는 것으로 생각된다. 약 200년 기간의 주기적 변동은 마찬가지로 (지구 전체의) 화산 활동에 관한 보고에서도 언급되고 있다. 이것이 사실이라면, 이것은 기후변동에 대해서도 기여할 것이고, 아마도 예보 문제에 도움이 될 수 있을 것이다.

여기서 고찰되는 가장 긴 변동 기간에서는 예보를 더 이상 전적으로 통계적 설명에 제한할 필요가 없다. 기온변화의 진폭은 더 크고 −다른 천문학적 변화와 같이− 어느 정도 정확하게 예보할 수 있는, 잘 이해되고 있는 지구궤도 변수들(Earth's orbital arrangements)의 변화에 기초한다. 서로 다른 계절에 지구를 가열하는 데 이용될 수 있는 이와 관련된 복사량의 변화는 유사한 방법으로 계산될 수 있다. 그럼에도 불구하고 기온(그리고 그를 통해서 나타나는 바람 순환과 비와 눈의 분포의 변화)에 미치는 영향은 아마도 눈과 얼음으로 덮인 면적이 증가하여 나타나는 반사율로 커질 것이다. 그리고 이와 같은 변화는 때로 −아마도 화산 활동과 이를 통해서 생성되는 먼지베일로− 크게 강화된다. 뉴질랜드 와이카토 대학교(University of Waikato)의 윌슨(A. T. Wilson) 교수는 각각의 온난한 간빙기의 말에 거대한 남극대륙 빙하의 잔재가 불안정해지는 경향이 있다는 가설을 주장했다. 윌슨에 의하면 기반암이 해수면보다 매우 낮은 서남극−태평양에 면해 있는 대륙 부분−을 덮고 있는 전체 빙하 돔(그리고 아마도 이보다 좀더 큰 동남극의 빙하 돔 역시)은 기저부에서의 융해 과정을 통해서 주변의 바다로 미끌어져 들어간다. 그 결과로 부빙대(浮氷帶)가 넓어져서 남반구 전체의 기후와 결국 전 세계의 해양이 냉각된다. 따라서 기후가 더 급격하게 발달하는 규모와 시점은 대기권에 화산재가 들어가고 아마도 남극대륙의 빙하가 이동하는 것과 같이 무작위로 영향을 받을 수 있다. 이것은 다른 빙기가 발생하는 시점에 관한 상세한 내용이 그 이전 간빙기의 말기와 통계적으로만 비교될 수 있다는 것을 의미한다.

벨기에 루뱅카톨릭 대학교(Catholic University of Louvain-la-Neuve) 천문·지구물리학 연구

소(Institute of Astronomy and Geophysics)의 베르거(A. Berger) 교수는 지구궤도 변동에 관해서 지금까지 가장 정확한 계산을 하였다. 이 계산은 1,000년 간격으로 매년 각 달에 적용되며, 지난 100만 년 이상 소급되고 미래로 6만 년까지 적용된다. 베르거는 또한 이들 변동과 과거의 기후가 빙기 및 간빙기의 규모에 미친 영향 사이의 증명할 수 있는 (통계적으로 유의한) 관계를 제시할 수 있었다. 이 결과는 상이한 위도대에서 매년 각 달의 복사량 변화가 기후에 미치는 영향의 중요성을 연구한 뉴욕의 라몬트-도허티 지질관측소(Lamont-Doherty Geological Observatory)의 쿠클라(G. Kukla) 박사와의 공동 연구에 기초한다.[5] 복사수지 변동과 기후에 미치는 영향 사이의 관계를 조사하기 위해서 두 가지 서로 다른 모델들이 이용되었다. 한 모델에서는 온난한 기후 시기와 한랭한 기후 시기가 출현하는 것이 별도로 조사되었다. 다른 모델에서는 3,000년 전의 기후 상태로부터의 지속적인 영향을 포함하는 폐쇄된 체제의 통합된 표현을 다루었다. 이 두 모델의 결과는 잘 일치하여 (심해저 시추 코어의 산소 동위원소 변동으로 알려진) 과거 기후변동의 그와 같은 높은 비율(한 경우에 87%)이 설명되어 —베르거의 표현으로— 이를 통해서 "미래의 자연 기후를 예보할 수 있다." 이 결과는 <그림 106>의 오른쪽 부분에서 볼 수 있다. 가장 중요한 내용은 다음과 같다.

① 인간이 기후에 미치는 영향에 기인하는 반대 효과가 나타나지 않는 한, 다음 빙기로 기온이 하강하는 것은 다음 1,000년대에 강화될 것이다.

② 한층 더 추운 빙기 기후의 최초의 절정은 현재부터 3,000~7,000년 후에야 비로소 나타날 것이다.

③ 약 1만 5,000년 후에 절정기를 가지면서 회복되지만, 현재의 기후와 유사한 온난한 기후로의 회귀는 약 6만 년 후 완전한 빙기 전성기 이후에야 비로소 나타날 것이다. 사용된 모델들 중 하나에 의하면 빙기 기후를 가지는 기간으로 11만 4,000년이 예측된다.

우리 미래의 수천 년의 기후발달에 대해서 여기서 소개한 개관은 미래를 예견할 수 있는 우리 능력의 가장 확실한 일부로 간주되는데, 그 이유는 이 내용의 기초가 자연적인

---

5) A. Berger, "The Milankovitch astronomical theory of paleoclimates—a modern review," *Vistas in Astronomy*, vol.24, Oxford, Pergamon Press, 1980, pp.103-122.; A. Berger. J. Guiot and G. Kukla, "Milankovitch theory of climatic changes—the monthly insolation approach"와 G. Kukla and A. Berger, "The astronomic climate index"도 참조. 이 두 논문은 1979년 10월 9~11일에 Belgrade의 the Serbian Academy of Sciences and Arts가 개최한 the International Scientific Assembly, 'The Life and Work of Milutin Milankovič'에 발간되었다.

<표 10> 잉글랜드 중부에서 가장 온화한 겨울[a](12월, 1월, 2월의 평균 기온이 6℃ 이상)과 잉글랜드와 웨일스에서 가장 습윤한 여름(6월, 7월, 8월의 총강수량이 1916～1950년 평균의 140% 이상)

1659년 이후 6℃ 이상의 온화한 겨울[a]					1697년 이후 평균 강수량의 140% 이상이 되는 여름(런던의 큐의 1697～1726년 기록)		
세기	17세기	18세기	19세기	20세기	18세기	19세기	20세기
							1912(186)
					1715(194)	1817(149)	1917(138)
					1729(169)	1828(148)	1927(155)
						1829(168)	1931(147)
		1734	1834	1935			
						1839(148)	
						1848(157)	1946(138)
						1852(166)	
					1758(143)		1956(145)
						1860(169)	1958(147)
					1763(181)		
			1869		1768(164)		
						1872(140)	
				1975	1775(144)	1879(186)	
	1686					1882(141)	
		1796			1797(140)		

주: a. 1월에 나타난 해의 연도.

<표 11> 주요 자연 기후변동의 추정된 특성[a]

변동의 특성 주기 길이(년)	지배적이었던 기온의 추정된 범위(℃)	지난 온난 전성기의 시기(년 전)	주기의 현 단계	10년당 기온 변화율(℃)	
				가장 빠른 단계	1970년대경
100,000	8.0	10,000	매우 높음	0.0025	-0.0015
20,000	3.0	800	높음	0.0045	-0.003
2,000	2.0	1,750	보통	0.025	+0.024
200	0.5	75[b]	높음	0.075	-0.053
100	0.5	35[c]	보통	0.13	-0.121

주: a. 출전: Report of the Ad Hoc Panel on the Present Interglacial, Washington, D.C., National Science Foundation, 1974, 22pp.에 제시된 수치. 이 수치들은 북반구 중위도와 관련된다.
b. 1900년경.
c. 1940년경.
1970년대의 예측된 결과: 매 10년당 약 0.15℃ 냉각.

추이, 즉 낮과 밤 및 계절변화와 유사한 특성이 있기 때문이다.

이 결과로 약 12만～12만 5,000년 전의 절정기 후 마지막 온난한 간빙기 말기의 연구에 부여되는 중요성이 설명된다. <그림 34>에 제시된 그린란드 북서부의 상세한 곡선은 <그림 106>에 제시된 것과 같은 과거 기록보다 12만 년 전~9만 년 전 사이에 그 변화가 덜 격렬하다. 그럼에도 불구하고 마지막 간빙기의 절정기 후에 5,000~8,000년에 나타난 몇 가지 양상은 오늘날 경종을 울리는 일련의 결과를 보일 수는 있다. 이 내용은 우리가 세계의 다른 지역들에서 나온 증거를 연구하도록 하는데, 그 이유는 이와 같이 비교하는 대비가 일반적으로 <그림 106>에서 본 것보다 언급한 시기에 대한 더 정확한 특징을 제공하고 있기 때문이다.

우리가 관심을 갖고 있는 기간에 대한 가장 상세한 기록은 루뱅카톨릭 대학교의 보일라드(Geneviève Woillard)가 조사한 프랑스 북동부 보주(Vosges) 산맥의 그랑 필르(Grand Pile)에 있는 이탄지의 화분 기록이다.6) 이것은 지금까지 마지막 빙기와 14만 년 전까지의 그 이전 간빙기(과거 후빙기의 식생 유형이 존재했던 시기)까지 소급되는 세계에서 가장 긴 연속적인 화분 기록이다. 약 12만 5,000년 전의 1만 1,000년 동안에만 주변 식생의 화분이 현재까지의 후빙기 기후와 같은 온난한 기후를 보여주고 있다. 그 다음에 다른 지역들에서 조사된 다른 간빙기의 온대 시기(temperate stage) 말에 일련의 식생 유형의 급격한 변화가 뒤따랐다. 그랑 필르에서 가장 상세하게 관측될 수 있는 간빙기의 가장 온난했던 시기 말에 일어난 이러한 변화에 따라서7) 다음과 같은 사실이 확인된다. 오리나무류, 회양목, 서어나무류와 참나무속이 혼합된 온대 전나무-가문비나무 숲에서 소나무류, 자작나무류, 가문비나무류가 지배하는 오늘날의 스칸디나비아와 같은 전형적인 아한대수림(boreal forest)으로 변화하는 데 불과 약 150년이 걸렸다. (이 추정에서 오차 한계는 각 방향으로 75년을 넘지 않는 것으로 생각된다) 아마도 3회의 매우 급격한 점이단계가 있었을 것이다. 첫 번째 단계는 모든 활엽수의 쇠퇴와 존재했던 전나무속의 급격한 쇠퇴를 통해서 가장 뚜렷하게 특징지어졌다. 가장 급격한 변화는 20년 내에 남아 있던 전나무속과 활엽수들이 실제로 사라진 150년 후에 일어났다. 전문가들은 전나무속이 처음 크게 쇠퇴한 것은 (1976년의 경우와 매우 유사한 효과를 가진) 매우 덥고 건조한 여름에 기인한다고 주장하고 있다. 그러나 점이 과정의 대부분의 세부적인 내용은 기후의 순 한랭화를 지적하고 있다.

---

6) G. Woillard, "Abrupt end of the last interglacial in north-east France," *Nature*, vol.281, no.5732, London, 18 October 1979, pp.558-562.

7) 1,000개의 화분 입자들이 확인되어 1mm의 간격에서 1/4mm의 단면에서 대표되는 종들을 세었다. 이 간격은 6년에 상응한다. 이 시간 척도는 이탄지에서 추출한 시추 코어 길이의 주요 특징의 연대측정에 종속되고, 불변한 퇴적률을 전제로 한다. 퇴적이 평균적으로 실제로 불변했다고 하는 가정은 확실히 비현실적이나, 이것이 여기서 조사되는 변화의 급격성을 처음으로 추정할 수 있게 해준다. 다른 신뢰도는 -추측하건대 과거 호상 퇴적층의 연층에 있는- 엽층리(葉層理, lamination)를 연구하여 같은 이탄지의 서로 다른 지점에서 구할 수 있을 것이다. 지속적으로 퇴적이 이루어졌고 그때 이후 불변하였다.

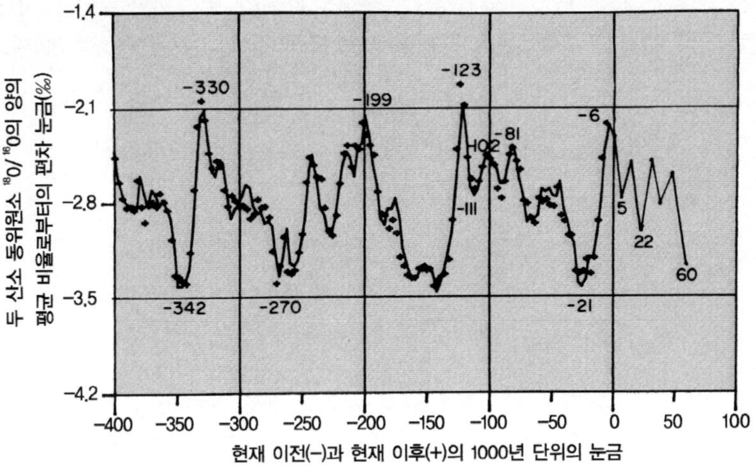

〈그림 106〉 지구궤도 요소들을 근거로 한 과거 40만 년의 장기간 기후변동과 미래 6만 년에 대한 계산(즉, 세계의 기온변동). +표는 과거와 관련된 곡선의 일부가 심해저 시추 코어의 산소 동위원소 측정과 어느 정도 일치하는가를 보여준다. 수치는 곡선에서 주요 시점의 자료를 현재로부터 과거와 미래의 연대로 1,000년 단위로 제시한 것이다(*Vistas in Astronomy,* 1980에 게재된 Berger 교수의 논문에서 전재하였음).

(아마도 현재 유럽과 북아메리카의 느릅나무류의 질병은 이와 유사한 발달에 기인한다) 지금까지 정확한 시점을 밝힐 수는 없었지만, 이러한 변화는 조사된 모든 후빙기의 상응하는 단계에 대해서 전형적인 것으로 주장되고 있다. 보일라드 박사가 경고하는 바와 같이 우리는 이미 오늘날 이에 상응하는 식생 변화의 초기 단계에 살고 있지만, 단지 광범위한 인공적인 삼림 관리 때문에 그것을 인식하지 못하고 있는 것일지도 모른다.

기후를 연구하고 있는 기상학자들은 다음 빙기 발달을 예보하는 데 통계적인 방법을 최상의 가능성으로 간주하고 있다. 학자들이 지구궤도 요소의 변동 또는 무작위한 화산 활동의 변동을 추측되는 원인으로 적용시키는 것과 무관하게, 그들은 다음 100년 내에 빙기가 시작될 확률을 1~2%로 추정하고 있고, 무시할 수 있는 위험으로 간주하고 있다. 그렇지만 중위도에서 참나무 숲 기후에서 자작나무와 소나무 숲 기후로의 변화는 훨씬 빠르게 일어날 수 있을 것이다. 과거 온난한 간빙기의 교훈은 예상되는 변화가 여러 급격한 단계로 일어나고, 그 시작은 곧 닥쳐올 수 있다는 사실을 추측하게 한다. 충분히 설명되지 않은 200년, 그리고 2,000~2,500년 주기를 갖는 경향에 지나친 비중을 둔 어느 특정한 예보는, 자작나무 숲과 소나무 숲 상태로의 변화가 대략 서기 3300~4300년 사이의 시기에 일어날 것으로 예상하였다. 그리고 이와 같은 가설은 이 분야에서 연구하고 있는 국제적으로 인정받는 학자에 의해서 실제로 주장된 것이다. 그러나 만약 우리가 소빙기로부터 지난 100년 동안의 기후회복이 인간이 대기 중으로 이산화탄소를 방출한 것에 기인한다는 견해를 가진다면, 변화되지 않은 자연 기후가 이미 이와 같은 점이단계 직전에 있다는 것이 사실일 것이다. 이와 같은 통계적 추정이 물리적인 기초에 근거한다면, 이것으로 다음 20~200년 내에 일어나는 소나무 숲 상태로의 자연 기후의 (뚜렷한?) 한랭화의 확률은 10% 또는 그 이상에 달할 것이다.

인간 활동과 정치적 결정이 미칠 수 있는 영향

우리가 이와 같은 지식 수준으로 현재와 미래의 자연 기후의 경향에 대하여 유용한 설명을 할 수 있는 가능성을 개관한 후에 인간 활동이 어느 정도까지 이와 같은 예상을 변화시킬 수 있는가를 고려해야만 할 것이다. 이 일은 자연 기후를 예보하는 것보다 어려운데, 그 이유는 인간이 무엇을 할 것인가를 예측해야 하기 때문이다. 우리는 여기서 인간이 이 지구를 방사능 낙진(落塵)으로 살 수 없는 곳으로 만드는 자살 행위를 자제할 것이라고 가정해보자. 이미 과거 역사에서와 같이 개별 그룹 또는 국가에 기후 때문에 발생한 어려움과 토지이용의 변화(특히 식량 자원의 변화)에 대한 책임을 전가시킬 수는 없을 것이다. 오늘날의 직접적인 정치적 분쟁은 별개로 하고도 사라져가는 자원을 확보하려는 치열한 경쟁 역시 예측할 수 있을 것이다. 인류는 의심할 여지 없이 계속 지구에 거주하고, 다음 빙기 동안, 더욱이 지난 빙기에 살아남았던 우리의 원시적인 선조보다 더 잘 생존할 수 있는 능력이 있을 것이다. 그렇지만 우리는 적어도 마찬가지로 수확량이 풍부한 작물지대와 극 방향으로 이동한 사막이 있는 좀더 온난한 지구에 적응할 수 있어야 할 것이다. 그러나 ―오늘날 놀랍게도 전 세계에서 기본 가정인― 불변하거나 심지어 지속적으로 상승하는 생활 수준에 도달할 수 있다는, 성취될 수 없는 희망에 대한 아무런 보장이 없다.

특별한 이야기는 아니지만 보통 우리는 아래에서 다음과 같은 일반적인 가정을 언급하고 있다. 지금까지 이산화탄소의 증가가 미치는 영향은 뚜렷하게 증명되고 있지 못한데, 그 이유는 예상되는 온난화가 반대 방향으로 작용하는 자연 기후의 경향으로 상쇄되었기 때문이다.[8] 기후 모델링을 활발하게 연구하고 있는 대부분의 기후학자들은 오늘날 국제질서가 순응하고 있는 기존의 자연 기후 체제의 안정성에 대한 가장 큰 위협이 이산화탄소의 지속적인 증가로 예상되는 ―아마도 불편하게 큰― 온난화라는 사실에 동의하고 있다. 우리가 앞 장에서 본 바와 같이 이것은 복사 수지에 유사한 작용을 하는 다른 오염물질들을 통해서 50%까지 강화될 수 있을 것이다.

---

8) 16장 각주 29)(386쪽)에서 기술된 슈나이더(Schneider)와 마스(Mass)의 연구는 실제로 이러한 가정이 정당할 수 있다는 사실을 암시하고 있다.

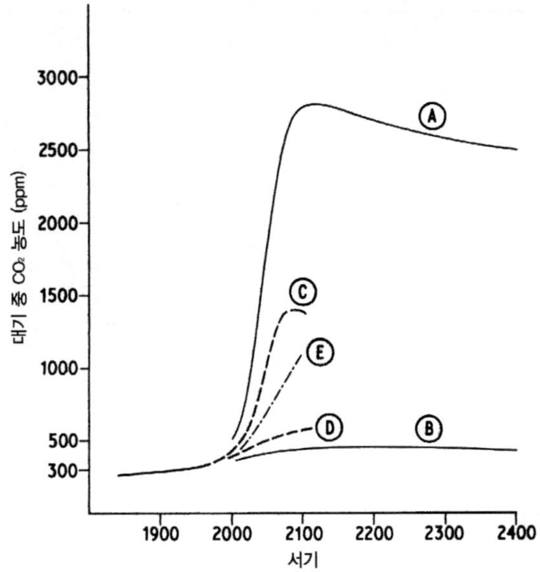

〈그림 107〉 미래의 대기 중 이산화탄소(CO_2) 비율을 고려한 상이한 기대치를 제시한 곡선들[곡선 A와 B는 Siegenthaler와 Oeschger가 *Experientia*(1980)에 발표한 논문에서 인용한 것이고, 곡선 C와 D는 J. Williams가 *Multidisciplinary Research to the Atmospheric Sciences*에 발표한 논문에서 인용하였다. 곡선 E는 F. Niehaus의 "A non-linear eight-level tandem model to calculate the future CO_2 burden to the atmosphere"(Laxenburg: International Institute for Applied Systems Analysis(IIASA), 1976)의 연구 보고에 포함된 것이다].

인공적으로 생산된 열방출이 21세기 후반 어느 시점부터 바로 지구 규모로 영향을 끼치기 시작할 수 있을 것이다. 언제 이러한 일이 발생하는가는 얼마나 많은 열이 핵연료 또는 다른 연료로부터 발생되는가에 종속된다. 이것은 확실히 대규모로 핵에너지를 이용할 때 예상되는 기후에 미치는 주요 영향이 된다. 이것은 어느 면에서 핵폐기물 자체 처리의 해결되지 않는 문제와 유사하다(이는 지구 상에서 해결책이 있을 수 없는 문제인데, 지속적으로 위험한 방사능의 반감기 동안 지금 지각의 어느 부분에서도 지진이 일어나지 않는다는 보장이 있을 수 없기 때문이다). 또한 발전을 하기 위해서 어느 입지가 선정된다고 하더라도 발전소에서 나오는 많은 양의 열방출이 기후적인 문제들을 일으킬 수 있을 것이다. 일부 연구[9]에서는 이미 세계의 여러 해양에서 핵발전으로부터 나오는 폐열을 처리하는 것이 세계의 기후 패턴에 어떤 영향을 주게 되는가 하는 점을 발견하려 노력하고 있다.

여러 대체 에너지원이 현재 논의되고 있다. 물에 직접 열로 저장시키거나 전기를 생산

9) J. Williams, "Global climatic disturbance due to large-scale energy conversion systems," in M. H. Glantz, H. Van Loon and E. Armstron(eds.), *Multidisciplinary Research Related to the Atmospheric Sciences*, Boulder, Colorado, National Center for Atmospheric Research(NCAR/ 3141-78/1), 1978.

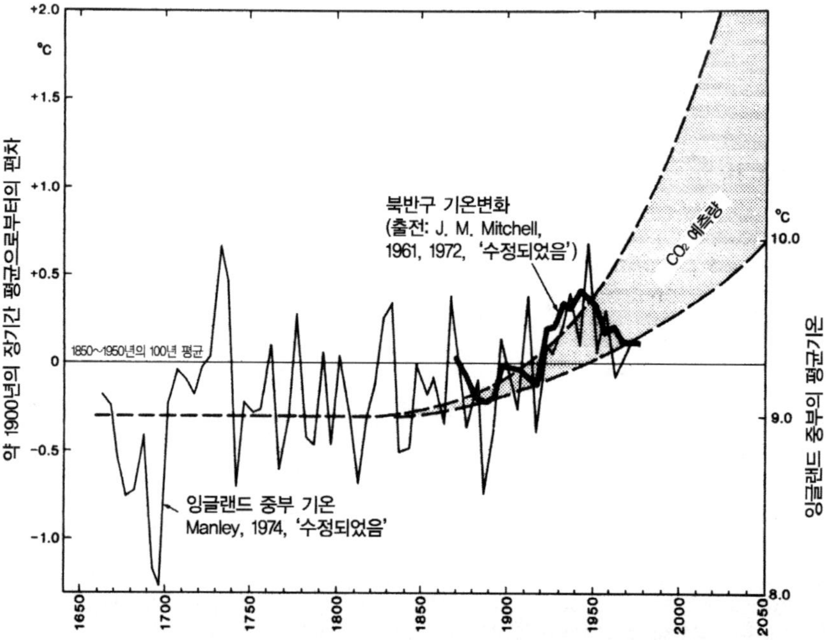

〈그림 108〉 세계의 기온. 과거의 기록과 대기 중에 이산화탄소가 증가하여 영향을 받은 예측되는 미래의 추이. 굵은 선은 1870년 이후 연속된 5년 기간에 북반구에 대해서 평균한 변화하는 기온 수준을 제시한 것이다(J. M. Mitchell이 "On the world-wide pattern of secular temperature change," Changes of Climate-Proceedings of the Rome Symposium 1961, Paris, UNESCO, 1963에 발표한 것을 1978년에 필자가 수정하였음). CO_2 변화가 중요해지기 전인 1660년까지 기록을 보완하기 위해서 이 책의 〈그림 27a〉에서 전재한 맨리(Manley)가 발표한 잉글랜드 중부의 연속된 5년 평균 기온을 가는 선으로 제시하였다.

하기 위해서 세계의 사막에서 대규모로 태양에너지를 흡수하고, 해양으로부터 열에너지를 끌어 쓰고, 조력을 이용하며, 목재 또는 기름을 생산하는 작물의 형태로 연료를 재배하고, 풍력을 이용하기도 한다. 이 모든 가능성에는 불편한 부작용이 따른다. 한 추정에 의하면, 전적으로 태양에너지만을 이용할 경우, -2배가 되는 것을 가정한- 예상되는 전 세계 인구의 산출된 수요를 만족시키기 위한 태양에너지를 전환시키는 데 필요한 태양열 집열판의 면적이 21세기 중반 이전에 900만 km^2 또는 지구 전체 육지 면적의 약 6%에 달할 것이라 한다. 해양으로부터 잠재 에너지를 끌어다 쓰는 것은 바다의 수온분포를 변화시키고, 바람 순환과 해양순환에 영향을 주어 기후에도 영향을 주게 되는데, 이를 통해서 대기로 이산화탄소가 방출될 것이 문제점이다. 대규모로 풍력과 조력을 이용한다는 데는 아무런 반대도 없으나, 이를 위해서는 기술이 더 발달해야만 할 것이다. 그럼에도 불구하고 이 모든 대체 에너지원은 아마도 화석연료나 핵에너지보다 선호될 것이다. 대체 에너지원을 가장 효율적으로 사용할 수 있는 개발 전략이 확실히 활발하게 조사되어야 할 것이며, 적절한 곳에 이용되어야 할 것이다. 이러한 유형의 에너지원의 대부분 경우에 실제로 이용할 수 있을 에너지의 전 세계 총비율은 상당히 작을 것이다. 그러나 어떤 경우에는 전 세계 총비율이 매우 높다. 그리고 각각의 에너지 유형에서 지형적인 특성이 이용 가능성을 크게 결정할 것이다. 이것은 수력, 풍력 또는 조력을 이용한 발전에서 가장 분명하게 나타나고 있다. 전체적으로 우리의 에너지 수요에 대해서 대체 에너지원이 기여할 수 있는 잠재력은 결코 무시될 수 없다.[10] 여러 화석연료와 다른 에너지원을 이용하는 것이 세계 기후에 미칠 영향에 대해서 우리가 어떤 대가를 수용한다고 해도, 예상되는 결과는 이러한 에너지 유형을 얼마나 더 개발하느냐에 결정적으로 좌우될 것이다.

<그림 107>은 21세기 동안 대기 중 이산화탄소 비율에 관한 가상적인 추이를 현재에 제시한 곡선의 범위이다.[11] 곡선 A는 쉽게 개발할 수 있는 지구의 모든 화석연료가 다음 200년 내에 연소될 것이라는 가정에 기초한 것이다. 그 결과로 대기 중의 CO_2 비율은 19세기에 산업혁명을 기초로 가속화된 증가 이전의 자연적인 수준의 11배 이상 증가할 것이다. 곡선 B는 다른 극심한 것으로 그 이전에 존재했던 자연적인 조건의 어떤 방법으로든 상상할 수 있는 최소한의 변화를 제시한 것이다. 이 두 번째 곡선은 미래의 에너지 생산 방법으로 이산화탄소 양이 19세기의 1.5배 이상 초과하지 않게 관리될 수 있는 것을 전제로 한다. 곡선 C와 D는 위에서 이미 인용한 바와 같이 빈(Wien) 부근의 슐로스

---

10) 이스트 앵글리아 대학의 내 동료 바인(F. J. Vine) 교수는 여러 (재생할 수 있는) 대체 에너지원의 용량을 현재 세계 에너지 소비와 관련시켜서 다음의 수치로 제시하였다. 이 수치는 800만~1,000만 메가와트(즉, 8~10×10^{12}watt) 또는 세계 40억 이상의 인구 1인당 평균 약 2,000와트의 범위에 있다.

에너지원	이론적 총용량(watt)	실현 가능한 총용량(watt)	현재까지의 생산량(watt)
조력	10^{12}	3×10^{10}	3×10^{8}
수력발전	3×10^{12}	3×10^{12}	3×10^{11}
지열(지구 내부의 열 흐름)	3×10^{13}	10^{11}	10^{9}
해양 수온경도	10^{13}	10^{11}	0
광합성	10^{13}	10^{11}	0
바람	3×10^{14}	10^{12}	미미함
태양	10^{16}	10^{13} 이상	미미함

이 자료는 1976년 2월 17일 바인 교수의 취임 강연 'Can you fuel all the people for all time?'에서 제시된 것이다.

11) 특히 U. Siegenthaler and H. Oeschger, "Prediction of future CO_2 concentrations in the atmosphere," in W. Bach et al.(eds.), "The carbon dioxide problem – an interdisciplinary survey," vol.36, pp.783-786 – fascicule 7, pp. 767-890 of Experientia, Basel, Birkhäuser Verlag, 1980. *Energy and Climate*, a monograph in the *Studies in Geophysics* series, published by the National Academy of Sciences, Washington, D.C., 1977 참조.

락센부르크(Schloss Laxenburg)에 있는 국제응용시스템분석연구소(International Institute for Applied Systems Analysis)에 재직 중인 윌리엄스(Jill Williams)와 그의 동료들의 연구에서 유래한 것이다. 곡선 C는 인공적인 에너지 생산이 계속 증가하나 곡선 A보다 약한 정도로 증가하고 핵에너지가 사용되지 않는다는 전망을 제시한 것이다. 곡선 D는 석유와 석탄의 소비를 낮은 수준으로 유지하는 '낙관적인' 에너지 전략을 제시한 것이다. 곡선 E는 곡선 B 또는 D보다 더 많은 석탄 사용을 허용한 국제원자력기구(International Atomic Energy Agency)의 니하우스(F. Niehaus)가 연구한 다른 의사결정전략의 결과를 제시한 것이다. 이 들 곡선은 대기 중의 이산화탄소의 증가를 인간에 의한 가장 경종을 울리는 자연환경 변화의 하나로 확실하게 인식시켜주고 있다. 이산화탄소의 증가가 기후에 미치는 잠재적인 영향이 극히 심각하게 고려되어야만 할 것이다.

<그림 107>의 곡선들이 실제에 가장 가까운 것으로 나타나는 것에 관한 논의는 유감스럽게도 지나치게 낙관적으로 상상하게 하고 있다. 사람들은 세계의 에너지 생산이 언젠가는 그와 같이 극적으로 자연을 변화시켜서 나타나는 위험을 감소시키려는 목표를 지향할 것이라는 희망을 갖고 있다. 다른 극단적인 경우에는 가장 쉽게 채굴할 수 있는 부존량이 이미 사용되었다면, 얼마나 빠르게 세계의 석유와 석탄 저장량이 실제로 채굴될 수 있는가 하는 문제가 나타난다.[12] 그 외에도 얼마나 빠르게 한 에너지원과 에너지 정책에서 다른 에너지원과 에너지 정책으로 전환될 수 있는가 하는 문제이다. 이와 관련하여 세계 인구가 실제로 2배가 되는가 하는 문제가 제기된다.[13] 출생률은 현재 세계의 거의 모든 국가에서 낮아지고 있다(예: 중국에서 1970년과 1975년 사이에 약 41% 감소했다). 제3세계에서 의료 서비스 능력이 개선되어 질병으로 인한 사망률이 낮아질 것으로 기대할 수 있지만, 1970년대에 많은 빈곤 국가들, 특히 인도 아대륙에서 흉작으로 인한 기아와 다른 자연재해를 통한 사망률이 증가한 것으로 보고되고 있다. 제한된 자원이 낭비되고 있다는 사실이 점차로 인식되어 가격 상승을 초래하면서 이미 에너지 성장 상황에 영향을 주기 시작했고, 점차로 에너지 수요를 줄이기 위한 전략에 관해서 생각하게 되었다. 후자는 궁극적으로 심지어 건축과 의복 습관에서까지 다시 생각하게 하여 우리는 의심할 여지없이 그에 따른 급격한 전환을 하는 데 수십 년을 필요로 한다. 현재의 소비율로 보면 서기 2200년 무렵 이후에는 화석연료가 더 이상 남아 있지 않을 것이다. 그렇지만 대기 중에 증가한 CO_2 양은 그 이후 상당 기간 우리의 자손들과 함께 남아 있을 것이다. 당연히

12) 이 부분은 Irene Smith의 논문 "Carbon dioxide and the 'greenhouse effect'," Report number ICTIS/ER 01 of the International Energy Agency's IEA Coal Research, London, 1978에서 다루어진 유용한 내용 중의 하나이다.

13) 예를 들어 C. Norman의 논문 "Will world population double?," *Nature*, vol.264, London, 4 November 1976, pp.7-8 참조.

화석연료가 고갈되기 훨씬 전에 소비를 감소시켜서 이 과정을 지연시키려는 정치적 결정을 기대하게 된다. 따라서 <그림 107>에서 제시된 미래 예측의 첫 번째 부분은 차후에 도달할 수 있는 것보다 현재의 성장률의 변화가 적을 것을 기대하는 상당히 확실한 근거에 기초하고 있다.

분명한 것은 이산화탄소에 기인한 세계 기후의 온난화가 주로 다음 세기들과 관련이 있다는 사실이다. 이 시기에 CO_2 농도는 상승하고 현재와 같은 인간의 행태에서 화석연료의 연소를 통한 배기가스 농도는 서기 2100~2600년 사이의 언젠가에 그 절정에 달할 것이다. 그 이후에 대기 중의 CO_2 비율은 수백 년 동안 느리게 감소할 것으로 기대된다. 이론 모델링에 의하면 서기 3500년에 대기 중의 CO_2 비율은 여전히 산업혁명 이전 수준보다 70% 더 높을 것이다.[14]

<그림 108>은 세계의 기온변화에 관해서 지금까지 발표된 여러 예보의 범위를 제시한 것이다. 이 기온변화는 상이하게 가정한 연료정책들로 인한 CO_2 온난화 효과에 기초한 것이다. 자연 기후의 변동들도 포함하여 예보를 전체적인 결과와 관련시켜 고찰하면, 가장 널리 인정되고 있는 잉글랜드 중부와 북반구(후자에 대해서는 1870년 이후부터만 자료를 이용할 수 있음)의 5년 평균 기온의 변동은 17세기부터 현재까지 세계 기온의 역사를 개관한다. 이것으로 CO_2 기후 가설(CO_2 climate theory)이 변화에 대한 유일한 설명으로는 충분하지 않고, 기후변동에 대한 다른 원인들 역시 중요하다는 사실이 분명해진다. 자연 기후의 변동들을 예보할 수 없는 '잡음(noise, 즉 우연한 사건들)'으로 다루는 일반적인 결정은 솔직히 만족스럽지 못하다. 자연 기후의 변동들을 예보할 수 있는 우리의 능력을 향상시키는 것을 목표로 계속 연구되어야 할 것이다. 그럼에도 기후를 연구하는 선도적인 이론 모델링 실험실의 전문가들은, 화석연료의 소비를 가장 제한하는 전략의 경우에, 세계 기온이 CO_2의 증가를 통해서 서기 2050~2010년의 기간에 1~2℃까지 상승할 것이라는 의견을 갖고 있다. 이보다 더 있음직한 발달을 근거로 하면 기온은 4~9℃까지(<그림 104> 참조) 상승할 것이다. 이들 수치는 다른 오염물질들이 공기 중에 집적되기 때문에 더 높을 수도 있다.

이러한 정도의 변화는 세계의 기온이 제3기 이후 지난 200만 년 동안 나타나지 않았던 수준에 도달하게 되는 것을 의미한다. 극의 해빙은 녹아서 사라지나, 그린란드와 남극대륙을 덮고 있는 거대한 내륙빙(內陸氷, inland ice, 대륙빙하)은 오랜 기간이 지나야 사라질 것이다. 이것은 오히려 다행스런 일인데, 그 이유는 그린란드의 빙모(氷帽)만 녹아도 전

14) C. D. Keeling and R. B. Bacastow, "Impact of industrial gases on climate," *Energy and Climate*, published in the Studies in Geophysics series by the National Academy of Sciences, Washington, D.C., 1977.

세계적으로 해면이 6~7m 상승하기 때문이다. 더욱이 남극의 내륙빙이 녹아서 추가되는 물은 –수세기 동안 지속되는 융해 과정 후에– 결국 해면을 50~100m까지 상승시킬 것이다. 그에 따라서 모든 대륙의 저지 평야들은 침수되고 세계의 거의 모든 대도시들이 물에 잠길 것이다. 분명히 이와 같이 가정된 세계 기온 수준의 변화는 또한 모든 식생대와 작물 지대를 위도 수도만큼 북쪽으로 이동시킬 것이다. 이러한 일이 다소 급격하게 일어나기 때문에 많은 나라들이 경제적으로 혼란을 겪을 것이다.

따라서 인공적인 21세기의 세계를 향한 진행의 각 단계에서 예상되는 기후가 미치게 될 영향의 지리적 분포를 연구하는 것이 긴급한 일로 요구되고 있다. 많은 설명적인 연구는 이미 수행되었다. 일부 연구에서는 기후 시스템의 이론 모델이 이용되었고, 다른 연구에서는 과거 여러 온난한 시기들의 기후 패턴이 연구되었다.[15] 이러한 '시나리오들'은 20세기 초반의 온난한 체제, 그리고 개별적인 온난한 해들의 패턴으로, 즉 일반적으로 10년 또는 20년 내에 (토론된 것을 기초로) 다시 예상되는 기온 수준으로 시작한다. 다음 시기는 북반구의 많은 지역들에서 현재보다 약 1℃ 높은 평균 기온을 갖는 중세 온난기와 유사하다. 그 다음에 추측하건대 최대한 600년 내에 후빙기의 가장 온난한 시기, 지난 간빙기의 가장 온난한 시기 및 제3기 말과 비교될 수 있는 기간들이 올 것이다. 그러므로 이러한 시기들의 기후 상태를 연구하는 것은 의미가 있다. 일반적인 결론의 내용은 다음과 같이 요약될 수 있다.

① 북극 지역 위에서는 일반적으로 세계 평균의 7배나 기온이 상승할 것으로 예상된다. CO_2의 비율이 최초로 2배가 될 때 위도 80°N 부근에서는 8~10℃까지 온난화될 거라고 가정된다.
② 기온경도 및 이의 위치의 큰 변화와 기존의 얼음 표면 경계의 큰 변화를 통해서 세계의 바람 순환과 해양순환의 패턴(과 강도)이 이동하여 변할 것이다.
③ 바람 순환과 해양순환의 변화는 강우량 및 강설량, 그리고 그 분포를 변화시킬 것이다.

예상되는 기온변화는 지속적으로 증가하고 있는 기상학 문헌에서, 특히 1979년 2월 세계기상기구(WMO)가 개최한 세계기후회의(World Climate Conference)와 그 이전 또는 이후

15) 예를 들어 H. Flohn, "A scenario of possible future climates–natural and man-made," *World Climate Conference, Geneva, February 1979*, Geneva, World Meteorological Organization, 1979, pp.243-266 참조.; 또한 "Die Zukunft unseres Klimas: Fakten und Probleme," *Promet*, 2 March 1978, pp.1-21도 참조.

에 개최된 다른 학술회의에서 널리 발표되었다. 자연 기후의 변동들 역시 미칠 수 있는 영향을 고려하여 실제적인 최종 결과(그리고 심지어 개선된 이론 모델링에서 우리의 CO_2 자체의 효과에 대한 추정)가 결코 확실하지 않은 것으로 간주될 수 있다면, 이와 같은 큰 변화들을 통해서 발생하는 불안도 당연히 정당할 것이다. 이와 같은 절박한 문제를 해결하는 데 필요한 지식을 얻기 위해서 우리에게 충분한 시간이 있는 것은 아니다. 아마도 현재 －특히 일부 급격한 변화가 요구될 수 있기 때문에－ 국가적·국제적 에너지 사용 습성과 에너지 정책의 전환을 통해서 미래의 위협을 예방하기에는 이미 너무 늦었다. 이 딜레마는 매우 어려운 일이다. 심지어 단기 일기예보들 자체의 불확실성과 전혀 다른 유형의 에너지 정책 문제와 관련된 불확실성에도 불구하고 혼란과 재해 위험의 잠재력이 매우 커서 기상학자들의 경고는 매우 심각한 문제로 수용되어야 할 것이다.

기온변화만이 심각한 것은 아니다. 강수량의 변화와 강수와 증발 사이의 수지 변화 역시 중요하다.[16] 온난한 해양에서 추가적인 수증기가 증발하기 때문에 대부분의 위도에서 강수가 증가할 것으로 기대될 수 있지만, 고위도와 아시아의 계절풍 지역에서만 일반적으로 강수량이 증가할 것으로 기대된다. 이들 지역에서는 강수량이 증가된 증발량보다 더 많을 것이다. 북반구 대륙의 대부분 지역에서 기후는 현재보다 훨씬 더 건조해질 수 있다. 저기압대가 온난화 때문에 극쪽으로 이동하여 지중해 지역의 겨울비가 전혀 내리지 않게 될 것이다. 실제로 이 위도대(35～40°N)에서 총강우량은 감소할 것이다. 다른 지역보다 이 지역에서 증발량이 좀더 증가하기 때문에 사막의 건조도가 이 지역으로 확장되는 것을 가정해야 할 것이다.

원자력발전과 이로 인한 폐열, 그리고 미래의 도시들로부터의 열복사가 지구의 기후에 영향을 미치면, 우리는 CO_2 문제로 일어나는 것과는 다른 문제를 갖게 될 것이다. 인공적인 열생산(artificial generation of heat)은 현재 －그리고 이것은 추측하건대 미래에도 항시 그럴 것인데－ 특정 지역들에만 제한된다. 전 세계적으로 보아 현재 인공적으로 생산되는 열은 지표면이 태양으로부터 흡수하는 에너지의 약 1/10,000에 불과하다. 그리고 이 양이 다음 1세기 또는 2세기 내에 －전 세계 기온이 약 1℃ 상승하는 것을 의미하는－ 0.5% 이상 증가할 것 같지는 않다. 그러나 이미 일부 대도시와 산업 지역에서 인공적인 열생산이 세계 평균의 1,000배 이상이 되고, 특정한 경우들에서는 국지적으로 태양으로부터 직접 흡수하는 평균 열량을 초과하고 있다. 미래의 수요를 충족시키기 위해서 원자력발전으로부

16) CO_2 문제의 이러한 측면에 관한 가장 유용한 연구들 중에서 W. Bach, "Impact of increasing atmospheric CO_2 concentrations on global climate－potential consequences and corrective measures," *Environment International*, vol.2, Oxford, Pergamon Press, 1979, pp.215-228와 T. M. L. Wigley, P. D. Jones and P. M. Kelly, "Scenario for a warm, high-CO_2 world," *Nature*, vol.283, London, 3 January 1980, pp.17-21을 참조할 수 있을 것이다.

터 훨씬 더 많은 양의 열이 생산될 가능성이 있기 때문에 해양에서 여러 특별히 선별된 '에너지 공원 지역들(energy park regions)'에 집중된 열흡수가 미치는 영향이 연구되었다. 이는 영국 기상청과 국제응용시스템분석연구소 사이의 공동연구로 '대순환 모델(general circulation model)'을 이용하여 이론적 연구로 수행되었다.

고려되고 있는 가능한 에너지 공원들은 ① 영국제도 바로 남서쪽, ② 동대서양 17°N 부근의 카보베르데 제도(Cabo Verde, 영어로는 Cape Verde Islands) 지역, ③ 일본의 동쪽뿐만 아니라 이들이 여러 가지로 조합된 지역들에 위치한다. 대기와 해양 사이의 상호작용을 조사하는 현재의 모델링 능력이 부족하다는 관점에서 이론 모델링 실험들에서는 ―세계 인구가 현재의 5배로 증가하고 1인당 에너지 소비가 현재 평균의 10배로 상승한 것을 유지하기 위한― 아마도 비현실적인 크기의 엄청난 열방출이 고려되고 있다. 이것은 확률 변동 이상으로 뚜렷하게 드러나는 확인할 수 있는 반응을 보장하기 위한 것이다. 어디에서, 그리고 얼마만큼의 열이 공급되고, 그중에 어느 정도의 비율이 해양에서 흡수되며, 얼마만큼이 대기로 들어가느냐에 따라서 변하는 대규모 대기순환에 미치는 영향이 있다는 사실이 발견되었다. 그러나 실제로 측정될 수 있는 방출되는 작은 열량에 대해서는 이들이 추측하건대 기후 시스템에 아무런 언급할 만한 영향도 미치지 못한다는 사실이 제시되고 있다.[17] 그러므로 이러한 관점에서 핵에너지는 전통적인 연료의 연소로부터 방출되는 이산화탄소보다 적은 어려움 또는 위험을 수반하고 있다(그러나 물론 이것은 핵폐기물의 방사능 문제와는 무관한 것이다).

요약

이 장의 결론을 내리기 위해서 우리는 전체적인 문제를 다시 한번 고찰해야 할 것이다. 한 가지 결과로서 기후 패턴의 다른 요소들의 혼란과 함께 지구온난화, 심지어 극적인 온난화의 가능성은 한랭화, 심지어 극적인 한랭화의 가능성에 대해서 균형을 이루어야만 하는데, 그 이유는 자연 기후가 같은 기간에 계속 발달하기 때문이다. 한 가지 가능성과 다른 가능성 모두 아직까지 적절하게 알려지지도 않았고, 연구되지도 않았다. 실험실에서와 이론에서 분명한 CO_2 증가 자체가 미치는 영향은 지금까지 지구 환경에 적용될 수 있는 것으로 증명되지 않았는데, 그 이유는 이미 여러 차례 언급한 해양과 대기 중의 수

17) 예를 들어 J. Williams, W. Häfele and W. Sassin, "Energy and climate―a review with emphasis on global interactions," *World Climate Conference, Geneva, February 1979*, Geneva, World Meteorological Organization, 1979, pp.267-289 참조.

증기를 통한 (필연적인) 피드백의 영향이 이론적인 결과를 크게 변화시킬 수 있기 때문이다. 전 세계적으로 증가하고 있는 대기 중의 (고체 입자로 인한) 혼탁도가 실제로 미치는 영향도 아직까지 확실하지 않은데, 그 이유는 ① 세계의 대기 중에 부유하는 입자들의 크기와 분포가 실제의 온난화 영향과 실제의 한랭화 영향 사이의 차이를 가져올 수 있고, ② 이와 관련하여 또한 구름을 형성하는 데 수증기의 응결을 촉진시키는 물질들을 통해서 복잡해질 수 있기 때문이다.[18] 모든 예보는 하여튼 화산 활동을 통해서 대기 중에 그렇게 많은 양의 에어로솔이 발생하지 않아서 강제적으로 한랭화를 일으키지 않는다는 단서하에서 하게 된다. 그러나 이러한 과정은 아마도 이미 1950년 이후에 일어났다. 따라서 무슨 일이 일어날 수 있는가 하는 경고가 진지하게 고려되어야 하고, 정치적인 결정에 지침으로 이용되어야 함에도 불구하고, 현재의 이론 모델에 기초한 확실한 예보에 대해 회의(懷疑)를 하게 되는 충분한 이유가 있다. 위험을 실제로 막으려고 한다면 상응하는 에너지 정책 결정이 매우 빠르게 이루어져야 할 것이다.

예보 분야에서 가장 신중할 뿐만 아니라 가장 지식이 풍부한 기상학자 중의 한 사람으로 존경받고 있는 미국 기상청의 미첼(J. Murray Mitchell) 박사는 지난 10년이 넘는 기간에 발표된 많은 논문에서 우리가 알고 있으며 당연하게 생각하고 있는 지구 기후 체제가 현재 어느 한쪽 방향으로 근본적으로 진로를 벗어나는 경향이 있는 요인들에 의해 영향을 받는다는 점을 지적하였다.[19] 한편으로 일련의 '신빙기 사건들(neoglacial events)'의 가장 마지막 현상으로 간주되는 최근 세기들의 소빙기는 이 시리즈의 과거의 현상들보다 분명하게 짧은 것으로 나타나고 있다. 소빙기는 20세기에 끝나지 않았고, 아마도 인간 활동의 부작용으로 단지 중단되었거나 숨은 것이다. 다른 한편으로 인간 활동의 영향은 추측하건대 과거보다 훨씬 더 강해졌으나, 아마도 모두 같은 방향으로 진행되지는 않았을 것이다.

이 시점에서 우리는 인간이 미래에 고의로 대기 중의 CO_2를 증가시켜서 새로운 빙기가 시작하는 것을 막거나 늦추도록 강요받고 있는 모델을 언급하겠다. 다른 한편으로는 인류가 태양복사를 차단하기 위해서 성층권에 먼지를 살포하려고 비행기를 이용하여 과도한 열생산의 효과를 상쇄시키는 것이다. 이미 1960년에 소련의 부디코(M. I. Budyko) 교수가 이에 상응하는 제안을 하였다.

---

18) G. D. Robinson, "The effluents of energy production—particulates," *Energy and Climate*, published in the Studies in Geophysics series of monographs by the National Academy of Sciences, Washington, D.C., 1977, pp.61-71 참조.

19) 예를 들어 J. M. Mitchell, "The natural breakdown of the present interglacial and its possible intervention by human activities," *Quarternary Research*, vol.2, no.3, London, Academic Press, 1972, pp.436-445와 "The changing climate," *Energy and Climate*, published in the Studies in Geophysics series of monographs by the National Academy of Sciences, Washington, D.C., 1977, pp.51-58 참조.

현재의 기후 상태를 분석하면 확실하게 기존 기후 체제의 불안정성에 대한 근본적인 이유가 드러난다. 충분한 식량을 생산하기 어려운, 인구가 조밀한 세계에서 모든 유형의 기후의 불안정성, 기후변동과 기후변화는 상황을 더 위태롭게 하고 더욱이 위협적인 대량 기아(飢餓)를 발생시킬 것이다. 그러므로 자연 기후와 이에 미치는 인간의 영향 모두의 경향을 더 잘 이해하고 예보할 수 있는 능력에 대한 할 수 있는 모든 연구를 해야만 할 것이다.

이미 과거 20년 동안 분명해진 기후 상태의 불안정성에 관한 논의는 대중들과 정치가들을 당황하게 하였는데, 그 이유는 선도적인 기상학자들과 기후학자들이 미래의 경향에 관해서 상반되는 견해를 발표했기 때문이다. 어느 정도까지 이러한 혼란은 서로 다른 시간 척도에서 작용하는 경향들을 구분하는 데 실패한 것에 기인하였다. 그렇지만 다음과 같은 현상들을 진단하는 데는 대체로 의견이 일치하였다.

① 1950년 이후 특히 북반구에서 아마도 수십 년 더 계속될 것으로 기대되는 (단기간 변동과 중첩된) 한랭화.

② 인간 활동에 기인하는 대기 중의 CO_2 - 그리고 이와 유사한 영향을 미치는 다른 오염물질들 - 의 증가에 기인하는 온난화. 이 영향은 다음 한 세기 또는 두 세기에 더욱 더 심해지고, 서기 2100년 또는 그 후에 절정에 이를 것이다.

③ 유럽과 북아메리카의 온대에서 1,000~2,000년 내에 급격한 한랭화 시기와 이를 통한 식생 특성의 변화가 기대되는 다음 빙기로의 진행.

그렇지만 이러한 경향들이 중첩되기 때문에 현재 뚜렷한 예보가 불가능하다. 따라서 우리가 이러한 변화의 최초의 시그널들을 가능한 한 빠르게 바로 인식할 수 있어야 할 것이다.

18. 우리는 무엇을 할 수 있을까?

인식과 반응

기후가 변동하고 변화한다면 우리는 무엇을 할 수 있을까? 그리고 우리는 과거로부터 무엇을 배울 수 있을까? 이러한 질문에 대한 답변은 간략하게 다음과 같다. 가장 중요한 전제조건은 우리의 상황을 현실적으로 추정하는 것이다. 우리는 환상과 그릇된 기대를 버리기 위해서 기후의 행태와 기후가 환경과 자원에 미치는 영향을 충분히 알고 이해하기 위해서 노력해야 한다. 그리고 현실적이기 위해서는 기후변화에 직면해서 인간이 할 수 있는 것에 관한 겸손함 또한 갖춰야 한다. 오늘날에도 인간은 그의 생활방식에 적응하는 것 이외에 다른 것을 할 수가 없다. 인류는 ―아주 제한적인 규모를 제외하고― 의도적으로 인간의 힘으로 기후를 좋거나 나쁘게 변화시킬 수 있는 힘을 가지고 있다는 과장된 상상을 하고 있고, 아마도 이제껏 계속 상상해왔다고 해도 좋을 것이다. 대기 시스템의 여러 측면을 포함하는 수많은 지구 에너지 수지 계산(global budget calculation)은 근년에 인간 활동이 미치는 영향을 실제적인 수치로 추정하는 것을 목표로 하였다. 그러나 기후를 대대적인 인간의 간섭으로부터 완화시키기 위해서 자연이 마음대로 할 수 있는 힘과 수단을 드러내기에는 우리의 이론 모델링이 여전히 부적절하다. 그리고 아마도 미래에도 계속 그러할 것이다. 우리는 자연적인 기후변화의 원인들이 엄청나게 증가하고 있는 인간의 에너지 생산의 부작용을 압도할 것이라는 사실을 결코 확신할 수가 없다.

우리를 둘러싸고 있는 경관이 항시 변하고 있다는 사실은 여전히 우리의 삶의 터전인 행성 지구의 신비함이다. 이것은 우리가 이 현상을 완전히 간파하고 이에 순응하는 것이 어렵다는 의미에서 비밀인 것이다. 때때로 변화들은 느리게 일어나서 거의 인식할 수가 없으며, 때로는 매우 빠르게 일어나고 있다. 일부 변화는 인간에 기인하고, 다른 변화들은 기후와 느리게 진행되는 자연 식생 및 토양의 발달에 기인한다. 급격한 변화는 때로 우리에게 충격을 주고, 우리가 과거보다 현대 기술로 직접적인 재해 지역에서 빠르게 구호 활동을 할 수 있을지라도, 우리는 여전히 속수무책으로 느끼는 어려움과 재해에 직면하게 된다. 때로 사건이 발생하기 전에 단기 사전경고를 통해서 피해자와 사망자 수를 줄일 수는 있다. 그렇지만 우리가 우리의 선조들보다 장기간의 변화를 －특히 이러한 변화가 빠르게 일어나고 수백만 명이 거주하는 지역에 영향을 주면－ 더 잘 극복할 수 있는가의 여부는 의심스럽다. 아마도 예를 들어 가뭄, 홍수, 폭풍해일과 같이 재해를 가져오는 사건들이 아주 이따금씩 불규칙하게 나타날 때 이러한 어려움은 가장 커진다. 이렇게 되면 사람들은 재해를 입은 지역들에 새로이 정착하여 경제적인 상태가 다시 회복된다. 마지막 큰 지진 피해 이후에 그 지역에 한 세대 또는 두 세대가 살자마자 활성 단층(活性斷層)에 거주지 건설을 허용하는 이와 같은 인간의 심리가 기후 위협에 대한 인간의 계획의 반응을 똑같이 무디게 하고 있다.

인간이 어떻게 반응해야 하는가에 대한 답변은 과학적 예보의 불확실성 때문에 여전히 어렵고 의심스럽다. 더욱이 미래를 위한 잘못된 개발 계획을 통해서 어려움의 정도가 배가될 수 있다는 사실을 주의해야 한다. 우리가 지금까지 성취했던 것과 할 수 있는 것에 집중하기로 한다면, 우리는 방파제, 허리케인 및 폭풍 경보, 눈 및 얼음에 대한 도로 관리, 얼음 형성에 대한 항공과 항해의 여러 가지 형태의 보호대책을 통해서 사망자 수를 감소시킨 것을 우리 시대의 승리로 강조해야 할 것이다. 그 승리에는 예를 들어 가뭄과 홍수가 물 공급과 위생에 영향을 줄 때 기여한 의학의 발달도 포함된다. 산업 지역들에서 대기정화를 위한 입법의 성공 역시 이 목록에 포함될 만하다. 농업에서 보호지대와 관개의 효율성 역시 증명되고 있다. 그러나 방파제와 마찬가지로 관개에서는 극복될 수 있는 자연 상황에 대한 분명한 한계가 있다. 예를 들어 앞의 장들에서 논의된 시베리아 하천들의 유로를 변경시키려는 프로젝트의 경우와 같이 인간이 자연에 개입하여 바람직하지 못하거나 피해가 막심한 부작용이 나타나면, 이러한 제한이 특히 뚜렷하게 부각된다. 이와 같은 문제들은 폭넓은 지식과 이해와 신중함을 요한다.

예를 들어 멕시코 만류 또는 시베리아 하천들의 유로를 변경시키거나 북극의 얼음을 녹이려는 계획과 같은 '자연의 면모를 변화시키려는(altering the face of nature)' 더 웅장한 계획은 주의해야 할 뿐만 아니라 조심스럽게 접근해야 할 것이다. 일기를 예보할 수 있는 우리의 능력이 제한되고, 때로 넓은 지역들에 영향을 주는 엄청난 실수를 할 수 있는 한, 우리가 기후 시스템을 의도적으로 조절한 결과는 똑같이 위험한 상태에 놓일 수 있다. 세계 경제는 기존의 기후에 맞추어져 있고, 모든 주요 변화는 －총경지면적을 증가시키려는 의도의 변화조차－ 중대한 혼란을 일으킬 수 있다. 이러한 진단에서 생각할 수 있는 단기간 일기의 변덕과 예상되는 예보의 실수는 별개로 치더라도 계획된 결과로부터의 장기간 편차가 나타날 가능성도 있다. 이러한 문제들은 분명히 일부 지역뿐만 아니라 전체 국가들에 불리하게 영향을 미칠 수 있다. 그리고 자연 기후 체제에 인간이 개입하는 것과 관련된 위험을 받아들이는 국제 협정은 결코 맺어질 수 없으리라고 확신한다.

기후와 환경에 대한 부정적인 결과를 조절하고 피할 수 있기 위해서 신중하고 확실하게 도달할 수 있는 규모로 국제적으로 합의해야 하는 요구와 필요성은 이미 존재하고 있다. 이러한 사례들은 굴뚝에서 나오는 아황산가스로부터 에어로솔 스프레이와 질소 비료의 무제한 사용에까지 이른다. 그리고 증가하고 있는 이산화탄소와 폐열 방출의 영향으로부터 핵폐기물 처리에 이르기까지 많은 미해결 문제들을 포함하고 있는 미래 연료 개발을 고려한 국가적이고 국제적인 정책이 지속적인 연구 활동과 —그 과정에— 주의와 유연성을 필요로 한다는 사실이 분명해진다.

우리의 현재의 가능성들 내에 있는 문제들로 다시 한번 돌아가도록 하겠다. 로버츠(Walter Orr Roberts)와 랜스포드(Hanry Lansford)[1]는 다음과 같은 정당한 내용을 지적하고 있다.

> 기상학자들을 충분히 만족시킬 만한 정확한 예보나 예측이 없기 때문에 농부들은 아마도 미래의 일기와 기후에 관해서 …… 이성적인 추측을 기초로 일부 어렵고도 중요한 결정을 해야 할 것이다. 이러한 귀결은 대기과학자들이 수용할 수 있는 엄밀한 수준에는 크게 미치지 못한다. 예를 들어 (미국의) 고원의 모든 건조 지역의 농부들은 그 사이에 이 지역이 지난 160년 동안 약 20~22년마다 심각한 가뭄을 겪었다는 사실을 알고 있다……. 완전한 억측이 아니라고 하면, 이러한 추측들조차 실무에서 기후와 관련된 결정을 하는 데 이용될 수 있을 것이다.

기후예보를 위한 연구 방법들과 그 응용가능성

이미 현재 결정에 영향을 주는 다른 관점은 글랜츠(Michael Glantz)[2]가 1970년대 초에 전 세계적인 기후 스트레스의 결과를 연구한 것에서 유래한다. 사헬 지대 국가들의 정부 관리들과 다른 관계자들은 1972~1973년에 사헬 가뭄의 가장 심각한 시기 전에 신뢰할 만한 기후 예보를 이용할 수 있었다면 그들이 무슨 일을 했겠는가 하는 질문을 받았다. 가장 공통적인 대답은 방목 지역이 부양할 수 있는 가축의 수를 사정(査定)했을 것이고, 가축을 사육하는 사람들은 과잉방목을 방지하기 위해서 그들의 가축 수를 줄이도록 요구

---

1) W. O. Roberts and H. Lansford, *The Climate Mandate*, San Francisco, W. H. Freeman & Co., 1979, p.106, 197pp.
2) M. H. Glantz, "Value of a reliable long-range climate forecast for the Sahel—a preliminary assessment," Boulder, Colorado, National Center for Atmospheric Research, 1976.; 그리고 *The Politics of Natural Disaster—the Case of the Sahelian Drought*, New York, Praeger, 1976 참조.

받았을 것이라는 사실이다. 동시에 최상의 가축만을 보존하기 위해서 약하고 병든 가축을 도태시키는 정책이 소유자들에게 부과되었을 것이다.

20세기의 가장 온화한 수십 년 동안에 나타났던 바와 같이 기후가 불변하는 것이 아니라는 사실을 인식한 －그렇지만 지금까지 실행되지는 않았지만－ 지난 10년에서 20년까지 증가한 기후 연구로부터 이미 더 결정적인 사실이 나타났다. 엄청나게 넓은 관련된 지식 분야들 중에서 단지 한 부분 또는 다른 부분에서만 전문가인 학자들이 이 시기에 너무 이르게 제안한 가장 극단적이거나 이견이 있는 미래의 기후 예보조차 아마도 좋은 방향으로 작용하였다. 그 이유는 그들이 자기 만족을 감내하면서까지 세상 사람들에게 무슨 일이 일어날 수 있는가를 경고하였기 때문이다. 그럼에도 불구하고 이러한 상황은 변해야만 할 것이다. 기세가 꺾인 의사결정자들은 '전문가들'의 평가에 대해 당황해하고 각성을 해야 한다. 의사결정자들은 아마도 이러한 자극을 역사와 기후발달의 연구를 오랫동안 무시한 후에 겪어야만 하는 단계로 보았다. 이 분야에서 우리의 지식을 향상시키고, 특히 모든 종류의 예보 연구 방법의 한계를 이해하기 위한 연구가 필요하다. 여기서 계획가들이 이미 기후변화의 가능성에 대한 다소 넓은 한계를 고려해야 할 필요성이 나타나고 있다.

두 가지 주요 문제가 있다. 우리는 ① 자연 기후의 행태에 관해서, 그리고 ② 인간 활동과 인간이 만든 오염물질이 미치는 영향에 관해서 우리의 지식을 확대해야만 한다. 이 두 경우는 현재 일어나고 있는 현상들뿐만 아니라 생각이 미칠 수 있는, 그리고 생각이 미칠 수 없는 미래의 발달을 고려하는 것에 적용된다.

따라서 두 가지 전략이 요구된다.

① 과거의 지구 기후에 관해서 더 완전하고, 더 광범위한 기록이 복원되어야 한다. 이것은 기후학의 본질적인 관측 기초가 된다. 이것이 없으면 우리가 예보에서 다루어야만 하는 일부 관련된 과정들과 현상들이 발견될 수 없고, 우리의 이론적 개념들과 모델들은 불완전하고 검증되지 않을 것이다.
② 우리는 물리적·수학적 기후 이론을 이용하여 기후 행태의 작용 방법과 메커니즘 및 변동 범위를 더 정확하게 이해해야만 한다.

이론 모델들은 다양할 수 있다. 이들은 예를 들어 상이한 온도에서 대기의 흐름이 가장 단순한 형태로 시뮬레이션되는, 회전수조실험에서 액체를 이용한 실험과 같은 물리적 모델들을 포함하고 있다. 더욱이 이론 모델들은 대기와 해양의 평균 상태만을 나타내고, 흡수되는 에너지수지와 바람 및 해류에 의해서 수송되는 열을 연구하는 매우 단순한 모델에서부터 (매일의 수치 일기예보에서 사용되는 것과 같은) 가장 복잡한 대기대순환 모델까지의 수학적 모델들을 포함한다. 두 가지 모델 유형은 마찬가지로 열수지, 운동량과 수증기 수송을 고찰하는 데 이용될 수 있다. 가장 단순한 모델들은 각 위도에 대해서 세계의 평균값을 구하는 데 이용될 수 있다. 가장 복잡한 모델들은 지역적인 패턴을 고찰하게 하고, 산맥 또는 구릉의 장벽과 다른 국지적인 요란이 어떻게 바람에 작용하는가를 고려할 수 있게 한다. 이 모든 현상들은 필연적으로 가장 단순한 형태로 시뮬레이션된다.

모든 모델들은 실제 세계에서 관측된 결과들과의 비교를 통해서 교정되고, 검증되어야 한다. 신뢰할 수 있게 수행되었다는 가정하에서 과거의 기후 상태를 복원한 것 역시 이론적인 모델에 들어가야 한다. 대기대순환 모델들은 편의상 (비용 때문에) 80일에서 기껏해야 1년 또는 2년 기간에 대해서 '시험 검증'된다(예보에서처럼 방정식의 적분이 계속된다). 그러면 이 기간에 대해서 만든 지도들은 —예를 들어 고기압과 저기압의 빈도 분포도, 강우와 풍향 분포도와 같은— 해당 기간의 '기후'의 통계적 모형을 제공하는 데 이용된다. 이러한 이론기후(theoretical climate)는 시뮬레이션하려고 하는 어느 기간의 관측된 기후와 비교될 수 있다. 변화된 지면 조건과 열 패턴, 또는 대기에 수증기와 다른 물질들이 증가하거나 감소한 것, 그리고 다른 변화가 미치는 영향 역시 마찬가지로 조사될 수 있다. 출발 일자(day zero)에 대해서 정의된 출발 조건을 조금씩 바꾸어 모델을 반복하여 작동시켜서 주어진 기후 상태를 제시하는 조사된 통계의 안정성에 관한 사고를 이끌어낼 수 있다. 다르게 표현하면, 무작위 요소가 결과에서 얼마나 큰가를 알 수 있게 된다.

이미 여러 차례 확인한 바와 같이 모델들이 현재까지 해양과의 교환 및 해양 내에서의 영향과 이들이 대기에 어떻게 반응하는가가 충분하게 고려되지 않았기 때문에 더욱 심각한 불확실성이 이론적 결과들에 영향을 준다. 이것은 기후 시스템의 복잡성과 관련이 있다. 이것이 좀더 충분하고 훌륭하게 제시될수록 이 구성요소 또는 다른 구성요소에 순응하고 적어도 설명되는 기후 상태와 어느 정도 일치할 가능성이 높아진다. 이 사실은 이것 또는 다른 것을 더 가중하고 다른 곳에서 보정(compensatory adjustments)을 하는 문제이다. 슈나이더가 제16장에서 기술한 경우와 같이, 이러한 방법으로 모든 것을 서로 관련시킬 수 있다. 그러나 이러한 상황하에서 방정식으로 표현된 상태(set-up)가 실제 기후 체제의 메커니즘에 상응하는가는 해결되지 않은 문제이다. (추측하건대 실제 체제의 특성들이 복원될 수 있는 많은 수의 가설적인 상태가 있을 수 있다)

기후 시스템에서와 같이 광범위하고, 서로 영향을 주는 많은 변수들이 있는 복잡한 분야에서 모델링은 정확성과 신뢰성을 자동적으로 제공해주기보다는 주로 실제 세계의 패턴들을 사고하고 이해하는 데 도움이 된다. 모델은 기후 시스템에서 원인 및 결과의 확률적 연결 고리와 추정되는 일부 영향들의 크기에 대한 확률적 규모의 범위를 제시할 수 있다. 이러한 제한에도 불구하고 모델링은 기후 시스템에 새로운 요소들, 또는 변화된 조건들을 추가시키는 있을 수 있는 인간 활동의 결과를 연구하기 위한 주된 방법이 된다. 여기서 공기 중의 오염물질 또는 추가적인 열과 지표의 변화, 예를 들어 인공 호수의 건설 또는 열대우림의 벌채(그리고 북극 해빙의 제거와 같은 제안들) 등이 문제가 될 수 있다.

두 가지 전혀 다른 유형의 예보－즉 한 계절 후 또는 장기간의 기후에 대한 예보－를 할 수 있다. 한 가지 유형의 예보는 구체적이어서 지배하는 일기가 더 온난하거나 더 한랭할 것이며, 아마도 기온 범위(또는 상응하는 강수량)도 제시하는 것이다. 이산화탄소에 의한 온난화와 수천 년 내에 다가올 다음 빙기에 관한 예보가 이러한 범주에 속한다. (이것은 또한 모든 경우에 아마추어와 돌팔이들이 선호하는 유형이다) 다른 유형의 예보는 특정한 기후 상태에 대한 통계적 확률을 제시하는 형태이다. 모델링 연구 방법은 이 두 가지 형태로 예보를 하는 데 이용될 수 있다. 과거의 기후 기록을 분석한 것을 기초로 한 예보는 논리적으로 알려진 초기 상태를 따르는 특정한 결과들의 확률에 관한 통계적 형태로만 제시될 수 있다.

특히 큰 위험(경제적 위기 또는 인간의 생명과 고통)이 인간이 해야만 하는 결정에 종속될 때, 통계적인 형태로 언급하는 것이 이용자들에게 가장 유용하다는 사실은 논쟁의 여지가 있다. 그러나 확률을 언급하는 것은 예보를 하는 데 있어서 사고의 범위, 관련된 것으로 알려진 항목들과 조사된 참조 자료의 범위와 관련해서만 의미를 가진다. 확률 언급의 기초를 이루는 항목들은 이용자들에게 분명해야만 할 것이다. 그렇지 않으면 증기가 없이 주장되는 확률은 이용자들이 평가할 수 없고, 상황의 실체와 전혀 관련이 없을 수 있는 추측에 불과해진다. 모델링 연구들로부터 얻게 된 통찰력을 기초로 한 예보들은 또한 이용자들이 마찬가지로 이해할 수 있는 －즉 평가할 수 있는－ 통계적 확률의 언급이 될 수 있어야 크게 바람직하다.

현 지식 상황에서 과거의 기후 기록에 기초한 예보에 대한 기본적으로 경험적인 연구 방법은 그 자체로 대부분 이용자들의 마음을 끌게 될 것이다. 이를 기초로 여러 가지 미래의 자연 기후발달의 확률은 그 이전에 분명하게 유사한 기후 상황이 출현했던 적절한 수들과 이들 경우에 뒤이어 나타났던 것을 고려하여 정확하고 뚜렷하게 추정될 수 있을 것이다. 이론 모델링이 기여한 것은 과거에 출현했던 것이 실제로 기존의 상황과 유사한지의 여부, 그리고 어떤 방법으로 유사한지를 밝혀서 가장 잘 나타날 수 있다. 그렇지만 과거에 나타났던 기후들에서 선별된 외관상으로 관련된 '시나리오들'의 연구로부터 찾아낼 수 있는 것과 같은 추가적인 정보는 별문제로 하고, 이론 모델링은 인간 활동으로 일어날 수 있는 새로운 기후 경향 또는 발달의 경우에, 그 결과와 이 기후 경향의 확률적인 규모의 범위를 예보하는 유일한 방법일 수 있다. 계속적인 이산화탄소의 증가로 나타나는 예상되는 강렬한 온난화의 가능성과 관련하여 과거 간빙기의 가장 온난했던 시기의 세계의 기후 패턴들과 제3기(200만 년 전 이상)의 여전히 더 온난했던 기후들이 비교 연구되었다. 이 연구 결과는 우리가 알고 있는 바와 같이 세계 경제를 살리고 또한 혼란에도 빠뜨릴 수 있는 온난화 및 강우 패턴들에 대한 지침이 될 것이다.

우리의 지식을 향상시키기 위한 국제적 노력의 필요성

기후발달 프로세스들에 관한 우리의 지식이 여전히 불충분한 한 연구가 계속되어야 하고, 세계 기후의 상태를 지속적으로 관찰하는 것이 절실하게 요구된다. 후자와 관련하여 일부 항목을 관측하는 것(예를 들어 북극의 기온, 해빙의 범위, 또는 제14장에서 논의된 바와 같이 아마도 영국제도 부근에 출현하는 편서풍)은 빠르게 반응하는 세계 기후의 경제 지수로 가치가 있을 수 있다. 그러나 기후변화에 대한 우리 경제와 국제적인 계획의 취약성과 관련하여 단기간 내에 전혀 큰 자연적인 변화가 없을 것이라는 최근 영국 정부 보고서[3]의 단조로운 주장은 전혀 가치가 없다. 그리고 인간의 영향으로 나타나는 기후변화 이외에 다른 원인에 기인하는 기후변화에 관한 연구를 지원하는 것이 돈 낭비라고 한 선도적인 한 과학자의 상응하는 주장은 마찬가지로 근거가 없는 것이며, 문제의 핵심을 간과하게 될 위험성이 있는 것이다.

실제로 근년에 기후변화에 관한 점증하는 걱정으로 인하여 세계기상기구가 1979년에 세계기후계획(World Climate Programme)이라고 알려진 국제기후연구계획을 수립하였고, 여러 국가(예를 들어, 미국과 유럽공동체)가 국가기후계획을 수립하였다. 보고서에 의하면[4] UN 환경계획(United Nations Environment Programme)이 세계기후계획을 위해서 제안된 기후영향평가(Climate Impacts Assessment)를 관리하는 것은 불행한 일이다. 기후변동에 대한 우리의 식량 공급 체계의 취약성을 어떻게 감소시키느냐에 대한 연구는 전체 경제에 영향을 주는 인류가 직면한 가장 중대한 실제적인 문제들 중 하나임에 틀림없다. 특정 지역들의 기후 또는 환경을 성공적으로 또는 그렇지 않게 변화시키려는 일부 프로젝트는 해당 지역의 경계를 넘어서 다른 나라들의 기후와 경제적 이해 관계에 해로운 영향을 줄 수 있다는 사실이 지적되었다.[5] 확실하게 예를 들어 중앙아시아의 관개를 위해서 시베리

3) "Climatic change: its potential effects on the United Kingdom and the implications for research," London, HMSO, 1980, 19pp.

4) *WCP Newsletter*, no.1, 15 August 1980, World Climate Programme Office, WMO Secretariat, case postale no.5 Geneva.

아 하천들의 유로를 변경하려고 하는 소련의 프로젝트의 결과는 북극 해빙을 감소시켜서 심각하게 간접적으로 영향을 주고, 구름에서 비가 내리게 하기 위해서 많은 지역들에서 구름에 씨를 뿌리는 것(인공강우)은 해당 지역의 국경을 넘어서 다른 나라들에 해로운 영향을 줄 수 있다.

> 인구와 자원에 대한 수요가 지속적으로 증가하고 있기 때문에 정부는 국내 수요를 먼저 충족시켜야만 하는 점증하는 압력을 받게 될 것이다. …… 국가들이 자연 자원의 이용과 남용으로 서로 싸우면서 세계가 무정부 상태로 퇴보하지 않으려면, 일종의 국제적인 합의 …… 희생적인 법령과 협약에 대한 의무가 필요할 것이다.

유럽 공동체(European Community) 의장실의 관리 중의 한 사람이었던, 이 문장의 필자인 티컬(C. Tickell)은 이와 같은 일들을 감시하고 이에 대해서 적절한 대책을 세우는 데 필요한 세계기후기구(World Climate Organization)라고 부를 수 있는 국제기구의 설립을 제안하였다.

많은 세계 인구와 인구의 지속적인 증가로 기후변동과 기후변화에 적응하는 문제들이 점점 더 어려워진다는 사실에 대해서는 아무런 의심도 있을 수 없다. 콜린보(Paul Colinvaux)는 "한 생태학자의 역사에 대한 견해(An Ecologist's View of History)"라는 ≪예일 리뷰(*Yale Review*)≫에 실린 흥미로운 논문(vol.64, pp.357-369, 1975)에서 모든 연령층의 (대규모의) 모든 빈곤은 지속적인 인구 성장으로 발생하고, 역사에서 모든 큰 침략적인 정복의 배경에는 높아지는 생활 수준에 대해서 일시적인 희망을 가졌던 급증하는 인구가 있었다는 사실을 주장하였다. 그는 오늘날의 초강대국들인 거대한 대륙 국가들 사이에 '핵전쟁의 가능성에 관한 걱정'은 오해일 수 있고, 실제 위협은 제한된 공간에 사는 많은 인구와 그들의 역사에서 증명된 침략적인 본성을 가진 도서 국민 또는 다른 국민들로부터 일어난다고 믿었다. 그는 기술로 거의 무제한으로 제조업을 위한 원료와 에너지를 계속해서 발견할 수 있는 가능성에서 미래에 대한 희망을 찾았다. 그러나 비록 그렇다고 하더라도 '한동안 적어도 우리는 사람들에게 침략적 전쟁의 권리를 인정하지 않음'으로써 사람들이 공간을 제한하고 모험에 대한 방출구를 거의 갖지 않는 부적합한 방법으로 살게 해야 한다고 그는 언급하고 있다. 이 경우에 일부는 솔직하게 과장된 것이나, 이것의 주 내용들은 틀림없이 부분적으로 사실이다. 이 내용이 포함하고 있지 않은 것은 기후변동과 기후변화가 적어도 일시적으로, 그리고 일부 경우에는 장기간 일어날 수 있기 때문에 인류를

5) C. Tickell, *Climate Change and World Affairs*, originally published 1977 in the series of Harvard Studies of International Affairs(no.37), and published by Pergamon Press, 1978.

위한 이러한 전망에 대한 압력이 자원과 생활 공간이 제한되어 더 강화될 것이라는 사실이다.

역사의 교훈

스톡홀름 대학교(University of Stockholm)의 볼린(B. Bolin) 교수는 1979년에 세계기후회의(World Climate Conference)를 준비하면서 일반적인 문제로 다음과 같은 점들을 제안하였다.

① 지난 수세기 동안 경험한 바와 같이 기후변동성은 인간의 활동과 복지 생활에 현저한 영향을 끼쳤다.
② 자연 기후의 변동성은 다음 수세기 동안 계속될 것이고 …… 17세기에서 19세기 동안과 같이 더 극심하고 아마도 더 서늘한 기후가 발달할 가능성이 있다.
③ 인간은 자연적인 기후변동성과 비교하여 심각할 정도로 국지적인 규모의 기후에 이미 영향을 주고 있다.
④ 인간의 활동은 다음 100년 동안 지난 수세기에 경험했던 기후변화만큼 크거나 심지어 이보다 더 큰 지구의 기후변화를 일으킬 수 있을 것이다.
⑤ 인간의 활동이 미치는 영향들은 아마도 기후를 더 온난하게 하고 세계의 강수 패턴을 크게 변화시킬 수 있을 것이다.
⑥ 인류가 미래에 기후변동성, 심지어 최근의 역사적 과거에 경험했던 것보다 큰 변화에 좀더 잘 적응하기 위해서 기후 자료를 더욱 효율적으로 이용해야 하고, 우리의 예보 능력을 향상시키기 위한 연구를 계속해야 할 것이다.

의심할 여지 없이 급격하게 상승한 에너지 가격과 산유국들의 부의 집중을 통해서, 도처에서 증가하고 있는 폭력과 핵전쟁의 위협을 통한 불안한 세계에서 일부 사람들은 기후에 관한 이러한 걱정을 극히 적은 것으로 간주하고 있다. 많은 사람들은 결국 기후는 아마도 전혀 변화하지 않았다고 이야기할 것이다. 그리고 어쨌든 우리는 항시 기후의 극심한 현상을 극복했어야만 했다. 그러나 이것은 기후 문제의 핵심에서 뿌리 깊은 딜레마를 간과한 것이다. 매년의 넓은 변동폭은 경향이 이미 뚜렷하게 확인될 때까지 어떤 새로운 경향을 항시 인식하기 어렵게 한다. 인도가 근년에 수출용 식량을 할애할 수 있었던 것도 사실이다. 그러나 식량 자원에 대한 점증하는 인구 압력은 심지어 한 흉년에 대해서조차 취약성을 증가시키고 있다. 좀더 잘 알려진 긴장의 징후의 한 가운데에서 에이커당 곡물수확량이 이미 1970년대에 미국에서조차 재배 면적이 증가했음에도 불구하고 크게 감소하였고, 인도와 방글라데시에서 1970년대 초와 중반에 계절풍이 불지 않아서 100만 명 이상의 사망자가 발생했다는 사실을 간과할 수 있다.[6] 그리고 우리는 1970년대 말에 동남아시아에서 (수많은 익사자가 발생한) '보트 피플(boat people)'의 이주의 비극에서 일기뿐만 아니라 전화(戰禍)로 인한 식량 부족의 문제에서 (아마도 새로운 것은 아닌) 예기치 않은 진전 상황을 보았다. 그에 따라 주 공격을 받는 집단의 사람들이 정치적 편견으로 인해 희생자가 되었다.

이것은 불안한 시기와 기근의 시기에는 속죄양(贖罪洋)이 책임을 지는 것으로 보통 나타나고 -그리고 때로 비논리적으로 선택되며- 복수심에 불타는 행동, 폭동과 전쟁의 표적이 되거나 가장 극심한 결과의 고통을 받아야 하는 사회의 약한 계층들-가난한 자, 노인과 어린이들-이 있다는 역사의 교훈 중 하나가 될 만하다.

농업과 에너지 정책에서의 유연성·다양성·안전성의 한계의 필요성

우리는 식량과 에너지 부족의 위협뿐만 아니라 핵무기의 대량 학살의 위험이 있는 불확실한 세계에 살고 있다. 세계에서 가장 생산량이 많은 국가들의 농가에서 현재 1cal의 식량을 생산하기 위해서 2cal의 연료가 필요하다. 수송과 저장 비용이 추가되면, 이 비율은 식량 1cal당 10 또는 12cal까지 상승할 수 있을 것이다. 단기간의 기후변동과 모든 장기간의 기후변화가 불안정하게 하는 영향들은 이미 언급한 정치적 위협과 구분되지 않는다. 우리는 기술을 개발하여 위험을 증가시킬 것이 아니라 감소시켜야 할 것이다. 이것은 최대 생산을 목표로 하는 농업 합리화는 회피되어야 함을 의미한다. 그 이유는 이를 통해서 적은 지역들에서 너무 많은 양의 한 작물이 생산되거나 한 지역에서 너무 많은 양의 한 작물이 재배되기 때문이다. 이 점에 있어서 오늘날 식량 생산을 최대화하기 위해서 이용되고 있는 바로 그 기술은 여러 가지 유형의 재해의 위험을 증가시키고 있다. 한 해, 두 해, 또는 그 이상의 해에 연속적으로 발생하는 가정된 극심한 현상을 능가하는 불리한 기상의 직접적인 영향은 별문제로 하고,[7] 특정한 기상 유형을 통해서 촉진될 수 있는 식물 기생충들(plant parasites)로 인한 재해의 가능성이 단일경작이 이루어지고 있는 지역에서 더 심각해졌다. 1950년대에 네덜란드에서 새로 개발된 밀의 변종(變種)이 이에 대한

6) S. H. Schneider 박사가 US Department of Agriculture 통계로 제공해준 정보임.
7) 1950년대 이후 세계의 많은 지역들에서 이와 같은 극심한 현상들이 연속해서 발생했고, 보험 산업에 심각한 손해를 입혔다.

객관적인 사례가 된다. 이 종은 과학적인 식물 품종개량의 산물로 신중하게 시험되었고, 당시에 알려진 모든 형태의 황녹병(yellow rust disease)에 저항력이 있는 것으로 나타났다. 이 종이 도입된 3년 후인 1955년에 네덜란드에서 파종된 밀의 80% 이상이 이 변종인 하이네스 7(Heines VII)이었다. 새로운 황녹병의 변종이 나타나서 발병한 결과로 1956년에 수확될, 이 나라에서 파종된 겨울밀의 2/3 이상이 훼손되었다.[8] 현재 일부 과학적인 연구들에서 제시되고 있는 바와 같이, 석탄, 석유와 다른 비핵연료(non-nuclear fuels) 사용의 증가에 기인하는 이산화탄소의 증가를 통한 지구온난화에 수반된 —아마도 훨씬 넓은 지역들에서의— 유사한 대규모 작물 흉작의 위험은 핵폐기물의 위험보다 적지 않다. 이와 같은 이산화탄소 증가의 결과는 전 세계의 빙하가 녹아서 해면이 상승하여 흔히 선호되는 해안 지역들에 위치한 핵발전소가 범람되는 위험과 비교될 수 있을 것이다.

이 장은 우리의 상황에 관한 현실주의와 겸손함의 필요성으로 시작되었다. 우리는 이제 우리의 에너지, 농업, 식량과 인구 정책들에서 다양성, 유연성과 안전의 한계가 필요하다는 사실을 강조해야 할 것이다. 슈나이더는 다음과 같이 기술하고 있다.[9]

> 석탄은 환경을 손상시키고, 대기를 오염시키며 …… 지구 기후를 변화시킬 수 있다. 핵에너지 주창자들은 핵폐기물 처리 문제를 완전하게 해결하지 못했다. …… 그들은 인구 밀집 지역들에 치명적인 방사능의 양이 누출될 수 있는 심각한 사고들의 문제에 대한 신뢰할 만한 추정을 아직 하지 않았다. 풍력, 수력과 태양에너지는 재생 가능한 대체 에너지(renewable energy alternatives)이나, 문제가 없는 것은 결코 아니다. …… 에너지 시스템을 계획하는 데 있어서 유일하게 안전한 예측은 …… 확실히 뜻밖의 일들이 나타나는 것이다. 이것은 유연성을 필요로 한다. 이 방향으로의 한 단계가 많은 대체 에너지의 개발과 일치하게 된다. …… 한 가지 에너지원에 대해서 불균형하게 집중적으로 투자하는 것은 …… 추측하건대 다른 분야를 무용하게 하여 위험과 이용에 관한 새로운 정보에 대해서 반응하는 우리의 준비성을 제한한다. 이 모든 결과는 더욱이 우리가 모든 유형의 연료에 대한 수요를 감소시키는 건축 양식과 의상 양식으로 돌아가게 할 수 있을 것이다.

농업 분야에서 우리는 한 국가가 전 세계로 수출할 수 있는 기본 식량의 유일한 잉여 생산국이 되도록 허용하는 것이 의미할 수 있는 결과를 명확히 알아야만 한다. 여기서 우리는 새로운 현실정치(독일어로는 Realpolitik)의 가능한 출현을 흘끗 보았는데, 그 이유는 굶주린 세계에서 필요한 과잉식량의 생산자와 소유자는 압도적인 힘을 발휘할 수 있을

---

8) 이 절에 제시된 많은 정보를 제공해준 세계기상기구 농업기상위원회의 구의장이었던 더블린(Dublin)의 버크(A. Bourke) 박사에게 감사드린다.

9) *Climate Change*, vol.2, Dordrecht, Holland, and Boston, USA, Reidel, 1980, pp.203-205의 사설(여기서는 축약하였고 부분적으로 의역하였음).

것이기 때문이다. 여기에는 의심할 여지 없이, 예를 들어 비축량을 강탈하고 그 힘을 얻으려고 경쟁하는 무장 공격과 같은 다른 위험도 있게 된다.

우리가 계획된 곡물 잉여 생산과 같은 안전의 한계를 필요로 하고,[10] 이를 흉년 또는 세계의 다른 지역에 대한 비상 원조를 위해서 안전하게 저장하는 것과 같이 목초지도 모두 이용해서는 안 될 것이다. 가축 수는 최상의 해들에 부양될 수 있는 최대 수까지 늘리지 말아야 할 것이다. 그와 같이 집중적으로 가축이 사육되면, 도태정책을 펴야 할 것이다. 우리가 안정한 세계를 원한다면, 우리는 역사에서 항시 관측할 수 있었던 가뭄과 기근의 순환을 극복하기 위해서 사건들을 조절할 수 있어야만 할 것이다. 기후가 회복되는 시기에는 인구와 가축 수가 크게 늘어서 다음 건조시기에 새로운 기근을 피하기 어려워진다. 브라이슨[11]은 다음과 같은 관련된 내용을 확인하였다.

> 물론 농업 생산량을 증가시키고 가장 많이 필요한 지역에 식량을 배분하려고 노력하는 것과 이익과 권력보다 인간의 삶을 더 중요하게 하려는 노력은 보람 있는 일이다. 그러나 인구가 그러한 흉년에 모두 이용할 수 있는 최소 식량 공급 수준 이하로 머물지 않는 경우에 …… 그러한 대책은 기근으로 사망하는 사람들의 수를 증가시킬 뿐이다.

우리는 많은 위험으로 둘러싸여 있으나, 20세기에 가장 희망적인 일들 중의 하나는 인류와 인류 사회가 어떻게 작용하는가와 인류가 그들의 이웃과 이웃 국가들의 행동에 어떻게 반응해야 하는가를 점점 더 이해하고 있는 것이다. 그럼에도 불구하고 국제적인 도덕 의식의 발달은 이러한 지식의 성장에 다소 미치지 못하고 있다. 티컬은 이에 대해서 다음과 같이 기술하고 있다. "책임감 있는, 어떤 선출된 정부도 전체 인류에 대한 먼 훗날의 …… 분명하지 않은 불이익을 피하려고 현재 그들 국민의 부와 고용을 증진시킬 수 있는 눈앞의 직접적인 이익을 가볍게 …… 희생시킬 수 없을 것이다."[12] 대부분의 국가가 이미 그들의 화석연료 소비를 감소시키려는 강한 의욕을 갖고 있다. 에너지 절약과 태양에너지, 조력과 풍력 개발이 핵에너지보다 우선권을 가져야 할 것이다. 석유보다 석탄에서 생산되는 에너지 단위당 방출되는 CO_2가 50%나 높은데도 석유 매장량이 점차 감소하기 때문에 석유에서 석탄으로 전환해야 한다는 결정을 강제적으로 해야만 한다.[13]

---

10) 잉여생산 정책은 아마도 많은 비판과 비웃음을 받을 수 있고, '산더미 같은 밀(wheat mountains)'은 수치스러운 낭비와 낮은 곡물가를 가져오는 빗나간 기회라는 누명을 쓰게 된다.

11) R. A. Bryson and T. J. Murray, *Climates of Hunger*, Madison, University of Wisconsin Press, 1977, 171pp.

12) Tickell, op. cit., p.37.

13) 최근의 논문에서 영국의 에소 석유회사(Esso Petroleum Company)의 회장 피어스(A. W. Pearce) 박사[1979년 12월 11일 에너지 연구소(Institute of Energy)에서 행한 제47회 멜체트 강

따라서 확실히 기후에 미치는 영향의 어느 결과에든 적응해야만 한다.

우리는 이제 실제 세계와 기후, 그리고 기후가 이 행성에서의 우리의 생활 조건들에 대해서 갖거나 갖게 될 영향을 더 잘 이해하는 것이 중요하다. 우리는 이 주제에 대한 왕립학회의 회원인 주커만(Zuckerman) 경의 말에 주목해야 할 것이다.[14)]

> 지구의 긴 역사에서 우리는 대륙과 해양의 형상이 …… 지속적으로 변하고 있는 것을 보았다. 산맥들은 하늘로 융기했다가 다시 사라졌다. 그리고 빙하가 육지를 덮었다. 우리는 …… 작용하고 있는 자연의 힘을 상상하고 있으나, 지구의 형상과 기후를 주로 변화시키고 있는 시간에 확실히 아무런 영향도 주지 못하고 있다. …… 이 힘은 항시 존재하고 있다. …… 우리의 지구는 여전히 변하고 있다. …… 지구가 24시간마다 자전하는 지축은 불변하게 안정한 것이 아니다. 우리가 매년 태양의 주위를 공전하고 있는 궤도는 불변하는 것이 아니다. …… 태양은 …… 그 자체로 변한다. 우리가 알고 있는 기후 —바람, 비, 계절— 역시 매년 변하고 있다. …… 자연 세계의 훨씬 더 중요한 변화들은 우리 인류에게 원인이 있었거나 원인이 있을 수 있는 모든 변화보다는 자연 자체에 그 원인이 있다. 우리는 무슨 일이 일어나고 있는지를 관측하기 위해서 전 세계적인 규모로 조직해야만 할 것이다. 극단적 예로 그린란드의 빙하의 일부가 …… 붕괴되어야만 그 어떤 조치를 취한다는 것은 너무 늦은 일이다. 그리고 의심할 여지 없이 우리는 무슨 일인가 일어난 것 같다는 최초의 징후들을 천천히, 마지못해 인식해야 할 것이다.

현재와 미래의 도전: 방심하지 않기·이해·현실주의

일반적인 기후 행태에서 새로운 경향 또는 지속적인 변화를 인식하기 어려운 것이 현실이다. 이것은 정책 입안자들에게 중요한 어려움이 된다. 이러한 발달들은 항시 단기간 변동들의 넓은 범위와 급작성으로 인하여 불명료하다. 특히 장기간 변화의 시기에 일기는 매년 한 극심한 현상에서 반대 방향으로의 극심한 현상으로 '급변한다'. 이러한 상황은 중위도와 고위도에서 항상 겪어온 계절변화 과정과 유사하다. 가을이 오자마자, 저위도로부터 급작스럽게 바람이 불면 일시적으로 온화한 여름과 같은 날씨가 나타날 수 있다. 그럼에도 불구하고 계절은 변하고 조만간 시작된다.

아마도 인간의 힘이 자연의 힘과 비교하여 오늘날에도 매우 작다는 사실에 감사해야 할 것이다. 환경을 변화시키려는 기후적 유형과 다른 전쟁의 유형에 대한 일련의 아이디

의(Melchett Lecture)]는 현재의 비율과 감소되고 있는 새로이 발견되는 석유의 비율로는 세계의 알려진 석유 매장량이 30년 이하의 기간만을 충족시킬 수 있어서 석유로 난방하는 것은 너무 비싼 것이라는 의견을 제시했다. 수송 연료와 윤활유, 비료와 다른 화학 제품의 생산을 위해서 석유는 점진적으로 비축되어야 할 것이다.

14) Tickell, op. cit.

어들은 놀라운 일이다. 그러나 1970년대에 월남에서 삼림과 작물을 황폐화시키려고 고엽제를 살포한 실험은 크게 기대에 어긋나는 결과들을 가져왔다. 해안 부근에 위치한 건조한 지역들에 담수를 공급할 수 있는 수자원으로 오랫동안 고려한 좀더 긍정적인 유형의 주변 활동은 남극으로부터 빙산을 끌어오는 일이었다. 1890년대에 때때로 작은 빙산들을 칠레 남부로부터 북쪽의 건조 지역까지, 그리고 심지어 페루의 칼로(Callao, 위도 12°S)까지 끌어왔다. 그러나 최근에 좀더 큰 규모로 이러한 일이 시도되었다. 남극의 빙모로부터 분리된 거대한 탁상 빙산들(tabular icebergs)이 중동의 사막 지역까지 끌려왔다. 이들 거대한 빙산의 길이는 개별적으로 10～100km에 달했고, 그 두께가 수면 아래로 40～60m까지 잠겼다. 그렇지만 이러한 빙산의 50%는 이미 가장 쉽게 도달할 수 있는 목적지까지 수송 중에 녹는다. 거의 항시 존재하는 빙하의 갈라진 금(cracks)과 깊이 갈라진 틈[크레바스(crevasses)][15]은 수송 도중에 빙산을 붕괴시키거나 완전히 사라지게 한다. (그러한 과정에 흔한 일로) 빙산이 뒤집어지면 견인하는 선박이 위험에 빠질 수 있다.[16] 비를 만들기 위해서 또는 우박이나 구름을 제거하기 위해서 인공적으로 구름 씨를 뿌리는 것의 효과에 대해서는 여전히 논쟁의 여지가 있고, 지금까지 기껏해야 국지적인 규모로만 성공하였다.

인간의 역사는 지속적으로 변하고 있는 세계에서 발생되어왔다. 이러한 변화들은 때로는 느리게, 때로는 빠르게 일어났다. 여기서 장기간에 일어나는 변화들의 성질은 개별 해들을 구분하는 더 큰 변화들로 인하여 항시 알기 어렵게 되었다. 환경은 부분적으로 고의적이거나 고의가 아닌 영향력 있는 인간 활동으로 인하여, 그리고 부분적으로 자연적인 원인들로 인하여 계속 변할 것이다. 불변하거나 지속적으로 상승하는 생활수준이 장기적으로 가능할 것인지 기대하는 데 대해서 확실히 아무런 보증도 없다. 그러나 우리는 당연히 —개인들과 국가들 모두— 가난하고 취약한 사람들이 더욱더 편리하게 잘 살 수 있는 올바른 세상을 계속 추구해야 할 것이다. 모든 세대의 사람들이, 선사시대의 불편함과 곤란한 가운데에서조차 그들의 기쁨과 행복을 찾았다는 사실이 이미 고무적인 일이다. 중위도에 사는 사람들은 푸른 지구(green Earth)와 들의 백합과 귀중한 곡물에 대해서 신에게 감사했고, 다른 위도에 사는 사람들은 극 지방과 산지의 눈의 아름다움, 북부 지방의 삼림의 은신처, 사막 하늘의 거대한 아치(great arch) 또는 열대우림의 큰 나무들과 꽃들에 대해서 신에게 감사했다. 얼마나 많은 우리의 현재 문제가 우리의 환경을 이해하지 못하고, 그 환경에 비현실적인 요구를 하는 것으로부터 일어나겠는가?

이 책은 한 기후학자의 관점으로 본 인류의 역사를 제시한 것이다. 우리는 기후가 역사에 많은 영향을 주었다는 사실을 알게 되었다. 기후가 인류의 역사에서 드물게 결정적

15) 옮긴이 주: 빙하가 이동할 때 생기는 응력에 의해 빙하에 형성되는 열극이나 균열을 말한다.
16) J. M. Walker's Conference Report, *Weather*, vol.35, no.11, 1980, pp.332-335 참조.

인 인자였을지라도, 기후가 사회의 모든 상황에 미쳤던 영향은 대단했을 수 있다. 항시 기후의 발달은 변화를 불안정하게 하는 인자(destabilizer) 또는 변화의 촉매(catalyst)로서 나타났다.

기후변화와 환경변화의 관점에서 우리 계획의 적응성과 유연성은 극심한 상황에서 생존에 필요한 것이다. 중세 말에 그린란드의 구유럽 식민지의 몰락이 점차 증가하는 기후 악화에 기인하지 않았고, 오히려 에스키모의 생활방식을 수용하지 못했거나 심지어 그 지역을 떠나지 못한 식민지 이주자들의 실패에 기인한다고 주장되었다. 그러나 기후 스트레스가 심했던 시기에 위험한 상태에 있던 사람들이 그들의 적응력 또는 의지를 잃어서 그들의 저항력마저 잃었다는 역사의 교훈을 유념하는 것 역시 중요하다.

인간의 이상주의 세계, 기독교도와 다른 종교를 가진 사람들의 신념, 그리고 인본주의자들의 동정은 변화하는 상황에 부딪히고 항시 새로운 도전들에 직면하게 될 것이다. 우리가 이러한 상황에서 적절하게 반응하기 위해서는 우리를 둘러싸고 있는 자연환경의 발달과 자연환경을 침해하는 인간 활동의 과정에서 있을 수 있는 영향들을 학문적으로 분석하여 최상의 평가를 해야 할 것이다.

19. 최근의 발달과 전망

20세기 중반의 한랭화

1930년대와 1940년대부터 1975~1980년과 1985년 사이[1]의 어느 시기까지 세계 기온이 하강한 비율은 그 이전 50년 동안 기온이 상승했던 비율보다 작았다. 그렇지만 20세기는 그 이전 두 세기보다 온난했다. 이 내용이 일반적으로 전 세계에 대해서 사실이라는 대체로 요약된 설명이 있다. 그렇지만 모든 관측방법에서 나타날 수 있는 오차의 한계는 언급하지 않고라도, 현재 흔히 발간되고 있는 수치로 주장되는(또는 적어도 일반적으로 암시되는) 정확도에 접근하는 데까지 지구 전체의 평균 기온을 추정하는 것은 —지표의 약 70%에 달하는— 거대한 해양과 육지 상에서 토양 및 배수 등의 국지적인 다양성 때문에 결코 현실적이지 못하다. 잉글랜드 중부에서 1900~1993년의 평균 기온은 맨리(Manley)가 17세기 후반(1659~1699년)부터 조사한 것보다 0.8℃ 높았고, 18세기와 19세기의 기온보다 0.3℃ 높았다.

(잉글랜드가 1948년과 1949년보다 그리 온난하지 않았던 해인) 1989년부터 1990년까지의 주목할 만한 온난함에도 불구하고 최근 10년은 1940년대 또는 1930년대와 1940년대를 합한 평균에 크게 미치지 못했다. 이러한 상황은 스코틀랜드와 스칸디나비아에는 적용되지 않는데, 이들 지역에서는 크게 지배했던 서풍과 남서풍으로 약 1987년부터 1991년까지 눈에 띄게 온난했다. 우리는 여전히 서로 다른 위도대와 상당히 큰 다른 지역들의 기온 경향들 사이에 일치하는 (또는 일치하지 않는) 일부 경우들에서, 분명하게 수십 년까지 지속되는 변동에 관한 더 많은 지식과 이해를 필요로 하고 있다. 이 책의 앞부분에서 언급했듯이 남극대륙의 기후가 적어도 넓은 주변 지대에서 상대적으로 더 온화했던 최근 과거 세기들

1) "Comparing the United States temperature trends with the supposed global trend, a warning note," appears in G. Kukla, T. R. Karl and J. Gavin, "U.S. versus hemispheric temperature trends," in *Proceedings of the Eleventh Annual Climate Diagnostics Workshop*, Champaign, Illinois, 1986, pp.114-128.

의 소빙기 동안의 시기들이 있었다. 바로 이때에 북반구의 중위도와 고위도에서 일부 가장 추웠던 시기들이 나타났다. 1950년부터 1990년대까지 세계의 상황은 이 패턴의 반대에 가까웠다. 북극 분지와 특히 북극부터 아이슬란드까지 남쪽으로 연장되는 지역은 세계의 많은 ―아마도 대부분― 기타 지역과 조화를 이루지 않았다. 70°N의 북쪽 대부분의 극 지역이 1931~1960년 평균보다 더 온난하거나 더 추웠던 매년의 개월 수를 세면 1960년부터 1986년까지 매년 추운 달들이 대체로 4배나 우세하였다(<그림 87> 참조).

노골적으로 세계를 전체로서 고려하면, 20세기가 온난한 시기였다는 사실에 아무런 의심도 없다. 우리가 이들 절에서 인용한 최근의 사례들에서처럼, 그리고 실제로 유럽과 북극의 대부분 지역에서 온난한 시기였을 때 중국이 중세의 대부분 기간 그러했던 것처럼(제10장 참조) 우리는 때때로 일부 큰 지역들에서 기후가 달랐다는 사실을 주목해야만 한다. 한 반구 주위에서 이러한 비대칭적 패턴들은 태양으로부터의 미립자 복사 흐름(corpuscular streams of radiation)의 변화된 목표의 결과로서 알려진 지구의 자극(磁極)들의 이동과 관련될 수 있을 것이다. 그렇지만 물리적으로 완전한 설명은 제시되지 못하고 있다.

계절 순환의 발달에서 다른 비대칭성은 20세기 후반에 주목할 만하다. 다른 계절들, 특히 봄들이 더 추워졌을 때조차 북반구의 가을들, 특히 10월들은 1960년대, 그리고 1970년대와 1980년대 동안 가장 온난한 수준에서 또는 그 부근에서 계속되었다. 이 마지막 내용은 지나치게 단순한 패턴들을 기대하는 것에 반대되는 경고로 여기서 주로 언급되었다. 아무런 의심 없이 물리적인 설명은 제트류와 평균 바람 순환의 강도가 있는 위도대에서의 변화들을 이해하는 것뿐만 아니라 주 에너지원과 가장 강한 바람이 위치하는 곳의 좀더 국지적인 인자들과 아마도 태양상수와 같은 외적인 문제를 포함하게 될 것이다.

1980년경 이후 점증하는 규모의 인간 간섭과 여러 유형의 오염의 결과로 환경과 기후, 우리가 숨쉬고 있는 대기와 지표에 큰 피해를 줄 수 있는 변화의 가능성에 관한 국제적인 관심이 지속적으로 증가하였다. 지구온난화에 관한 전망은 현재 모든 분야에서 이야기되고 있고, 더 경고를 하는 예보들이 이미 사실을 확증한 것처럼, 수백만 명에게 영향을 주는 의사결정을 하는 사람을 포함하여 많은 사람들에 의해서 다루어졌다.

우리가 고려해야만 하는 범위에 있는 일부 사실들을 살펴보도록 하겠다.

세계 인구의 꾸준한 증가

이것은 지구 상의 생명에 대한 모든 위협 중에서 가장 심각한 위협이며, 다른 많은 위협의 원인이 된다. 그리고 이것은 모든 시기에 발생하는 기후변화와 기후변동의 결과가 인간의 삶에 더 깊이 파고들어서 이에 거의 적응하지 못하게 된다는 사실을 뒷받침하고 있다.

이미 참고했던 1840년대의 아일랜드 감자 기근은 객관적인 교훈을 제공하고 있다(제13장 참조). 이것은 확실히 적절한 일기가 발생할 때에는 반드시 일어나게 되는 –이 경우에 단순히 온난하고 습윤한 여름 때문에 발생한– 잘 기록된 기후 재해 중에 유럽에서 가장 소름 끼치는 사례였다. 그 결과는 빠르게 성장하는 과잉인구로 더욱 악화되었다. 아일랜드 농촌 인구는 아마도 1820~1840년대 중반까지 2배나 증가하였다. 그 당시에 감자는 사람들의 배를 채우는 데 필요한 많은 식량을 생산할 수 있던 유일한 작물이었다. 그리고 불가피하게 주로 선택된 값싼 '럼퍼(lumper)'종은 특히 마름병에 가장 취약한 것으로 증명되었다. 농부들이 소유한 토지는 뒤이은 세대들의 상속자들 사이에서 반복된 분할 상속의 결과로 보통 1~1.5 또는 2ha에 불과하였다. 이 과정은 더 이상 계속될 수 없었다. 이 기근에 관해서 저술한 역사학자 키(Robert Kee)[2]는 질병과 사망이 뒤따른 비참한 풍경뿐만 아니라, 많은 사람이 선상에서 사망한 만원의 이민선, 그리고 아마도 불가피하게 이 기근이 발생시킨 잔인 무도함과 원한의 의미를 이야기하고 있다. 그는 다음과 같이 추가했다. "그 당시와 그 이후에 일부 아일랜드의 작가들이 행한 민족학살에 대한 비난은 부당한 것이었다고 현재 쉽게 말할 수 있다. …… (런던의) 정부는 당시의 경제 철학에 얽매였고, 이 철학으로 인하여 경제법이 자연 재앙을 불러일으키게 했다." 그리고 방해하는 것은 …… 혼란을 가져왔을 것이다. 사실 "정부는 …… 저항할 수 없는 경제적·사회적 힘 앞에 속수무책이 되어 시간이 지날수록 더욱더 당황하며 지켜볼 수밖에 없었다." 그리고 정부는 결국 "그 당시에 초인적인 노력으로 계속했고, …… 그것을 지지하던 일부 원리들을 가장 신성하게 여겼고, 스스로 정부가 공공 구호사업을 포기하는 것으로 이어졌다." 이와 같은 일은 언제든지 자연적인 경향들이 새로운 상황에 처하게 되면 직면하는 딜레마들이나, 긴급하고 비참한 상황들은 당국의 구제 조치를 특징적으로 가로막는 망설임과 지연이었다. 우리가 현재 세계의 다른 지역들에서 최근의 더 많은 사건들로부터 알 수 있는 바와 같이 영향을 주는 사건들 중에서 불화를 일으키는 인간의 반응들 역시 예측할 수 있다.

현재 우리 앞에서 다른 가능한 기후발달들은 같은 정도의 어려움을 줄 수 있다.

2) R. Kee, *The Green Flag*, London, Weidenfeld & Nicholson, 1972.; London, Penguin Books edition in three volumes.; 여기서는 vol.1, *The Most Distressful Country*, 1989, pp.171-178에서 재인용하였음.

최근 수세기 동안의 온난화를 능가하는 20세기의 전 세계적인 온난화

온난화는 일반적으로 1700년경에 시작된 것으로 생각되고, 많은 급격한 단계를 거쳤을 뿐만 아니라 일부 급속한 역행을 통해서 진행되었다. 1780~1850년 사이에 있었던 온난화 현상 중 하나는 대략 이전의 역행 현상만큼 역행시켰다. 많은 서로 다른 요인들이 그러한 결과가 나타나게 한 것 같다. 이들 중에는 가장 큰 폭발 후에 수년 동안 여전히 수송될 수 있어서 태양복사를 가리는 먼지, 가스와 수증기뿐만 아니라, 바로 낙하하는 더 큰 크기의 암석 부스러기가 대기 중으로 들어가게 하는 화산 활동 양의 변동들이 있다. 태양광선 자체의 강도와 구성 역시 변동하기 쉽다. 그리고 대기 중의 이산화탄소와 다른 '온실 기체들(greenhouse gases)'의 양의 변화뿐만 아니라 수증기량과 운량의 변동도 기후에 영향을 주는 것으로 예상되어야 한다.

이제 -이 내용이 최근의 문헌에서 드물게 언급되기는 하지만- 이들 변동의 어느 것도 일반적인 온난화와 한랭화 시기의 타이밍을 모두 만족할 만하게 확실히 설명하지 못할 뿐만 아니라 널리 주장되고 있는 사실을 설명하지 못하는 점을 인정해야 할 필요가 있다. 특히 1700년경의 뚜렷한 온난화 시기의 시작, 그리고 약 1940년대부터 1980년대 초까지 20세기 중반의 한랭화는 잘 설명되지 못하고 있다. 지구 상의 온난화와 한랭화의 강도뿐만 아니라 분포도 대부분의 지구온난화 모델 예보들(global warming model predictions)과 잘 일치하지 않는다. 이산화탄소와 다른 폐기물들의 증가로 온실효과가 강화된 것에 기인하는 예측된 지구온난화의 실체의 증거로서 일부 세기의 4분기들(quarters)에 강타한 1989~1991년의 큰 온난함조차 보통의 수정을 필요로 한다. 그러나 이것은 이른바 소빙기가 가장 급격하게 시작하기 직전인 1540년의 -유럽에서 잘 증명되고 있는- 주목할 만한 온난함과 과거에 놀라운 유사성을 가질 수 있을 것이다. 피스터[3]는 1564년 이전의 수십 년 동안 스위스의 기후가 평균 약 0.4℃ 더 온난했고 -그리고 이것은 다른 유럽 연대기의 내용과 일치하는 것으로 생각된다- 현재보다 약간 더 건조했다고 기록하고 있다. 1530년대의 여름들은 적어도 1943~1952년 사이 20세기의 가장 온난했던 10년만큼 온난했다. 그리고 1540년은 분명하게 온난건조한 1947년을 능가했다. 1540년 2월부터 12월 중순까지 바젤(Basel)에는 10일간만 비가 내렸다. 그리고 젊은 사람들은 10개월의 긴 수영을 할 수 있는 계절이 지난, 1541년 1월 첫 주에 샤프하우젠(Schaffhausen)의 스위스-독일 국경의 라인 강에서 여전히 수영을 했다. 1540년의 이상 온난은 더 주목할 만한데, 그 이유는 그런 다음 일기가 겨울같이 추웠고, 봄은 1541년에 늦게 왔기 때문이다. 더욱이 불과 24년 후

3) Chr. Pfister, *Klimageschichte der Schweiz 1525~1860*, Band 1, Bern und Stuttgart, Verlag Paul Haupt, for Academia Helvetica, 6, pp.118, 138.

1564~1565년 겨울은 유럽의 대부분 지역에서 전체 천 년에서 가장 길고 추웠던 겨울 중의 하나였고, 10~20회의 역사적으로 유명한 겨울들, 매우 늦은 봄들, 서늘한 여름들과 빙하 확장으로 소빙기의 가장 주목할 만하게 추운 기후 기간이 도달했던 것을 특징으로 하였다.

오존 구멍의 발달

오존(O_3)은 산소 분자들과 이 고도에서 유리된 산소 원자에 태양의 자외선 복사가 작용하여 지상 50km 고도 부근의 대기권 상층에서 생성된다. 이 과정으로 태양광선의 치명적인 자외선(UV) 구성요소가 흡수된다. 오존은 아래로 확산되어 15~50km 사이, 특히 15~30km 사이의 층에 1~10ppm으로 가장 높게 집중한다. 낮은 층들에서 오존 분자들은 이들이 접촉하는 물질들을 산화시킬 때 분리되고, 이 반응을 통해서 대기 중에 다시 한번 정상적인 산소(O_2) 분자가 남게 된다.

가끔 이 고도에 도달하는 화산폭발 산물과 같이 성층권 오존은 점진적으로 극 방향으로 수송된다. 오존은 고위도 상에서 가장 농도가 높아지나, 제트류 부근에서는 대기권 하층으로 누출되어 파괴된다. 오존이 형성되는 과정에 태양 단파복사의 일부가 흡수되는 고도에서 성층권이 가열된다.

고층을 비행하는 비행기와 로케트, 또는 우주선의 배기가스에서 방출되는 화학적 활성 약품들뿐만 아니라 -놀랍게도- 성층권에 도달하는 것으로 나타난 가정에서 사용하는 에어로솔 스프레이와 냉장고로부터 방출되는 화학적 활성 약품들에 의한 대기 중에서의 오존 파괴는 다른 형태의 오염과 마찬가지로 현재 심각한 걱정거리이다. 실질적인 오존 고갈은 1984년 남극 상공의 성층권 순환 핵심 지역에서 겨울밤에 처음 발견되었다. 이 현상은 그 이후로 매년 다시 관측되었고, 영향을 받는 지역이 점점 더 커졌다. 1992년 남극 상공 오존층 '구멍' 크기의 계절 최대치는 1984년 크기의 약 4.5배가 되었다. 이와 유사한 현상은 그 이후 북반구의 겨울 동안 북극 상공에서도 마찬가지로 나타났다. 그리고 겨울의 성층권 순환 체제가 끝나갈 때, 이 현상은 발원지로부터 충분히 이동하여 일시적으로 유해한 자외선 복사가 오존층을 통과하는 동안, 여과되지 않은 태양복사에 사람들이 살고 있는 온대의 일부 지역이 노출되었다.

이와 같이 현재 규칙적으로 반복되고 있는, 오존층의 파괴는 거의 예외 없이 20세기 생활방식의 일부가 된 대중적인 습관 변화를 요구하고 있다. 피부암과 다른 바람직하지 않은 영향들을 피하려면, 태양에 대한 노출은 되도록이면 제한되어야만 하고, 그에 따라서 의상도 바뀌어야 한다.

다른 문제는 오존층의 손실이 성층권이 가열되는 것을 감소시켜서 우리가 살고 있는 대기권 하층을 가열시킬 수 있다는 것이다.

오염

인류는 여러 가지 방법을 통해서 지속적으로 대기를 오염시키고 있다. 산업 과정들과 가정 난방에서 석탄, 가스, 석유를 연소시킬 때 방출되는 아황산가스(SO_2)는 호흡 문제에서부터 산성비까지 여러 가지 피해의 원인이 되고 있다. 현재 세계 많은 지역에서 보고되고 있는 산성비[4]는 －때때로 나무들(심지어 전체 삼림)을 죽여서－ 식물에 피해를 주고, 토양을 황폐화시키고, 호수와 수역(水域)을 오염시켰다. 때때로 어류가 몰사했다.

모든 화석연료, 목재와 자른 식생을 연소할 때 나오는 주산물인 이산화탄소(CO_2)는 대기 중에 추가된다. 공기 중의 작은 CO_2 비율은 19세기 중반에 260～280ppm부터 오늘날 약 350ppm까지 증가했다. 대기 중의 이산화탄소는 식생의 기본 양식(basic food)으로, 식생은 탄소가 더 풍부한 환경에서 더 울창하게 성장하는 것으로 예상될 수 있다. 기후가 온난해지면 식생은 그로부터도 이득을 얻게 될 것이다.[5] 대기 중의 이산화탄소는 2100년까지 약 600ppm까지 증가할 것으로 예상되고 있다. 이와 같이 이산화탄소가 증가하면 대기를 통과하는 복사수지가 변화되고, 일반적으로 기후가 －일부 예보에 의하면 수백만 년 동안 나타나지 않았던 기온 수준까지－ 상당히 온난해질 것이다. 근년에 발표된 많은 연구는 더 온난해진 세계에서 기대되는 작물 수확량의 증가와 새로운 지역들에서 성장하는 데 온난함을 필요로 하는 작물들(warmth-demanding crops)을 개발할 수 있는 가능성을 예상하는 것에 관심을 가지고 있다. 그러나 이러한 유리한 점과 반대로 온난한 위도대로부터 해충과 질병의 발생 범위가 확장될 것이다. 그렇지만 CO_2가 증가했던 과거의 기간들과 기후 온난화가 일치되는지는, 널리 주장되고 있는 만큼 밀접한 것은 아니다.

모든 유형의 오염 중에 가장 나쁜 것은 지상 또는 지중에 핵폐기물이 집적되는 것과 대기 중 및 지상 환경에 붕괴된 산물이 집적되는 것이다. 세계의 주요 인구 거주 지역들에서 사용된 살충제인 DDT는 남극대륙의 눈에서도 발견되었고, 잉글랜드 북서부 셀라필드[Sellafield, 윈드스케일(Windscale)]의 핵발전소로부터 나온 방사성 세슘(cesium)은 동그린란

4) T. D. Davies, P. M. Kelly, P. Brimblecombe, G. Farmer and R. J. Barthelmie, "Acidity of Scottish rainfall influenced by climatic change," *Nature*, vol.322, 1986, pp.359-361.

5) M. Parry, *Climate Change and World Agriculture*, London, Earthscan Publications, 1990, 157pp.

드의 해안에서 남쪽으로 흐르는 북극 해류의 해면의 물에서 발견되었다. 1986년 우크라이나(Ukraine) 체르노빌(Chernobyl) 원자력 발전소의 사고로부터 바람으로 운반된 방사성 물질로 잉글랜드, 웨일스, 스코틀랜드의 양(羊)이 오염된 것은 그 결과로 나타나는 위협의 범위를 제시하고 있는 것이다. 8년 이상이 지난 후에도 오염은 여전히 이 낙진이 도달한 유럽의 일부 지역에 남아 있을 것이다. 이와 유사한 핵 사고는 1980년 미국 동부의 스리마일 섬(Three Mile Island)[6]과 같은 다른 지역에서도 발생했으며, 더 많은 사고가 미래에 일어날 것이다. 지표 부근 어느 곳에도 지진, 화산 활동 또는 전쟁에 의해서 차후에 확산의 위험이 없이 방사성 핵폐기물이 무기한 저장될 수 있는 곳은 없다.

바람과 폭풍

외관상으로 지구의 대부분을 대표하는 많은 지역에서 -예를 들어 평균 풍속과 폭풍의 빈도로 제시되는 바와 같이- 바람이 약 1950년 이후 증가하고 있다는 징후들이 있다.[7] 플론과 다른 학자들은 확실하게 이러한 사실이 논리적으로 이 기간에 의심할 여지 없이 주로 열대와 남반구의 고위도에서 해면온도가 상승한 것과 관련이 있다고 주장했다. 이것은 열대 허리케인의 발생에 중요한 27.5℃ 이상의 해면온도를 갖는 가장 따뜻한 열대 해양들이 있는 지역에서의 해면온도 상승을 통해서 일어났다. 이들 저자는 또한 20세기 온난화가 주로 대기 중의 '온실기체들'의 증가에 기인하는 것에 관해서 여러 선도적인 연구자들이 품게 된 의심을 언급했다. 일반적인 바람의 증가가 지구온난화에 기인하는 것으로 생각하기 전에 확실히 주의를 해야 하는데, 그 이유는 과거에 단순하게 각각 온난한 기간 및 한랭한 기간과 일치시킬 수 없는 폭풍이 많았던 기간과 적었던 기간이 있었기 때문이다. (폭풍이 많았거나 많은 것으로 간주되는 과거의 강추위들에서 폭풍이 일부 특정한 지대에 좁게 제한되었다는 사실이 제시될 수 있으면, 이와 반대되는 주장도 이용할 수 있을 것이다)

지난 30~35년 동안 평균 약 0.3℃ 온난해진 열대 해양들의 현재(1990년대)의 온난함은 이들 해면으로부터 증발량이 증가하는 것으로 확실하게 가정할 수 있다. 해면에서 해

6) 옮긴이 주: 미국 펜실베이니아 주 해리스버그 시에서 가까운 서스쿼해나 강에 있는 섬으로 이곳에는 원자력발전소가 있다. 1979년 미국의 원자력산업 역사상 가장 큰 사고가 바로 이곳에 있는 발전소에서 발생했다.

7) 예를 들어 S. D. Burt, "A new North Atlantic low pressure record," *Weather*, vol.42, no.2, pp.53-56, 1987.; H. Flohn, A. Kapal, H. R. Knoche and H. Mächel, "Recent changes of the tropical water and energy budget and of mid-latitude circulations," *Climate Dynamics*, vol.4, Berlin, Heidelberg, 1990, pp.237-252.; H. H. Lamb, *Weather, Climate and Human Affairs*, London, Routledge, 1988, pp.93-94, 364pp. 참조.

수의 염도가 감소한 것을 측정하여 이들 해양에서 실제로 강우량이 증가했다는 간접적인 증거가 있다. (해양에서의 강우량은 아직 신뢰할 만하게 직접 측정할 수 없다) 그리고 지구의 대기 중에 총수증기량이 그 결과로 증가했다고 결론을 내려도 좋을 것이다. 그러므로 구름에서 이 수증기가 응결할 때 확실히 더 많은 잠열이 방출되었다. 이러한 방법으로 세계의 바람과 일기계(weather system)의 총에너지는 증가했을 것이다. 플론은 근년에 이러한 과정을 통해서 대기대순환이 아마도 에너지수지의 10~12%나 전반적으로 강화되었다고 추정하였다. 그리고 그는 그로 인하여 더 극심한 일기계들과 사건들이 기대된다는 내용을 지적하였다. "더 극심한 저기압들과 허리케인들이 …… 매우 많은 강수량을 가져오고, 우박보라(hailstorm)를 낙하시키나, (적어도 이보다 작은 정도로) 고기압에서 더 활발한 공기의 침강 운동이 일어날 것이다."

북대서양 북부와 북태평양 북부의 반영구적인 저기압 중심들이 이와 같이 예상되는 강화 현상을 일으킬 것이다. 그러나 얼마만큼 이것이 사람들이 증가시킨 이산화탄소와 다른 '온실기체들'에 의한 지구온난화에 기인할 수 있는가는 의심스럽다. 이렇게 의심스러운 것은 온난화의 지리적 분포가 모델 예측들과 현저하게 다르기 때문이다. 지구온난화는 다른 지역들과 달리 북극에서는 그리 현저하지 않았다. 그리고 1940년대경과 1975~1980년 사이의 연장된 한랭화 기간은 이산화탄소 등이 그 이전보다 더 급격하게 상승한 시기와 일치하였다.

중세 절정기 동안 북반구의 많은 지역에서, 특히 유럽, 유럽의 북극, 그린란드와 북아메리카에서 주목되는 온난함은 적어도 북대서양과 유럽 지역에서 중세 절정기가 끝나는 기간에, 특히 서기 1200년대에 매우 주목할 만한 폭풍을 많이 발생시켰다(제11장 참조). 그러나 우리는 이 책의 다른 부분에서(제12장 참조) 약 1550~1720년대 사이 또는 그 후에 가장 추운 기후 기간과 다소 일치하는 유럽 해안에서의 폭풍과 높날림모래(blowing sand)의 다른 절정기의 증거를 주목하였다.[8)]

프랑스의 북서부로부터 노르웨이까지 유럽 대륙의 대서양 주변 지역 부근의 다른 장소들에서와 같이 영국에서 1987년 10월 15~16일에 강타한 폭풍은 —디포(Daniel Defoe)가 매우 상세하게 기술한 1703년의 유명한 폭풍(제12장 참조)과 비교될 수 있는— 확실하게 지난 300년 또는 그 이상의 기간에 가장 심한 폭풍 중의 하나였다. 1987년 폭풍에서 가장 강력한 돌풍은 브르타뉴 해안에서 119노트(시속 220km)까지 이르렀다. 삼림과 삼림지에 엄청난 피해가 있었다. 폭풍의 이동 경로 부근의 모든 국가들에서 교통은 여러 시간 두절되었다. 잉글랜드 자체에서만 주로 건물과 나무들의 피해로 인한 보험 손실이 1988년 물가

8) H. H. Lamb, *Historic Stroms of the North Seas, British Isles and Northwest Europe*, Cambridge, Cambridge University Press, 1991, 204pp., 특히 pp.17-24 참조.

로 10억 파운드였으나, 사망자 수(잉글랜드에서 18명)는 그리 많지 않았다. 폭풍이 가장 심했던 것은 밤 시간이었다.

폭풍이 증가하고 있는 최근 10년들의 경향[9]은 대서양 상에서 저기압에 대한 신기록들을 수립했다. 기후에 관한 과거의 기록에 의하면 940hPa 이하의 기압은 매우 드물지만, 해면경정된 북대서양 상의 기압은 약 925hPa까지 하강했던 것으로 알려져 있다. 그럼에도 불구하고 1982~1983년의 겨울에 3개 저기압은 930~934hPa까지 하강했고, 이 기록은 1992년 11월에 2회 더 북대서양 저기압으로 반복되었다. 1986년 12월 15일에 그린란드 최남단과 아이슬란드 사이의 중앙에서 기압은 916hPa이었고, 1993년 1월 10일의 다른 경우에 중심 기압은 62°N, 15°W 부근 아이슬란드 남동부에 가까운 곳에서 발달하여, 912~915hPa만큼 낮았다. 함부르크(Hamburg)에 소재한 독일 해양기상청(Deutsche Seewarte)에 의하면 북대서양에서 기압이 950hPa 이하에 달한 저기압 수는 1950년대 말 이후 겨울마다 다음과 같은 평균 수치로 나타났다[1956~1959년(4회의 겨울) 평균 5~6, 1960~1964년 평균 3~4, 1965~1969년 평균 1.2, 1970~1974년 평균 5.2, 1975~1979년 평균 5.6, 1980~1984년 평균 5.4, 1985~1989년 평균 5.6, 1990~1991년(2회의 겨울) 평균 15.5]. 일부 주목할 만한 바람 강도가 발생했다. 노르웨이 서해안에 있는 올레준드(Ålesund)의 실제로 다른 폭풍에서 119노트가 측정된 돌풍이, 1992년 1월 1일 셰틀랜드(Shetland)의 바로 북쪽에서는 약 174노트의 극심한 돌풍으로 측정되었다고 주장되었다. 이 돌풍은 삼림뿐만 아니라 선박과 해안 시설도 크게 파괴하여 이 나라가 입은 피해액은 3,500만~4,000만 파운드나 되었다.

대규모 기상 패턴들의 재발하는 진동

제3장에서 소개된 이러한 진동 중에서 가장 중요한 것은 남방진동(Southern Oscillation)과 느리게 이동하는 고기압계 또는 정체 고기압계에 의한 중위도 편서풍대의 '저지(blocking)' 상황의 발달이다. 이 중에 어느 것도 불변하는 주기로 규칙적인 진동을 하지 않는다.

우리는 제15장의 '1972년의 경험'에서 1972년에 거대한 태평양의 해류들과 해면온도의 평상시의 변화의 크기보다 더 큰 크기로 세계 기후에서 발달한 대규모 지역적인 이상들(regional anomalies)을 보고하였다. 이것은 '엘니뇨(El Niño)'로 페루의 해안에 사는 사람

9) I. Weiss und H. H. Lamb, "Die Zunahme der Wellenhöhe in jüngster Zeit in den Operationsgebieten der Bundesmarine, ihre vermutliche Ursache und ihre voraussichtliche weitere Entwicklung," *Fachliche Mitteilungen*, vol.4, 160, Porz-Wahn, Geophys. Beratungsdienst der Bundeswehr, 1970.

들과 어부들에게는 잘 알려진 패턴이다. 엘니뇨는 약 2~7년 간격으로 발생하고 있다. 이것은 남반구의 온대로부터 북쪽에 이르는 모든 경로에서 남아메리카 해안을 따라서 페루까지 정상적으로 해수를 이동시키는 매우 차가운 훔볼트 해류(Humboldt Current)에 영향을 준다. 페루에서 이 해류는 해안에서부터 적도 부근의 바다를 가로질러 서쪽으로 이동하기 위해서 선회하기 시작할 때 차가운 심층수를 더 끌어올린다. 이러한 정상적인 상황을 중단시키는 엘니뇨는 가장 특징적으로 대략 크리스마스 시기에 —엘니뇨라는 이름은 스페인어로 '갓난아기(the baby)'를 의미한다— 눈에 띄기 시작하여 그 이후의 여러 달 동안 발달한다. 엘니뇨는 현재 대규모 남방진동에서 필수적인 부분으로 알려져서 일부 기상학자들(이에 관한 내용을 설명하고 있는 문헌)은 현재 —이들 시기에 관해서 유감스럽게도 모호하게 말하는 사람들의 유행으로— ENSO(엘니뇨-남방진동 El Niño-Southern Oscillation)로 다시 이름을 붙인 것을 선호한다. 이 지역에서 정상적으로 지배하는 해류들은 페루 해안 부근에서, 그리고 이곳으로부터 조금 떨어진 태평양에서 해수가 20℃ 또는 그 이하, 가끔 16℃까지 낮은 수온을 가져서 이 위도대에서 세계에서 가장 차가운 해면이 되게 한다. 엘니뇨 사건 동안 이 패턴은 북쪽으로부터 퍼지는 적도에 대해서 정상적인 수온을 갖는 따뜻한 해수로 대체된다. 물론 어업이 영향을 받는다. 기상학적인 결과는 페루와 태평양의 섬들에서 다른 해들보다 매우 많은 비가 내리는 것을 포함한다. 그러나 남방진동의 훨씬 더 넓은 범위를 통해서 이것은 (때때로) 양 반구의 고중위도 상공에서 저지 고기압(과 편동풍)의 출현에까지 이르는 이상들과 연계된다.

15장의 '1972년의 경험'에 관한 설명은 대략 신년에 정상보다 2~2.5℃ 낮은 페루 서쪽의 해면온도가 6월부터 그 다음 12월까지 정상보다 3.5~4℃까지 상승한 1972년의 대규모 엘니뇨와 관련된 경제적·문화적 재해를 언급한 것이다. 1976~1977년에 이보다 짧고 덜 강했던 다른 엘니뇨가 있었다. 그러나 1982~1983년의 다음 엘니뇨는 더 강력하고 길게 지속된 엘니뇨로 아마도 1877년에 보고된 엘니뇨에 필적할 것이다. (우리가 계기측정을 한 기간에는 다른 비교할 만한 사례가 알려져 있지 않다) 페루 해안 전면의 해면온도는 1983년 6월에 정상보다 7℃까지 상승하였다.[10] 여러 나라에서 인류사에 미친 영향들은 1972년만큼 컸다. 페루 북부의 한 장소에는 1982년 11월과 1983년 6월 사이에 12개월 전의 25mm와 비교하여 3,950mm의 비가 내렸다. 이러한 상황은 다른 극심한 현상들로 이어졌다. 이들 중에서 가장 인상적인 것은 1960년대 말 이후로 아프리카의 사헬-에티오피아 지대에 영향을 준 가장 극심한 가뭄(과 그에 따른 기근)의 시기였다. 이것은 모든 선

10) G. Farmer, "What's happened to the southern hemisphere winter?," *Weather*, vol.38, no.12, 1983, pp.387-388.; G. R. Bigg, "El Niño and the Southern Oscillation," *Weather*, vol.45, no.1, 1990, pp.2-8.

도적인 자선단체들을 통해서, 그리고 1985년과 그 이후로 '밴드 에이드(Band Aid)'와 '푸드 에이드(Food Aid)'를 통해서 대중화되어 아프리카의 비상사태 요청과 구조사업을 통해 전 세계의 엄청난 수의 사람들에게 구호의 성과를 올리게 하였다.

태평양의 타히티(Tahiti)와 오스트레일리아 북부의 다윈(Darwin) 사이에 월평균 기압 편차로 정의된 '남방진동지수(Southern Oscillation Index)'가 있다. 이 지수는 남태평양 아열대 고기압과 인도양 상의 적도 수렴대의 바람의 상대적인 강도를 나타낸다. 정상적인 기후 상태에서 이 지수는 양의 값들을 가지나, 엘니뇨 사건들 동안에는 이 값들이 시종일관 음이 된다. 1983년에 20세기 최대의 음의 값이 발생했다. 이와 같은 극심한 사건들은 기후의 경향을 완화시킬 수 있거나 새로운 경로로 바꿀 수조차 있다. 핸들러[11]는 엘니뇨와 남방진동 사건들이 대규모 화산폭발들 이후 북반구와 남반구 상의 대기 중에 화산 에어로솔의 분포와 연계될 수 있다고 주장했다.

11) P. Handler, "The effect of volcanic aerosols on global climate," *Journal of Volcanology and Geothermal Processes*, 1989.

참고문헌

일반서

Lamb, H. H. 1972, *Climate: Present, Past and Future—Volume 1: Fundamentals and Climate Now*, London, Methuen, 613pp.

Lamb, H. H. 1977, *Climate: Present, Past and Future—Volume 2: Climatic History and the Future*, London, Methuen, 835pp.

National Academy of Sciences. 1975, *Understanding Climatic Change: A Program for Action*, Washington, D.C., 239pp.

Wigley, T. M. L., M. J. Ingram and G. Farmer(eds.). 1981, *Climate and History: Studies in Past Climates and their Impact on Man*, Cambridge University Press, 530pp.

특수 논문

Braudel, F. 1972 and 1973, *The Mediterranean and the Mediterranean World in the Age of Philip II*, trans. S. Reynolds, 2 vols, London, Fontana/Collins, 1375pp.

Butzer, K. W. 1958, *Studien zum vor- und frühgeschichtlichen Landschaftswandel im Sahara*, Mainz, Abhandlungen der Akademie der Wissenschaften und Literatur, math.-naturwissenschaftliche Klasse No.1, 49pp.

Godwin, H. 1975, *History of the British Flora*, 2nd edn, Cambridge University Press.

Iversen, J. 1973, *The Development of Denmark's Nature since the Last Glacial*, Copenhagen, Geological Survey of Denmark, V series, no.7-C.

Le Roy Ladurie, E. 1971, *Times of Feast, Times of Famine: A History of Climate since the Year 1000*, trans. B. Bray, New York, Doubleday, 426pp.

Parry, M. L. 1978, *Climate Change and Agricultural Settlement*, Folkstone, England, Dawson, and Hamden, Conn., Archon Books, 214pp.

Pfister, C. 1975, *Agrarkonjunktur und Witterungsverlauf im westlichen Schweizer Mittelland 1755~1797*, Bern, Geogr. Inst. der Universität, 279pp.

Schneider, S. H. 1976, *The Genesis Strategy: Climate and Global Survival*, New York and London, Plenum Press, 419pp.

Tickell, C. 1978, *Climatic Change and World Affairs*, Harvard Studies in International Affairs No.37, Oxford, Pergamon, 75pp.

제2판에 추가한 참고문헌

다른 관점과 방법이 소개된 문헌

Bradley, R. S. and P. D. Jones. 1992, *Climate since A.D. 1500*, London and New York, Routledge, 679pp.

Briffa, K. R., T. S. Bartholin, D. Eckstein, F. H. Schweingruber, W. Karlén, P. Zetterberg and M. Eronen. 1992, "Fennoscandian summers from A.D. 500: temperature changes on long and short time scales," *Climate Dynamics*, vol.7.

Folland, C. K., J. A. Owen, M. N. Ward and A. W. Colman. 1991, "Prediction of seasonal rainfall in the Sahel region of Africa using empirical and dynamical models," *Journal of Forecasting*, vol.10.

Grove, J. M. 1988, *The Little Ice Age*, London and New York, Methuen, 498pp.

Handler, P. 1986, "Possible association between the climatic effects of stratospheric aerosols and the surface temperatures of the eastern tropical Pacific Ocean," *Journal of Climatology*, vol.6.

Hansen, J., J. Fung, A. Lacis, D. Rind, S. Lebedeff, R. Ruedy and G. Russell. 1988, "Global climate changes as forecast by the Goddard Institute for Space Studies using a 3-dimensional model," *Journal of Geophysical Research*, vol.93(D8).

Harington, C. R.(ed.). 1992, *The Year Without a Summer? World Climate in 1816*, Ottawa, Canadian Museum of Nature, 576pp.

Idso, S. B. 1989, *Carbon Dioxide and Global Change: Earth in Transition*, Tempe, Arizona, Institute of Biospheric Research, 292pp.

Lindgren, S. and J. Newman. 1981, "The cold and wet year 1695: A contemporary German account," *Climatic Change*, vol.3, no.2.

Newhall, C. G. and S. Self. 1982, "The volcanic explosivity index(VEI): an estimate of explosive magnitude for historical volcanism," *Journal of Geophysical Research*, vol.87(C2).

Stothers, R. and M. R. Rampino. 1983, "Historic volcanism, European dry fogs, and Greenland acid precipitation, 1500B.C.~A.D.1500," *Science*, vol.222.

찾아보기

그림이 있는 쪽은 진하게, 참고문헌 또는 각주의 내용은 괄호 안에 표시했음.

| ㄴ |

| ㄷ |

| ㄹ |

| ㅅ |

| ㅇ |

| ㅊ |

| ㅋ |

| ㅌ |

| ㅍ |

지은이

H. H. 램(Hubert H. Lamb, 1913~1997)

1913년 영국 베드퍼드(Bedford)에서 출생.
트리니티 칼리지(Trinity College), 케임브리지에서 자연과학과 지리학을 전공하고 1935년에 졸업.
1947년에 동 대학교에서 같은 전공으로 석사학위를 받음.
1936~1940년 영국기상청에서 근무.
1940~1945년 아일랜드 기상청에서 근무.
1945~1971년 영국기상청에서 근무.
1971년 이스트 앵글리아(East Anglia) 대학교에 기후연구학과(Climate Research Unit) 설립.
1977년 정년퇴임까지 학과장 역임. 정년퇴임 후 동 대학교에서 명예교수가 됨.
1981년에 던디(Dundee) 대학교와 이스트 앵글리아 대학교에서 명예박사학위를 받고, 1982년에 케임브리지(Cambridge) 대학교에서 이학박사학위를 받음.
주 연구 분야: 일기예보, 기후변화, 기후사

옮긴이

김종규(金鍾奎)

1954년 서울 출생.
1973년부터 1980년까지 경희대학교 문리과대학 지리학과에서 지리학을 전공하고, 1980년부터 1982년까지 경희대학교 대학원 지리학과에서 자연지리학을 전공.
1982년부터 1988년까지 독일 키일(Kiel) 대학교 수학 및 자연과학대학(Mathematisch-Naturwissenschaftliche Fakultät) 지리학과(Geographisches Institut)에서 전공 지리학, 부전공 기상학과 지질학을 수학하고 이학박사학위 취득.
1989년 8월부터 현재까지 경희대학교 지리학과 교수.
1990년 3월부터 1992년 2월까지 경희대학교 문리과대학 지리학과 학과장 역임.
대한지리학회, 한국기상학회, 독일기상학회, 영국기상학회 회원.
주 연구 분야: 한국의 기후와 기후변화

한울아카데미 642

기후와 역사

기후·역사·현대 세계

지은이 | H. H. 램
옮긴이 | 김종규
펴낸이 | 김종수
펴낸곳 | 한울엠플러스(주)

초판 1쇄 발행 | 2004년 5월 20일
초판 4쇄 발행 | 2021년 1월 22일

주소 | 10881 경기도 파주시 광인사길 153 한울시소빌딩 3층
전화 | 031-955-0655
팩스 | 031-955-0656
홈페이지 | www.hanulmplus.kr
등록 | 제406-2015-000143호

Printed in Korea.
ISBN 978-89-460-460-6997-8 93450

* 이 책에 사용된 사진 및 그림은 대부분 저작권자의 동의를 얻었습니다만, 일부는 저작권자를 찾지 못하였습니다. 저작권자가 확인되는 대로 정식 동의 절차를 밟겠습니다.
* 가격은 겉표지에 표시되어 있습니다.